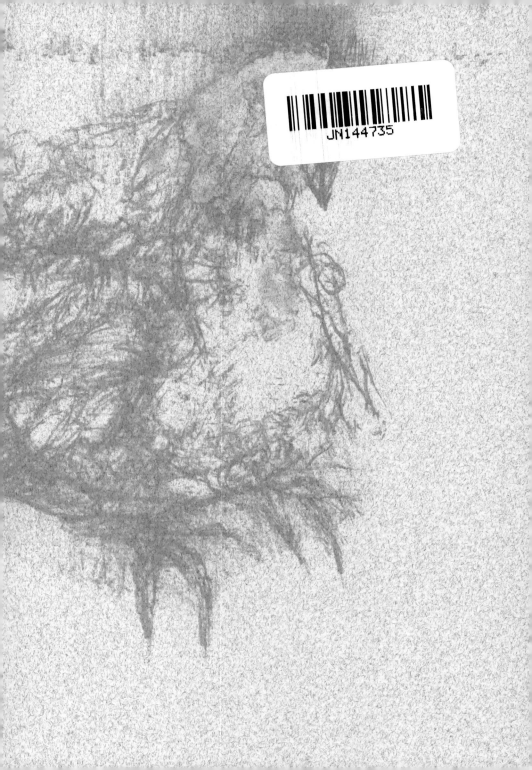

第10・光の鉛筆

✦ 光技術者のための
応用光学 ✦

鶴 田 匡 夫

アドコム・メディア

妻に

■ 目 次

1. ストローベル（シュトラウベル）の定理再考1
   ClausiusとStraubelによる証明 ……………………………1
2. ストローベル（シュトラウベル）の定理再考2
   Toraldo di Franciaの証明とAbbe・Helmholtzの正弦条件……18
3. ストローベル（シュトラウベル）の定理再考3
   分光器の明るさ尺度としてのエタンデュ ……………………33
4. Toraldo di Franciaの超解像1　Schelkunoffのアンテナ理論 ……49
5. Toraldo di Franciaの超解像2　WoodwardとLawsonの方法………73
6. Toraldo di Franciaの超解像3　Toraldoの方法とその後の展開……91
7. 回折とエバネセント波 ……………………………………110
8. 非点光線束の追跡1　現代の公式 …………………………130
9. 非点光線束の追跡2　BarrowとNewton……………………148
10. 非点光線束の追跡3　Youngの代数的表現 ………………161
11. 非点光線束の追跡4　Youngの非点収差発見と眼光学への応用…177
12. 非点光線束の追跡5　Wollastonの広角めがねレンズ ……192
13. 非点光線束の追跡6　Airyの計算式 ………………………209
14. 非点光線束の追跡7　OstwaltとTscherning ………………225
15. 非点光線束の追跡8　プンクタールめがねレンズの登場 …245
16. 非点光線束の追跡9　乱視用レンズの誕生 ………………269
17. 非点光線束の追跡10　Gleichenの乱視用レンズ近似理論 …286
18. 非点光線束の追跡11　ペツバールの定理1 ………………306
19. 非点光線束の追跡12　ペツバールの定理2 ………………321
20. 不遊点（aplanatic point）……………………………………340
21. Listerのアプラナティック焦点と顕微鏡対物レンズの設計 …356
22. Listerと顕微鏡対物レンズの理論分解能 …………………377
23. フラウンホーファー回折の初出論文1　無収差レンズの回折像 ………400

PENCIL OF RAYS

- 24 フラウンホーファー回折の初出論文2
  回折格子の分光作用の発見と製作 ………………………416
- 25 フラウンホーファー回折の数学的表現1 ………………436
- 26 フラウンホーファー回折の数学的表現2 ………………460
- 27 ヘリオメーターの回折像とその対称性1 ………………479
- 28 ヘリオメーターの回折像とその対称性2 ………………501
- 29 水島三一郎とラマン分光器1 ……………………………521
- 30 水島三一郎とラマン分光器2 ……………………………542
- 31 非球面に関する興味ある文献1　Kepler と Descartes …………565
- 32 非球面に関する興味ある文献2
  Huygens の非球面無（球面）収差単レンズ ………………586
- 33 非球面に関する興味ある文献3
  Herschel（子）・Linnemann・Straubel ………………607
- 34 非球面に関する興味ある文献4　Descartes から Schwarzschild へ …630
- 35 非球面に関する興味ある文献5
  Schwarzschild の2枚鏡理論とその後の展開 ………………649
- 36 Laurent Cassegrain とカセグレン式反射望遠鏡 ………………670
- 索　　引 ……………………………………………………690
- あとがき ……………………………………………………701

1 ストローベル（シュトラウベル）の定理再考 1
ClausiusとStraubelによる証明

眼光紙背に徹す
――出典不明――

　ストローベル（シュトラウベル）の定理とは，任意の屈折率分布をもつ等方性媒質中でフェルマーの原理に従う一本の光線上任意に選んだ2点間に存在する不変量に関するもので，ヘルムホルツの不変量とかラグランジュの不変量と呼ばれるものを一般化した定理です。これは幾何光学の定理として重要なだけでなく，照明計算全般その中でも特に非結像光学系の計算に不可欠です。

　私は既に，この定理の導出と応用，特に正弦条件との関係についてかなり詳しく解説しました[*]。本項でこれを再び取り上げるきっかけになったのは，イタリアの著名な物理学者・光学者 Giuliano Toraldo di Francia[**]（1916年9月17日生まれ）が2011年4月26日に94歳で死去したというニュースでした。彼は私が日本光学（現ニコン）に入社（1956）して早々に論文を読んで感銘を受けた著者の一人でした。

　当時日本光学では，口径の大きい球面鏡や放物面鏡の鏡面形状を検査するのに主にロンキー法[***]を使っていました。これは点または線光源を測定すべき凹面鏡の近似曲率中心に置き，その光軸上等倍像の近傍に粗い等間隔平行の回折格子をおいて，それを通して鏡面を目視観察したときの格子の影の形を，予

---

[*] 応用光学I，培風館（1990），p.129，第4・光の鉛筆，新技術コミュニケーションズ（1997），31 クラウジウスの定理とストローベルの定理，p.410–421，32 正弦条件，p.422–439
[**] Franciaはイタリア語でフランスを意味します。姓が「祖先がフランスから来たToraldo」，ファーストネームが「Giuliano」です。
[***] D. Malacara（成相・清原・辻内訳）光学実験・測定法I，アドコム・メディア（2010），p.303

じめ幾何光学的な計算で描いておいた形と比較して設計曲面からの凹凸の誤差を半定量的に，しかし開口の全面について一度に調べるものでした．使用法の実際は *Amateur Telescope Making, Advanced*（1937）に書いてあるのですが，定量的な評価には回折を考慮した物理光学的な取り扱いが必要で，そのためにE. H. Linfoot: *Recent Advances in Optics*（1955）やToraldoの論文を貪り読んだことでした．当時Toraldoはこの検査法の発明者V. Ronchiが主宰するイタリア国立光学研究所（フィレンツェ）に所属しており，彼のロンキー縞の物理光学的解釈に基づく解析*は高い評価を受けていました．

この実用的研究の発表に先行して，彼は「物理光学と幾何光学をつなぐ第3の領域を支配する回折光の幾何光学」という命題に挑戦し，3ページの短い論文"Parageometrical Optics"（一般化幾何光学とでも訳すのでしょうか．しかしこの用語はその後学術用語としては定着しませんでした）を発表しました**．その前半の「回折光の幾何光学」はロンキー縞を多波シャリング干渉計ととらえる見方につながりました．その後半はストローベル（シュトラウベル）の定理を，「光線の軌跡を位相空間における質点の運動に置き換えてリウビルの定理を適用する」ことによって証明するのに当てられました．

ストローベル（シュトラウベル）の定理の証明は，それまでKirchhoff・Clausius・Helmholtz・Abbeと続くドイツ数理物理学の伝統の中から生まれたせいでしょうか，一般性はあるが，数式の取り扱いが煩雑で物理的内容を把握するのが難しく，式を追いかけて行って気が付いたら証明が終わっていた，といった解析的方法で行われてきました．そのため私は，前掲の著書では，一般性には少し欠けるかもしれないが，物理的・光学的描像がはっきりしている，マリュスの定理を用いたA. Maréchalの幾何学的方法を使った証明法を採用したことでした．

Toraldoの位相空間を用いた取り扱いはその後W. Welford（Imperial College of London, 1916〜1990）に引き継がれ，太陽熱発電に必須の技術である非結像集光系の効率などを計算する際の指導原理として定着しました．Welfordはこの定理を一般化エタンデュ（étendue，広げられた，伸ばされたを

---

* Geometrical and Interferential Aspects in the Ronchi Test, in *Optical Image Evaluation*, National Bureau of Standards Circular 526（1954）．発表は1951年10月．
** J. Opt. Soc. Am., **40**（1950），600

1 ストローベル（シュトラウベル）の定理再考 1 Clausius と Straubel による証明

意味するフランス語から派生した「広がり，広さ」を表すその名詞形。学術用語としてはアクサンテギュなしで使われることが多い）定理とか，一般化ラグランジュ不変量と名付けました。今では光学的リウビルの定理という場合もあり，これらの用語の方がストローベル（シュトラウベル）の定理よりも普及しているようです。

　ストローベル（シュトラウベル）の定理はエネルギー保存則を介して輝度不変則とつながり，光学の枠を越えて広い適用範囲を誇っています。この定理が発見される発端になったのは，R. Clausius（1822～1888）が 1864 年に発表した論文「光および熱線を集光すること，およびその作用の限界」* です。この論文は「黒体からの放射をレンズで集光して，もとの温度よりも高い温度が得られる」という，イギリスの W. J. M. Rankine が唱えた説に反論する目的で書かれました。その中で彼は，物体とその像の間に成り立つ幾何学的関係—クラウジウスの定理—を導きました。ところが，その導出のために彼が展開した数式の枠組みの中で，ほんの少し機転を利かせるだけで，この定理をフェルマーの原理から導かれる一本の光線上任意にとった二点間に拡張できることを Straubel が約 40 年後の 1902 年に発見したのでした。

　この定理の発見者 C. R. Straubel（1864～1942，原語に忠実に表記すればシュトラウベルですが，私はこれまで英語読みでストローベルと表記しています）は 1903 年から 1933 年までツアイス財団の役員を勤めた物理学者で，Abbe-Czapski の衣鉢を継ぐツアイス社技術陣の総帥でした。夫人がユダヤ人だったためナチスが政権を奪取した 1933 年に惜しまれて職を辞し，その 9 年後に亡くなりました。M. Herzberger が彼の科学的業績を紹介する文章を残しています**。彼が「幾何光学の一般定理と 2・3 の応用」の表題で講演や投稿を行ったのは，役員就任の前年（1902）でした***。短い論文の冒頭に「詳細は後日報告予定」と註記したものの，恐らく多忙のためその約束は果たせませんでした。そのため印刷された 2 つの短い論文からストローベル（シュトラウベル）の定理の具体的な導出過程を知ることは非常に困難です。

---

* Ann. Physik und Chemie（Poggendorff's Annalen）**121**（1863），1
** J. Opt. Soc. Am., **44**（1954），589
*** Physikalische Z., **4**（1902/03），114., Verhandl. deut. Physik. Ges. **4**（1902），323. 前者は自然研究集会，後者はドイツ物理学会における講演の速記録だそうですが，全く同じ内容です。

☆ Clausius の問題提起

R. Clausius はエントロピーを定義・命名したことで知られ，近代的な力学的熱理論いわゆる熱力学を体系化したドイツ人数理物理学者です。彼の偉大で著名な論文（1850, 1854, 1865）が熱学の歴史の中で果たした役割については，例えば山本義隆：熱学思想の史的展開，現代数学社（1987），後に筑摩学芸文庫（2008～2009）を参照してください。

彼は 1850 年・1854 年論文において，光や熱線の放射によるエネルギーの移動は空間を直進すると考えて議論を進めました。ところが，イギリスの工学者・物理学者 W. J. M. Rankine（1820～1872）が「宇宙の力学的エネルギーの再集中」という表題の論文* の中で，発熱体からの光や熱をレンズで集光するとその焦点でもとの物体の温度よりも高い温度が得られると書いているのを知り，その誤りを正すために前掲した 1864 年論文を発表したのです。これは上述の彼の熱学主要論文の中にあってあまり目立たない論文です。しかし，Straubel がこの論文で展開した数学的取り扱いにほとんど手を加えることなく，いとも簡単に（ohneweiters, Straubel の部下だった H. Boegehold はストローベル（シュトラウベル）の定理の導出を説明する文章** の中でこう表現しました），この定理を導出しただけでなく，Helmholtz と Abbe が導いた正弦条件もこの数学の枠の中で「いとも簡単に」求めることができたことは，注目すべきだと私は思います。重要な光学論文として紹介しようと私が考えた理由です。

W. Thomson，後の Kelvin 卿は 1852 年に，宇宙の熱的死を予言するかのような論文*** を発表し，Rankine はその大意を，「すべての物理的エネルギーが

---

* Phil. Mag., Ser.4, **4** (1852), 358
** Die allgemeinen Gesetze über die Lichtstrahlen-bundel und die Optische Abbildung, in *Grundzüge der Theorie der Optischen Instrumente*, 3 Aufl. Barth (1924), p.213
*** Phil. Mag., Ser.4, **4** (1852), 304

1 ストローベル（シュトラウベル）の定理再考 1 ClausiusとStraubelによる証明

熱の状態に変わり，また熱はすべての物体の温度が同じ値になるように拡散する」と要約しました．Rankineはこれまでに得られた実験的データからすればその通りだけれど，稀には拡散したエネルギーが再び焦点に集中して，絶えず形成されている不活性化合物から化学エネルギーを回復させることもあり得るとして次のような仮説を展開しました．

「宇宙は熱や光に対して透明な星間物質（エーテル）で満たされている．星間物質が占める空間すなわち宇宙は有限の拡がりを持ち，境界より先は何もない空間（empty space）である．境界に達した熱や光の放射はその境界で反射して焦点に集まる．焦点は熱の強度が（intensity of heat）が大きいので，たまたまそこに通りかかった不活性化合物から成る死んだ天体は，蒸発して元素に分解し，放射熱が化学エネルギーに変換されることになる．こうして宇宙は自らの内部からその物理エネルギーを再集中することによって生命を取り戻す可能性を秘めている」．

Clausiusはこの仮説の本質が，「熱線が反射によって集中し，その焦点に置いた物体の温度を熱線を放射する物体よりも高くすることができる」という，熱力学（第2法則）と矛盾する前提にあるとして，熱放射およびそれと同じ伝搬法則に従う光放射が集光装置（レンズや反射鏡）によって結像する際の測光学的性質を真正面から取り上げてその一般理論を愚直なまでに厳密に展開したのです．

Clausiusの結論が，「像の空間輝度，したがってその輝度温度が物体のそれを上まわることがない」だったことは，現代の熱学や光学を学んだ人には当然すぎるほどの常識でしょう．しかし，岩波版理化学辞典の最新版（第5版第9刷，2006年9月9日）の太陽炉の記述は次のようになっています．「大型の回転放物面鏡やレンズなどを用いて，その焦点に置いた試料に太陽光線を集中し，高温を得る装置．汚染などの心配もなく，ごく短時間で3000℃以上，最高40000℃くらいまでの高温が定常的に得られる．太陽熱発電における集熱，熱電子発電の熱源，耐火物の製造などに用いられる」．地上で測定した太陽の表面温度は高々5000℃ですし，これまでに製作された太陽炉焦点の実測値も3500℃以下ですから，上の記述は理論的にも実験的にも明らかに誤りです．

私は第5・光の鉛筆[36]「太陽炉」執筆中にこの記述の誤りに気付き，第5版発行（1998年2月20日）後間もなくの頃見直しを申し入れ，編集部からは執筆者の了解を得たので改版時に訂正するとの回答を受け取りました．本文の中で，「3000℃以上，最高40000℃くらいまでの」を「3000℃前後の」に変えるだけでいいので，増刷するときにも直せるミスだと思うのですが，今もって訂正されていません．中学生・高校生を含めた読者がこの「理論的にあり得ない重大な誤り」を単純なミスだと，正しい理解を示した上で見過ごしてくれればいいのですが，そこまで楽天的では済まされないでしょう．現に，森北出版：化学辞典第2版（2009）の太陽炉の項は，文章からして理化学辞典に引きずられる形で，問題の「40000℃」が掲載されています．ともあれ，第3版（1971）以来40年にわたってこの誤りを放置し続けた責任は大きいと思います．問題はClausiusが言うように，「若しこの仮説（これは上の太陽炉の説明と同じ内容を意味します）が正しければ，熱が低温物体から高温物体にひとりでに移動することはできないという，私が原理と名付けた法則が誤りであり，この原理を使って導かれた熱力学第2法則もそれと一緒に受け入れ難いとして退けられてしまう」ほどに重大だからです．本題に戻りましょう．

☆ Clausius・Straubelの理論

ストローベル（シュトラウベル）の定理をClausiusの数式から導くのに，Clausiusの論文*は長すぎ，Straubelの論文は短か過ぎます．そこで先に挙げたBoegeholdのテキストの論述にほぼ沿ってその導出の骨子を紹介します．図はClausiusにほぼ従います．

任意の屈折率分布を持つ媒質中に3つの平面を考え，それぞれの上に直交座標 (x_1, y_1), (x_2, y_2) および (x_3, y_3) を設けます．第1面上の1点 $P_a(x_1, y_1)$ を発した無限に細い光線束が第2および第3面を切断する面積を dq_2 と dq_3 とおくと，これは一般に次式で結ばれます（**図1**）．

---

* 彼の著書 *Die mechanische Wärmetheorie*（1875），及びその英訳 *The Mechanical Theory of Heat*（1879）12章にこの理論の37ページに及ぶ親切な解説があります．後者はレプリント版で容易に入手できます．

1 ストローベル（シュトラウベル）の定理再考1　ClausiusとStraubelによる証明

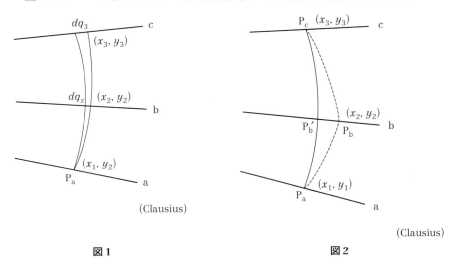

図1　(Clausius)　　　図2　(Clausius)

$$dq_3 = \text{const} \times \left(\frac{\partial x_3}{\partial x_2} \cdot \frac{\partial y_3}{\partial y_2} - \frac{\partial x_3}{\partial y_2} \cdot \frac{\partial y_3}{\partial x_2} \right) dq_2 \tag{1}$$

この式は3次元空間内部の3つの平面を結ぶ幾何学的関係を，屈折率分布を陽に含まない形で示しますが，その導出は簡単ではありません。例えば，(x_2, y_2)平面上の微小面積 $dq_2 = dx_2 dy_2$ が矩形なのに対し，(x_3, y_3) 平面の微小面積 $dq_3 = dx_3 dy_3$ は一般に平行4辺形になります。詳しくはClausiusの前掲テキスト参照。

次はフェルマーの原理の適用です。図2において，第1平面上の点 $P_a(x_1, y_1)$ と第3平面上の点 $P_c(x_3, y_3)$ を決めて第2平面上の点 $P'_b(x_2, y_2)$ を求める式は，T_{12}, T_{23}, T_{13} をそれぞれ $(x_1, y_1) \to (x_2, y_2)$, $(x_2, y_2) \to (x_3, y_3)$ および $(x_1, y_1) \to (x_3, y_3)$ の光路長として次式で与えられます。

$$\frac{\partial T_{13}}{\partial x_2} = \frac{\partial (T_{12} + T_{23})}{\partial x_2} = 0 \tag{2}$$

$$\frac{\partial T_{13}}{\partial y_2} = \frac{\partial (T_{12} + T_{23})}{\partial y_2} = 0 \tag{3}$$

また，$P_a(x_1, y_1)$ と $P_b(x_2, y_2)$ を固定して $P'_c(x_3, y_3)$ を求める式は同様にして，図3に従い次式が得られます。

$$\frac{\partial(T_{13}-T_{23})}{\partial x_3}=0 \qquad (4)$$

$$\frac{\partial(T_{13}-T_{23})}{\partial y_3}=0 \qquad (5)$$

更に $P_b(x_2, y_2)$ と $P_c(x_3, y_3)$ を固定して $P'_a(x_1, y_2)$ を求めると次式が得られます。

$$\frac{\partial(T_{13}-T_{12})}{\partial x_1}=0 \qquad (6)$$

$$\frac{\partial(T_{13}-T_{12})}{\partial y_1}=0 \qquad (7)$$

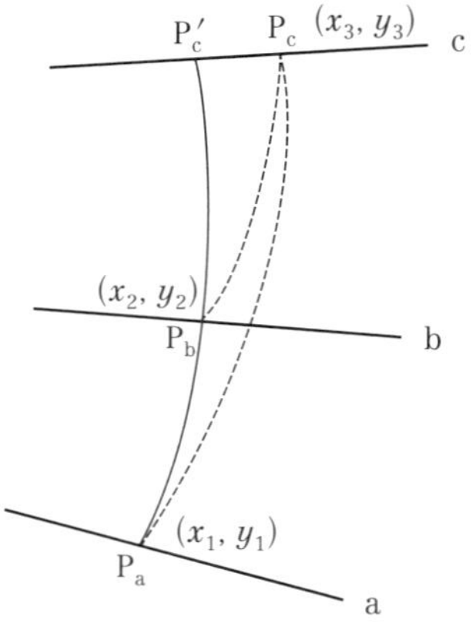

いま(6)と(7)式を，x_2 および y_2 で偏微分すると，(x_1, y_1) が固定，かつ (x_3, y_3) が (x_2, y_2) の関数であることを考慮して次式が得られます。

(Clausius)

図3

$$\frac{\partial^2 T_{13}}{\partial x_1 \partial x_3}\cdot\frac{\partial x_3}{\partial x_2}+\frac{\partial^2 T_{13}}{\partial x_1 \partial y_3}\cdot\frac{\partial y_3}{\partial x_2}=\frac{\partial^2 T_{12}}{\partial x_1 \partial x_2} \qquad (8)$$

$$\frac{\partial^2 T_{13}}{\partial x_1 \partial x_3}\cdot\frac{\partial x_3}{\partial y_2}+\frac{\partial^2 T_{13}}{\partial x_1 \partial y_3}\cdot\frac{\partial y_3}{\partial y_2}=\frac{\partial^2 T_{12}}{\partial x_1 \partial y_2} \qquad (9)$$

$$\frac{\partial^2 T_{13}}{\partial y_1 \partial x_3}\cdot\frac{\partial x_3}{\partial x_2}+\frac{\partial^2 T_{13}}{\partial y_1 \partial y_3}\cdot\frac{\partial y_3}{\partial x_2}=\frac{\partial^2 T_{12}}{\partial y_1 \partial x_2} \qquad (10)$$

$$\frac{\partial^2 T_{13}}{\partial y_1 \partial x_3}\cdot\frac{\partial x_3}{\partial y_2}+\frac{\partial^2 T_{13}}{\partial y_1 \partial y_3}\cdot\frac{\partial y_3}{\partial y_2}=\frac{\partial^2 T_{12}}{\partial y_1 \partial y_2} \qquad (11)$$

これら4つの式から，

$$\frac{\partial x_3}{\partial x_2},\ \frac{\partial x_3}{\partial y_2},\ \frac{\partial y_3}{\partial y_2},\ \frac{\partial y_3}{\partial x_2}$$

が求まりますから，これらを(1)式に代入して次式が得られます。

$$dq_3=\frac{C}{B}dq_2 \qquad (12)$$

ここに,

$$B = \text{const} \times \left\{ \frac{\partial^2 T_{13}}{\partial x_1 \partial x_3} \cdot \frac{\partial^2 T_{13}}{\partial y_1 \partial y_2} - \frac{\partial^2 T_{13}}{\partial x_1 \partial y_3} \cdot \frac{\partial^2 T_{13}}{\partial y_1 \partial x_3} \right\} \quad (13)$$

$$C = \left\{ \frac{\partial^2 T_{12}}{\partial x_1 \partial x_2} \cdot \frac{\partial^2 T_{12}}{\partial y_1 \partial y_2} - \frac{\partial^2 T_{12}}{\partial x_1 \partial y_2} \cdot \frac{\partial^2 T_{12}}{\partial y_1 \partial x_2} \right\} \quad (14)$$

同様にして, 第3平面を発して第2, 第1平面を切断する微小光線束に関しては次式が得られます。

$$dq_1 = \frac{A}{B} dq_2 \quad (15)$$

$$A = \text{const} \cdot \left\{ \frac{\partial^2 T_{23}}{\partial x_2 \partial x_3} \cdot \frac{\partial^2 T_{23}}{\partial y_2 \partial y_3} - \frac{\partial^2 T_{23}}{\partial x_2 \partial y_3} \cdot \frac{\partial^2 T_{23}}{\partial y_2 \partial x_3} \right\} \quad (16)$$

ここで, (12)式のケース, すなわち第1平面上 $P_a(x_1, y_1)$ を発し第2平面と第3平面を貫通する微小光線束について, 第2平面が第1平面に十分に近接し, そのために両平面とも屈折率, したがってその間を走る光の速度 c が一定で, しかも両平面とも互いに平行で両者間の距離が ρ とすると次式が得られます (**図4**)。このアイディアは G. R. Kirchhoff* に発しています。

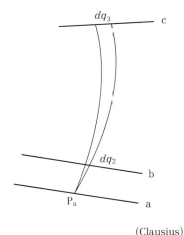

(Clausius)

図4

$$T_{12} = \frac{1}{c} \sqrt{\rho^2 + (x_2 - x_1)^2 + (y_2 - y_1)^2} \quad (17)$$

これより次式が得られます。

$$C = \frac{1}{c^2} \frac{\rho^2}{r^4}, \quad dq_2 = c^2 \frac{r^2}{\rho^2} \cdot B \, dq_3 \quad (18)$$

---

* Untersuchungen über das Sternspectrum und die Spectren der chemischen Elemente, Z. Ausg. Berlin, Dümmler (1862) 中の,「Über das Verhältniß zwischen Emissionvermögen und dem Absorptionvermögen der Körper für Wärme und Licht」。英訳 The Laws of Radiation and Absorption, Trans. D. B. Brace (1902) にはレプリントあり。邦訳: キルヒホッフ: 発散及吸収論, 丸善 (1912)

図5を参照して微小立体角 $d\omega$ で表示して

$$\frac{\cos\vartheta}{c^2}d\omega = Bdq_3 \tag{19}$$

が得られます。

次に，第3平面上の点 (x_3, y_3) を発し同じ光路を逆に辿って第2・第1平面を貫通する微小光線束（立体角表示で $d\omega'$）に対して同様の手順で計算を実行して次式が得られます。

$$\frac{\cos\vartheta'}{c'^2}d\omega' = Bdq_1 \tag{20}$$

ここで，dq_1 と dq_3 をそれぞれ dq と dq' に書きかえ，光速 c と c' を媒質の屈折率 n, n' で表すと，(19)と(20)式の B は同じものですから，

$$n^2\cos\vartheta d\omega dq = n'^2\cos\vartheta' d\omega' dq' \tag{21}$$

が得られます。これがストローベル（シュトラウベル）の定理です。

Clausiusは集光装置がない場合について，(21)式の関係とエネルギー保存則および「熱は低温物体から高温物体へは移動しない」という原理に従うと，2つの同温度の完全黒体の間では，一般化された輝度不変則

$$L' = \left(\frac{n'}{n}\right)^2 L \tag{22}$$

が成り立つことを導きました。ここに L と L' はそれぞれ第1平面と第3平面においた黒体の，ある温度における輝度です。Kirchhoffはすでに，$n' = n$ の場合について上式を導いていました。

Clausiusの1864年論文の目的は，集光系を介

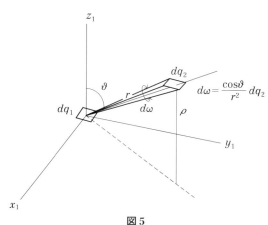

図5

した時にも(22)式が成り立つことを証明する点にありました。そうすれば，集光系を使っても，一方から他方に熱が流れて自身よりも高温にすることが不可能になるからです。しかしその前提として，フェルマーの原理に従う光線上の2点間で(21)式が成り立つことをまず証明する必要がありました。したがって，彼にとって(21)式は一連の演算の途中に顔を出した関係式のひとつで，これに特別な物理的意味を付与する必要を感じなかったのでしょう。

Clausius の1864年論文中には不変量 $n^2 \cos\vartheta d\omega dq$ を等号で結ぶ(21)式は出てきません。(21)式はこの不変量に重要な幾何光学的意味を与えた Straubel の卓見を示すものです。しかし，彼は論文中で次のように述べています。「Kirchhoff と Clausius が上の定理，特に3次元空間の光線束に関する定理を見落としたか，或いは少なくともその式を掲げるのを控えたことに注意したい。Clausius に関しては恐らく，彼がはじめから光線束を発する要素とその共役像の間の関係を明らかにすることにだけ関心が向かっていたせいだったと考えれば納得できるであろう。ともあれ，Kirchhoff も Clausius も，この(21)式を証明するのに必要な道具だてを完璧に手にしていた。Abbe 教授（いうまでもなく Zeiss 社と Zeiss 財団のトップですから，Straubel とは非常に親しい関係にありました）は以前私に，彼自身昔からこの空間光線束定理を知っていたと話してくれたことがあった。彼はずばり，この定理の発見は Kirchhoff か Clausius に帰せられるべきだという意見であった」。

それにもかかわらず Straubel がこの定理を公表したのは，世間がその存在に気がついていないだけでなく，これが幾何光学の分野で持つ理論的・実用的な重要性を光学器械メーカーの技術担当重役としてよく知っていたからでしょう。彼はこの短い論文の中で応用例を3つ挙げています。

☆ Straubel によるストローベル（シュトラウベル）の定理の応用

(1) 測光

Straubel は，測光の理論は簡単のように見えるが，実際に使ってみると誤りを犯すことが多いと述べ，この定理は測光計算の使用範囲を，物点と像の間に成り立つ関係から，測定点と物点（多くの場合広がりを持つ面光源上の一点）

の間が一本の光線で結ばれる場合に拡張できると強調しました。もっとも彼の文章は,「一般的なこの二つの,最短光路長すなわちフェルマーの原理に従うように分類された面素の間に適用できることが重要だ」,という堅苦しいものです。要するにストローベル(シュトラウベル)の定理は光源上の一点を発した多数の光線の中で,絞りによって遮られることなく測定点に達する光線が存在する場合の照度計算に適用可能だという意味です。

具体的にはこの条件の下で,光路中に反射や吸収による損失がない場合に,光源の輝度と測定点の空間輝度をそれぞれ L と L' と置くと,エネルギー保存則から,

$$L \cos \vartheta \, d\omega \, dq = L' \cos \vartheta' \, d\omega' \, dq' \tag{23}$$

が成り立ち,これとストローベル(シュトラウベル)の定理

$$n^2 \cos \vartheta \, d\omega \, dq = n'^2 \cos \vartheta' \, d\omega' \, dq' \tag{24}$$

とから,L と L' の間には,

$$L' = \left(\frac{n'}{n}\right)^2 L \tag{25}$$

が成り立ちます。L/n^2 を基本放射輝度(basic radiance)と呼ぶこともあります。

こうして,測定点の照度 E は一般に,

$$E = \left(\frac{n'}{n}\right)^2 \int_\Omega L \cos \vartheta \, d\omega \tag{26}$$

で与えられます。光源が温度一定の黒体すなわち一様輝度のランバート面の場合には,

$$E = \left(\frac{n'}{n}\right)^2 L \int_\Omega \cos \vartheta \, d\omega \tag{27}$$

となります。共役関係にない場合でも,測定点にピンホールを置き,その直ぐ後においた目から光源が一様な明るさに見える場合に,その立体角の内部で,共役関係がある場合と同じ照度計算を実行できるのです。明るく見える立体角の範囲を,与えられた配置に対して計算で求めることは容易です。

(2) 星の明るさに対する大気の影響*

大気に吸収や散乱がないと仮定してもなお，その屈折作用によって星の明るさ（光度）が高度（＝天頂角 z の余角）によって変化するという計算結果が1900年にドイツの光学者 A. Gleichen によって報告されました**。

大気の屈折率が地球の中心を中心とした球対称性を持ち $n(r)$ で表せるとした場合に，星から大気に入射する光線はその後も地球の中心を含む一平面内に含まれ，次式が成り立ちます***。

$$nr \sin \phi = 一定 \tag{28}$$

ここに r と ϕ は図6(a)に示した通りです。

図6(b)は Gleichen によるもので，大気が存在する上限 B の高さを $(R-\rho)$，すなわちそれより上空は屈折率が1で光が直進する境界を描いてあります。こ

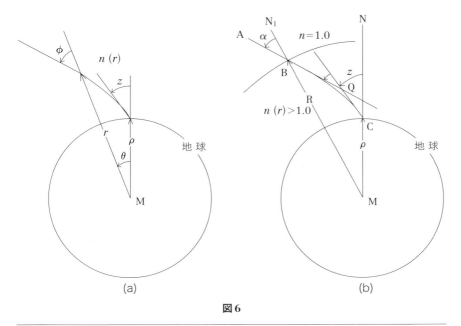

図6

---
* Straubel には，「屈折率が連結的に変わる媒質中の屈折光学」という総合報告があります。E. Gehrcke 編：*Handbuch der Physikalischen Optik* (1926)，第1巻第1部，p.219–236
** Verhand. Deut. Physik. Gessellsch. **2** (1900)，24 および 222
*** 鶴田匡夫：応用光学Ⅰ，培風館（1990），p.81

うすれば見かけの天頂角は z, また真の天頂角は $z+\vartheta$ となり, 大気差（= 視高度 − 真の高度）が ϑ で与えられます。ここに視高度とは見かけの天頂角 z の余角です。

大気の屈折率 $n(r)$ を実験的に求めれば, それを用いて星の大気差 ϑ を計算で求めることができます。大気差の実験式および平均大気差の値は例えば理科年表に出ています。

Gleichen が着目したのは, $n(r)$ が分かればそれを用いて,「大気の屈折作用」が原因で起こるはずの高度（90°−天頂角）による星の明るさ（光度）の変動を知ることができるという点でした。同一の望遠鏡すなわち同じ光学諸元特に同じ開口寸法をもつ望遠鏡で星を観測するとき高度によって明るさが変動する割合を理論的に予測しようというわけです。

具体的には, 高空（真空中）の点 B で星に正対して置いた円形開口に入射した平行光線束が, 回折・散乱・吸収などを受けることなく, フェルマーの原理だけに従って大気中を伝搬して地上に到着したとき, どんな断面形状に変わるか, その結果入り口（真空中）の開口面積 q と出口（地上）の断面面積 q_z の比 q_z/q はどうなるかを理論的に調べることになります。$q_z/q > 1$ の場合には, 同じ口径の望遠鏡を高空に持ち上げて観測したとき取り込む光束が q_z/q 倍になります。したがって, 地上の観測では q/q_z だけ暗い星と認定してしまうことになります。

Gleichen は数ページに及ぶ込み入った計算の結果次式を得ました。

$$\frac{q_z}{q} = \frac{\sin(z+\vartheta)}{n_0 \sin z} \cdot \frac{1}{n_0} \left(1 + \frac{d\vartheta}{dz}\right) \tag{29}$$

ここに n_0 は地表の大気屈折率です。この式の右辺はサジタル面［**図 6**(b)の紙面に垂直］とメリジオナル面（紙面）に対する開口半径の変化の積になっています。

Gleichen は Bessel の大気屈折データを用いて計算を行い興味ある結果を得ました。それによると, 地上の光度は天頂の星に対して僅かに大きく (1.0009), 60°で一致し (0.9998), その後急激に低下し 90°で 0.83 になったそうです。

Straubel は(29)式のメリジオナル面内の開口半径変動率 $(1+d\vartheta/dz)/n_0$ がストローベル（シュトラウベル）の定理から簡単に求められることを示しました。**図7**は彼が星（からの平行光）と地球の中心を含む，**図6**(b)と同じ断面―メリジオナル面―の光路を描いたものです。BCは入射平行光に直交する開口のメリジオナル断面の直径，Aは開口のヘリBを通った光線が地表を切る点です。次にAとCを結ぶ光路（AとCをフェルマーの原理で結んだ光路としておきましょう。明確な物理的意味はありません。補助線のようなものです。Straubelは補助光路―Hilfslichtweg と呼びました）を描き，AにおいてBCを見込む角度を dz とします。

一方，実光路ABと補助光路ACの開口上BとCにおける接線同士が交わる角度が $d(z+\vartheta)$ です。BとCを通る光線は平行ですから，Cを通る光線が補助光線となす角度はCの近傍で $d(z+\vartheta)$ となります。この光線の延長線（フェルマーの原理を満たす光線の軌跡と同じ意味です）上でAから引いた垂線と交わる点DがCに対応する地上の開口の端になります。ストローベル（シュトラウベル）の定理によれば，

$$n_0 \, \mathrm{AD} \, dz = \mathrm{BC} \, d(z+\vartheta) \tag{30}$$

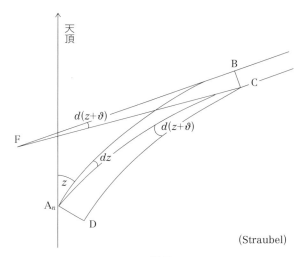

(Straubel)

図7

となります。$d(z+\vartheta)/dz$ は一方の開口から他方の開口を見たときの正しい角度比を表しますから,

$$\frac{\mathrm{AD}}{\mathrm{BC}} = \frac{1}{n_0}\left(1+\frac{d\vartheta}{dz}\right) \tag{31}$$

もまた正しい開口直径の比を与えてくれます。AD/BC を直接求めるには面倒な計算が必要ですが,ストローベル(シュトラウベル)の定理を使って単純で見通しのいい解法が得られ次第です。

一方サジタル面内の直径比は

$$\frac{\sin(z+\vartheta)}{n_0 \sin z} \tag{32}$$

となりますので*,(31)と(32)式を掛け算して(29)式が求まったことになります。

(3) 結像系への応用

Straubel はストローベル(シュトラウベル)の定理(彼自身はこれを der auf räumliche Büschel bezügl. Satz — 3次元光線束に関する定理—と呼んでいます)から,共役面の間で成り立つクラウジウスの定理を導く手順を述べ,次いで正弦条件を導きます。彼の論旨を追ってみましょう。

「これまでに論じたのは,1点を発する2次元および3次元光線束の射出角が大きいほどその断面もまた大きくなるという場合であった〔(19)および(20)式参照〕。しかしその例外的な場合,すなわち光線束が再び1点に集まる場合を取り扱うことは可能である。そのためにはこの定理を2度使い,2度目の場所を共役点に選べばいいのだ。簡単のため射出光・収束光とも同心光線束(homocentric bundle)であると仮定**すると次式が得られる。

$$n^2 \cos\vartheta\, d\omega\, dq = n'^2 \cos\vartheta'\, d\omega'\, dq' \tag{33}$$

上式は(21)式と全く同じ形をしているが,$d\omega$, $d\omega'$, dq および dq' の間の関係は大きく異なる〔(21)式に出て来る量の間には(19)と(20)式に示すように

---

* サジタル面内の光線追跡によって得られます。詳しくは前掲の Gleichen の論文参照。
** この仮定は,微小光線束が非点収差をもたないことを意味します。

$d\omega$ と dq' および $d\omega'$ と dq の間の比例関係が存在します]。こちらでは，物体空間では物体側の量 $d\omega$ と dq が，像空間では共役像側の量 $d\omega'dq'$ がそれぞれ対応する。

特に次の結果が重要である。光線束が平面内で記述できるときには，(33)式に対応して次式が成り立つ（記号の意味は自明ですから説明省略）。

$$n\cos w\,dw\,dl = n'\cos w'\,dw'\,dl' \tag{34}$$

いま，有限な開口に光が入射するとき，線素 dl が，（角度 ω の異なる）すべての微小光線束に対し同じ倍率 dl'/dl でその像を結ぶならば，正弦則が成り立つ。それ故この定理は共軸光学系だけに特殊なものではなく，それ以外の系に対しても有効である。線素 dl と dl' が光軸に垂直に置かれたとき，よく知られる正弦則（正弦条件と同義）が成り立つ。以上の考察を空間（3次元）光線束に適用するのは容易である」。

2 ストローベル（シュトラウベル）の定理再考2
Toraldo di Francia の証明と Abbe・Helmholtz の正弦条件

> 賽は投げられたり
> ——プルタルク英雄伝：シーザーがルビコン川を渡って
> ローマに進撃する際（BC49）言ったという——

　私は前項で，Clausius がお膳立てし，Straubel が完成させたストローベル（シュトラウベル）の定理の証明が，「数式の取り扱いが煩雑で物理的内容を把握するのが難しい」と書きました。その後半世紀をへて，この定理の本質を得心がいくように説明・証明してくれたのが Toraldo di Francia[*] でした。

☆ Toraldo di Francia の証明法

　先ず彼の論文「Parageometric Optics（一般化幾何光学）」中の「Liouville's theorem（リウビルの定理）」の項を訳出しましょう。

　「幾何光学と解析力学の間に存在する類似は周知である。いま，与えられた光線上の任意の点の (x, y) 座標を q_1 と q_2，光線の光学的方向余弦をそれぞれ $n\alpha$ と $n\beta$ とすると，次の方程式が成り立つ（**図1**）。

$$\dot{q}_1 = \frac{\partial H}{\partial p_1}, \quad \dot{p}_1 = -\frac{\partial H}{\partial q_1} \tag{1}$$

$$\dot{q}_2 = \frac{\partial H}{\partial p_2}, \quad \dot{p}_2 = -\frac{\partial H}{\partial q_2} \tag{2}$$

ここにドットは z に関する微分，

---

[*] J. Opt. Soc. Am., **40** (1950), 603. 山本義隆：幾何光学の正準理論，数学書房（2014），p.113–117. この本の中で山本は，Toraldo とほぼ同じやり方でリウビルの定理からストローベルの定理（彼はクラウジウスの相反定理と呼んでいます）を導いています。

② ストローベル（シュトラウベル）の定理再考２　Toraldo di Francia の証明と Abbe・Helmholtz の正弦条件

$$H = -n\gamma = -(n^2 - p_1^2 - p_2^2)^{1/2} \tag{3}$$

はハミルトニアンである。(1)～(3)式は力学における正準方程式であり、q_1 と q_2 は質点の一般化座標、p_1 と p_2 はそれらに共役の運動量である。

いま主光線が $z = 0$ を通る平面と (q_1, q_2) で交叉し、その方向が (p_1, p_2) である微小光線束を考えると、その光線束を形成するすべての光線は主光線のまわりの無限に小さい $dq_1 dq_2 dp_1 dp_2$ の範囲に含まれる。この積を光線束の光学体積（optical volume）と呼ぶことにしよう。

さて、統計力学で広く知られる Liouville（リウビル）の定理によれば、z によって変わる座標の変化が(1)・(2)式に支配されるならば、この体積は一定に保たれる。それ故、光学体積は幾何光学における不変量である。

更に次式が得られる。

$$dq_1 dq_2 dp_1 dp_2 = dS n^2 d\alpha d\beta = dS n^2 \gamma d\Omega \tag{4}$$

ここに、γdS は $z = 0$ における微小光線束断面の光線法線への射影、$d\Omega$ はその立体角である。こうして光学体積の不変性はエネルギー保存則と組み合わせることにより基本放射輝度（reduced brightness、現代の用語では basic radiance）$B_0 = B/n^2$ が光線束（主光線と同義でしょう）に沿って不変であることが導かれる」。

少し補足説明を加えましょう。**図1**はこの文章を理解するために私が描いたものです。Pは3次元直交座標系 (x, y, z) 上の $z = 0$ の平面を主光線が貫通する点 $(q_1, q_2, 0)$、またこの光線が進む方向を示す方向余弦を (α, β, γ)

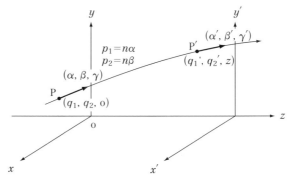

図1

とします。したがって $\alpha^2 + \beta^2 + \gamma^2 = 1$ です。P'はある時間 ($t = z/c_0$) の経過後に主光線が到達する点を表します。その位置 (q_1', q_2', z) によって表され、Pにおける値に対応してダッシュをつけて表記してあります。

(4)式における $d\alpha d\beta$ から $d\Omega$ への変換は次の手順で得られます。

方向余弦 (l, m) を極座標 (θ, φ) で表すと、

$$l = \sin\theta\cos\varphi, \quad m = \sin\theta\sin\varphi \tag{5}$$

が得られます。これらを (θ, φ) に関して微分して行列式で表示すると次式が得られます。

$$\begin{pmatrix} dl \\ dm \end{pmatrix} = \begin{pmatrix} \cos\theta\cos\varphi, & -\sin\theta\sin\varphi \\ \cos\theta\sin\varphi, & \sin\theta\cos\varphi \end{pmatrix} \begin{pmatrix} d\theta \\ d\varphi \end{pmatrix} \tag{6}$$

これより

$$dldm = \cos\theta\sin\theta\, d\theta d\varphi = \cos\theta\, d\Omega \tag{7}$$

が得られます。定義により $\gamma = \cos\theta$ ですから、(7)式が(4)式と一致しました。

☆正準方程式の導出

Toraldoの論文中「幾何光学と解析力学の間に存在する類似」とはたいへん漠然としているので、フェルマーの原理を出発点として、これから古典力学におけるハミルトンの正準方程式と全く同じ方程式を導き、その際に得られる光線の光学方向余弦と質点の運動量の間の数学的類似を明らかにします。著者は C. Carathéodory: *Geometrische Optik* (1937) を参照論文に挙げていますが、ここでは R. K. Luneburg: *Mathematical Theory of Optics*, Univ. Calif. Press (1964), にほぼ従って導出します。

いま、3次元直交座標系を考え、光線がz軸のまわりのある程度 (more or less) 細い円柱の内部を進むと仮定すると、フェルマーの原理は

$$V = \int_{z_0}^{z_1} n\sqrt{1 + \dot{x}^2 + \dot{y}^2}\, dz \tag{8}$$

が極値（多くの場合最小値）になるような光路をとると表現できます。ここに

n は屈折率で (x, y, z) の関数です。このとき光線の軌跡を次式で表します。

$$x = x(z), \quad y = y(z) \tag{9}$$

(8)式において $\dot{x}$ と $\dot{y}$ はそれぞれ

$$\dot{x} = \frac{dx}{dz}, \quad \dot{y} = \frac{dy}{dz} \tag{10}$$

を表します。

(8)式による極値を求める問題は，数学的には込み入った吟味を必要としますが，多くの場合(8)式に対するオイラーの方程式を解いて得られます*。これは次式で与えられます。

$$\frac{d}{dz}\left[\frac{n\dot{x}}{(1+\dot{x}^2+\dot{y}^2)^{1/2}}\right] - \frac{\partial n}{\partial x}\cdot(1+\dot{x}^2+\dot{y}^2)^{1/2} = 0 \tag{11}$$

$$\frac{d}{dz}\left[\frac{n\dot{y}}{(1+\dot{x}^2+\dot{y}^2)^{1/2}}\right] - \frac{\partial n}{\partial y}\cdot(1+\dot{x}^2+\dot{y}^2)^{1/2} = 0 \tag{12}$$

一方，光線の (x, y, z) 軸に対する方向余弦はそれぞれ次式で与えられます。

$$\cos \alpha = \frac{\dot{x}}{(1+\dot{x}^2+\dot{y}^2)^{1/2}} \tag{13}$$

$$\cos \beta = \frac{\dot{y}}{(1+\dot{x}^2+\dot{y}^2)^{1/2}} \tag{14}$$

$$\cos \gamma = \frac{1}{(1+\dot{x}^2+\dot{y}^2)^{1/2}} \tag{15}$$

(11)・(12)式と(13)・(14)・(15)式を見比べて，次式による光学方向余弦を定義することができます。

$$p = n \cos \alpha = \frac{n\dot{x}}{(1+\dot{x}^2+\dot{y}^2)^{1/2}} \tag{16}$$

$$q = n \cos \beta = \frac{n\dot{y}}{(1+\dot{x}^2+\dot{y}^2)^{1/2}} \tag{17}$$

---

* 例えば寺沢寛一：自然科学者のための数学概論，岩波書店（増訂版1954），第9章参照

(16)・(17)式より次式が得られます。

$$n^2 - p^2 - q^2 = \frac{n^2}{(1+\dot{x}^2+\dot{y}^2)} \tag{18}$$

この式を用いて$\dot{x}$と$\dot{y}$をpとqで表して次式が得られます。

$$\dot{x} = \frac{p}{(n^2-p^2-q^2)^{1/2}} = \frac{\partial}{\partial p}(n^2+p^2+q^2)^{1/2} \tag{19}$$

$$\dot{y} = \frac{q}{(n^2-p^2-q^2)^{1/2}} = \frac{\partial}{\partial q}(n^2-p^2-q^2)^{1/2} \tag{20}$$

またオイラーの方程式(11)・(12)式は(18)式を用いて次のように書けます。

$$\dot{p} = \frac{n \cdot \frac{\partial n}{\partial x}}{(n^2-p^2-q^2)^{1/2}} = \frac{\partial}{\partial x}(n^2-p^2-q^2)^{1/2} \tag{21}$$

$$\dot{q} = \frac{n \cdot \frac{\partial n}{\partial y}}{(n^2-p^2-q^2)^{1/2}} = \frac{\partial}{\partial y}(n^2-p^2-q^2)^{1/2} \tag{22}$$

ここでハミルトニアン$H(x, y; p, q)$を次式

$$H(x, y; p, q) = -(n^2-p^2-q^2)^{1/2} = -n\cos\gamma$$

によって定義すると,

$$\dot{x} = \frac{\partial H}{\partial p}, \quad \dot{p} = -\frac{\partial H}{\partial x} \tag{23}$$

$$\dot{y} = \frac{\partial H}{\partial q}, \quad \dot{q} = -\frac{\partial H}{\partial y} \tag{24}$$

が得られます。これがハミルトンの正準方程式であることは明らかです。いま変数(x, y)を(q_1, q_2), (p, q)を(p_1, p_2)に変えるとToraldoの(1)と(2)式と一致します。すなわち光学的方向余弦と質点力学の運動量とは全く同じ正準方程式を満たすことが明らかになった次第です。別の表現によれば,幾何光学におけるフェルマーの原理と古典力学による最小作用の原理は,全く同じ数学的表現に従うことが分かったことになります。

☆リウビルの定理

　光線の軌跡を解析力学の正準方程式で記述できたことの利点は，一本の光線のある瞬間の状態をその位置と光学方向余弦（質点の力学では運動量）の4次元空間（$x, y; p, q$）内の一点で指定できることです。この点は時間（$t = z/c_0$，c_0は光速度）とともに正準方程式(1)と(2)式に従って移動することになります。3次元空間における光線の軌跡を，4次元空間内の点の運動に置きかえて調べることが可能になったわけです。この空間をひとつの質点に対する位相空間と呼びます。

　位相空間の概念は19世紀半ばにW. R. Hamilton（1805〜1865）とJ. Liouville（1809〜1882）によってもたらされ，はじめは天体力学，特に3体問題の解法に使われたそうです。しかし，現代の物理学テキストでは統計力学の分野で，例えば1モルに含まれる分子数10^{24}個程度の自由度をもつ系を対象とする多次元位相空間（Γ空間と呼ばれる）内の代表点の運動を統計的に調べるといった応用が主に取り上げられています。本項の光学応用では，2次元または3次元空間における光線と光線束の性質を，それぞれ2次元と4次元の位相空間を使って調べることになります。ここで中心的役割を果たすのがリウビルの定理です。

　いま3次元実空間において，一本の主光線のまわりに，小さい面積をある小さい拡がり角をもって通過する，無数の光線から成る微小光線束を考えます。この光線束中の個々の光線はある特定の時点でそれぞれ位相空間内の僅かに異なる位置（代表点，representative point）を占め，その結果この光線束は位相空間の内部にある体積を占有することになります。主光線が実空間をある軌跡を描いて進むと，この位相空間内の各代表点はそれぞれの正準方程式にしたがって運動し，それらの全体が占める領域も一般的には形を変えて移動します。このとき，領域内部の各点がたどる軌跡は古典力学の解の一意性からして互いに交わることはありません。リウビルの定理はこのとき，微小光線束が位相空間内に占める領域の体積が運動の全過程において一定に保たれることを保証するのです。すなわち，光線束の位相空間内の代表点は互いに離れたり近づいた

りして進行し，その全体が占める領域の形が変わって元の形を留めないようになっても，その体積（4次元空間の場合は4次元の体積，2次元空間の場合には面積）は一定であり続けるのです。

リウビルの定理は，代表点が時間（$z = c_0 t$で表示）とともに正準方程式にしたがって動くことすなわち(23)・(24)式を用いて証明できます[*]。

いったん決めた代表点の数は時間（z）の経過によって増減することがありませんから，その密度をρと置くと，流体力学における質量保存則である連続の方程式がこのρに対して成り立つとしていいことが分かります。すなわち4次元の位相空間において

$$\frac{\partial \rho}{\partial z} + \mathrm{div}\, \rho \boldsymbol{v} = 0 \tag{25}$$

が成り立つと考えます。

上式を成分に分けて書くと，

$$\frac{\partial \rho}{\partial z} + \sum_{i=1}^{2} \left[\frac{\partial}{\partial x_i}\left(\rho \frac{dx_i}{dz}\right) + \frac{\partial}{\partial p_i}\left(\rho \frac{dp_i}{dz}\right) \right] = 0 \tag{26}$$

ここに前節の記号との対比は$x_1 = x$, $x_2 = y$, $p_1 = p$, $p_2 = q$です。

前節の式を用いて(26)式を書きかえて次式が得られます。

$$\frac{\partial \rho}{\partial z} + \sum_{i=1}^{2} \left[\frac{\partial}{\partial x_i}\left(\rho \frac{\partial H}{\partial p_i}\right) - \frac{\partial}{\partial p_i}\left(\rho \frac{\partial H}{\partial x_i}\right) \right] = 0 \tag{27}$$

積の微分を実行して次式が得られます。

$$\frac{\partial \rho}{\partial z} + \sum_{i=1}^{2} \left(\frac{\partial \rho}{\partial x_i}\frac{\partial H}{\partial p_i} + \frac{\partial \rho}{\partial p_i}\frac{\partial H}{\partial x_i} \right) = 0 \tag{28}$$

正準方程式(23)，(24)を用いて書き変えて，次式が得られます。

$$\frac{\partial \rho}{\partial z} + \sum_{i=1}^{2} \left(\frac{\partial \rho}{\partial x_i}\frac{dx_i}{dz} + \frac{\partial \rho}{\partial p_i}\frac{dp_i}{dz} \right) = 0 \tag{29}$$

密度ρは$x_1 = x$, $x_2 = y$, $p_1 = p$および$p_2 = q$の関数ですから，(29)式の左辺がρのzに関する全微分であることは明らかです。すなわち次式が得られます。

---

[*] 以下の議論は主として，D. Marcuse: *Light Transmision Optics*, 2nd ed., van Nostrand Reinhold Co. (1982), p.112によりました。

$$\frac{d\rho}{dz} = 0 \tag{30}$$

これは密度が z すなわち時間と無関係に一定であることを表しています。この式はリウビルの定理のひとつの表現ですが，これよりもポピュラーな，位相空間内の体積一定の表現を求めるには次のようにします。

いま，ある特定の数の代表点が領域 V の中に含まれ，この領域の境界は z とともに内部の代表点の数が一定であるように変わると仮定すると，(30)式より

$$\frac{d}{dz}\int_V \rho dV = 0 \tag{31}$$

となります。代表点の選び方は任意なので，V の内部でその密度 ρ が一定であるようにすると，(31)式の ρ が積分の外に出ますから，上式は

$$\frac{dV}{dz} = 0 \tag{32}$$

に還元されます。この式は一定の代表点をその内部に含む領域の体積が時間 ($t = z/c_0$) に関して不変であること，すなわちこの領域 V は時間の経過に従って動く代表点を内部に含んで位相空間中を移動し，その形が大きく変わることはあっても，体積は一定に保たれること——これこそがリウビルの定理の最もポピュラーな表現です——を表しています。

☆位相空間内における光学不変量の図形的性質

Toraldo di Francia の証明は，主に統計力学の分野で使われるリウビルの定理をその原初の形である「3次元空間における質点の運動を4次元の位相空間で記述する際の基本的性質」ととらえて，既に広く知られていた光線の力学的表現であるその正準方程式に適用して導いたもので，幾何光学の不変量 $dSn^2\cos\theta d\Omega$ の物理的内容を明快に説明するものでした。しかも主光線上の任意の2つの点の間でそれがある点と共役であるか否かに無関係に一度に証明できたわけです。

光線の軌跡が平面内にあるときは位相空間が2次元（平面）になり，不変量

の性質をリウビルの定理を使って図形的に調べるのに便利です。レンズが共軸系の場合に実空間ではメリジオナル面がこれに当たり，このとき位相空間における不変量は $dxdp$ になります。ここに dp は次式で与えられます。

$$dp = d(n\sin\theta) = n\cos\theta\, d\theta \tag{33}$$

最も単純な場合として単レンズによる近軸結像に関して共役点と入射瞳面の3個所において不変量の図形がどう変わるかを調べてみましょう。光軸上に幅 dx_0 の小開口を置き，これを光軸上無限遠に角距離 $d\theta_0$ の幅をもつ単色光源で照明するとします［**図2**(a)］。記号は図示した通りです。簡単のため物・像空間とも屈折率を1とし，近軸近似が成り立つとします。$dx_0 \ll f$, $d\theta_0 \ll 1$ を仮定するわけです。このとき $dp = d\theta$ になります。

物体面，入射瞳面，および像面のそれぞれについて2次元位相空間における長さ x 対方向余弦 $p(=\theta)$ のグラフを描くと同図(b), (c), (d)が得られ，いずれの

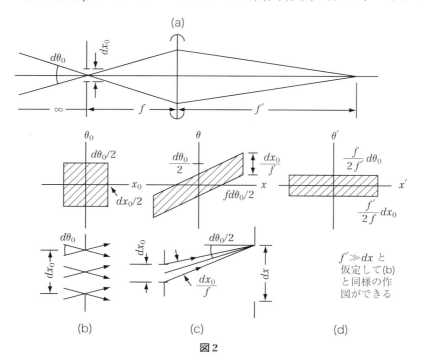

図2

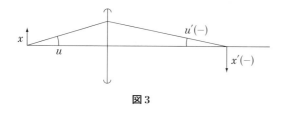

図3

場合も，斜線で示した面積が一定値 $dx_0 dp_0 (= dx_0 d\theta_0)$ になることが分かります。

共役面の間では当然のことながら，物空間・像空間の媒質が異なる一般的な場合 ($n \neq n'$) に，見慣れた次式に還元されます。

$$nxu = n'x'u' \qquad (34)$$

これがラグランジュ・ヘルムホルツの公式であることは言うまでもありません（図3）。この公式が(4)式による幾何光学の不変量から，$\gamma(= \cos\theta) = 1$, $dx \to x$ および $d\theta \to u$ の置換によって得られたことは，近軸域の結像公式が成り立つ条件を具体的に教えてくれるものです。

☆有限な開口をもつ光学系への適用

ストローベル（シュトラウベル）の定理はフェルマーの原理やマリュスの定理と肩を並べる，高い応用性を内蔵する幾何光学の定理です。しかし，この定理が微分形で書かれているため，これを現実の光学系に適用するには，何らかの積分操作を必要とします。その際，例えば収差の影響を考慮するかしないかで，得られる式が同じでもそれが意味する内容ががらっと変わってしまいます。その実例が正弦条件です。ここでは，H. Helmholtz の論文を題材にしてその実際を探ってみます。

正弦条件は光学系に残存する物高に比例するコマ収差を光軸上の物点に対する光線追跡の結果だけを用いて評価したり除去するのに極めて有用な条件で，E. Abbe（1840～1905）が発見したものです。彼はこれを無限遠物体に対して1873年に[*]，また有限距離にある物体に対しては1879年に[**]，いずれも証

---

[*] M. Schultz's Arkiv für mikroskopische Anatomie, **9** (1873), 413
[**] Sitzungberichte der Jenaischen Gesellschaft für Medicin und Naturwischenschaft (1879), 129
  いずれも Abbe 全集第1巻（1904），p.45 および p.213 に転載されています。

明抜きで発表しました。私はその内容とその後の展開を，収差を評価したり低減する立場から解説しました[*]。私は本項で，H. Helmholtz（1821〜1894）が1874年に Abbe とは独立に，彼とは異なる視点から正弦条件を発見した筋道を彼の論文[**]に従って紹介します。

彼はまず，単一球面に屈折則を適用して，物点と像面の間に(34)式によるラグランジュ・ヘルムホルツの公式が成り立つことを確かめ，これを測光学の原理と組み合わせて，物体と像の間で一般的な輝度不変則

$$J' = \left(\frac{n'}{n}\right)^2 tJ \tag{35}$$

が成り立つことを明らかにしました。ここに J と J' は物体とその像の輝度，n と n' は物空間と像空間の屈折率，t は光学系の透過率です。J/n^2 と J'/n'^2 を基本放射輝度（basic radiance）といいます。(34)と(35)式は屈折面や反射面が次々と並んだときにも，それらの曲率中心が一線に並んだ共軸系の場合に第1次近似として成り立ちます。

次に Helmholtz は，図3 において「(34)式は入射光線と射出光線が光軸となす角 u と u' が無限に小さいという条件下で成り立つ。それが小さいときに u と u' に等しくなるのであれば，代わりに $\sin u$，$\tan u$，またはそれ以外の関数であっても構わない」と述べてから，断面が円形で大きい半頂角 α_0 をもつ光線束が，光軸に垂直におかれた面積 dS の物体から光学系に入射するとき，その全光束 L は（測光学の原理から）次式で与えられると書きます。

$$\begin{aligned}L &= JdS_0 \cdot \int_0^{\alpha_0} 2\pi \cos\alpha \cdot \sin\alpha \cdot d\alpha \\ &= \pi JdS \cdot \sin^2\alpha_0\end{aligned} \tag{36}$$

ここで彼は，「（レンズの内部で）次々と屈折を繰り返した後に，面積 dS が完全かつ厳密に — vollständig und genau — 英語では completely and exactly — dS' に結像すると仮定し，その輝度が $(n_1/n)^2 J$ で与えられ，かつ α に対応す

---

[*] 第4・光の鉛筆，新技術コミュニケーションズ（1997），32 正弦条件，p.422–439
[**] Ann. Phys. u. Chem. (Poggendorff's Annalen) Jubelband（編集長 Poggendorff 在任50年記念号），(1874), 557

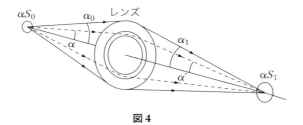

図4

る射出光線が光軸と角度 α_1 で交わるならば，エネルギー保存則より dS_1 に集まる光束は(36)式の L に等しい（**図4**）．

$$L = \pi J \left(\frac{n_1}{n}\right)^2 \cdot dS_1 \sin^2 \alpha_1 \tag{37}$$

ところで，（物体および像の高さを β と β_1 とおくと）

$$\frac{dS_0}{dS_1} = \frac{\beta^2}{\beta_1^2} \tag{38}$$

となり次式が得られる．

$$n\beta \sin \alpha_0 = n_1 \beta_1 \sin \alpha_1 \tag{39}$$

(39)式は開口内部でレンズに角度 α で入射するすべての光線に対して成り立ちますからこれが有限距離にある物点に対する正弦条件であることは明らかです．しかも(39)式が成り立つ条件として，「dS から dS_1 への結像が幾何光学的に完全かつ厳密に行われる」ことを挙げています．Helmholtz にとってこの条件は，市販されているいい顕微鏡対物レンズならば当然満たしている筈のものだったのでしょう．更に，この式から無限遠物体に対する正弦条件も容易に得られますから，Helmholtz こそが正弦条件を証明つきで公表した最初の人だったと言うことができるでしょう．しかし彼は(39)式を主に測光の観点から導いたので，この式が要求する条件が球面収差とコマ収差を補正して初めて満たされるというレンズの設計上極めて重要な指針であることに気が付かなかったこともまた確かでしょう．

一方 Abbe はこの時点ですでに無限遠に対する正弦条件を証明抜きで公表し

(1873)，しかもその前年の 1872 年には(39)式を使ってコマ収差を補正したに違いない「新設計の顕微鏡対物レンズ群」を発表し，その圧倒的に勝れた光学性能のために，市場を席巻していたのでした。その時点では正弦条件の公表を控えて社外秘扱いにするのが得策だと判断したのでしょう。

Helmholtz は上記論文を投稿する直前に Abbe の 1873 年論文を読み，自分の論文の末尾に次の文章を加えました。「Abbe の論文は私の研究と多くの部分で重複する理論的・実験的研究の結果が含まれている。高傾角光線束の定理（正弦条件），顕微鏡結像への回折の影響，輝度不変則など私の結論の根拠を形作るものが，証明抜きで Abbe によって見いだされている。——中略——しかし，私の論文には彼が発表を控えている 2 人が使った定理の証明や 2・3 の理論的考察も含まれているので，科学的見地からその出版を許してもらえると考えた」。

一方，Abbe は先に挙げた第 2 論文（1879）の中で次のように述べています。「Helmholtz は，私とほとんど同時に発表した論文（1874）で，ここで述べた定理をまったく別の方法で証明した。それは私が光線光学的な関心から導いたよりも遥かに適用性の広い対象を扱うのに都合のいい方法であった。彼は有限な大きさをもつ物体を出てその像の形成に寄与する光のエネルギーが，物体側と像側で保存されるという原理から出発して，(2)式における正弦の比 $n\sin u/n'\sin u'$ が一定であることを導いた。彼が設けた，物体とその像の寸法比が微小光線束の方向によらず一定であるという仮定は，私の取り扱いでは収差による像の拡がりがガウス結像による像高 y' と同程度の場合を除外するという条件に照応している」。

この引用の最後の 2 行を理解するには説明が必要でしょう。コマ収差は像高 y' に比例して増大するもので，画角の比較的小さい望遠鏡や顕微鏡の対物レンズを設計・製作する場合に，球面収差と並んで除去することが必要です。その形が画面中心から見て放射状に拡がるためにコマ（すい星）と命名されました。ザイデル近似ではすい星の尾がその核に対して張る角度は 60°です（**図5**）。

イエナ大学の私講師だった E. Abbe は，その地の小さな光学器械製造業者

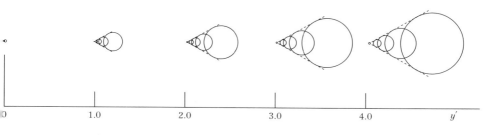

図5

だったC. Zeissの求めに応じて,「科学的な方法」で高開口数顕微鏡対物レンズの設計を試み,球面収差の除去には成功したものの,これで標本を観察したところ,物点が中心部からほんの少し外れただけで像に大きなぼけが生じ,まったく実用にならないことが分かりました。これがコマと呼ばれる非対称収差です。そこで彼は光軸上の収差(=球面収差)が十分に補正されたときに,それから僅かに外れた点の像がコマ収差を持たない条件を光線追跡の手法を使って探して(39)式による正弦条件に到達したのでした。

Abbeより19歳年長のHelmholtzは当時(1878),ヨーロッパ随一を誇るドイツアカデミズムの頂点ともいえるベルリン大学物理学教授のポストにあり,同大学に付属する物理学研究所の所長を兼ねていました[*]。彼の手記によれば,Abbeは「抜群に深い光学の知識,最高の創造力,極度の厳密性を備えた研究者」で,「ベルリン大学で光学と関連部門の責任者に最も適した人物」でした。一方のAbbeは名門とはいえ田舎のイエナ大学で講座をもたない(正規の教授ではない)員外教授に過ぎませんでした。

Helmholtzは1878年春イエナにAbbeを訪ね,彼に開所したばかりの物理学研究所の部門長兼ベルリン大学光学教授のポストを提示して就任を要請したのでした。

Abbeはこの申し入れを断りました。彼は既に1876年にC. Zeissとの間で

---

[*] 以下の記述は主に,F. Auerbach: *Ernst Abbe: Sein Leben, Sein Wirken, Seine Personlichkeit*, Akad. Verlag. (1918) p.210, および, N. Günther: *Ernst Abbe, Der Schöpfer der Zeiss-Stiftung*, Wiss. Verlag. (1951) p.71によりました。

ツアイス社の共同経営者になる契約を交わしていました。1872年発売以来，同社顕微鏡の評価は年毎に高まり，この契約では同社利益の1/3をAbbeの収入とするとの取り決めが行われていたそうです*。Helmholtzには当初大学教授の副業くらいに映っていたのかも知れませんが，Abbeはそれより遥かに深くツアイス社の経営にコミットしていたわけです。Helmholtzは手記の中で，「AbbeにはC. Zeiss氏に対し破棄できない契約（原文は金銭的な債務）があってそのためにどうしてもイエナに留まらねばならないようだ」と記しています。

Abbeにとってベルリン大学教授への転進を断念するという決断は大きい喪失感をともなうものでした。友人への手紙に次のように書いています。「これは私にとってまさにぴったりのポストだった。即座に断ったが，心は重かった — mit schwerem Herzen，気持ちは落ち込んでいたの意でしょう—」。こうして，苦渋の決断でベルリン大学教授への道を自ら断ったAbbeは，その後本格的にツアイス社の経営に乗り出すことになったのでした。正弦条件は彼の科学上の偉大な業績だっただけでなく，彼の人生の大きな分岐点にもかかわったわけです。

---

* A. ヘルマン（中野不二男訳）：ツアイス，激動の100年，新潮社 (1995), p.63 原本は，A. Hermann: *Carl Zeiss-Die Abenteuerliche Geschichte einer Deutschen Firma*, Deutsche Verlags-Anstalt (1989)

③ ストローベル（シュトラウベル）の定理再考 3
分光器の明るさ尺度としてのエタンデュ

新しき葡萄酒は新しき革嚢にいれ，斯(か)くて両(ふたつ)ながら保つなり
──新約聖書：マタイ伝──

　正弦条件は，それが発見・公表された 1870 年代以来，レンズを設計・製作する側と使う側とでかなり異なる用途を開拓してきました。前者は残存コマ収差を実用上十分に除去するための検定に用い，後者──光学器機の理論に通じしかも手元にある望遠鏡・顕微鏡・分光器・光検出器などから最高の性能を引き出して使ったりそれらに関する独自の理論を作ろうとする人たちに限られるでしょうが──はこの条件が満たされているとの前提の下で，光学器械の性能や機能の向上を目指したのです。後者の典型的な例が本項で紹介する分光器の明るさへの適用です。

☆ Jacquinot の創見

　古典的な分光法にはプリズムや回折格子を分光素子に使う方法の他にファブリ・ペロのエタロンやマイケルソン干渉計を使う干渉分光法があります。第 2 次大戦後，分光分野にも光電測光法が積極的に導入されるようになり，分光法や分光器を「明るさ」という指標，すなわち「近接した 2 本の等強度の単色スペルトルを分解するのにどれだけの放射束（可視光に対しては光束）を取り出して使うことができるか」を示す共通の指標を作って，特定の分光放射を測定するのにどの方法が最適かを評価しようという気運が生まれました。分光器の波長分解能 $\lambda/\Delta\lambda$ を決める際，光学的に計算した分解能だけでなく，使用光量の大小もそれに大きく関与するという事実が明らかになったからです。この指標

が得られれば，既存の方法だけでなく，新しい分光法を考案する際にもその利点・欠点を調べるのに有効な筈です．その先鞭をつけたのが，フランス国立科学研究センター（CNRS）Bellevue 研究所（Paris）の P. Jacquinot（1910~2002）でした[*]．

彼が描いた空間分散型分光器の配置を**図1**に示します．F_1 は光源または背後からインコヒーレント照明されたスリットで α_1 はコリメーターレンズ L_1 から見たそのスリット幅の角距離，Disp はプリズムまたは回折格子を含む分散系，L_2 は望遠鏡対物レンズ，F_2 はその焦点面においた受光用スリット，α_2 はそれを L_2 から見たときの開口の幅を角距離で表したものです．分散系は平行光線束中に置かれ，図中の i_1 と i_2 はそれぞれ基準的配置のときの分散系への平行光の入射角と射出角を表します．スリット L_2 を射出した光束はすべて場所と角度に無関係に等感度で検出器によって光電変換されるとします．

ここで入射側と射出側の角分散 D_1 と D_2 を次のように定義します．

$$D_1 = \left(\frac{di_1}{d\lambda}\right)_{i_2}, \quad D_2 = \left(\frac{di_2}{d\lambda}\right)_{i_1} \tag{1}$$

このとき，スリット幅 α_1 と α_2 にそれぞれ対応するスペクトル幅 $\omega_1 = \alpha_1/D_1$ と $\omega_2 = \alpha_2/D_2$ を等しくしたとき所定の波長分解能に対する使用光束が最大になることは広く知られています．$D_1 = D_2$ になるのはプリズム分光器の場合最小偏角のとき，回折格子分光器の場合はリトローマウントの配置のときに限られます．なお図には示してありませんがスリット F_1 と F_2 の高さ（長さ）は角距離で等しく β としておきます．

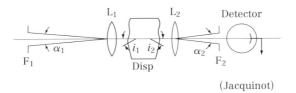

図1

[*] J. Opt. Soc. Am., **40**（1950），603

ここでJacquinot自身は当然のこととして説明を加えませんが，レンズL_1とL_2の開口の全面で球面収差が0で，しかも両スリット面ともスリット長β（半径$\beta/2$の円の内部を指す）の範囲でコマ収差が無視できる程に小さいすなわち正弦条件が成り立つと仮定します。

この仮定の下で，ストローベル（シュトラウベル）の定理

$$n^2 \cos\vartheta\, d\omega\, dq = n'^2 \cos\vartheta'\, d\omega'\, dq' \tag{2}$$

から出発して第2スリットを通過する光束Φを求めると，光学系が正弦条件を満足すると仮定してこれは次式で与えられます。ただし円形開口の場合です。

$$\Phi = \pi \tau B s \sin^2\theta \tag{3}$$

ここにBは光源の輝度，$s = \beta\alpha_2 f_2^2$は射出スリット開口の面積，f_2はレンズL_2の焦点距離，θは射出スリットから光学系の射出瞳（ふつうは分光素子の開口）を見たときの開口半角，$\sin\theta$は開口数，τは光学系の透過率です。光学系全体は空気中に置かれるので$n = n' = 1$としてあります。

Jacquinotは平行光中に置かれた分散素子の開口上にストローベル（シュトラウベル）の定理を適用し，正弦条件が満たされると，このとき角度と面積に関する2つの積分を分離して行えることに着目して次式を得ました（これは私の推測です。彼はおそらくこの事実を自明と考えて説明なしに次式をいきなり提示しました）。

$$\Phi = \tau B S \Omega \tag{4}$$

ここに，Sは分散素子を通過する光線束の断面積で多くの場合分散素子の有効断面積に$\cos i_2$をかけたもの，Ωは分散素子の位置から受光スリットF_2の開口を見込む立体角（$=\beta\alpha_2$）です。ほぼ同じ式を光源側で作ることができます。

次に**図1**の配置（ただし上記した$\omega_1 = \omega_2 = \omega = \alpha_2/D_2$の場合）による幾何光学的な波長分解能$R = \lambda/\Delta\lambda$を求めます。装置をモノクロメーターとして使う場合，波長λの単色光によるF_1の像がF_2の開口に正しく合致する前後で，F_2の開口を通り抜けて検出器に到達する光束は**図2**に点線で示す二等辺三角形になります。これを幾何光学的装置関数と呼びましょう。いま図において

$\delta\lambda = \omega$ の波長差をもつ隣接する 2 本の等強度単色光を装置が分離できると考えると，このときの幾何光学的波長分解能 R は次式で与えられます．

$$R = \frac{\lambda}{\Delta\lambda} = \frac{\lambda}{\omega} \qquad (5)$$

ただし $\omega = \alpha_2/D_2$ です．

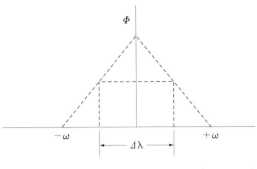

図2

上式は，物理光学的に求めた波長分解能 R_0，すなわち無限小幅のスリットによる回折を考慮して計算した波長分解能の 1/3 以下の領域でいい近似で成り立ちます．このとき次式が得られます．

$$\Phi = \frac{\tau BS\beta\lambda D_2}{R} \qquad (6)$$

実際に使われる分光配置ではスリット幅を R/R_0 が 1/2 以下になるように選ばれているのが大部分ですから，上式が $R/R_0 < 1/3$ でいい近似で成り立つということは，この式が実用に十分役立つことを保証するものです．なお，回折の効果を(6)式に反映するには有限スリット幅に対する回折の効果を考慮した複雑な計算結果から R_0/R を変数とした効率係数を求めればよく，これは**図3**で与えられます．これを(6)式の右辺にかければいいのです．

Jacquinot は(4)式の右辺を単位輝度 $B = 1$ としたときの $\tau S\Omega$ を分光器の明るさを表す尺度になると考えて luminosité（英語では luminosity）と命名しました．また，英語・ドイツ語とも $S\Omega$ に簡潔な用語があてられていないとして，フランス語で測光用語として定着していた(2)式における不変量 $n^2\cos\vartheta d\omega dq$ を表す étendue ―エタンデュ―― 拡がり，広さ，面積などの意――をそのまま使うことにしました．本来の意味よりも遥かに限定した場合，すなわち本来のエタンデュを正弦条件をみたす光学系の，しかも平行光線中に限って成り立つ積分形 $S\Omega$ を表す用語に転用したわけです．当初空間分散型分光器を想定して作った

③ ストローベル（シュトラウベル）の定理再考 3

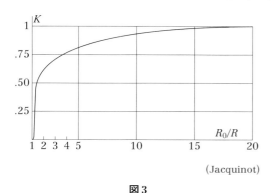

図3

(3)〜(6)式はプリズムと回折格子の比較だけでなく，非空間分散型の干渉分光器を含むほとんど全ての分光器の評価尺度として広い適用範囲をもつことになります。

☆プリズムと回折格子の比較*

分光プリズムの基本配置を**図4**(a)に示します。簡単な計算により，射出側の角分散 D_2 は次式で与えられます。

$$D_2 = \frac{di_2}{d\lambda} = \frac{di_2}{dn}\frac{dn}{d\lambda} = \frac{t}{W}\frac{dn}{d\lambda} \tag{7}$$

ここに，t はプリズム中の光路に沿って測った最長距離，W は開口の有効幅です。プリズムの厚さ（紙面に垂直に測った有効長）を h とすると，その有効開口面積が $S = hW$ であることを考慮して次式が得られます。

$$SD_2 = th\frac{dn}{d\lambda} = A_p\frac{dn}{d\lambda} \tag{8}$$

ここに A_p は，プリズムの有効底面積です（開口面積でない点に注意！）。

プリズムと比較すべき反射型回折格子分光器の配置を**図4**(b)に示します。回折光が入射光の方向に戻るリトロー型とし（図中の $x = 0$ の場合），しかもこの方向が格子のブレーズ角 φ と一致する場合を考えると次式が得られます。

$$SD_2 = A_g\frac{2\sin\varphi}{\lambda} \tag{9}$$

ここに A_g は回折格子の開口面積です。入射光がすべてこの方向に回折するとして回折効率を1にしてあります。

---

* この節と次節は前掲した Jacquinot の論文にほぼ従います。

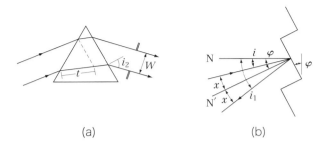

(a)　　　　　　　　　　　　(b)

図4

　いま(a)と(b)の分散系を，基本的には同一の光学系，すなわち**図1**に示す諸元が同じ光学系に挿入したと考え，両者が同じ波長分解能 R をもつと仮定すると，系のエネルギー集中効率（プリズムでは透過率，回折格子では回折効率）τ も同じとして次式が得られます．

$$P = \frac{\Phi(\text{prism})}{\Phi(\text{grating})} = \frac{A_\mathrm{p} \frac{dn}{d\lambda}}{2 A_\mathrm{g} \sin\varphi} \tag{10}$$

簡単のため $A_\mathrm{p} = A_\mathrm{g}$，および $\varphi = 30°$ と置くと

$$P = \lambda \frac{dn}{d\lambda} \tag{11}$$

が得られます．

　Jacquinot は $0.25\,\mu\mathrm{m}$ から $32\,\mu\mathrm{m}$ の広い波長域で種々のプリズム材料の P を計算し，最適のプリズム材料を選んでも P の値は 0.13 以下であるとして，同一波長分解能に対する利用光束を比較したときのプリズムに対する回折格子の優位性を数値的に明らかにしたのでした．

　以上の例ではプリズムと回折格子のスリット長 β を同じにしてあります．ほぼ同じ結像系を使いますから，両分光法ともスリット長の限界は結像系の収差補正で決まりほぼ同じと考えていいように見えます．しかし2つの分散素子ともスリットが長くなるとその像が弯曲ししかもその向きが両者で逆になること，また弯曲が波長によって変わるため，単純に受光用に弯曲スリットを作っ

て補正するだけでは不十分な場合があること，など面倒な問題が生じます。これについて私は以前に解説しました*。

☆ファブリ・ペロのエタロンと回折格子分光器との比較

Jacquinotが本項の冒頭に引用した論文を発表するより6年も前に，彼とC. Dufourは干渉分光計，具体的にはファブリ・ペロのエタロンやマイケルソン干渉計を分光に用いる場合には，プリズムや回折格子分光法による受光スリットの受光立体角（$=\alpha\beta, \beta \gg \alpha$），と比べて格段に大きい値（$\approx \beta^2$）をもつことができることを明らかにしました**。すなわち明るい分光器やモノクロメーターとしての優位性を指摘したわけです。その理由は受光する開口の共役面にできる干渉パターンが，2波干渉・多波干渉に共通して中心対称のためです。前者によるハイディンガー環の性質は広く知られています。したがって，スリットの代わりに円形や環状の開口を使うことができるのです。以下にまずファブリ・ペロのエタロンの場合を，前節の取り扱いに準じて調べてみましょう。

ファブリ・ペロのエタロンの分光への応用はその大きい波長分解能に注目して当初はスペクトルの微細構造や超微細構造の研究に集中していましたが，大戦後はそれに加えて使用光束を大きくとれるとして光電測光法の普及と共に遠赤外域や天体観測をふくむ微弱光源の分光測定にも広く使われるようになりました。

その動作原理の詳しい説明は成書***にゆずり，ここでは**図5**を用いた簡単な説明にとどめます。

高反射率Rをもつ平面鏡2枚を距離tを隔てて正しく平行に置き，波長λの単色光を角度iで入射させると，レンズLの焦点面には多波干渉により次式による強度分布が生じます。

---

* 鶴田匡夫：続・光の鉛筆，新技術コミュニケーションズ，(1988)，16 スペクトル線の弯曲，p.174
** J. Rech. CNRS, **6** (1948), 1. 標題は「分光写真器と干渉計に光電管を採用したときの光学的条件」です．明るさと波長分解能という観点から干渉分光法が従来法よりも優れた点を明確にし，あわせて現代のファブリ・ペロ分光測光法を提案したことで知られています．CNRSの紀要に掲載されましたが，流通が悪く，入手が極めて困難です．
*** 例えば，鶴田匡夫：応用光学II，培風館 (1990), p.101–106, 第4・光の鉛筆，新技術コミュニケーションズ (1997), 19 ファブリ・ペロ干渉計，p.241–255, および後者で挙げた書物を参照して下さい．

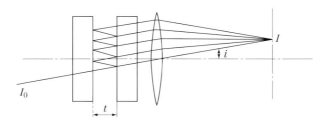

図5

$$I = \tau I_0 \left[1 + \frac{4R}{(1-R)^2} \sin^2 (2\pi t/\lambda \cdot \cos i) \right] \quad (12)$$

ここに I_0 は入射光の強度，τ はエタロンの透過率で次式で与えられます．

$$\tau = \left(\frac{T}{1-R} \right)^2 = \left(\frac{1-A}{1-R} \right)^2 \quad (13)$$

T と R は半透鏡の透過率と反射率，A は反射鏡を含む系全体の吸収係数です．$R+T+A=1$ の関係があります．

いま有限な拡がりをもつ単色面光源で照明すると，Lの焦点面には同心円の明暗分布が現れ，R が大きくなるに従い，暗黒を背景に細く鋭い明線群になります（図6）．

いま λ のかわりに波数 $\sigma = 1/\lambda$，i の代わりに $\cos i$ をとって図6(a)を描き直すと，高反射鏡（$R > 0.6$）を想定して図7が得られます．横軸に σ をとる表示は例えば同心円の中央の強度がエタロンの距離 t を変えたときの強度分布の変化を表し光電測光による分光法に対応し，$\cos i$ をとる表示は t を一定にしたときの干渉環を撮影する分光写真法に対応するものです．いずれの場合も，強度が繰り返す間隔は $\Delta\sigma = 1/2t$ と $\Delta(\cos i) = \cos i/p$，および強度曲線の半値幅は $\delta\sigma = \Delta\sigma/N$，と $\delta\cos i = \cos i/pN$ になることは容易に分かります．ここに p は干渉の次数，N はフィネスを表します．$\Delta\sigma$ をスペクトルレンジといいます．

このとき，干渉環の半値幅を $\delta\cos i$ または $\delta\sigma$ で表すと理論波長分解能 R_0 は次式で与えられます．

$$R_0 = \frac{2\pi\sigma \cos i}{\delta(2\pi\sigma \cos i)} = \frac{\sigma}{\delta\sigma} = \frac{\cos i}{\delta(\cos i)} \quad (14)$$

3 ストローベル（シュトラウベル）の定理再考 3

分光器の明るさ尺度としてのエタンデュ　41

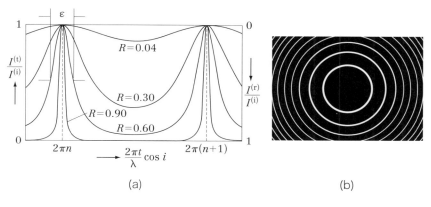

(a)　　　　　　　　　　　　　　　(b)

図 6

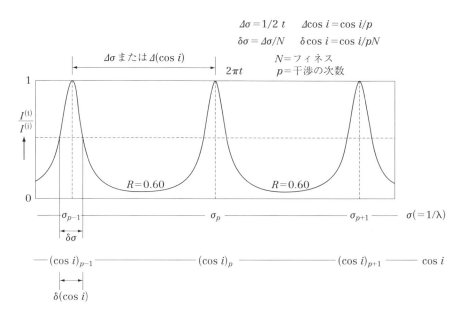

図 7

いま特定の明るい環状干渉縞に着目し，その半値幅に等しい幅をもつ環状開口を望遠鏡対物レンズの焦点面に置き，それを通過する光束を測定すると，そのときの波長分解能は $R = 0.7 R_0$ になります。この開口を通過する光束は(12)式をその最大値を挿んで半値幅の積分域で積分して得られ，その結果干渉計の実効透過率は $\bar{\tau} = \tau \times (\pi/4)$ になります。この環状開口を立体角で表示すると

$$\Omega = 2\pi\delta(\cos i) \simeq 2\pi/R_0 \tag{15}$$

になりますから，受光器に入る光束 Φ は次式で与えられます。

$$\Phi = B\bar{\tau}A\Omega = \frac{\pi^2}{2}\tau\frac{BA}{R_0} \simeq 3.4\frac{\tau BA}{R} \tag{16}$$

この式には特定の環を示すパラメーターが入っていません。したがってその特別な場合として円環群の中心に円形開口を置くのが，少なくとも実験上は最良の選択でしょう。このときその半径 i_0 は次式で与えられます。

$$i_0 = \sqrt{\frac{2}{R_0}} \tag{17}$$

Jacquinot は当時の技術水準から，「良質の銀の薄膜製反射鏡を使って黄色から赤の波長域で τ が約 0.4，N が 30～50 のエタロンを，また誘電体多層膜を使うと，最高で τ が約 0.7，N が 50 のオーダーのエタロンを製作できる」と書いています。ここにフィネス N は位相で表示した干渉縞半値幅の逆数［**図6**において $N = 2\pi/\varepsilon$］です。現代では主に高効率レーザー用としてこれよりも遥かに高い性能の反射鏡が作られています[*]。

ファブリ・ペロ干渉法と回折格子分光器の明るさの比較は開口面積が等しい場合に，(4), (9)および(16)式を使って得られます。

$$G = \frac{\Phi(\mathrm{F\cdot P})}{\Phi(\mathrm{grating})} = \frac{3.4\tau}{2\beta\sin\varphi} \tag{18}$$

回折格子分光器のラジアンで測ったスリット長が $\beta \ll 1$ であることは明らかですから，利用できる光束の観点でファブリ・ペロのエタロンの優位性は明白

---

[*] 例えば，鶴田匡夫：第4・光の鉛筆，新技術コミュニケーションズ，(1997), p.255

です。β の上限は対物レンズ L_1 および L_2 の残存収差できまり，それがレンズであるか反射鏡であるか，使用波長域が大きいか小さいか，分散素子が平面格子か凹面格子かによって収差補正の結果は大きく異なります。Jacquinotはおそらくその実際を十分知った上で次のように書いています。「容易に入手できる分光器では $\beta = 1/100$ である。しかし現代の特別に設計されたものの最大値は $\beta = 1/10$ に達する。同じ開口断面積をもつ格子分光器に対するエタロンの優位性は光束比で $G = 30～400$ である。この優位は極めて重要で，エタロンを従来の微細構造分析用に限定せず，中程度の波長分解能をもつ分光器にも積極的に応用できる可能性を示唆している」。

その一方で彼は，高精度ファブリ・ペロのエタロンは製作が難しく，回折格子よりも小さい寸法のものしか作れないこと，および次数の異なるスペクトルの重なりを防ぐためにエタロンや回折格子を使った前置分光器をタンデムに並べる必要があることなど，その欠点にも言及しています。しかし，ファブリ・ペロのエタロン最大の欠点はそれが透過型であることから透明材料の選択に限界があってその適用波長域が，特に紫外域で大きく制約を受けることだと思います。

☆マイケルソン干渉計と回折格子分光器の比較

JacquinotとDufourの前記論文が発表されてから3年後の1951年にP. B. Fellgettの後に有名になる学位論文がCambridge大学から公開されました[*]。これは多重分光法の優位性を初めて明らかにしたもので，m 個の単色スペクトルを同時に光電測光し，その後に数学的に処理（フーリエ変換）することによってスペクトルを分離するという方式を採用すると，光電変換によって生じる信号対雑音比を，スペクトルをひとつずつ測定する場合に比べ，$\sqrt{m}$ 倍に向上できるという，マイケルソン干渉計の使用を前提にした新しい分光法の誕生を告げるものでした。ただしこの利点は発生する雑音が検出器の雑音が主で，光の強さには依存しないという仮定の下で成り立つものです。そのためこの干渉分光法はこの条件が満たされる赤外域で急速に発展しました。私は干渉分光

---

[*] その要約は1957年に開催されたCNRSの第1回コロキウム（1958）で著者自身によって報告されました。J. Phys. Radium., **19** (1958), 237.

法についてやや詳しく解説しました*ので，ここではこの利得（フェルゲットの利得）はそちらを参照していただくとして，光束の利得だけを紹介します。

マイケルソン干渉計の配置を図8に示します。フーリエ分光法では，光源開口・受光開口とも無限遠に対する共役面に置かれ，受光面上に生じるハイディンガー干渉環の中心を共有するように円形開口Dが置かれています。二つの光路間の最大光路差が主光線に対してxのとき，開口の端を通る光線に対してx_mとすると，$x-x_m = \lambda/2$のときの波長分解能R_Mは開口の半径を0にしたときの理論分解能R_0の0.8になります。このとき$\Omega R_0 = 2\pi$が得られます。これはファブリ・ペロのエタロンの場合と同じ関係です。したがって円形開口を通過する光束Φは次式で与えられます。

$$\Phi(\text{Michelson}) = \frac{1.6\pi\tau BA_M}{R} \tag{19}$$

ここにτは干渉計のエネルギー集中率で，半透鏡や反射鏡の波長特性の他入射光の偏光特性によっても変わりますが，実用波長域では0.3〜1.0程度でしょう。

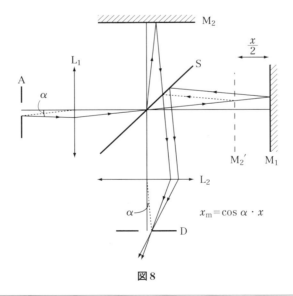

図8

---

* 第5・光の鉛筆，新技術コミュニケーションズ（2000），15 フーリエ分光法，p.224–239。なお，p.236–237の一部記述と図15.5には誤りがあります。以下では修正してあります。

(19)式と(6)と(9)式から得られる回折格子に対する受光スリットを通過する光束の式 Φ (grating) の比を求めると波長分解能 R と開口面積 A が等しいと仮定して次式が得られます。

$$H=\frac{\Phi(\text{Michelson})}{\Phi(\text{grating})}=\frac{1.6\pi\tau}{2\beta\sin\varphi} \tag{20}$$

ファブリ・ペロエタロンとマイケルソン干渉計のエネルギー集中率の大小はにわかには決められませんが，同じ波長分解能に対して取り出せる光束がほぼ同じという(18)と(20)式の意味は重要ですし，その理由が両者に共通して $\Omega R_0 = 2\pi$ という関係に由来していることにも注目したいと思います。

マイケルソン干渉計型の分光器が，回折格子分光器と比べてその分光的明るさ（ジャキノの利得）が大きく，ファブリ・ペロのエタロンと同程度という事実に加えて，これがフェルゲットの利得においてファブリ・ペロ分光器に勝ることはその将来展望を明るくしました。しかしこの方法には光電出力（インターフエログラム）のデータをフーリエ変換して初めてスペクトルが得られるという面倒な手順が必要でした。そのため高速フーリエ変換法の発明と汎用コンピューターの高速化があって初めて本格的なフーリエ変換赤外分光器の普及が始まったのでした。

☆エタンデュの変遷

Jacquinot は luminosité と étendue を定義して次のように書きました[*]。「分光装置の luminosity は射出光の断面積 S と，波長分解能に結びつく立体角 Ω の積 U に比例する（比例定数は装置の透過係数）。U は現代フランス語では étendue，英語では light-gathering power（集光力）である。ほとんどすべての分光装置において，波長分解能 R を変えようとするとき積 UR は不変で，開口面積とある定数の積になる。この定数の大小は使用する分光法だけによって決まる」。

この定義は極めて明快で異議を挟む余地はないのですが，日常使われる単語を流用したこともあって luminosité と étendue という用語に関してはあとあと問題が残りました。

---

[*] *Rep. Progress in Phys.*, **23**（1960）267

luminosité は英語では luminosity です。科学用語としては，天文学では星の絶対等級，色彩学では明度，原子核実験では加速器の散乱特性を表すパラメーターなどがある他，フランスではレンズの像面照度を輝度で正視化した値 $\pi\tau\sin^2\alpha$ をこう呼ぶ例もあります*。ここに τ はレンズの透過率，α は像側の開口半角です。要するに「明るさ」を指す日用語の転用ですから新参者としては混同が避けられないわけです。

étendue も同様です。光学では source étendue は点光源と対をなす拡がった面光源を指します。一方測光学では形容詞をそのまま名詞化して，元来は光線束の拡がりを意味する l'étendue du faisceau** とか，l'étendue d'un pinceau lumineux*** という用語が面積と立体面の積の意味で使われています。微小光線束の定義でもあるストローベル（シュトラウベル）の定理における不変量 $n^2\cos\vartheta d\omega dq$ を想起すれば，この用語の「拡がり」の意味——面積と立体角に関する拡がり——を直ちに理解できる筈です。なお Bruhat も Bruhat・Maréchal も，この用語を微分形の不変量 $n^2\cos\vartheta d\omega dq$ に付与しています。Jacquinot が定義した，正弦条件を仮定し，しかも平行光線中に分光素子の開口絞りを置く配置で初めて成り立つ上述の U を定義したものではありません。恐らくフランスの光学テキストで現在まで最大の出版部数を誇る Bruhat の光学テキストの初版は 1931 年に出版され，しかも序文によれば幾何光学を含むその第 1 部は Lille 大学理学部の物理コースの講義に基づくそうですから，幾何光学の基本原理から導かれ，その限りで近似を全く含まない(2)式は同国の物理学者の常識だったと考えてもよさそうです。Jacquinot はこの常識の上に立って，彼の導入した実用的な近似量 U を étendue と命名したのでしょう。

一方，本家本元のドイツではどうだったでしょうか。Straubel のいわば門下生である Zeiss 社の H. Boegehold は(2)式がフェルマーの原理や Hamilton の光線理論から厳密に導かれる幾何光学の基本定理であることを詳しく解説し[†]，同じく Zeiss 社の O. Eppenstein は(2)式からレンズの測光学的性質

---

* M. Bruhat et A. Maréchal: *Course de physique I. Optique geometrique*, Masson (1956), p.175
** G. Bruhat: *Cours d'optique*, Masson (1931), p.15
*** A. Maréchal: Optique géométrique générale, in *Handbuch der Physik* **24**, Springer (1956), p.56
† H. Boegeheld: Die Allgemeinen Gesetze über Lichtstrahlbundel und die Optische Abbildung, in *Grundzuge der Theorie der Optischen Instrumente*, 3 Auflage, Barth (1924), p.213–233

3 ストローベル(シュトラウベル)の定理再考3
分光器の明るさ尺度としてのエタンデュ

を導く際の注意事項を式と図を使って親切に記述しました*。しかし不思議なことに微分形の不変量 $n^2\cos\vartheta d\omega dq$ には名前を付けませんでした。(2)式を一般的にはストローベル(シュトラウベル)の定理,共役関係にある場合にクラウジウスの定理と呼ぶとしただけでした。

英語圏では,Jacquinot が掲げた light-gathering power の他に,light-grasp (H. A. Gebie), throughput (L. Mertz), acceptance (W. H. Steel), optical extent (CIE, International Lighting vocaburary 3nd ed. 1970. ただし 2011 年発行の新しい版では削除) などがあります。W. H. Steel は国際光学会議 (ICO) の会長 (1972~74) だった 1974 年に Appl. Optics に寄稿してこれらの用語について意見を求めました。当時 ICO で光学用語集を作る計画がありました。彼自身は optical extent がいいと思うと書きましたが,当時の Applied Optics 編集長 J. N. Howard は US 発の thruput を推しました。この用語集は結局出版されませんでした。

(2)式による不変量を generalized étendue invariant または generalized Lagrange invariant と命名し,(2)式を generalized étendue theorem または generalized Lagrange theorem と呼んだのは T. Welford (Imperial College, London) でした (1978)**。彼は太陽光集光系として結像系よりも遥かに効率の高い非結像集光系を設計する指針として,ストローベル(シュトラウベル)の定理の厳密な導出から始め,リウビルの定理を介してその積分が見易い形になる条件を求めたのでした。結像系における正弦条件に対応するものとして,非結像素子では一様輝度の円形光源からの光束を考え,その入射面と射出面が共に一様な照度になる条件を設定したのです***。ともあれ,共役でない 2 つの受光面の間に適用できるという,ストローベル(シュトラウベル)の定理の本質的な効用が発見後 50 年以上もたって初めて立証された次第です。

日本では小穴純先生が昭和 20~30 年代に行った東大理・物理の学部学生に

---

* O. Eppenstein: Die Strahlungsvermittlung durch Optische Geräte, in *Handbuch der Physik* **18**, Springer (1927), p.197–225
** T. Welford and R. Winston: *The Optics of Nonimaging Concentrators* — Light and Solar Energy —, Acad, Pr. (1978), p.20
*** 第 6・光の鉛筆,新技術コミュニケーションズ (2003),5 非結像集光光学系,p.57–71

対する光学（必修）講義の中で，(2)式をStraubelの定理と名付け，これは「一般化された正弦条件」であると述べています。これは私のノートではなく先生ご自身の講義ノートに載っているものですから間違いありません。たいへん含蓄のある指摘です。生意気な学生達には評判の悪い講義でしたが，延べ400人近い学生達の中でこの指摘の重要さに気付いた人が果たして何人いたか気になるところです。

我国で発行された光学関連の用語集でエタンデュの項があるものに，日置隆一編：光用語事典，オーム社（1981）があり，以下の通りです。

「エタンデュ　étendue　測光学の基本事実を記述するのに便利な量，物体の面積素 dS の法線に対して θ の角をなす光線のまわりの $d\omega$ なる立体角を満たす光線束を考える。物体空間の屈折率を n とするとき，$n^2 dS \cos\theta d\omega$ がこの光線束のエタンデュといわれる量である。像空間の対応する量にダッシュを付して表すと，光学結像に際して，光の吸収がなければ

$$n^2 \, dS \cos\theta \, d\omega = n'^2 \, dS' \cos\theta' \, d\omega' \tag{21}$$

なるクラウジウスの関係が成立する。（図省略）」

小穴先生はこれとほぼ同じ内容をもつ関係をStraubelの定理と呼んだわけですが，両先生に共通して，この定理を光学結像を前提にした，共役関係にある点同士の間で成り立つとの，いわばStraubelの拡張解釈以前の狭い適用範囲に限定していることに注意したいと思います。

4 Toraldo di Franciaの超解像 1
Schelkunoffのアンテナ理論

> 本を読まない人って現実べったりで奥行きがないんだよね。
> ──米原万里：言葉を育てる──

　Toraldo di Franciaには超解像（super-resolution）の元祖とも言える非常に面白い論文（1952）[*]があります。これは無収差点像いわゆるエアリーパターンの中央光斑を回折限界を超えて小さくすると同時に，それを取り巻く回折環の強度も低下させて，点像を孤立した限りなく小さいスポットに近づける試みです。

　Lord Rayleighは1872年に，円形開口の縁だけを残した環状開口による回折像のほうが全開口に光を通過させてできる回折像よりも，中央の光斑が小さくなるので分解能が向上すると述べています[**]。前者の強度分布 $J_0^2(x)$ の第1零点が $x = 2.4$ なのに対し後者による $[2J_1(x)/x]^2$ の第1零点が3.8ですから，Rayleigh自身の定義による分解能は約1.6倍に向上するわけです。ここに J_1 と J_2 はそれぞれ1次と2次のベッセル関数です。しかしその代償として，前者の回折環強度が後者よりも大きくなって，画面全体の像質を悪化させるという犠牲を伴うでしょう（**図1**）。

　Toraldoは，この中心光斑の一層の微小化とそれを取り巻く回折環の強度低下を同時に実現するような瞳フィルターを設計する手法を，開口や奥行きの寸法をそのままにして指向性を向上させるスーパーゲインアンテナ[***]の理論に着

---

[*] Nuovo Cimento Suppl. **9** (1952), 426
[**] Astr. Soc. Month. Not., **33** (1872), 59, *Scientific Papers* **I** (1899), p.163
[***] アンテナの分野でゲインとは，非指向性アンテナと比べた場合の指向性アンテナの感度のよさを表す用語です。スーパーゲインとはそれを超えるという意味です。具体的には本項で取り上げるSchelkunoffのアンテナをこう呼びます。

想を得て考案したのです。しかし彼の瞳フィルターも，スーパーゲインアンテナに内在する2つの欠点を共有していました。

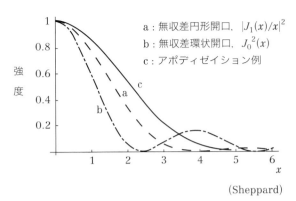

図1

設計の実際は，光斑に近い回折環から順にその強度が0になるような条件を与えて瞳フィルターの形すなわちそれぞれに対応する半径，幅，透過率などを計算していくのですが，その数が増えるに従って中心光斑の相対強度いわゆるシュトレールの強度が低下し，また残った外側の回折環に光のエネルギーが集中するという傾向が避けられなかったのです。これは使える画面の大きさに著しい制約を加えることになりました。しかしコンフォーカル顕微鏡のように視野の制約が少ない光学系への適用など，限られた分野への応用は今も試みられているようです*。

この頃まで，瞳フィルターを使った像改良には2つの進め方がありました。ひとつは開口の周辺部に向かって徐々に透過率を下げるもので，点像の回折環の強度を低下させる一方で，中心光斑が広がる傾向をもち「アポディゼイション (apodization)」と呼ばれました。明るいスペクトルの脇に現れる回折縞を微弱なスペクトルと誤認するのを避ける目的で主に分光光学系に使われました。もうひとつは，瞳の中央部の透過率を下げて中心光斑を小さくするもので，上述のRayleighの方法を改良したものといってよく，以前はこちらを超解像と呼んでいました。Toraldoはこの2つの特徴を兼ね備えた瞳フィルターを実現しようと考えたのでしょう。

これら，レンズの瞳を操作して像の特性を変える方法では，無収差レンズの遮断空間周波数を越えてその帯域を広げることはできません。これはインコヒー

---

* I. J. Cox and C. J. R. Sheppard: J. Opt. Soc. Am. **A3** (1986), 1152

④ Toraldo di Francia の超解像 1　Schelkunoff のアンテナ理論　51

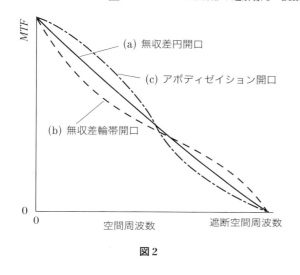

図2

レント物体に対する光学伝達関数（MTF）が，瞳関数の自己相関関数で与えられるという数学的関係から明らかです[*]。図2 に，(a) 無収差焦点面上，(b) それに Rayleigh の輪帯フィルターを付加した場合，および (c) アポディゼイションフィルターに代えた場合，のMTFを模式的に示しました。遮断空間周波数は3つとも同じです。簡単な情報理論的考察によると，2次元構造のインコヒーレント物体に対する結像レンズの情報伝達能力は，帯域（レンズはローパスフィルターですからこれは遮断空間周波数と一致します）に画面の面積をかけたものに比例します[*]。図2 の3つのケースの MTF は，(b) は(a)よりも低空間周波数域では低く高空間周波数域では高く，一方 (c) はその逆になっています。しかし3者とも情報伝達能力という点では，第1近似的に同じなのです。したがって Toraldo の方法も，「レンズの開口をうまく工夫して解像力を上げる手法は，厳密な意味では「超」解像と呼べるものではないが，広義にはそのように理解されている」[**] とか，「超解像法および特殊結像法とは，光の波長とレンズ系の開口数によって決まる結像光学系の空間分解能の限界（回折限界）を超えた分解能を実現する手法およびその光学系の総称である」[***]，といった定義からは，脇に押しやられたり，無視された格好です。

しかし，外国の光学テキストや解説・展望には，Toraldo の論文を超解像の

---

[*] 鶴田匡夫：応用光学 I, 培風館 (1990), p.237-249
[**] 河田聡：超解像の概念と理論, in 超解像の光学, 学会出版センター (1999), p.6
[***] 中村収：超解像法および特殊結像法, in 最新光学技術ハンドブック, 辻内他編, 朝倉書店 (2002), p.393

先駆的研究として高く評価するものが多くあります。Lipson, Lipson and Tannhauser: Optical Physics, 第3版（1995）*では解像力向上の項を，Apodization, super-resolution, confocal scanning microscopy および near-field microscopy の4つに分け，その2番目の super-resolution では Toraldo の論文だけを取り上げてほぼ1ページをその説明にあてています。冒頭の文章は次の通りです。「Toraldo の提案による啓発的（illuminating）なアイディア（1952）は，Abbe の解像限界を無制限に向上できること，およびその代償として結像に使われる光の効率が低下することを明らかにした」。これに続けてフィルター製作の実際を述べて，回折環が次々と消失する一方で中央の回折円盤の直径が小さくまた暗くなっていく過程を詳しく説明しました。

　また，共焦点走査顕微鏡の発明者の一人で顕微鏡超解像法の分野で指導的役割を果たしている C. J. R. Sheppard は超解像を3つに分類し，結像の MTF と分解能を（1）遮断空間周波数を変えずに，（2）ある制約の下で遮断空間周波数を増大させることにより，（3）原理的には無制限に遮断周波数を増大させることにより，それぞれ向上させるとしました。彼もまた第一分類に属する方法として，スーパーゲインアンテナの発明を挙げ，その光学応用として Toraldo の研究を詳しく紹介しています**。

　確かに，Toraldo がお手本としたスーパーゲインアレーやその元になった S. A. Schelkunoff の線形アレー理論***は，直線アレー群を使って，小型で高い指向性と空間分解能をもつアンテナを設計するのに画期的な方法を提供するものでしたが，その本質的な長所を技術的基盤が大きく異なる光学に移植するには卓抜な着想を必要としました。Lipson や Sheppard が Toraldo の先駆的研究だけを特に取り上げてその考え方と方法の要旨を詳しく紹介した理由でしょう。本項は Schelkunoff の論文，次項以降はその後の展開と Toraldo の論文を続けて紹介します。

---

* 中村収：超解像法および特殊結像法, in 最新光学技術ハンドブック, 辻内他編, 朝倉書店（2002）p.360, 著者の一人 S. G. Lipson による Toraldo 法の改良研究あり。Optics Lett. **25**（2000），209
** Micron, **38**（2007），165
*** Bell Syst. Tech. J., **22**（1943），80

☆問題の所在

　無収差レンズの開口に濃度フィルターを挿入して分解能の向上を図るという課題を数学的問題に定式化したのは R. K. Luneburg（1903～49）でした。彼は 1944 年に Brown 大学（USA）で行った夏期集中講義「Mathematical Theory of Optics」中の「§50：2つの等強度点像の分解」においてこの問題を取り上げ，それを3つの変分問題に還元したのです。

　無収差レンズの円形開口上に中心対称型のフィルターを置く場合を考えてその複素振幅分布を $A(\rho)$ とおくと，像面上の複素振幅 $F(r)$ は次式で与えられます。

$$F(r) = \int_0^{\rho_0} \rho A(\rho) J_0(\rho r) d\rho \tag{1}$$

ここに ρ_0 は像空間の開口数で $n\sin\theta$，θ は像面から開口を見たときの，そのへりが光軸となす角度，r は像面上の還元動径座標で実寸座標 R とは $r = \lambda/2\pi \times R$ で結ばれます。

　また，強度分布 D は

$$D(r) = |F(r)|^2 \tag{2}$$

で与えられます。

　2つの等光度の星像を近づけていくと，両星像の中心を結ぶ線上の強度分布は中央に凹みのある形［図3(a)，凹みの高さが左右の最大値の74％になる中心間距離を Rayleigh の定義に従ってレーリーの分解能と呼ぶのは周知です］から，(b)に示す中央部が平たんになる点 δ_0 を通り過ぎて今度は中央が凸になります［同図(c)］。Luneburg は数学的単純さからこの通過点 δ_0 を分解能の目安と考えました。これを Luneburg の分解能と呼びましょう。このとき次式が成り立つからです。

$$D''(\delta_0) + D''(-\delta_0) = 0 \tag{3}$$

D と D'' が偶関数であることから，

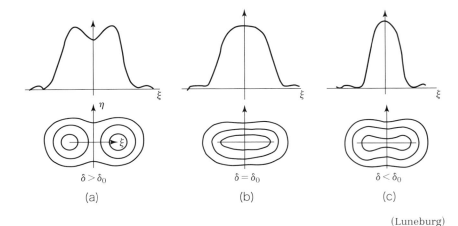

(Luneburg)

図3

$$D''(\delta_0) = 0 \tag{4}$$

このとき星像が互いにインコヒーレントだとして

$$2\delta_0 = 0.52 \frac{2\pi}{\rho_0} \tag{5}$$

が得られ,これを実寸で表示した分解能 R_0 は

$$R_0 = 0.52 \frac{\lambda}{n \sin \theta} \tag{6}$$

で与えられます。なおレーリーの分解能では定数が 0.61 になります。

ここで Luneburg は次の3つの変分問題をつくります。

(1) 無収差系回折点像の第1暗環の半径 $r_0 (= 0.61 \times 2\pi/\delta_0)$ より小さい第1暗環半径 $r = \alpha (<r_0)$ をもつ解の中で最大の中心強度(Strehl's Definition's Helligkeit,略称 SD)をもつ $A(\rho)$ を求める。すなわち,

$$\int_0^{\rho_0} \rho |A(\rho)|^2 d\rho = 1 \tag{7}$$

$$\int_0^{\rho_0} \rho A(\sigma) J_0(\rho\alpha) d\rho = 0 \tag{8}$$

の条件下で

$$|F(0)|^2 = \left| \int_0^{\rho_0} \rho A(\rho) d\rho \right|^2 \tag{9}$$

が最大になる $A(\rho)$ を求める，というものです．(7)式は射出瞳を通過した光束を正規化する条件です．

この問題はラグランジュの未定乗数法を用いて解くことができます．$A(\rho)$ が実数であると仮定して，次式が得られます．

$$A(\rho) = \sigma - \tau J_0(\alpha \rho) \tag{10}$$

ここに σ と τ は定数です．上式を(8)式に代入して次式が得られます．

$$\sigma = \varGamma \sigma_0 = \varGamma [J_0^2(\alpha \rho_0) + J_1^2(\alpha \rho_0)] \tag{11}$$

$$\tau = \varGamma \tau_0 = \varGamma \frac{2 J_1(\alpha \rho_0)}{\alpha \rho_0} \tag{12}$$

ここに $\varGamma$ は(10)式を(7)式に代入して得られる定数です．

以上の結果回折像の複素振幅分布 $F(r)$ は次式で与えられます．

$$F(r) = \varGamma \int_0^{\rho_0} [\sigma_0 - \tau_0 J_0(\alpha \rho)] J_0(r\rho) d\rho \tag{13}$$

Luneburg は α を変えては上式を計算して次の結論を得ました．「α を適当に選ぶことによって分解能 $2\delta_0$ を小さくすることは可能である．しかし，$\alpha < 0.31 \times 2\pi/\rho_0$（第 1 暗環の直径，すなわち無収差点回折像の中心光斑の直径の半分以下）にするとその無収差系に対する相対中心強度 SD が低くなり過ぎて実用にならない」．

なお，$A(\rho)$ が実数であるとの仮定はフィルターが位相の変化をともなわない濃度フィルターであることを意味します．ただし $A(\rho) < 0$ の位置には位相を π だけ変える透明膜を付加する必要があります．

(2) これは (1) における条件式(8)式の代わりに(4)式を使う方法です．その際回折像強度分布として，未知のフィルター関数 $A(\rho)$ を含む回折積分の絶対値の 2 乗をとることは言うまでもありません．なおここでも $A(\rho)$ は実数とし

ます。すなわち,

$$D''(\delta_0) = F(\delta_0)F''(\delta_0) + (F(\delta_0))^2 = 0 \tag{14}$$

これを積分形で書いて,

$$D''(\delta_0) = \left(\int_0^{\rho_0} \rho A(\rho) J_0(\delta_0\rho)\right) \left(\int_0^{\rho_0} \rho^3 A(\rho) J_0''(\delta_0\rho)\right)$$
$$+ \left(\int_0^{\rho_0} \rho^2 A(\rho) J_0'(\delta_0\rho) d\rho\right)^2 = 0 \tag{15}$$

を (1) の(4)式に代わる条件とするわけです。これと光量正規化の(7)式という2つの条件の下で, (1) と同様に中心強度が最大になる $A(\rho)$ を探すことになります。ここでも (1) の場合と同様の変分法を適用するのですが計算の実際は (1) の場合よりも複雑です。回折点像上に少なくともひとつだけ無収差系の場合よりも中心に近い位置に零点をもつという (1) の条件と比べ, こちらは強度が零点をもたずへりに向かってだらだらと低下する場合を含む, より広い条件になっていますから当然でしょう。その結果, $A(\rho)$ は次式で与えられます。

$$A(\rho) = \sigma_0 + \sigma_1 J_0(\delta_0\rho) + \sigma_2 \rho J_0'(\delta_0\rho) + \sigma_3 \rho^2 J_0''(\delta_0\rho) \tag{16}$$

$\sigma_0, \sigma_1, \sigma_2, \sigma_3$ は(16)式を(7)式と(15)式に代入して得られます。パラメーター δ_0 を (1) の場合の α と同様に決めては, その都度 $\sigma_0 \cdots\cdots \sigma_3$ を計算して(16)式に代入し, これを用いて(1)式を解くという計算を繰り返すことになります。Luneburg 自身この計算は行わなかったようです。

(3) この方法は, 最大値をとるべき指標を中心強度ではなくエンサークルドエネルギー W (点像の中心を中心とするある円(半径 δ)の内部に含まれる光束。点像の全光束で正規化して用いる)にした場合の取り扱いです。すなわち

$$W = \int_0^{\delta} |F(r)|^2 r dr \tag{17}$$

が最大になるような $A(\rho)$ を δ を与えてはその都度計算しようというわけです。

この問題は数学的には次式による同次積分方程式を解くことに帰着します。

$$\lambda \rho A(\rho) = \int_0^{\rho_0} K(\rho, \rho') A(\rho') d\rho' \tag{18}$$

ここに核 $K(\rho, \rho')$ は次式で与えられます．

$$K(\rho, \rho') = \rho\rho' \int_0^\delta r J_0(\rho r) J_0(\rho' r) dr \tag{19}$$

λ は核 $K(\rho, \rho')$ の固有値の最大値，$A(\rho)$ はその固有関数です．

　数学的には非常にきれいにまとめられた解法ですが，これを見通しよく実行するのは大きい困難をともなったと私は思います．Luneburg が数値計算したのは（1）の方法だけで，上述したそのコメントを受けて Toraldo は次のように書いています．「近年この問題の詳細な考察が Luneburg によってなされた．彼の美しい定理を精査した結果，一様な瞳上にどんな皮膜をコートしても，それによって結像光学系の性能を改善するのは理論的な理由から不可能だとの結論から逃れられないことが分かった．このような状況の下，真剣に中心光斑の寸法を小さくしようという野心的な試みは放棄され，光学分野の人々の関心は光斑からそれを囲む回折環を剥ぎ取るといういわばマイナーな作業（アポディゼイションを指します）に向けられることになった．こちらの方が扱い易いので，近年多くの人々がフィルターの計算法を提案している」．

　Toraldo が引用した Luneburg の講義録は，Brown 大学（ニューイングランドの Province RI にあるアイビー校のひとつ）から講義のあった年の暮に出版された謄写版印刷，したがって片面だけに印刷された本文 401 ページの分厚い初版本です．現在では 1962 年に E. Wolf の編集で California 大学から出版された刊本が広く流通しています．Toraldo がこの論文を書いた 1952 年当時は初版本しかありませんでした．彼がどうやってこの本を入手したのか分かりませんが，これを引用している以上，ヨーロッパでも主な光学研究機関でこの初版本が閲覧可能で多くの研究者の目に触れていたのでしょう．ちなみに日本の図書館でこれを所蔵しているところはありません．全部 California 大学版（1962）です．

☆スーパーゲインアンテナ

Toraldo は，光学結像とアンテナの理論はその共通の基礎を電磁理論においているので一方から他方への転用が常に可能だとして，S. A. Schelkunoff（1897～1992）の論文，A Mathematical Theory of Linear Arrays, Bell Syst. Tech. J., **22** (1943), 80 に注目しました。Schelkunoff はロシア革命後にシベリアから日本を経由して USA に逃れた白系ロシア人で，コロンビア大学で Ph. D. を取得後ベル研でアンテナ理論，導波路中の電波伝播，同軸ケーブルの TV 画像伝送などの分野で先端的研究を行った電気工学者・応用数学者です。邦訳された著書に森脇義雄訳：電磁波論，岩波書店（1954）があります。これは Luneburg の場合と同じく，Brown 大学で夏期集中講義（1942）を行った際の講義録が元になって，翌 1943 年に D. Van Nostrand から出版されました。

Toraldo は，自国の物理学会誌 Nuovo cimento に投稿した気安さからか，「光学者と違い，マイクロ波の研究者たちは，波動光学の古くて証明済みの定理などに無頓着に仕事を進めているらしい。その結果，全く新しい理論を作り上げて，数多くの革命的な応用を見出した」，などと気炎をあげています。彼は 1959 年に国立光学研究所からフィレンツェ大学に移りましたが，このころから，イタリアの光学研究全般に指導的役割を果たすとともに，国立電磁波研究所と共同研究を始めて多数のマイクロ波レンズの設計なども行っています。光学の保守性に警鐘を鳴らす発言ともとれるでしょう。

☆ Schelkunoff の線形アンテナ理論

アンテナ，例えばその典型であるダイポールアンテナを直線上（Z 軸）に同じ方向（Y 軸，紙面に垂直）に向けて等間隔に並べたアンテナ列を考えたとき，その指向性が最大になる方向が Z 軸に直交する場合を横型アレー（broad-side array），それと一致する場合を縦型アレー（end-fire array，アンテナ列の両端からその線上に最大強度の電波が放射される意）といいます。Schelkunoff は主に縦型アレーについて，複素関数論の知識を駆使してその放射特性の最適

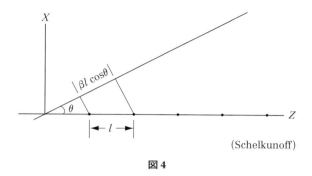

図 4

いま,XZ面(= 紙面)内で方位角(θ)依存性のない(非指向性)同形のアンテナ(ダイポールアンテナはその典型です)がn個,lの間隔で一列に並び,互いにコヒーレントで振幅の等しい電波を放射する場合を考えます(**図 4**)。また各要素アンテナがその左側のアンテナに対してもつ放射波の位相の進みをψとします。Schelkunoff はこれを一様線形アレー(uniform linear array)と名付けました。

このとき,個々のアンテナの放射強度をΦ_0と置くと,アンテナ列の放射強度Φ[その単位は例えば W(ワット)]は次式で与えられます。

$$\Phi = S^2 \Phi_0 \tag{20}$$
$$S = |1 + z + z^2 + \cdots z^{n-1}| \tag{21}$$
$$z = e^{i\psi} \tag{22}$$
$$\psi = \beta l \cos\theta - \vartheta \tag{23}$$
$$\beta = \frac{2\pi}{\lambda} \tag{24}$$

ここにSは空間係数(space factor)と呼ばれ,振幅(電気の用語では電流)で表した指向性特性です。$\beta l \cos\theta$は右のアンテナが左隣のアンテナに対してもつ,位置に依存して生じる位相の進みを表します。ϑは右のアンテナが左隣のアンテナに対してもつ時間的な位相の遅れを示し,これは人為的に操作できる量です。したがってψは右のアンテナの左隣のアンテナに対する位相の進みを表すわけです。ψは実数ですから,(24)式による複素関数zは複素平面上の単位円の円周に沿ってθの増加とともに時計まわりに回転します(**図 5**)。言うまでもなく$|z| = 1$です。

$\vartheta = \beta l$ のとき，Z 軸の方向 ($\theta = \psi = 0$) ですべての要素アンテナの位相が一致して 0 となり，振幅の総和は極大値 $S = n$ になります。この配置が縦型アレーです。位相の遅れ $\vartheta = \beta l$ は最左端のアンテナから始まる給電線で各アンテナに給電すれば自動的に実現します。また ψ

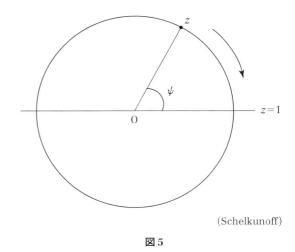

(Schelkunoff)

図5

が存在できる範囲は，$|\cos\theta| \leq 1$ の条件から $0 \sim 2\beta l$ となります。一方，$\vartheta = 0$ の場合に振幅の総和が極大値 n になるのはアレーと直交する方位で，これが横型アレーです。このときの ψ の存在範囲は $0 \sim \beta l$ です。

透過型回折格子に光を垂直入射させた場合を，上の一様線形アレーモデルと比べると，これは同振幅同位相のダイポールアンテナ群の代わりに無限に細いスリット群を並べたものと考えてよく，その間隔は放射波長の数倍もあるのがふつうです。したがって射出光は半空間 $|\theta| \leq \pi/2$ を 0 次，±1 次，±2 次……と複数の回折波に分かれて進みます。しかしアンテナアレーではひとつの方向（多くの場合 0 次）に射出エネルギーを集中させたいので，±1 次以上の電波が射出しないよう，$l < \lambda/2$ とするのが一般的です。

図 6 に一様縦型アレーに対する ψ が存在できる範囲を示しました。(a)は $l = \lambda/4$ で $\bar{\psi} = \pi$，(b)は $l = 3\lambda/4$ の場合で $\bar{\psi} = 3\pi$ です。

ここで，一様線形配列の空間係数 S の解析解を求めておきます。

$$S = \left|\frac{z^n - 1}{z - 1}\right| = \frac{\sin\frac{n\psi}{2}}{\sin\frac{\psi}{2}} \tag{25}$$

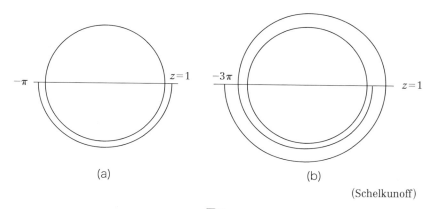

(Schelkunoff)

図6

この式の零点は $z = 1$ を除いて次式で与えられます.

$$t_m = e^{-\frac{i2m\pi}{n}}, \quad m = 1, 2, \cdots n-1 \tag{26}$$

$$\psi_m = -\frac{2m\pi}{n} \tag{27}$$

$$\cos\theta_m = \frac{\vartheta}{\beta l} - \frac{2m\pi}{n\beta l} \tag{28}$$

(28)式において, $\vartheta = 0$ が横型アレー, $\vartheta = \beta l$ が縦型アレーの場合を与えます. こうして(25)式による S の零点は複素平面上単位円の円周に沿って等間隔に並ぶことになります. **図7**において $z = 1$ が主極大の方向で, そのときの S の値がアンテナの総数 n になることは明らかです. これはすべてのアンテナが同位相の波を放射していることを示します. この図は $n = 12$ の場合で白い丸が零点を, またその中間の黒丸が側波が最大になる点をそれぞれ表しています.

$n = 6$ の場合の指向性曲線 S を**図8**に示します. ただし, 主極大 n の値で正規化してあります. 図に書きこんだ式は, フレネル・キルヒホフ近似で得られる n 個の開口をもつ透過型回折格子による回折パターンの式[*]や, ファブリ・

---

[*] 鶴田匡夫：応用光学 I, 培風館 (1990), p.230

62 PENCIL OF RAYS

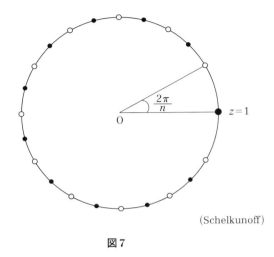

(Schelkunoff)

図7

$$\frac{S}{n} = \left| \frac{\sin \frac{n\psi}{2}}{n \sin \frac{\psi}{2}} \right| \quad n=6$$

$\psi = \beta l (\cos\theta = 1)$

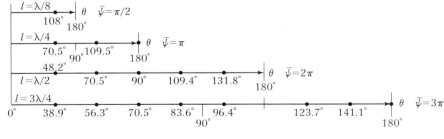

図8

ペロ干渉計をn個の等振幅波の多波干渉で近似した場合の回折パターンの式と同じです. ただし後者ではnはフィネスを表します[*].

図の横軸には, 縦型アレーの場合の異なるlの値に対するθで目盛の零点を書き込んでおきます. (23)式を用い, $\vartheta = \beta l$とおいて与えられたlに対してψをθに変換し, $0 < \theta < 180°$の範囲でSの値を極座標で表示すれば, それがXZ平面内の指向性特性を示すグラフになります.

一様横型アレー($\vartheta = 0$)では$l \gg \lambda$の場合に, (25)式に

$$\psi = \frac{2\pi}{\lambda} l \cos(\theta + 90°) = \frac{2\pi}{\lambda} l \sin\theta \longrightarrow \frac{2\pi}{\lambda} l \theta \tag{29}$$

を代入すればよく, 一様縦型アレー($\vartheta = \beta l$)では

$$\psi = \frac{2\pi}{\lambda} l (\cos\theta - 1) = -\frac{4\pi}{\lambda} l \sin^2\frac{\theta}{2}$$
$$\longrightarrow -\frac{4\pi}{\lambda} l \left(\frac{\theta}{2}\right)^2 \tag{30}$$

を代入すればいいことは容易に分かります.

アンテナ列の指向性を± 1次の零点がつくる角度$\varDelta$で表示して主放射ローブ (major radiation lobe) といいます. これはnlが十分に大きい場合(29)と(30)式の近似が成り立つので, 横型アレーでは

$$\varDelta = \frac{2\lambda}{nl}, \tag{31}$$

縦型アレーでは

$$\varDelta = 2\sqrt{\frac{2\lambda}{nl}} \tag{32}$$

となります. このとき横型アレーの主放射ローブは縦型よりも狭いことが分かります.

指向性を鋭くするには, 横型・縦型に共通してアンテナ列の全長$(n-1)l$を長くするのが最も安易な解決策です. しかしこれは, 全長を極力短くしたい

---

[*] しかし実際には, 与えられた金属に対し, その膜厚を変えて反射率と反射による位相のとびを制御して, 縦型の条件$\vartheta = \beta l$をみたし, しかもフィネスを適当な値にするのは極めて困難です. 鶴田匡夫: 応用光学II, p.106, 119参照.

という実用的な要求と矛盾します。そこで，$l < \lambda/2$ とか $l < \lambda/4$ の領域で全長を抑えつつ指向性を向上させる解を探すことになります。

放射の角度特性は方位角 θ に対する S の値を直交座標または極座標で表示するのがふつうです。**図9**に描いた曲線のうち，A は $n = 6$, $l = \lambda/4$, A′ は $n = 6$, $l = \lambda/8$ に対する，共に一様縦型アレーの S 曲線です。曲線は主極大の値で正規化してあります。単位アンテナの値を1とすると，このとき $S = 6$ です。主放射ローブは A の場合 141°，A′ では 219° です。これらの値を例えば全長 $(n-1)l$ を変えずに狭くしようというのが Schelkunoff が目指したところでした。

彼は，要素アンテナを等間隔（$= l$）に並べるが，個々のアンテナを発する波の振幅 A_m と位相 ϑ_m の値を最適化して指向性の向上を実現しようと考えました。一様線形アレーでは $A_\mathrm{m} = 1$, $\vartheta_\mathrm{m} = 0$ だったものです。その解析のいわばツールとして Gauss の「代数学の基本定理」を選びました。これは，「n 次代数方程式は複素数の範囲で n 個の解をもつ。すなわち n 個の一次式の積に因数分解できる」と表現できます。これを私たちの問題に書き直すと次のようになります。

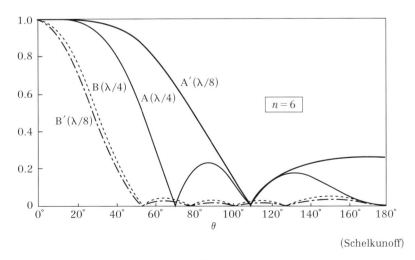

(Schelkunoff)

図9

④ Toraldo di Franciaの超解像1　Schelkunoffのアンテナ理論

「n個の方位角依存性のないアンテナを直線上に並べた線形アレーの空間係数 S は一般に $(n-1)$ 次の代数方程式で与えられるが，これは $(n-1)$ 個の（重根を含む）零点をもち，$(n-1)$ 個の一次式に因数分解できる．これを式で書けば，

$$S = |(z-t_1)(z-t_2)\cdots(z-t_{n-1})| \tag{33}$$

となる．その結果，このアンテナアレーの空間係数 S は，複素振幅が 1 と t_m で l だけ離れた 2 個で一組の仮想的単位アンテナの空間係数 S_m $(m=1, 2, \cdots\cdots n-1)$ の積で与えられる」．

しかし実際には，この仮想的単位アンテナ列はその根が $\bar{\psi} \leq 2\beta l$ の範囲にある時に限って指向性曲線上の零点になります（**図6**および**8**）．そこでSchelkunoffはアンテナアレーのすべての根が $0 < \psi \leq 2\beta l$ の領域に含まれる解の中から最適の組み合わせ，すなわち主放射ローブが狭く，かつ側波が小さいものを見出そうと考えたのです．しかしその代償として，$\vartheta_m = 0$ の条件から外れるため，$\theta = 0$ の方向に進む波の間にも位相差が生じ，その干渉効果によって放射波の主極大値が低下する恐れが生じるでしょう．

この考え方は Luneburg が円形開口の無収差結像系の回折円盤を小さくするのに，その第1暗環の直径を極小化する方法を選んだのと極めてよく似ているように見えます．大きな違いは，Schelkunoff が振幅 A_m と位相 ϑ_m を制御する一種の複素フィルターを考案したのに対し，Luneburg が振幅だけを制御するフィルターを考えたことでしょう．光学の分野では当時やっと真空蒸着法による表面反射防止膜が実用に供せられるようになったばかりでした．透明薄膜と吸収膜でレンズの表面に振幅・位相フィルターを形成させるという発想は未だ生まれていなかったのでしょう．

Schelkunoff は手始めに，要素が3つで要素間隔が $\lambda/4$ の縦型アレーについて試算しました．**図10**において，一様アレーの零点は $P(\psi = 2\pi/3)$ と $Q(4\pi/3)$ にあり，一方 $\bar{\psi} = 2\beta l = \pi$ です．したがって指向性 S に寄与するのは P だけです．そこで彼は P と Q を並べ変えて両方とも図の単位円の下半分に再配置することを考えました．

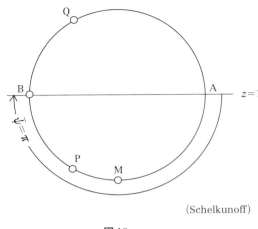

(Schelkunoff)

図 10

　まず第 1 零点を P, 第 2 零点を B ($\psi = \pi$) にとった場合について S を計算して次式が得られます.

$$S_1 = |(z - e^{-\frac{2\pi i}{3}})(z+1)| = |z^2 + z(1 - e^{-\frac{2\pi i}{3}}) - e^{-\frac{2\pi i}{3}}|$$
$$= |1 + z\sqrt{3}\, e^{-i\frac{\pi}{6}} + z^2 e^{-i\frac{\pi}{3}}| \qquad (34)$$

これは $l = \lambda/4$ の間隔をおいて振幅 A_m がそれぞれ 1, $\sqrt{3}$ および 1 の 3 つのアンテナが, 主極大 ($z = 1$) の方向の位相が $\vartheta_0 = 0$, $\vartheta_1 = -\pi/6$ と $\vartheta_2 = -\pi/3$ で並んでいることを表しています.

　次に, 第 1 零点を P から M に移し, 第 2 零点 B をそのままにした場合は,

$$S_2 = |(z+i)(z+1)| = |1 + z\sqrt{2}\, e^{-i\frac{\pi}{4}} + z^2 e^{-i\frac{\pi}{2}}| \qquad (35)$$

となり, 3 つのアンテナの振幅比は $1 : \sqrt{2} : 1$, 位相はそれぞれ 0, $-\pi/4$ および $-\pi/2$ になっています.

　これら 2 つのアンテナアレーの指向性曲線を, 一様アレーの場合を含めて **図 11** に示します

　A は一様アレー, B は上の第 1 例, C は第 2 例です. B はその第 1 零点の位置が A と同じですが, 側波の振幅が著しく低下し, 一方 C は第 1 零点の位置

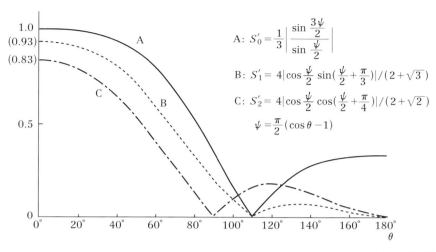

図11

(Schelkunoff を一部改変)

がAよりも主極大に近いけれど，側波の振幅がAよりも小さいがBよりも大きくなっています．BとCとも指向性は一様アレーより改善していますが，主放射ローブが狭まった点で，Cが最適解ということができるでしょう．

ここで**図11**における正規化，すなわち3つの曲線が$\theta = 0$において示す値について説明しておきます．(34)式による曲線Bと(35)式による曲線Cを比較すべき一様アレーAの式は(20)式を$n = 3$と置いて得られる次式です．

$$S_0 = |1 + z + z^2| \tag{36}$$

この式は振幅が1で初期位相が等しい3つの波を振幅に関して加算する3波干渉を表します．ただし，付加する位相差は$z = \exp(-i\psi)$より第1項は0，第2項は位相角ψ，第3項は位相角2ψです．ψは(23)式によって角度θと結ばれますが，**図11**ではいずれも縦型アレーで$l = \lambda/4$の場合ですから，

$$\psi = \frac{\pi}{2}(\cos\theta - 1) \tag{37}$$

となります．

一方，BとCでは振幅・初期位相ともAとは異なり，前者では $(1, \sqrt{3}, 1)$ と $(0, -\pi/3, -\pi/6)$，後者では $(1, \sqrt{2}, 1)$ と $(0, -\pi/4, -\pi/2)$，です。したがって主極大の方向（$z=1$, すなわち $\psi = \theta = 0$）で，Aでは最大値 $S_0 = 3$ になりますが，BとCでは初期位相が存在するために単純な振幅の代数和 $2+\sqrt{3}$ および $2+\sqrt{2}$ よりも小さい値になってしまいます。すなわち $S_1 = 2\sqrt{3}$ と $S_2 = 2\sqrt{2}$ が得られます。これらの値をそれぞれの代数和で割ると 0.928 と 0.823 が得られます。この振幅が表した正規化主極大値を振幅効率と呼ぶことにしましょう。一様アレーに対して $3/3 = 1$ になることは言うまでもありません。図において S_0', S_1', S_2' の式はこの正規化を施したものです。

ここでSchelkunoffは，恐らく**図11**の結果から，すべてのアンテナ間距離を一定値 l とする条件下で，同じ全長をもつ一様アレーよりも指向性のいいアンテナを設計する具体策として，ψ に関する $(n-1)$ 個の零点が円弧 $0 < \psi \leq 2\beta l$ の上に等間隔で並ぶような解を求めようと考えました。これまでに使った $\bar{\psi}$ が $|\cos\theta| \leq 1$ を満たす ψ の範囲だったのに対し，これからは最大次の零点までの位相角を $\bar{\psi}$ と表示することにします。このとき(33)式は次のように書けます。

$$S = |(z-t)(z-t^2)\cdots(z-t^{n-1})|, \tag{38}$$

$$t = e^{-\frac{\bar{\psi}}{n-1}}, \quad \bar{\psi} = 2\beta l \tag{39}$$

これより次式が得られます。

$$S = 2^{n-1} \left| \sin\frac{1}{2}\left(\psi + \frac{\bar{\psi}}{n-1}\right) \sin\frac{1}{2}\left(\psi + \frac{2\bar{\psi}}{n-1}\right) \cdots \sin\frac{1}{2}(\psi + \bar{\psi}) \right| \tag{40}$$

このとき主放射角 θ_1（主放射ローブの $1/2$）は次式で与えられます。

$$\sin\frac{\theta_1}{2} = \frac{1}{\sqrt{n-1}} \tag{41}$$

一方，一様アレーの計算は(40)式の特別な場合，すなわち最後の零点の位相角を $\bar{\psi} = 2\pi - 2\pi/n$ と置いて得られ（**図7**参照），(41)式に対応した主放射角

θ_1 は次式で与えられます。

$$\sin\frac{\theta_1}{2} = \sqrt{\frac{\lambda}{2nl}} \tag{42}$$

若し(41)式の例において要素アンテナの数が多く，(42)式の例でアレーの全長が十分長い場合には，両者の主放射角 θ_1' と θ_2'' はそれぞれ次式で近似できます。

$$\theta_1' = \frac{2}{\sqrt{n-1}}, \quad \theta_1'' = 2\sqrt{\frac{\lambda}{2nl}} \tag{43}$$

このとき両者の比は n が十分大きい場合に

$$\frac{\theta_1'}{\theta_1''} = \sqrt{\frac{2l}{\lambda}} \tag{44}$$

となります。$l = \lambda/8$ のときこの比は $1/2$ となり，立体角ではほぼ $1/4$ になります。指向性に関する Schelkunoff 設計の優位性は明らかです。

　Schelkunoff 設計の計算例を**図9**に描き加えました。B は $n=6$，$l=\lambda/4$，B′ は $n=6$，$l=\lambda/8$ の場合です。ただしグラフを見易くするためにそれぞれの主極大の値で正規化してあります。主放射角が一様型と比べて，A → B で 0.75，A′ → B′ で 0.48 と狭くなっています。近似式(41)による値，0.71 と 0.5 に極めて近いことが分かります。指向性がアンテナ数のみによって決まり，全長 $(n-1)l$ に無関係なこと［(41)式参照］に注意してください。

　その一方，主極大の値はアンテナ数 n を大きくしたり，アンテナ間距離 l を小さくすると急激に低下します。その尺度は先に**図11**の説明で導入した振幅効率です。これは(40)式による S を各振幅の代数和で割った値，すなわち

$$E = \frac{S}{\sum_{m=0}^{n-1} A_m} \tag{45}$$

で与えられます。また E の低下を具体的に知るには振幅 A_m と位相 ϑ_m の値を計算することが必要でしょう。そこで Schelkunoff の論文には記載がありませんが，(38)式を展開して，

$$S = \sum_{m=0}^{n-1} A_m e^{i\vartheta_m} z^m \tag{46}$$

を求めることになります。その結果,

$$\vartheta_m = m\vartheta_1 \quad m = 1, 2, \cdots n-1 \tag{47}$$

は直ちに導けましたが, A_m の方は規則性はあるものの計算はかなり面倒なことが分かりました。

　計算結果の一部を**表1**に示します。上から8番目までがSchelkunoff設計, 下4行が一様アレーのデータです。全体の傾向としてアンテナ数と全長が同じもの同士を比べると, Schelkunoff設計が一様アレーに対し, 指向性で改善がある一方で効率の低下が著しいことが見てとれます。効率は一般に振幅(電流)ではなくその2乗の強度(電力)で表示されますから, 表の値を2乗する方が適切かも知れません。効率低下の傾向は短い全長の中に沢山のアンテナを並べ

表1

l	n	全長	$\overline{\psi}$	主放射ローブ(°)	$\sum A_m$	ϑ_i (°)	主極大	振幅効率 $(S/\sum A_m)$
$\lambda/4$	3	$3\lambda/4$	π	180	3.41	315	2.83	0.83
$\lambda/4$	4	λ	π	141	6	300	3.46	0.58
$\lambda/4$	5	$5\lambda/4$	π	120	10.6	293	4.00	0.38
$\lambda/4$	6	$3\lambda/2$	π	106	18.9	288	4.47	0.24
$\lambda/8$	3	$3\lambda/8$	$\pi/2$	180	3.85	248	1.08	0.28
$\lambda/8$	4	$\lambda/2$	$\pi/2$	141	7.46	240	0.732	0.10
$\lambda/8$	5	$5\lambda/8$	$\pi/2$	120	14.51	236	0.469	0.032
$\lambda/8$	6	$3\lambda/4$	$\pi/2$	106	28.24	234	0.292	0.010
$\lambda/4$	4	λ	$3\pi/2$	180	4	0	4	1
$\lambda/4$	6	$3\lambda/2$	$5\pi/6$	141	6	0	6	1
$\lambda/8$	4	$\lambda/2$	$3\pi/2$	360	4	0	4	1
$\lambda/8$	6	$3\lambda/4$	$5\pi/6$	219	6	0	6	1

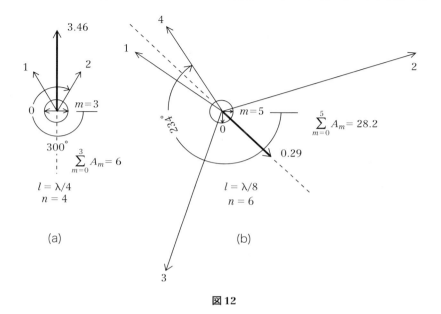

図12

る場合に顕著です。

　効率低下の実際を見るには，要素アンテナの放射特性（$A_\mathrm{m}, \vartheta_\mathrm{m}$）を極座標表示で視覚化するのが便利です。**図12**に2つの例を示します。(a)は $l = \lambda/4$, $n = 4$，(b)は $l = \lambda/8$, $n = 6$ の場合です。合成振幅は前者で4つ，後者で6つのベクトル和で与えられます。これが(40)式と一致することは明らかです。図では各々その結果を太い直線で描いてあります。それらを要素ベクトルの振幅の代数和で割った値が振幅効率 E です。(b)ではベクトル和が小さすぎて図に描けなかったので長さを10倍して記入してあります。このとき，効率の低下という大きな不利益だけでなく，各アンテナ間の放射電波の振幅と位相を設計値どおりに正確に制御しないと，主放射ローブが理論値を大きく上回ることが懸念されます。それを狭めたいというそもそもの目論見が絵に描いた餅になりかねないからです。

　表1によれば，振幅効率が(a)の場合に 0.24，(b)では何と 0.01 に落ちてしまいます。一様アレーの場合には6本のアンテナにそれぞれ単位の電流，すな

わち全体で6単位の電流を供給して主極大電流6単位を放射できたのに対し，(b)の場合には6つのアンテナに合計で28.24単位の電流を供給して僅か0.29単位の電波しか放射できないという効率の悪さですが，これは電気の用語を使えば，無効電流の増加で説明できるでしょう．折角大きい設備を作っても，供給される電流の大部分は電波の放射につながらず，無効電流となって給電側に戻り，定在波を形成するだけで役立たずに終わってしまう次第です．しかも，アンテナ部材も含め給電側に抵抗成分（これは必ず存在します）があればこれが上の大きな無効電流によって発熱して電力の消費をもたらします．この抵抗損失は(b)の場合，同じ主極大電流を放射するのに，対応する一様アレーの10^4に達します．これが主放射ローブを220°から106°に半減するために払わねばならない犠牲だというのが結論です．

　しかし，Schelkunoff自身はこれらの困難をあまり深刻には考えなかったようで論文の末尾で次のように述べています．「要素アンテナ間距離lが短くなるに従い，zの範囲（$\bar{\psi} = 2\beta l$）に零点を均等に分配した縦型アンテナアレーの指向性は向上するがアンペア・メートルあたりの放射強度は減少する．しかし，放射アンテナと受信アンテナに完全な導体（抵抗値ゼロ）を使えると仮定すれば，この状況は重大ではない．しかし現実には渦電流損失を完全にゼロにはできないのでlを短くすると効率は低下する．したがって，指向性利得を非常に大きくすることは可能だけれど，この効率低下は小型アレーを使って得られる全利得に上限を課すことになろう」．

　この論文はアンテナ技術の専門家や電波伝搬研究の理論家たちに強い関心を与えました．この方式による指向性向上には理論的な上限がないこと，その中で任意の指向性を最も効率的に設計する手法などが多くの研究者から続々と発表されました．しかし，この方式が抱える問題点，すなわちアンテナ間距離を狭めるに従って起こる急激な効率の低下と，厳しい機械的電気的許容誤差に加え，ここでは説明を省略しましたが周波数帯域が狭まる効果などのために，このアンテナアレーが実用に供されることは遂にありませんでした．

5 Toraldo di Francia の超解像 2
Woodward と Lawson の方法

> 数学は高度に技術的な学問である。
> すべて技術といわれるものを習得するには長い時間を
> かけて繰り返し練習することが必要である。
>
> ──小平邦彦：怠け数学者の記──

　無収差レンズの開口絞りの位置に中心対称の濃度フィルターを置いて点像の中央円盤を小さくしたり，それを取り巻く回折環の照度を減らす試みの少なくとも理論的な出発点は前項で述べたように R. K. Luneburg による数学的定式化だったと思います。第一のテーマは分解能の向上につながるので超解像（super-resolution）と呼ばれ，第二のテーマは回折像の裾を切るという意味のアポディゼィション（apodization）と名付けられました。前者は分解能の向上と引き替えに回折環の照度が増加して画質を低下させ，しかもフィルターの吸収によって画像が暗くなるため実用解が得られませんでした。しかも Luneburg が既に数学的な最適解をその関数の形まで算出していたため，理論的な関心を惹く対象でもなくなってしまいました。このような状態に風穴を開けたのが Toraldo di Francia でした。

　一方アポディゼィションのほうは，分光学の分野で，矩形開口を通過して形成される明るいスペクトルの両脇に現れる回折縞を別のスペクトルと誤認する危険を除くという実用的メリットがあるために広く研究されて来ました。こちらは P. Jacquinot と B. Roizen-Dossier による分厚い綜合報告があります*。

---

* *Progress in Optics* **3**, ed. E. Wolf., North-Holland publ.（1964），p. 31–186

☆ Toraldo の着眼

　Toraldo が Schelkunoff に始まったスーパーゲインアンテナの研究に注目したのは，彼ら電気工学者の「開口の寸法とは無関係にその指向性を無制限に向上できる」という原理が，実用的な困難を理解した上で少なくとも理論的には何の疑いもなくすんなりと受け入れられたという事実でした。それでは，Rayleigh にはじまった分解能に関する波動光学の議論は何だったのかというのが Toraldo を含む多くの光学の専門家が抱いた素朴な疑問だったと思います。

　アンテナアレーが複数の放射源による双極子放射のコヒーレントな重ね合わせなのに対し，光学結像が開口による回折の結果であるという本質的な違いが存在します。それに加えて前者の全長が電波の波長と同程度か精々その数倍なのに対し光学開口が光の波長の $10^3 \sim 10^5$ に達するという実用面での違いも大きいでしょう。しかし，アレーの全長が波長に比べて十分に大きくなったとき，その電波伝搬の特性が光学で広く使われるフラウンホーファー回折の理論に一致することはよく知られています。

　ここで，Toraldo にスーパーゲインアンテナと光学の超解像に共通するエバネセント波の重要性を気付かせる論文が登場します。それは当時イギリス供給省の Telecommunications Research Establishment に所属していた P. M. Woodward と J. D. Lawson の「有限な拡がりをもつ電波源によって任意の放射パターンが，どんな理論的精度で得られるか── The Theoretical Precision with which an Arbitrary Radiation-Patteren May be Obtained from a Source of Finite Size ──，J. I. E. E. **95** (1948), 363」という論文でした。著者らは，Schelkunoff の理論が数学的に大変エレガントだけれど，それがかえって応用面で一般性を欠きアレーを設計する上で大きな制約になっているとして，「同じ方向を向いた小さい（数学的意味で無限に小さい）双極子が振幅と位相に関してある密度で平面上に分布している場合を想定して有限な拡がりをもつ放射源とし，それらが占める空間を開口（aperture）と名付け，これをフーリエ変換して放射特性を求める」という取り扱いを提唱したのです。これは光学においてキルヒホフの回折理論が成り立たないとされる，開口寸法が波長に近づく領

域でも，アンテナ理論としては正しい結果を与えることを自明として展開された議論でした。この論文を読んだToraldoは次のように書きます。「回折で生じる主回折ビームの角直径を狭めようとすると，一部の側波の振幅が必然的に増加する。しかし振幅が増加した波はかなり容易にエバネセント波化できる。エバネセント波は放射パターンには何ら影響を及ぼさず，単に無効電流を増加させるだけである」。こうして彼は，「スーパーゲインアンテナで得られる新しい結果と伝統的波動光学の結論の間の矛盾は容易に解消する」と言い切るのですが，これだけではちょっと狐につままれた感じが強い。そこでWoodwardらやToraldoの論文を仔細に調べてみようと考えました。

Toraldoにはフィレンツェ大学の卒業研究[*]以来，回折とエバネセント波の密接な関係について関心を持ち続けた経験がありました。彼はこれを彼自身の命名による「逆干渉の原理」を使って明らかにしたと述べています。彼によれば，光の回折を取り扱うには二つの方法があり，その1は収束波面上の各点から同位相の2次球面波が送り出され，それらがほぼ1点に集中する近辺で干渉することによって点像の回折像が形成されるというもの，もうひとつは開口に遮られることによって生じた無限個の回折波が開口上で重ね合わされて干渉するとする見方です。彼は後者を「逆干渉の原理（principle of reverse interference）」と呼びました。両方とも数式で表せば同じなのですが，エバネセント波とのかかわりを知るには「逆干渉の原理」に従って考えるほうが理解しやすいということだと思います。

幅がcの1次元開口に平面波が垂直入射する場合について，キルヒホフの境界条件（入射波面が開口によって乱されないという条件）の下で，無限遠に生じる点光源の回折像の複素振幅分布$u(\sin\theta)$は次式で与えられます。

$$u(\sin\theta) = C \times \int_{-c/2}^{c/2} \exp i\left(\frac{2\pi}{\lambda}\sin\theta \cdot x\right) dx$$

$$= C \times \frac{\sin\left(\frac{2\pi}{\lambda}\frac{c}{2}\sin\theta\right)}{\frac{2\pi}{\lambda}\frac{c}{2}\sin\theta} \tag{1}$$

---

[*] Ottica, **7** (1942), 117　イギリス国立図書館に所蔵されています。

光学教科書では開口が波長 λ と比べて十分に大きいとして $\sin\theta \fallingdotseq \theta$ と置き，しかも凸レンズ（焦点距離 f）を使って無限遠をその焦点面に結ばせるとして $\theta = x'/f$ と近似して(1)式を次のように書くのが普通です．

$$u(x') = C \times \int_{-c/2}^{c/2} \exp i\left(\frac{2\pi}{\lambda}\frac{xx'}{f}\right) dx$$

$$= C \times \frac{\sin\left(\frac{2\pi}{\lambda}\frac{c}{2}\frac{x'}{f}\right)}{\frac{2\pi}{\lambda}\frac{c}{2}\frac{x'}{f}} \tag{2}$$

ここに x' は像面上にとった回折像中心からの距離です．

ここで(1)式と(2)式の違いについて考えてみましょう．(1)式をグラフに描いたのが **図1** です．フーリエ変換の一般的性質から，有限区間のフーリエ変換

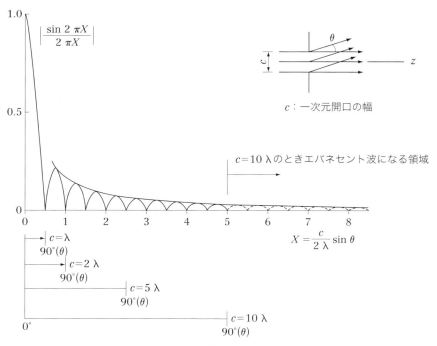

図1

は$-\infty$から$+\infty$に拡がりますから，回折波は$|\sin\theta|>1$の領域にまで拡がって存在します。開口の幅が十分に大きい場合（$c\gg\lambda$）には(1)式は$\theta\ll 1$の領域で限りなく0に近い値に収束します。しかしcが波長に近づくにつれて回折角θが$90°$の方位でもかなり大きい回折波が残ります。しかし，$|\sin\theta|>1$の波はz方向の方向余弦$(1-\sin^2\theta)^{1/2}$が虚数になるためスクリーンを離れて外部に伝搬することができず，エバネセント波になってスクリーンに沿ってその近傍を流れることになります[*]。図の例（$c=10\lambda$）ではこちらを点線で描きました。

図1には，横軸を$\sin\theta$から方位角θに変えたときのスケールを書き加えました。これは開口の幅cによって変わり，それぞれの$\theta=0°$から$90°$までの値に対する曲線が振幅空間係数すなわち極大方位の値で正規化した振幅表示の放射パターンになります。

この様な特性は開口の寸法が光波長に近づき，更にはそれ以下になる領域で顕著になるに過ぎず，しかもこの領域ではキルヒホフの境界条件を適用できないため，(1)式による議論そのものさえ不毛だとする意見もありましょう。しかし「有限な拡がり」をもつ開口内の電波源による放射パターンの解析に(1)式を用いる場合には，電波源の寸法が波長より小さくなっても，この式の正当性は保証されています。更に，電波源の寸法を大きくしていったときの放射特性の変化はそのまま$c\gg\lambda$に対する光学開口の回折パターンに移行することになります。スーパーゲインアンテナの理論を光学領域の超解像に移植する展望がToraldoの目にはっきり見えたということができるでしょう。

ともあれ，光学では(1)式を使う必要はない，(2)式だけで十分だという思い込みからは，決して生まれることのなかったアイデアだったわけです。

☆横型アンテナアレー

前項はSchelkunoffに従って主に縦型アレーを取り上げましたが，本項では光学開口との対比に便利な横型アレーの性質を概観しておきます。**図2**(a)は一

---

[*] Toraldoは電波を使って回折によって生じるエバネセント波を観測しました。Nuovo Cimento, **6** (1949), 123

様横型アレーの1例です。これは線形アンテナを一定の間隔 l を隔てて直線上に並べ，それぞれが同一振幅同一位相の電波を放射するものです。一様縦型アレーでは隣り合ったアンテナが放射する電波の位相差が $\vartheta = \beta l$ だったのに対し，横型では $\vartheta = 0$ になっていて，そのため放射電波が最大振幅になる方向はアレーの並ぶ方向と直交します。ここに $\beta = 2\pi/\lambda$，λ は使用波長です。

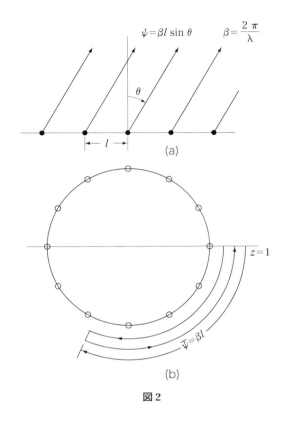

図2

この違いが原因で，アレーの方向から測った方位角 θ に対する隣り合ったアンテナ間の放射波の位相差は，縦型では $\psi = \beta l(\cos\theta - 1)$ だったのに対し，横型では $\psi = \beta l \cos\theta$ になります。以下慣用に従って，θ の代わりに方位角をアレーに直交する方向を基準にして測った角度で表示して $\psi = \beta l \sin\theta$ と書くことにします。前項の角度 θ とは $90°$ だけ異なる方位から測っているわけです。図から明らかなように，この配置では放射パターンが $\theta = 90°$（アレーの方向）の前後で対称になります。そのため縦型アレーの空間係数が実空間で存在できる範囲 $\theta = 0° \sim 180°$ に対応する複素平面上の方位角範囲 $\bar{\psi} = 2\beta l$ とは異なり，横型では $\bar{\psi} = \beta l$ のところで折り返し再び $\psi = 0$ に戻る範囲になります[**図2**(b)]。

一様横型アレーの振幅（の絶対値）で表した空間係数を**図3**(b)に示します。

5 Toraldo di Francia の超解像 2　Woodward と Lawson の方法　79

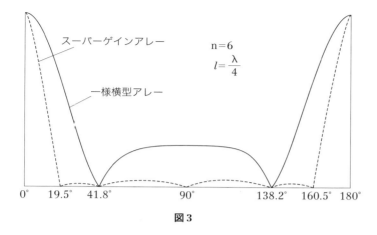

図 3

アンテナ数を $n = 6$，アンテナ間隔を $\lambda/4$ とした場合です。全長すなわち一次元光学開口の幅に対応する長さは 1.25λ です。

　この図にもうひとつ描き込んだ点線曲線は，配置をそのままに，しかし各アンテナの放射特性すなわち振幅と位相を最適化して得られたスーパーゲインアンテナの例です。複素平面上の零点のすべてを $0 < \psi < \beta l$ の範囲に等間隔に配列して，空間係数曲線上に 5 個の零点を付与してあります。主放射ローブ（±1 次の零点がつくる角度）が一様型と比べてほぼ半減していることが分かります。なおこの図は両アレーとも主極大の値で正規化してあります。そのためこれだけでは分かりませんが，前項で定義した振幅効率はスーパーゲインアンテナでは一様アレーの場合と比べ $0.379/24.26 = 0.016$ と非常に小さくなっています。前項の縦型と同様に，主極大ローブを狭めた代償は非常に大きかったことが分かります。振幅効率 0.016 とは，電力で表示すれば何と 2.56×10^{-4} になってしまいます。

☆ Woodward と Lawson の方法

　開口の内部に同じ方向を向いた微小電気双極子を敷きつめ，その巨視的な振幅と位相の空間分布を変えることにより，任意の空間電磁場分布をつくり，それをフーリエ変換して電波の放射特性を求めるという一般論を展開したのは

WoodwardとLawsonでした。電磁場分布から計算に都合のいい成分を選んでそのフーリエ変換を求めれば電波の放射特性が計算できるというのです。問題なのはアンテナアレーに供給する電流とそれが電波となって放射される電流との比ですから，それで十分だというわけです。こうして，アレーの放射特性と開口による光のフラウンホーファー回折とがフーリエ変換という共通の数学的ツールで結ばれることになった次第です。

　光学において，開口が小さくなるに従ってキルヒホフの回折の式に面倒な傾斜因子が入って来たり，更にはキルヒホフの境界条件が満たされないためその電磁理論による厳密解が必要とされるようになり，アンテナ列で問題になるような小開口（～光波長）ではその適用が不可能に近いことはよく知られています。しかしその逆に，アンテナの放射理論から得られた結論が開口を徐々に広げていったとき，光の領域でもその本質的な部分が生き残ることは十分に予想できるでしょう。Toraldoは次のように書いています。「どんな交流電流の空間分布も電気双極子の分布と等価なことは常識である。光学器械の瞳に関しても事情は同じだ。したがって問題の数学的定式化は両者で共通であるべきだ」。

　図4にWoodwardらの2次元実寸直交座標系を示します。0y軸上に開口があり，その上に紙面に垂直に向きを揃えた電気双極子が連続的に分布しているとします。波長を単位にした開口の幅Wは次式で与えられます。

$$\left|\frac{y}{\lambda}\right| < \frac{1}{2}W \tag{3}$$

$x > 0$の半空間を電波が伝搬するとします。$x < 0$は特性が対称になるので無視します。放射源から十分離れたところで放射波は平面波の集まりと考えることができますから，その成分波を角度θで特定することができます。このとき，放射波の電気ベクトルEは紙面に垂直，磁気ベクト

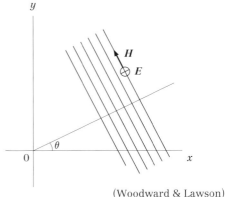

(Woodward & Lawson)

図4

ル H は紙面内にあり波面に平行です。したがって E_x, E_y および H_z はすべて 0 です。

残った 3 つの成分 E_z, H_x, H_y の中でそのスペクトル $p(\sin\theta)$ と最も単純なフーリエ変換で結ばれるのは H_y です。すなわち次式が成り立ちます。

$$p(\sin\theta) = Z_0 \int_{-\infty}^{\infty} H_y\left(\frac{y}{\lambda}\right) \exp\left(2\pi i \frac{y}{\lambda}\sin\theta\right) d\left(\frac{y}{\lambda}\right) \tag{4}$$

ここに Z_0 は真空の特性インピーダンスです。以下ではこの式を使って放射波の伝搬特性を調べることになります。

☆実例 1. エバネセント波の役割

まず,エバネセント波が果たす役割を具体的に示すアポディゼイションの例を取り上げます。幅が 2λ の一次元開口上の電磁場を $H_y(y/\lambda)$ に代表させ,これが次式で与えられたとしましょう。

$$Z_0 H_y = \frac{1}{2}\left[1 - 3\cos 3\pi\left(\frac{y}{\lambda}\right)\right], \quad \left|\frac{y}{\lambda}\right| < 1 \tag{5}$$

このとき,(4)式によるスペクトル,この場合(5)式の放射源によって生じる空間係数 $p(\sin\theta)$ は次式で与えられます。

$$p(\sin\theta) = \frac{\sin(2\pi\sin\theta)}{2\pi\sin\theta}$$

$$-1.5 \frac{\sin\left[2\pi\left(\sin\theta + \frac{3}{2}\right)\right]}{2\pi\left(\sin\theta + \frac{3}{2}\right)}$$

$$-1.5 \frac{\sin\left[2\pi\left(\sin\theta - \frac{3}{2}\right)\right]}{2\pi\left(\sin\theta - \frac{3}{2}\right)} \tag{6}$$

光学では開口上に(5)式で与えられる複素振幅フィルターを置き,これに平面波が垂直入射する場に,無限遠に(6)式によるフラウンホーファーの回折パ

ターンが生じるという関係が対応します。**図5**(a)に(4)式による磁場分布，(b)にこれに対応する光学フィルターの振幅分布を示します。(b)は振幅分布のマイナス部を実現するために位相を含まない純振幅フィルターとプラス半波長またはマイナス半波長の位相差を付加するための階段状の透明膜を重ねる構造になっています。

図5(c)に(6)式による空間係数 $p(\sin\theta)$ のグラフを掲げます。Aは(6)式の第1項，すなわち図の(a)において電気双極子分布の一様成分 A' による放射の振幅空間係数，Bはその正弦波成分による放射の成分です。実線で描いた曲線 $C = A + B$ が(6)式を表しています。$|\sin\theta| < 1$ の範囲におけるC曲線が実空間 ($0° \sim \pm 90°$) の振幅空間係数，すなわち(5)式が代表する電流分布が発生する電波の指向性を表すことになります。$|\sin\theta| > 1$ の領域では，Bによる放射成分が大きいものの，これはエバネセント波すなわち空間に放射されない波なので，指向性特性には関与しないのです。

(5)と(6)式の組を選んだ理由は，曲線Aの1番目の零点と2番目の零点，および−1番目と−2番目の零点の中間にそれぞれもうひとつ零点を設けて，第1側波を2つに分割し，その結果として側波成分を低減しようという目論見があったからです。そのためにsinc関数の零点が等間隔に並ぶという性質を利用して(6)式に第2，第3項を加えたのです。こうして方位角 $0°$ から $\pm 90°$ の範囲 ($0 < |\sin\theta| \leq 1$) に合計6つの零点をもち，その結果左右の側波成分が低減した空間係数曲線，光学の用語ではアポディゼィションが実現したわけです。

さて，**図5**(a)の開口の幅とその上の磁場分布をいっしょに左右に2倍に伸ばすとどうなるかを調べてみましょう。グラフの形をそのままにして横軸の開口のスケールを $\pm 1\lambda$ から $\pm 2\lambda$ に変えるわけです。このとき(c)における空間係数の曲線は左右が1/2に圧縮されます。すなわち指向性の指標である放射ローブの値は1/2と鋭くなります。しかし同時に，最初は $1 < |\sin\theta| < 2$ の範囲にあったためエバネセント波だった曲線B（点線）がそっくり実放射側にシフトするため，中央の狭くなった主放射波の両脇をそれより1.5倍と大きい側波が取り囲む形の空間係数曲線に変わってしまいます。

この巨大な側波をエバネセント領域に移し，しかも空間係数の第1側波の中

5 Toraldo di Francia の超解像 2 Woodward と Lawson の方法   83

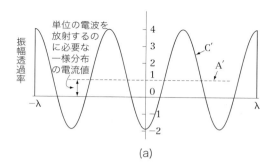

(a)

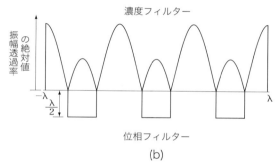

(b)

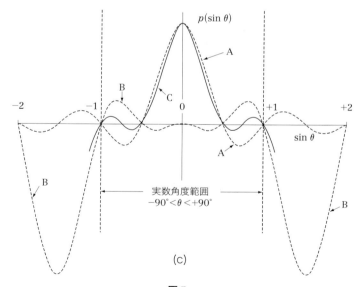

(c)

図 5

央に零点をつくるという条件下で解を求めると，空間係数 $p(\sin\theta)$ は次式になります．

$$p(\sin\theta) = \frac{\sin(4\pi\sin\theta)}{4\pi\sin\theta}$$
$$-5.0556\frac{\sin\left[4\pi\left(\sin\theta-\frac{5}{4}\right)\right]}{4\pi\left(\sin\theta-\frac{5}{4}\right)}$$
$$-5.0556\frac{\sin\left[4\pi\left(\sin\theta+\frac{5}{4}\right)\right]}{4\pi\left(\sin\theta+\frac{5}{4}\right)} \tag{7}$$

これを模式的に描いたのが**図6**(b)です．

このとき，放射源の電流分布（光学用語では瞳上の複素振幅分布）は次式で与えられます[**図6**(a)]．

$$Z_0 H_y = \frac{1}{2}\left[1-10.1111\cos\frac{3}{2}\pi\left(\frac{y}{\lambda}\right)\right],\quad \left|\frac{y}{\lambda}\right|<2 \tag{8}$$

更に零点を，例えば第2側波の中点にも作ってアポディゼィションの効果を増そうとする場合には，次の2つの関数，

$$\frac{\sin\left[4\pi\left(\sin\theta\pm\frac{7}{4}\right)\right]}{4\pi\left(\sin\theta\pm\frac{7}{4}\right)} \tag{9}$$

を加え，都合5つの基底関数の一次結合の連立方程式を解いてそれぞれに属する係数を，(6)式や(7)式と同様に決めることができます．

この手順，すなわち開口を拡げる毎に現れる巨大な側波をその都度エバネセント領域にシフトさせるという手順に従えば，光学領域でもこの手法によるアポディゼィションが，少なくとも計算の上では実現が可能のように見えます．

しかし実際には，**図5**と**図6**を比較すれば明らかなように，開口を拡げるに

5 Toraldo di Francia の超解像 2　Woodward と Lawson の方法　85

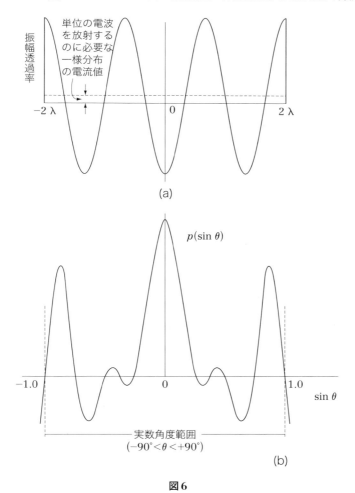

図 6

従って主極大の相対強度が低下し，その一方開口上の電流密度分布は相変わらず波長以下の細かい構造をもつことが分かります．第 1 の困難は**図 5**(c)と**図 6**(b)に示した単位の極大電波を得るのに**図 6**(a)の方が**図 5**(a)よりも高いアンテナ電流密度を必要とすることから推測できますし，第 2 の困難は開口上の電流密度の周期が開口を拡げても余り変わらず波長以下であること，したがってこれを**図 5**(b)に示したような瞳フィルターを作る困難と，作れたとしてもそ

れが物理光学的に光を殆ど透過できないために光学応用が期待できないことなどが分かります。しかし，巨大側波をエバネセント波化することを諦め，それを主極大から十分に離すだけで光学応用への道が開けるという実用的な見通しもあり得ます。Toraldo が取り組んだのはその超解像への応用でした。

☆実例 2. 電流分布を変えて指向性を向上させる設計例

1 次元開口の内部で電流の分布や光の複素振幅の分布がフーリエ級数で与えられる場合に，その放射パターンやフラウンホーファー回折は基底関数

$$p_s(\sin\theta) = \frac{\sin[\pi W(\sin\theta - s/W)]}{\pi W(\sin\theta - s/W)} \tag{10}$$

に適当に重みづけした和すなわちその 1 次結合によって表すことができます。ここに W は開口の幅を波長で表したもので，例えば開口の幅が 1 波長のとき $W=1$ となります。これに適当な条件，例えばこれから取り上げるスーパーゲインアンテナの設計条件を与えて係数を決めたり，フーリエ逆変換して開口上の電流分布を決めたりすることができます。前節の議論はその例題でもあったわけです。

以上を式で表すと次のようになります。放射パターンの形を予め想定し，n 個の方位角 θ_r ($r=1, 2 \cdots\cdots n$) に対するその値を決めてやると，合成される放射パターン $p(\sin\theta)$ は次式によって計算できます。

$$p(\sin\theta) = \sum^s A_s p_s(\sin\theta) \tag{11}$$

ここに A_s は次式による連立方程式

$$p(\sin\theta_r) = \sum^s A_s p_s(\sin\theta_r), \quad r=1, 2, \cdots n \tag{12}$$

を解いて得られます。

ここに，p_s は次式で与えられます。(10)式と同じものです。

$$p_s(\sin\theta) = \frac{\sin[\pi W(\sin\theta - s/W)]}{\pi W(\sin\theta - s/W)} \tag{13}$$

ここで具体的な設計作業に入ります。まず開口の幅を 1λ，すなわち $W=1$

としましょう.このとき開口上の放射源が一様な電流密度分布をもつとしたときの放射パターンを**図7**(a)に点線で示しました.これを出発点にして,主放射ローブが60°($\sin\theta_1 = \pm 0.5$)で,側波の成分を低減するために97°($\sin\theta_{\pm 2} = \pm 0.75$)と180°($\sin\theta_{\pm 3} = \pm 1$)のところに零点があるような設計を試みましょう.当然のことですが,エバネセント域($|\sin\theta| > 1$)の性質を無視して設計するわけです.こうして,指定すべき特定の方向とそのときの空間係数の値として,$\sin\theta = 0$ で1,$\sin\theta = \pm 0.5$,± 0.75 および ± 1 で0の合計7つの条件が決まったわけです.次はこれらに対応して7つの基底関数を選ぶ

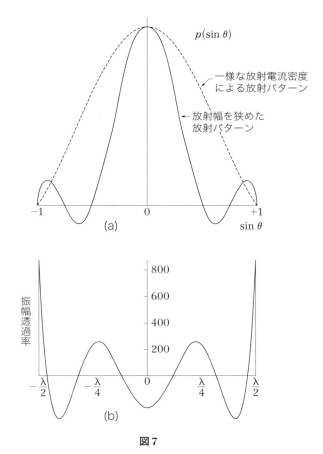

図7

ことになります。著者らはここで，空間係数が滑らかにつながるためには経験則に従って，(13)式における s がそれぞれ上で選んだ $\sin\theta_n$ の値と一致するようにしました。その上で(12)式による連立方程式を立てて係数を決めて次式が得られました。ここに正規化は，$p(0)$ の値が 1 になるようにしてあります。このとき，開口上で単位の一様電流密度をもつ放射源による図7(a)に点線で示した曲線の最大値もまた 1 です。

$$p(\sin\theta) = 50000.00\, p_0 - 66815.60\left(p_{-\frac{1}{2}} + p_{\frac{1}{2}}\right)$$
$$+ 58434.91\left(p_{-\frac{3}{4}} + p_{\frac{3}{4}}\right)$$
$$- 16736.79(p_{-1} + p_{+1}) \tag{14}$$

このとき開口上の電流密度分布 $Z_0 H_y$ は次式で与えられます。

$$Z_0 H_y\left(\frac{y}{\lambda}\right) = 50000.00 - 66815.60$$
$$\times 2\cos\frac{1}{2}\left(\frac{y}{\lambda}\right) + 58434.91$$
$$\times 2\cos\frac{3}{4}\left(\frac{y}{\lambda}\right) - 16736.79$$
$$\times 2\cos\left(\frac{y}{\lambda}\right) \tag{15}$$

こうして得られた放射パターンを図7(a)に実線で，また放射源の電流密度を図7(b)に示します。(b)の縦軸に目盛った数字は，出発点にした一様密度分布による場合を 1 としたときの値です。同じ放射のピーク値を得るのに指向性を改良した設計では初期設計の最大値の 800 倍を越えて電流を必要とすることが分かります。大掛かりな給電設備を必要としますが，無効電流が増えるだけといった効率の悪いシステムになってしまいます。

ここでも前掲の例と同様に，エバネセント域（$|\sin\theta| > 1$）の成分が急激に上昇し，これが開口の幅を拡げたときに放射域（$|\sin\theta| < 1$）にシフトするという現象が顕著です。

☆実例3. 離散的アンテナアレーによる場合

Schelkunoffは等間隔に並べた離散的なアンテナアレーを使うスーパーゲインアンテナを考察しましたが，ここでは等間隔という条件を外し，その代わりに図8(b)に示すような左右対称の位置に等強度同位相の一対のアンテナを単位とする離散的なアンテナ群を考えます。Woodwardらは一般論で簡単に触れただけですが，Toraldoの着想にもつながった取り扱いだと思いますので，ここでは図7の例と同じ例題をこの方法で解いてみようと思います。

出発点は開口の幅が1λの一様な振幅をもつ放射源による放射パターンです[図8(a)の点線]。この主放射ローブは$180°$ですが，これを$60°$（$\sin\theta_1 = 0.5$）に狭め，かつ側波の放射を弱めるために2個所（$\sin\theta_2 = 0.75$, $\sin\theta_3 = 1.00$）に零点を設けるとします。これを実現するために開口上に(b)に示す7つのアン

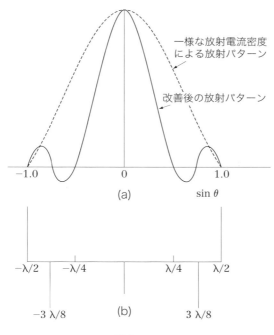

図8

テナを考えると，$\pm\lambda/4$，$\pm3\lambda/8$ および $\lambda/2$ の一対の組はそれぞれによる放射パターン，言いかえれば対応する基底関数がいずれも光学でお馴染みの複素振幅で表したヤングの干渉縞になります。

こうして放射パターン $p(\sin\theta)$ を上記基底関数の1次結合で表して次式が得られます。

$$p(\sin\theta) = a_0 + a_1 \cos(\pi \sin\theta) + a_2 \cos\left(\frac{2}{3}\pi\sin\theta\right)$$
$$+ a_3 \cos\left(\frac{\pi}{2}\sin\theta\right) \qquad (16)$$

これを上に挙げた3つの条件に正規化条件を加えて解くと次式が得られます。

$$p(\sin\theta) = -29.326 + 14.560 \cos(\pi\sin\theta)$$
$$-87.772 \cos\left(\frac{2}{3}\pi\sin\theta\right)$$
$$+103.538 \cos\left(\frac{\pi}{2}\sin\theta\right) \qquad (17)$$

この式をグラフにしたのが図8(a)の実線曲線で図7の場合とほぼ同じ超解像が実現できたことが分かります。図8(b)に各アンテナの振幅相対値を示しました。その正負は一方が他方に対して逆相であることを意味します。なお前項で定義した振幅効率は $1/235 = 4.3\times10^{-3}$ です。

なお前節とここで取り上げた実例はいずれも主放射ローブを約1/3に狭めるものでした。この値を更に小さくすることは言うまでもなく可能です。放射パターンに対する条件を，その第1零点が一層主放射方向に近いように設定すればいいのです。しかしそのとき曲線が設定点以外で不自然に上下したり，或いは効率が極端に低下する可能性は増大するでしょう。

6 Toraldo di Francia の超解像 3
Toraldo の方法とその後の展開

> 吾れ嘗て終日食わず，終日寝ねず，以て思う。
> 益無し。学ぶに如かざるなり。
> ——論語：衛霊第十五——

　Toraldo di Francia が最初に書いた超解像の論文*はその凡そ半分を Schelkunoff に始まるスーパーゲインアンテナ理論の紹介にあてています。彼自身が学生の頃から持ち続けた，回折によって生じるエバネセント波への深い関心とその結果としての独創的な洞察があって初めて，アンテナの理論を超解像に応用するという着想が生まれたという自負があったからでしょう。しかし私は，既に2回にわたって，両者の結びつきについて私見を交えて論じて来ましたので，本項では Toraldo 論文の核心から紹介を始めることにしましょう。

☆回折によって生じるエバネセント波

　エバネセント波といえばまず透明な誘電体表面による全反射を思い浮かべるのが普通です。しかし開口やその上に例えば回折格子を置いた場合に，それによって生じる回折波の中にエバネセント波の成分が含まれることは意外に知られていません。Toraldo ははじめに「The Role of the Evanescent Waves ─エバネセント波が回折に果たす役割─」の節を設け，この事実を初めて明らかにしたのは自分だと主張します。これから述べる彼の超解像にはエバネセント波を直接的に操作する手順は含まれていませんので奇異な印象をうけます。
　実は彼は回折とエバネセント波の関係に言及した論文を少なくとも2篇発表

---
* Nuovo Cimento, Suppl. **9** (1952), 426. 表題は「スーパーゲインアンテナと光学的解像力」です。

していますが，いずれもイタリア国立光学研究所所報Otticaに掲載されたものです*。これはイタリア語で書かれ，主にイタリア国内で読まれていた学術誌でした。今回初めてイタリア物理学会発行の国際学術誌 Nuovo Cimento に英文で発表するので，この機会を利用して，彼の息の長い，しかもWoodward and Lawson (1948) はおろかSchelkunoff (1943) よりも1年早く1942年に発表した研究の概要を国の内外に周知させたいという気持ちが強く働いたのでしょう。

限られた開口の内部の電流分布を適当に選ぶことによって，送信電波の指向性を限りなく鋭くできるというスーパーゲインアンテナの理論は，電流分布を複素振幅分布に置き代えることにより，フレネル・キルヒホフの回折理論にほぼそっくり移行させることができます。後者の適用限界が，「入射波が開口によって擾乱をうけない」という条件で決まること—キルヒホフの境界条件—は広く知られています。これを，半径 a の小開口に光が垂直に入射したときの有効断面積が1に近づく条件とほぼ同じと考えると，$2\pi a/\lambda \gtrsim 10$ すなわち可視光に対して $a \gtrsim 1\mu m$ となります。光学結像系の開口がその $10^3 \sim 10^5$ であることを考えれば，アンテナの理論を光の回折理論から出発した超解像の理論に適用するのに何ら問題はない筈です。

Woodwardらは，アンテナアレーの指向性を向上させるとその両脇に大きな副極大が現れるという難題を，後者をエバネセント領域にシフトさせることによって解決しようと試みました。Toraldoは，光学領域では，そこまでやらなくても，副極大を主極大から空間的に大きく離してやるだけで実用解が得られるだろうと考えました。彼はこの着想が単なる思い付きではなく，すでに回折によって生じたエバネセント波の存在をマイクロ波を使って実証までした自分の業績** の延長線上で得られた成果だと主張したかったのだと私は推察します。

彼の文章の一部を翻訳しましょう。「全反射におけるエバネセント波の存在は広く知られているが，回折現象におけるその存在を初めて仮説として導入したのは本論文の著者であった。当初は多少懐疑的に受け取られたが，マイクロ

---

* Ottica **7** (1942), 117 および 197
** M. Schaffner and Toraldo di Francia: Nuovo Cimento, **6** (1949), 125

波を使った著者らの実験によって疑問の余地を残さずに実証された」。「古典波動光学が超解像用瞳の発見に失敗したのは回折におけるエバネセント波の役割を見落としたためだったように見える。更に言えば，放射域の回折問題を解くのにホイヘンス・フレネルの原理を使ったことに起因している。そのために開口の近傍で起こっている現象を明らかにすることに失敗したのである」。「一様アンテナアレーはその指向性曲線の零点（cone of silence，放射の出ない円錐）を放射波領域（$|\cos\theta| \leq 1$）だけでなくエバネセント波の領域（$|\cos\theta| > 1$）でも複素平面上等しい間隔でもっていて，Schelkunoff はそれらを役に立たないエバネセント域から放射波の領域に移したのである。その結果全体の放射強度は減少するが主極大は不変を保つのである（本書 5 の**図 5** 参照）」。

☆超解像瞳

彼はここでまず，スーパーゲインアンテナの理論をそのまま光学超解像に適用する際の困難を次のように指摘します。「アンテナ分野で得られた結果を光学系の解像力を向上する問題に応用する際の最大の困難は瞳が（波長と比べて）桁外れに大きいことである。マイクロ波用アンテナの寸法は波長と同程度だが，レンズの瞳の寸法は波長に対し 10 の何乗という大きさである。この場合，鮮鋭な中央の極大を囲むすべての回折波の強度を非常に小さい値に止めて大半をエバネセント波領域にシフトするには信じられない程に莫大な計算を必要とする。しかし幸運なことに，そのような厳格な条件を課するのは不要のように思われる。中央の極大だけを残して明るい回折環をすべてエバネセント波の領域までシフトさせるのは角視野が 180° のレンズに対しては必要であろうが，実際には結像系の視野外に移動させればそれで十分である」。

彼はまず，円形開口による無収差回折像の中央極大（回折円盤）をほぼそのまま残し，それを囲む回折環のうち円盤に近い 2～3 の明るい環を消失させた照度分布を示し，この処理の結果明るさを増したその外側の回折環を視野絞りで遮断する模式図を描いて，彼のアプローチの方法を提示しました（**図 1**）。

次に超解像化の出発点に円形開口の縁だけを残す円環開口を選び，その時の回折像の振幅分布 $A(x)$ が

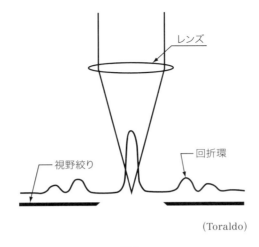

図1

$$A(x) = J_0(x) \tag{1}$$

で与えられるというよく知られた事実を述べ，その第1零点が $x = 2.40$ であって，円形開口の場合の

$$B(x) = \frac{J_1(x)}{x} \tag{2}$$

による第1零点 $x = 3.83$ の約 0.63 に過ぎないこと，しかし回折環の強度は円形開口の場合よりも格段に大きいことをグラフで示し，円環開口による小さい回折円盤と円形開口による暗い回折環という2つの利点を合わせ持つ空間フィルターを設計して瞳上に置こうと考えました（**図2**）。ここに，

$$x = \frac{\pi D \sin\theta}{\lambda} \tag{3}$$

D は円環および円形開口の直径，θ は像点からレンズの開口の縁を見込む半角，λ は使用波長です。

次に彼は，開口上に上の円環に加えて更に直径が $D/3$ と $2D/3$ の2つの円環開口を追加します。このとき回折像の振幅分布 $A(x)$ は次式で与えられます。

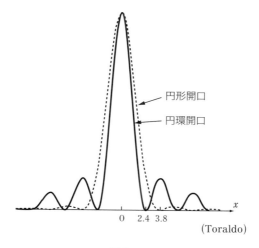

図2

$$A(x) = A_1 J_0\left(\frac{1}{3}x\right) + A_2 J_0\left(\frac{2}{3}x\right) + A_3 J_0(x) \tag{4}$$

ここに A_1, A_2, A_3 は各円環の幅と透過率によって決まる定数です．ここで彼は，上式に対し，$A(0) = 1.0$，および $x = 2.40$ と 3.83 に対し $A(x) = 0$ の条件を与えて係数 A_1, A_2, A_3 を求めたのです．最初の条件は正規化，あとの2つはそれぞれ $J_0(x)$ と $J_1(x)/x$ の第1零点に対して $A(x)$ が0ということで，いわば(1)式と(2)式のいいとこ取りをしたことを表します．

(4)式における3つの関数は，前項の実例3で作ったそれぞれが周期の異なる2光線束干渉縞を表す基底関数に対応します．ダブルスリットによる干渉縞が円環による回折縞に変わったこと，$D/\lambda = 1$ だったのが今回は $D/\lambda \gg 1$ になったこと，および，基底関数を選ぶのに前項は (1, 2/3, 1/2) の組を選んだのに今回は (1, 2/3, 1/3) を選んだという違いはありますが，数学的取り扱いはほぼ同じと考えていいと思います．上に挙げた3番目の違いは全く便宜的なものです．計算の結果，$A_1 = 0.95$，$A_2 = -1.77$，$A_3 = 1.82$ が得られました．これらを(4)式に代入し，$|A(x)|^2$ を計算して得た強度分布を**図3**に示します．円形開口の縁でつくった環状開口による回折円盤のまわりを強度が0に

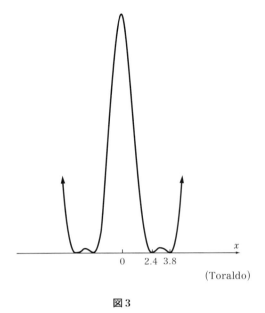

(Toraldo)

図3

近い暗い回折環が囲み，その外側には恐らく中央極大よりも明るい回折環が現れることを予想させます．$x = 6.0$ に対してこの値は約 1.44 です．

次に環状開口を4つに増やしそれぞれの直径を円形開口の 1/4, 2/4, 3/4 および 1 としたときの回折像を

$$A(x) = A_1 J_0\left(\frac{1}{4}x\right) + A_2 J_0\left(\frac{2}{4}x\right) + A_3 J_0\left(\frac{3}{4}x\right)$$
$$+ A_4 J_0(x) \tag{5}$$

で表し，零点の条件に円形開口の第2零点 $x = 5.52$ を加えて同様の計算を行うと，

$$A_1 = -2.84,\ A_2 = 7.73,\ A_3 = -7.67,\ A_4 = 3.77 \tag{6}$$

が得られます．強度分布 $|A(x)|^2$ を**図4**に示します．**図3**と比べて中央円盤の形は同じですが，暗い回折環の幅がほぼ倍に拡がっています．係数 $A_1 \sim A_4$ の値が大きくなったことから，$x > 5.5$ の領域で回折環の明るさが**図3**の場合より

も更に大きくなります。$x=10$ に対して 18 に増大します。図に示す矢印の先は中央の極大値の 20 倍にも達することになります。

更に環状開口の数を増やすと，中央円盤の強度 1.0 を得るための各開口を通る光の振幅 $A_1 \sim A_5$ の絶対値が増加し，その大部分が達成された暗い回折環の外側に現れることになります。

ここまでは，中央円盤の半径を円環開口回折像の第 1 零点距離に固定してそれを囲む暗い回折環の

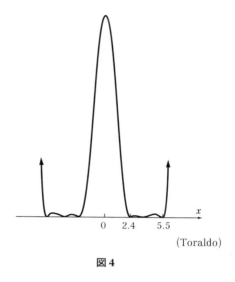

図 4

幅を拡げる例題でしたが，同様の手法によって中央円盤の寸法を更に小さくすることができます。円形開口を 5 つの円環開口に分割し，それぞれの半径を開口半径の $1/5, 2/5, 3/5, 4/5$ および 1 としたときの回折像を

$$A(x) = A_1 J_0\left(\frac{1}{5}x\right) + A_2\left(\frac{2}{5}x\right) + A_3\left(\frac{3}{5}x\right)$$
$$+ A_4\left(\frac{4}{5}x\right) + A_5(x) \tag{7}$$

で表しましょう。第 1 の条件を今まで通りに $A(x)$ の零点が $J_0(x)$ と $J_1(x)/x$ のそれぞれの小さい方から算えた零点と一致するように選ぶと，

$A_1 = 12.43,\ A_2 = -34.11,\ A_3 = 40.03,$
$A_4 = -25.31,\ A_5 = 7.96$ \hfill (8)

が得られます。

一方，中央円盤の半径すなわち第 1 零点を $x=2.4$ から $x=2.0$ に縮小する他はそれより大きい零点の値を丸めて $x=3.5, 5.0, 6.0$ としたときの値は

$A_1 = 55.73$, $A_2 = -146.81$, $A_3 = 158.31$,
$A_4 = -89.42$, $A_5 = 23.18$ (9)

になります。回折円盤を小さくすればするほど，同じ中央極大 $\Sigma A_n = 1$ を得るのに大きな光束を必要とすることが分かります。

以上の諸例に共通して，シュトレールの鮮鋭度照度比すなわち全開口を使った無収差系に対する中心照度比は次式で与えられます。

$$S = \left| \frac{\sum_1^n A_n}{\sum_1^n |A_n|} \right|^2, \quad \sum_1^n A_m = 1 \quad (10)$$

この式に(8)式と(10)式のデータを代入すると，7.0×10^{-5} と 4.5×10^{-6} が得られます。(9)式の例では回折環の相対強度を中央円盤半径の約3倍の半径までの領域で円形開口の無収差レンズ並に低下させた上で回折円盤の半径をその $2.0/3.8 \fallingdotseq 0.53$ と半分に縮小することが出来るが，その代償にレンズに入射する光のうちその約 5×10^{-6} しか結像には利用できない，というのがこれまでの計算の結論です。**図5**に(8)式と(9)式の結果をそれぞれ(a)と(b)に示します。

Toraldoはこのグラフを示して次のように述べます。「**図5**の結果は有望である。レーリーの分解能の定義に従えば，開口全面を使ったのではその分解能のほぼ半分しかない小熊座の7つの星の相互間隔を，このフィルターを装着することによって分解して観測できる。しかし(8)式と(9)式を比較すると $A(0) = 1$ を得るために必要な光束が著しく上昇する」。

Toraldoは最後に結語の中で，この研究が実用的な超解像法を提案しただけでなく，光学結像の本質に迫る課題を提起するとして次の2つの点を強調しました。「その第1は，古典的分解能 $1.22\lambda/D$ は理論的限界ではなく単に実用的な限界に過ぎないことが明らかになったことである。理論的には，光学器械は瞳の寸法が与えられたとして，欲するだけの高い分解能を達成できる。唯一の制約は，もしそれがあるとすれば，我々が自由にできる光束の量である。ここでイタリア国立光学研究所のグループが作った分解能のエネルギー理論，すな

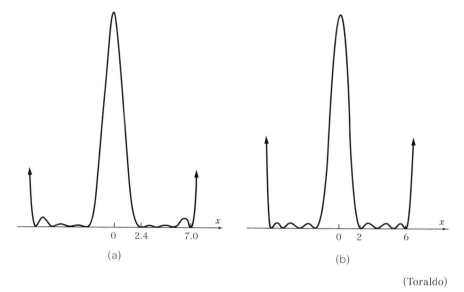

(Toraldo)

図5

わち利用できるエネルギーを特定せずに分解能を論じるのは合理的でないとする理論を支持する実例を見出すことができる」．

「その第2は，この研究結果が著者がしばらく前に発表した分解能の理論[*]を支持している点である．現代の情報理論によれば，光の波動性が光学系の能力に課する唯一の制約は，系が一度に伝達することができる情報の数 N である．粗い近似によれば，これは瞳の面積を2分の1波長の2乗で割った値 $N = \pi D^2/\lambda^2$ で与えられる．若し我々がこのすべての情報を半空間に均等に分布させようとすれば（これは理想的な光学系において満たされている），情報の1単位が専有する立体角は $2\pi/N = 2\lambda^2/D^2$ となる．これは平面角に換算すれば $1.41\lambda/D$ となり，古典的分解能 $1.22\lambda/D$ に極めて近い値である．しかし，若し角視野を狭めて情報をその内部に集めようとすれば，古典的分解能よりも高い分解能の達成を妨げる理論的な理由はない筈である．これは本論文で得ら

---

[*] Atti. Fond. G. Ronchi, **6**（1951），73

れた結果と整合しているとしていいだろう」。直観的な推論ですが非常に説得的な論旨です。

彼はもうひとつ，彼が得た結果が，ハイゼンベルクの不確定原理の説明にしばしば使われる，顕微鏡結像における位置と運動量の関係に変更を求めるものかどうかという問題については，別に論じると述べています。しかし，私はこの議論が論文になったかどうかを知りません。

☆瞳フィルターの具体的設計

前節で計算に使った瞳フィルターは幅が無限小の同心円環群でした。製作を考慮した実用設計に変えるために，Toraldo は開口を n 個の同心の輪帯に分け，それぞれの透過率を最適化する方式を提案しました[*]。輪帯を幅で等分割するのと面積で等分割する方法がありますが，後者の方がいい解が得られたようです。

開口（=瞳）の半径 a を n 個の同心の輪帯に分け，その $n+1$ 個の半径をそれぞれ $\alpha_0 a, \alpha_1 a, \cdots \alpha_n a$ とします。このとき $\alpha_0 = 0, \alpha_n = 1$ です。i 番目の輪帯による回折像の振幅 $f_i(v)$ は定数係数を除いて次式で与えられます。

$$f_i(v) = \alpha_i^2 \frac{2J_1(\alpha_i v)}{\alpha_i v} - \alpha_{i-1}^2 \frac{2J_1(\alpha_{i-1} v)}{\alpha_{i-1} v} \tag{11}$$

上式の v は次式で与えられます。

$$v = \frac{2\pi}{\lambda} r \sin\theta \tag{12}$$

ここに r は像面上の回折像中心からの距離，$\sin\theta$ は像空間の開口数，λ は波長です。

i 番目の輪帯を通過する光の振幅を k_i と置くと全開口によって像面に形成される複素振幅 $A(v)$ は次式で与えられます。

$$A(v) = \sum_{i=1}^{n} k_i f_i(v) \tag{13}$$

開口が一様で透明の場合には回折像はエアリーパターンとなり，$k_i \equiv 1$,

---

[*] Atti. Fond. G. Ronchi, **7** (1952), 366

$A(0)=1$ が得られます。$A(0)=1$ はシュトレール比が 1 であることを表しています。

いま $A(v)$ に対する $(n-1)$ 個の条件,具体的にはその零点を指定すると,これに正規化条件,すなわち $A(0)=1$ を加えて n 個の連立一次方程式が得られ,これを解いて k_i の組が得られます。例えば,開口を 3 つの輪帯に分け,$\alpha_0=0$, $\alpha_1=1/3$, $\alpha_2=2/3$, $\alpha_3=1$ と置き $A(0)=1$ および A が $v=2.4$ と 3.5 のとき 0 になるという条件を与えて,

$$\left.\begin{array}{l} k_1 f_1(0) + k_2 f_2(0) + k_3 f_3(0) = 1 \\ k_1 f_1(2.4) + k_2 f_2(2.4) + k_3 f_3(2.4) = 0 \\ k_1 f_1(3.5) + k_2 f_2(3.5) + k_3 f_3(3.5) = 0 \end{array}\right\} \tag{14}$$

を解いて,

$$k_1 = 56.512, \ k_2 = -33.820, \ k_3 = 12.382 \tag{15}$$

が得られ,これより $A(v)$ を計算して**図 6** の A 曲線が得られることになります。このときシュトレール比はフィルターが受動的(透過率 <1)との仮定から,k_i の最大値 $k_{\max}$ を用いて

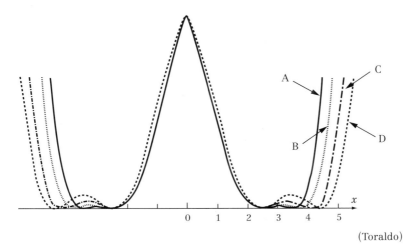

(Toraldo)

図 6

$$S = \frac{1}{|k_{\max}|^2} \tag{16}$$

で与えられます。上の例では $S = 3.13 \times 10^{-4}$ になります。曲線 B, C, D はそれぞれ第 2 零点を $v = 3.8$, 4.1, および 4.4 にしたときの解です。これが大きくなるに従って，暗い回折環の幅は拡がる一方で，その明るさが増すことが見てとれます。

　上の例では各ゾーンの幅が等間隔になるように開口を分割しましたが，これを面積が等しくなるように分割した例を**図 7**に示します。$\alpha_0 = 0$, $\alpha_1 = \sqrt{1/3}$, $\alpha_2 = \sqrt{2/3}$, $\alpha_3 = 1$ とした場合です。A と C は幅が等しい場合，B と D が面積が等しい場合の曲線です。A と B は零点を $x = 2.0$ と 3.8，C と D は 2.8 と 3.8 として計算してあります。曲線の形は主に零点のとり方によって決まり，等間隔形ゾーンと等面積型ゾーンによる違いは小さいように見えます。しかし，シュトレール比を計算すると A: 2.46×10^{-4}, B: 8.35×10^{-4}, C: 1.01×10^{-3}, D: 4.04×10^{-3} となります。エネルギー効率では等面積ゾーン法の方が，2 つの例に共通して 3〜4 倍強有利なことが分かります。

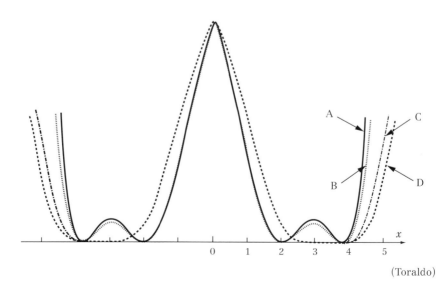

(Toraldo)

図 7

いずれにせよ，超解像フィルター設計の仕様はエアリーパターンの第1零点の半径に対する超解像回折パターンの第1零点の半径z_1の比G（ゲイン）と，中心核を囲む暗黒環の幅$L = z_M - z_1$の2つでほぼ決まります。次は設計者自らが瞳の分割数Mをいくつに設定し，更に$z_2 \sim z_{M-1}$をどう選ぶかを決め，それらを用いて最大の中心強度と暗黒環の残存成分の極小化を図るということになります。上の例では，瞳の等面積分割法の方が等しい幅に分割する方法よりも設計的に勝れているということになるわけです。その後，Toraldoが提案したよりも，もっと勝れた方法がないかを探す試みが2，3の数学が得意な人たちによって行われることになりました。その中からLuneburgの解析的方法[*]が再び登場することになりました。

☆ Luneburg再登場

R. K. Luneburg（1944）は超解像の一般論を一見非のうちどころのない変分問題に還元した上で「回折像の第1零点までの距離を短くすると，小さくなった中央の回折円盤からその外側の回折環に流れる光束が増加し，中心強度が低下して画質が低下する」という結論を導きました。

Toraldoはこの結論を「古くしかも誰もが当然と思い込んでいた光学定理」と批判し，これが彼の超解像理論の出発点になりました。しかし，Luneburgが導入した，最適の瞳フィルターを変分法を応用して求めるという正統的でエレガントな解法自体が否定されたわけではありません。

Toraldoの論文が出版されてから28年後の1980年にLaval大学（Québec, Canada）の回折光学・アンテナ・ホログラフィグループに所属するRichard and Albéric Boivin（多分親子でしょう。第2著者は数学を多用する光学論文で知られています）がLuneburgの解法を一般化する理論を発表しました[**]。これはLuneburgが点像中央部の回折円盤の半径に対応する第1零点の位置だけを付帯条件にしたのに対し，それに有限個の零点を加えて変分問題を解くというものでした。これは数学的に次のように表現できます。

---

[*] 本書 [4], p.53–57
[**] Optica Acta, **27** (1980), 587, 1641

「与えられた M+1 個の条件,

$$2\int_0^1 f(x)J_0(z_i r)rdr = 0, \quad i = 1, 2, \cdots M \tag{17}$$

および

$$\int_0^1 |f(r)|^2 rdr = 1 \tag{18}$$

の下で,汎関数

$$U(f) = \left|\int_0^1 f(r)rdr\right|^2 \tag{19}$$

が最大になる実数関数 $f = f_0$ を見出すこと」。ここに(18)式は回折像の中心強度を表します。その正規化については順を追って説明します。

この問題はLuneburgのラグランジェの未定乗数法を用いた解法と同様の手順で解くことができます。その結果,f_0 は次式で与えられることが分かります。

$$f_0(r) = a\left[1 - \sum_{i=1}^M b_i J_0(z_i r)\right] \tag{20}$$

$$a = \frac{1}{\sqrt{P}}, \quad P = \frac{1}{2} - \sum_{i=1}^M b_i \frac{J_1(z_i)}{z_i} \tag{21}$$

空間フィルターの透過率分布 ϕ_0 は,これが受動フィルター(透過率<1)であることを考慮して,

$$\phi_0(r) = \frac{1}{C}\left[1 - \sum_{i=1}^M b_i J_0(z_i r)\right] \tag{22}$$

で与えられます。ここに C は(20)式の括弧内の値の絶対値 $|f_0(r)/a|$ の最大値と一致するように選んであります。

ここまではLuneburgのお手本がありますから導くのは容易ですが,i を 4, 5, 6 … と増やしたとき,b_i を連立一次方程式を機械的に手計算で解いて求めるのは大仕事です。Boivin & Boivin は1970年代に普及した卓上のプログラマブル電子計算機WANG270-C(第1バージョンは1971年にリリースされた)を使って計算を実行しました。LuneburgとToraldoは共に第2次大戦中レン

ズの設計に従事した経験がありましたが，それでもこのような計算を電子計算機なしで行う気にはならなかったろうと思います．また，現代ならばBoivinらが解析的に辿った演算などはコンピューターの数値計算に任せきりで一丁上がりとなったことでしょう．

Boivinらの計算例を**表1**と**図8**に示します．**表1**において，$z_1 \sim z_5$は付帯条件として与えた像面上の正規化零点座標，$b_1 \sim b_5$は卓上電子計算機がはじき出した(20)式中の係数です．この他の特性諸量は**表2** Example 1に記入してあります．Sはシュトレール比の略で，空間フィルターの振幅分布(22)式を(19)式の$f(r)$に代入して得られる値です．端的に言えば，振幅分布の最大値を1に正規化した空間フィルター曲線を使って得られた中心強度をシュトレール比と定義したわけです．Eはこの空間フィルターを通って像側に流れる光束を，空間フィルターの平均強度透過率で表したものです．したがって，$P = S/E$はSとは異なる正規化によるもうひとつのシュトレール比と呼んでいいものです．Boivinらは(19)式において極大化すべき関数としてS/Eを選んでいます．ゲインGと暗黒帯の幅Lは先に定義した設計パラメーターです．

図8(a)には空間フィルターの透過率分布を示す曲線と，これによく似たZernikeの円多項式$R_{10}^0(r)$の曲線を併記してあります．この相似性はz_iの選び方でも変わりますし，それよりも何よりも，後者を使って計算すると回折像の中心強度が0になってしまいます．しかし，暗い回折環の外側の振る舞いに関しては，面白い相似性があるということです．**図8**(b)は超解像による点像（点線）とエアリーパターン（実線）を中心強度をともに1に正規化して併記

表1

i	零点半径，z_i	b_i（本文参照）
1	1.91585$\bar{0}$	2.0847002
2	3.50780$\bar{0}$	-1.8295002
3	5.08675$\bar{0}$	1.0782272
4	6.66185$\bar{0}$	$-4.1452369 \times 10^{-1}$
5	8.23532$\bar{0}$	8.2998476×10^{-2}

(Boivin and Boivin)

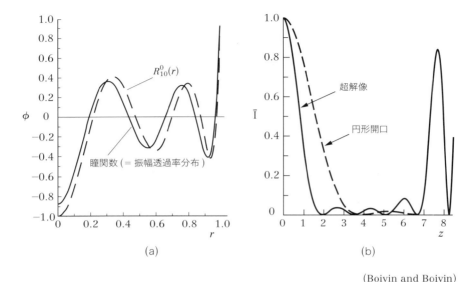

(Boivin and Boivin)

図 8

したものです。前者では暗い回折帯といってもフィルターなしの回折像（エアリーパターン）の回折環よりも平均的に明るいことが見て取れます。更に，z_4 と z_5 の間では残存する強度の最大値が予想を上まわって中心値に近い明るさまで増大し，そのため**表2**では暗黒帯の幅を z_1 から z_5 ではなく z_1 から z_4 までとした程です。z_4 と z_5 の間にもうひとつ零点を入れたらどうなるかは，やってみないと分からないでしょう。

Boivin らの変分問題も，中心（主極大）強度を最大にする瞳の振幅透過率曲線（実数関数だがその正負に対応する位相の反転を含む）を求めるもので，副極大の方は零点 $z_1 \sim z_M$ の選び方に依存しており，実際に計算してみないと分からないのです。ともあれ Boivin らは数値計算ツールを手に入れましたので，フィルターの設計だけでなく，その製作誤差の評価なども行いました。

☆ Cox, Sheppard および Wilson の評価

Toraldo に始まった超解像，すなわち極めて狭い視野の内部ではあるが，点

6 Toraldo di Francia の超解像 3 Toraldo の方法とその後の展開

表2

	Example 1	Example 2	Example 3
G	2.00	2.00	1.20
L	4.746	3.98	—
z_1	$1.91585\bar{0}$	$1.91585\bar{0}$	$3.19308\bar{0}$
z_2	$3.5078\bar{0}$	4.10^-	$5.55\bar{0}$
z_3	$5.08675\bar{0}$	5.90^-	$8.42\bar{0}$
z_4	$6.66185\bar{0}$	—	$11.1031\bar{0}$
z_5	$8.23532\bar{0}$	—	—
k_1	-3.88287×10^2	-1.17503×10^1	9.47957×10^{-1}
k_2	2.54853×10^3	5.33960×10^1	-3.00384×10^{-1}
k_3	-6.72016×10^3	-8.25571×10^1	3.84804×10^0
k_4	8.91473×10^3	4.49113×10^1	-5.64749×10^0
k_5	-5.95344×10^3	—	6.15188×10^0
k_6	1.60464×10^3	—	—
S	1.25830×10^{-8}	1.46721×10^{-4}	2.64231×10^{-2}
E	7.10088×10^{-1}	8.67259×10^{-1}	9.04052×10^{-1}
P	1.77203×10^{-8}	1.69177×10^{-4}	2.92274×10^{-2}
S'	2.4826084×10^{-8}	1.2530898×10^{-4}	1.5574213×10^{-2}
E'	1.6166078×10^{-1}	2.4254250×10^{-1}	1.8493954×10^{-1}
P'	1.5356900×10^{-7}	5.1664750×10^{-4}	8.4212455×10^{-2}

(Cox, Wilson and Sheppard)

G：ゲイン $\left(=\dfrac{\text{エアリーパターンの第 1 零点半径}}{\text{超解像回折の第 1 零点半径}}\right)$
L：暗黒帯幅 (z_n-z_1)
$z_1 \sim z_5$：設定した零点半径
$k_1 \sim k_6$：本文参照
S：シュトレール比
E：空間フィルターの平均透過率
P：S/E
$S' \sim P'$：同一零点群による Boivin の計算結果

物体の像の中央核の直径をエアリーパターンの 1/2 前後まで小さくできるという実用解をもつ超解像の直接的な応用の対象はレーザー共焦点走査顕微鏡,通称コンフォーカル顕微鏡でした[*]。その実用化を強力に推進したことで知られる T. Wilson と C. J. R. Scheppard の二人は, 終始この超解像の研究に関心を払って来ましたが, Boivin and Boivin の研究が発表されてからしばらくして, 彼らの最適化設計法と Toraldo の輪帯法を, 同じ付加条件の下で計算したデータを使って比較しました (筆頭著者 I.J. Cox)[**]。具体的には, シュトレー

---
[*] 第5・光の鉛筆, 新技術コミュニケーションズ (2000), [12]・[13]参照
[**] I.J. Cox, C.J.R. Sheppard and T. Wilson: J. Opt. Soc. Am, **72** (1982), 1287

ル比 S,平均透過率 E および両者の比である Boivin 比 $P = S/E$ の 3 つのデータを比較したのです。**表2**にその一部を掲げます。3 つの例とも Boivin and Boivin が与えた零点 z_i のデータと,それを元に Toraldo の輪帯法で計算した結果を併記したものです。記号の定義は表中に記入しました。

Cox, Wilson と Sheppard はまず,2 つの方法が数学的に大きく異なるにもかかわらず,両者による点像の正規化強度分布が非常によく一致したことに注目しました。**図9**は**図8**と同じ零点群から計算した(**表2** Example 1)グラフです。

しかしその一方で,シュトレール比 S が,表で記載しなかった 2 例を加え,Toraldo 法による方が Example 1 を除き後の 4 例とも大きい値を示したこと,および平均透過率 E がすべての例に共通して Toraldo の方が大きかったことを強調しています。要するに,これらの値を見る限り,Toraldo 設計の方が Boivin 設計よりも実用的にはいい解だという結論といえるでしょう。Cox, Wilson と Sheppard は,Boivin らが最適化すべき関数に S/E の代わりに S を選んだならまた別の解が得られたかもしれないと述べています。最後に,「ゲイン G

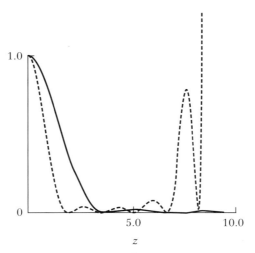

(Cox, Wilson and Sheppard)

図9

と視野長 L を与えて最適の零点群 z_1〜z_n を求める試みは未だ行われていない」と述べ，Toraldo 法によって更に大きい S と E が得られることを期待しました。また空間フィルターの製作誤差の評価を行い，Toraldo 法が有利なことは認めつつも，ゲイン（＝超解像の目安）が 2 を越えるといずれの方法によっても性能を満たすのに十分な精度は得られないと結論しました。

7 回折とエバネセント波

> 10年の計は木を樹うるに如くは莫し
> ——管子・権修——

　開口の直径や幅を狭めていくに従って，それらを通過した光は回折して拡がり，遂には半空間を覆うほどになります。更に狭めていくと回折波の一部がエバネセント波に変わりますが，エバネセント波自身はエネルギーを消費しません。しかし，回折光が減った分だけ反射光が増加してエネルギー保存則が成り立ちます。

　全反射の際に生じるエバネセント波に関しては，I. Newton が初めて記述して以来の長い研究の歴史がありますが，回折とエバネセント波の関係が実用的な意味で注目されるようになったのは1980年代に入って近接場の利用，特に顕微鏡への応用が始まってからでした。しかしそれより，40年も前に，Toraldo di Francia は回折とエバネセント波の密接な関係に気付き，この現象を利用した超解像の理論を展開しました*。彼は更に，回折に付随して生じるエバネセント波の存在をマイクロ波を使って検出することに成功しました（1949）。なお，現代では，使用波長と同程度かそれより小さい開口や障害物による回折の際に生じる，非伝搬光を総称して近接場光と呼び，エバネセント光とは言わない場合が多いようです。

　Toraldo がこの研究を始めた1942年から約10年の間，主にアンテナの分野で研究された回折の電磁理論を光学に取り込む気運は未だ緒についたばかりでした。彼はキルヒホフ・フレネルの古典的スカラー回折理論が成り立つ条件下で，エバネセント波の研究を完成させたのです。しかし本項ではまず，現在

---
* 本書 6

知られている近接場光と回折の関係をかいつまんで紹介し，次項にToraldoの実験の大略を解説します。

☆微粒子や小開口による散乱と回折

　全反射によって生じたエバネセント波で微粒子を照明して発光させる実験はA. CottonとH. Moutonによって1903年に報告されました[*]。これとは独立にR. Woodが行った同様の実験は，彼の著書：Physical Optics　第3版（1934）に詳しく紹介されています（p.419）[**]。

　これらの実験に使われた配置をそのままにして光源と微粒子を交換する実験，すなわち微粒子に蛍光分子を選び，これを照明して光源としたとき，全反射プリズムを全反射角より大きい入射角で照明するのに使われた光源の位置に果たして光が到達するかどうかを確かめる実験は，P. Selényiによって1913年に報告されました。これは，単色点光源として電気双極子を考えたときに成り立つ電磁気学の相反定理[***]から肯定的な結果を予想できるものでした。

　電気双極子とは，電荷$+e$と$-e$が距離lだけ離れて存在するときのこの一対の電荷をこう呼び，$p=el$を電気双極子モーメントと定義します。双極子モーメントが時間とともに変化する，具体的には波長と比べて長さlが十分に小さい針金の直線部分中を電荷が周期的に振動する場合に生じる放射を電気双極子放射とか電気双極放射といいます。この機構を周波数が非常に高い光の領域に拡張したものが点光源の古典電磁気学的モデルであることは周知でしょう。

　開口や遮光円盤，金属球や誘電体球などが電場$E_0\exp(\omega t-kx)$の平面波で照射されると，それらの半径aが波長$\lambda(=2\pi c/\omega$，cは光速度）より十分に小さい場合に，それらの物体には電気双極子が誘起されます。そのときそれぞれの双極子モーメントは次式で与えられます。

$$誘電体球：p_1=\alpha_1 E_0=\left(\frac{\varepsilon-\varepsilon_0}{\varepsilon+2\varepsilon_0}\right)a^3 E_0 \tag{1}$$

$$完全導体球：p_2=\alpha_2 E_0=2\sqrt{5}\,\pi\varepsilon_0 a^3 E_0 \tag{2}$$

---

[*] Compte Rendus Acad. Sci., **136** (1902), 1657
[**] 鶴田匡夫：第7・光の鉛筆，新技術コミュニケーションズ（2007），p.338
[***] 鶴田匡夫：応用光学Ⅰ，培風館（1990），p.207

円形開口（＝円形遮光板）：$p_3 = \alpha_3 E_0 = \dfrac{16}{3}\varepsilon_0 a^3 E_0$ (3)

ここに ε_0 と ε はそれぞれ真空と誘電体の誘電率，α は電気双極子の分極率です。

こうして物理的な物性と形状が大きく異なるにもかかわらず，上のいろいろな光学要素が，$a \ll \lambda$ の場合に電気双極子として振る舞うという事実は，これらによって起こる回折や散乱の問題を第一近似として議論するのにたいへん有用です[*]。

一方，蛍光色素分子の発光のメカニズムは回折やレーリー散乱とは異なるため双極放射モデルをそのまま利用することはできません。励起光波長と蛍光波長が異なるのを始め，配光や偏光特性の違いも周知です。しかしここではいくつかの大胆な仮定の下で，一個の蛍光色素分子の蛍光断面積 σ_f を計算し，これを回折や散乱の断面積と比較することは可能です[**]。これは次式で与えられます。

$$\sigma_\mathrm{f} = 2.3 \times 10^3 \dfrac{\varepsilon \Phi}{N_\mathrm{A}} \qquad\qquad (4)$$

ここに $N_\mathrm{A} = 6.022 \times 10^{23} \mathrm{M}^{-1}$ はアボガドロ数，M はモルです。ε は分子（またはモル）吸光係数（$\mathrm{Ml}^{-1}\mathrm{cm}^{-1}$，l はリットル）と呼ばれ，$\Phi$ は量子効率すなわち吸収されたフォトン数に対する放出フォトン数の比です。本項では誘電率を ε で表示しましたが，これと吸光係数 ε とは別の量です。(4)式が示すように，蛍光の断面積は分子の吸光特性で決まり，回折や散乱と異なり波長依存性がなく，また蛍光粒子の寸法は吸光係数 ε の中に含まれていて見掛け上その半径 a に依存しません。したがって回折や散乱の断面積が粒子径や開口径の 6 乗に比例するのに反し，こちらは一定値を保ちます。そのため微小な発光体としては例えば金属コロイドの溶液よりも蛍光色素フルオルセイン溶液の方が遥かに明るく光って見えるわけです。

例えば(4)式に対応する金属コロイドと小開口の散乱断面積はそれぞれ次式

---

[*] 以下の叙述は鶴田匡夫：第7・光の鉛筆，新技術コミュニケーションズ（2006），23・24 を要約したものです。
[**] 鶴田匡夫：第7・光の鉛筆，新技術コミュニケーションズ（2006），p.335

で与えられます。

$$\sigma_{\mathrm{m}} = \frac{10}{3} \left(\frac{2\pi a}{\lambda_0}\right)^4 \pi a^2 \tag{5}$$

$$\sigma_{\mathrm{a}} = \frac{128}{27\pi^2} \left(\frac{2\pi a}{\lambda_0}\right)^4 \pi a^2 \tag{6}$$

蛍光色素分子フルオレセインのモル吸光係数を $\varepsilon = 9 \times 10^4$ ($M^{-1}\mathrm{l\,cm^{-1}}$) とし，$\lambda_0 = 550\mathrm{nm}$ と置き，(4)式と(5)式を等号で結んで金属粒子（球）の半径を求めると $a = 0.2\mu\mathrm{m}$ が得られます。$a < 0.2\mu\mathrm{m}$ ならば，同じ強度の光を照射したとき，蛍光分子の方が金属コロイドよりも ── 波長の長い方にシフトしますが ── a^6 に反比例して明るく光ることが分かります。エバネセント波の検出実験に蛍光色素分子が広く使われて来た理由だと思います。エバネセント波の偏光特性を調べる場合には，検出器の手前に偏光器を置けばいいわけです。

☆ P. Selényi* の論文

Selényi は 1813 年に，図1 の配置を用いて，蛍光分子が発光して生じる球面波中のエバネセント波成分の検出に初めて成功しました。

ここで，電気双極子が電場 $E_0 \exp i(\omega t - kx)$ の平面波の中に置かれたときに発生する電磁場の0でない成分を図2を参照して記すと次のようになります**。

$$E_R = \frac{1}{2\pi\varepsilon_0} \left(\frac{1}{R^3} - \frac{ik}{R^2}\right) \cos\theta |p| e^{i\omega t^*} \tag{7}$$

$$E_\theta = \frac{1}{4\pi\varepsilon_0} \left(\frac{1}{R^3} - \frac{ik}{R^2} - \frac{k^2}{R}\right) \sin\theta |p| e^{i\omega t^*} \tag{8}$$

$$E_\varphi = -\frac{i\omega}{4\pi} \left(\frac{1}{R^2} - \frac{ik}{R}\right) \sin\theta |p| e^{i\omega t^*} \tag{9}$$

$$t^* = t - \frac{kR}{\omega} \tag{10}$$

この双極子は電磁場から受け取るエネルギーの一部を散乱光として全空間に

---

* ハンガリーの物理学者。静電記録方式の電子写真法の発明者（1931）として知られる。鶴田匡夫：第8・光の鉛筆，アドコムメディア（2009），[18] 参照
** J. A. Stratton : *Electromagnetic Theory*, McGraw-Hill (1941), p.434

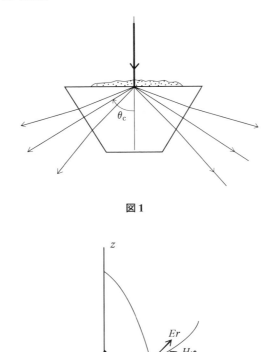

図1

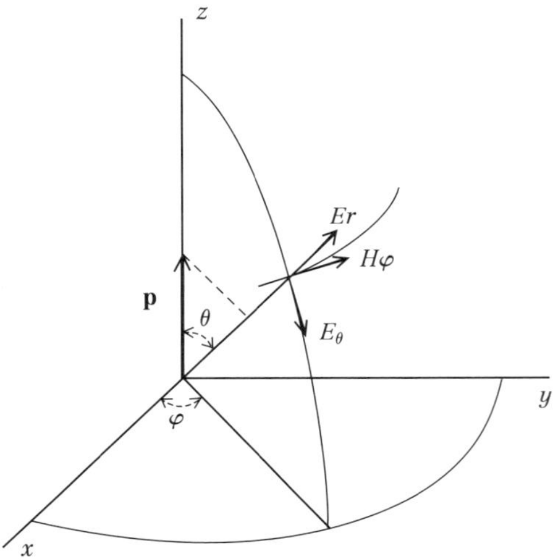

図2

放射・散逸させますが，これはポインティングベクトル S の法線成分を十分に大きい半径 $R(\gg \lambda)$ の球面上で積分して得られます。計算の結果，双極子モーメント P をもつ双極子の単位時間あたりの放射損失 W は次式で与えられます。

$$W = \frac{\omega^4}{12\pi} \mu \sqrt{\varepsilon_0 \mu} |p|^2 \tag{11}$$

これがレーリー散乱を表すことは言うまでもありませんが，同時に小円孔 ($a \ll \lambda$) による回折もまたこの散乱と同じ取り扱いができることが分かります。(11)式に寄与するのは，双極子がつくる(8)～(10)式による電磁場のうち $1/R$ を含む項だけです。それ以外の $1/R^2$ と $1/R^3$ を含む項は，遠隔域 ($R \gg \lambda$) の球面上で積分すると0になります。外部へのエネルギーの散逸に寄与しない，したがって観測にかからない波を近接場 (near field)，この波が支配的な領域を近接域といいます。これが全反射の際に現れるエバネセント波と同じ性質をもつこと，したがってエバネセント波と呼んでいいことは勿論です。

この場合にも全反射の際に生じるエバネセント波と同様に，その検出にはエバネセント波が優勢な領域（具体的には金属球の表面や開口の近傍）にそれに擾乱を与えて伝搬性の波に変えることのできる，例えば蛍光分子や高屈折率プリズムの全反射面を近づけて置いてやることが必要です。

ここで再び**図1**に戻りましょう。Selényiによれば，「全反射プリズムの斜辺を水平に置き，その上にフルオレセイン溶液を一滴たらして上方から照明する。蛍光を発した表面をプリズム側から，無限遠にピントを合わせた目で観察すると，全反射角よりも上の領域（屈折角が臨界角よりも大きい領域）も真暗ではなく，目が明るさを感知できる。この事実から，ガラス表面に近接した輝点が全反射円錐の外側の領域に光を運び込んだこと，しかもそれは蛍光分子が表面に近ければ近い程明るいことが分かった」のでした。

Selényiはこの現象を説明するのに，プリズム側から臨界角より大きい角度で光を入射させたときにできるエバネセント波の領域に蛍光分子を分散させたとき分子が光を吸収して発光する現象*と，「光線の逆進定理」で結ばれると述べただけでした。彼自身もこの説明が不十分なことを分かっていて，論文の末尾に「光源をヘルツの双極子と考え，これを発した波動の反射と屈折の法則を決定するのが正攻法である」と記し，近く報告することを示唆しましたが実現しませんでした。翌1914年夏第1次世界大戦が勃発し，1918年秋Selényiの母国オーストリア・ハンガリー帝国が降伏して敗戦を迎えたのがその主な理由でしょう。

---

* R. W. Wood : Phys. Z. **14** (1913), 270

しかし，蛍光溶液中にエバネセント波が生成して初めて，プリズム母体中を臨界角を越える方向に光が伝搬できるわけですから，この実験はその後に作られることになる理論を定量的に検証するのに欠かせない重要な意味を持っていました。

さて，**図1**の配置を眺めると，全反射プリズムは蛍光分子のエバネセント波を伝搬波に変えるのに必ずしも必要ではなく，その代わりに平面ガラスを使っても同様の現象を引き出せるように見えます。実はプリズムの役割は伝搬波による散乱とエバネセント波による散乱を臨界角を境にして空間的に鋭く分離して観察できる点にあります。平面ガラスではこうはいきません。エバネセント波成分の上に伝搬波成分の光が重なって背景光を形成し，測定のSN比を大きく低下させることになってしまうでしょう。

☆ Carniglia・Mandel・Drexhage の論文[*]

この著者らは，Selényi が提示した問題を60年ぶりに解いて定量的な実験に成功しました。照射光がs偏光（= TE波）すなわちその振動面が入射面に直交する場合とp偏光（= TM波）すなわち入射面内にある場合について，境界に近接して置かれた電気双極子がそれに応じて振動して光を放射するという古典的モデルを使い，この光が伝搬波・エバネセント波とも形式的にフレネルの式を満たすという仮定の下で問題を解いたのです。その結果，得られた式が全反射によって生じたエバネセント波の内部に置かれた電気双極子が発光する場合の式と一致して，電磁場の相反則がここでも成り立つことが証明できたのでした。

図3は，全反射プリズム（$n > 1$）の斜辺へのプリズム側からの入射角θに対する空気側（$n_0 = 1$）の照射光（= エバネセント波）の相対強度$I(\theta, d)/|u|^2$を表しています。$|u|^2$は境界面への入射光強度，dは空気側に置かれた電気双極子の境界からの距離です。$\theta = 0$から臨界角θ_cまでは境界からの透過光強度，θ_cを越えた全反射領域では高さdによって変わるエバネセント波の強度です。この値が臨界角入射のとき最大値をとり，しかもそれが境界面（$d = 0$）上の

---

[*] J. Opt. Soc. Am., **62**（1972），479

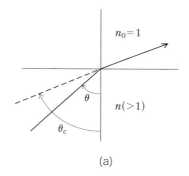

(a)

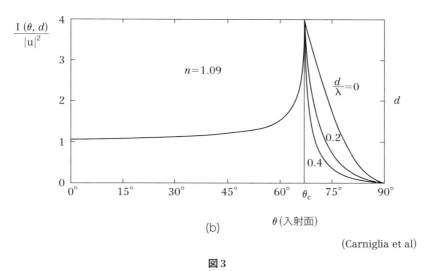

(b)

(Carniglia et al)

図3

空気側で入射光強度の4倍になることは,信じ難い人もありましょうが事実です。このグラフでは後述する実験の配置を考慮して $n=1.09$ にとってあります。

 Carniglia らによれば,Selényi が予想した通り,蛍光分子を発し,近接するプリズムの内部を伝搬する光の強度もまたこのグラフで与えられることになります。こうして,彼らは蛍光分子の位置(=境界面からの距離 d)を変えては,光源と受光器を交換する2つの実験を定量的に行って比較するという難題に挑戦することになったのでした。

 Selényi の実験を改良して定量化するポイントは,全反射面から一定の距離

にある平面上に蛍光分子を分散して敷きつめること，しかもその距離を精密に測定できることです。それができて初めて，蛍光分子がエバネセント波を吸収して発光するメカニズム（以下吸収実験と呼ぶことにしましょう）と，蛍光分子が伝搬波を吸収してエバネセント波を放射するメカニズム（以下発光実験と呼ぶことにしましょう）に共通して，図3の理論式の検証ができ，古典的双極子モデルの正当性を立証できたことになります。

Carnigliaらは BlodgettとLangmuirが1934年に創始した脂肪酸の単分子層の生成法の最新技術を駆使して，スライドガラスの表面にアラキン酸 $CH_3 \cdot (CH_2)_{18}COOH$ の厚さ26.4Åの単分子膜を累積しました。例えばこの膜を5層重ねてから，その上に蛍光色素を結合させた同じ分子膜を2枚重ね，更にその上に最初に重ねたのと同じ純粋のアラキン酸膜を16層重ねたものを作りました。こうして膜の表面から450Åのところに光の吸収が1%の蛍光色素分子の膜ができた次第です。これを屈折率が1.65の高屈率液体*を満たした液槽に入れて測定を行おうというわけです。

吸収実験の配置（平面図）を図4に示します。液槽は分光器のテーブル上に固定され，その中に単分子膜層を付着させたスライドガラスをのせた試料台が検出系に向き合う円筒窓の曲率中心に置かれています。この実験では試料台と検出系が一体で照射励起光に対して回転できるようになっています。照射励起光にはアルゴンレーザーの青色光（476nm）を用いました。

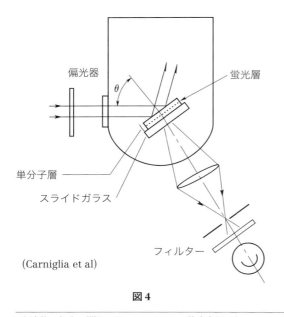

(Carniglia et al)

図4

---

* 液体の処方に関してはCarnigliaらの論文参照。知っていると便利です。

膜の屈折率はおそらく臨界角 θ_c を測定して決めたのでしょう。蛍光色素は黄色に蛍光する色素というだけで物質名の記述はありません。s 偏光（TE 波）を入射させたときの測定データと $d = 45\,\text{nm}$（$= 0.14\lambda_0$, λ_0 は励起光の波長）, 相対屈折率 $n = 1.10$ の理論曲線を重ねて描いたのが**図 5** です。ただし, データの正規化

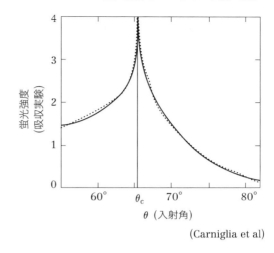

(Carniglia et al)

図 5

は最大値が理論値 4 になるようにしてあります。

　一方, 発光実験の配置（**図 6**）では吸収実験に使ったのと同じスライドガラスを裏返して入射光に対して固定し, 測定アームだけを回転してデータを取りました。Selényi と違って, ここでは励起光を斜めから集光して入射させていますが, これは励起光を脇に逸らして受光器に迷光として入るのを防ぐためです。

　図 7 による測定データと理論曲線の合致は吸収実験の場合ほどには良くありません。しかし著者らは, 受光系の有限開口角の影響を考慮すると合致が改善すること（破線曲線との比較）, および測定データをつなげたときのうねりはおそらく円筒面の製作誤差が影響しているとして, 彼らが得た結果が, 蛍光分子が発生したエバネセント波が近接して置かれた境界面（この場合は高屈折液体との接触面）の存在によって伝搬波に変わって検出されるという理論を定量的に検証したと述べました。

　また, この実験データの理論式からの乖離が吸収実験で起こらなかったのは, 検出器の前においた集光レンズによって円筒面の不完全性が平均化されたせいだと結論しました。

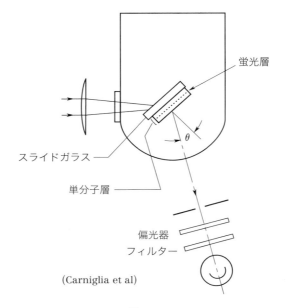

(Carniglia et al)

図6

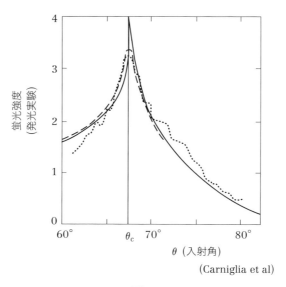

(Carniglia et al)

図7

☆開口の回折によるエバネセント波

　開口による回折は，円孔の場合その半径 a が 0 の極限で電気双極子放射で近似できることと，そのときに生じるエバネセント波の存在が蛍光分子を使って間接的に証明できたことがこれまでに述べたところでした．次に a が波長に比べて十分小さいが有限な場合にどうなるかを調べることになります．

　無限に薄い理想導体スクリーン上に半径 $a(\ll \lambda)$ の円形開口があり，これに y 方向に振動する単色光平面波が垂直入射する場合を考えます（図8）．このとき開口の回折によって生じたその近傍の磁場はスクリーンに平行，したがってその x 方向の成分だけが 0 でない値をもちます*．

　Y. Leviatan は主に C. J. Bouwkamp が定式化した手順** に従って厳密解を計算しました．その1例を図9に示します．横軸は z/a，縦軸は磁場 H_x を dB 単位で目盛ってあります．開口の半径 a が $\lambda/150$ の場合です．双極子の遠隔域近似（伝搬波，$\propto 1/R$）を DIPOLE (APPROX)，双極子の解［伝搬波と，エバネセント波，主に $\propto 1/R^2$）成分を含む］を DIPOLE，および厳密解を EXACT の計3つの曲線で描いてあります．これより，開口から遠い順に，そこからの距離が $R > \lambda/2$，$\lambda/50 < R < \lambda/2$ および $0 < R < \lambda/50$ の3つの領域でそれぞれに特徴的な振る舞いを示すことが明らかになりました．第1の領域は

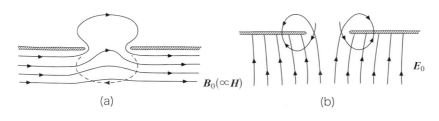

図 8

---

* 例えば，J. D. Jackson: *Classical Electrodynamics*, 2nd ed., Wiley (1975), p.410, Fig. 9.4, 鶴田匡夫：第5・光の鉛筆，新技術コミュニケーションズ (2000), p.425 に転載．

** Philips Res. Rep. **5**, (1950), 321

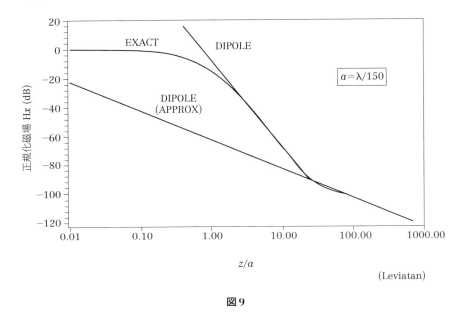

(Leviatan)

図9

エネルギーを外部に放射する領域で伝搬域とか放射域と呼ばれ，第2の領域は双極子放射の解が適用できる領域で伝搬波とエバネセント波が共存する中間域，第3の領域は双極子近似が成り立たず回折の厳密解によってその放射特性が明らかになる領域です。これらの特性は，$a \ll \lambda$の範囲でaの値を変えてもあまり大きい変化はないようです。$R < \lambda/2$の領域を近接場と総称します。

Leviatanは更に，近接場の性質を実用面で見易く説明するのに便利な，エネルギーの流れを示すポインティングベクトルのz成分S_zを計算しました。**図10**(a)は座標のとり方を示します。入射光はy軸に平行に振動する直線偏光です。図の(b)は開口の中心を通り偏光面（振動面に直交）に平行な直径に沿って測ったS_zの値，(c)は振動面に平行な直径に沿った値です。計算は$a = \lambda/150$に対して行っています。(b)，(c)とも$z = 0$（導体面内）ではエネルギーの流れは開口面内に限られ，特に振動面内では開口の縁に鋭い極大値をもちます。S_zの値は観測面が導体面から遠ざかるに従い急激に低下しますが，開口部への局在性は$z/a \sim 2$付近まではかなりよく保存されています。近接場顕微鏡に

7 回折とエバネセント波　123

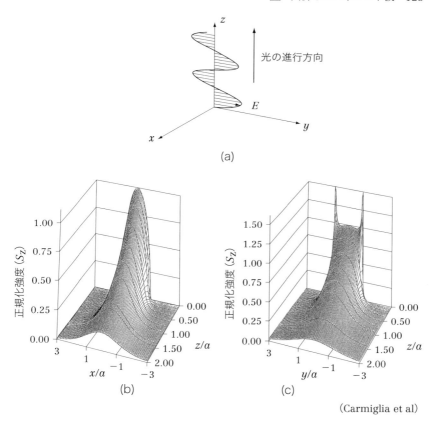

図 10

よる分解能が大きいことを実用面で保証する性質です*。この部分，具体的には $z/a<2$，$|x|/a<1$，$|y|/a<1$ の領域にプローブを差し込んでやれば，プローブがエバネセント波を伝搬モードの光に変えるので，これで走査することにより高い分解能で顕微鏡観察が可能になるのです。

　開口による回折で生じるエバネセント波を検出するには，図6の配置において単分子層を寸法が一定の小開口（$a \ll \lambda$）をランダムに分布させた金属の薄層に代えてやればいいでしょう。しかし1950年代にこのような小開口群を製

---

* 鶴田匡夫：第5・光の鉛筆 5, 新技術コミュニケーションズ（2000），p.416

作するのは不可能に近く，また製作できたところでこの種の小開口の回折の断面積は蛍光分子とは異なり a^6 に比例して減小するので，強力な光源のなかった当時，光電測光系を作るのは不可能に近かったでしょう．しかし，光をマイクロ波に代えて原理的に**図6**と同等の配置を作れば，全反射角を越えた角度域でエバネセント波による回折光を観測できた筈です．透明なプリズム材料にはパラフィン（$n=1.33$）を使うことができます．

ところで，小開口をランダムではなく規則的に並べたらどうなるだろうか？更に問題を単純化して，一次元の規則的配列にしたらどうか？　要するにマイクロ波用に金属シートに等間隔平行に多数のスリット開口を開けた一種の回折格子を用意し，これをマイクロ波で照射し，このときに生じるエバネセント波を測定しよう，というのが，この順序どおりだったかどうか分かりませんが，Toraldo の発想だったことは確かでしょう．

☆ Schaffner・Toraldo のマイクロ波実験 [*]

エバネセント波の検出に電波を使う実験の歴史は古く，その中で Schaefer・Gross の波長 15 cm のパラフィン製半透鏡を使った実験は広く知られています．これは2つの直角二等辺三角形の斜辺を向き合わせ，その間隔を可変にしたときの透過波と反射波を測定した実験で1910年に報告されています[**]．厚さが2分の1波長以下の狭い領域に限られる全反射エバネセント波の振る舞いを光を使って定量的に調べる困難を避けるのが主な目的で同じ電磁波である電波が選ばれたのですが，Toraldo の場合もこれと似た理由でした．彼は Schaffner を筆頭著者とするこの論文の冒頭で次のように書いています．「近年私は回折によるエバネセント波の系統的な研究を行った．私はまず理論的考察，次いで定性的な実験を報告した．しかし，光を使った実験は非常にデリケートだったので，光学の研究者にその存在を十分に納得させることは出来なかったようだ．そこでこの疑いを晴らす目的で，センチ波を使った疑問の余地のない実験を行うことにした」．

---

[*] Schaffner and Toraldo di Francia: Nuovo cimento, **4**（1949），125
[**] Ann. Phys, **32**（1910），648

Toraldoはこの実験に使う回折素子に小開口ではなくそれを規則的に並べた一次元回折格子を選びました。彼はこのアイデアを前項で取り上げた超解像の研究（1952）のお手本にすることになるWoodward and Lawsonの論文[*]から手に入れました。等間隔に並べたアンテナによって生じたエバネセント波は回折格子によって，すなわち回折現象に付随して発現するエバネセント波に他ならない。よし，これを使ってやろうというわけです。

　回折格子における次数間のエネルギーの配分に格子面に沿って流れるエバネセント波が果たす役割はRayleighによるWoodのアノマリーの物理光学的説明[**]以来広く知られていましたし，私が前節で触れたようにSelényiの実験からも類推できた筈ですが，Toraldoはそれらを参照文献に挙げていません。あくまでマイクロ波起源のアイデアだったと強調し，「このタイプのエバネセント波は導波路中の電波伝搬の理論で注目されたが，最近それが正真正銘 —— veri e proprio —— の回折現象の理論から導かれた」と言い切っています。

　理想金属のシートにスリット開口を等間隔平行に並べた透過型回折格子の配置と直交座標系を**図11**に示します。格子面（yz面）に垂直に直線偏光の平面波が入射します。その電気ベクトルはy軸に平行とします。慣用によればS偏光（TM波）です。Sは格子に対して直交する（senkrecht）の意です。このときn次の回折波は次式で与えられます。

$$E_x = -A_n \beta_n e^{ik(\alpha_n x + \beta_n y)} \tag{12}$$

$$E_y = A_n \alpha_n e^{ik(\alpha_n x + \beta_n y)} \tag{13}$$

$$Z_0 H_z = A_n e^{ik(\alpha_n x + \beta_n y)} \tag{14}$$

　ここに(α_n, β_n)はn次回折波の方向余弦です。入射波の方向余弦が$(1, 0, 0)$ですから回折波は常に$\gamma_n = 0$です。なお，$k = 2\pi/\lambda$，Z_0は真空の特性インピーダンス，A_nはn次回折光の複素振幅です。

　回折光の主極大の方向余弦は次式で与えられます。

$$\beta_n = \frac{n\lambda}{a} \tag{15}$$

---

[*] J. I. E. E., **95** (1948), 363
[**] Proc. Roy. Soc., A79 (1907), 399

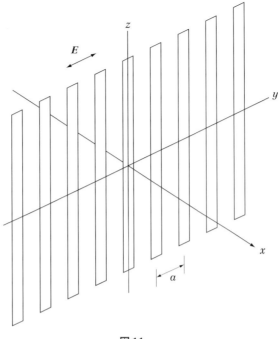

図 11

ここに a は隣り合うスリット間の距離でふつう格子定数と呼ばれます。

$|\beta_n|<1$ の場合には回折波は空間を伝搬しますが，$|\beta_n|$ が 1 を越えると空間を伝搬しない光，すなわちエバネセント波に変わります．このとき次式が成り立ちます．

$$E_x = -A_n\beta_n e^{-k\sqrt{\beta_n^2-1}\,x} e^{ik\beta_n y} \tag{16}$$

$$E_y = iA_n\sqrt{\beta_n^2-1}\, e^{-k\sqrt{\beta_n^2-1}\,x} e^{ik\beta_n y} \tag{17}$$

$$Z_0 H_z = A_n e^{-k\sqrt{\beta_n^2-1}\,x} e^{ik\beta_n y} \tag{18}$$

E_y と H_z の積が虚数になるため，この波には x 方向へのエネルギーの輸送はありません．その代わり格子面内で y 方向には，E_y と H_z の積が実数なのでエネルギーの輸送が行われることが分かります．この性質は全反射によるエバネセント波と同じです．

x軸に沿ったエネルギー減衰率δは振幅減衰率$k\sqrt{\beta_n^2-1}$を2倍して得られます。

$$\delta = 2k\sqrt{\beta_n^2-1} \tag{19}$$

この量は，n次の回折光がエバネセント波から伝搬光に変わるような，すなわちβ_nが1より小さくなる屈折率をもつ透明材料の平面端を回折格子に近づけることによって測定できるでしょう。

測定の原理を**図12**に示します。発振器Gは放物面鏡によって波長32 mmの平面波を格子RRに入射させます。鏡の直径は波長の約15倍です。RRの周期は使用波長より小さくしてあり，そのため伝搬波は0次の波だけで，±1次の回折波はエバネセント波になります。頂角30°のパラフィン製プリズム（使用波長に対する屈折率1.33）Pはその第1屈折面をRRに向けて平行に置かれ，両者の距離xはマイクロメーターステージを直進させて可変にしてあります。

零次光はPを射出後Qの方向に進みます。格子とプリズムの空間はエバネセント波で満たされているわけです。私は(12)〜(14)式から(16)〜(18)式への移行を，屈折則が形式的に複素数の角度に対しても適用できるとして導きました。同様のことがこのエバネセント波とプリズム入射面との間でも成り立つと

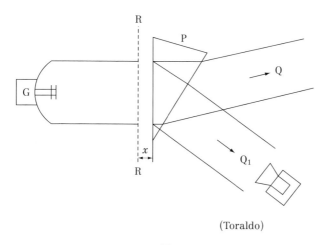

(Toraldo)

図12

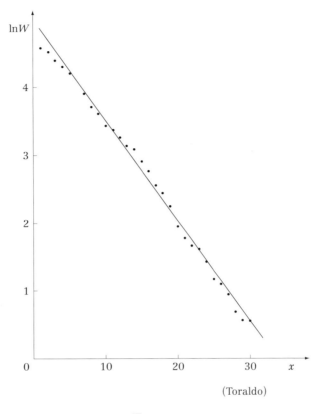

図 13

考えることができます。パラフィンプリズムの屈折率を N としたとき,若し $|\beta_n|/N < 1$ が成り立てば,エバネセント波がプリズム中を屈折角 $\sin^{-1}(\beta/N)$ で進む伝搬波に変わることになります。こうしてプリズムをエバネセント波域 $(x < \lambda/2)$ の内部に侵入させることにより,+1 次の回折波は 0 次光とは異なる方向(図の Q_1)に進み,これに正対させた電磁ラッパを介して受信器で受信することができるのです。

Toraldo は格子定数を $a = 30\,\mathrm{mm}$ としました。このとき(15)式は $\beta_1 = 32/30 = 1.066$,(19)式は $\delta = 0.147\,\mathrm{mm}^{-1}$ になります。

測定結果を **図 13** に示します。横軸に格子からプリズム入射面までの距離,

縦軸に受信器の出力（W）を自然対数で目盛ってあります。測定点をつないだ平均的傾斜から得られた値は−0.117 でした。計算値 −0.147 とかなりいい合致が得られたとしていいでしょう。

　Toraldo は以上の結果から，全反射現象と同じく回折現象においてもエバネセント波が存在することを定量的な実験によって疑問の余地を残さずに証明したと宣言したのでした。私が冒頭でも触れたように，それまでの研究がエバネセント波の影響が顕著になるのはサブ波長の領域だとする光学理論の考え方——これは決して誤りだったわけではありませんが——には目をつぶって，Woodward らの取り扱いをそのまま，フレネル・キルヒホフの回折理論を出発点とするフーリエ光学の土俵に移して回折にも全反射の場合と同様に，エバネセント波がかかわっていることを，理論的・実験的に明らかにしたのでした。したがって，回折格子からの透過光の強度やその偏光依存性などは正しい結果を与えません。しかし，エバネセント波の性質である(16)〜(19)式は保存されて実験結果と合致したのです。なお，フーリエ光学における回折とエバネセント波の取り扱いについては，J. W. Goodman: *Introduction to Fourier Optics*, McGrawHill (1968), p.48–55 に明快な解説があります。Toraldo が逆干渉の理論と呼んだ取り扱いが，それよりも遥かに分かり易く説明されています。私はそのあらすじを下記に紹介しました[*]。

---

[*] 鶴田匡夫：第5・光の鉛筆，新技術コミュニケーションズ（2000），p.416–432

8 非点光線束の追跡 1
現代の公式

> 青は之を藍に取りて，藍よりも青し
> ——荀子：勧学篇——

　レンズ設計者がふつう非点収差と呼んでいる用語は，光軸外の物点を出て結像光学系の入射瞳の中心に向かう光線（主光線）のまわりの細い，数学的には無限に細い光線束が像空間において結ぶ2つの焦点を，近軸像面から測った距離 $\varDelta s$ と $\varDelta m$ で表示し，縦軸を像高または画角にとってグラフにしたものを指します。[図1(b)]。メリジオナル像 $\varDelta m$ を点線で，サジタル像 $\varDelta s$ を実線で描くのが慣習です。ここにメリジオナル像とは，物点と光軸がつくる平面（メリジオナル面）内の光線束がつくる像点，サジタル像とは主光線を含みメリジオナル平面に垂直な平面（サジタル面）内の光線束がつくる像点を意味します。ひらたく言えば，軸外の物点を出た細い光線束は1点に集まらず2つの線像（焦線）をつくります。メリジオナル像点の位置にはメリジオナル面に直交する方向に延びた焦線が，またサジタル像点の位置にはサジタル面に直交する方向に延びた焦線がそれぞれ観察されるわけです。

　ここで結像光学系と呼んだのは，各屈折球面の曲率中心が一直線上に並んだ共軸光学系を指します。このとき，1つの屈折面に対して成り立つ2つの結像公式が各屈折面に移行則を介して適用できるので上の記述が得られたのです。n 個の球面屈折から成る非共軸系は一般に 2^n 個の非点像をもつことになります。

　ほとんどすべての結像光学系は共軸光学系と考えていいので，こうして作られた非点収差の収差図は，図1においてその左側の球面収差（実線）と正弦条

8 非点光線束の追跡 1 現代の公式　131

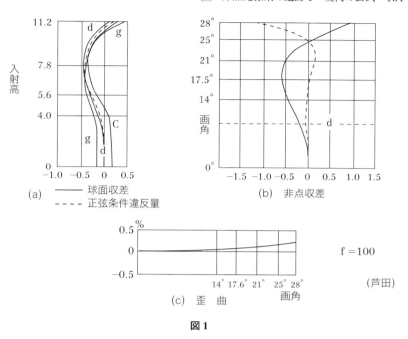

図 1

件違反量曲線（点線）(a)と下側の歪曲収差曲線(c)とともに，写真レンズを始め諸結像レンズの結像特性を最も簡潔に表現するものとして，現代でも広く使われています。**図 1**はテッサーの例です。なお色による特性の変化は写真レンズの場合，主波長として d 線（587.6 nm），短波長側を F 線（486.1 nm）または g 線（435.8 nm），長波長側を C 線（656.3 nm）にとり，球面収差曲線を 3 本描く他は，正弦条件違反量・非点収差・歪曲収差とも d 線に対する曲線だけを描くのが一般的です。なお歪曲収差は，主光線が近軸像面を切る点の像高を近軸像高に対する比（％表示）で表すのが普通です[**同図**(c)]。

　これら 3 つのグラフとも，その元データはメリジオナル面内の光線追跡から得られます。(a)では，球面収差だけでなく，その追跡データから軸外収差であるコマ収差，ただし像高に比例して増大するコマ収差の大小を推定する正弦条件違反量を点線で，また(b)では主光線の追跡データからメリジオナル像点だけでなくサジタル光線を追跡しなければ得られないように見えるサジタル像

点までも求めています。(c)では歪曲特性をこれもまた主波長に対する主光線だけで表現しています。スキュー光線*の追跡計算が実用上不可能に近かった，電子計算機導入以前の長い間，それなしで視野全面の結像特性を推定しようとした先人たちの努力がこの3つのグラフに凝縮されているのです。

　レンズの全長が長かったり，画角の大きい場合に，軸外物点を発した光線束の一部が構成レンズの縁などによって遮られて起こる口径食という現象があり，そのため主光線が開口絞りを貫通する位置（＝光軸との交点）が有効光線束の重心と一致しない場合が生じます。しかしこのときも，開口絞りの中心を通るという主光線の定義を変えないのが慣習です。

　正弦条件の発見（E. Abbe, 1873, 1879）と，球面収差が残存する場合への拡張（F. Staeble と E. Lihotzky がそれぞれ独立に発見した，1919）はいずれもドイツの光学産業の現場で生まれました。一方，非点収差の公式の方は，それよりも200年以上も昔の1667年に，Cambridge 大学教授 I. Barrow（1630～77）が光学講義（1667）の中でメリジオナル面内の公式を導き，この講義を聴講し後に彼の教授ポストを引き継いだ Isaac Newton がサジタル面内の公式を導きました（1670～72）。以上の研究はいずれも3角法を使わず，ユークリッド幾何学に特徴的な作図法に依っていました。それを3角法による公式に書き代えたのは Thomas Young（1801, 07），更にこれを改良して光線追跡への適用を容易にしたのは，Cambridge 大学で G. B. Airy 教授の光学講義の代役をつとめた H. Coddington でした**。この歴史的経緯のせいでしょうか，イギリスや USA の文献ではこの公式を，Thomas Young's astigmatism equations（Welford），Coddington's equations（Kingslake），などと呼ぶ人たちが多いようです。

---

* 日置編：光学用語集，オーム社（1981），p.122 に次の説明があります。
　スキュー光線（―こうせん） skew rays
　メリジオナル平面内に含まれない光線のこと。メリジオナル光線と違って，光学系を通過する際に一つの平面内に留まることがない。したがって，スキュー光線追跡は三次元的に計算しなくてはならない。計算機の発達する以前には，計算の労力が大きいためスキュー光線追跡を行うことはまれであった。現在はスキュー光線追跡を行うことは当たり前で，スポットダイヤグラムを作成して光学系の評価が精密に行われるようになった。

** *Treatise on the Reflexion and Refraction of Light*, Part1: A System of Optics, Simpkin and Marshall（1829），p66

⑧ 非点光線束の追跡1　現代の公式

　本項は先ず，Coddington による非点収差公式の定式化と証明法を紹介します。彼は Barrow 以来の幾何学的な証明と微分処理をともなう代数的な証明の2つを併記しています。彼の方法はその後100年の間，標準的な導出法として多くの著書に祖述されています。

☆ Coddington の解法

　図2において，屈折率1の空間にある点Qを発した光線がQに向かって凸の球面屈折面（半径 r，曲率中心O）上の点Aで屈折して屈折率 μ の空間をBの方向に進むとき，Qを発してAの近傍に向かう細い光線束が屈折後に光線QD'またはその延長線上の何処に像を結ぶかを調べるのが問題です。まずメリジオナル平面内の結像を調べることにしましょう。

(1) メリジオナル面内の結像

　メリジオナル面，すなわち図2において光線QAとOAがつくる平面（＝紙面）内の光線を調べます。Coddington はこの面を Primary Plane（1次面）と名付けました。

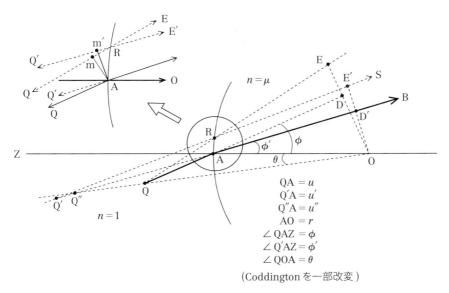

$QA = u$
$Q'A = u'$
$Q''A = u''$
$AO = r$
$\angle QAZ = \phi$
$\angle Q'AZ = \phi'$
$\angle QOA = \theta$

(Coddington を一部改変)

図2

まず基準にとった光線 QAB を主光線と呼ぶと，これが満たす屈折則は次式で与えられます。

$$\sin \text{QAZ} = \mu \sin \text{Q}'\text{AZ} \tag{1}$$

ここで，屈折面上 A の近傍に点 R をとり，Q を発して R で屈折する光線を考えましょう。O から QA の延長線に垂線を引きその延長線が QR と交わる点を E，また，O から Q′A の延長線に垂線を引きその延長線が Q′R と交わる点を E′ とします。同様に，QA に直交する直線 Am と Q′A に直交する直線 Am′ を引きます。

このとき，

$$\frac{\text{QD}}{\text{QA}} \bigg/ \frac{\text{Q}'\text{D}'}{\text{Q}'\text{A}} = \frac{\text{DE}}{\text{Am}} \bigg/ \frac{\text{D}'\text{E}'}{\text{Am}'} = \frac{\text{DE}}{\text{D}'\text{E}'} \times \frac{\text{Am}'}{\text{Am}} \tag{2}$$

および

$$\text{DE}/\text{D}'\text{E} = \text{OD}/\text{OD}' \tag{3}$$

が成り立ちます。

図より

$$\text{QD} = u + r \cos \phi \tag{4}$$
$$\text{Q}'\text{D}' = u' + r \cos \phi' \tag{5}$$

および

$$\text{OD} = r \sin \phi \tag{6}$$
$$\text{OD}' = r \sin \phi' \tag{7}$$

は明らかですから，(1) 式による正弦則を用いて

$$\text{DE}/\text{D}'\text{E}' = \mu \tag{8}$$

が得られます。また図より，

$$\text{Am}'/\text{Am} = \cos \phi'/\cos \phi \tag{9}$$

は明らかです。

(4)–(9) 式を (2) 式に代入して次式が得られます。

$$\frac{u + r\cos\phi}{u} \bigg/ \frac{u' + r\cos\phi'}{u'} = \mu \frac{\cos\phi'}{\cos\phi} \tag{10}$$

上式を r で割って整理して次式が得られます。

$$\mu \frac{\cos^2\phi'}{u'} - \frac{\cos^2\phi}{u} = -(\mu\cos\phi' - \cos\phi)\frac{1}{r} \tag{11}$$

いま第1媒質の屈折率を n，第2媒質の屈折率を n' とし，符号の約束を考慮して $u \to -u$, $u' \to -u'$ とすると，現代のテキストに出てくるメリジオナル面の公式，

$$n'\left(\frac{\cos^2\omega'}{s'} - \frac{\cos\omega'}{r}\right) = n\left(\frac{\cos^2\omega}{s} - \frac{\cos\omega}{r}\right) \tag{12}$$

と一致します*。ただし私の著書に合わせて，$u \to s$, $u' \to s'$, $\phi \to \omega$, $\phi' \to \omega'$ としました。現代の符号の約束を**図3**に示しておきます。私の著書からの転載です。**図2，3** とも描いた配置が屈折球面に対する物点距離，像点距離および屈折球面の曲率半径のそれぞれが正の場合を表しています。

Coddington はこれに続いて微分法を用いた代数的な解法を記しました。**図2** の左上の拡大図において，Am と Am' はそれぞれ QA と Q'A に垂直なので，mR

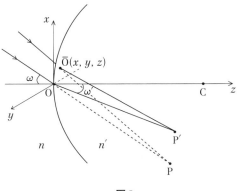

図3

---

* 鶴田匡夫：応用光学I，培風館 (1990)，p143

と m′R がそれぞれ QA と Q′A の増分と考えることができて次式が成り立ちます。

$$mR = AR \sin \phi, \quad m'R = AR \sin \phi' \tag{13}$$

これより正弦則により

$$mR/m'R = \mu/1 \tag{14}$$

が得られ，これを微分形で書くと次式が得られます。

$$du = \mu \, du' \tag{15}$$

いま点 Q を固定して屈折面への光線の入射点 A を変えると

$$OQ^2 = u^2 + r^2 + 2ur \cos \phi \tag{16}$$

が得られるので，これの全微分を求めると次式が得られます。

$$O = u\,dr + du \cdot r \cos \phi - ur \sin \phi \, d\phi \tag{17}$$

同様にして点 Q′ を固定して全微分を求めると

$$O = u'\,du' + du' \cdot r \cos \phi' - u'r \sin \phi' d\phi' \tag{18}$$

が得られます。

(17) 式の右辺に $1/ur$ をかけ，(18) 式に $\mu^2(\cos\phi'/\cos\phi)/u'r$ をかけて整理すると次の 2 つの式が得られます。

$$du \cdot \frac{1}{r} + du \frac{\cos \phi}{u} - \sin \phi \, d\phi = 0 \tag{19}$$

$$\mu \frac{\cos \phi'}{\cos \phi} \cdot \mu \, dn' \cdot \frac{1}{r} + \mu \, du' \cdot \mu \frac{\cos \phi'}{\cos \phi} \cdot \frac{\cos \phi'}{u'}$$
$$- \mu \sin \phi' \cdot \mu \frac{\cos \phi'}{\cos \phi} d\phi' = 0 \tag{20}$$

ここで (15) 式と屈折則の 2 つの表現，

$$\sin \phi = \mu \sin \phi' \tag{21}$$

$$d\phi = \mu \frac{\cos \phi'}{\cos \phi} \cdot d\phi' \tag{22}$$

を考慮して (20) 式から (19) 式を引き算して整理すると次式が得られます。

$$\mu \frac{\cos^2 \phi'}{u'} - \frac{\cos^2 \phi}{u} = -(\mu \cos \phi' - \cos \phi) \frac{1}{r} \tag{23}$$

この式が幾何学的方法で得られた (11) 式と一致した次第です。

(2) サジタル像面内の結像

この結像公式を簡単な幾何学的考察から導いたのは I. Newton です (1669–71)。「像点は**図2**において屈折球面の曲率中心 O と物点 Q を結ぶ直線の延長線と，球面上で A で屈折した主光線 AB またはその延長線との交点にある Q″ である」というのです。直線 OQ は問題にしている光線束とは無関係のいわば補助線です。いま**図2**の光路図を軸 OQ の周りに回転する場合を考えましょう。このとき任意の回転角に対してこの図は常に正しい光路を与えます。したがって小さい回転角に対してはサジタル断面内の主光線近傍の光線群を表すことになります。この光線群がすべて OQ の延長線と屈折後の主光線が交わる点 Q″ を通ること，したがって Q″ がサジタル像点であることは明らかです。この作図法を主に 3 角関数の公式を使って公式に書き代えるのは容易です。

3角形 QAO において，

$$\mathrm{OA}/\mathrm{QA} = \sin \mathrm{AQO}/\sin \mathrm{QOA} \tag{24}$$

が成り立ちますから，これから次式が得られます。

$$\frac{r}{u} = \frac{\sin(\phi - \theta)}{\sin \theta} = \sin \phi \cot \theta - \cos \phi \tag{25}$$

同様に，3角形 Q″AO に関して，

$$\frac{r}{u''} = \frac{\sin(\phi' - \theta)}{\sin \theta} = \sin \phi' \cot \theta - \cos \phi' \tag{26}$$

が得られます。

(25) と (26) 式から $\cot \theta$ を消去すればサジタル面内の結像公式が得られます。

$$\frac{\mu}{u''} - \frac{1}{u} = -(\mu \cos \phi' - \cos \phi)\frac{1}{r} \qquad (27)$$

これを現代の符号の約束に従って書き代えると，(12) 式に対応する次式が得られます。

$$n'\left(\frac{1}{s'} - \frac{\cos \omega'}{r}\right) = n\left(\frac{1}{s} - \frac{\cos \omega}{r}\right) \qquad (28)$$

☆マリュスの定理を用いた公式の導出

R. Kingslake によれば，非点光線束の結像公式をマリュスの定理から出発して一般的に導いたのは A. E. Conrady (1866~1944) です[*]。彼はドイツに生まれ，イギリスに帰化した人で，Watson 社で光学設計と光学技術の実務を経験した後，1917 年に Imperial College of Science and Technology, London に創設された Technical Optics Department から光学設計の教授に招かれ，1931 年に引退するまでイギリスに近代光学設計法を普及定着するのに大きな貢献をしました。彼は最初，著書：Applied Optics and Optical Design, Oxford U. Pr. (1929), p.407 および p.588 で Coddington 流の解法を示しましたが，死後公刊された同じ表題の著書 Part 2, (1960) の中 (p.588~603) では，マリュスの定理（彼は光路差の方法と呼んでいます）を使って明快で一般性のある解法を展開しました。Kingslake は，「数ある方法の中で，Coddington の公式を光路差の概念を使って求めるのが最善である。Conrady は極立って完璧な解法を導いた」と書いています。彼は Conrady の女婿で上記 Part 2 の編集者です。この本が出版される 1960 年より前に，マリュスの定理やフェルマーの原理を使った解法が皆無だったわけではありません。例えば Zeiss 社の C. W. Merté は簡単な考察と数式の変分演算を用いて Conrady とよく似た方法（彼はフェルマーの原理の応用と記しました）でメリジオナル面内の公式を導きましたが，サジタル公式の方は Coddington の幾何学的方法によっています[**]。

---

[*] Who Discovered Coddington Equations?, Optics & Photonics News, 1994 年 8 月号，20-24
[**] Handbuch der Physik **18**, Springer (1927), p.40

8 非点光線束の追跡1 現代の公式

しかし,初学者や独学者にも分かるように丁寧でしかも具体的な説明を,数学的厳密さと両立させて行ったという点で,Conradyの文章は一読の価値があります。Kingslakeの言い分は尤もだと私が考える理由です。少々冗長なのが玉に疵ですので,ここではH. H. Hopkinsの「*Wave Theory of Aberration*, Oxford at the Clarendon Pr.（1950）」のp.56から公式の導出部を引用します。彼はImperial CollegeでConradyの薫陶をうけた学生の一人です。

「一回の屈折によって生じる収差

　光線に及ぼす収差の影響は光線が光学系を通る光路を変えることである。しかし,ひとつの屈折面上の光線の入射点と焦点領域の任意の一点を結んだ線と実際の光線のたどる光路は収差があまり大きくない場合には近接している。それ故,小さい口径比（入射瞳の直径と焦点距離の比）の場合には光路長を実際の光線に沿うのではなく,このような線に沿って計算しても許容される。光線の光路が少し変わっても,このような直線に沿って測った光路長には影響を与えない。

　図4において,屈折面AP上の点Aで屈折した光線をQAQ′O′としよう。屈折面の左側の媒質の屈折率をN,右側をN'とする。OとO′はこの光線の入射側と屈折側の点で,しかもそれぞれQAQ′Oに係わる波面の入射側と屈折側の焦点域にあるとしよう。OとO′を参照球面の中心とし,QRとQ′R′をそれぞれの参照球面の断面（紙面との交線）としよう。

　点Pを光線QAQ′O′に対する口径比（AP/AO′）が小さいもうひとつの光線の入射点とし,OPの延長線がOを中心とする参照球面と交わる点をR,PO′がO′を中心とする参照球面と交わる点をR′としよう。このとき,上述したようにRPとPR′に沿った光路長をP

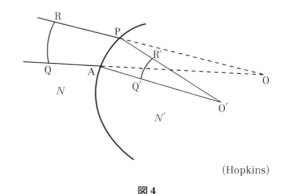

(Hopkins)

図4

に入射した実際の光線に沿って測った光路長に等しいとすることができる。これより，球面上の屈折に起因する波面収差は次式で与えられる。

$$W' - W = [QA] + [AQ'] - [RP] - [PR']$$
$$= N(QA - RP) + N'[AQ' - PR'] \qquad (29)$$

QAQ'O'は基準光線（standard ray，主光線の同義）なので次式が成り立つ。

$$W' - W = 0 \qquad (30)$$

QO = RO，Q'O' = R'O'なので

$$W' - W = N'(AO' - PO') - N(AO - PO) \qquad (31)$$

書き代えると，

$$\Delta(W) = \Delta\{N(AO - PO)\} \qquad (32)$$

」

実は (32) と (31) 式は，「屈折の前後で等位相面 QR と Q'R'の間の光路差は一定である」というマリュスの定理の一表現*を念頭において，口径比の小さい光線束が屈折の前後に示す関係を求めたものだと思います。式の右辺を具体的に計算した上で，マリュスの定理が厳密に要請する $\Delta(W) = 0$ を満たす像点 O'を求めるという手順になります。Hopkinsの引用を続けましょう。

「**図5**において，AO と AO'を入射および屈折光線とし，O と O'は入射波と屈折波の参照球面の中心としよう。P を屈折球面上の点としPとOおよびPとO'を結ぶ直線 PO と PO'を考える。

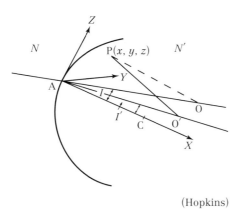

(Hopkins)

図5

---

* 鶴田匡夫：応用光学 I，培風館（1990），p.86

このときPで屈折した波面のもつ収差は次式で与えられる。

$$\Delta(W) = \Delta\{N(\mathrm{AO} - \mathrm{PO})\} \tag{33}$$

これは (32) 式と一致する。

ここでAを原点にした3次元直交座標系 XYZ を作る。X軸はACすなわちAにおける屈折面の法線とする。屈折面の半径は r でその中心はCにある。AO = l とすると点Oの座標は次式で与えられる。

$$(l\cos I,\ 0,\ l\sin I) \tag{34}$$

Pの座標を (X, Y, Z) とすると，

$$\begin{aligned}\mathrm{PO}^2 &= (l\cos I - X)^2 + Y^2 + (l\sin I - Z)^2 \\ &= l^2 + X^2 + Y^2 + Z^2 - 2Xl\cos I - 2Zl\sin I\end{aligned} \tag{35}$$

しかし $X^2 + Y^2 + Z^2 = \mathrm{PA}^2$, $X = \mathrm{PA}^2/2r$ ($X^2 + Y^2 + Z^2 = 2rX$ より導かれる) なので，

$$\mathrm{PO} = l\left\{1 - \frac{1}{l}\left[\mathrm{PA}^2\left(\frac{\cos I}{r} - \frac{1}{l}\right) + 2Z\sin I\right]\right\}^{1/2} \tag{36}$$

上式をテイラー展開し口径比 $(\mathrm{PA}/l)^2$ 以上の項を無視すると，

$$\begin{aligned}\mathrm{PO} = l\bigg\{&1 - \frac{1}{2l}\left[\mathrm{PA}^2\left(\frac{\cos I}{r} - \frac{1}{l}\right) + 2Z\sin I\right] \\ &+ \frac{1}{8l^2}\left[\mathrm{PA}^2\left(\frac{\cos I}{r} - \frac{1}{l}\right) + 2Z\sin I\right]^2\bigg\}\end{aligned} \tag{37}$$

より，

$$\begin{aligned}N(l - \mathrm{PO}) = &\frac{1}{2}\mathrm{PA}^2\left\{N\left(\frac{\cos I}{r} - \frac{1}{l}\right)\right\} + Z\{N\sin I\} \\ &+ \frac{1}{2}Z^2\left\{\frac{N\sin^2 I}{l}\right\}\end{aligned} \tag{38}$$

が得られる。その際 PA/r, PA/l, Z/l の2乗以上の項は無視した。屈折によって生じる収差 $\Delta(W)$ は次式で与えられる。

$$\Delta(W) = \frac{1}{2} \mathrm{PA}^2 \Delta \left\{ N \left(\frac{\cos I}{r} - \frac{1}{l} \right) \right\}$$
$$+ \frac{1}{2} Z^2 \Delta \left\{ \frac{N \sin^2 I}{l} \right\} \tag{39}$$

(38) 式右辺の第 2 項は屈折則 $\Delta(N \sin I) = 0$ のため消えた。

直交座標 (Y, Z) を極座標 (ρ, χ) に変えると,

$$\Delta(W) = \frac{1}{2} \rho^2 \Delta \left\{ N \left(\frac{\cos I}{r} - \frac{1 - \cos^2 \chi \sin^2 I}{l} \right) \right\} \tag{40}$$

が得られる。ここに ρ は X 軸から P までの垂直距離, χ はメリジオナル面と X 軸と点 P がつくる平面とのなす角である。

若し点 O と O' が屈折の前後で断面 χ における波面の曲率中心だとすれば, このとき $W = W' = 0$ となり, 曲率中心を求める方程式は (40) を 0 と置いて得られる。

$$\Delta \left\{ N \left(\frac{\cos I}{r} - \frac{1 - \cos^2 \chi \sin^2 I}{l} \right) \right\} = 0 \tag{41}$$

サジタル断面では, $\mathrm{AO} = s$ と $\mathrm{AO'} = s'$ と書き, $\chi = \pi/2$ を代入して次式が得られる。

$$N' \left(\frac{\cos I'}{r} - \frac{1}{s'} \right) = N \left(\frac{\cos I}{r} - \frac{1}{s} \right) \tag{42}$$

これが主光線に沿って測ったサジタル焦点を与える方程式である。これを整理して見慣れた次式が得られる。

$$\frac{N'}{s'} - \frac{N}{s} = \frac{N' \cos I' - N \cos I}{r} \tag{43}$$

一方, メリジオナル面の方程式は $\chi = 0$ と置いて次式が得られる。

$$N' \left(\frac{\cos I'}{r} - \frac{\cos^2 I'}{t'} \right) = N \left(\frac{\cos I}{r} - \frac{\cos^2 I}{t} \right) \tag{44}$$

および

$$\frac{N' \cos^2 I'}{t'} - \frac{\cos^2 I}{t} = \frac{N' \cos I' - N \cos I}{r} \tag{45}$$

ここに AO $= t$, AO′ $= t'$ である.

　主光線が屈折面に垂直入射する場合には (43)〜(45) 式は次式に還元する,すなわち I $=$ I′ $= 0$ と置いて,

$$N'\left(\frac{1}{r'}-\frac{1}{l'}\right)=N\left(\frac{1}{r}-\frac{1}{l}\right) \tag{46}$$

$$\frac{N'}{l'}-\frac{N}{l}=\frac{N'-N}{r}=K \tag{47}$$

これらが軸上物点に対する近軸公式であることは周知である. K は屈折面の屈折力である」.

　なお,屈折した収差波面が一般に直交表面を形成するというのがマリュスの定理*ですが,口径比が小さいとき,これが互いに直交する2つの断面で極大および極小の曲率半径をもつことは微分幾何学の教えるところです. そのような曲率中心 O′ を探して非点光線束の結像公式が得られた次第です.

☆ Conrady と Hopkins

　H. H. Hopkins(1918〜94)が Conrady について語った談話がありますので紹介します. 国際光学会議(ICO)が東京・京都で開催された 1964 年に,私は実行委員長の久保田広先生に指名されて,海外からの出席者の中で参加各国の代表的な先生方にインタビューを行い,光学技術コンタクト誌に2回に分けてその記事を掲載しました. 私が 31 歳のときでした. その中に当時 Imperial College of Science and Technology, London 講師だった Hopkins のインタビューがありました**. 彼は大学の教師の立場で彼が果たそうとしている役割に触れて次のように語っています.

　「レンズ設計について. 私はイギリスの Watson 社の顧問を勤めている. かつて Conrady もここの顧問であった. 彼はレンズ設計者としても有能な人だったが,余り頭が良すぎて,彼の作った公式を充分理解できるのは彼一人だけという有様だった. そこで私は彼の公式をもっと分かり易い形に書き換えようと

---

* 証明は例えば,鶴田匡夫:応用光学 I,培風館(1990),p.86 参照
** 世界における光学の現状 I,光学技術コンタクト **2** (1964) 10月号,pp.20-25

決心した。その結果が収差を波面収差に置き換える仕事と，ザイデル収差の表現を可能な限り簡単化する仕事であった。こうしておけばConradyほど頭の良くない人間にも彼と同じ程度の仕事ができようというものである。日本の研究者に欠けている点があるとすれば，こういう仕事に余り関心を示さないことではあるまいか」。Hopkinsはここで上掲の著書を上梓した背景を語っているわけです。頭が良い悪いは言葉の綾ですが，同じ非点光線束の公式を論じたConradyのPart II，p588〜603とHopkins p56〜59を比べると，同じ論旨ながら後者の方が直截簡明で遥かに分かり易い。Hopkinsの文章を丸写しして掲げた理由です。

この頃Hopkinsは部分コヒーレント照明下の結像理論や，MTFの理論的・実験的研究で世界をリードするリーダー的な存在でした。その一方で学生たちには，Conradyの幾何光学を光路長と波面という基本概念で再構成した講義を行い，これを元にして上記テキストを完成させたのです（1950）。

ここでもう1個所インタビューから引用しましょう。

「学部の物理コースの学生に対する幾何光学について述べよう。2回分の講義をガウス光学の解説にあてた後，いきなり抽象的な光学系の議論に入ってしまうのである。ここでは光学系の特性を物点から像点にいたる光路長で記述できることと，これが光軸の周りの回転に対して不変な形式になっていることだけが仮定されている。確かに学生の興味はレンズ設計などにある訳はないので，"そのうち光学技術者もレンズの主要点など使わなくなるだろう"などというと大喜びなのである。こんな具合で学部の学生には19世紀の古ぼけた言葉で話しかけるよりも，モダンでちょっと詭弁じみた言葉を使う方がよいのである」。

☆フェルマーの原理を用いた公式の導出

この解法はHopkinsの計算結果を用いて容易に導くことができます。(37)式によるPOと，同様の式PO′を用いて$N \cdot PO - N' \cdot PO'$を計算し，それに適当な微分操作を施して1次と2次微分の項を0と置けばいいのです。ここではMertéに従ってフェルマーの原理を直接的に応用する方法について紹介します。

図6において,点Pを発し,屈折面F上の点Aに入射し,そこで屈折してP'を通過する光線を考え,PA = l, AP' = l'とします.入射側媒質の屈折率をn,屈折側をn'とします.このときAを発し屈折面上Aからdsだけ離れた点A'で屈折した光線が第1の光線と点P'で交差する方向に進むと考えると,点P'がPの像であるためには$d(nl+n'l')$が0であるというのが最も単純な表現によるフェルマーの原理です.これを念頭において次式をつくります.

$$(nl+n'l')+d(nl+n'l')$$
$$=(nl+n'l')+\frac{d(nl+n'l')}{ds}ds$$
$$+\frac{1}{2}\frac{d^2(nl+n'l')}{ds^2}ds^2+\cdots \quad (48)$$

上式の第2項までをとるとフェルマーの原理は

$$n\frac{dl}{ds}+n'\frac{dl'}{ds'}=0 \quad (49)$$

で表されます.図6より$dl/ds = \sin i$, $dl'/ds = -\sin i'$なので上式は

$$n\sin i - n'\sin i' = 0 \quad (50)$$

となり,これは光線PAP'が屈折の法則を満たすことを示しています.同様の

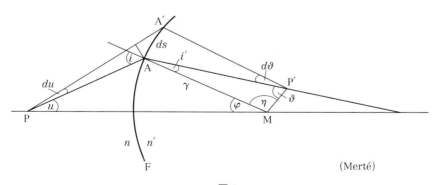

(Merté)

図6

考察により，$n' = -1$ と置いて反射の法則を導くことができます。

次に屈折面を球面としその半径が r，中心が M にあるとし，(48) 式第 3 項を 0 にする条件，すなわち像点 P′ を求める計算に移ります。ここでまず ds が平面 PAM 内にある場合を考えます。すなわちメリジオナル面内の像点 P′ を求めようというわけです。このとき，P′ が P の像であるためには (48) 式の右辺第 3 項が 0 であることが必要です。すなわち次式が得られます。

$$n \frac{d^2 l}{ds^2} + n' \frac{d^2 l'}{ds^2} = 0 \tag{51}$$

ここで，

$$\frac{d^2 l}{ds^2} = \frac{d}{ds}\left(\frac{dl}{ds}\right) = \frac{d}{ds}\sin i, \quad \frac{d^2 l'}{ds^2} = \frac{d}{ds}(-\sin i') \tag{52}$$

を考慮して，(51) 式は次式に変わります。

$$n \cos i \frac{di}{ds} - n' \cos i' \frac{di'}{ds} = 0 \tag{53}$$

いま，$i = u + \varphi$，$i' = \pi - (\eta - \vartheta)$ ですから，点 A が球面 F 上を A′ に変位したとき，

$$\frac{di}{ds} = \frac{du}{ds} + \frac{d\varphi}{ds}, \quad \frac{di'}{ds} = -\frac{d\eta}{ds} - \frac{d\vartheta}{ds} \tag{54}$$

が成り立ちます。更に $\varphi + \eta =$ constant より
$d\varphi/ds = -d\eta/ds$ が得られますから，(53) 式は次式に変わります。

$$n \cos i \left(\frac{du}{ds} + \frac{d\varphi}{ds}\right) + n' \cos i' \left(\frac{d\vartheta}{ds} - \frac{d\varphi}{ds}\right) = 0 \tag{55}$$

いま点 A から近接する入射光線 PA′ に垂線を下ろすと

$$\cos i = \text{PA} \cdot \frac{du}{ds}, \quad \cos i' = \text{AP}' \frac{d\vartheta}{ds} \tag{56}$$

が得られますから，$ds = r d\varphi$ とおいて (55) 式は次式に変わります。

$$\frac{n \cos^2 i}{\text{PA}} + \frac{n \cos i}{r} + \frac{n' \cos^2 i'}{\text{AP}'} - \frac{n' \cos i'}{r} = 0 \tag{57}$$

$\text{PA} = -t$，$\text{AP}' = t'$ と置くと見慣れたメリジオナル面内の結像方程式

$$n'\left(\frac{\cos i'}{r} - \frac{\cos^2 i'}{t'}\right) = n\left(\frac{\cos i}{r} - \frac{\cos^2 i}{t}\right) \qquad (58)$$

が得られます。これが記号を除いて (44) 式と一致することは明らかです。

　一方 Merté はサジタル像点に関しては，先に**図2**を用いて行ったのと同様の幾何学的考察から結像公式を求めています。(48) 式の第3項をサジタル面について式を作って0と置いても，メリジオナル面の公式と似た演算を繰り返すことになりますし，答えを得たところでその光学的意味を明らかにするには，**図2**による幾何学的説明が不可欠だと考えた結果でしょう。

9 非点光線束の追跡 2
Barrow と Newton

> されど我より後にきたる者は，我よりも能力あり。
> 我はその鞋をとるにも足らず。
>
> ──新約聖書・マタイ伝──

屈折面に斜めに入射する光線束の結像に初めて取り組んだのは Isaac Barrow（1630～1677）でした。彼は幾何学的方法を用いて，前項で取り上げた微小斜入射光線束のメリジオナル断面の結像式と同等の図形的性質を導きました。

サジタル断面について同様の幾何学的関係を導いたのは，彼のポスト（ケンブリッジ大学ルーカス数学講座初代教授*，在任期間1664～1669）を引き継いだ Isaac Newton（1642～1727）でした。しかし，こうして得られた幾何学的関係から直ちに現在知られている非点光線束の諸性質を導くのは難しく，それが明らかにされたのは，Thomas Young による目の研究・就中乱視の研究（1801）においてでした。

Barrow の発見はおそらく Newton の陰に隠れて周知されていなかったのでしょう。Young が先行する研究として引用したのは Newton のものだけでした。そのため Barrow の研究が広く知られるようになったのは 20 世紀に入ってからだったということです。

☆ Barrow の登場

Barrow は初代ルーカス教授職に指名されたとき，この職にある者の義務とし

---

* ケンブリッジ大学選出の下院議員 Henry Lucas の基金を原資に作られた同大学教授職。世界有数の権威あるポスト。20世紀では，量子論の P. Dirac（1932～69）や宇宙論の S. Hawking（1979～2009）がいる。

て，1年に10編の講義録を副総長（しばしば大学の実質的最高責任者）に提出して一般に公開することを提言し，本人が在職中の5年間，学期中週1回の講義をラテン語で行ったそうです。その成果が光学講義（1669），幾何学講義（1670），数学講義（1683）として出版されました。しかし光学講義の英訳（全訳）が出版されたのは近年1987年でした*。

　ここでまず，Barrowの光学講義の歴史的な位置づけを，A. E. Shapiroに従って述べます。Barrowに関する本格的な研究書，*Before Newton, the Life and Times of Isaac Barrow*, ed. M. Feingold, Cambridge U. Press（1990），中のA. E. Shapiro: the Optical Lectures and the Foundation of the Theory of Optical Imaging（p.103~178）からの抜粋です。

　「Isaac Barrowは幾何光学におけるケプラー革命の主要な課題（phase）を光学像の数学理論を創り出すことによって完成させた。17世紀初頭，Keplerは光線束（pencil of rays）と，それを用いた結像という新しい考え方を導入し，全体として定性的ではあったがレンズと光学系の現代的理論の基礎を築いたのであった。次いで彼はこの新しいアイデアを目の光学系に応用した。視覚は網膜上に倒立実像が形成されて起こるという彼の発見は，視覚の全く新しい理論をもたらしたのである。望遠鏡の設計と製作，視覚の研究，正しい屈折則の探求，などがKeplerの先駆的研究の次の10年の間熱心に追求されたが，光学結像の数学的研究は遅々として進まなかった。やっと世紀の半ばになって，薄い単レンズの焦点を決定するというような基本的な解が知られることになったのである。Barrowの主な業績は，一般的な反射や屈折をへた後に物点の像がどこに，例えば平面や球面上のどこに形成されるかを決定することであった。Keplerが導入した数々の概念を組み合わせたり組み直すことによって，彼は光学結像の一般理論の基礎を確立した。彼は斜入射光線束の概念を使って非点収差と火線の厳密な研究の始祖となったのである」。

　要するにBarrowはKeplerに始まる17世紀屈折光学，すなわちスネル・デカルトの屈折の法則を使って平面や球面境界の屈折によって生じる点光源の像

---

* *Isaac Barrow's Optical Lectures 1667*, H. C. Fay訳, The Worshipful Company of Spectacle Makers（1987）

の幾何学的性質を研究する数学理論の最初の完成者だったというわけです。

彼は前半生をイギリスのピューリタン革命（1640～1660）の混乱のうちに過ごしました。ケンブリッジ大学でBA（1648）とMA（1652）の学位を得ましたが，富裕なリネン生地商だった父と同じ国王派だったため，大学にポストを得るのが難しく，1655年には蔵書を売ってヨーロッパを放浪するなど辛酸をなめたそうです。しかし護国卿Cromwellが死に1660年に国王チャールズ2世が即位して王制復古となると，彼の聖職者・古典学者・数学者の名にふさわしいポストに就くことができるようになったのでした。古典語教授・幾何学教授を経て，1664年に先に記したケンブリッジ大学ルーカス数学教授に就任しました。しかし5年後の1669年にはこのポストを12歳年少のNewtonに譲り，その後は神学の研究と説教に専念したそうです。光学の研究の他，曲線の接線の解析から微積分学への道を開いたことで知られています。

☆ Barrowの解法—メリジオナル像点—

Barrowの幾何学的解法は，R. Kingslakeが，「cumbersome and complicated」という通り煩わしくて込み入った解析です。しかしこれは頭が悪いせいではなく，発見した人がたどった険しい道のりとその足跡を示すものと考えるべきでしょう。英語全訳本の翻訳を以下に示します。この本にはその理解を容易にするために原図を描き直した図が併記してありますので，これも転載します（第13講24）。

「点光源Aを発した近接する光線ANPとARSを考え，NπとRσがそれぞれの屈折光線とし，それらが点Zで交差する場合を考えよう（**図1**）。弦NPとNπをそれぞれ2分する点をEとGとしよう。このとき屈折球面の中心CとEおよびGを結ぶ直線はそれぞれNPとNπに直交する。このとき次式が成り立つ。

$$\frac{NZ}{GZ} = \frac{CE}{CG} \cdot \frac{NG}{NE} \cdot \frac{AN}{AE} \tag{1}$$

（ここに

$$\frac{CE}{CG} \left(= \frac{\sin CNE}{\sin CN\pi} \right) \tag{2}$$

9 非点光線束の追跡2 Barrow と Newton 151

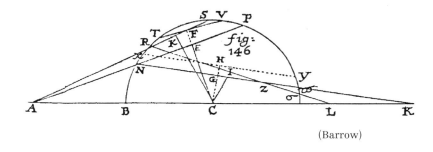
(Barrow)

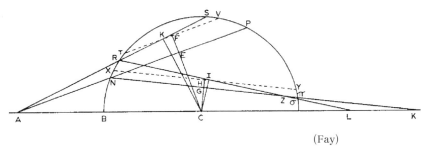
(Fay)

図1

は入射角 CNE によらず一定値を示し，これは幾何学的な屈折則の表現に他なりません）。

この証明は次の通りである．C から線分 RS に垂線を下しその交点を K とする．同様に線分 Rσ に垂線を下してその交点を I とする．次に CE の延長線上に CK と等距離の点 F，CG の延長線上に CI と等距離の点 H をつくる．F を通り直線 NP に平行な直線 TV，および H を通り Nπ に平行な直線 XY をつくる．いま弧 PS および弧 NR が十分に小さいとすると，

$$\frac{AP}{AN} = \frac{\widehat{PS}}{\widehat{NR}} \tag{3}$$

が成り立つ（彼より後に行われることになる証明では上の補助線 TV とそれに対応する屈折光線に関する XY を使わないものが多いのですが，図を描けば容易に分かるように，この補助線は以下の演算では有効に使われています）．(3) 式の左辺と右辺に ±1 を加えて整理すると，

$$\frac{1}{2}\frac{(AP \pm AN)}{AN} = \frac{1}{2}\frac{(\widehat{PS} \pm \widehat{NR})}{\widehat{NR}} \tag{4}$$

これより次式が得られる。

$$\frac{AE}{AN} = \frac{\widehat{NT}}{\widehat{NR}} \tag{5}$$

屈折後の光線束に関しても同様の関係から,

$$\frac{NZ}{Z\pi} = \frac{\widehat{NR}}{\widehat{\pi\sigma}} \tag{6}$$

が得られ,これより(4)式と同様の演算により,

$$\frac{NZ}{\frac{1}{2}(NZ \pm Z\pi)} = \frac{\widehat{NR}}{\frac{1}{2}(\widehat{NR} \pm \widehat{\pi\sigma})} \tag{7}$$

が得られ,これは(5)式と同様の式

$$\frac{NZ}{ZG} = \frac{\widehat{NR}}{\widehat{NX}} \tag{8}$$

に他ならない。

(5)式と(8)式を掛けて次式が得られる。

$$\frac{AE}{AN} \cdot \frac{NZ}{ZG} = \frac{\widehat{NT}}{\widehat{NR}} \cdot \frac{\widehat{NR}}{\widehat{NX}} = \frac{\widehat{NT}}{\widehat{NX}} \tag{9}$$

この式の右辺は次式で与えられる(別に証明が必要ですがここでは省略*)

$$\frac{\widehat{NT}}{\widehat{NX}} = \frac{NG}{NE} \cdot \frac{CE}{CG} \tag{10}$$

ここに屈折則により

$$\frac{CE}{CG}\left(= \frac{\sin CNE}{\sin CN\pi} = \frac{CK}{CI}\right) = \frac{CF}{CH} \tag{11}$$

は定数($=\mu$, μは第2媒質の屈折率,第1媒質の屈折率は1)である。
これより,

---

* 証明は前掲のH. C. Fay, p.147にあり。ただし同書中の図122のRをTに読み代えること。

$$\frac{AE}{AN} \cdot \frac{NZ}{ZG} = \frac{NG}{NE} \cdot \frac{CE}{CG} \tag{12}$$

両辺を AE/AN で割って，

$$\frac{NZ}{ZG} = \frac{CE}{CG} \cdot \frac{NG}{NE} \cdot \frac{AN}{AE} \tag{13}$$

が得られた。証明終わり」

(13)式を現代の見慣れた式に変えるには，

$NZ = u'$, $ZG = u' - r\cos\phi'$, $CE = r\sin\phi$,
$CG = r\sin\phi'$, $NG = r\cos\phi'$, $NE = r\cos\phi$, $AN = -u$, $AE = -u + r\cos\phi$

とおけばよく，このとき次式が得られます。

$$\mu\frac{\cos^2\phi'}{u'} - \frac{\cos^2\phi}{u} = \frac{\mu\cos\phi' - \cos\phi}{r} \tag{14}$$

これは現代のメリジオナル面内の斜入射微小光線束が従う結像方程式です。

微分法が発見されるより以前に，微小光線束の概念を導入してユークリッド幾何学の問題を解こうとしたのですから，エレガントな解答を期待する方が無理でしょう。例えば上の演算で弧 $\widehat{NR}$ と $\widehat{PS}$ を弦 NR と PS に置きかえるだけで，補助線を使わずに，しかも彼の論法に準じて問題を解くことは可能です。

上の証明に続いて Barrow は次のように書きます。「私はここで，私の友人が私のとは異なる見事な解法を発見したので紹介する。**図2**において，入射光線 ANP を描き，入射点 N から AP に垂直に直線を描き，その軸線との交点を R とする。NR/Nπ = NR/T を満たす距離 T を求め，N から屈折光線 NK に垂直な直線を描き，その長さが T になる点 Q を求め，直線 QC を描くと，これが屈折光線 NK と交差する点が像点 Z を与える。この点 Z は点源 A の正確な像点であって，直線 Nπ 上においた目によって観察される。これは既に繰り返し説明した論法から明らかである」。

Newton が，当時在籍したケンブリッジ大学トリニティー校の学寮長だった Barrow の 1667～1668 年の光学講義を聴講したのは確実だそうです。彼は 1667 年には既に Barrow の数学的に高い素養が必要な研究を理解するのに十

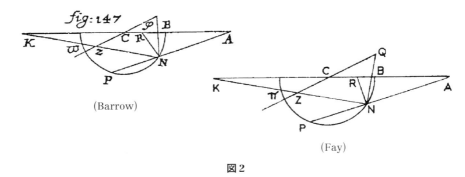

図 2

分な幾何光学の知識を身につけていました。1669 年には Barrow は彼の光学講義を出版するにあたり，Newton の能力と判断力に信頼をおいて彼に校正原稿のチェックを依頼し，序文の中で次のように述べています。「私の同僚で卓越した能力と特筆すべき実験手腕をもった Newton 氏は，必要な修正と提案によって本文を校訂してくれた」。この年に彼は聖職に専念するためルカス教授職を 26 歳の Newton に譲ったのでした。ちなみに 2 人に共通する Isaac は旧約聖書に出てくるアブラハムの子イサクに由来します。日本名の伊作はそのあて字です。矢内原伊作，西村伊作などを知る人は多いでしょう。

☆ Newton の解法―メリジオナル像とサジタル像

ルーカス教授職を Barrow から引き継いだ Newton は 1670 年から 1672 年までの 3 年間光学講義を行いました。手稿の第 1 部主として数学的部分の英訳が出版されたのは彼の死の翌年の 1728 年，更にその翌年には光学講義全体のラテン語版が出版されました。しかしその英語全訳が出版されたのは 1984 年でした[*]。彼はその序文冒頭で次のように述べています。「近年の望遠鏡の発明に多くの幾何学者達が心を奪われてしまい，光学にはそれ以外に探求すべきものはないし，発見する余地も残っていないと考えているようである。更にごく最近，この演壇で私の前任者が諸君に光学のさまざまな話題と沢山の発見を講

---

[*] *The Optical Papers of Isaac Newton I, Optical Lectures 1670～1672*, ed. A.E. Shapiro, Cambridge U. Press (1984)

義しているので,私がこの科学を再度取り上げるのは不毛で無益な企てのように見えるかもしれない。しかし,幾何学者たちがこれまで光の屈折のある特定の性質について誤った考えをもったり,確立していない物理的仮説を暗黙のうちに仮定したりするのを知っているので,私がこの科学(=光学)を一層厳しい審査にさらし,私が考察したりそれを実験で確かめた事柄を尊敬する前任者の講義に追加するのは無意味でないと判断した」。

しかし彼の講義は学生達には不評だったようです。実験の詳細な説明や原理の幾何学的証明は彼らの理解を越えていたのでしょう。当時屈折が係わる光学現象の説明には専ら幾何学が使われていました。上の引用中の幾何学者が光学を専門とする学者を含むことからも明らかでしょう。この講義の中で非点収差の公式の導出が幾何学的に行われていたわけです。なお,Newtonの光学と言えば,彼の存命中に発行されたOpticks(光学,初版1704)が著名です。こちらは多くの論争を経て彼の円熟期(62歳)に刊行されました。日本訳には岩波文庫版(島尾訳,1983)の他,旧岩波文庫版(阿部・堀訳,1940),槙書店版(堀・田中訳,1980),朝日出版社版(田中訳,1981)などがあります。一方光学講義の方は既述のように英訳が1984年に出たばかりで邦訳はまだありません。

ここでNewton自身による斜入射微小光線束によるメリジオナル像面の作図法をまず訳出します。「**図3**においてANを入射光線,NKを屈折光線とする。NVを三角形ANVの面内(紙面)にあって,Nにおいて球に接する直線とする。ANに向けて垂線NRを描く。Rは軸AC上にある。RからANと平行な直線を引き,Nにおける接線との交点をVとする。同様にして屈折光線NKに向けて垂線NQを引く。VからNKに平行な直線を引きCQとの交点をQと置く。QCの延長線がNKと交差する点がANに近い方の光線束の交点(=メリジオナル像点)である」。

Newtonの証明は,Aを発しANを主光線とする微小光線束のうちメリジオナル面内の任意に選んだ光線Anが屈折の法則に従って屈折したとき上の作図によって与えられる点Zを通るという論法によるものでした。彼の文章を続けましょう。「**図3**において,最初の光線ANに限りなく近接するもうひとつ

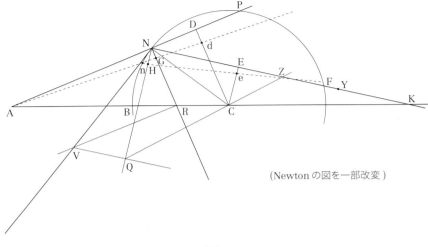

図 3

の入射光線 An を考え，その延長線上 NR との交点を G とする。入射点 n から**図 3** の作図法で得られ主光線 NK 上の点 Z に向けて直線を引き，それと NQ の交点を H とする。屈折球面の中心 C から AN と NK に垂線を下ろし，その交点をそれぞれ CD と CE とする。このとき CD と An の延長線との交点，および CE と nZ との交点をそれぞれ d と e とする。AN は An に限りなく近接すると仮定したので，限りなく小さい弧 Nn は N における接線 NV と一致すると考えていい。このとき三角形 NGn と NRV および三角形 NHn と NQV はそれぞれ相似なので次式が成り立つ。

$$\frac{DC}{Dd}\left(=\frac{NR}{NG}=\frac{NV}{Nn}=\frac{NQ}{NH}\right)=\frac{EC}{Ee} \tag{15}$$

これより次式が得られる。

$$\frac{DC}{DC-Dd}=\frac{DC}{dC}=\frac{EC}{EC-Ee}=\frac{EC}{eC} \tag{16}$$

この式を置換して，

$$\frac{DC}{EC} = \frac{dC}{eC} \tag{17}$$

が得られる。

 しかし,光線 NK が光線 AN の屈折光だから DC の EC に対する比は入射角の正弦の屈折角の正弦に対する比に等しくなければならない。それ故,dC の eC に対する比も(17)式により入射角の正弦の屈折角の正弦に対する比でなければならない。その結果,角 DAd と EZe は限りなく小さいので Cd は An にまた Ce は nZ に垂直となるから,nZ は光線 An の屈折光線である。

 証明終わり」。

 この命題から付随的に証明できる系として次の2つが与えられています。

「系1.

$$\frac{ND}{NE}\left(=\frac{NP}{NF}\right) = \frac{NR}{NQ} \tag{18}$$

直線 NC を引くと,三角形 NDC は三角形 NRV と,また三角形 NEC は三角形 NQV とそれぞれ相似なので,

$$\frac{ND}{NR}\left(=\frac{NC}{NV}\right) = \frac{NE}{NQ} \tag{19}$$

が得られる。両辺に NR/NE をかけて次式が得られる。

$$\frac{ND}{NE} = \frac{NR}{NQ} \tag{20}$$

 これより(15)式よりも便利な解が得られる。光線 AN と NK からそれぞれ垂線 NR と NQ を立て,NR に対する NQ の比が NP に対する NF の比と等しくなるような点 Q を求め,直線 QC の延長が屈折光線 NK と交差する点を求めるとこれが像点 Z を与える。

系2.

$$\frac{AN \times DC \times NE}{AD \times EC \times ND} = \frac{NZ}{EZ} \tag{21}$$

AD/AN = DC/NR より NR = AN×DC/AD, および ND/NE = NR/NQ より

NQ = AN×DC×NE/(AD×ND) だから,

$$\frac{AN \times DC \times NE}{AD \times ND \times EC} \left(= \frac{NQ}{EC} \right) = \frac{NZ}{EZ} \tag{22}$$

が得られる」。

　系1はBarrowが紹介したNewtonの解法そのものですし,系2からは(14)式を導くことができます。

　Newtonは更に,**図3**において主光線の入射点Nを通り入射面（＝紙面）に垂直な面（サジタル面）内の微小光線束の像点を求めることに言及しました。彼の文章を追ってみましょう。「光線ANK（＝主光線）に最も近い光線の中で平面ANRに含まれる光線群はZで会合する。しかし三角形ANKをその稜のひとつAKを軸に回転してつくられる円錐に含まれる光線群はKで会合する。したがって主光線ANKに近接する光線群が主光線に最も密集する点は直線KZの中間に近い場所,すなわちYになるであろう。その結果,目を球面BNで屈折した主光線NKの延長線上において観察すると物体Aの最もよく見える像はYの位置,あるいは少なくともKとZを結ぶ線分の内部に形成されるであろう。何故なら,この点は厳密には決めにくいからである」。この文章を見易い絵にしたのが**図4**です。メリジオナル面内の三角形ANKをAKのまわりに回転すると,AからNが描く円上の点に入射する光線は屈折後にすべてKを

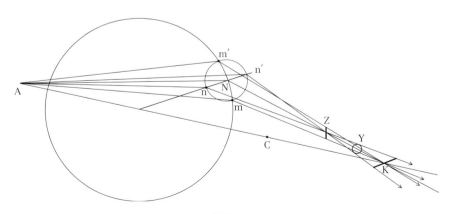

図4

通過します。図はNを中心に半径Nnの円を描きNを通りメリジオナル面に直交する断面(=サジタル面)との交点をmとm'とし，Aを発し(n, n', m, m')の4つの点で屈折した光線を模式的に描いてあります。mとm'を通る光線がKを通ることは明らかで，これがサジタル像になります。これとメリジオナル像点Zとの中点で4つの光線が錯乱円上に乗ることもまた明らかで，Newtonはこの位置Yを開口(半径Nnの円)内部を屈折した光線群が最も密集した場所だと推定したのです。

このような幾何学的特徴から，サジタル像点Kを求める公式を(14)式にならって導くのは極めて容易で，次式で与えられます。

$$\frac{\mu}{u'} - \frac{1}{u} = \frac{\mu \cos \phi' - \cos \phi}{r} \tag{23}$$

しかし，Newtonは(14)式(23)式とも本文中に記載していませんし，19世紀以降に明らかになる**図4**による非点収差の初等的性質をどこまで知っていたかに疑問が残ります。

ともあれ，BarrowとNewtonの非点収差に関する発見はその後長い間埋もれたままでした。ここで，Barrowの光学講義の英語版翻訳者H. C. Fayと，Newtonの光学講義の同じく英語版翻訳者A. E. Shapiroのコメントを紹介しておきます。

Fay (p.XVII)

「Barrowは狭い斜入射光線束の正しいメリジオナル焦点位置を求めた最初の人だった。それにより，彼以前に何人かの著者たちが仮定した条件，すなわち屈折によって生じる像点は屈折光(必要な場合は光線を逆行させる場合を含む)と屈折表面への垂直入射光線の交点であるとする仮定に異議を唱えるものであった。皮肉なことに，Newtonは自身の講義において，この条件を満たすのはそれまで誰も考えなかったサジタル断面における像点であることを明らかにした。Barrowは点物体の像は反射したり屈折した光線群が最も高い集中度を示す場所だと定義したが，Newtonは更に進んで，非点光線束ではそれが断面によってその位置が異なることを明らかにした。

斜入射光線束が非点収差をもつという発見はNewtonの幾何光学に対する最

も重要な貢献のひとつである。不運なことに，彼の「光学講義」が全般的に無視されたために，この問題をもう一度研究してみようという人が長い間現れず，やっと18世紀が終わるぎりぎりになってThomas Youngが取り上げることになったのである。それから約半世紀が経過して，造語の天才Whewell（ヒューウエル）がこの現象を1819年にAstigmatism（点をつくらないの意）と命名した*。

Shapiro［p.414, note (6)］
「非点収差の問題はT. Youngが再び取り上げるまで放っておかれた。彼はNewtonとSmithの業績があまりにも少ししか言及されなかったと主張したが，それでも効き目はなかったようだ。Youngは目の乱視の研究中に，初めて焦点は点ではなく線であって，入射した円筒光線束はZとKの間でその断面の形を変える事実を記述した」。

Shapiro［p.412, note (2)］
「Jakob Bernoulli［スイスの数学者（1654〜1705）］は1693年に，火面の軌跡の作図法を説明抜きで公表し，先取権はすべて自分にあると公言した。彼はHuygensとBarrowが以前に行った貢献を不正に矮小化して特殊解とし，自分の一般解の価値を主張した。その3年後にL'HospitalはBernoulliの解を微分法を用いて明晰で直接的に証明し，BarrowとNewtonの解に到達した。SmithはBarrowとNewtonの解析を妥当とした上で発展させ，火面と主焦点の関係を確立した（以上参照文献を省略しました）」。

　次項はT. Youngの研究を紹介します。

＊Whewellは光学器械の非点収差ではなく，目の乱視を念頭に造語したようです。Kleinの語源辞典参照

10 非点光線束の追跡 3
Young の代数的表現

> Young は目の乱視の研究中に，初めて焦点は点でなく線であって，入射した円筒光線束は Z と K の間でその断面の形を変える事実を記述した
> ——**A. E. Shapiro**——

　Thomas Young（1773~1829）は 1801 年に，科学の普及と研究のために設立（1799）されたばかりの王立研究所（Royal Institution）の自然哲学教授に選任されました。彼の初仕事は研究所の会員（出資者）に「自然哲学と機械技術」について通俗講演を行うことでした。講演は 1802 年から 1803 年にかけて行われ，その講義録：*Course of Lectures on Natural Philosophy and the Mechanical Arts* は 1807 年に出版されました。その中の「On the Nature of Light and Colours」はダブルスリットの干渉実験を含む彼の光波動論の決定版としてまとめられたものです[*]。彼の講義は難しすぎて評判が悪く，その故もあったのでしょう，1803 年秋には教授職の退任を余儀なくされました。

　この講義録には，講義の理解に不可欠とする「数学公式集（Mathematical Elements）」がついていました。4 折版で 86 ページという大部のものです。純粋数学，力学（固体の運動）および流体力学（液体の運動）の 3 部に分かれ，その第 3 部 7 節：屈折および反射光学（p.70~83）中の p.73~76 が非点光線束の結像の数学的表現，特に三角関数を用いた代数式による表現に当てられています。

　彼以前の光線追跡の方法は主にユークリッド幾何学に根拠を置く作図法でした。Barrow 以来の作図法では，コンパスと三角定規を使って注意深く作図す

---
[*] 鶴田匡夫：第 8・光の鉛筆，アドコム・メディア（2009），p.476

れば主光線上に現れるサジタルとメリジオナル焦点を分離して決定することが可能です。しかし、レンズを設計したり像形成を理解するのにこれでは精度的に不十分なことは明らかでしょう。眼科医でもあった Young が乱視の定量的理解とその高精度の補正を念頭において、非点収差の代数的表現を発見したということができると思います。

　Young は彼の光の波動説を、水面を伝わる表面波との類推を柱に、数式を使わず言葉だけで説明したことが知られています。しかし、この公式集の序文では、「自然哲学的（現代の用語では物理的でしょう）現象を完全に説明するには数学的命題を使うことが絶対に必要だ」として、「まず個々の命題を表面的に理解した上で、特定の問題に適用し、得られた結果を考察する」ことを読者に求めています。要するに「自然科学者のための数学公式集」だというわけです。

　しかしこれが頗る評判が悪い。A. G. Bennett は次のように書いています[*]。「彼の幾何光学の記述にはがっかりしたと言わざるを得ない。どれほどにオリジナルで重要なのか知らないが、ひどい悪文で式の形や表現にはエレガンスへの配慮の片鱗さえうかがえなかった。例えば彼のメリジオナル像の導出法は Barrow よりも格段に劣っていた。これは後で分かったことだが Marquis de l'Hospital の「微積分解析」からそっくり引写したものであった。もうひとつの期待外れの理由は、命題の証明が説明不足ということだった。例えば、読者がどんな思考の順序に従って彼が透視点（point of perspective、後述）に導かれたかを知ろうとしても、彼の文章からはその暗示さえ引き出せなかった」。

　Bennett は Young のテキストに直接挑戦するのを止め、H. C. King の論文[**]を仔細に調べて初めて Young の「斜入射による非点収差」への理解がふつうに知られている以上に広範囲にわたることを教えられ、あらためて彼が 1800 年に行ったベーカー講演：On the Mechanism of the Eye の議事録[***]を精読したということです。

---

[*] Int. Ophthal. Opt. Congress, 1961, p.274
[**] Brit. J. Physiol. Optics, **10** (1953), 39–47。表題は Thomas Young's Contributions to Geometrical Optics。
[***] Phil. Trans. Roy. Soc. London, **91** (1801), 23–88。彼の *Course of Lectures* vol.2, p.573〜605、+付図5ページに再録されています。両者の間には少なからぬ異同があります。

10 非点光線束の追跡3 Youngの代数的表現   163

　そもそも彼の王立協会講演の目的は，当時産業革命の担い手だった開明的な地主階級を中心とする協会の維持会員たちに「自然哲学と機械技術」の真髄を啓蒙的に理解させる点にありました。しかもそれらを正しく伝えるには定量的議論とその基礎である数学の理解が不可欠だと彼は考えたのです。学術論文ではありませんから，発見や発明がいかに行われ，その先取権が誰にあるかは2の次，3の次だったと考えていいでしょう。

　そこで本項は，主に彼の，「斜入射光の非点収差」を中心とする数学の公式を概観することにしましょう。なお，この項目を含む，屈折・反射光学の参照文献は，前掲 *Course of Lectures* vol.2 の p.280〜289 に掲載されています。先に挙げた l'Hospital の論文も勿論入っています。

☆非点収差の代数的表現

　Youngは記号を重複して使ったり，止むを得なかったには違いないのですが，いろいろな量を表現するのに現代の慣用とは異なるアルファベットを割り付けたり，正弦・余弦の代わりに長さの次元をもつ実正弦（actual sine）と実余弦（actual cosine）を使ったりしています。ここでは，それらを現代の慣用に従って書き代える他は，できるだけYoungのやり方を踏襲して彼が見出した非点収差の諸公式を導出しようと思います。

(a) メリジオナル像点の公式

　Youngはメリジオナル像点を，公式集では peripheric focus（周縁焦点），ベーカー講演（1800）では nearer focus（入射点に近い方の焦点）と名付けました。公式導出の基礎になる作図法は Barrow とも Newton とも異なり，私は未見ですが前掲の l'Hospital の解法によったものだそうです。

　命題426：定義。「球面表面に斜めに入射する光線束（＝1点を発し，小さい立体角の内部を進む光線の集まり）の一部で軸（＝物点と屈折球面の曲率中心を結ぶ直線。その近傍で近軸結像の理論が成り立ちます。ここでは近軸線と呼びます）を含む任意の平面（厳密には共軸系のメリジオナル面ではないが，入射光線がこの面内にあれば屈折光線もこの面内にあるという点でメリジオナ

ル平面の性質を備えています。現代のテキストでは得られる像をメリジオナル断面の像と呼ぶのが普通のようです。）内を進む光線は球面で屈折後に1点に収束する。この点を周縁焦点（peripheric focus）と呼んでよかろう（**図1**）。

注記：（上の任意の平面を軸のまわりに僅かに回転すると，その面上に固有の焦点が生じる）。これらの点を結ぶとこれは円周の一部になる。（**図1**において点線で示した丸い図形の一部。太い線で描きました）。これは点物体に対する像が円弧を形成し，それが最も鮮明になる場所であり，以前から広く斜入射光線の幾何学像と呼ばれて来た」。括弧内は私の補足です。以下同様。この像面は近軸像面より屈折面側にあります。その近軸線との交点に対し，像が円周方向に伸びているという図形的特徴から周縁焦点と呼んだのです。現在広く使われている接線（tangential）像と語本来の意味は同じです。しかしその定義が現代のものと違うのは明らかです。単レンズの非点収差のところで取り上げます。

命題428：定理（周縁焦点の公式導出）。

「**図2**において点Aを発し屈折球面の中心Iを含む平面内で互いに無限に近接する点BとCで屈折した光線が点Dで交差する，すなわちDがAの像とする。第1の媒質の屈折率を1，第2媒質の屈折率をnとする。このとき実正弦

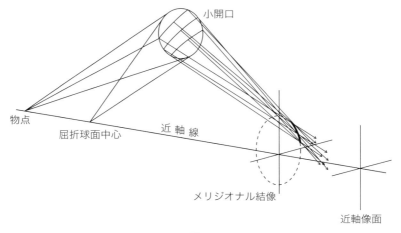

図1

10 非点光線束の追跡3 Youngの代数的表現 165

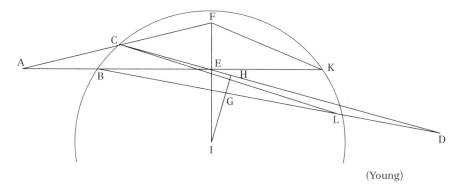

図2

EI（$=r\sin\phi$）の増分は EF，実正弦 GI（$=r\sin\phi'$）の増分は GH である。ここに r は屈折球面の曲率半径である。屈折則に従って，EI/GI $=n$ である。このとき微小角∠A $=$ EF/AE と∠D $=$ GH/GD の比をとると

$$\frac{\angle A}{\angle D}=\frac{n\mathrm{GD}}{\mathrm{AE}} \tag{1}$$

が得られる。しかるに，

$$\frac{\angle A}{\angle \mathrm{BKC}}=\frac{\mathrm{BK}}{\mathrm{AB}} \tag{2}$$

$$\frac{\angle \mathrm{BKC}(=\mathrm{BLG})}{\angle D}=\frac{\mathrm{BD}}{\mathrm{BL}} \tag{3}$$

であるから，

$$\frac{\angle A}{\angle D}=\frac{\mathrm{BK}\cdot\mathrm{BD}}{\mathrm{AB}\cdot\mathrm{BL}}=\frac{\mathrm{BE}\cdot\mathrm{BD}}{\mathrm{AB}\cdot\mathrm{BG}}=\frac{n\mathrm{GD}}{\mathrm{AE}} \tag{4}$$

が成り立つ。

(4)式中の長さを下記による記号，

BE $=t$, BG $=u$, BD $=e$, AB $=d$, GD $=e-u$, AE $=d+t$

によって表すと次式が得られる。

$$e = \frac{ndu^2}{ndu - dt - t^2} \qquad (5)$$ 」

上の演算において，(1)式は屈折則の両辺を角度に関して微分して，(2)式は3角形の正弦則により，(3)式は円周角の定理により，それぞれ容易に導くことができます。また，(5)式を現代の記法，

$$d \longrightarrow -u,\ e \longrightarrow u',\ t \longrightarrow r\cos\phi,\ u \longrightarrow r\cos\phi'$$

に変えて，見慣れた

$$n\frac{\cos^2\phi'}{u'} - \frac{\cos^2\phi}{u} = \frac{n\cos\phi' - \cos\phi}{r} \qquad (6)$$

が得られます。また，第1媒質と第2媒質の屈折率をそれぞれ μ と μ' にした場合には，n の代わりに μ'/μ を代入すればいいことは明らかです。

(b) サジタル像点の公式

Youngはサジタル像点を，公式集ではradial focus（放射方向の焦点），ベーカー講演ではremoter focus（入射点から遠い方の焦点）と呼んでいます。

命題427：定義。「物点を発し，物点と屈折球面の曲率中心を結ぶ直線を軸とする円錐面上を進む光線群（collateral光線群，collateralとは横に並んだというほどの意味です）が屈折球面の表面で屈折後に1点に集中する点を放射焦点（radial focus）と呼んでよかろう。

注記：（collateral平面とは物点Dと屈折面の曲率中心Aを結ぶ直線—軸—を含む平面を意味し，これらはすべて屈折球の表面と直交します。球の中心を通る平面ですから当然です。したがって，物点を発しある collateral 平面を進んだ光線は屈折後もこの面内にとどまります。物点Dを射出してDAを軸とする円錐面上を進んだ光線が屈折後に軸と交差する点はすべてのcollateral平面を進む光線に共通の1点ですから，これが像点だというわけです（**図3**）。この像点は円錐の頂角が変わると軸上の異なる点に結びます。したがって，）軸外の小開口で屈折した光線群（＝微小光線束）は軸上のある線分の内部に集まる。それ故，すべての光線の像は軸と交差し放射焦点において最も鮮鋭にな

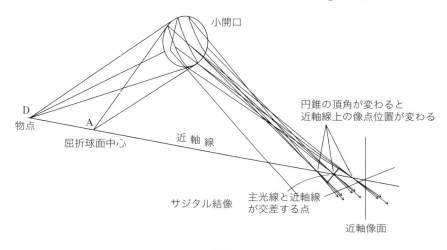

図3

るのは明白である」。要するに「小開口の中心を通る主光線が軸と交差する点を中心に放射方向に延びた線状の像が得られる」という事実を伝えたいのでしょうが，原文を読む限りでは上のようにしか訳せません。Bennettが理解不能と匙を投げたのも分かるように思います。ここでは，円錐の頂角が変われば軸上の放射焦点の位置が変わることに注意しておきます。

命題432：定理（放射焦点の公式導出）。

「**図4**において，Dを物点，Cを屈折球面（半径AC = r）への入射点，Aを屈折球面の曲率中心とする。（この図は物点Dと屈折球の中心および入射点Cでつくる平面上の光線図で，共軸系におけるメリジオナル平面に対応するもの）。ABがnACに等しくなる点を直線DC上に求めると，∠BACは偏角（入射角−屈折角）に等しい（この関係は屈折則と，三角形ABCに正弦定理を適用して得られます。これよりCFとBAが平行であることが分かります）。nは第2媒質の屈折率である。これより次式が成り立つ。

$$BC = nu - t \qquad (7)$$

ここに，$d = CD$は物点距離，$t = r\cos\phi$は入射光の実余弦，$u = r\cos\phi'$は屈折

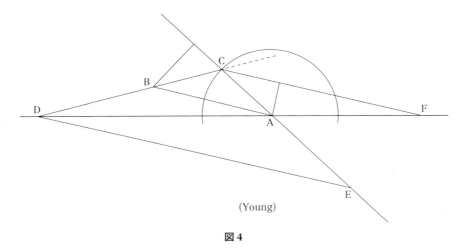

(Young)

図 4

光の実余弦，r は屈折面の曲率半径である。ここで，D から CF に平行に直線を引き，それと CA の延長線との交点を E とすると，三角形 BAC と三角形 DEC は相似になる。これより，

$$\frac{AC}{BC} = \frac{DC}{CE} \longrightarrow CE = \frac{DC \cdot BC}{AC} \tag{8}$$

と

$$AE = \frac{DC \cdot BC}{AC} - AC \tag{9}$$

が得られる。

一方，相似関係から，

$$\frac{AE}{AD} = \frac{AC}{AF} \longrightarrow AF = \frac{AC \cdot AD}{AE} \tag{10}$$

が成り立つので，

$$AF = \frac{AD \cdot AC \cdot r}{DC \cdot BC - ACr} = \frac{cr^2}{d(nu-t) - r^2} \tag{11}$$

が得られる。ここに AD $= c$ である。

また，

$$\frac{1}{n} = \frac{CA}{BA} = \frac{CD}{DE} \tag{12}$$

であるから $CD = d$ を用いて,

$$DE = nd \tag{13}$$

が得られる。

また

$$\frac{AE}{DE} = \frac{AC}{CF} \tag{14}$$

なので,

$$CF = \frac{AC \cdot DE}{AE} = \frac{DE \cdot AC \cdot r}{DC \cdot BC - AC \cdot r} = \frac{ndr^2}{d(nu-t)-r^2} \equiv f \tag{15}$$

が得られる。これがサジタル像点距離 f を与える式である」。

(15)式を現代の公式に変えるには,

$$d \longrightarrow -u, \ f = u', \ t \longrightarrow r\cos\phi, \ u \longrightarrow r\cos\phi'$$

とすればよく,このとき次式が得られます。

$$\frac{n}{u'} - \frac{1}{u} = \frac{n\cos\phi' - \cos\phi}{r} \tag{16}$$

また第1媒質と第2媒質の屈折率をそれぞれ μ と μ' にした場合には,n の代わりに μ'/μ を代入すればいいことは(a)のメリジオナル像点の公式と同様です。

Youngがこのサジタル面内の光線束による像点を放射焦点と名付けたことは重要な意味をもちます。この焦点は物点の像が1点に集まるのではなく,**図3**の主光線と近軸線との交点から半径方向(radial)に延びることを彼が知っていたことを強く示唆しているからです。

点像の形が,主光線に沿ってそれを観察する位置を変えると,屈折面から遠ざかるに従って円周方向に長い線像から円形断面を経て半径方向に長い線像に変わるという非点収差の最大の特徴を記述したのもYoungが最初です。この

現象を観測するには，屈折球面に微小光線束を斜めに入射させるよりも，薄い単レンズによる軸外像を調べる方が容易ですし，実用的に重要でしょう。Youngはその公式，ただし取り扱いが簡単な，開口絞りをレンズ上に置いたときの，無限遠物体に対する公式を導きました。

☆薄い単レンズによる非点収差

まず，現在広く知られている，厚さを無視できる単レンズに対するメリジオナルおよびサジタル像点の結像式を掲げます。ただし，開口絞りがレンズ上に置かれた場合です。

メリジオナル像点の結像式は

$$\frac{\mu' \cos^2 \phi'}{t'} - \frac{\mu \cos^2 \phi}{t} = (\mu' \cos \phi' - \mu \cos \phi) \left(\frac{1}{r_1} - \frac{1}{r_2} \right) \tag{17}$$

サジタル像点は，

$$\frac{\mu' \cos \phi'}{s'} - \frac{\mu \cos \phi}{s} = (\mu' \cos \phi' - \mu \cos \phi) \left(\frac{1}{r_1} - \frac{1}{r_2} \right) \tag{18}$$

で与えられます。式中の諸記号の意味は**図5**中に記しました。単一屈折面による結像との最も大きい違いは，近軸線の代わりに，前後面の曲率中心を結んだ光軸が使われる点です。したがって，近軸公式との比較が図の上からもはっきり分かることになります。Youngが求めたのは $s = t = \infty$ の場合の公式でした。ただし物空間・像空間とも屈折率を $\mu = 1$ にしてあります。

Youngはこの公式を求め（命題431と433）た後，前面と後面の曲率半径が等しい両凸単レンズについて，メリジオナル像面とサジタル像面の曲率半径が，それぞれ

$$R_\mathrm{m} = -\frac{\mu'}{1+\mu'} f' \tag{19}$$

$$R_\mathrm{s} = -\frac{\mu'}{1+3\mu'} f' \tag{20}$$

であることを導いています。ここに $f' = r/2(\mu'-1)$ は像側焦点距離です。マイナス符号は両像点とも像高と共にレンズ側に曲がることを表しています。彼

10 非点光線束の追跡 3 Young の代数的表現　171

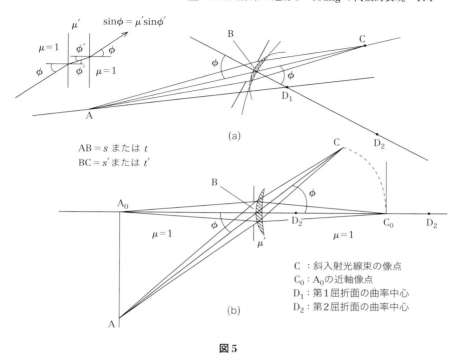

C ：斜入射光線束の像点
C_0：A_0 の近軸像点
D_1：第 1 屈折面の曲率中心
D_2：第 2 屈折面の曲率中心

図 5

はこの関係を求めるのにかなり込み入った幾何学的（図形的）な解法を用いており，(19)(20) の実用的な意義を次のように述べています*。

「十分に遠方の物体（例えば風景）の凸レンズによる像面がレンズ側に弯曲し，レンズの中心から等距離（＝焦点距離）であると一般に信じられて来たがこれは完全な誤りである。何故なら，光線束がレンズに斜めに入射するのが実質的な原因だからである。実際，球面に斜めに入射した光線束は完全な 1 点には集まらない。光軸上に中心をもつ円が最も鮮明に像を結ぶ位置と，直径が最も鮮鋭に像を結ぶ位置は一致しない。その両方の像面とも（具体的には光軸に直交する面内に描いた）同心円群と，その中心から放射状に描いた直線群のそれぞれの像面とも，これまでに信じられて来た球面よりも大きく弯曲している。両像面の曲率を平均した像面を作ってやると，それが最良像面ということ

* *Course of Lectures*, 第 36 講, On Optical Instruments 中の p.425

になる。これはレンズをクラウンガラス（$\mu' = 1.5$）で作った場合，焦点距離の 3/8 $[=\mu'f'/(2\mu'+1)]$ になる」。

　当時，凸レンズを使って外景を縮小投影して像を観察したり手書きで記録する光学器械（カメラ・オブスクラ）では，そのスクリーン面がレンズに向かって凹の緩い曲面になっていました。Young はその曲率の正確な決定法として，メリジオナル像面とサジタル像面の平均曲率をもつ面を最良像面とするべきだと主張しているわけです。図6は彼が描いたカメラ・オブスクラの最適像面を示す図です。模式図ながら，その曲率半径はレンズの焦点距離のほぼ 3/8 に描かれています。非点収差が残存するときの，このような最良像面の決定法は，その後現在にいたるまで，Young がこの収差の本質的な性質を発見した上で定義したことを知らぬまま，連綿として生き続けて現在にいたっています。

　ところで，彼は(19)・(20)式をおそらく計算が簡単のために選んだ，前後面が同じ曲率の両凸レンズについて導きましたが，現在は両凸であれメニスカスであれ単レンズに特徴的な性質であることが知られています。

　この性質を明解に説明する文章がありますので紹介しましょう。*H. H. Emsley* によるものです*。「開口絞りがレンズ上にあるとき，サジタルおよびメリジオナル像面にはペツバール面からそれぞれ $H'^2F/2$ と $3H'^2F/2$ の位置にある。ペツバール面は理想像面から $H'^2F/2n$ だけ離れた位置にある。ここに H' は像高，$F(=1/f')$ は単レンズの屈折力，n はレンズの材質の屈折率である。これら3つの値はどれも非常に大きいこと，またいずれもレンズの形や結像の共役位置とは無関係なことに注意したい」。こうして *Young* が得た(19)(20)式は彼が考えたよりも適用範囲が広くすべての単レンズに適用できることが明らかになった次第です。

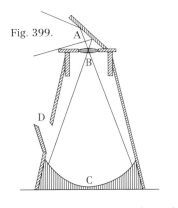

Fig. 399.

(Young)

図6

---

* *Aberrations of Thin Lenses*, Constable and Company (1956) p.205

Youngが非点収差によると考えた像面の弯曲にはもうひとつ別の収差による弯曲であるペツバール面の項が隠れていることには気が付いていなかったようです。Emeleyも後段の文章で指摘していますが，前者は開口絞りの位置を変えてある程度制御できますが，後者はいったんレンズの屈折力Fが決まれば，レンズの屈折率を変える以外に制御の方法がありません。Youngも人の子です。そこまでは見通していなかったようです。

ともあれ，このカメラ・オブスクラへの言及は，Youngが非点収差の性質を十分に理解した上で，その効果を最小にできる点がメリジオナル像点とサジタル像点から等距離の点——彼はここに least circle of aberration が生じると述べています——にあるとする現代の評価法と一致する見解に到達していたことを教えてくれます。

☆透視中心を用いて非点光線束の像点を求める方法

Youngは定規とコンパスを使う作図法にも熱心でした。幾何学の問題を解いてから，その結果を数式化するのを基本としていたのでしょう。まず球面による屈折光を求める方法を公式集から紹介し，次にこの屈折光線を主光線とする微小光線束の結像を，彼が創始した透視中心（perspective center，彼は relative centre と名付けました）を使って求めてみましょう。

(a) 屈折光線の作図法（定理425，図7）

「光線が半径がrで屈折率がnの球の表面の1点Cで屈折するとき，入射光がそれと同心で半径がnrの球面と交わる点Dと，屈折光が同じく同心であるが半径がr/nの球面と交わる点Bは球の中心Aから引いたひとつの半径の上にある（証明略）」。第1媒質の屈折率がμ，第2媒質のそれがμ'のときには，第1の球の半径を$\mu'r/\mu$，第2の球の半径を$\mu r/\mu'$とすればいいことは明らかです。この定理に従って作図して屈折光を決めるのは極めて容易です。このときBとDは共役で両者の間の結像は無収差です。J. Herschelはこの組を aplanatic（不遊点）と名付けました（1827）。しかしYoungはこの事実に気付きませんでした。項を改めて取り上げるつもりです。

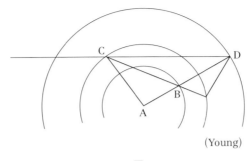

(Young)

図7

(b) メリジオナル像点の作図法

命題429：定義。

「球面上の同一点に同方向から入射する斜入射微小光線束について，その主光線上に2組のメリジオナル共役点を考える。一方の共役点同志を結ぶ直線と他方の共役点同士を結ぶ直線の交点を透視中心と呼ぶ。

注：サジタル共役点の透視中心は常に球面の中心である」。

命題430：定理。

「(**図8**は入射光線ABと屈折球面の中心Eを含む平面—屈折光線BKもこの面内に含まれるという意味でメリジオナル平面と考えていい—内の光線図です)。透視中心Gは入射光線と屈折光線がそれぞれ円から切り取った弦の中点を結ぶ弦の中点である。

証明：ABをd，BCをt，BDをuで表すと，CEとDEはそれぞれ入射光の実正弦（$= r\sin\phi$，rは円の半径，ϕは入射角）と屈折角の実正弦（$= r\sin\phi'$，ϕ'は屈折角）で，前者の後者に対する比は球体の屈折率nに等しい（ただし第1媒質の屈折率は1とします）。次に入射光線AB上にEF = $n \cdot$ EB($= r$)になるようにFを選ぶと，∠CFE = ∠BEDが成り立ち，その結果∠BEF = ∠CBD = ∠CEDが得られる。三角形BEFはDECと，また三角形DEGはDECとそれぞれ相似なので，次式が成り立つ。

10 非点光線束の追跡3 Young の代数的表現

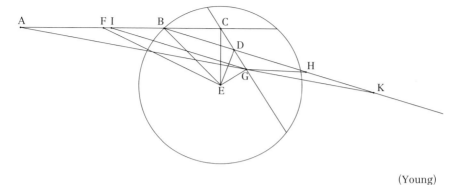

(Young)

図 8

$$\frac{FB}{BC} = \frac{CD}{DG} = \frac{BC}{GH} \tag{21}$$

これより次式が得られる。ただし GH∥BC の関係を用いた。

$$GH = \frac{(n-1)BC}{FB} \tag{22}$$

また，

$$\frac{FB}{FC} = \frac{CD}{CG} = \frac{BD}{BH} \tag{23}$$

が成り立つので，

$$BH = \frac{BD \cdot FC}{FB} \tag{24}$$

が得られる。

また，G から BH に平行線を引くと BH = IG となるので次式が得られる。

$$\frac{AI}{BH} = \frac{AB}{BK} \tag{25}$$

これより

$$\frac{\mathrm{AB} - \dfrac{\mathrm{BC}(n-1)}{\mathrm{FB}}}{\dfrac{\mathrm{HD}\cdot\mathrm{FC}}{\mathrm{FB}}} = \frac{\mathrm{AB}}{\mathrm{BK}}$$

$$\longrightarrow \mathrm{BK} = \frac{\mathrm{AB}\cdot\mathrm{BD}\cdot\mathrm{FC}}{\mathrm{AB}\cdot\mathrm{FB} - \mathrm{BC}(n-1)} \tag{26}$$

が得られ，これは(5)式と一致する．すなわち BK = e は次式で与えられる．

$$e = \frac{ndu^2}{ndu - dt - t^2} \tag{27}$$

この式は AB = d の点 A から G を通り主光線 AFH の延長線と交わる点 K を描くと BK がその周縁焦点（＝メリジオナル像点）になることを表している．(透視中心 G の性質を利用することにより)，点 H が平行入射光線の像点（後側焦点）であり，I が逆方向から主光線と平行に入射する平行光線束の像点（前側焦点）であることは容易に分かる．また

$$\mathrm{AI}\cdot\mathrm{HK} = \mathrm{IB}\cdot\mathrm{BH} \tag{28}$$

が成り立つことも明らかである」．

(28)式は近軸光学におけるニュートンの式と同様の関係が斜入射微小光線束のメリジオナル結像にも存在することを示したもので，Robert Smith が見出したとされています．しかしこれを透視中心という概念を使って明快に導いたのは Young が最初です．

(c) サジタル像点の作図法

このとき，透視中心が球面の中心になることは，すでに命題429の注に示されています．これを用いた作図法は**図4**に描かれています．D と A を結んだ直線が主光線と交わる点 F が D のサジタル像点になります．

11 非点光線束の追跡 4
Youngの非点収差発見と眼光学への応用

> 天才とは僅かに我我と一歩を隔てたもののことである。
> 同時代は常にこの一歩の千里であることを理解しない。
> 後代は又この千里の一歩であることに盲目である。
> 　　　　　　　芥川龍之介──侏儒の言葉──

　I. Newton（1642～1727）は一様な媒質中の1点を発し微小な立体角の内部を進行した光線束（homocentric pencil of rays, 共心光線束）が平面や球面に斜めに入射して屈折した後に2つの像点を持つこと，すなわち非点光線束（astigmatic pencil of rays）に変わることを明らかにしました（1670～1672）。これより先I. Barrow（1630～1677）がメリジオナル平面（物点と屈折球面の曲率中心を結ぶ直線と微小光線束の主光線の屈折球面への入射点で作る平面）内の幾何学的な光線追跡によってその像（第1の像点，メリジオナルまたは接線像点ともいう）を求めています（1667）。Barrowの後を継いでケンブリッジ大学ルーカス数学教授に就任したNewtonは，同じ光学配置において，もうひとつの像点（第2の像点，サジタルまたは放射像点ともいう）が存在することを幾何学的に明らかにしたのでした。

　Newtonは球面に斜めに入射して屈折した光線束の最良像点について，慎重に言葉を選びながら次のように述べています*。「主光線に近接する光線群が主光線のまわりに最も密集する点［the greatest crowding of rays closest to ANK（＝主光線）］は第1像点Zと第2像点Kの中点Yに近いところ（＝near the middle of the space KZ）になるであろう」。しかし彼は，2つの

---

* *The Optical Papers of Isaac Newton I, Optical Lectures 1670～1672*, ed. A.E. Shapiro, Cambridge U. Press（1984），p.415

像点において，点物体の像がKではメリジオナル面に直交する線像に，またZではメリジオナル面内に延びる線像になるという，非点光線束結像の最も重要な特徴について言及することがありませんでした。この事実を初めて指摘したのが，T. Young（1773〜1829）だったのです。1800年の11月にRoyal Societyで行われたBaker講演：On the Mechanism of the Eye, Philosophical Transactions of the Royal Society of London, **91**（1801），23–88においてでした。

しかしこの発見にしてからが，彼の乱視の原因が，水晶体レンズの光軸が視軸に対して大きく傾いているとの彼自身の測定結果からの推定に基づいて，彼自身の目を使って明るい点光源をそこまでの距離を変えて観察した結果をスケッチしたものでした。

球面に斜めに入射して屈折した微小非点光線束の断面の形状を理論的に求め，2つの焦点の近傍で位置を変えて描いたのがG. B. Airy（1827）でした*。Barrowのメリジオナル焦点の発見以来実に160年が経過していました。

前項はYoungが行った，非点光線束結像の幾何学的性質の導出を中心に紹介しましたが，本項はその物理的な特徴の発見と眼光学への応用について述べてみたいと思います。

☆ある種の珍奇なもの

P. Culmann** は今でも引用されることの多い，「非点収差の歴史的覚え書き」の中で次のように書いています。「R. Smith（1738）は斜入射光線にひとつの章を与えた。彼はその中で入射面内の事柄だけに限定して議論を展開した。彼は非点収差の課題を一種の奇妙なものとみなして（wie eine Art Kuriosität）補足説明（Anmerkung）で軽く触れるに止めた。彼はその中でNewtonの平面屈折による非点収差の個所を引用し，球面の場合も事情は同じだと述べた」。要するにSmithはこのとき非点収差の本質を理解していなかったと言っ

---

* Camb. Phil. Trans., **3**（1830），1
** カールツァイス社の技師。Von Rohr編：*Die Theorie der Optischen Instrumente*, Band 1, Die Bildzeugung in Optischen Instrumenten von Standpunkt der Geometrischen Optik, Springer（1904），pp. 199–205, 英訳あり。

11 非点光線束の追跡 4 Youngの非点収差発見と眼光学への応用

ているのです。

　Robert Smith（1689〜1768）は Cambridge 大学教授で著書：*A Compleat System of Opticks in Four Books, viz. A Popular, a Mathematical, a Mechanical and a Philosophical Treatise*（1738）で広く知られています。これは2冊本として出版され，上記引用の第9章は第1冊の pp.160〜181，補足説明は第2冊の Author's Remarks p.82 にあります。包括的かつ正確さの故に18世紀を通じて最も影響力が大きい実用光学のテキストとされ，オランダ語訳（1753），ドイツ語訳（1755），フランス語訳2種（1767）が出版されました。今ではレプリント版が容易に入手できます。Newton に始まるケンブリッジ大学の光学学派の正統的後継者ですから当然のことですが，光の粒子説に従った記述です。しかし，反射・屈折則を公理として組み立てられた実用光学テキストとしては常に正しい結果を与えてくれる筈です。そのため，皮肉なことにこの本が18世紀の光粒子説を強力に支持する役割を果たしたともされているようです。

　この本の第1部 Mathematical Treatise では，レンズ群や反射鏡群について，その像点の位置・倍率・明るさ，収差などを計算する幾何学的な命題が手書きの図とともに要領よく述べられています。例えば，薄い単レンズによる像の位置と倍率を求めるのに，物点を発してレンズの中心に向けて直進する光線と，光軸に平行に射出して後側焦点に向かう屈折光線との交点が像の位置であり，物点の高さ（＝光軸からの距離）とその像の高さの比が倍率を与えるという近軸作像法の記述はこの本に始まるそうです。

　Newton があいまいな記述に終始し，Smith がそれから半世紀を過ぎてなお彼の呪縛から逃れられなかった「ある種の珍奇なもの —eine Art Kuriosität—」とは何だったのかを，Smith が引用した Newton の文章から探してみましょう。**図1**(a)は Newton が描いたもので，薄い平面で隔てられた，例えば水槽の中に物点 F があり，それを空気側から斜めに観察する配置です。FRM が主光線，MR の延長線上にメリジオナル像点 ϕ とサジタル像点 D があります。M は観測者の瞳の中心と考えることになります。D が物点 F から屈折面に下ろした垂線上にあることは前項で説明したので既知とします。光線

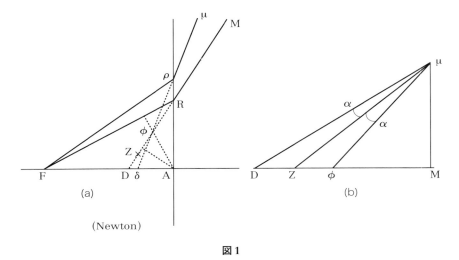

図1

Fρμ はメリジオナル面 FRA 内にあって主光線に近接し,観測眼の開口内部に入射するとします。光線 μρ の延長線は主光線 MR の延長線と φ で交差し,この点がメリジオナル像点になります。F を発し平面 FRA 内を進む光線は,F から目の開口を見込む立体角が十分に小さいという仮定の下で,点 φ に集まります。φ をメリジオナル像点と呼ぶ理由です。一方,物点 F を頂点,回転軸を AF,半頂角を ∠AFR とする円錐上を進む光線は主光線 Rφ と点 D で交わり,これがサジタル像点になります。D が FA 上にあることは言うまでもありません。これに続く Newton の文章を引用しましょう[*]。「この2つの光線群以外の光線は φ と D のどちらとも交差しない。こうして主光線上に φ と D の2つの像点 (Two centres of radiation) が存在する。主光線 FR のまわりの微小光線束の中でこれら以外の光線は,D と φ の間のどこかで主光線 Rφ に最も近づき,その結果目の位置から見た像の位置は線分 φD の間に広がってしまうに違いない。或いはむしろ,線分 φD が1点 F の像なのだから,その中のひとつの点を実際の像点と考えて,線分 φD から目の方に進むすべての光線のほぼ中間,端的には D と φ の中点を像の位置とするべきなのであろう。しかし正確にこの

---

[*] A. E. Shapiro の前掲書 p.215

問題を解こうとすると，厳密さを多少犠牲にしても何かもっともらしい仮説を作らなければなるまい」。そこで，彼が考え出した仮説は次のようなものでした。複雑な光線の分布を，「Dとφの位置に同じ数の光線を発する点光源を考え，目の網膜上にその2つの像が重なって見えたとき，それが最も鮮鋭に見える場所を線分Dφ上で探す」。具体的には目の瞳上任意の点μからDとφに引いた2本の直線の2等分線がDφと交差する点Zが物点Fの像だというわけです［**図1**(b)］。

ここで極めて重要なことは，この仮説がどこまで妥当かということではなく，Newtonが斜入射屈折光線束がもたらす2つの像Dとφとも幾何学的な点だと思い込んでいたということだと思います。Dとφの位置を決める2つの代数式の導出過程を精しく吟味したり，Dとφの距離が焦点深度の範囲を外れるような観察光学系をその背後に配置することによって，2つの像が互いに直交する線像であることを発見する機会はあったと思うのですが，Smithをはじめとする多くの人々がNewtonの言説を鵜のみにしてそれをしなかったのでしょう。

Newtonが見落としたこの非点光線束の最大の特徴を理論的・実験的に明らかにしたのがYoungでした。しかし，彼はNewton無謬説を固く信じる人々の反発を用心深く避けるためでしょうか，先に挙げたBaker講演の議事録（1801）の中で次のように述べています。「球面屈折においては，斜入射光線束は一般に物理的な意味で1点には集中しない。我々がこれまでに取り扱って来た斜入射光線は物点と球面中心を含む平面内にあるものだけである。このとき屈折光線もまたこの平面内にある。そのため，上の条件を満たすが，方位角の異なる平面（collateral section）内を進む光線が交わるのは物点と球の中心を結ぶ線上においてだけである。しかし，このNewtonによってなされSmithによって拡張された理論は以後あまりにも僅かな注意しか引かなかった。こうして（thus），開口の形，表面の性質，受光面の位置などにより，幾何学的焦点は線になったり，円になったり，楕円形その他へと形を変える」。文章の前段は，微小光線束が球面に斜めに入射した後は2つの焦点を持つというNewtonの発見を説明するものですが，thusでつながった後半もその延長線上でNewtonが見出したと受け取られかねないように書かれています。しか

し，実際には Newton にも Smith にも 2 つの焦点の近傍で点像の断面が上述のように変化するという記述はなく，それが実は Young の発見だったことは広く認められているようです。前掲の Culmann は「Young はおそらく（wohl, 英語では probably）2 つの火線の存在を最初に明らかにした人である」と記しています。

Young は 1803 年以降に発表した一連の光の波動論に対して，イギリスの学界とジャーナリズムから執拗な攻撃を受けました[*]。彼は波動論を展開する過程で，本来は相容れない筈の Newton の言説との整合性を強調したり，自身の干渉実験の結果を Newton が残したデータと比較して，その間の定性的な一致を自らの波動論を正当化する根拠にしたりしています。当時のイギリスでは，Newton の死後も彼を形の上だけでも味方に引き入れなければ何も主張できない程に彼の権威が絶大だったのでしょう。上の例もテーマこそ遥かに目立たなかったとはいえ，同様の配慮が必要だったのでしょう。無用の非難・中傷を避けて Newton に花をもたせた文章のように私には感じられます。

☆眼光学への応用

Young の理論の直接的応用の対象は目の光学モデルへの適用と乱視の計測と矯正に向けられました。

(a) 模型眼の網膜面と斜入射光線束の最良像面との比較

当時の模型眼は角膜と水晶体レンズの前後面の合計 3 つの屈折面をもつ単純な光学系で，開口絞りは水晶体レンズの前面にあるというものでした。水晶体は一様な屈折率分布を持つと仮定したとき水の屈折率の 14/13（$n = 14 \times 10000/13 \times 7465 = 1.4426$，現代の値 1.4208），房水と硝子体は水の屈折率（$10000/7465 = 1.340$，現代の値は e 線に対して 1.3345）にほぼ等しいとしてあります [**図 2**(a)]。

Young の目は調節休止時の遠点が鉛直面内に放射する光線群に対して 10 インチ，すなわち遠点屈折が約 $-4D$，水平面内に放射する光線群に対しては 7 インチ，すなわち遠点屈折が約 $-5.6D$ の近視性乱視でしたから，現代の記

---

[*] 鶴田匡夫：第 8・光の鉛筆, アドコム・メディア (2009), p.485

11 非点光線束の追跡4 Youngの非点収差発見と眼光学への応用　183

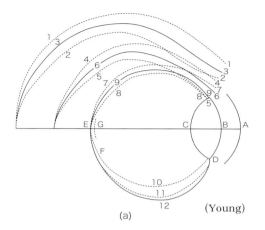

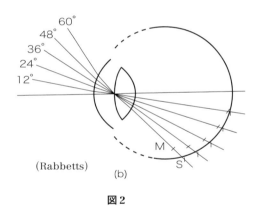

図2

法によれば（S−4.0, C−1.5, A90, 厳密にはS−3.94, C−1.69, A90）となります。彼は計算を簡単にするために，角膜を中心に半径10インチの球を考え，この上にある物点の像が主光線の入射角を変えたとき，3つの面で屈折後に何処に形成されるかを計算したのです。Youngの目はこのとき正面に置かれた水平線の像が網膜上に正しく結像することになります。図2(a)のEがこの点です。Gは鉛直線による像点です。以後計算は遠点屈折4Dの近視眼に対して行われることになります。まず水晶体レンズの前側頂点の角膜による像（＝入射瞳の中心）を計算し，半径10インチの円弧上の物点からここを目指

して主光線を入射させるとして角膜による斜入射像を前項の(6)と(16)式を用いて求め，次にこれらの像点を新しい物点と考えて，再び(6)・(16)式を使ってその水晶体の前後面による像を求めるという手順を3回繰り返すことになります。

Young自身の文章を翻訳します。「第1の曲線は角膜で屈折した光線の遠い方の交点（＝サジタル像点），第2の曲線は近い方の交点（＝メリジオナル像点）である。両者間の距離は像の錯乱の程度を表す。第3の曲線は像が最も明るい点*を示す。これら3つの曲線は目から水晶体レンズを取り除いたときの像の形を示すとしていいだろう。ある有限な視野を外部から手を加えて補正することが不可能なことが分かる。次の3つの曲線は水晶体レンズの前面の屈折による像である。3曲線の区別は先の3曲線と同様である。次の3曲線（7・8・9）は3つの屈折による最終の結果である。曲線10は曲線9を反対側に引写したものである（次の一行は意味不明のため省略）。曲線11は実際の網膜の形である。曲線10との不一致は水晶体レンズの屈折率がその半径と共に減少すると仮定するだけで完全に消滅する。その実例が曲線12である」。**図2**(b)に現代の模型眼を用いた同様の計算例を示します。Bennett and Rabbettsの模型眼に適用したものです**。(a)と(b)とでは光線の向きが逆になっています。ともあれYoungの天才に脱帽です。

Youngはこの頃すでに，視軸から離れると視力が急激に低下することを知っていて，その主原因は網膜の感度低下であるが，斜入射光の収差の影響も考慮すべきだと考えて，この計算を思い立ったのでした。上の結果は彼の予想にぴったり合致するものでした。非点隔差（メリジオナル像点とサジタル像点の距離）が増大すれば最小錯乱円の直径もほぼそれに比例して増加しますが，主光線に沿ってここが光斑の断面が一番小さくかつ方位依存性がないわけで，この曲線が網膜とほぼ合致することは言わば「自然の合目的性」を立証する結果だったからです。ここで注意したいことは，この曲面がペッバール面とは一致しない

---

* これを最小錯乱円（a circle of least confusion）と名づけたのはH. Coddingtonでした。*A Treaty on the Reflexion and Refraction of Light* (1829), Part 1 p.83

** R. B. Rabbetts: *Clinical and Visual Optics*, 3rd ed., Butterworth and Heinemann (1998), p.286

という事実です。近代の精密な模型眼である Gullstrand 模型を使って計算すると，ペツバール面の曲率半径が $-17\,\mathrm{mm}$ なのに対し，網膜面の値は $-12\,\mathrm{mm}$ で，これは最小錯乱円の位置を結んだ半径に極めて近いそうです[*]。ペツバール面とは非点収差がないと仮定したときの像面の弯曲を与えるもので，非点収差が残存する場合には，2つの像点の中点を結んだ曲線が近似的な意味で最良像面を与え，これはペツバール面とは異なることは広く知られています。

Young は図2(a)の結果は定量的評価に十分耐えるとしていますが，彼の元データから得られる光線追跡との合致は必ずしも十分とは言えないようです[**]。しかし，視野周辺における大きい非点収差の存在とその近似解を見出した功績は非常に高く評価されるべきでしょう。

(b) 非点収差と乱視

点光源（ローソクの光を小さい凹面鏡で反射縮小した点像）を，そこまでの距離を変えては自分の目で観察することによって，乱視眼による結像の様子を記録に残したのは Young でした。そのスケッチを図3に示し，文章を以下に翻訳します。「私が（上に挙げたような）小さい輝点を観察すると，それは星形や十字に見えたり，場所によって太さが異なる線に見える。目の直前に凹レンズをかざしそれを適当に傾けてやって初めて私の目の一様でない屈折を補正でき，そのとき完全な点像を観察できる」。

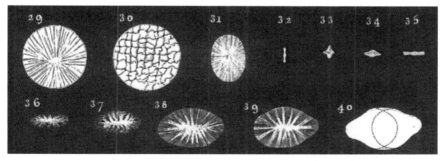

図3

---

[*] 魚里博：眼球光学 in 西信元嗣編：眼光学の基礎（金原出版），1990, p.134
[**] D. A. Atchison and W. N. Charman: J. Vision **14** (2010), no.12, Article 16

次に彼は裸眼で輝点を観察し，その形をスケッチします。輝点を目に最も近い位置から徐々に遠方に動かしていくのですが，このとき目の焦点深度の範囲で変化する輝点の像の形を細部まで描き説明を加えていきます。ここでは2つの焦点近くの個所のみ訳出します。「輝点を少し遠ざけると像は短い鉛直の直線になる（図の#32）。水平方向に広がった光線は完全に集中するが垂直方向の光線は未だ分離している。次の段階で――そこが最も完全な像点なのだが――直線の中央部が広がってほぼ尖った先端を持つ四角形になる（#33）。ただし45°の方向に暗い線が見られる。次に，四角形は上下が押し潰されて菱形に変わり（#34），最後に明るさにむらがある横長の線になる（#35）。輝点を更に遠ざけると，線の長さは延びその幅も膨らみ，中心から放射状に広がる構造を見せるようになる（#36, 37）。しかし一様な明るさとはならず，中心が最も明るい。これは，おそらく水晶体レンズの中心に僅かな凹みがあるためであろう。それが輝点を近づけたときにピンボケ像の中心が暗くなったのに対応するものだと思われる。ここに掲げた図形のいくつかは斜入射光線束の屈折時，特に両凸レンズによる斜入射結像の際に現れる図形に非常によく似ている。それ故，この観察図形の原因が水晶体レンズの両面が視軸に対して傾いていることに疑問の余地はない。このことは，普通の眼鏡レンズを入射光に対して傾けたときの像を観察しても同様に証明できる」。

斜入射光線束の結像式も近軸光線束と同様に，点源を出た無限に細い光線束に対してのみ成り立つものです。実際には有限の広がりを持ち断面が円形の開口に適用する場合を想定して点像の幾何学的な断面の形を描き，それを錯乱図形などと呼ぶのが普通です。非点光線束について，点像が最も小さくなる点の近くで光軸に沿って描いた，おそらく最初の定量的な断面図が，Airyによる図4です（1827）[*]。これらの変化を自らの乱視眼で初めて観察したのがYoungだったわけです。しかし，ピントを変えたとき彼の網膜に映ったのは，図4ではなく図3でした。この違いは，彼の目の乱視の度数と瞳の寸法に合焦誤差を加えてキルヒホフの回折積分を解いて得られる点像の強度分布と比較することによって説明できる筈です。しかし，この種の計算が自在にできるようになるのは

---

[*] Camb. Phil. Trans. **3** (1830), 1

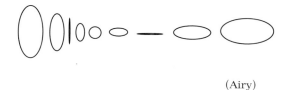

(Airy)

図4

1950年代に入ってからでした。その1例を**図5***に掲げます。非点収差が存在するときその最小錯乱円の位置における波面収差 $\varDelta$ は次式で与えられます。

$$\varDelta = ah^2 \cos 2\varphi \tag{1}$$

ここに h は円開口の半径で1に正規化してあり，φ は方位角です。**図5**(a)は $a=0.32\lambda$，(b)は 1.28λ の場合を点像強度分布の等高線で表したものです。Youngの**図3**中#33とその説明に対応するのは**図5**(a)よりも(b)でしょう。彼のスケッチと説明の確かさに感服することしきりです。**図4**を描いたAiryはその8年後に円形開口の無収差回折像の強度分布，いわゆるエアリーパターンを計算しました**。

Youngは彼自身の眼光学的測定結果から，彼の目の乱視成分 $-1.7\mathrm{D}$ は水晶体レンズが水平面内で視軸に対して約13°傾いていることに主原因があると突き止めました（**図6**）。もうひとつの原因である筈の角膜の形状異常（曲率半径の方位依存性，現代ではこちらが乱視の主原因と考えられている）は見付からなかったそうです。乱視眼に光がその視軸の方向から入射したときに現れる光学的な欠陥が，彼の見出した斜入射光の結像式を用いて説明できる，したがってレンズを傾けてそれを矯正できる，いわば物理的な根拠が得られたわけですから，彼はこの結果に小躍りしたことでしょう。しかし実際には，角膜の形状異常も第1近似的には互いに直交する主径線の曲率半径が異なるとして取り扱うことができ，これが光学的には斜入射結像とほぼ等価であることはその後

---

* M. Françon: Interference, diffraction et polarisation, in *Handbuch der physik* **24**, Springer (1956), p.324 から転載
** Trans. Camb. Soc., **6** (1838), 379, **8** (1848), 595

188　PENCIL OF RAYS

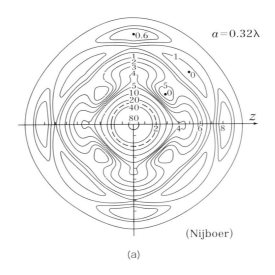

(a)

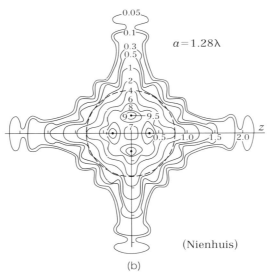

(b)

図5

11 非点光線束の追跡4　Youngの非点収差発見と眼光学への応用　189

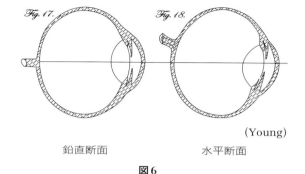

鉛直断面　　　　　　水平断面　　(Young)

図6

広く知られることになりました。これはSturmの定理（1838）*と呼ばれています。

　軽度の乱視を，めがねレンズを傾けて矯正する方法は当時すでに一部で行われていました。Youngは自分の屈折異常のデータを示して友人である数学器械メーカーで眼鏡商でもあるW. Caryに話したところ，「彼は同様の（軽い）症例にしばしば出会った。多くの人は凹レンズを傾けることによって，ものをはっきりと見ることができるようになった。レンズを傾けることによってその傾斜方向（in the direction of that inclination）に生じた大き過ぎる目の屈折力を相殺できるからである」という答えが返って来たそうです。

　Youngはこの方式による，乱視成分を含む目の矯正レンズの設計例を報告していません。ここではその設計法と適用限界などを調べてみましょう。まず単純な例として，薄い凸レンズを傾けた場合の屈折力を求めます**（**図7**）。視軸に対してその光軸をθだけ傾けたときのメリジオナル面内の屈折力F_mとサジタル屈折力F_sは，それぞれ近似的に（$\theta \ll 1$）次式で与えられます。

$$F_\mathrm{m} = \left(1 + \frac{2n+1}{2n}\sin^2\theta\right)F \tag{2}$$

$$F_\mathrm{s} = \left(1 + \frac{\sin^2\theta}{2n}\right)F \tag{3}$$

---

* J. C. Sturm: Mémoire sur L'optique, Journal de mathématiques pures et appliquées, **3** (1838), 357
** 例としてL. C. Martin: *Technical Optics* vol 2, Pitman (1948), p.38参照

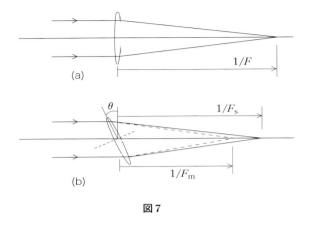

図7

ここに F はレンズの（光軸を視軸に一致させたときの）屈折力, n はレンズの屈折率です。このとき $|F_m|>|F_s|$ であることは明らかです。**図6**に示したYoungの目の構成と, 彼の遠点屈折のデータ S − 3.94, C − 1.69, A90 とが矛盾しないことを教えてくれます。なお, Martinによれば, 上式の $\sin\theta$ を $\tan\theta$ に変えると, 実験的にはより広い角度域（$\theta \approx 30°$）で高い近似を与えてくれるそうです。

ここで彼のデータを上式に代入して矯正レンズの屈折力 F と傾斜角 θ を求めてみましょう。$F_m = -5.63$, $F_s = -3.93$, $n = 1.5$ として計算すると, $F = -3.38$D, $\theta = 35.25°$ が得られます。彼の近視性乱視は屈折力 −3.38D（焦点距離 −11.7インチ）の凹レンズを鉛直軸のまわりに約35°傾けて装用することによって解消するという結果が得られたわけです。先に挙げた非点収差をもつ点像を裸眼で観察した文章の前段で, 彼はめがねレンズを傾けて乱視を矯正できたと記しましたが, そのとき彼が使ったのはほぼ上の処方によるレンズだったことになります。

しかし, ふだん気軽に装用するにはこの約35°の傾斜角は大き過ぎるとして, 彼の屈折異常の元データに疑問を感じたり, 実際に使ったのはもっと大きい屈折力のレンズだったため傾斜角が小さくて済んだのかもしれないと推測する人もいます。ここでは2つのコメントを紹介しましょう。

その1はJ. R. Leveneの本の中の記述です*。「Youngの眼光学分野の貢献を周知させるのに努めたTscherningは，Youngの水晶体傾斜が原因で起こったとする乱視について，倒乱視（水平経線の屈折力が最も強いもの，Youngの乱視はこれに属する）が発生するかもしれないが，非常に小さく精々0.5Dまたはそれより小さいのが普通だと言っている。そうだとすると，Youngの1.73Dという値はTscherningの上限の3倍以上となり，ありそうもない値になる。水晶体起因の乱視でこのように大きいものが全くないとは言わないまでも，その値が極めて大きく（特に円柱軸が垂直 —A90— の場合），普通は非病理学的目において2.5D以上の倒乱視が存在することは非常に稀だとされている。Youngが1.73Dの水晶体起因の乱視を持つことがあり得ないわけではないが，その場合には部分的に角膜起因の乱視が含まれていたのではないだろうか。もっとも，Youngの検眼計の測定精度を評価するのは実際的に不可能だし，焦点深度や能動的調節などの要素も結果を大きく左右したことであろう」。

D. A. AtchisonとW. N. Charmanは2010年に発表した論文**の中で，「Youngの場合，屈折率1.5で-3.6Dの凹レンズを34°傾けなければならない（私の計算とほぼ同じ結果です）が，これは十分に実用的とはいえない矯正法だと思われる。彼はG. Airyに宛てた手紙の中で，「貴兄の目が持つ焦点特性は，私がかつて書いた私の傾斜水晶体起因の特性と同じものだと思う。私の目は凹レンズを傾けて保持することによって十分に矯正される」と書いているが，これは検眼計の測定データから得られたよりも屈折力の大きい凹レンズを使ったか，あるいは彼の乱視が彼が測定した値よりも小さかったかのいずれかである可能性が大きい」。

Youngの屈折異常は日常生活に支障をきたすほどではなく，めがねの常時装用の必要はなかったようです。一方，Airyは遥かに重症でした。レンズを大きく傾けたときに生じるデイストーションはその快適な装用を不可能にしました。このことが彼を円柱レンズの理論と実験およびそのめがねへの実用化に向かわせることになりました***。

---

* *Clinical Refraction and Visual Science*, Butterworths（1977），p.208
** J. Vision, **10**（2010），no.12, Article 16.
*** 本書16，特にp.270–272参照

12 非点光線束の追跡 5
Wollaston の広角めがねレンズ

宇宙という壮大な書物は数学の言語で書かれている。
—— G. ガリレイ：黄金計量者*——

　T. Young（1773～1829）は，おそらくは彼の乱視が$-1.75D$と極めて弱かったのが原因で，近視用レンズの光軸を視軸に対して僅かに傾けるという姑息な手段でその解消が果たせたのが災いして，後にめがねレンズの設計に唯一最大の指導的役割を果たすことになる「非点収差の概念と微小斜入射光線束の結像方程式」を発見したにもかかわらず，近視・遠視・老視・乱視などの矯正用めがねレンズの設計と製作に取り組むことはありませんでした。

　一方，彼の親しい友人で，彼の研究をよく知る立場にあった W. H. Wollaston（1766～1828）は 1804 年に，眼球を回転しても目に入射する主光線が常にレンズにほぼ垂直になるという条件を与えて，視野の広いメニスカス型のめがねレンズを発明しました。また 1812 年にはこのレンズを開口絞りと組み合わせ，両者の距離を実験的に変えることによって，非点収差が 0 に近く，しかも像面の湾曲が両凸レンズの平均的像面と比べて遥かに小さい描画装置（カメラ・オブスクラ）を作ることに成功しました。前者は非点収差の小さいめがねレンズを設計するという，その後現代まで続く設計手法の先駆けでした。また後者は同じ屈折力の両凸レンズが持つ大きな非点収差と平均的な像面のそりが大幅に軽減するという特徴から，その後に急速に発展することになる写真レンズの最も単純な原型になりました。

　現代では，この種のレンズを設計するのに，「非点収差の概念と微小斜入射

---

*原語は Il Saggiatore。もともとは金を秤量する役人の意味。偽金鑑識官とも訳される。

光線の結像方程式」はなくてはならない手段です。しかしWollastonの論文にも，その発表直後に起こっためがね業者との論争にも非点収差という概念も用語も登場しません。単にシャープな（distinct）像が得られるという表現になっています。その理由はおそらく，上記2つのレンズに共通して，その実効的Fナンバーが大きいため非点収差の画像的特徴が焦点深度の中に隠れてしまい，それに特徴的な性質が観察できなかったせいでしょう。もうひとつ考えられるのは，ガラスを球面に研磨する際，その研磨誤差すなわち球面からのずれは第1近似的には2つの直交する径線に沿った断面の曲率半径が異なること，すなわちアス面になるという事実でしょう。同じ現象はレンズを保持する金枠がレンズに不均一な応力分布を生じさせる場合にも発生します。点像が最良像面の前後で互いに直交する方向に僅かに伸びるという現象が現実のレンズによって観察されても，それが製作の際に生じる誤差に起因しているとして，理論による検討の対象にはならなかったのかも知れません。ともあれ，Wollastonさえもこの時点で非点収差に関するYoungの貢献を知らなかったか，或いは知っていたとしても自分の発明とは無関係だと考えていたのでしょう。Youngは1800年のベーカー講演の中で，NewtonとSmithの非点収差の発見に，自分が再発見するまで「殆ど誰も言及しなかった―the work of Newton and Smith had been "too little noticed"―」と批判しましたが，彼の再発見――実際には新発見だったというのが私の意見ですが――もまたそれと似た運命を辿ることになったのでした。しかしこちらは，凡そ30年後にCoddingtonの光学テキスト（1829）に取り上げられて一般に知られることになりました。しかしCoddingtonにしてからが，微小斜入射光線束の結像方程式がYoungの発見だとは明記していません。Coddingtonが見出したと思い込んだ人が多かったようです。

☆科学者 Wollaston

　W. H. Wollaston（1766～1828）はT. Young（1773～1829）とほぼ同時代を生きたイギリスを代表する科学者です。ケンブリッジで医学を専攻しましたが，若い頃から化学者・物理学者として頭角を現しました。プラチナの精錬法

を確立して経済的な成功を収め，その後パラジウム（Pd）とロジウム（Rh）を発見しています。化学の理論面では J. Daltonの原子量に対応する当量（Equivalent）の概念を提唱したことで知られています。

創意と工夫を凝らし，その結果測定の精度が格段に向上した装置を使って新しい発見や知見に到達するというのが彼の研究の大きな特徴でした。その典型的な例を2つ挙げましょう。ひとつは結晶の外形を精密に測定する反射ゴニオメーターの発明です。これは，固体の結晶に特徴的なその形状，すなわちその劈開面間の角度を正確に測定するのに使われる角度測定器です。結晶学の創始者 R. J. Haüy（1743〜1822）が作った機械式分度器の精度が 20′〜30′だったのを，反射光を使った彼の方法では 5′前後にまで向上させたそうです[*]。彼は測定データに基づいて立方晶系に属する食塩型構造モデルを作りましたが，塩化ナトリウムの結晶構造がこのモデルに属することが実証されたのは 20 世紀になって開発された X 線回折法によってでした。正確な外形データから原子の球モデルを使って内部構造を推定するという Wollastonの方法が 100 年後に実を結んだ次第です。

もうひとつの例は方解石の屈折率の精密測定です。これは C. Huygensの波動論の正しさを実証する画期的な発見でした[**]。**図1**において，既知の屈折率 n' の立方体フリントガラス A の下側の面に測定する液体または固体 b（屈折率 $n<n'$）を置き，光 c を接触面すれすれに入射させます。ただし固体の場合には 2 つの固体のいずれよりも高い屈折率をもつ液体を 2 つの接触面に入れる必要があります。このとき d を射出する光は屈折光のある部分は明るく，全反射によって光が遮断される部分は暗くなるのでその境界線の方向 de（屈折角 ε）を測ると，これは固体 b の屈折率と次式で結ばれます。

$$n = \sqrt{n'^2 - \sin^2 \varepsilon} \tag{1}$$

この方法は結晶の複屈折を測定するのに優れています。固体 b の接触面を光学軸に対して適当に選ぶと，その面内を進行する互いに直交して振動する2つ

---

[*] Phil. Trans. Roy. Soc. Lond., **99**（1809）, 253
[**] ibid., **92**（1802）, 365

12 非点光線束の追跡5 Wollastonの広角めがねレンズ 195

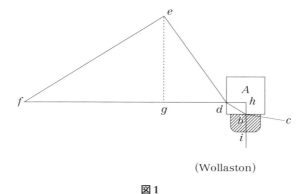

(Wollaston)

図1

の直線偏光（一軸結晶の場合は常光線と異常光線）に対する屈折率を測定できるからです。

Wollastonは，方解石［e線（546.1 nm）に対し，$n_o = 1.6616$，$n_e = 1.4879$］を使い，光学軸に対する方位の異なる接触面をもつサンプルを用意し，異常光線の屈折率を測定してHuygensの波動論に基づく作図法の結果と比較しました。なお，彼が選んだのはフリントガラス（$n = 1.586$）と中間層用のBalsam of Tolu（$n: 1.60$）でしたので，常光線は視野に現れず，異常光だけを測定できる配置でした。前者は例えばプリズムの最小偏角を測って容易に測定できます。

屈折率の測定結果とHuygens理論から得られた値との合致は満足すべきものでした。その詳細は原論文に当たって下さい。しかし，彼は慎重に言葉を選びながら次のように書きます。「私がこの物質を使って得た観測の結果はHuygensの仮説と完全に合致する。私の実験は正しくない理論から得られた結果と偶然に合致したなどという雑駁なものではない。しかも私の実験データはHuygensの理論を知るより前に得られたもので，それを彼の仮説と比較するために計算し直しただけなのだから，信頼性は一層高いはずである」。要するに，この実験がHuygensの仮説と合致したというだけで，彼の主張する光の波動論を積極的に支持するとは言っていないのです。更に論文の末尾では，「（結晶内部の斜め方向の屈折という現象に限れば）それが他の光学現象と同じ

程度には説明できたと思われる」と記しています。彼の小伝記の著者D. C. Goodmanは「彼は敢えて光の波動説を強く支持すると明言しなかった。このことは後に彼が臆病で過度に用心深かったと批判される原因になった。しかし，Youngによる決定的証拠が現れるより前に，そこまで踏み込まねばならない理由はなかったのだ」と弁護しました*。

もうひとつ，彼がFraunhofer（1817）より早くフラウンホーファー線を発見していたとされるエピソードを紹介しておきます。これは前掲の論文（1802）に図入りで述べられているもので，太陽光を幅1/20インチ（1.27 mm）のスリットに導き，それから10～12フィート（3～3.7 m）離れたところからフリントガラス製プリズムを通してスペクトルを観察し，その中に5～7本の暗い線を認めたという記録です（**図2**）。波長の概念が確立したのはYoungの1807年論文**以降ですから，暗線を同定するには色を使うしかありませんでした。それを裏返して考えれば，Wollastonが暗線に色を区別する意味づけを与えたのも頷けます。彼は次のように書きます。「暗線Aはスペクトルの赤の端を表わすもので赤色光に対する目の感度の限界を示すものであろう。赤と緑の中間にある暗線B（＝フラウンホーファーのD線）は非常にはっきり見える。D（＝G線）とE（＝H線）はすみれ色の2つの境界である。緑と青の境

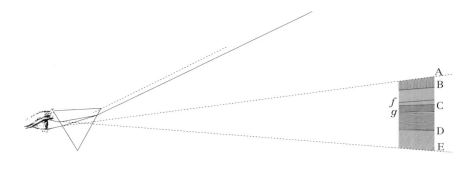

(Wollaston)

図2

---

* *Dictionary of Scientific Biography*, ed., C. H. Gillispie, (1970).
** *A Course of Lectures on Natural Philosophy and Mechanical Arts*, vol.1 (1807), p.457

界にあるC線は上に挙げたどの線よりも不鮮明である（色の区分線であることにこだわって選んだ線のように見えます。私には同定できませんでした）。他の鮮明な2つの暗線fとgはどちらも，不完全な実験の場合にはこれらを色の境界と取り違える恐れがある（fはフラウンホーファーのE線，gはG線のように見えるのですが断定できません）」。要するにfとgは色を分離するという思い込みがあったために運悪く脇に追いやられた格好です。彼は更に，ローソクの光の中にD線（フラウンホーファーのG線）と同じ波長の輝線スペクトルも発見しています。彼のプリズムを用いた分光法は，方解石の常光線に対する屈折率を4桁の数字1.657で測定できたほどの精度を実現していましたから，この一見中途半端に見える報告も，波長の概念とそれを回折格子で測定するという方法が確立していれば，Fraunhoferの一連の研究[*]（1917〜1923）に先行できた可能性もあったでしょう。イギリスの書物にはフラウンホーファー線の発見者をWollaston-Fraunhoferと並べて書く著者が少なくありません。しかし，発表の年が10年以上も違うことを考慮してもなお，その充実した内容と完成度において2人を同列には置けないことは明らかです。WollastonはFraunhoferの論文を読む機会があった筈ですから，「詰めが甘かった，それで大魚を逸した」と一番口惜しい思いを味わったのは彼自身だったことでしょう。同時代の人々よりも遥かに先が見えたための悲劇でしょう。先が見えない人々には決して犯すことのできない失敗だったということができるでしょう。しかし，これから紹介する2つの発見・発明についても，少し詰めが甘いなと感じるところがあるのは事実です。

☆ウオラストン型めがねレンズの発明と反響

広視野めがねレンズの設計指針を，医学的・光学的考察から初めて明らかにしたのはWollastonでした（1804）。彼以前は，Huygens（1629〜1695）もR. Smith（1738）も，めがねレンズの収差補正は望遠鏡と同様に無限遠物体に対する球面収差が最小になる条件を与えて解くべきだと考えて，前面の曲率半

---

[*] Denkschrift D. kgl. Akad. d Wiss. in München, **5**（1817），3–31 および **8**（1821〜1822），1–76

径を r_1，後面の曲率半径を r_2 としたとき $r_2/r_1 \fallingdotseq -6$ としました。ただし屈折率 $n=1.5$ としたときの比です。物体側の曲率が像側の曲率の約6倍になる，凸平に近い両凸レンズが最適としたわけです。実際のめがねレンズはそれまで長い間，大部分が両凸または両凹の，手作業で容易に加工できる形をしていました。

これに対して Wollaston はメニスカスでしかも両面ともかなり曲率のきつい，文字通り三日月形をしたレンズが最適とする解を導きました。その結果，両凸・両凹のレンズを基本とする製造業者とそれを支持する眼鏡商を敵に回すことになりました。

彼は特許が認められ，Dollond 社と独占的使用契約を結んだ後にその内容を公表しました*。以下にその大要を紹介します。彼は先ず，「めがねの使用者，その中でも強度の近視または遠視者が，レンズの中心部しかそれを通してものが鮮鋭でなく，図3(a)の EO に示すように視線をかなり斜めにするとものが歪んで見え，この欠陥は斜め角 θ の増加とともに増大する」と述べ，近年眼鏡商が「めがねの縁の方はもともと像質が悪いため使われていないのだから，レンズの径を小さくしてやればいい」と勧めているが，これはひとつの不便を別の不便に置き換えるだけだとし，「めがねが発明されてから500年もたっているのに，理論ばかりか偶然までもその原初のレンズ型を変えようとしなかったのは異常だ」と激しい批判を浴びせました。

彼は次に，C. Huygens から Smith に至るまで球面収差を極小化する解から両凸レンズ（物体側の曲率半径1に対し像側のそれを6とする）を推賞したが，これは視野が狭く，かつ開口の全面からの光線束が像の形成に寄与する望遠鏡対物レンズに対しては正しいが，めがねレンズには適用できないと述べ，後者の特徴は「裸眼で見える方向にある物体はできればめがねを掛けてもすべて見えて欲しいし，その一方ひとつの物点を発した光はレンズの全面どころか目の瞳よりほんの少し大きいだけの小さい部分しか通らない」点にあるとしました。すなわち望遠鏡とめがねレンズとでは，両方とも単レンズであっても，設計の前提になるレンズの使用条件が全く異なると強調したのです。

---

* Phil. Mag. **17**（1804），327

12 非点光線束の追跡 5　Wollaston の広角めがねレンズ　199

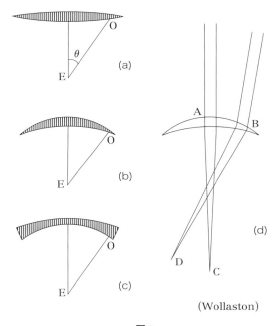

図 3

　Wollaston が提案したモデルは次のような当時としては破天荒なものでした（**図 4**）。目が薄いガラス製球殻の中心にあるというものです。これは角膜から網膜に至る目の光学系がその回転中心（眼光学では回旋点といいます）のまわりを自由に回転し，いつでも視軸を見たい物体の方に向けられるという単純化をしたモデルです。したがって視軸を特定の方向（主に正面）に固定したとき，そのまわりのものがどう見えるかという，緑内障の視野検査のような観察法は第 1 近似からは除外されています。

　当時まだ眼球の回転中心という考え方は実証をともなうものではありませんでした。その後 30 年以上を経て，その存在が実証されてから，ドイツの光学者 L. J. Schleiermacher がめがねレンズのベストフォームを求める際に描いたのが**図 5** のスケッチです（1835〜1842）。主光線が描く光路に関してだけ考えれば，この図は，眼球光学系をその回転中心に還元する強引な単純化の結果**図 4** に到達することになります。Wollaston の炯眼まさに恐るべしです。

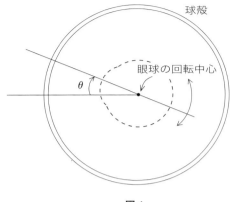

図 4

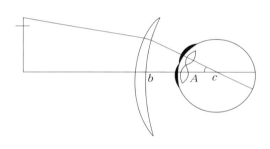

(Schleiermacher)

図 5

彼は続けて次のように書きます。「目がガラスの中空の球体の中心に置かれたと仮定すると，物体はどの方向にあっても常に球殻表面に垂直に観察される」。しかし，無限に薄い球殻は屈折作用を持ちません。一方，めがねレンズの方は**図5**に示すように，目の回転中心を通る主光線はレンズと交差する位置により垂直入射から外れ，その大きさも異なります。しかし，彼は次のように主張します。「どんなめがねレンズも球殻の表面がそうであるように，目（の回転中心）を取り囲むように作られるならば，その形が球殻に似ていればいるほど，視軸をどの方向に向けても，それはめがねレンズの表裏と直角に近い角

度で交差し,その開口のどの部分もほぼ同じ屈折力を持つようになり,その結果,目とレンズの中心を結ぶ線から外れた位置にある物体が不鮮明になることがますます避けられるようになる」。要するに目をきょろきょろ動かしたとき,ものが鮮明に見える範囲が拡がると言っているのです。

しかし,これでは余りにも漠然とした説明だと考えたのでしょう。欄外に注記して次のように書きます。「回転中心を通る光線の中で,レンズの中心を通る以外の光線はレンズの表面・裏面のいずれとも直交しない。しかし,薄いレンズに入射する細い光線束が両球面と同じ角度をなすとき(レンズのこの部分を小プリズムで近似したとき,最小偏角の配置がこの条件を満たします),両球面に対する入射角はいずれも十分に小さいので,**図3**(d)における焦点距離BDは,中心光線の焦点距離ACと殆んど変わらない。これは数学者なら容易に分かってくれる筈である」。すなわち,主光線がレンズを最小偏角かそれに近い角度で通過するときには,そのまわりの細い光線束は薄い単レンズと薄いプリズムを重ねたときの近軸結像の公式,換言すれば軸上および軸外収差の影響を無視した公式を適用できると言っているのです。

彼の設計例を**図3**に示します。(a)は従来の遠視矯正用レンズ,Eは目の回転中心を示します。(b)は上記原理に基づいて彼が設計した遠視矯正用レンズ,(c)は近視矯正用レンズのそれぞれ断面図です。ベースカーブ(**図4**における球殻の半径と等しい半径をもつ面)は(b)ではレンズの前面,(c)では後面にとってあります。彼が選んだベースカーブは半径約35 mm(ふつうは面屈折力 = $(n-1)/r$(m)で表し,この場合は $n = 1.52$ と置いて約15D)でした。硬式野球のボールの半径が約36 mm(規約では円周が22.9〜23.5 cmとなっています)ですから,図の(b)の前面と(c)の後面の曲率がほぼ野球のボールと同じと考えればいいわけです。このようなデータから見て,**図3**の(a),(b),(c)はほぼ原寸の2/3に描かれているようです。現代のカーブはこれよりも遥かに緩やかです。

こうしてWollastonは,めがねレンズと裸眼の合成系において,後者が回旋点のまわりを回転するとの仮定の下で,近軸光学系の条件をほぼ満たすようなめがねレンズを設計したのです。このとき,めがねレンズの球面収差はその実

効的口径比が十分小さいとして無視でき，軸外収差も存在しないとして一切の単色収差を考察の対象から外したわけです。このレンズ型は後にウオラストン型と呼ばれるようになりました。

しかし，この直観的かつ定性的な仮説が十分な近似で成り立つのは，屈折力を持たない素通しのレンズ例えば度なしのサングラスを中心とする極めて屈折力の小さいレンズに限られるでしょう。実用的な度付きレンズについてウオラストン型を定量的に評価するには収差論，その中でも非点収差の考察，具体的には図5とその説明がどこまで通用するかを定量的に調べることが必要になります。しかし，Wollastonは，従来型を擁護する人たちを説得する決め手になる筈の「数学」，すなわちYoungが導入した「細い斜入射光線束の結像方程式」をこの光学系に適用する知識に欠けていたようです。この問題を中心とする論争はその後数年にわたって続きました。

論争を仕掛けたのは当時ロンドンで最も成功した光学その他の科学機器メーカーで眼鏡商でもあったW. Jones（1763～1831）でした。彼はWollastonと特許権の独占契約を結んだDollond社が製作・販売した商標名ペリスコピックめがねレンズ（+10D）を同じく+10Dの従来型両凸めがねレンズと比較したところ，目を回転したとき前者は後者よりも確かに視野は幾分広いようだが周辺部で像のぼけと着色が著しく，総合的に見て後者に劣ると結論しました。このとき使ったペリスコピックレンズは，おそらく製作上の便利さから素人目には平凸レンズと見える程に緩やかな凸面をもつレンズでした。そのためその頃入手した，ウオラストン型に近いメニスカスレンズで同様のテストを行ったところ，視野は幾分拡がったけれど周辺で見え味・着色のどちらも極度に悪くなったというものでした。これらの結果は，Wollastonが述べた，「同じ度数のサンプルで比較したところ，従来型両凸レンズでは8折版の印刷物を24行分読むのがやっとだったが，メニスカス型では40行を容易に読むことができた」という実験結果を完全に否定するものでした。

Jonesは，レンズ型の新規性への疑義と実験結果に加え，ウオラストン型では視野の異なる場所からの迷光が重なって見づらいことや，頭を動かさずに目を左右上下に動かすのがぎこちなくて実際的でないことなどを挙げて，

Wollastonのレンズ（商標名ペリスコピックレンズ——ヘリの方までよく見えるレンズの意。Wollastonが命名した——）を全否定したわけです。そのくせ価格は一式10s6d*でこれは従来品3s6dの約3倍だと息巻いています。

　2人の間の論争は断続的に続き，イギリス本国だけでなく大陸のメーカーも刺激して，極めて徐々にではありますがメニスカス化のトレンドが進行したようです。

　論争が一応の終止符を打つきっかけになったのは，Wollastonがめがねレンズに適用した垂直入射の原理をカメラ・オブスクラ用投影レンズとルーペに応用した設計例を発表したときでした（次節で取り上げます）。Jonesはこれらを全否定する論文**を発表しましたが，Wollastonはその回答を個別の項目に反論する代わりに，フランスの著名な物理学者J. B. Biot（1774～1862）とフランスの眼鏡商R. A. Cauchoixが行った実験結果の報告***を紹介して応えました。彼らはいくつかの留保をつけた上で，躊躇することなくメニスカスレンズの優位性を認めたのでした。WollastonはBiotが一般誌に寄稿した論文をそのまま翻訳して読者に提示して，この論争を決着させようとしたのです†。

　Biot報告（Moniteur紙1813年9月21日号に掲載された記事）を要約します。「Nicholson's J.の記事に触発されて，友人である光学製造業者CauchoixにWollaston設計のレンズの試作を提案した。彼は原設計に近い形状をもち焦点距離の異なる数種類のレンズを製作した。広い視野内の見え味は従来品と比べて格段に勝れていた。しかし，レンズの前後面による2回反射光がゴースト像を形成する欠点があったので，Dollond社のペリスコピックレンズと同様に内側の面の曲率を緩やかにしてこの欠点を除去した。広視野・高画質という特徴はそのまま保持された。多くの被験者に3ヶ月間装用実験を行った。5.7cmより遠方が見えない強度の近視者を含む被験者全員の評価は上々だった。これほど顕著な機能向上が認められ，しかも多数の人々がそれを必要とするのだか

---

* sはシリング，dはペニーを表します。1シリングは20分の1ポンド，1ペニーは12分の1シリングです。ペニーの複数形はペンス。1971年まで使われたイギリスの通貨単位です。
** Phil. Mag. **41**（1813），247
*** J. B. Biot: Bull. Sci. Soc. Phil. **3**（1812～1813），358–360, R. A. Cauchoix: J. Phys., **78**（1814），305–310
† W. H. Wollaston: Phil. Mag. **42**（1813），387, J. B. Biot: ibid., **42**（1813），388

ら，結果を公表すべきだと考えた」。

　利害関係者でない高名な学者とメーカーが設計値通りに正しく製作したレンズを使って実験した結果でしたが，これを受けて Jones は，紳士の国の論争とは到底思えない罵詈雑言を並べ立てた上で，この論争が長びいた最大の理由は，Wollaston が遂に彼のレンズ型が最良であるとする数学的定量的な根拠を提示できなかった点にあるとして次のように書きました。「自分で数学的証明ができないのなら，彼が金もうけ（プラチナ精錬法の発明や Dollond 社からの特許料収入を指すのでしょう）の術を学んだ大学の有能な先生方に助力を求めればよかったのだ。ケンブリッジやオックスフォードには，こんな些末な問題を解ける友人が何人もいるだろうに。また彼が幹事長（Secretary）を務める王立協会に常時出席している数学者の友人に頼めば，彼らは喜んで彼のイギリスにおける発明の先取権を証言したり，メニスカスレンズを使って驚くべき広視野が得られることを証明してくれるであろうに。それなのに彼の言い分がもたらす利益を支持し，擁護しかつ宣伝してくれるのは外国人ただ一人というのはどういう訳だ？」。その答えを見出したのはケンブリッジ大学教授で王立天文官を兼任することになる G. B. Airy (1830) でした*。Jones が予想したより遥かに難問だったわけです。論争が終わってから 17 年がたち，Wollaston はその 1 年前に他界していました。

　Levene** はこの論争を次のように統括しました。「Jones の批判は概ね正しかったように見える。理論的には Wollaston レンズは正しい解である。しかし実用的視点からは，初期の製品が粗悪でその性能を正しく実現せず，それに加え中心厚が大きく，ベースカーブが極端にきつかった（そのため材料費・加工費ともかさんで，売価が 3 倍にも膨れ上がったのです。これが Jones が反発した最大の理由でした）。しかし，処方によっては Wollaston レンズの方が勝れていたことに疑問の余地はない。著名な光学者 D. Brewster と眼科医 W. W. Cooper は Wollaston レンズが従来型よりも色収差・球面収差とも大きいことを指摘した。Brewster は Wollaston 型の利点として人込みの中でものが斜め

---

* Trans. Camb. Phil. Soc., **3** (1830), 39
** J.R. Levene: *Clinical Refraction and Visual Science*, Butterworths (1977), p. 97

から近づくのを素早く察知できることを挙げている。一方，Cooperは人が一般に斜めを見るのに目を動かすよりも顔全体をそちらに向けるものだと述べ，Wollastonレンズも従来型と同様にめがねを通して斜めを見ると像質は落ちると指摘した」。要するにWollastonレンズはイギリスではあまり評判がよくなかったようです。

　その後のウオラストン型レンズの展開をLeveneは大要次のように述べています。おそらくは業界を代表してウオラストン型レンズが一般に普及するのを妨げようとしたJonesの必死の努力は時とともに影響力を失い，特許が切れ始めた1817年頃には広く一般に受け入れられるようになり，例えば図3の(a)，(b)，(c)と同じ図柄の広告がイギリスに出まわるようになったそうです。しかし大方は，ベースカーブがWollaston型よりも格段にゆるいペリスコピック型（ベースカーブの曲率半径約40 cm）だったようです。当時の大陸めがねレンズの生産拠点だったニュールンベルク地方の村Firthの1850年代の年間総生産高は約200万組でしたがその中で凸レンズ対凹レンズの比は10:1，またふつうのレンズ（両凸または両凹）対ペリスコピックレンズの比は157:1だったという記録が残っているそうです。値段がふつうのものと比べてかなり割高だったことを考えると，以前伝えられていた以上にメニスカスレンズの普及が大きかったらしいというのが，Leveneの見解のようです。

　凸のメニスカスレンズを光軸上そこから離して置いた開口絞りと組み合わせてカメラ・オブスクラの画質を向上させ合わせて像面を平面に近づける試みが同じくWollastonによって提案され，これが初期のカメラ用に転用されたり，顕微鏡の対物レンズにも使われるなど用途も拡がっていくことになります。

☆カメラ・オブスクラ用メニスカスレンズ

　Wollastonは彼のめがねレンズの原理，すなわち目の視軸から離れた物点を発しレンズを通過して目の瞳に入射する光線束が，めがねレンズの前面と後面をできるだけ垂直入射に近い角度で通り抜けるような形—メニスカス—を持つべきであるという原理をカメラ・オブスクラ（外景の描画装置）用の対物レンズに応用し，その際像質の向上と像面の平坦化を目指して開口絞りを配置する

場所を最適化するという新しい手法をレンズ設計の分野に導入しました[*]。

図6(a)は，凸のめがねレンズを使って目から適当な距離にある印刷物の像を∞につくることによって快適に観察する配置を示したものです。凸のメニスカスレンズの前側焦点面上の2つの点を発した光線束が平行光になって目の瞳（＝眼球の回転中心）に入射する場合を描いてあります。同図(b)は(a)の光線を逆向きに，すなわち光線の向きを同じにするために左右を裏返した図です。(a)の配置に近軸理論が適用できるならば(b)にもそれが適用できて非点収差および歪曲と像面の弯曲の小さい光学系になる筈ですが，その最適解を得るために開口絞りとレンズ間の距離を変えて実験的にその位置を決定しようというのがWollastonの目論見でした。

彼の文章を追ってみましょう。「カメラ・オブスクラの場合，像を十分に明るくして観察するには開口絞りをめがねのときよりも拡げてやることが必要である。したがって，メニスカスレンズの垂直入射近似による改善が見込めるのは確かだけれど，斜入射の効果によるボケのために焦点を決めにくいこともあって，どの程度の改善が見込めるかを数学の問題として調べるのは不適当である。そこで私は広い視野でものがはっきり見える条件を実験で決めようと考えた。同様の考察は顕微鏡に関しても，実用配置はカメラ・オブスクラとは明らかに異なるが，同じ原理による性能の向上が期待できる」。ここには，非点

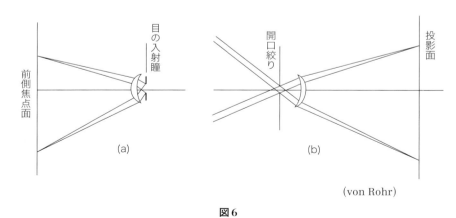

(von Rohr)

図6

[*] Phil. Trans. **102**（1812），370

収差はおろか，近軸理論より高次の項を含む一切の数学理論を無視する実験家の姿勢が強く感じられます．

実験の結果は次の通りです．「メニスカスレンズの曲率半径比は 2：1 であった．凹面を物体面に，凸面を像面に向けて配置した．レンズの焦点距離は 22 インチ，レンズの開口直径は 4 インチ．直径 2 インチの開口絞りを物体側レンズから焦点距離の約 1/8 のところに置いた［**図 7**(b)］．使用可能な視野は 60° であった．この配置が両凸単レンズを使い，その開口絞りがレンズの開口そのものである配置［**図 7**(a)］と比べ，その優秀さが極立っていることは誰の目にも明らかであった」．彼は，「その理由は説明を要する」と述べて，定性的な説明を長々と書いていますが，それがたいへんに分かりにくい．そこで，ここでは von Rohr の追加的説明＊を翻訳しておきます．「彼は，開口絞りをもう少し大きくしても軸上の像は良好だが，視野 60° にわたって鮮明な画像を得るにはこれが上限だったと言っている．実際彼の配置によれば画角 30° に対する非点隔差は（光線追跡の結果）約 3.5 mm と計算される．勿論ほどほどの像面弯曲は残存する」．なお，**図 7** における軸外像の位置 f は原図によれば(b)では(a)の

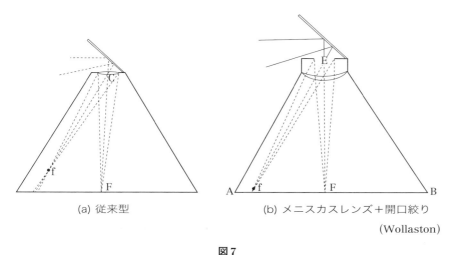

(a) 従来型　　　　(b) メニスカスレンズ＋開口絞り
　　　　　　　　　　　　　　　(Wollaston)

図 7

＊ *Theorie und Geschichte des Photographischen Objektives*, Springer（1899），p.88

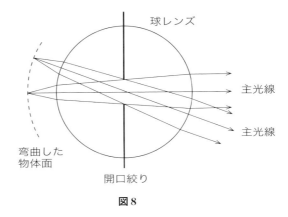

図8

約1/4になっています。おそらく実測結果を半定量的に示しているのでしょう。

Wollastonは同じ原理によるルーペも設計しました（**図8**）。彼は球レンズを2分して半球レンズを2個作り，その間に中央に丸い穴を開けた薄い金属板を挿んで開口絞りつきの球レンズをつくりました。このとき，かなり広い角度範囲でレンズの中心を通るすべての光線が光軸の資格をもちます。したがって，図に点線が示した球面物体面上の点を発しレンズの中心を通る光線はすべて主光線となりますから，広い視野にわたり球面収差と軸上の色収差しかもたない光学系を作ることができます。彼は球面収差が目立たない限界として口径比（開口絞りの直径／焦点距離）を1/5としました。ここにレンズの焦点距離は$nr/2(n-1)$です*。nは球レンズの屈折率，rはその半径です。彼はこの系が他の単レンズよりも球面収差が格段に小さいと，直観的に判断したようですが，そんなことはありませんでした。ルーペとしては使えても複合顕微鏡用対物レンズとしては成功しませんでした。これに似た機能をもつレンズにStanhope（スタナップ）レンズ**があります。

---

* 鶴田匡夫：続・光の鉛筆，新技術コミュニケーションズ（1988）[10] ルーペ，p.104–113 参照
** 鶴田匡夫：第7・光の鉛筆，新技術コミュニケーションズ（2006），[34] マイクロ写真の先駆者達，p.576–595

13 非点光線束の追跡 6
Airy の計算式

子曰，溫故知新，可以為師矣[*]
——論語：為政篇——

　Wollastonが実験的に見出した，非点収差がなくしかも像面が比較的平坦なカメラ・オブスクラの配置を数学的に証明したのは，ケンブリッジ大学ルーカス数学教授に就任したばかりで当年25歳のG. W. Airy（エアリー，1801〜92）でした[**]。前項で取り上げたWollastonとJonesの間の論争の最後に，Jonesが「結着は数学がつけてくれるだろう。大学の先生方なら簡単にその解を見付けてくれるに違いない」と捨て科白を吐きましたが，それから14年後にやっとイギリス光学の正統派であるケンブリッジ学派からその答えが返って来たことになります。

　微小斜入射光線束の結像とは，要するに近軸結像における光軸の代わりに斜入射光線束の主光線（物点を出て開口絞りの中心を通過し，像空間に入射する光線）をとって，その周りの細い光線束の結像を，近軸結像とよく似たメリジオナルとサジタルの2つの結像式を使って求めることに尽きます。したがってJonesだけでなく多くの人々が答えは簡単に求まるだろうと楽観したのでしょうが，それは目論見違いでした。薄いレンズと開口絞りという単純な組み合わせにも関わらず，「レンズの形と絞りの位置を変えて非点収差のない結像系を設計する」のは数学的に大変難しい問題でした。これを解いたのがG. B. Airyだったのです。

---

[*]「故きを温ねる」ことによって，その中にこそ「新しき」を知るというのが本来的な意味なのである。—中略—そのような人であってはじめて教師となることができる。
湯浅邦弘：論語—真意を読む—，中公新書（2012）
[**] Cambridge Phil. Trans., **3** (1827), 1

☆ G. B. Airy（1801～1892）小伝

　私たち光技術者が知っている Airy は，円形開口を持つ無収差レンズの像面の強度分布をエアリーパターンと呼ぶことを通じてでしょう。また，眼光学に興味を持つ人は，彼が自分の強度の乱視を矯正するのに円柱面レンズを初めて使ったという事実をご存知でしょう。

　しかし，彼が 90 年の長い生涯に書いた論文数が 500 篇を越える中で，光学に関するもので今も引用されるのは上記テーマに幾何光学を加えて，わずか 10 篇にも達しません。残りの大部分は実用天文学に関する論文ですが，その他に科学行政に関する意見書などが多数含まれているそうです。彼はルーカス数学教授を 1 年あまり勤めた後，1828 年にケンブリッジ大学の天文学教授兼同大学天文台長に就任し，その後 1835 年には科学行政官のトップである王立天文官のポストにつきました。これは王立グリニッジ天文台の台長を兼ねる要職で，彼はその長い在任中（～1881），行政面・研究面の両方で目覚ましい業績を挙げたそうです。

　彼のグリニッジ天文台長在任期間は，ビクトリア女王の治世（1837～1901）にすっぽり収まります。イギリスはこの時代に世界商工業の覇権を握り，植民地は全世界に拡がり，太陽が沈むことのない大海洋帝国といわれました。この天文台は，1675 年に航海用の精密な海図を作ることを直接の目的として設立されました。主な業務は，航海に必要な位置決定のための天体の精密観測でした。1884 年に開かれた第 1 回国際子午線会議において「グリニッジ天文台の子午環の中心を通る子午線」が本初子午線（the Prime Meridian）に採用されました。その主な理由は，イギリス海軍が作製した航海用の海図が世界中で広く使われていたからだそうです。このグリニッジ天文台の子午環こそ，Airy が台長として手掛け，1850 年に完成した有効径 8 インチ（203 mm），焦点距離 11 フィート 6 インチ（3.5 m）の大型で精密な装置でした。

　彼は台長に就任した際，時の海軍大臣から「大掃除せよ」との命を受けて組織と業務の再編成と観測器械の大規模な近代化を行いました。19 世紀半ばに

は，従来のデータでは航海用の精度が不足する事態が生じ，Airyはその改善のために科学行政官として辣腕を振るい，グリニッジ天文台中興の祖と言われています。

彼は1847年には自ら設計した経緯儀を完成させ，月の運動を子午面内だけでなく，全天で観測できる体制を備え，その整理された観測データをP. A. Hansen［デンマークの理論天文学者，(1813～1874)］に提供し，彼の有名な月の運動表 ― Tables de la Lune ―（1857）の完成をもたらしたそうです。

これは航海と直接結びつく位置天文学的観測から外れた，むしろ天体物理的観測がもたらした例ですが，この他にも1871年には屈折望遠鏡に水を満たしたときと中空のときとで光行差を測定し，その差のないことからFresnelが唱えたエーテルの部分的随伴仮説を支持する結果を得たり，1854年には地上と深い立坑の底で振子の実験を行い，得られた重力加速度gの値の差から地球の密度を求める実験を行ったりしました。いずれも天文学上画期的な実験とされているものだそうです。

彼は1859年に13インチ赤道儀が完成した折に，「私の前任者Pondの時代に在籍した所員も稼働していた観測器械も今や全く姿を消した」と豪語しましたが，その後も分光儀（1868）と太陽（の黒点）写真儀（1873）の運用開始など，グリニッジ天文台の近代化に大きく貢献したのでした。

彼が行政機関であるグリニッジ天文台の長として掲げた，船舶の航行に直接結びつく位置天文学的観測を第1とし，科学目的の観測を第2とした方針が裏目に出た例としてしばしば取り上げられることになる事件に，海王星の発見にイギリスが遅れを取ったというケースがありました。Herschel（父，1781）が発見した天王星の軌道運動に不規則性があることは以前から知られていましたが，その原因が未知の惑星の引力であるとする説が1845年にフランスの天文学者U. Le Verrierと，ケンブリッジ大学を卒業したばかりの若い数学者J. C. Adamsからそれぞれ独立に提出されました。しかし，Airyが後者の予測を重視しなかったため探索の開始が遅れ，Le Verrierの予想を忠実に守ったベルリン天文台のJ. G. Galleに発見の先取権を奪われたというのです。その真相には

諸説があり，発見直後から現在まで，論争が繰り返されています。新しく発見された資料を駆使した論文が近年発表されました。興味をお持ちの方はご覧下さい*。

彼の光学研究は，主に王立天文官に就任するより以前の若い時代に集中しています。本項で取り上げる前掲論文（1827）を始めとする幾何光学の論文と，円形開口による無収差点像―エアリーパターン―の論文の第1報（1834）はケンブリッジ大学時代のものですし，後者の第2報（1838）も肩書きが発表時の王立天文官に併記してケンブリッジ大学の元天文学教授兼実験物理教授となっていて，研究が大学で行われたことを間接的に物語っています。

その一方，彼は自分の目の屈折異常のデータを1825年から1884年まで記録し続けており，その矯正に関する手紙の交換も頻繁に行われていたようです。また，王立天文官在任中も各種天文器械の設計と製作に直接関係していましたから，光学と光学器械への関心は終生変わらなかったと考えていいでしょう。

☆開口絞りと薄い単レンズによる2つの像点

Airyの幾何光学に関する主論文の表題は「望遠鏡接眼レンズの球面収差について：On the Spherical Aberration of Eye-Pieces of Telescopes, Cambridge Phil. Trans., **3** (1827), 1」です。表題に関する限り極めて限定的な内容と想像されがちですが，実際には1～4枚の薄いレンズと開口絞りを組み合わせた光学系が生じる諸収差を数式化してその最適解を探すという一般性の高い議論が展開されています。ここに，Spherical Aberration とは球面による屈折が原因で生じる諸収差を意味し，狭義のいわゆる軸上収差だけに限定していません。

この発表よりも約10年早く，J. Fraunhoferは1816年以来色消し天体望遠鏡（有効径17.6cmと23cm）を市販していましたし，彼が1824年に製作しエストニアのDorpat天文台に納入した当時最大の口径24cmの屈折望遠鏡は，後にこれと同型のレンズを測定した結果，球面収差とコマ収差がほぼ完全に除去された完璧な色消しタブレットだったことが分かっているそうです**。

---

* W. Sheehan, N. Kollerstrom, C. B. Waff: Scientific American 2004年12月号
** 鶴田匡夫：第7・光の鉛筆，新技術コミュニケーションズ（2006），p.93

また，対物レンズと組み合わせて使う接眼レンズには，視野レンズと対眼レンズから成る複合レンズとして，ハイゲンス接眼レンズ（1660年代？）とラムズデン接眼レンズ（1783）がありました．また，後者の対眼レンズを色消しの貼り合わせ2枚レンズに置き換えたケルナーの接眼レンズも1849年には発表されることになります．これらに共通して，対眼レンズのすぐ後に，そこに観察者が自分の眼の入射瞳を置く位置—接眼レンズの射出瞳—が指定されていました．これらに代表される光学系を対象に選ぶと，眼鏡レンズの非点収差を0にする薄いレンズの形状と目の開口絞りの関係を求めたり，その解法をカメラ・オブスクラの設計に応用する問題を，いわば例題として取り扱うことができます．更に，非点収差を0にしたときの像面弯曲を求めることも可能です．これはペツバールの和とかペツバールの条件（J. Petzval, 1843および1857）に他なりません．イギリスでは，公式な命名法に従えば本来Airy和とかAiry条件と呼ぶのが正しいと主張する人もいます[*]．

　この種の光学配置では，物点を発し開口絞りの中心を通って進む主光線を軸とする極めて細い光線束の振る舞いが第1近似的に問題になるので，像の劣化の原因になる収差は歪曲，弯曲および非点収差の3つになります．当時光学器械製造業者や職人たちの間には個々のレンズの形や絞りを含めたレンズ群の配置についてさまざまな経験則— rule of thumb —が存在しました．製作の現場に詳しかったAiryには，経験則を数学的に検証したり修正するのもこの論文を書いた理由だったようです．論文の全体を5つの命題（Prop.）に分け，それぞれに実例（Ex.）をつけてその解法を示すという構成になっています．以下では，開口絞りと1枚の薄い単レンズを組み合わせた時の，物点の位置・開口とレンズ間の距離・レンズの形の3つを変えたときの結像を論じる部分を紹介します．

　命題3：主光線（axis of a pencil of rays）が1枚のレンズの光軸と交差する場合に，紙面に垂直な面内（サジタル面）の光線束がレンズからどれだけ離れた，光軸に垂直な平面内に集中するかを見出すこと（**図1**）．

　命題4：紙面内（メリジオナル面）の光線束に関して，上の命題と同様の計

---

[*] T. Smith: Proc. Opt. Conv., PtII (1926), p.740

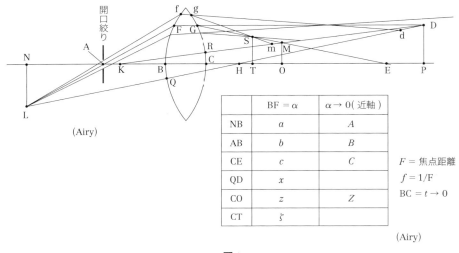

図1

算を行うこと。

　例題1：単レンズの光軸に垂直な平面内の物点を発した光線束の主光線が当該レンズの中心を通る場合に，線状の像が生じる点を含む2つのそれぞれ光軸に垂直な平面の，レンズからの距離を求めること。

　例題2：カメラ・オブスクラにおいて，単レンズと，それに入射する光線束を遮ぎる絞りをある間隔を置いて配置する場合に，絞りの位置とレンズの2つの屈折面の曲率半径を，物体を遠方に置いたとき最良の像が得られるように決めること。

　まず命題3のサジタル像点の解法をほぼAiryの方法に従って辿ります。本書 9 で述べたNewtonの幾何学的方法を単レンズの第1面と第2面に続けて適用します。図1においてレンズの光軸外の点Lを発し開口絞りを通り抜けた細い光線束の第1面によるサジタル像点をDとします。これは，主光線LAFGの延長線上にあります。このレンズは共軸系ですから，Dを第2面に対する物点と考えそのサジタル像Mを求めるとこれがLのこのレンズによるサジタル像点になります。Newtonによれば，Dは直線FGの延長線と，Lと第1面の曲率中心Hを結ぶ直線の延長線との交点で与えられます。したがって，D

の第2面によるサジタル像Mは第2面を屈折した主光線GEと，Dと第2面の曲率中心Kを結ぶ直線との交点で与えられます。点Lを発し小さいけれど有限な開口を通過した光線束はレンズの屈折作用によって紙面内でMを中心に上下に等しい長さを持つ短い直線像を作ることになります。Mから光軸NPに下ろした垂線と光軸との交点Oを求めて距離COを計算し，レンズの厚さBC = t を0と置いてそのときのCO = z と，近軸計算で求めたそれに対応するレンズから像点までの距離Zの差を求めようというのが計算の道筋です。レンズの厚さを0とする理由をAiryは**図1**において例えばBC/CP ≪ 1 であることと，BCが開口上の値，例えばBFと無関係であることを挙げています。Airyは公式の一般性を簡潔に表現する目的で変数の記号を頻繁に変えたり，当時まだ非点収差という用語がなかったため，それが0になる条件を，「円形開口を通った光線束の断面が像面の位置を変えても常に円形になる」といった回りくどい文章で表したりするので，読み進むのに難渋します。自力で最後の式である(4)や(11)式に到達するのは止めたほうがいいようです。

　Airyが初めに定義した主な変数と記号を**図1**中に示しました。第1欄は主光線がレンズの開口上その中心から有限の距離（BF = α）を通る場合，第2欄は $\alpha \to 0$，すなわち近軸近似が成り立つ場合の諸量を表す記号です。焦点距離に F，その逆数（屈折力）を f で表しています。諸量の記号は図の配置に対して正としています。したがってこのとき第1屈折面，第2屈折面ともその曲率半径は r，s とも正になります。レンズの材質の屈折率を n とします。

　ここで次のような新しい変数 e，g および v を次のように定義します。

$$\frac{1}{B} = \frac{f}{2} + e, \quad \frac{1}{C} = \frac{f}{2} - e \tag{1}$$

$$\frac{1}{A} = \frac{f}{2} + g, \quad \frac{1}{Z} = \frac{f}{2} - g \tag{2}$$

$$\frac{1}{r} = \frac{f}{2(n-1)} + v, \quad \frac{1}{s} = \frac{f}{2(n-1)} - v \tag{3}$$

7ページに及ぶ演算を行った後に次式が得られます。

$$z = Z - \frac{Z^2}{A^2}(a-A) - U\frac{\beta'^2}{2} \tag{4}$$

ここに β' はサジタル像点(正しくは,M を中心に OM の方向―放射方向―に延びた短かい線像)の高さ OM です。U は次式で与えられます。

$$U = \frac{f}{n} + V \tag{5}$$

V は次式で与えられます。

$$V = \frac{f}{(e-g)^2}\left[\frac{n+2}{n}v^2 + \frac{2n+2}{n}(e+g)v + \frac{2n+2}{n}eg \right.$$
$$\left. + e^2 + \frac{n^2 f^2}{4(n-1)^2}\right] \tag{6}$$

なお,**図1**において物点を L としましたから $a = A$ となり,(4)式の右辺第1項と第2項の和は次式に還元されます。

$$Z - \frac{Z^2}{A^2}(a-A) = \frac{1}{\dfrac{1}{F} - \dfrac{1}{a}} \tag{7}$$

この式は,物点距離を a としたときの像距離を表す近軸式の結果に他なりません。何故こんな面倒なことをしたか?それは物点 L が前側焦点面上にある場合を上の結果と関連づけるためです。

このとき,$A = F$ になるので Z は無限大になってしまいます。この困難を避けるために光線の方向を逆にすると,このとき U の値は不変ですから,物体の高さを β とすると

$$a = \frac{1}{\dfrac{1}{F} - \dfrac{1}{z}} - U\frac{\beta^2}{2} \tag{8}$$

が得られます。順方向の光線に対しては $a \equiv A$ だったのですが,$A = F$ にしたとき,その像の性質を物体空間に置き換えて議論するときには a が β によって変わるとしておいたほうが便利だった次第です。このとき,z は次式で与えられます。

$$\frac{1}{z} = \frac{a-A}{F^2} + \frac{1}{F^2} U \frac{\beta^2}{2} \tag{9}$$

したがって，放射方向の線像が形成されるのはレンズからの距離が，

$$\frac{F^2}{(a-A) + U\frac{\beta^2}{2}} \tag{10}$$

のところになります。

一方のメリジオナル像点S（正しくはSを中心に紙面に垂直—接線方向—に延びた短かい線像）までの光軸に沿って計った距離 $\zeta =$ CT は次式で与えられます。

$$\zeta = Z - \frac{Z^2}{A^2}(a-A) - Y\frac{\beta'^2}{2} \tag{11}$$

ここに

$$Y = \frac{f}{n} + 3V \tag{12}$$

です。

$A = F$ の場合の取り扱いは(8)と(9)式を導いたのと同じ手順に従えばよく，(10)式に対応する値は

$$\frac{F^2}{(\eta - A) + Y\frac{\beta^2}{2}} \tag{13}$$

で与えられます。ここに η は(8)式における a に対応する距離です。

☆同上配置による非点収差の性質

Airy は $A \neq F$ の場合すなわち $a = A$, $\eta = A$ のときに成り立つ(4)式と(11)式から，この光学系による結像の性質を，非点収差という用語こそ使いませんが，詳しく調べ，6つの項に分けて説明します。

1. $z - \zeta = 0$，すなわち $V = 0$ の場合に微小光線束を構成するすべての光線は1点に集まる（これは非点収差が0の場合です）。

2. しかも同時に $Z-z=0$, すなわち $f/n+V=0$ が成り立つ場合にはすべての像が同一平面上に形成される（ペツバール条件が成り立つ場合です）。
3. この2つの条件は両立しない。したがって，平面物体または1平面上で一様に鮮鋭な像が得られた場合に，その像を単レンズによってもう一つの平面上に形成させることはできない（単レンズを使ったのではペツバールの条件を満たすことはできないのと同じ意味です）。
4. 微小光線束の断面が円形でその直径（**図1**における開口絞りの直径の意）が λ のとき，近軸像面における光斑の断面は軸長が $\lambda U\beta'^2/2$ と $\lambda Y\beta'^2/2$ の楕円になる。$V=0$, すなわち $U=Y$ の場合には楕円が円に変わる。その直径は

$$\frac{\lambda}{Z}\cdot\frac{f}{n}\cdot\frac{\beta'^2}{2} \tag{14}$$

で与えられる。

5. $Z-p$ の距離にあっては，軸長がそれぞれ

$$\frac{\lambda}{Z}\left(U\frac{\beta'^2}{2}-p\right),\ \frac{\lambda}{Z}\left(Y\frac{\beta'^2}{2}-p\right) \tag{15}$$

の楕円となり，$p=U\beta'^2/2$ と $p=Y\beta'^2/2$ のとき楕円は直線に変わる。また若し，

$$p=\frac{1}{2}(U+Y)\frac{\beta'^2}{2}=\left(\frac{f}{n}+2V\right)\frac{\beta'^2}{2} \tag{16}$$

の場合には楕円はその直径が $\lambda V\beta'^2/2Z$ の円になる。若し $V=0$ ならば，楕円は p の値に関係なく直径が

$$\frac{\lambda}{Z}\left(\frac{f}{n}\frac{\beta'^2}{2}-p\right) \tag{17}$$

の円になり，$p=f\beta'^2/2n$ のところで直径が0, すなわち円は点となってここに鮮鋭な像が形成される（非点収差が0の像面は，平面ではなくレンズに向かって凹の球面になります）。

6. $V+f/2n=0$ の場合には，近軸像面上に断面が円形の像を生じ，その直径は

$$\frac{\lambda V \beta'^2}{2Z} \quad \text{すなわち} \quad \frac{\lambda f \beta'^2}{4nZ} \tag{18}$$

になる。

　こうしてAiryが，開口絞りと薄い単レンズを組み合わせた場合の非点収差と像面弯曲の特性を初めて完璧に理解していたことが分かります。歪曲収差は主光線が像平面と交差する点を求めればよく，これは極めて容易です。

　図2と図3にAiryが描いた特定の軸外物点に対する幾何学的像の断面を掲げます。図2は非点収差が存在するとき，図3はそれが0の場合を，ピントを変えて描いてあります。いずれも像面がレンズから遠ざかる方向を左から右にとってあります。この方向は，同時に画面がその中心（光軸との交差点）から放射状に伸びる方向にしてあります。したがって，図2の横に伸びた直線はサジタル像線，縦に伸びた直線はメリジオナル像線を示しています。

　非点収差という用語がなかった時点で，その振る舞いを初めて式を導出して明らかにしたAiryは次のように述べています。「若し我々が自分の目の網膜を水晶体レンズに自由に近づける能力を備えているならば―これは接眼レンズを押し込むことと全く同じであるが―円形開口を想定した場合に，図2に示したような断面を観察できる筈である。2つの直線は，目のピントが2つの焦線(lines of convergence)に合ったときを示す。2つの線の長さが等しいことは

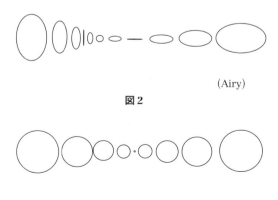

(Airy)

図2

(Airy)

図3

容易に分かるであろう。2つの線から等距離の位置で焦線の長さの半分の直径を持つ円になる他はすべて楕円になっている。こうして，視野の中心から外れた位置にピントを合わせた場合には点物体の像は一般に楕円であるが，あるところでは円に，またあるところでは直線になるのである。たまたま2つの焦線が互いに交わった場合には光線束は屈折後に1点に収束する。このとき**図2**は**図3**，すなわち点と円形断面の一組に変わる。この条件が満たされると，点像は視野の中心を外れたところで円形になり，接眼レンズを押し込むことによって当然のことながら点に変わる」。これが，非点収差を持つ微小光線束の像の形を初めて正確に記述した文章ということになります。

☆カメラ・オブスクラ光学系の最適化

Airyは，ここで実例を2つ取り上げます。

問題1，レンズの光軸に垂直な平面上の軸外物点から射出する光線束がレンズの中心を通るとき，2つの線像を含む光軸に垂直な平面までの距離を求めよ。

このとき開口絞りがレンズ上にあるので$B=0$，したがって(1)式よりeが∞となるので，(6)式の右辺中e以外の量を無視できて$V=f$が得られ，これを(5)および(12)式に代入して，

$$U=\frac{n+1}{n}f,\ Y=\frac{3n+1}{n}f \tag{19}$$

が得られるので，これらをそれぞれ(4)式と(11)式に代入して次式が得られます。

$$z=Z-\frac{n+1}{n}f\frac{\beta'^2}{2} \tag{20}$$

$$\zeta=Z-\frac{3n+1}{n}f\frac{\beta'^2}{2} \tag{21}$$

これより，紙面（メリジオナル面）内の光線束は曲率半径$nF/(3n+1)$の球面上，紙面と直交する面（サジタル面）内の光線束は曲率半径$nF/(n+1)$の球面上に，それぞれ結像することが分かります（**図4**）。Airyはこの2つの像面がレンズの形と物体面の位置に無関係に焦点距離F（とレンズの屈折率n）

13 非点光束の追跡6 Airyの計算式　221

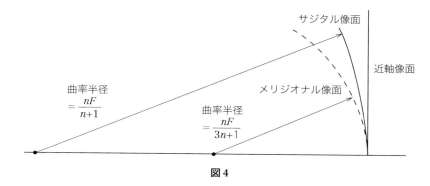

図4

だけで決まることを注目すべき性質だと記しました。

問題2，カメラ・オブスクラにおいて，単レンズとそれからある距離に置いた開口絞りの系を考える。遠方物体の像が最も鮮鋭になるような絞りの位置とレンズの形を求めよ。

ここでは**図1**における距離ABの代わりに(1)式によるeと，レンズの形状を表す(3)式による

$$v = \frac{1}{2}\left(\frac{1}{r} - \frac{1}{s}\right) \tag{22}$$

を未知数とし，非点収差が0の条件を与えて問題を解くことになります。

遠方物体とは物点が無限遠にあることを意味しますから$1/A=0$となり，$g=-f/2$が得られます。これより，Vは次式で与えられます。

$$V = \frac{f}{\left(e + \frac{f}{2}\right)}\left[\frac{n+2}{n}v^2 + \frac{2n+2}{n}\left(e - \frac{f}{2}\right)v - \frac{n+1}{n}fe\right.$$

$$\left. + e^2 + \frac{n^2f^2}{4(n-1)^2}\right] \tag{23}$$

ここで，像空間のすべて，具体的には近軸像面の近傍ですべての像が鮮鋭であることは不可能ですから，その条件を緩めて像が楕円や直線になるよりも円形の方が見た目に不快感を与えないと考えてその条件を探すと，$V+f/n=0$と$V=0$が得られます。ここでAiryは，「前者は不可能だ」と書きます。その

理由はおそらく，近軸像面上では円形の錯乱円を生じるが，その前後では楕円断面や直線になってしまうことを指すのでしょう。そこで，後の条件を具体化して(23)式を 0 と置くと次式が得られます。

$$e = -\frac{n+1}{n}\left(v-\frac{f}{2}\right)$$
$$\pm\frac{1}{n}\left[v-\frac{2n^2-1}{2(n-1)}f\right]^{1/2}\left[v+\frac{f}{2(n-1)}\right]^{1/2} \tag{24}$$

この式が実数解を持つためには，

$$v > \frac{2n^2-1}{2(n-1)}f \tag{25}$$

または

$$v < -\frac{f}{2(n-1)} \tag{26}$$

が必要になります。

1 例として $v = (2n^2-1)f/2(n-1)$ の場合を考えると，このとき(23)式の第 2 項が消えて解は一つの値

$$e = -\frac{n+1}{n}\left(\frac{2n^2-1}{2(n-1)}-\frac{1}{2}\right)f = -\frac{f}{2}\frac{(n+1)(2n-1)}{n-1}$$

を持つことになります。このとき B はマイナス，すなわち絞りをレンズの物体側には置けず，その代わり A の実像である図1の E に置くことになります。その位置は図とは異なり，2 つの像面 T と O よりもレンズ側になります。$C = \mathrm{CE}$ は次式で与えられます。

$$\mathrm{CE} = \frac{n-1}{n^2+n-1}F \tag{27}$$

また，レンズの曲率半径 r と s はそれぞれ次式で与えられます。

$$r = \frac{n-1}{n^2}F, \quad s = -\frac{1}{n+1}F \tag{28}$$

これは第 1 面が凸，第 2 面が凹のメニスカスレンズです。この解による光学配置を図5(a)に示します。$v > (2n^2-1)f/2(n-1)$ の場合には開口絞りを置く

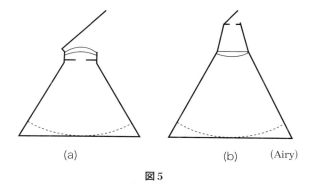

図 5

位置は 2 個所あり，いずれもレンズの像側にあります。

もう一つの特徴的な解として，
$v = -f/2(n-1)$ の場合を考えます．このときも e の解は一つだけで

$$e = \frac{n+1}{2(n-1)}f \tag{29}$$

で与えられ，これより

$$B = \frac{n-1}{n}F, \ r = \infty, \ s = (n-1)F \tag{30}$$

が得られます．絞りはレンズの物体側，レンズの形は平凸で，平面が物体側の配置です．これを**図 5**(b)に示しました．

図 5(a)・(b)は現代の用語を使えば，非点収差が 0 の配置です．しかし，両方とも点線で示した像面は平面ではなく，レンズから見て凹の球面をなし，その曲率半径が両者で等しくそれが nF であることは容易に分かります．これは $V = 0$，すなわち非点収差が 0 のとき，像高 β' に対する最良像点が近似的に $(f/n) \cdot \beta'^2/2$ で与えられることを意味します．Airy はこの関係が上の 2 つの例だけでなく，$V = 0$ が解を持つすべての開口絞りの位置とレンズの形状の組に対して成り立つことを強調しています．これが薄い単レンズに対するペツバールの定理に他ならないことは，多くの方がお気付きのことです．

ここで前項で取り上げた Wollaston の実験結果［本書 12 の図 7(b)とその説明］を(24)式を使って検証します．彼は $r/s = -2$，ただし $r < 0$ で焦点距離が

22インチのメニスカスレンズを作り，これを無限遠物体に向けたとき像が最も鮮鋭に見える位置を，物体側に置いた開口絞りを光軸上を前後に動かして実験的に求め，その位置がレンズの前方レンズから焦点距離の約 1/8 だけ離れたところにあることを確かめました。計算の結果によれば解は 2 つあって，$0.133F$ と $0.195F$ が得られました。彼の実測値は焦点距離の約 1/8，すなわち $0.125F$ でしたから，2 つの解のうちレンズに近い方の解 $0.133F$ とほぼ一致します。彼は像面弯曲について定量的データを示しませんでしたが，彼が図に描いたそのカーブから，これもまた計算値に極めて近かったと言えると思います。

14 非点光線束の追跡 7
Ostwalt と Tscherning

> 私はこの空白を埋めて，これまでメーカーや眼鏡商の自由裁量に任されていためがね用メニスカスレンズの形状の中から，その性能が最も高いものを選ぼうと考えて研究を始めた。
>
> ── F. Ostwalt: Compte Rendus（1898）──

　G. B. Airy（1801~1892）は1827年に発表した論文*の中で，薄い単レンズを用いたカメラ・オブスクラが非点収差を持たない配置，すなわちメニスカスレンズの形と開口絞りの位置を解析的に求め，この方法と結果は光線の向きを逆にするだけでめがねレンズの最適解を求めるのに適用できると述べました。彼が導いた公式は，彼のこの分野の後継者だったH. Coddingtonが書いた著書：*A Treatise on the Reflexion and Refraction of Light, Being the Part 1 of a System of Optics*（1829）にも記載され広く知られることになりました。

　しかし，Airyの公式を使ってWollastonが求めた強いカーブの解（ベースカーブの曲率半径約35 mm）と，彼の特許許諾を得てDollond社が製作・販売した緩いカーブのペリスコピックレンズ（同400 mm）を理論的に比較するといった試みはその後半世紀以上もの長い間行われませんでした。

　この計算はAiryが与えた2次方程式に準じて問題を解くという，式の上でも実計算の過程でも特別な手法を必要としないものです。当時ヨーロッパの実用光学を理論的にも製作技術の上でもリードしてきたケンブリッジ学派の中でこの問題が長い間放置されたのは実に不思議です。理由はどうであれ，現実には「Coddingtonの著書が出版された1829年以降20世紀に入るまでの長い期

---

* Cambr. Phil. Trans., **3**（1827），1

間，イギリスには実用幾何光学に関する顕著な重要性を持つ研究は行われなかったように見える」*という状況に陥ってしまったからでしょうか。

その間ドイツ語圏では，フラウンホーファー線を使った光学ガラスの屈折率の小数点以下6桁までの精密測定が可能になってレンズの製作に望ましい光学ガラスの特性が明らかにされ，これがSchott社の誕生につながりました。また，レンズ製作の諸工程がE. Abbeの指導の下でZeiss社を中心に近代化されることになります。さらに，製作に先立ってレンズ群を十分な精度で設計する光線追跡の手法が確立しました。これらの発展を支援する科学者，技術者が輩出したことも特筆すべきでしょう。Petzval, Seidel, Gauss, Abbe, Schottなど挙げればきりがありません。一方，イギリスではこのようなサイクルが回らなくなってしまったのでしょう。

この停滞期が終わったのは20世紀初頭にT. Cooke社の光学設計者D. Taylorが書いた *System of Applied Optics*（1906）が出版された頃だったそうです。しかし，これとてAiry-Coddingtonの光学の記号をそっくり使って拡張したものでした。その後にドイツ流光学を祖述したUSAの光学者Southallの *Principles and Methods of Applied Optics*（1909）やSteinheil/Voitの光学設計教本の英訳本 *Applied Optics* I. II（Tr. by French, 1918）の出版などが続くことになります。

こうした中で，Airy-Coddingtonの式はさまざまな光学テキストに掲載されるようになっていましたから，誰が計算を実行してもおかしくなかったでしょう。1898年春にその口火を切って成果を発表したのは，パリ在住の眼科医F. F. Ostwaltでした**。光学の専門家ではありませんでしたが，おそらく眼科医の立場から必要に迫られて思い立った研究だったのでしょう。その年の秋には，研究の詳細を記した本論文を発表しました***。

☆ Airyの式の適用とめがねレンズの機能

冒頭に挙げたAiryの文章を図化したのが**図1**です。軸外の注視点Qを出た

---

* T. Smith: Proc. Opt. Conv., Part 2（1926）740
** Compte Rendus, **126**（1898），1446
*** Graefe's Arkiv f. Opthalmologie, **46**（1898），475

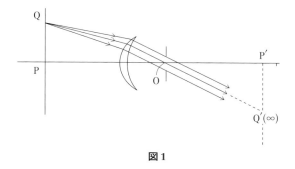

図1

光線群の中で眼球の回旋中心 O と交わる光線を主光線としその周りの微小光線束を描いてあります。この光線束は，Q の共役点で十分遠方にある Q′を目指して進むほぼ平行光線束になっています。この図は，物体 PQ のルーペによる拡大虚像 P′Q′を正視眼が調節を休めた状態で観察している配置と考えることができるでしょう。言い代えれば，これを屈折異常を矯正するめがねレンズのモデルと考えるのは少々無理なように見えます。

しかし，この配置に対して前項の Airy の式を用いて点 Q が非点収差なしで Q′に結像する条件を求めたり，そのときの焦点移動——目を回旋点の周りに回転したときに視線に沿って Q′が移動する現象——を計算することができます。その結果，非点収差が 0 になるのはレンズの屈折力 f が次式の範囲内にあるときであることが分かります。

$$-\frac{2(n-1)}{(n+1)(2n-1)}e < f < \frac{2(n-1)}{n+1} \tag{1}$$

いまレンズの屈折率を $n = 1.5$，レンズから回旋点までの距離（回旋距離）を図の配置で欧米人の平均的値とされる，$1/e = 28\,\mathrm{mm}$ とすると，上式より，$-7.14\mathrm{D} < f < 14.3\mathrm{D}$ が得られます。与えられた焦点距離に対しこの範囲でレンズの第 1 面の曲率半径は 2 つの解を持つことになり，後述するチェルニングの楕円と同様の，しかしそれが実数解を持つ範囲やレンズの形はそれとは異なる曲線が得られます。いいかえれば，Airy のモデルをそのまま使ったのでは，実用上最適の非点収差のないめがねレンズは作れないわけです。

ここで，目の屈折異常——説明の便宜上乱視を除いて話を進めます——を矯正するめがねレンズの作用について簡単に説明します。調節を休めて見える点

を遠点といいRで表し角膜頂点から測った距離を遠点距離といい，最も強く調節した時に見える点を近点といいPで表し，同じく角膜頂点から測った距離を近点距離といいます．正視眼は$R=\infty$ですが，近点距離は年齢と共に長くなります．調節幅は年齢と共に減少するわけです．これを遠点距離と近点距離の逆数の差で表すのが普通です．前者を遠点屈折（X），後者を近点屈折と呼びます．

$$調節幅 = \frac{1}{遠点距離(\mathrm{m})} - \frac{1}{近点距離(\mathrm{m})} \qquad (2)$$

距離の単位としてメートルを採用すると，上式の単位はD（ディオプター）となります．レンズの屈折力を[m^{-1}]で表示したのはフランスの眼科学者A. Nagel（1866）で，その単位をdiopterと名付けたのは同じくフランス人のF. Monoyer（1872）です．インチを使うイギリスやアメリカでもこの単位が普及しています．

正視眼と非正視眼（近視と遠視）のそれぞれについて遠点と近点および調節の範囲を模式的に示したのが**図2**です．老視とは近点が角膜頂点から遠ざかり，読書距離に調節できない状態を指します．乱視とは，角膜や水晶体の表面が互

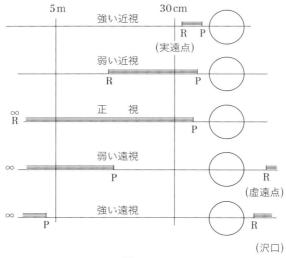

図2

いに直交する主断面を持つことによって生じる屈折異常で，遠点と近点がそれぞれ2つあるものです．普通は，2つの遠点屈折 X_1 と X_2 の差 $A = X_1 - X_2$ をとって乱視屈折力と呼びます．

めがねレンズの役割は，見たい対象が調節領域外にあるとき，その像を一旦調節領域に結ばせ，それを目の光学系に引き継ぐことです．こうして，正常眼と同様に∞から手許までをはっきり見ることができるわけです．調節が十分に機能している非正視眼に対しては，∞を目の遠点に結ばせることになります．近視に対しては凹レンズ，遠視に対しては凸レンズが使われます．このようなレンズを遠用レンズといいます．一方，老視に対しては遠ざかった近点を手許に引き寄せるための凸レンズが使われます．これを近用レンズとか読書用レンズといいます．お馴染みなのは老眼鏡という呼び方です．遠用と近用とではレンズのベストフォームも変わります．具体的には，非点収差を0とする条件から導いたレンズの形に違いが生じます．この違いについては，後述します．しかし多くの場合，その中間距離に対して最適化を行って全体をカバーする方策がとられています．

遠視・近視および老視の例について，その矯正のために光路にレンズを入れたときの結像の様子を描いた図を**図3**(a), (b), (c)に示します．(a)と(b)は無限

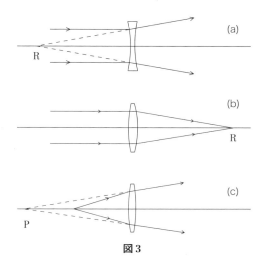

図3

遠にある物点を目の遠点に結ばせる場合，(c)は遠点は∞にあるが，近点の方は年齢とともに目から遠ざかったとき，読書距離にある物点を近点に結ばせる場合を描いてあります*。(b)と(c)はいずれも凸レンズですが，物点の位置が大きく異なるため，その非点収差補正条件が変わり，その結果，最適のレンズ形が変わるであろうことを予想させます。

☆ Ostwaltの研究

Ostwaltは，第1報の冒頭で研究の目的を次のように述べています。「近年形状の異なるメニスカスレンズが多数出回っているが，与えられた度数（ディオプター）に対して非点収差が0になるという意味で最適の形状を求めるという問題は未解決である。私はこの空白を埋めて，これまでメーカーや眼鏡商の自由裁量に任されていためがね用メニスカスレンズの形状の中から，その性能が最も高いものを選ぼうと考えて研究を始めた」。

彼は研究の詳細は第2報に譲るとして，その成果を次のように総括しました。「屈折力が0Dから12Dまでの凹レンズの場合，主光線がレンズの開口上光軸から離れた点に斜めに入射する微小光線束が持つことになる非点収差は，レンズの屈折力を一定にしたままそのメニスカスの程度を高めるに従って変化する（後述する図4参照。これは第2報に掲載されたものです）。それは一旦，符号を変えた後，さらにメニスカスの度を強めると再び符号を変える。符号を変える前後で非点収差が0になるのは当然である。上に挙げた屈折力の範囲で凹レンズは非点収差が0になるメニスカスの形を2つ持つことになる。2つの解の1つはメニスカスの程度が常に僅かである（すなわち，平凹レンズに近い）。したがって製作は，容易で球面収差が小さい。その一方，凸レンズについては凹レンズの場合と異なりメニスカスにする利点はほとんどない。非点収差が0になる解は存在せず，それを顕著に小さくするには，極端にメニスカスの程度を大きくしなければならず，その結果球面収差が増加し，しかも重くて実用にならない」。

次に第2報に従って，彼の計算の手順を記します。彼は厚さが0のめがねレン

---

* 説明の便宜上，このように記述しました。実際のめがねの処方とは多少異なるかも知れません。

ズを仮定しその光軸から25°傾いた方向から平行光線を入射させ,それがレンズの前面と後面で屈折後に目の回転中心を通る光線を主光線に選び,これに斜入射微小光線束の結像式を適用するという正攻法を使い,レンズの屈折力を一定にした上でその一方の屈折面の曲率半径を1Dおきに変えたときのメリジオナルおよびサジタル像の位置をその都度対数計算を含む数値計算によって求めたのです。その結果を折れ線グラフで描いたのが**図4**です。(a)はレンズの屈折力が $-4D$, (b)は $-9D$ の場合を描いてあります。Hはメリジオナル像点,Vはサジタル像点を表します。横軸は前面の屈折力,縦軸はレンズから像点までの距離の逆数をデイオプターを単位にして表示してあります。2つの曲線が交差したところが非点収差0の点です。そのとき,前面の屈折力が(a)では $-2.8D$ と $-14D$, (b)では $-0.3D$ と $-8.3D$ になっています。屈折力の小さい方が,Ostwaltが発見したカーブの緩やかなメニスカス型で後にオストワルト型と呼ばれることになります。カーブのきつい方はWollastonが既に発見していたもので,ウオラストン型と呼ばれるものです。命名したのはいずれもvon Rohrです。

残念なことに,多くの読者がお気付きだと思いますが,先に挙げた彼の結論は,私達が知っているチェルニングの楕円が教えてくれる結論,すなわち,回旋距離27mmとしたとき,遠用レンズは屈折力が $-22D$(近視用凹レンズ)から $+7D$(遠視用凸レンズ)の範囲で2つの解を持つという事実(**図7**)に反しています。要するに,彼の計算にはミスがあったのでした。

彼の誤りを指摘して,von Rohrはその大要を次のように述べています[*]。「Ostwaltのデータは公の場で検討する必要がある。光学技術者の立場から,我々は光学の専門家ではない著者が眼科医としての仕事の余暇に行った,この重要な計算に全面的な敬意を示さなければならない。彼のメニスカス度を変えて行った計算は成功し,この問題が2つの解を持つことを証明した。彼がカーブの弱いメニスカスレンズの解を見出し,これに誰もが納得できる説明を示したのだから,こちらの曲線に彼の名を付けてオストワルト型と呼ぶのは至極当

---

[*] M. von Rohr and H. Boegehold: *Das Brillenglas als Optisches Instrument* 第2版(1934),初版は von Rohr が単独著者で(1911)の出版。

232 PENCIL OF RAYS

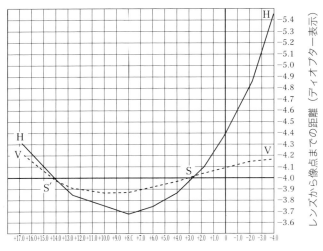

(a)

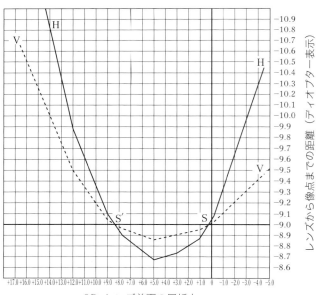

(b)

図4

然のことである。一方，Wollaston が見出した垂直入射型のメニスカス度の強い曲線をウオラストン型と呼ぶのもまた当を得たものである。しかし，改革者 F. Ostwalt は重大なミスを2つながら犯したため，自らが立てた目標に到達できなかった。その1つはサジタル像を求める数式の誤りで，後に訂正された。もう1つの誤りは，目の回旋点が空間に固定されていてめがねレンズから 25 mm から 30 mm の範囲にあるのではなく，その位置がめがねレンズの屈折力によって見掛け上変わるとした誤りであった。

薄レンズから回旋点までの距離を x，その見掛けの距離を x'，レンズの屈折力を D_1 とすると，近軸近似から次式が成り立つ。

$$\frac{1}{x'} = D_1 + \frac{1}{x} \tag{3}$$

$D_1 = -4D$ と $-9D$ に対しては，$x = 30$ mm としたときそれぞれ $x'_{-4} = 34.1$ mm，$x'_{-9} = 41$ mm となる。—以下略—」。こうして得られる x' を使って計算した結果，2つの実根が存在できる範囲が $-12D < D < 0D$ となって，チエルニングの楕円が保証する範囲より遥かに狭くなってしまったのでした。

Ostwalt はフランス語で書いた第1報とドイツ語で書いた第2報とも Airy の論文も Coddington の著書も参照文献に挙げていません。Wollaston の論文もペリスコピックレンズに関する論文（1803, 1804）だけで，カメラ・オブスクラに関する1812年の方は無視しています。彼にはもともと，2次方程式を解析的に解いて2つの解が存在する範囲とそのときの根の値を求めるという発想がなかったように見えます。それが災いして，計算の条件設定を誤ったまま膨大な計算に突走ってしまったのでしょう。しかし von Rohr を始めとする同業者の好意的な評価によって，彼の見出した解にオストワルト型の名が残ったことになります。

☆ Tscherning の公式の導出

Ostwalt の誤りにいち早く気付いたのは，当時パリ大学眼科学研究所副所長だった Marius Tscherning（1854～1939）でした。彼は，デンマークで学位を取得した後にフランスに渡り，上記研究所副所長を務めた後，1910年故国

に招かれてコペンハーゲン大学病院の眼科教授兼眼科部門長に就任した眼生理学の大家です。彼は Ostwalt が発表した翌年（1899）に，当時 Rosenfeld と共同で行っていた研究に基づいて Ostwalt の誤りを指摘し，その5年後には自ら導いた計算式を解いて非点収差を持たない軸対称めがねレンズの一覧表を公表したのです。

　Tscherning が発表したのは学術誌ではなく，1903年から刊行が始まった *Encyclopedia Francaise d'Ophtalmologie* 全9巻（1903～1910）の第3巻（1904）中の彼の分担執筆 Dioptrique oculaire（眼屈折）(p105-286) 中においてでした。その13節 Verres de lunettes（めがねレンズ）(p240-251) のほぼ全部が軸対称めがねレンズの設計法にあてられています*。全体が最新めがねレンズ設計教本といってよく，参照文献は1つもありません。唯一の例外に計算式を Czapski 編 *Theorie der Optischen Instrumente nach Abbe* 第1版（1893）に従ったとしているだけです。実用光学の先進国がイギリスからドイツ，特に Zeiss 社に移ったことを強く印象づけます。1903年以前のかなり早い時期に研究が既に終わり，その結果を周知させる目的で書かれたのでしょう。

　ここではまず，Abbe-Czapski の近似から Tscherning の公式導出までを，L. C. Martin** に従い，ほぼ彼の記法を踏襲してたどることにします。私は前項で Airy の数学的取り扱いの核心部分を省略しましたが，Martin の記述はそれを厳密にしかも要領よく説明して Tscherning の公式導出につなげる出色のものだからです。

(a) 複数個の屈折面に対する非点収差除去の条件
—Zinken-Sommer の公式の導出—

　単一球面屈折面に対する微小斜入射光線束の結像式を複数個の屈折球面を持つ共軸系に適用する公式を導きます。

　共軸系の1つの面による屈折を**図5**に示します。符号の約束は現在広く行わ

---

* 東大総合図書館，京都府立医大図書館，北大図書館に所蔵されています。
** *An Introduction to Applied Optics*, I (1930), p300-306, および *Technical Optics*, I (1948), p319-325．両著ともほぼ同じ記述です。記号は後者に従います。なお，日本語で書かれた教科書でこの問題を取り上げ，ほぼ原著論文に従って丁寧に式を追って説明しているものに，久保田広：光学，岩波書店（1964）p104-108 があります。

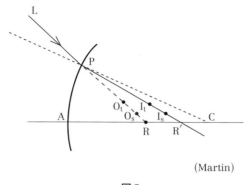

(Martin)

図5

れているものに準じ，物点・像点および屈折面の曲率中心とも屈折面の右側を正とします．すなわち，図の配置はそれらがすべて正である場合を描いてあります．開口絞りは光軸AC上R'に置かれています．物空間からR'を見たときの像がRです．したがって屈折面上Pで屈折する主光線LPはRの像R'に向かうことになります．Pにおける入射角と屈折角は，それぞれ $i = \angle \mathrm{CPR}$ と $i' = \angle \mathrm{CPR'}$ です．屈折面の曲率半径は r です．このとき，物点はPR上にあってメリジオナル物点 O_t とサジタル像点 O_s，像点はPR'上にあってそれぞれ I_t と I_s になります．$\mathrm{PO}_t = t$，$\mathrm{PO}_s = s$，$\mathrm{PI}_t = t'$，$\mathrm{PI}_s = s'$ と置くとそれらと比べて，$\mathrm{O}_t\mathrm{O}_s$ および $\mathrm{I}_t\mathrm{I}_s$ がそれぞれ十分に小さい場合にその2乗を無視できてよく知られた次式が得られます．

$$\frac{n'\cos^2 i}{t'} - \frac{n\cos^2 i}{t} = \frac{n'\cos i' - n\cos i}{r} = \frac{n'}{s'} - \frac{n}{s} \tag{4}$$

ここで入射角 i，屈折角 i' とも十分小さいと仮定して，

$$\cos^2 i = 1 - i^2 \tag{5}$$
$$\cos^2 i' = 1 - i'^2 \tag{6}$$

と置いて次式が得られます．

$$\frac{n'}{\mathrm{PI}_t} - \frac{n'i'^2}{\mathrm{PI}_t} - \frac{n}{\mathrm{PO}_t} + \frac{ni^2}{\mathrm{PO}_t} = \frac{n'}{\mathrm{PI}_t + \mathrm{I}_t\mathrm{I}_s} - \frac{n}{\mathrm{PO}_t + \mathrm{O}_t\mathrm{O}_s} \tag{7}$$

$I_t I_s/PI_t \ll 1$，および $O_t O_s/PO_t \ll 1$ として上式右辺を展開し，2次以上の項を無視して次式が得られます。

$$\frac{n' \cdot I_t I_s}{t'^2} - \frac{n \cdot O_t O_s}{t^2} = \frac{n' i'^2}{t'} - \frac{ni}{t} \tag{8}$$

Pから光軸に下した垂線の長さを y とし，これが $AR(=l)$，$AR'(=l')$ および $AC(=r)$ のどれよりも十分小さいとき次式が成り立ちます。

$$i = y\left(\frac{1}{l} - \frac{1}{r}\right) \tag{9}$$

$$i' = y\left(\frac{1}{l'} - \frac{1}{r}\right) \tag{10}$$

また，i と i' が十分小さいとき

$$n'i' = ni \tag{11}$$

が成り立つことも明らかです。これらの関係を(8)式の右辺に代入して次式が得られます。

$$\frac{n' \cdot I_t I_s}{t'^2} - \frac{n \cdot O_t O_s}{t^2} = n'^2 i'^2 \left(\frac{1}{n't'} - \frac{1}{nt}\right)$$

$$= n'^2 y^2 \left(\frac{1}{l'} - \frac{1}{r}\right)^2 \left(\frac{1}{n't'} - \frac{1}{nt}\right) \tag{12}$$

ここで，表示を簡略にするため，次の量 Q_t と Q_l を導入します。

$$Q_t = n\left(\frac{1}{r} - \frac{1}{t}\right) = n'\left(\frac{1}{r} - \frac{1}{t'}\right) \tag{13}$$

$$Q_l = n\left(\frac{1}{r} - \frac{1}{l}\right) = n'\left(\frac{1}{r} - \frac{1}{l'}\right) \tag{14}$$

次に，非点隔差 $O_t O_s \ll PO_t$ および $I_t O_s \ll PI_t$ が成り立つとしてそれぞれの平均位置を B_1 と B_1' に置き換えた図を**図6**に示します。すなわち，B_1 と B_1' を共役と考えるわけです。(9)式と(10)式が成り立つ条件から，B_1 と B_1' から光軸に垂線を下ろして交点をそれぞれ B と B' とすると，B と B' もまた共役点で両者の間には近軸公式が成り立つでしょう。また，$BB_1 = h$ と $B'B_1' = h'$ が互いに

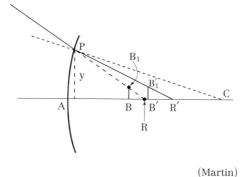

(Martin)

図 6

近軸結像の条件を満たす物体と像の関係にあることが分かります。このとき，次の近似が成り立ちます。

$$\frac{y}{l} = \frac{h}{BR} = \frac{h}{l-t} \tag{15}$$

このとき，次式が得られます。

$$Q_l - Q_t = n\left(\frac{1}{t} - \frac{1}{l}\right) = n\frac{l-t}{lt} = \frac{nh}{yt} \tag{16}$$

また，小物体 h とその像 h' の間に近軸域仮定ができて，ラグランジェ・ヘルムホルツの式が成り立つとして次式が得られます。

$$\frac{nh}{t} = \frac{n'h'}{t'} \tag{17}$$

(8)式に(16)式と(17)式を代入して整理すると，次式が得られます。

$$\frac{I_t I_s}{n'h'^2} - \frac{O_t O_s}{nh^2} = \frac{Q_l^2}{(Q_l - Q_t)^2}\left(\frac{1}{n't'} - \frac{1}{nt}\right) \tag{18}$$

この結果を共軸系を成す複数個の屈折面が並ぶ光学系に適用する場合には，各面について成り立つ上式を加算すればよく，その結果，左辺が最前面と最後面を除いて打ち消し合うので次式が得られます。

$$(最後面の)\frac{I_t I_s}{n'h'^2} - (最前面の)\frac{O_t O_s}{nh^2}$$
$$= \Sigma \frac{Q_l^2}{(Q_l - Q_t)^2}\left(\frac{1}{n't'} - \frac{1}{nt}\right) \tag{19}$$

この式の右辺が0になることが系の非点収差が0になる条件です。これはH. Zinken-Sommerによって1864年に見出されたものです[*]。要するに，主光線に沿って各屈折面への入射角が十分に小さく，そのため近軸近似が成り立つという大変に窮屈な制限下で初めて成り立つ条件が得られた次第です。

(b) 薄い単レンズへの適用

ここでは屈折面やレンズの結像特性を焦点距離ではなく屈折力を使って上の諸公式を単レンズに適用して非点収差のない単レンズの形を求めます。

まず，空気中に置かれた単レンズの像側屈折力 F は次式で与えられます。

$$F = \frac{1}{f'} = (n_a - 1)\left(\frac{1}{r_1} - \frac{1}{r_2}\right)$$
$$= (n_a - 1)(R_1 - R_2) = (n_a - 1)R \tag{20}$$

ここに n_a はレンズの屈折率，$R = R_1 - R_2$ は前後2つの屈折面の曲率の差です。ここで，簡略化するために物点距離 t を ∞ とします。遠用レンズを設計しようというわけです。レンズから目の回転中心，すなわち異なる方向から目に入射する主光線が交差する点に開口絞りがあるとし，レンズからそこまでの距離を l'_2，物体側から見たその像，すなわち入射瞳までの距離を l とします。このとき

$$\frac{1}{l'_2} - \frac{1}{l} = \frac{1}{f'} \tag{21}$$

が成り立ちますから，これを屈折力表示で表して，$L_1 = 1/l$, $L'_2 = 1/l'_2$ と置くと

---

[*] Annal. Phys. Chim. (Pogg. Ann.), **122** (1864), 563. および *Untersuchungen über die Dioptrik der Linsen-Systeme*, Braunschweig, (1870). 私は後者を入手できませんでした。著書の正式の名は H. Zinken, genannt Sommer です。旧姓Zinkenを並べてこう書く習慣のようです。彼は論文発表時，ブラウンシュバイク工科大学の前身 Collegio Carolino の講師でした。ブラウンシュバイクは，プロシアのめがねを中心とする光学産業の中心都市でした。

$$-L_1 = F - L_2' \tag{22}$$

が得られます。

これらの関係を使って第1面の Q_1 を求めると，$n = 1$ と置いて次式が得られます。

$$Q_l = R_1 + F - L_2' \tag{23}$$

また $n = 1$，$t = \infty$ なので

$$Q_t = R_1 \tag{24}$$

が得られ，その結果，

$$Q_l - Q_t = F - L_2' \tag{25}$$

が得られます。

次に(4)式において $t = \infty$ と置き，i および i' とも十分小さいとして i^2 と i'^2 の項を無視するという思い切った仮定をすると，

$$\frac{n_a}{t'} = F_1 \tag{26}$$

が得られます。$F_1 = (n'-1)/r$ は近軸域で定義された第1面の屈折力です。

これらの結果を用いると，第1面の(19)式への寄与 A_1 は次式で与えられます。

$$A_1 = \frac{(R_1 + F - L_2')^2}{(F - L_2')^2} \cdot \frac{F_1}{n_a^2} \tag{27}$$

次に第2面について。

レンズの厚さが0であることを考慮して，第2面による屈折の性質を導きます。第2面を添字2を付けて表し，レンズから射出瞳までの距離を $l_2' = 1/L_2'$ と置いて次式が得られます。

$$L_2' - n_a L_2 = (1 - n_a) R_2 = F_2 \tag{28}$$

ここに, L_2 は第2面による射出瞳の共役点に対応しますが, 最終の式には表れない量です. これより

$$Q_l = n'\left(\frac{1}{r} - \frac{1}{l'}\right) = R_2 - L_2' = R_1 - R - L_2' \tag{29}$$

および,

$$Q_t = n'\left(\frac{1}{r} - \frac{1}{l'}\right) = R_2 - \frac{1}{f'} \tag{30}$$

が得られます.

最終像はレンズの焦点面に結びますから,

$$Q_t = R_2 - F = R_1 - R - F \tag{31}$$

が得られます.

次に, 第2面に対する $(1/n't' - 1/nt)$ を計算します. (26)式を得たのと同じ理由で, 無限遠物体に対する像点までの距離 t' をレンズの焦点距離に等しいと近似できますので,

$$\frac{1}{t'} - \frac{n_a}{t} = F_2 \tag{32}$$

より, $t' = f'$ と置いて

$$F - \frac{n_a}{t} = F_2 \tag{33}$$

が得られ, $F = F_1 + F_2$ より

$$\frac{n_a}{t} = F_1 \tag{34}$$

が得られます. ここに t は(26)式の t' と同じですから, 2つの式の間に矛盾はありません. これらの演算の結果, 第2面の(19)式への寄与 A_2 は次式で与えられます.

$$A_2 = \frac{(R_1 - R - L_2')^2 (n_a^2 F - F_1)}{(F - L_2')^2 n_a^2} \tag{35}$$

A_1 と A_2 を加えた, $A = A_1 + A_2$ が単レンズに対する Zinken-Sommer の式と

なります。これを0と置いて次式が得られます。

$$nF^2 - (n+2)FF_1 + (n+2)F_1^2 - 2(n^2-1)L'F_1$$
$$+ n(n-1)^2 L'^2 + 2n(n-1)L'F = 0 \qquad (36)$$

ここに L' は L_2' を，また n は n_a を簡略化した表示です。また

$$R_1 = \frac{F_1}{n_a - 1}, \quad R = \frac{F}{n_a - 1} \qquad (37)$$

の換算変換を施してあります。
(36)式は Tscherning が示した次式，

$$A = \frac{\delta^2(n+2) - \delta\left[\dfrac{\phi}{n-1}(n+2) + 2(n+2)(\beta+\sigma)\right] + \dfrac{n\phi^2}{(n-1)^2} + \dfrac{\phi}{n-1}[2n\beta - \sigma(n+1)(n-2)] + n\beta^2 + 2\beta\sigma(n+1)}{(\sigma + \phi - \beta)^2} = 0 \qquad (38)$$

と $\sigma = 0$（本項の $t \to \infty$ に対応）としたときに一致します。ただし，記号は $\phi \to F$, $\delta \to F_1/(n-1)$, $\beta \to L'$ と置き換えてあります。Tscherning は物点距離（$1/\sigma$）を有限としたことによって，本項の取り扱い（$t = \infty$）を一般化した式を導いたことになります。これが，近用レンズへの適用を可能にしたことは言うまでもありません。

(36)式と(38)式は共に，レンズから目の回転中心（＝レンズの射出瞳）までの距離 $1/L'$ とレンズの屈折率 n を定数としたとき，F と F_1 に関する2次方程式になります。これが，楕円を描くことは容易に証明できます。

ここで Tscherning が得た(38)式の計算例を**図7**に示します。遠用（$t = \infty$）と近用（$t = 33\,\text{cm}$）レンズに対し，$n = 1.52$，回旋距離 28 mm とした，Tscherning が設定した条件下で von Rohr が計算・作成した曲線です。Tscherning 自身の計算結果は，荒っぽくてこのようなきれいな曲線になりません。

Tscherning は非点収差以外の残存収差を低減する試みも，同様の数学手法

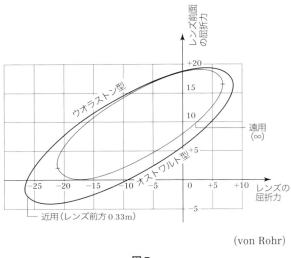

(von Rohr)

図7

を使って行っています。図8にその成果の一部を示します。近視用遠用レンズ（−10D）に対する計算結果です。一番左の2本の曲線は視線を動かしたとき無限遠物体の虚像がつくるメリジオナルおよびサジタル像面とその曲率半径（単位はmm）を描いてあります。眼球の回旋による主光線の変化に対してレンズが無収差の場合には，その無限遠物点の像面は回旋点を中心とする球面（遠点球面）になり，その半径は図8の場合128 mmになります。図中に示した曲率半径とこの値との差が眼球の回旋による焦点移動に比例します。したがって，これが小さいほど回旋によって生じる調節が小さくて済むことになります。Anastigmate I・IIはそれぞれオストワルト型とウオラストン型を指し，共に非点収差が0で1つの像面（曲率半径152 mm）を持ちます。上記128 mmとの差は24 mmで，回旋角30°に対しては焦点移動約3 mm，屈折力の差は約0.2Dです。Courbure minimaは像面の曲率が最も小さい場合，Orthoscopiqueは歪曲収差を0とした場合をそれぞれ表しています。後者について，von Rohrは近軸計算の結果であって追跡計算の結果とはあまりいい一致を示さないと述べています。

14 非点光線束の追跡 7 Ostwalt と Tscherning

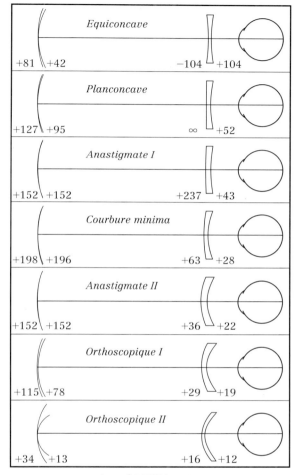

レンズの屈折力 −10D

(Tscherning)

図 8

　屈折則を $\sin i \fallingdotseq i$ と $\cos i = 1 - i^2/2$ で近似して成り立つ本項の理論は，例えば目の回転角を 10°，20°，30°と大きくした場合に，近似によって生じる誤差がどのくらい増大するか，といった問いに明快に答えることができません．加えてレンズ厚を 0 とした仮定が生む誤差も評価を必要とするでしょう．さら

には，目の生理学的特性を考慮してそれに合わせたレンズの設計を行うことも必要でしょう．

Zeiss 社がめがねレンズの自信作 Punktal を世に問うたのは 1912 年のことでした．Punktal とは眼球の回転を含めた視野の全域で点物体が点状に見えるという意味の商標名です．次項のテーマです．

15 非点光線束の追跡 8
プンクタールめがねレンズの登場

> 目の状態は疲れるし,眼鏡をかけないと活字が見えないといい,ともあれ片方ですんで安心したと告白 ―以下略―
> ―― 千葉伸夫:原節子[*] ――

　F. Ostwalt に始まり M. Tscherning によって一応の完成をみた,球面系めがねレンズの非点収差が 0 になるという意味でベストフォームを求める研究に対し,めがね業界は当初ほとんど関心を示さなかったようです。少なくともその徴候を示すような資料は,見つからないそうです[**]。von Rohr によれば,中強度の凸レンズに対するベースカーブ(レンズ第 2 面の屈折力)を 6D とするという,Tscherning が 1904 年に見出した非点収差のない条件から容易に得られる指針を意識的に利用した最初の人(またはメーカー)が誰だったか,分からずじまいだったそうです。なお,Nietzsche & Günther 社では 1908 年に自社レンズをその屈折力の大小でグループ分けし,それぞれに共通のベースカーブを設定するというアイデアを試験的に導入したそうです。チェルニングの楕円を何本かの折れ線グラフで近似したと推測できると思います。

　チェルニングの楕円は,レンズの厚さが 0 でしかもその直径が小さく,そのため視界が十分に狭い場合に,レンズの 2 つの屈折面に対する入射角が十分小さくなりますから,微小斜入射光線束の結像式に現れる角度を,

---

[*] この著書によれば,「女優 原節子は 1954 年 33 歳のとき白内障を発病した。体調が回復した 1 年後,左目の水晶体摘出手術を受けた。手術後は仰臥のまま,約 2 週間の絶対安静が必要であった。彼女はこの時の病について,一時は引退のことまで決心したと 4 年後に回想している」そうです。

[**] 以下の叙述は主に,M. von Rohr: *Die Brille als Optisches Instrument*, *W. Engelmann* (1911)および M. von Rohr und H. Boegehold: *Das Brillenglas als Optisches Instrumente*, Springer (1934)に従いました。

$$\cos A = 1 - \frac{1}{2}\sin^2 A \tag{1}$$

と近似して得られたものです。したがって，これを第1近似として，厚さが有限で視界を例えば片側25°とか30°に設定してそのときのベストフォームを決めようとするときには，結像式の元の形に立ち帰って光線追跡を行い，例えば最小錯乱円を計算して，チェルニングの解を微修正するといった設計の実作業が必要になります。こうして得られた非点収差のないめがねレンズの設計解に基づき，製造と検査の生産体制を確立してめがねレンズ業界に参入したのがZeiss社でした（1912）。その商標名がPunktalです。視野の全面で点（Punkt＝point）像を形成するという意味で名付けられました。

☆ Zeiss社とめがねレンズ

Jena大学の私講師E.Abbe（1840〜1905）は1866年以降，同地の光学器械製造業者Carl Zeiss（1816〜88）を技術指導して顕微鏡性能の飛躍的向上を実現しました。その結果，Carl Zeiss社（以下Zeiss社と略称）の顕微鏡が世界の市場を席捲しました。その後，双眼鏡，各種光学測定機，測距儀，カメラレンズと開発の範囲を広げ，世界一の総合光学メーカーの地歩を固めていきました。しかし，今となっては奇妙に見えるのですが，最もポピュラーな光学製品であるめがねレンズの分野にPunktalをひっさげて参入したのは1912年と非常に遅く，Abbeの死後7年もたってからでした。あれはハイテクではない，ローテクだという意識があったせいかも知れません。

16世紀以来ヨーロッパのめがね生産拠点だったドイツのニュールンベルク地方では，その大部分が両凸および両凹の，手作業で作られた現代の見方からすれば粗悪品でした。目の屈折力を測ってめがねを処方するようになるのは19世紀末になってからです。しかし，19世紀も半ばを過ぎると，めがねレンズのベストフォームの研究と並行して，Dondersに代表される眼科学・眼光学の進歩と，レンズ製作技術の進歩，例えば多軸研削盤の導入などによって高精度球面の量産が可能になったことにより，顧客の屈折異常に合わせて最適のレンズを選んで枠入れするという工程が普及するようになりました。

このような情勢下で，1815年にWienにVoigtländer社が設立され，ウオラストン特許を使ったペリスコピックレンズの製作を始めました。また，1877年にはRodenstock社がWürzburgに設立され，その後Münchenにめがねレンズ専用工場を完成させ，ドイツを代表するめがねレンズメーカーに成長することになります。

それにもかかわらず，Zeiss社はAbbeの在世中めがねレンズの開発に着手しませんでした。しかも開発のきっかけになったのはめがねレンズそのものではなく，もっと特殊な，水晶体摘出によって生じる強度の遠視を補正するための凸レンズの開発だったのです。

☆Katralレンズの開発

Zeiss社の光学設計者M. von Rohr（1868〜1940）は眼生理学者A. Gullstrand（1862〜1930，1911年ノーベル生理・医学賞受賞）に初めて会った時のことを次のように書いています。「Tscherningの総合報告が出版される少し前，多分1903年晩秋の頃，私は報告書に，Gullstrandから目視光学器械を設計する際は眼球の回旋を考慮すべきであると教えられたと書いた。それは，Gullstrandの指示に従って私が設計しZeiss社が製作した写真拡大用レンズVerantルーペの打ち合わせをした時の報告書であった。このレンズの詳細な説明は省略するが，この示唆はめがねレンズの理論で特に重要なものなので，彼が教えてくれたこの指針を報告書に書いたのである。ここに敷衍して記録に残すことにした」。当時，彼は学位取得（1892）後に就職した王立気象学研究所の助手を務めていました。彼がその光学研究を認められてE. Abbeの助手に採用されたのは1905年でした。

Verantルーペとは**図1**に示すもので，写真を拡大して観察するのに使うルーペです。2枚構成の低倍ルーペで，主光線がレンズの後方に置く目の回旋点を通るように設計された，歪曲収差がほぼ補正されたレンズです。

Gullstrandの真の目的は写真拡大装置の試作ではなく，白濁した水晶体レンズを摘出した患者専用の度の強い凸のめがねレンズ（8D〜16D）を作ることでした。彼はすでにOstwaltに始まるめがねレンズのベストフォームの研究を熟

知していて，Tscherningの報告が出るより前に＋7D以上のレンズには非点収差を0にする解が存在しないのを承知の上で，それ以上大きい屈折力を必要とする白内障手術後の患者用のレンズを，真の用途を知らせぬままにZeiss社に発注したのでしょう。これは私の想像ですが，Gullstrand

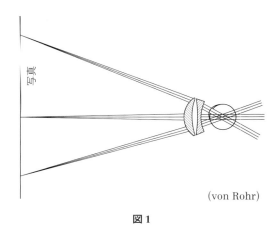

(von Rohr)

図1

とvon Rohrの間では初めから真の目的が共有されていて，これをいわば"男の約束"として2人の研究が始まったのでしょう。これが後のプンクタールの開発につながったのでしょう。なお現代では，水晶体摘出後にその代わりに眼内レンズが挿入されますから，度数が特に大きい凸レンズを装用する必要はなくなりました。

　Verantレンズの装用実験では，その歪曲収差補正の効果は認められたものの，患者からは見え味がいいのは視野の中心部に限られ，縁の方では非点収差による像の劣化が顕著になるため，目を回転する代わりに頭全体を動かす必要があるとの苦情を受けるようになりました。実際，後にプンクタールの開発プロジェクトに参加することになったH. Boegeholdはこの Variantレンズについて，「1903年に完成したこのレンズは設計段階から，主光線が目の回旋点を通るというGullstrandの条件を低倍率のルーペに適用することを第一義としたため，色収差だけでなく非点収差と歪曲収差がかなり残ってしまった」と述べています[*]。

　その後も非点収差のないダブルメニスカス［**図2**(a)］や貼り合わせレンズ［同図(b)］が設計されましたが，いずれも嵩張って装用には不向きなことが分

---

[*] Czapski-Eppenstein: *Grundzüge der Theorie der Optischen Instrumente*，第3版（1924），p.468

15 非点光線束の追跡 8 プンクタールめがねレンズの登場　249

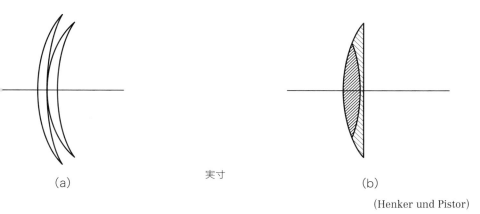

(a)　　　　　実寸　　　　　(b)

(Henker und Pistor)

図 2

かりました。そこで登場したのが一面を非球面にしたメニスカスレンズでした。もともと Gullstrand には，非球面を考慮に入れて光学設計を行うべしという持論があり，Zeiss 社でも E. Abbe が 1899 年に Gullstrand の提案を知る前にその検討を始めていた経緯があったので，そのいわば商品化第 1 号として凸の高屈折力めがねレンズへの適用が決まったのでしょう。Gullstrand の非球面導入の要請を受けて von Rohr はその効用を大要，次のように書いています[*]。「球面上で測ったその曲率半径はすべて同じ値を示す。したがって，単レンズの光軸を含む面内（メリジオナル面）とそれに直交する面内（サジタル面）の曲率半径 r_m と r_s は相等しい。主光線が回旋点を通る配置では，回旋距離（レンズから眼球の回転中心までの距離）を現実的な値に選んだとき，例えば頂点屈折力[**]が 11D のレンズでは非点収差を 0 にすることはできない。実際，度の強い凸レンズでは $s'_m < s'_s$ が常に成り立つ。ここに s'_m と s'_s はそれぞれ主光線上レンズからメリジオナルおよびサジタル焦点までの距離である。$s'_m = s'_s$，すなわち両焦点を一致させるためには，一方の屈折面を非球面化し，その両主

---
[*] M. von Rohr und H. Boegehold: 前掲書，p.137
[**] レンズの後側頂点から後側焦点までの距離 (m) の逆数。単位は D（ディオプター）。焦点距離の逆数である屈折力との相異については後述。

断面における屈折面の曲率半径を $r_m \neq r_s$ にする必要がある。いま球面からの隔たりを q で表し，それが次式で与えられるとしよう。

$$q = \kappa l^4 \tag{2}$$

ここに l はレンズの頂点から円弧に沿って測った距離，κ は定数である。**図3** において，実線は基準になる球面，点線は(2)式によるそれからのずれを表している。新しい曲線上 P' に立てた法線は光軸上円の中心に向かう法線 PC とは異なる点 N を通る。その主曲率半径は2つあり，サジタル面内のそれは $r_s = P'N$，メリジオナル面内のそれは $r_m = P'K$ で，

$$r_m > r_s > r \tag{3}$$

である。この性質を利用して，単レンズの一方の球面によって生じた非点収差を他方の面を非球面化することによって補償することができる。κ を変形係数 (Deformationskoeffizienten) と呼ぶ。この原理は Gullstrand により，白内障レンズの軽量化を目的に提案されたもので，グルストランドレンズと名付けられた。

単レンズの一方の面を非球面化することにより，その変形量を示すパラメーター κ とレンズの形状指数 (例えば $\beta = 1 - 2F_2/F$，ここに F はレンズの，また F_2 はその第2面の屈折力) の2つの変数を操作することができる。これにより，緩やかなカーブ (オストワルト型) のレンズを非点収差なしにすること

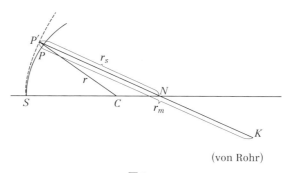

(von Rohr)

図3

ができるだけでなく，非点収差と特定の傾角に対する歪曲収差を2つ同時に0にすることもできる。後者の場合にはベンディングがきつくなってウオラストン型に近づく」。オストワルト型に近く，Zeiss 社が商標名 Katralgläser で発売した例を**図4**(a)に，またウオラストン型に近く歪曲収差もあわせて補正されたレンズの例を同図(b)に示します。いずれも光軸近くの屈折力が等しい球面レンズと比べると，非球面化されたものの方が球面レンズとくらべレンズ周辺部のカーブが緩やかになっていて，中央部と周辺部の厚さの差が小さいのがその特徴です。非球面の曲率半径の差は中央部と周辺部で1mm以下ですが，スフエロメーターで検出可能の寸法差だったということです。

なお，戸外でめがねを使うことの多い水晶体摘出者には，非点収差は残存するけれど歪曲収差の少ないウオラストン型に近い球面レンズが喜ばれていたそうです。戸外で早く動く移動体，例えば自動車や自転者が視界をよぎる場合などに敏感に反応でき疲労感が少ないせいだろうということです。Rotoid の商品名で流通していたそうです[*]。残存歪曲収差が目に与える影響については後述します。

図5にチェルニングの楕円（レンズから回旋点までの距離25mm，レンズ

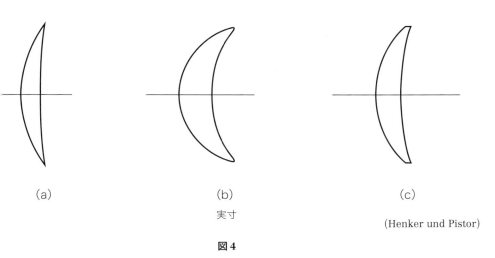

図4

---

[*] H. H. Emsley and WM. Swaine: *Ophthalmic Lenses*, Hatton Pr.（1951），p.253

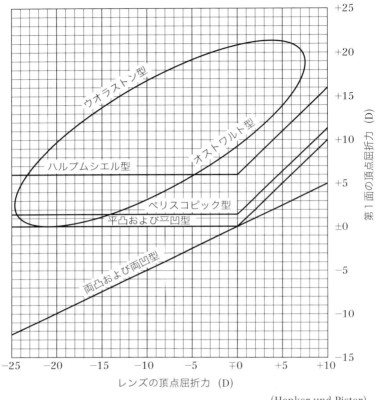

(Henker und Pistor)

図5

の屈折率1.52）に併記して，当時流通していた諸カーブを示しました。横軸にレンズの頂点屈折力，縦軸に同レンズ前面（第1面）の頂点屈折力をとって描いてあります。諸カーブがチェルニングの楕円から離れるほど，非線形ではありますが残存非点収差が増大します。例として，平凸または平凹に近いメニスカスであるペリスコピック型をとると，これは凹レンズ（$D < 0$）では前面が一定で1.25D，凸レンズ（$D > 0$）では後面が一定で1.25D（$n = 1.5$ と置いたとき曲率半径400 mm）になっています。前面と後面のどちらかがすべて同じ屈折力すなわちベースカーブ1.25Dをもつという徹底的な簡素化を行ってい

るわけです。時代が下って1870年代に現れたのがHalbmuschel（ハルプムシエル）型―英語ではmi-coquille―ではベースカーブが5.5Dになっています。両者を比べると，−8Dより強度の凹レンズではペリスコピック型が，それより右側の度数の弱い凹レンズから+7Dまでの凸レンズではハルプムシエル型が，それぞれよりオストワルト型に近いこと，すなわち残存非点収差の小さいことが推測できるでしょう。

さて問題は7Dより強い凸レンズについてです。この範囲で球面だけを使い最も非点収差の小さいめがねレンズを設計するにはどうすればいいか？その答えは前項に示した(36)式または(38)式の右辺を0ではなく有限の値をもつとして解けばいいのです。こうして得られた解をチェルニング型白内障レンズとか，最適型（Gläser günstigster Form）と呼ぶそうです*。その断面図を図4(c)に示します。

これら4つのレンズ型に対し，微小斜入射光線束の結像式を厳密に適用して，その像空間における最大半視野角（＝最大眼球回旋角＝35°前後）における残存非点収差を計算した結果を表1に示します。また，球面最適型と非球面型について度の強い凸レンズ（14D）の視野角特性を図6(a)と同(b)に示します。実線がサジタル，点線がメリジオナル屈折力を表します。残存乱視が±0.5D以内であれば，ほぼ良好な視力が得られるとされていますから，ペリスコピック型では10D以上，ハルプムシエル型では12D以上で，また球面最適型では14D以上でこれらが実用にならない程に大きい残存非点収差を持つことが分かります。一方，非球面型では，製作誤差を十分に小さく抑えられれば，10〜16Dの全域で残存非点収差を無視できて良好な視力を得られることが分かります。

歪曲収差が残存すると，視線を固定したときには像がゆがんで見え，動かすときには像の揺れと知覚されます。したがって，図4(b)のウオラストン型の方が図4(a)のオストワルト型よりも装用感は良好なはずです。しかし，Zeiss社が選んで商品化したのはオストワルト型でした。前者が見た目に不格好なのが選ばれなかった理由でしょう。なにしろめがねは顔の真ん中に鎮座しますか

---

* O. Henker und H. Pistor: *Einfuhlung in die Brillenlehre*, zweite Aufl. Borkmann (1927), p.190

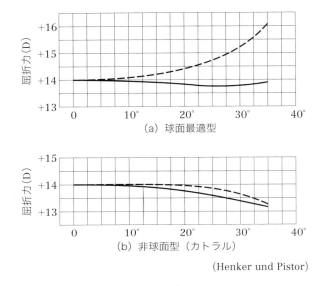

(a) 球面最適型

(b) 非球面型（カトラル）

(Henker und Pistor)

図6

ら，姿見に映った自分を見れば拒絶反応請け合いだからでしょう。加えてカーブがきついため，非球面加工が一層難しくなるのも一因だったと思います。

von Rohr は 1905 年に Zeiss 社に入社し，写真部門に初任配置された後，顕微鏡部門のレンズ設計室の室長に任命されました。彼の幾何光学の才能はずば抜けて高かったそうです。Gullstrand との出会いを契機に，彼はめがねと医療器械の課題に挑戦することになります。

Zeiss 社は 1908 年にめがねレンズの開発をスタートさせ，von Rohr は眼球回転を考慮しためがねレンズの開発責任者に抜擢され，Jena 大学で数学の博士号を取ったばかりの H. Boegehold（1876~1965）を助手に作業を始めたのです。

彼らが手掛けた最初の製品は，これまで説明してきた水晶体摘出患者用の Gullstrand レンズで，商標名 Katral レンズ（Katral は白内障のラテン語 cataract に由来）と命名された，非球面凸レンズと弱視者用低倍ガリレオ式望遠鏡の 2 品種で，1910 年に発売されました。後者については，説明を省略し

15 非点光線束の追跡 8 プンクタールめがねレンズの登場

頂点屈折力 (D)	両凸/両凹型 中心厚 (mm)	周辺屈折力 (D) 像側傾角35° サジタル	メリジオナル	非点収差 (D)	平凸/平凹型 中心厚 (mm)	周辺屈折力 (D) 像側傾角35° サジタル	メリジオナル	非点収差 (D)
+10	4,9	+12,16	+24,14	+11,98	4,5	+10,38	+13,53	+3,15
+12	5,6	+15,06	+33,32	+18,26	5,3	+12,47	+16,29	+3,82
+14	6,2	+18,26	+47,02	+28,76	6,1	+14,65	+19,37	+4,72
+16	6,6	+21,89	+63,79	+41,90	7,0	+16,97	+22,97	+6,00

頂点屈折力 (D)	ペリスコピック型 中心厚 (mm)	周辺屈折力 (D) 像側傾角35° サジタル	メリジオナル	非点収差 (D)	ハルプムシェル型 中心厚 (mm)	周辺屈折力 (D) 像側傾角35° サジタル	メリジオナル	非点収差 (D)
+10	4,6	+10,12	+12,37	+2,25	5,0	+9,53	+10,16	+0,63
+12	5,4	+12,35	+15,25	+2,90	6,0	+11,62	+12,82	+1,20
+14	6,3	+14,53	+18,27	+3,74	7,1	+13,89	+16,04	+2,15
+16	7,3	+16,85	+21,84	+4,99	8,5	+16,40	+20,12	+3,72

頂点屈折力 (D)	最適型 中心厚 (mm)	周辺屈折力 (D) 像側傾角35° サジタル	メリジオナル	非点収差 (D)	非球面型 (カトラル) 中心厚 (mm)	周辺屈折力 (D) 像側傾角35° サジタル	メリジオナル	非点収差 (D)
+10	4,5	9,47	9,68	+0,21	4,7	+9,38	+9,15	−0,23
+12	6,5	11,62	12,79	+1,17	5,0	+11,19	+10,98	−0,21
+14	7,1	13,89	16,04	+2,15	5,3	+13,16	+13,27	+0,11
+16	5,5	16,25	19,47	+3,22	6,9	+15,29	+15,62	+0,33

(Henker und Pistor)

断面図のみ図7に示します。現在もこの種のものが販売されています。Zeiss社が選んだのは売上げの大きい一般めがねレンズではなく、白内障患者や弱視者が商品化を切望していた、いわば医療器具だったわけです。

非球面の製作が難しいため、Katralレンズの価格が高くなるのはやむを得ません。最近出版された著書*によると、4部屋住居の家賃1カ月分と同じくらいだったそうです。またその一方で、品質にも若干問題があったとの指摘があります**。おそらく機械式倣い方式の非球面加工に精度不足の問題があったのでしょう。

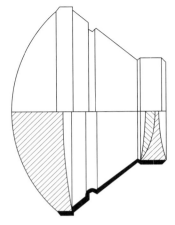

(von Rohr und Boegehold)

図7

一般用のめがねレンズPunktalが発売されるのはその2年後の1912年、第1次世界大戦が始まる2年前の年です。

☆プンクタールレンズの開発

Zeiss社が、遠視・近視用球面レンズ（7.5D〜−20D）シリーズと、それらの前面を度数の異なるさまざまなトーリック面に変えた乱視用レンズ（円柱屈折力0.12D〜4.00D、特別な場合4.00D以上）のシリーズから成るプンクタールレンズを発表したのは第1次世界大戦勃発の2年前の1912年、明治45年/大正元年のことでした。

その設計方針を端的に表した文章がありますので紹介します***。「設計の基本は十分に大きい視野の内部で非点収差が消えるようなレンズの形を決めることである。その際、レンズの厚さをTscherningが仮定したような0とせず、

---

* P. Schumacher: *Die ZEISS Punktal Story*, BOD (2012), p.50
** Martin: *Technical Optics* I, Pitman (1948), p.324. an optical performance of some difficulty との記述があります。
*** O. Henker: *Einfuhrung in die Brillenlehre*, R. Borkmann (1921), 著者はZeiss社眼鏡部門長でvon Rohrの上司。1924年には英訳されました。

実際に即して正しく考慮されなければならない（光学性能だけでなく重量や強度なども考慮した最適解を探すというほどの意味でしょう）。点が正しく点に結像する性能をもつ近代的レンズ群（＝プンクタール）の設計は厳密な光線追跡計算（＝微小斜入射光線束の追跡計算）によって行われた。そのため部分的にチェルニングの曲線から離れる結果が生じた。大部分のケースで，絞りがレンズの後側頂点から測って25 mmとしたとき，主光線の像側傾角（＝眼球の回旋角）を凸レンズの場合35°，凹レンズの場合30°に対して非点収差ゼロを実現できた」。

　ここで私が注目するのは，プンクタールの特徴が，①非点収差補正を第1義とし，目の回旋による焦点変動と歪曲収差の発生を第2義としたこと，②レンズの後側頂点から回旋点までの距離を25 mmとしたこと，および③頂点屈折力を定義しその測定法を提案したこと，の3点です。

　まずプンクタールの設計成果を伝統的なペリスコピックレンズと比較した例を**表2**に示します*。残存非点収差が−20Dから8Dの領域で2桁近く小さくなっていて，目論見通りの結果が得られたことが分かります。

　一方，その代償として①において第2義とした問題点が明らかになりました。これはTscherningがすでに気づいていたことで，彼は3つの収差のうちの1つを取ってそれぞれの場合についてレンズ形の最適解を計算していました（前項の**図8**参照）。Henkerとvon RohrらZeissの設計者たちはこの問題を十分承知していて，Henkerは前掲著書の中で極めて正統的な方法でプンクタールの優位性を主張しました。ここで①について，彼の言い分を聞いてみましょう。

(a) 焦点変動

　単レンズに非点収差がなく像面の弯曲だけが存在する場合に，光軸に垂直な平面の像はザイデル領域で球面になり，その曲率半径 R ($=MF_1'$) は単レンズの焦点距離を f'，その屈折率を n として次式で与えられます（**図8**）。

$$R = nf' \quad (\text{mm}) \tag{4}$$

---

* プンクタールと同じ設計方針によるウオラストン型は，前者とほぼ同じ大きさの残存非点収差をもつので省略しました。

表2

頂点屈折力 (D)	ペリスコピック型			
	中心厚 (mm)	周辺屈折力 (D) 像側傾角，凸30°凹35°		非点収差 (D)
		サジタル	メリジオナル	
+2	1,7	+2,11	+2,76	+0,64
+4	2,4	+4,14	+5,25	+1,11
+6	3,1	+6,15	+7,63	+1,48
+8	3,8	+8,11	+9,94	+1,83
−2	1,4	−2,08	−2,47	−0,39
−4	1,2	−4,08	−4,63	−0,55
−6	1,0	−6,03	−6,59	−0,56
−8	0,8	−7,95	−8,42	−0,47
−10	0,7	−9,86	−10,17	−0,31
−12	0,6	−11,76	−11,89	−0,13
−14	0,6	−13,68	−13,62	−0,06
−16	0,5	−15,64	−15,41	−0,23
−18	0,5	−17,65	−17,28	−0,37
−20	0,5	−19,70	−19,25	−0,45

頂点屈折力 (D)	プンクタール（オストワルト型）			
	中心厚 (mm)	周辺屈折力 (D) 像側傾角，凸30°凹35°		非点収差 (D)
		サジタル	メリジオナル	
+2	2,0	+1,86	+1,86	0,00
+4	3,0	−3,72	+3,71	−0,01
+6	4,0	−5,55	+5,52	−0,03
+8	5,0	+7,44	+7,49	+0,05
−2	1,4	−1,92	−1,93	−0,01
−4	1,2	−3,84	−3,87	−0,03
−6	1,0	−5,78	−5,76	+0,02
−8	0,8	−7,70	−7,68	+0,02
−10	0,7	−9,71	−9,68	+0,03
−12	0,6	−11,66	−11,62	+0,04
−14	0,5	−13,68	−13,66	+0,02
−16	0,5	−15,75	−15,76	−0,01
−18	0,5	−17,85	−17,83	+0,02
−20	0,5	−19,98	−19,99	−0,01

(Henker und Pistor)

15 非点光線束の追跡 8 プンクタールめがねレンズの登場　259

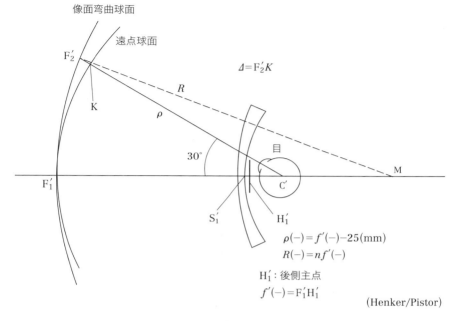

図 8

　一方，眼球を回旋したとき無限遠にある物点の像は回旋点を中心とする球面（Fernpunktskugel, Far-point sphere, 遠点球面）上にあり，その曲率半径 $\rho\,(=C'F'_1)$ は次式で与えられます．

$$\rho = f' - 25 \quad (\text{mm}) \tag{5}$$

ここに 25 mm はプンクタールレンズで設定したレンズ後側頂点 S'_1 から回旋点 C' までの距離です．**図8**は，$D = -5D$（$f' = -200\,\text{mm}$）の凹レンズによる2つの像面を示します．遠点球面の半径 $\rho = -205\,\text{mm}$，像面弯曲の半径 $R = -304\,\text{mm}$ です．したがって，眼球を回旋したと，レンズの像面弯曲が原因で焦点移動 F'_2K が発生することになります．これをディオプターで表示し，レンズの頂点屈折力を横軸にして描いたのが**図9**です．ただし，回旋角を凹レンズでは 30°，凸レンズでは 35° とした場合です．Henker はこのグラフから次

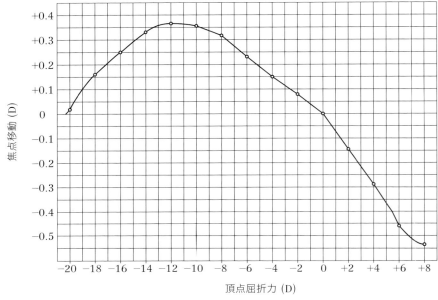

(Henker und Pistor)

図 9

の結論を導きました。「+6Dの凸のプンクタールレンズは，目を35°回旋したとき0.46Dだけ屈折力が小さくなる。すなわち，+5.54Dのレンズとして働く。若い遠視眼では，この程度ならば調整によって意識せずに補償できるので問題にならない。しかし，近視者にはこの方法を適用できない。回旋角を大きくするに従ってレンズの屈折力が大きくなるので，遠点よりさらに遠方に調節域を広げなければならないからである。これを避けるには，真正面を見たときの屈折力を検眼したときの値より高めに処方する必要がある。図9によれば−5Dから−17Dまでの範囲で検眼の値よりも0.25Dほど高めに処方しなければならない」。要するに焦点変動の問題は，処方を微調整することによって実用上支障なく対処できるとしたわけです。

一方，非点収差を若干残存させる代償に遠点球面上で最小錯乱円が得られるレンズ形を設計し，上の焦点移動効果を小さくする試みも行われました。

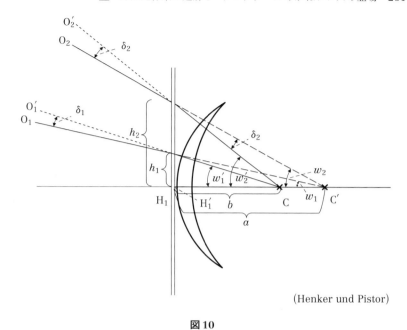

(Henker und Pistor)

図10

Gleichen が計算し，Goerz 社が特許出願したものです[*]。

(b) 歪曲収差

まず，凸のメニスカスレンズを例に，通常の近軸域において成り立つ歪曲収差 0 の数学的表現を求めてみましょう（**図10**）。H_1 と H_1' はこのレンズの物体側および像側節点，C' は目の回旋点，C はその物空間の共役点です。遠方の軸外物点 O_1 と O_2 を出て C' を通る 2 本の光線が物空間で光軸となす傾角を ω_1 と ω_2，屈折後に C を通り光軸となす傾角を ω_1' と ω_2' とすると次式が成り立ちます。

$$\frac{\tan \omega_1'}{\tan \omega_1} = \frac{\tan \omega_2'}{\tan \omega_2} = \frac{a}{b} = \text{const} \tag{6}$$

ここに a と b はそれぞれ後側節点から測った C と C' までの距離です。

(6)式が成り立つとき，歪曲のない結像が実現し，光軸に垂直な平面内に置

---

[*] USP.1,438,820 (1922)

かれた正方形の物体は像面上に正方形として結像します。しかし現実の単レンズでは，C'の像はレンズの球面収差のためCに集中せず，これが原因で歪曲収差が生じ，光軸との交点を中心に描いた正方形は凸レンズに対しては糸巻き型に，凹レンズに対しては樽型に変わります（**図11**）。凸レンズ(a)では物が少し大きく見えるので，裸眼に対する四角形ABCDがレンズ装用時にそれよりも大きい糸巻き型A'B'C'D'になります。一方，凹レンズ(b)では少し小さく見えるので装用時に少し小形の樽型A'B'C'D'になります。いずれも誇張して描いてあります。歪曲は普通，百分率で表され次式で与えられます。

$$歪曲 = \frac{\tan \omega' - \tan \omega_0'}{\tan \omega_0'} \times 100 \qquad (7)$$

ここに ω_0' は，物空間において主光線が光軸となす角度 ω を与えたとき（6）式によって得られる像空間の傾角，ω' は光線追跡によって得られる像空間における主光線の傾角です。典型的なレンズフォームに対する歪曲収差の値を**表3**に示します。ω' を凸レンズに対して35°，凹レンズに対して30°としたときの値です。一般用写真レンズでは歪曲が±2%以内であればあまり目立たないとされています。

ところで，カメラが視野全面を一度に写し取るのに対し，目は広がったものを見るのに顔全体を動かしたり目玉をきょろきょろさせるのが普通で，しかも

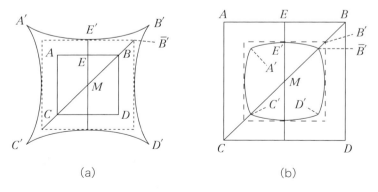

(Henker und Pistor)

図11

表3

頂点屈折力	歪曲収差					
	両凸(凹)レンズ %	平凸(平凹)レンズ %	ペリスコピックレンズ %	ムッシエル型レンズ %	オストワルト型 %	ウオラストン型 %
+2	+5.4	+4.9	+4.4	+2.9	+2.7	+1.5
+4	+11.0	+8.9	+7.9	+5.1	+4.6	+2.7
+6	+17.0	+12.2	+10.8	+6.9	+5.9	+4.2
+8	+23.9	+15.1	+13.2	+8.5	+6.2	+6.2
−2	−3.6	−3.3	−2.8	−1.7	−1.5	−0.5
−4	−7.7	−6.2	−5.5	−3.4	−3.6	−1.5
−6	−12.3	−9.1	−8.0	−5.2	−5.7	−2.5
−8	−17.9	−11.8	−10.5	−6.9	−7.9	−3.6
−10	−24.8	−14.6	−13.0	−8.6	−10.4	−4.9
−12	−33.8	−17.5	−15.6	−10.5	−12.8	−6.4
−14	−46.5	−20.6	−18.3	−12.4	−15.6	−8.1
−16	−67.2	−23.9	−21.2	−14.6	−18.3	−10.2
−18	−110.3	−27.5	−24.5	−16.9	−21.1	−12.5
−20		−31.6	−28.1	−19.6	−31.5	−15.5

(Henker und Pistor)

それを半ば無意識に行っていますから，残存する歪曲に対する評価もおのずから写真レンズとは異なるでしょう。ここでもHenkerの言い分を聞いてみましょう。「白内障患者が水晶体摘出手術を受けた後，強度の凸レンズ（Zeiss社製Katral）を装用したとき，彼はレンズの大きい残存歪曲収差が原因で起こる2つの困難を経験する。一つはある点を注視したとき，その周りのものの形がゆがんで見えることで，これは**表3**のデータから十分に予想できる。もう一つは眼球を左右に動かしてレンズの右端→中央部→左端を通して，ものを見た場合のゆがみの変化である。例えば度の強い凸レンズを装用すると，**図12**に示すように扉の縦の枠がレンズの右端を通して見たときは(a)であるが，（首を回して）正面に近づくに従ってカーブが緩くなり，正面(b)では直線になる。さらに首を回すと今度はカーブの向きが逆転し，めがねの左端を通して見ると右端とは逆向きに同じ大きさのゆがみ(c)を生じる。装用者は扉の縦の枠がこ

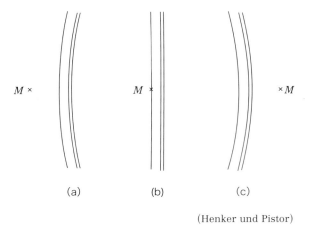

(Henker und Pistor)

図 12

のとき左から右にぐにゃと曲がって見えると感じられるというわけだ。しかし，彼は経験から実際にはそうでないことを知っているので，見掛けと真実との矛盾を解消しようとして頭がくらくらし，それが高じると吐き気を催すことになる。横の線について目を上下したときも同様である。そのため，度の強いレンズを掛け始めてからしばらくの間は床が曲がって見えるため歩くのに不安を感じたり足を踏み外したりするのである。

　度の強い凹レンズの場合もほぼ同様の歪曲効果を生じる。眼球の回旋によるその急激な増大は同じであるが，像が小さくなるのと正方形が樽型になるという点が異なる」。

　ここで Henker はこのようにものがゆがんで見え，しかも視線を動かすとゆがんだ形が変わるという現象は慣れによって感覚的には低減できると主張します。さらに単レンズを使う限りこの種の歪曲は避けられず，強いてこれを改善するには複数のレンズを組み合わせなければならないと述べるのです。

　確かに大部分の装用者には習慣によって克服できるでしょうが，それができないいわば少数派も存在します。現代におけるこのような少数派は，累進焦点レンズになじむことができません。そのため，二重焦点レンズや三重焦点レン

ズを装用するか，または遠用レンズと近用レンズを常時携帯して使い分ける方法を今でも取り続けています。

　最後に，**表1**によればメニスカスレンズはその他のレンズと比べて，歪曲が少ないこと，しかもウオラストン型の方がオストワルト型よりも歪曲が小さいことを強調しておきたいと思います。先に挙げた白内障用凸レンズRotoidの例は，ウオラストン型のこの長所を生かした発明です。

☆めがねの装用条件

　厚さが0の薄レンズから眼球の回転中心までの距離をOstwaltは30 mm, Tschernigは27 mm, Zeiss社は有限な厚さを持つレンズの後側頂点から測るとして25 mmとしました。

　この距離はレンズの後側頂点から角膜頂点までの頂点間距離と角膜頂点から眼球回旋点までの距離——決まった用語はないようです——の和で与えられます。レンズを目から遠ざけるに従って視野は狭まり，裸眼時と比べて像の大きさは凸レンズで大きく，凹レンズで小さくなり，美容上も好ましくないでしょう。一方，あまり近づけるとまつ毛に触れてレンズの表面が汚れてしまいます。Zeiss社では，これを12 mmとしてレンズを設計しています。日本でも12 mmを選んでいるようですが，現在欧米では14 mm前後を標準にしているようです。日本人と比べ，欧米人の目が平均的に落ち凹んでいるからでしょう。

　一方，角膜頂点から眼球回旋点までの距離は平均的に13～15 mmとされています。こうして，めがねレンズの設計に必要不可欠なレンズの後側頂点から回旋点までの距離は単純に上の数値を加算すると25～29 mmとなります。この距離を日本では25 mm，欧米では27 mmにとっているそうです。

　ところが，一色[*]は出典を明らかにしていませんが「米国で調査したところによると」として，「めがねレンズの装着の仕方には，人によってかなりのバラツキがあり，レンズの後面より角膜の頂点までの距離は8～22 mmの範囲内に分布する。さらに，角膜の頂点より目の回転中心までの距離は従来13 mm

---

[*] 一色眞幸：「めがねのための光学」, in めがね工学：小瀬輝次監修, 共立出版 (1983) p.94–121

くらいと言われていたが，最近の人々の体格が大きくなってきたので増大する傾向にあり，10~20 mmの範囲にあるという。―中略―上記の分布状態を考慮に入れると，（レンズから眼球の回転中心までの）距離は18~42 mmの範囲にあると思わなければならない」とのことです。

　実は近代めがねレンズの創始者たちもこのことは十分に承知していて，Boegeholdは像側傾角（＝眼球の回旋角）が凸レンズに対し35°，凹レンズに対し30°の場合について三角追跡計算を行い，上記距離を$x' = 30$ mmと20 mmにしたとき，25 mmで設計した頂点屈折力の値がどれだけ変化するかを計算しています（**表4**）。このとき当然のことながらチェルニングの楕円の形も変わりますから，$x' = 25$ mmで設計したプンクタールは装用条件が変わると，新たに非点収差を発生させることになります。このような見地から，非点収差ゼロの条件を厳密に守ってレンズの形を決めるのはあまり意味がないという主張も納得できるでしょう。しかし近年，めがねレンズは高屈折率プラスチックの採用と非球面の全面的導入による軽量化が進み，フレームの軽量化・高機能化と相まって，めがね全体が飛躍的に軽くなり装用感が著しく向上しました。以前は理想的なめがねの重量はレンズ込みで40 g以下と言われていましたが，現在は20 g以下が普通です。その結果，鼻のブリッジ部（日本語では鼻梁，または鼻背といいます）にかかる負担が減り，レンズの後側頂点と角膜間の距離を従来と比べ正しく長時間一定に保持できるようになりました。収差はたとえ微量であっても視力に影響します。調節力でカバーしようとしても

表4

レンズの屈折力	-23	-20	-17	-15	-10	-5 dptr
$x'=30$ mm	-0.60	-0.12	$+0.15$	$+0.23$	$+0.25$	$+0.14$ dptr
$x'=20$ mm	-0.02	-0.25	-0.37	-0.41	-0.36	-0.20 dptr

レンズの屈折力	$+1$	$+3$	$+5$	$+7$ dptr
$x'=30$ mm	-0.03	-0.06	-0.05	$+0.10$ dptr
$x'=20$ mm	$+0.05$	$+0.13$	$+0.15$	$+0.05$ dptr

(von Rohr und Boegehold)

無駄です。処方に従って良質のレンズを正しい装用条件の下で使うことが，長い目で見たときの保健上の良策であることに変わりはありません。

☆頂点屈折力の導入

目の屈折異常を遠点と近点で表し，目の角膜からの距離で表示するのはYoung以来の習慣です。これを遠点距離・近点距離，その逆数をm^{-1}を単位にして遠点屈折・近点屈折と呼びます（本書 15 の**図2**）。無限遠を遠点に結像して目につなげるのが遠用めがねレンズの役割です。一方，近用レンズの役割は読書に適した位置を調節範囲内の適当な場所に移すことです。

厚さが0の薄レンズでは，それを目の角膜頂点から何mm離しておくといったん決めれば，その焦点距離または屈折力と遠点距離または遠点屈折の関係は一義的に決まります。しかし，レンズの厚さが有限の値を持つことを考慮すると話は複雑になります。レンズの位置を機械的に決めるのは，例えば後側（眼球側）の頂点でしょう。一方，焦点距離を決める原点である節点の位置は，レンズの厚さと形状によって変化し，後側頂点からのずれも無視できない大きさになります。

von Rohrは像側焦点距離（レンズの眼球側節点から像側焦点までの距離）の代わりに眼球側頂点から像側焦点までの距離）を採用し，これをメートルで表した数値の逆数をめがねレンズの屈折力（Scheitelbrechwert，頂点屈折力）と命名し，単位として焦点距離の逆数と同じD（Dioptrie，英語はdioptre，米語はdiopter）を使用しました。レンズの光学的性質，例えば像位置や倍率を論じる場合には，その主要点（主点と節点，物体側と像側にそれぞれ2つ）を基準にする方が，レンズの機械的基準点である物体側および像側の頂点よりも基本的に重要なのは周知です。現に，**図8**と**図10**で基準に選んだのが後側節点（＝主点）H_1'であって後側頂点でないことはその一例です。しかしその一方，同じ頂点屈折力を持つレンズはその頂点を機械的に一致させたとき，レンズフォームとは関係なく同じ場所に焦点を結びます。それぞれに長所・短

---

* M. von Rohr und H. Boegehold: *Das Brillenglas als Optisches Instrumente*, 第2版（1934），Springer, p.126

所があるわけですが、現代でも頂点屈折力を用いためがねレンズのシステムが広く使われています。

　頂点屈折力が普及した理由の一つに、近似的ではありますが、その測定の容易さがあります。頂点屈折力とその測定法に関して、私は既に詳しく解説していますので下記*をご覧下さい。なお、文中に二つ誤りがあります。一つは非点収差の補正を「負レンズに対しては物体側の入射角35°、正レンズに対しては同じく30°に対して行われた（p.104）」を、「凹レンズに対しては像側の傾角（＝眼球の回旋角）35°、凸レンズに対しては同じく30°で行われた」と訂正すること、もう一つは業界の用語である「回旋」を誤って「旋回」としたことです。

　なお、単レンズの屈折力 D と頂点屈折力 D_V の間には次の関係があります。

$$\frac{1}{D_V} = \frac{1}{D} - \frac{e}{n}\frac{D_1}{D} \tag{8}$$

ここに e はレンズの中心厚、n は屈折率、D_1 は第1面の屈折力です。

☆特許について

　Zeiss 社がプンクタールに関して強力な工業所有権を持っていたかというと答えはノーのようです。USA の Bausch & Lomb 社はプンクタール発売当時アメリカ大陸における独占的製造権を持っていましたが、プンクタールに関する工業所有権は von Rohr による乱視用レンズの非点収差補正法（USP989, 645, 1913）とプンクタールの商標登録（US Patent Office No.93, 577, Sept.23, 1913）だけだったそうです**。

---

* 鶴田匡夫：第7・光の鉛筆、新技術コミュニケーションズ（2006）、7 レンズメーターとハーシェルの条件、p.99–114
** Ophthalmic Lenses, Bausch & Lomb Optical Co. (1915)

16 非点光線束の追跡 9
乱視用レンズの誕生

> 1824年8月25日私の左目の測定がうまくいったので,翌日町の銀細工職人Petersに円柱レンズを注文したが作れなかった。その後Playfordに滞在中Fullerという腕のいい職人に注文し,こちらは11月に完成した。
> —— G. B. Airy：自伝 ——

　G. B. Airy（1801〜1892）[*]の左目は強度の近視性乱視でした。彼の青年期の左目は遠点がほぼ水平面内の光線束に対し6インチ,それと直交する面内の光線束に対して3.5インチでした。これを現代の記法で表すと,（S-6.56, C=-4.69, A180°）となります。これをT. Youngの（S-3.94, C=-1.69, A90°）と比較すると,その違いは歴然です。ここに単位はディオプター（D）です。

　Youngは彼自身が考案した検眼器（optometer）[**]を使って測定した結果,この屈折異常を認めたのですが,その事実を伝える文章に続けて,「しかし,私は今までこの欠陥のために不便を感じたことはない。私は正常な目を持った人とまったく同じ正確さで微細なものを調べることができると信じている」と書いています。

　その25年後にAiryは,厚紙を黒く塗ってその上に針で小さい丸い穴を開けて作った標板を背後から照明し,それを目からの距離を変えて観察するという

---

[*] 本書 13 p.209 に小伝を記しました。
[**] Phil. Trans., **92**（1801）, 23。
　鶴田匡夫：第7・光の鉛筆, 新技術コミュニケーションズ（2006）, 28, p.467

単純な装置を使い，輝点が2つの位置でエッジの鋭い直線に見えること，その1つは目から6インチ離れたところで鉛直線から時計回り35°の方向に視角が約2°の長さに伸び，3.5インチの位置でそれと直交する方向にほぼ同じ長さに伸びることを見出したのでした。

☆ Airyの観察と乱視レンズの設計・製作[*]

Airyはケンブリッジ大学の学生だったころ，すでにこの異常に気がついていました。「左目で読書したり，近くのものを見ようとしても全く使いものにならなかった。実際，左目で作られる像は対象を注意深く見ようとした場合を除いてほとんど認識できなかった」と述べています。彼は，その原因が長い間使っていなかったせいだと考えて，右目をつぶったり覆ったりして左目だけで印刷物を読もうとしましたが，少なくとも小さい文字は目をどんなに近づけても識別できなかったと書いています。

その後しばらくして，近視だった右目に合わせて恐らく左目も同じ度数をもっためがねを装用したところ，彼の左目が球面レンズでは矯正できない非点収差に特徴的な性質を示すことを見出しました。彼の文章の翻訳を続けましょう。「その後しばらくして，明るい輝点，例えば遠方のランプや星を観察すると，その像が円ではなく楕円形に見え，しかもその長軸が鉛直線に対し時計回りの方向に約35°傾いていることを見出した。さらに上記めがねを装用すると，右目にははっきりした点像に見える一方，左目にはそれが上記楕円の代わりに鮮鋭な直線に見え，しかもその方向と長さはほぼ裸眼で見えた前述の楕円の寸法と一致した。さらに，白い台紙に十字線を描いた標板をめがねを装用して読書距離で観察すると，一方の線は鮮鋭に見えたが，他方はボケが著しくほとんど見えなかった。標板を目に近づけると，鮮鋭だった線は消え代わりに見えなかった方の線が鮮鋭に見えるようになった。この観察結果から，私の左目の屈折力はほぼ鉛直面内で強く水平面内で弱いこと，したがって球面レンズでは矯正できないことが分かった。実際には，球面レンズを視軸に対して傾けたり，レンズの周辺に目を置くことにより（目の屈折異常による）像のボケは消失する。し

---

[*] Trans. Cambl. Phil. Soc., **2**（1827），267

かし両方の場合とも物体の形が大きくゆがんで見えるため左目への使用は難しかった。そのため，これらとは別の効果的な矯正法を探す必要が生じた」。

こうしてAiryは，自分の乱視を矯正するという日常生活上極めて切実な欲求から，視軸を光軸とする近軸域で彼の乱視を打ち消すことのできるレンズを設計・試作することにしました。彼は最初，2枚の凹の円柱レンズを直交させる複合レンズを考えましたが，製作の容易さと屈折面の曲率を小さくできることを考慮して，これを一面を球面，他の面を円柱面とする両面とも凹の単レンズに変更しました。

円柱面の曲率半径をr，球面の曲率半径をRと置き，レンズの屈折率をnとすると，円柱面の円柱軸を含む平面内で屈折に関与するのは球面だけですから，無限遠に置かれた点光源からの平行光を入射させたときこの断面内の光源像の位置はレンズから前方$R/(n-1)$の距離にあり，それと直交する面内では$1/(n-1)(1/R+1/r)$の距離にあります。

いまこの種の球面・円柱面レンズの円柱軸が水平方向にあるとし，先に挙げた数値すなわち鮮鋭な線像がほぼ鉛直方向に現れるのが目からほぼ6インチ前方，水平方向に現れるのが3.5インチ前方という値を代入すると，$n=1.53$とおいて$R=3.18$インチ，$r=4.45$インチが得られます。彼は近視が進行するのを抑えるために，両曲率半径を少し大きく見積もって球屈折面の曲率半径$R=3.33$インチ，円筒面の曲率半径$r=4.50$インチを設計値としました。

この仕様のレンズを製作するのは当時大変難しかったらしく，土地の銀細工師に発注しましたが所期の性能が得られず，やっとFullerという名人（artist）に注文して良品を入手することができたそうです。彼は次のように書いています。「これはすべての点で私の願いを満たすものだった。私は右目と同様に左目でも，最も細かい活字の印刷物を適当な距離を置いて完璧に読むことができた。円柱面を目と反対の側に置いたとき視力は最高だった。レンズを目から離すとものがゆがんで見えるので，めがね枠を特注してレンズが目に少し近づくようにした。私は一時左目が使えなくなるかと心配だったが，このレンズによってすべての点で右目と同様に役に立つことが分かった」。彼の自伝[*]によれば，

---

[*] G. B. Airy: Autobiography, Cambridge（1896），最近レプリント版が出版されました。

このレンズを入手したのは1824年11月でした。彼が論文を発表した1827年を，イギリスにおいて乱視用レンズが初めて製作された年とする通説より3年早かったわけです。

　Airyはこの5ページの短い論文の中で先に挙げたYoungの論文を引用していません。彼自身その存在を知らなかったようです。発表から36年後に眼科医J. Z. Laurenceが，「Youngが乱視を発見してから今日まで乱視の症例は11例しか報告されていない」と書いたのを見て，Airyはこのニュースに驚いて著者に手紙を送り，「私の論文が出版された後にYoung博士と会ったとき，彼にも同じ欠陥があり，それをめがねレンズを傾けて矯正したと聞いたことがあった。しかし，貴兄の報告を見るまで彼がそんな記録を残していたとは知らなかった」と記しました。

　ところがAiryの古い記憶は誤りだったらしく，J. R. Leveneがグリニッジ天文台が保管するAiryの膨大な書簡資料を調べ，YoungがAiryの1827年の論文を見て彼に書き送った1827年5月7日付の手紙を発見し，しかも彼がわざわざそのコピーを取ったことも分かったそうです*。そこには，「貴兄は私の水晶体についての説明を読んだことがありますか？そこで私は自分の水晶体が視軸に対して傾いているために貴兄の目と同じ欠陥を示し，私はそれを（近視を矯正するために作った）凹レンズを傾けて保持することによって補正したと記しました。Phil. Trans.の1800年か1801年に掲載されています」と書かれていたそうです。

　実際，Airyの論文に影響を受けたHerschelやStokesをはじめ多くの著名な科学者たちが，乱視の発見者はAiryだと信じていたそうです。眼科学者Dondersは，「生理学的な乱視を発見したのはYoungだが，Airyは病理学的意味で乱視を発見した」と書いているそうです。日常生活に不便を感じるほどの強度の乱視に対し，Airyが球面・円柱面レンズによる有効な治療法を見出したという程度の意味でしょうか。ともあれ，Fullerが最初の球面・円柱面レンズを作ってから40年を経てやっと，この種のレンズが標準的な視力検査に使われるようになったそうです。

---

　* J. R. Levene: *Clinical Refraction and Visual Science*, Butter Worths（1977）。彼は特に第10章「G. B. Airy：乱視の発見とその矯正」を設けて，Airyの業績と彼がこの分野で後世に与えた影響を詳しく論じました。

Airy はこの論文の中で,眼球を回転したときの像の劣化,特にレンズが新たに発生させた非点収差に全く言及していません。しかし,この研究は後にトーリック面の導入,さらにはそれを用いた乱視レンズのベストフォームの実現へと進む展開の第1歩になりました。

☆円柱面からトーリック面へ

Airy が見出した球面と円柱面を組み合わせた乱視用レンズは,1つの乱視処方に対して3つの解を持ちます。例として図1の場合を取り上げましょう。鉛直断面 −3D,水平断 −2D の近視性正乱視の場合(傾向は Airy の場合と同じ)です。これを矯正するレンズには,形の異なる次の3つがあります。

1. (−3D, A180°)の凹の円柱レンズと(−2D, A90°)の凹の円柱レンズを貼り合わせた複合レンズ
2. −2D の凹の球面と(−1D, A180°)の凹の円柱面をもつ単レンズ
3. −3D の凹の球面と(+1D, A90°)の凸の円柱面をもつ単レンズ

これら3つのレンズの断面図を図2に示します。鉛直断面に関してはそれぞれ (1) 凹平,(2) 凹凹,(3) 凹平,水平断面に関しては (1) 平凹,(2) 凹平,(3) メニスカスになっています。

これまでに述べたように,球面単レンズの非点収差を除去するのにその形を変えること(ベンディング)が極めて有用,というより唯一の手段です。おそらく乱視レンズに対しても目の回旋に対して乱視の非点収差を完全に補償するレンズを探すのにベンディングが有力な手段であることは十分に予想されます。言い換えれば,乱視の度数が0になる極限でチェルニングの楕円に収束するような解を求めるには円柱レンズを一般化して,メニスカスの程度を連続的に変えることのできる曲面を探すことになります。その解がトーリック面です。

トーリック面とはタイヤや

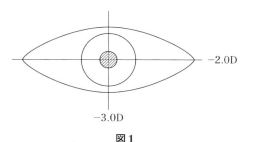

図1

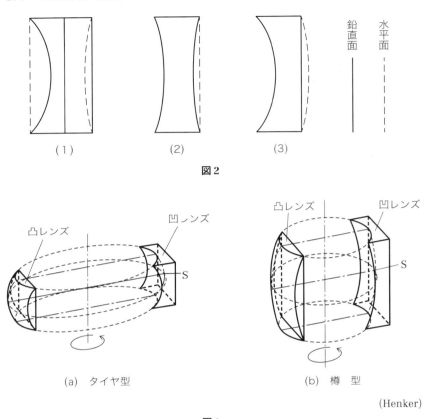

(1)　(2)　(3)
図2

(a) タイヤ型　　(b) 樽型
(Henker)
図3

樽の形を理想化して，互いに直交する断面内で最小および最大の曲率半径をもつ滑らかな曲面をいいます（**図3**）。図の左右に太い線で書き加えたレンズの曲面部がトーリック面になっています。(a)，(b)とも左側が凸レンズ，右側が凹レンズです。トーリック（toric）とかトロイダル（toroidal）という用語はギリシャ語で「柱頭を支える円柱の台座，特にイオニア様式の葉飾りが施された台座」を意味するtorusから派生したものです。私は昔，トラック用の大きいタイヤの上に鋳鉄製の重い実験台を置いて簡易型の防震台を作り，その上に鉄製の枠に入れた光学部材を並べ磁石の作用で固定して，ホログラムを記録したことを思い出します。

16 非点光線束の追跡9 乱視用レンズの誕生 275

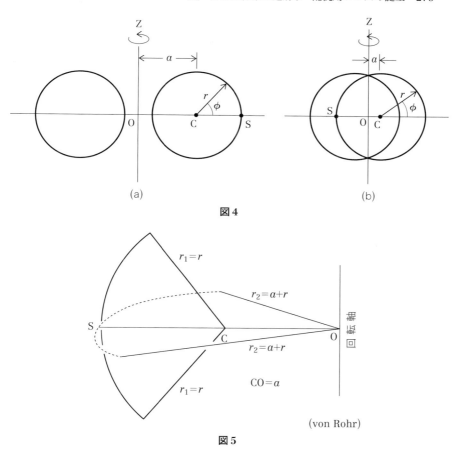

図4

図5 (von Rohr)

　トーリック面は任意の半径 r をもつ母円を，これと同一平面内にあって円の中心 C を通らない任意の直線を軸（Z）に回転して得られます（**図4**）。この軸を地球の回転軸にならって極軸と呼び，この回転面である赤道上の任意の点を S と記すと，S の軌跡を赤道とする曲面はトーリック面になっています。**図3**の(a)は OC $= a > r$ の場合でタイヤ型，(b)は $a < r$ で樽型です。ここに r は母円の半径です。

　頂点 S を中心にして曲面の小部分を切り取ったと考えると**図5**が得られます。頂点 S と回転軸を含む断面（子午面）では母円のプロフィールがそのまま

現れますからSにおける曲率半径は$r_1 = r$，また同じ頂点を含み回転軸と直交する断面（赤道面）では$r_2 = r+a$になります。CとOを結ぶ直線が光軸になります。

トーリック面は球面と違って光軸に対する対称性を持ちませんが，2つの平面に対する対称性は持っています。回転軸を含む平面と，赤道面，すなわち直線OCを含み回転軸に直交する平面がそれです。これらは互いに直交し主断面と呼ばれます。

このトーリック面は正乱視眼，特にその原因が角膜の屈折異常にあるとするときの角膜の光学モデルと完全に一致します[*]。光学に造詣の深かった天文学者 F. W. Herschel（1792～1871）はAiryの論文に触発され，Airyが取り上げなかった目の乱視の原因がもし角膜の形状異常にあるならば，めがねではなくコンタクトレンズによってもその矯正が可能だという考察を，Airyの論文が出版されたのと同じ1827年に書き上げ，これは1830年に出版されました[**]。少し長いですが，引用しましょう。

「角膜が回転対称でなく鉛直面内の曲率が水平面のそれよりも大きいような形状の異常をもつならば，それが原因で乱視が生じるのは明らかであろう。このような欠陥が球面レンズで矯正できないことは言うまでもない。この種の例に適用できる最も厳密な方法は，このような対称性を欠く角膜の正確なレプリカをとり，その他方の面を正常な角膜と同じ球面にした小さいレンズを乱視眼に密着させることであろう。このレンズは角膜の形状のゆがみと全く同じで符号が異なる形をしているので，後者の欠陥を完全に打ち消してくれるはずである」。さらにその脚注に，「重症の不整角膜が見つかった場合には，一時的な便法として動物性の膠質（transparent animal jelly）を入れた片側が球面の容器を角膜に直接接触させたり，角膜の雌型をとりそれから透明な材料に転写するなどして，視力を回復させることを考えてもいいのではないか。このような手当ては言うまでもなく細心の注意を必要としよう。しかし，生きた眼球を切開して内容物を取り除くよりも現実的な手術ではあるまいか」と記しました。

---

[*] 鶴田匡夫：第3・光の鉛筆，新技術コミュニケーションズ（1993），6 乱視とめがね，p.63–75参照。

[**] *Encyclopedia Metropolitana*，第2巻，pp.341–586（1830）特にp.398

彼が具体的なコンタクトレンズのアイデアを提案した最初の人だといわれる根拠になっています。

　少し横道に逸れました。ここでトーリック面導入の歴史を概観しましょう。Airyによる球面・円柱面レンズの発明以来，球面めがねレンズの広視野化にメニスカスレンズの採用が有効だったことの連想から，円柱レンズのメニスカス化が図られました。これが数学的にはトーリック面の採用によって可能になると考えたり，実際にその製作を試みた人は少なくなかったようです。しかし，本格的な製作が始まったのは，パリの眼鏡師G. Poullainによる1877年からだったそうです。この後に引用するG. C. Harlanによれば，彼は凹面をトーリック面に加工したレンズを1877年に公表・展示し，同時に下記月刊誌に投稿して加工法の概要を報告したそうです[*]。彼は自分の遠視性乱視を矯正するために（S＋3.50D，C＋2D）のレンズをほぼウオラストン型に準じて，球面の曲率半径を1.5インチにして製作しています。

　von Rohrによれば，Poullainの試作はかなり好評で多くの人々の支持を得ましたが，作るのに時間がかかり過ぎて，フィラデルフィア（USA）の医師にして起業家のJ. L. Borschが製作法の特許を購入して製作したアメリカ流の効率的生産方式に先を越されてしまったそうです。Borschは1885年に眼科医G. C. Harlanに依頼してトーリックレンズ一式をアメリカ眼科学会に展示・説明してもらい，これがUSA製乱視用レンズの初登場になったのでした。当時Harlanにはこのレンズを装用した経験がなく，主にその製作法を説明しただけでしたが，それから3年後に実際に装用して十分に満足が得られたとして，その結果を学会に報告しました[**]。その中でフランスの眼科学者L. E. Javal（1839〜1907）から，「自分はこのめがね（おそらくPoullain製）を数年間装用しており，そのメニスカス効果から大きな喜びを得ている。これは実に価値の高いめがねだが，世間にあまり知られていない」として，発表を強く薦められたと述べています。フランス生まれだが小規模生産だったため，そこではなかなか普及が進まなかった様子をうかがわせます。自動車と同じ例でしょう。

---

[*] 出典は，M. G. Poullain: Balletin mensuel de l'association francaise pour l'avancement des science. 1877年2月号ですが，所蔵図書館が見つかりませんでした。

[**] Trans. Am. Ophthalmol. Soc., **5**（1889），433.

なお，Borsch法はPoullain法と異なり，トーリック面を凹・凸とも製作できる機構だったそうです。Harlanは論文の最後を，フランスではVerres toriquesと呼んでいるが，英語ではtoric lensと名付けるのが適当だろうと結んでいます。

その後，USAにおいて乱視用トーリックレンズの普及は順調に進み，その過程で当初の凹面トーリックから製作がより容易な凸面トーリックへと変わり，メニスカスの程度でもベースカーブ6Dと9Dが定着したそうです。

このレンズの販売の仕方について，von Rohrはおそらく乱視度数の異なるさまざまなトーリック面のみ研磨した半製品（semi-finish）を在庫しておき，顧客の処方に合わせて残った面を球面加工したのであろうと述べています。

ドイツ語圏の国々はトーリックレンズの生産に遅れを取ったようです。スイス製のウオラストン型のレンズがドイツで公開されたのは1892年でした。また，Nitsche & Günther社は1893年作成のカタログにトーリックレンズを新製品として記載しましたが，ほとんど反響がなかったそうです。理論でも見るべきものは少なく，眼球回旋を考慮した理論が取り上げられたのは，1909年9月にZeiss社からvon Rohrによる特許が出願されたのが最初だったようです[*]。

☆プンクタール乱視レンズ

プンクタールめがねレンズの技術的新規性を保証・保護する特許はその乱視用レンズに関する上記1件だけです。その概要を，この特許明細書と前項で紹介したvon RohrおよびHenkerのテキストから解説します。

当時Zeiss社のめがね部門は，レンズがカバーする像側の視野の大きさ（＝眼球の回旋角）を半角で凹レンズに対して30°，凸レンズに対して35°としていました。このとき物体側の視野は凹凸平均してほぼ同じになるとしたわけです。また，視野の端でレンズ自体がもたらす付加的な非点収差を予測するには近似的理論では不十分で，斜入射微小光線束の結像公式に従う光線追跡による評価

---

[*] Torisches Brillenglas, DRP 233345（1909年9月出願，1911年9月公告），Toric Spectacle-Glass, USP 989,645（1910年8月出願，1911年4月登録）

が不可欠だと考えていました。まず近似理論に従ってベストフォームを求め，次に有限な大きさの回旋角に対して光線追跡を実行して残存する付加的非点収差を計算してベストフォームに小修正を施すという手法を採用したのでしょう。

ここでいう近似理論は近軸理論ではなく，ザイデル領域で成り立つ収差論に基づく非点収差の理論です。彼らはこの理論を，球面とトーリック面とからなる単レンズに適用し，そのベストフォームが有限な回旋角に対して2つの主断面内に生じる付加的非点収差（後述する Y_1 と Y_2）が一致するという条件を与えて得られると考えました。この値を初期値とし，有限の厚さをもつレンズに追跡計算を行って小修正を加えるというのが彼らの考えた手順でした。

ところが不思議なことに，Zeiss社が外部に発表した資料にあたっても，この近似理論への具体的な言及は全くありません。例えば，足して2で割る式の大雑把な計算によって球面の曲率半径を求めて計算の初期値とするのとザイデル理論によるのとでは天と地ほどの差が生じます。この理論，すなわち一般的にはトーリック・トーリック面で構成される厚さが0の単レンズのザイデル収差論がA. Gleichenによって発表されたのはプンクタールの発表からおよそ10年後でした。しかし，ここではまず，Zeiss社の資料から設計の考え方を辿ってみましょう。

いま，**図4**の作図法によるトーリック面について，その赤道に沿って水平軸，ある子午線に沿って鉛直軸，両軸の交点Sを座標原点，Sから紙面に垂直に光軸をとるとします（**図6**）。水平軸上および鉛直軸上，それぞれ光軸から同じ回旋角の位置においてレンズがもつ非点収差を屈折力で表して（M^m, A^m）と（M^a, A^a）としたとき，それらは軸上における非点収差（M, A）とは一般に一致しません。そこで，

$$Y_1 = (M^m - A^m) - (M - A) \tag{1}$$
$$Y_2 = (M^a - A^a) - (M - A) \tag{2}$$

を定義します。ザイデルの近似理論による彼らのベストフォームは $Y_1 = Y_2$ です。この条件から得られる解析解を出発点として，これを厚さが0でない単レンズに適用して光線追跡を行えば，一般に $Y_1 \neq Y_2$ となります。その周辺を探し

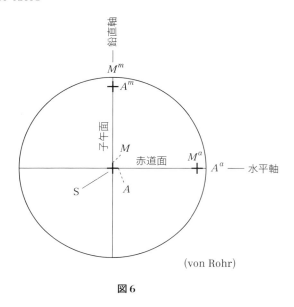

図 6

て $(Y_1+Y_2)/2$ が最も小さくなる現実的なベストフォームを求めようというのが彼らの思惑だったのでしょう。

図 6において，水平軸と光軸が作る平面（赤道面）と，鉛直軸と光軸が作る平面（子午面）はともにトーリック面の主断面です。普通，第1および第2主断面と名付けた第1を屈折力の小さい方とするのが習慣のようですが，ここではトーリック面の作り方に準拠して赤道面と子午面を決めました。2つの主断面内ではトーリック面のプロフィールは球面の場合と同様に円ですから，両主断面に含まれる平面的な光線束を問題にする限り，球面レンズに対して得られた斜入射微小光線束の結像公式をそのまま適用できます。しかし，主断面と直交する方向（サジタル方向）では事情が異なり，赤道面に関しては曲率半径 a+r ですが，子午面ではサジタル面内の曲率半径 r' は**図 4**に示した緯度 ϕ によって変わり，これは次式で与えられます。

$$r' = r + a\cos\phi \tag{3}$$

この事実は赤道面と子午面とで，斜入射微小光線束の結像公式が異なることを

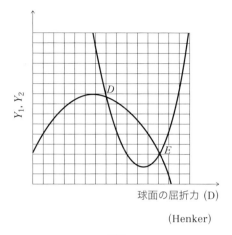

図7

教えてくれます。要するに，一般的には $Y_1 = Y_2$ はあり得ないということになるでしょう。

図 7 は横軸に球面の屈折力，縦軸に Y_1 と Y_2 をいずれも単位をディオプターで描いたグラフです。このとき，ザイデルの近似理論では Y_1, Y_2 とも放物線になることが知られています。$Y_1 = Y_2 = 0$ になるのは，2 つの放物線が軸上の同一点でいずれも 0 になる場合です。しかし，これは一般的には起こらないと考えてよさそうです。次善の策として，Y_1 と Y_2 がともにできるだけ小さい値をもつ条件として，2 つの曲線の交点を求めてその小さい方，図 7 の例では E を選んで，このときのレンズ形をベストフォームの出発点にしたのです。

レンズの有限な厚さを考慮した光線追跡の結果はおそらく図 7 に見られるような単純な関数形では表せないでしょう。また，$Y_1 = Y_2$ が常に最適の解を与えるとは限らないでしょう。図 7 は Zeiss 社の技術者 Henker が描いたもので，2 つの曲線とも放物線だと言い切っています。これは，彼らが既に近似理論を手にしていたことを示唆しています。

von Rohr は光線追跡によって得られた 2 つの値 Y_1 と Y_2 が最大回旋角（35°と30°）に対してともに $\pm 0.2 (M-A)$D 以下であることを乱視レンズが満たすべき条件としてレンズフォームの最適化を行ったのです。

まず球面と円柱レンズの組み合わせについて調べてみましょう［図 8(a)］。以下はすべて無限遠に対して収差補正する場合の例です。球面と円柱の屈折力がそれぞれ -6D と -4D で後者の円柱軸が水平の場合です。すなわち，(S-6, C-4, A180°)。Airy が自分の左目の屈折異常を矯正するのに処方した球面・円柱面レンズ（S-6.15, C-4.55, A180°）に近いレンズです。

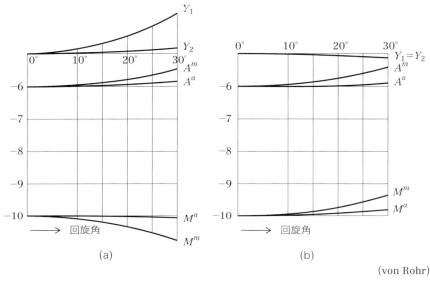

(von Rohr)

図8

　このレンズが理想的であれば，目の回旋角を変えても M^m, A^m, M^a, A^a の4つの曲線が示す屈折力は一定でx軸に平行になるはずです。このとき，眼球を回転してもレンズは正しく目の乱視を相殺します。しかし実際には4つの曲線とも回旋角とともに変わり，その非点隔差 $M^m - A^m$, $M^a - A^a$ はともに光軸上の値 $M - A$ から外れていきます。その差が Y_1 と Y_2 です。図の上部に Y_1 と Y_2 の値が描いてあります。

　球・トーリックレンズを導入することによりレンズの形を変える（ベンディング）ことが可能になるので，この自由度を使って，$Y_1 = Y_2 (\neq 0)$ を満たす解を探すことになります。

　真正面を見たとき，図8(a)に示した球・円柱レンズと同じ屈折力を示す球・トーリック乱視レンズ（S－6，C－4，A180°）のベストフォームのデータを図8(b)に示します。いずれも光線追跡の結果をもとに描いたものです。図8(a)と比べて顕著な改善を認めることができます。眼球の回旋によって新たに生じるレンズの付加的乱視成分 Y_1 と Y_2 が相等しく，しかもその大きさが約

0.11Dと計算されています。しかし，M^m，A^m，M^a，A^aの4つの曲線のうちA^aを除く3つの曲線が回旋角20°を越えて大きくなったとき，$Y_1 = Y_2$を大きく上回って変わることは注意する必要があります。これは，レンズが原因で生じるピント合わせの付加的変動が付加的な乱視成分$Y_1 = Y_2$よりも遥かに大きいことです。回旋によって目のピントを変えなければならないわけで，これが調節の範囲にあればいいのですが，特に調節の幅が狭い老視者に対しては一定の基準が必要になるでしょう。なお，乱視の成分が4Dを超えて大きくなると光線追跡の結果，Y_1とY_2の間に不一致が生じることが明らかになります。von Rohrの著書を参照してください。

USPの特許明細書には，計算例が12件記載されています*。その中で，**図8(b)** ($M = -6D$，$A = -4D$) に近い ($M = -8D$，$A = -4D$) の例を**表1**に示します。前面がトーリック，後面が球面の例です。ガラスの屈折率1.52（D線），回旋距離25 mmで計算してあります。第1面はトーリック (r_1^m, r_1^a)，第2面が球面 (r_2) の解で中心厚を$d = 0.5$ mmにしてあります。これらの値を探すときの初期値をどうやって求めたかの記載はありません。レンズの近軸域で所定の強さと非点収差をもつトーリックレンズは無数に存在しますから，

表1

		M=−8 dptr.	A=−4 dptr.	
	r_1^m=127.3 mm.	r_1^a=64.5 mm.	r_2=43.0 mm.	d=0.5 mm
w'=	0.00*	20.70°	30.00°	
M^m=	−8.00 dptr.	−7.82 dptr.	−7.54 dptr.	
A^m=	−4.00 ″	−3.66 ″	−3.23 ″	
M^m—A^m	4.00 ″	4.16 ″	4.31 ″	
M^a=	−8.00 ″	−7.95 ″	−7.90 ″	
A^a=	−4.00 ″	−3.83 ″	−3.60 ″	
M^a—A^a	4.00 ″	4.12 ″	4.30 ″	
M^m—M^a	0.00 ″	0.13 ″	0.36 ″	=0.09 (M—A)
A^m—A^a	0.00 ″	0.17 ″	0.37 ″	=0.09 (M—A)

(von Rohr)

---

* von Rohrは1934年刊行の前項で引用した著書の中で，これらの例題について再計算の結果を示し，一部に誤りがあったことを認めました。しかし，ここで取り上げるその第1例では，両者にその差がほとんどありません。

その中から勝手に選んだ薄レンズ（r_1^m, r_1^a, r_2）から出発したのでは，計算士が何人いても最適解に到達するのは当時の手計算による限り不可能に近いでしょう。何らかの近似理論が絶対に必要なことは明らかです。

ところが，von Rohr も Henker も光線追跡による細かい修正の前に行うはずの近似理論には全く触れていません。von Rohr が次のように記しているだけです。「私は以前，1面が非球面で2面がトーリック面の単レンズの計算を行ったことがある。そのときに得た公式をそれより単純な形の球・トーリックおよびトーリック・トーリックの単レンズに適用した。当時，Zeiss 社では膨大な計算結果が得られ，それが1908年秋に件（くだん）の特許明細書の提出に結実した。その後行われた精密な計算によって得られた性能指数 $(Y_1+Y_2)/2$ の修正値を記しておく」。

彼はこの文章に続けて，その後の乱視レンズのベストフォーム研究とめがねレンズメーカーの動向を概観した後，「A. Gleichen は1923年から1924年（正しくは1922年から1923年）にかけて，M^m, M^a, A^m, A^a の値を得るための公式を導いた。A. Whitwell はこれを用いて $Y_1 = Y_2$ を満たす等式を導き，種々の例に対するチェルニング対応の曲線を得た」と記しました。何とも素っ気ない文章です。しかし Gleichen が得た公式こそ，光線追跡計算を行うための初期値を算出する，ザイデル領域の近似公式だったのです。

Gleichen はこの公式を使って，**表1** の乱視レンズの初期値を厚さが0としたとき $r_2 = 41.3$ mm としました。これは，von Rohr が特許明細書に例示した厚さ0.5 mm レンズのベストフォーム値43.0 mm に対して，十分すぎるほど高精度の近似であることが分かります。von Rohr は Gleichen が公式を公開するより10年以上前に，それと同じザイデル領域の公式を既に得ていて，それから高い近似の初期値を計算していたのではないかと想像したくなる数字です。

Zeiss 社と同社の技術者は，膨大な技術情報を学術論文，専門書，特許，各種パンフレットなどで外部に公表してきましたが，光学設計とその評価の手順については固く沈黙を守っていました。イギリスで最初に翻訳された光学設計のテキスト（1918）はドイツの老舗光学会社 Steinheil 社が長年使っていた光学設計手順を詳述した Steinheil/Voigt: *Handbuch der angewandten Optik*

（1890）でしたし，本家ドイツでもLeitz社の技術者だったM. Berekが「M. von Rohrの分厚い『幾何光学の立場から見た光学器械の像形成』（1904，英訳は1920）を読んでも，肝心のレンズの設計ができない」という一読者の落胆の手紙が，名著「*Grundlagen der praktischen Optik*」（1930）を執筆する動機だったと語っています．今回もその一例だったのでしょう．

次項はGleichenの近似理論を取り上げます．

17 非点光線束の追跡 10
Gleichen の乱視用レンズ近似理論

それ隠れたるものの顕われぬはなく，秘めたる
ものの知られぬはなく，明らかにならぬはなし
―――**新約聖書：ルカ伝**―――

　Alexander W. Gleichen（1862～1923）は多くの幾何光学の啓蒙書で知られるドイツの光学者です。彼の主著：*Die Theorie der modernen optischen Instrumente*（1911）は第1次世界大戦によって明らかになった自国の光学技術の遅れを挽回しようと躍起だったイギリス政府によって戦後間もなく翻訳・出版されました。書名は「*The Theory of Modern Optical Instruments, His Majesty's Stationary Office*（1921）」です。現在，レプリント版が入手可能です。訳者は，当時 Barr & Stroud 社から依頼されて翻訳を始めていた H. H. Emsley と Wm. Swaine でした。2人は後にめがねレンズに関する息の長い専門書：*Ophthalmic Lenses*,（初版 1928，第 5 版 1951，その後 A. G. Bennett 編集で 1968 年に復刊された）を出版することになります。

　Gleichen は Berlin 大学で数学と自然科学を学んだ後 Kiel 大学で学位を取得（1889，テーマは光線系の屈折理論への寄与），その後主にギムナジウム（Gymnasium，義務教育修了後大学入試までの9年制教育機関）の教授（1887～1904）を経て特許庁の専門官を勤めました（1904～1918）。光学器械部門の審査官だったそうです。その間，1915 年から 19 年まで Central-Zeitung für Optik und Mechanik 誌の科学技術部門の編集者を勤めました。このタブロイド判で週刊の新聞は光学器械を中心とする精密機械産業のニュースと技術解説を主な分野とする業界技術誌で 1880 年に創刊されたものです。

1919年から死去する1923年まで、彼はGoerz社（Berlin）のMitarbeiter（協力者、勤務の実態がどういうものだったか分かりません。特許庁を退職したのが57歳の時ですから、一種の天下りだったのかも知れません）でした。私の手許にはこの協力の成果であるに違いない一つの特許：*Toric Spectacle Lens*, USP. 1, 438, 820（権利化1922）があります。

これは発明人がGleichen、出願人がGoerz社の特許です。めがねレンズに関するもので、球レンズとトーリックレンズに共通して、眼球を回転したときに生じる付加的な非点収差を除去する代わりに、網膜上に最小錯乱円またはそれに近い図形が形成されることを条件にしてめがねレンズのベストフォームを求めるというものです。このときめがねの装用者は目をきょろきょろ動かしても非点収差の目立たない中心対称かそれに近い点像をピントを変えずに観察できることになります。

Gleichenはおそらくこの特許を衆知させるために、彼が自ら導いたザイデル領域のめがねレンズ収差論を、純粋な学術論文誌ではなく、それよりも世界規模でめがね関係の読者が遥かに多いイギリスのめがね専門誌The Opticianを選んで寄稿したのでしょう。

Goerz社は1886年にBerlinに設立されたカメラメーカーの老舗です。同社のE. von Höeghが発明した写真レンズDagorの名はあまりにも有名です。1900年頃から軍用光学器械を手掛け始め、第1次世界大戦中には従業員12,000人の規模に拡大しましたが、敗戦後は兵器の生産を禁止され会社存亡の危機に直面しました。大戦後、日本光学工業（現ニコン）が招聘したドイツの光学技術者の多くが団長のLange博士を筆頭にGoerz社の元社員だったことと符合します*。

同社は民生品に転換しようとして、機械式計算機や検糖計などを手掛けました。しかし、めがねレンズ分野に進出を図ったとの記録は見当たりません。おそらく陽の目を見なかった企画の一つだったのでしょう。それがZeiss社とは異なる思想で設計したGleichenのめがねレンズだったことは、ほぼ間違いなかったろうと思います。

---

* 鶴田匡夫：第5・光の鉛筆、新技術コミュニケーションズ（2000）、光学設計事始め1, 2, p.95–130

しかし，自力による再建に失敗し，1926年にはZeiss社の傘下に入り，主要製品だった写真レンズの生産は中止になりました。

Zeiss社がプンクタールを発表した後，めがねレンズ設計上の進歩の多くが，特許明細書や眼科学の専門誌，それに業界技術誌などに発表されることが多くなりました。しかし，von Rohrの特許にしてからが，設計の方針は理解できても，その具体的な手順であるトーリック面を含む単レンズに関するザイデル域の近似理論を知らなければ，彼が例示した設計結果に到達できないことは明らかでした。「こんな理論はその気になれば誰でも作れる簡単なもので，新規性がないから強いて外部に公表する必要はない」という考えだったかも知れませんが，von Rohrは彼が手にしていたに違いないトーリック・トーリック単レンズの収差論の詳細を遂に公表しませんでした。

一方，後発組のGoerz社は，その設計の新規性を世間に広く知らせるには設計理論の詳細を開示する方が有利と判断したのかも知れないし，それを啓蒙家Gleichenが強く望んだせいかも知れませんが，ともかくトーリック・トーリック単レンズのザイデル近似理論の全貌がGleichenの名でThe Optician誌に掲載されることになったのでした*。今ではこの理論だけでなく，その結論の一つである「軸上と軸外の非点収差が等しくなるようなレンズ形」を研究したのも（von Rohrではなく）Gleichenだったとの記述が見られるほどです。

なお，単レンズ表面が2面ともトーリックの，いわゆるトーリック・トーリック単レンズにはそれなりの利点があるのですが，製作が難しいことが原因で商品化されることはありませんでした。もっぱら，一面がトーリックで他面が球面のメニスカスレンズの球・トーリックまたはトーリック・球レンズが商品化されました。

☆トーリック面による屈折の近似理論

以下の説明はGleichenの記述にほぼ従います。トーリック面とは**図1**に示

---

* 1922年12月15日号 p.267, 1923年1月19日号 p.345, 1月26日号 p.363, 1923年2月9日号 p.393, 3月9日号 p.52, 3月30日号 p.125, 1923年4月6日号 p.140
私はこれらの資料をBritish Libraryから取り寄せました。

17 非点光線束の追跡10 Gleichenの乱視用レンズ近似理論

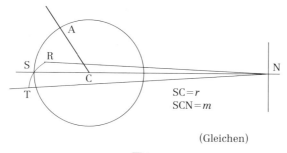

図1

すように，半径 $SC = r$ の母円がその頂点 S から $SCN = m$ だけ離れた点 N を通り CN に垂直な軸の周りを回転してできた空間図形です．SN が対称軸が2つある光軸になります．図形の外側の面を屈折面とし，光線は図の左側から入射するとします．N が円の内部にあるときは樽型，外部にあるときはタイヤ型になります．回転軸を含む平面が子午面（図では紙面），光軸を含む回転軸に垂直な面が赤道面です．トーリック面を子午面で切った断面は半径 r の円，それを赤道面で切った断面は半径 m の円になります．トーリック面の SN を含む平面による断面は S の近傍で近似的な円になりますが，その中で最大および最小の半径を示すのは S を含む子午面断面（半径 r）と赤道面断面（RST で表示，半径 m）です．両者は直交し，樽型では子午面断面が，タイヤ型では赤道面断面が最大値をとります．両断面を主断面といいます．子午面を鉛直断面，赤道面を水平断面と呼ぶのが普通です．大多数の乱視の主径線の方向は鉛直または水平方向です．トーリック面の任意の点 A に立てた法線が A と回転軸を含む平面内にあって円の中心 C を通ることは明らかです．

このような幾何学的性質をもつトーリック面上の点 A に斜めに入射する光線に屈折則を適用し，さらに入射角の正弦と余弦をテイラー展開して斜入射微小光線束の結像公式に適用して主光線の方向の変化によるディストーションと結像位置の変化によって生じる非点収差を求め，この手順を厚さが0の位置に重ねて置かれたもう一つの，前者に対し主断面が平行または直交するトーリック面に適用するというのが，トーリック面を含む乱視用レンズの収差論という

ことになります。ザイデルの近似理論といっても、角開口——網膜面から目の射出瞳を見込んだ角度——が十分に小さいとして、コマと球面収差の項を無視した、いわば簡略化した理論ですが、目の回旋を考慮するため一概に単純な公式が導けるというわけにはいきません。現に1950年代から1960年代にかけて日本では、導入初期の電子計算機を応用するのに最適の練習問題が、厚さを考慮しためがねレンズの最適設計でした*。

☆メリジオナルおよびサジタル面内の屈折面断面の実効曲率半径

斜入射微小光線束の結像公式において、トーリック面が球面と異なるのは、そのメリジオナルおよびサジタル面内の断面が示す実効曲率半径が異なること、一般的には方位角依存性を示すことです。球面上ではどこでどの方位に沿って曲率半径を測ってもそれが球の半径と一致することは自明です。以下では簡単のためトーリック面を生成する回転軸が鉛直、したがってその主断面が鉛直面内と水平面内にあるとして球面との違いを明らかにします。まず、主光線が鉛直面内と水平面内にあるとき主光線に沿った入射点から物点および像点までの距離を**表1**の諸記号で表すことにします。開口上の位置との関係を**図2**に示します。

表1

		入射点から物点と像点までの距離			
		第1面屈折の		第2面屈折の	
		前	後	前	後
光線束 I	(1) 鉛直断面のメリジオナル結像	s_v	s'_v	s_{1v}	s'_{1v}
	(2) 〃 サジタル結像	t_v	t'_v	t_{1v}	t'_{1v}
光線束 II	(3) 水平断面のメリジオナル結像	s_h	s'_h	s_{1h}	s'_{1h}
	(4) 〃 サジタル結像	t_h	t'_h	t_{1h}	t'_{1h}

(Gleichen)

---

* 例えば、小穴純：非点収差のない老眼用掛眼鏡レンズの設計、応用物理 **5** (1957)、206、久保田広・松居吉哉：眼鏡レンズの収差について、応用物理、**9** (1959)、520、岡島弘和：厚みのある乱視用眼鏡レンズに対するEqual-Astigmatismの条件、応用物理 **9** (1965)、651

17 非点光線束の追跡 10 Gleichen の乱視用レンズ近似理論　291

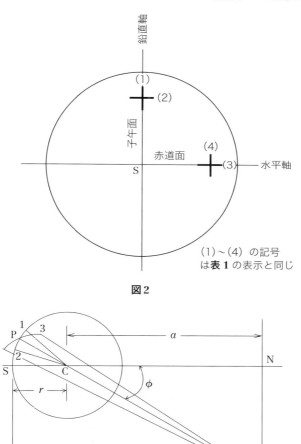

図2

図3

　図3に，Nを通り光軸CNに垂直な軸の周りに半径rの円が回転して形成されるトーリック面の断面を示します．**表1**に示した光線束Iの主光線がこの断面内にあり，その入射点がPであるとします．このとき，光線束のこの断面（＝メリジオナル面）内に含まれる成分（s_v光線束）はこの面内で屈折し，屈折光線束もまたこの平面内にあります．すなわち，s_v光線束に対する屈折面

の実効半径 r_v は r です。この面内（メリジオナル面内）でPに近接する点1と2に立てた法線が円の中心Cで交差することから明らかです。

一方，Pを通り紙面に垂直な面（サジタル面）内の断面上の点3と4に立てた法線は

表2

	実効曲率半径
r_v	r
e_v	$r+(m-r)\sec\phi$
r_h	m
e_h	r

直線PCが回転軸と交わる点Kで交差します。この事実は鉛直面（＝紙面）を回転軸の周りに微小角だけ回転すると考えれば容易に分かります。図中に透視図的に描いた点3と4に立てた法線がK上で交わることは明らかだからです。これを式で表すと実効曲率半径 e_v は次式で与えられます。

$$e_v = PK = r + a\sec\phi = r + (m-r)\sec\phi \tag{1}$$

ここに ϕ は直線PCKが光軸SCNとなす角です。

次に光線束IIについて。これは**図1**において主光線がSを通り紙面に垂直な面内にあり，屈折面断面上点Tに入射する場合です。このとき，光線束IIのメリジオナル成分（s_h 光線束）は水平面内にあり，屈折断面は半径 $SN = m$ の円弧RSTになります。すなわち $r_h = m$ です。

一方のサジタル光線束（t_h 光線束）について。これが主光線が入射する赤道上の点Tを通る子午線上に入射すること，したがってこの子午線上に立てた法線が円の中心Cを通ることは明らかです。すなわち，サジタル面内の屈折面断面の実効曲率半径 e_h は半径 r の円になります。以上の結果を**表2**に示しました。

球面（曲率半径 r）上で屈折する斜入射微小光線束の結像公式が次式で与えられることは周知です。

$$\frac{n'\cos i'^2}{s'} - \frac{n\cos i^2}{s} = \frac{n'\cos i' - n\cos i}{r} : \text{メリジオナル面} \tag{2}$$

$$\frac{n'}{t'} - \frac{n}{t} = \frac{n'\cos i' - n\cos i}{r} : \text{サジタル面} \tag{3}$$

ここに，s と s' および t と t' はそれぞれメリジオナル面とサジタル面内で主光線に沿って測った入射点から物点および像点までの距離，i と i' は主光線の入射角と屈折角，n と n' は第1媒質と第2媒質の屈折率，r は屈折球面の曲率半径です。

屈折曲がトーリック面の場合は**表1**の4つの場合についてそれぞれに固有の実効曲率半径が存在し**表2**で与えられます。**表1**に示した4つの場合について，メリジオナル結像には(2)式の r の代わりに r_v と r_h を，またサジタル結像には(3)式の r の代わりに e_v と e_h を代入して計算を実行することになります。

☆単レンズに対する結像公式の近似解

両面がトーリック面の単レンズについて斜入射光線束の結像式の近似解を求めます。トーリック面の軸（＝これを生成するときの回転軸）が互いに平行の場合について計算しますが，屈折面の実効曲率半径を変えるだけで両面が直交する場合にも適用できます。

まず第1面の軸が鉛直で，主光線が光軸を含む鉛直面内にある場合のメリジオナル光線束の結像式(2)式を，主光線の入射角 i と屈折角 i' に関してテイラー展開し，その2乗項までとる演算を行います。**表1**の1行目の変数から添字 v を省略し，次の置換をします*。

$$\frac{1}{s}=\sigma,\ \frac{1}{s'}=\sigma',\ \frac{1}{r}=\rho \tag{4}$$

$$N=(n'\cos i'-n\cos i)\rho \tag{5}$$

このとき次式が得られます。

$$n'\sigma'=a+bi^2+n\sigma-n\sigma i^2+\frac{an^2i^2}{n'^2}+\frac{n\sigma n^2i^2}{n'^2} \tag{6}$$

ここに式中の N,a,b はそれぞれ次式で与えられます。

$$N=a+bi^2 \tag{7}$$

$$a=(n'-n)\rho \tag{8}$$

＊以下(20)式までの演算を独力で行うのは難しいと思います。原著論文を参照して下さい。

$$b = \frac{(n'-n)n\rho}{2n'} \tag{9}$$

次に第2面について実効曲率半径を r_1 と置く他,厚さが0の仮定から $s_1 = s'$, $\sigma_1 = \sigma'$ とし,さらに空気の屈折率が1であることを考慮して,$n = 1$, $n_1 = n$, $n'_1 = 1$ とし,さらに遠用レンズを想定して $\sigma = 0$ と置くと,第2面の像距離をその逆数で表した σ'_1 は次式で与えられます。

$$\sigma'_1 = a + a_1 + i^2\left(b + \frac{a}{n^2}\right) + i_1^2(-a + b_1 + a_1 n^2 + n^2 a) \tag{10}$$

ここに

$$a_1 = -\rho_1(n-1), \quad b_1 = \rho_1 \frac{\rho(n-1)}{2n} \tag{11}$$

です。(10)式をレンズの諸量で表すと次式が得られます。ただし,添字vを復活させてあります。

$$\sigma'_{1v} = D_v + \frac{(n-1)(n+2)}{2n^2}\rho i^2 + \frac{1}{2n^2}\{n(2n+1)D_v - (n-1)(n+2)\rho\}i_1'^2 \tag{12}$$

ここに D_v は鉛直面内のレンズの屈折力です。

$$D_v = (n-1)(\rho - \rho_1) \tag{13}$$

ここで,主光線にそれが回旋点(レンズ後側頂点から l の距離にある)を通るという条件を与えて(12)式を書き変えて次式が得られます。

$$\begin{aligned}\sigma'_{1v} &= D_v + \frac{h^2}{2n^2}\left\{(n-1)(n+2)\rho(\rho + D_v - \lambda)^2 \right. \\ &\quad \left. + [n(2n+1)D_v - (n-1)(n+2)\rho]\left(\rho - \frac{D_v}{n-1} - \lambda\right)^2\right\} \\ &= D_v + h^2 S_v \end{aligned} \tag{14}$$

ここに h は,主光線の入射点から光軸に下ろした垂線の足までの距離,$\lambda = 1/l$ です。

次に,サジタル光線束の近似解を求めます。(3)式の右辺の r に(1)式の e_v

を代入し，メリジオナル光線束の近似解を求めたのと同じ要領で演算を進めます。(4)式にならって

$$\frac{1}{t}=\tau,\ \frac{1}{t'}=\tau',\ \frac{1}{e}=\varepsilon \tag{15}$$

と置き，さらに第2面の屈折への移行には，

$$\tau=0,\ \tau'=\tau_1 \tag{16}$$

の関係を使って次式が得られます。

$$\begin{aligned}\tau'_{1v} &= D_\mathrm{h} - \frac{n-1}{2}h^2\{(\rho-\mu)\rho\cdot\mu-(\rho_1-\mu_1)\rho_1\mu_1\} \\ &\quad + \frac{n-1}{2n}h^2\{\mu(\rho+D_\mathrm{v}-\lambda)^2-\mu_1(\rho_1-\lambda)^2\} \\ &= D_\mathrm{h} + h^2 T_\mathrm{v}\end{aligned} \tag{17}$$

ここに

$$D_\mathrm{h} = (n-1)(\mu-\mu_1) \tag{18}$$

は水平面内のレンズの屈折力，$\mu=1/m, \mu_1=1/m_1$ です。

主光線が水平面内を進んだ場合もほぼ同様の計算ができます。ただし，**図3**に対応する水平面内の光線図を省略しました。このとき，

$$\begin{aligned}\sigma'_{1\mathrm{h}} &= D_\mathrm{h} + \frac{h^2}{2n^2}\Big\{(n-1)(n+2)\mu(\mu+D_\mathrm{h}-\lambda)^2 \\ &\quad + [n(2n+1)D_\mathrm{h}-(n-1)(n+2)\mu]\Big(\mu-\frac{D_\mathrm{h}}{n-1}-\lambda\Big)^2\Big\} \\ &= D_\mathrm{h} + h^2 S_\mathrm{h}\end{aligned} \tag{19}$$

$$\begin{aligned}\tau'_{1\mathrm{h}} &= D_\mathrm{v} + \frac{n-1}{2n}h^2\Big\{\rho(\mu+D_\mathrm{h}-\lambda)^2-\Big(\rho-\frac{D_\mathrm{v}}{n-1}\Big)\Big(\mu-\frac{D_\mathrm{h}}{n-1}-\lambda\Big)^2\Big\} \\ &= D_\mathrm{v} + h^2 T_\mathrm{h}\end{aligned} \tag{20}$$

が得られます。

ここで，(14), (17), (19), (20)式それぞれの左辺の第2面を表す添字を省略した表示を採用します。

$$\sigma_v = D_v + h^2 S_v \tag{21}$$

$$\tau_v = D_h + h^2 T_v \tag{22}$$

$$\sigma_h = D_h + h^2 S_h \tag{23}$$

$$\tau_h = D_v + h^2 T_h \tag{24}$$

これに(13)式と(18)式を加えた計6つの方程式が眼球を回旋したときの乱視矯正レンズの特性を最適化するための基本式になります。

☆付加的非点収差の除去

まず，すべての回旋角（小さいときほぼ h に比例）に対する4つの像点が少なくとも鉛直と水平の2つの主断面に関してレンズの光軸上のそれぞれに対応する像点と一致する場合，すなわち，(21)～(24)式において

$$S_v = T_v = S_h = T_h = 0 \tag{25}$$

が成り立つ場合を考えてみましょう。

こうして，4つの未知の曲率 ρ, μ, ρ_1, μ_1 に対して(25)式による4つの連立方程式を解くことになりますが，これは(13)と(18)式による ρ と ρ_1 および μ と μ_1 の間に存在する制約のため不可能です。

次善の策は，物理的に見て現実的で数学的には無理のないやや緩和的な条件を2つ作ってやることです。その候補として，2つの主断面において，任意の回旋角に対する非点収差が光軸上のそれに等しいとする条件を挙げることができるでしょう。すなわち，

$$\sigma_v - \tau_v = D_v - D_h \tag{26}$$

$$\sigma_h - \tau_h = D_h - D_v \tag{27}$$

が成り立つという条件を与えます。この関係が

$$S_v = T_v, \quad S_h = T_h \tag{28}$$

と同じであることは容易に分かります。

(28)式を解いて，2つのトーリック面の回転軸が平行な場合に鉛直と水平の2つの主断面において非点隔差が光軸上の値と一致するようなトーリック・トーリック単レンズの解（ρ, ρ_1, μ, μ_1）を得ることができます。

しかしこのとき，すべての回旋角に対しこのレンズが軸上と同じ光学特性を示すわけではありません。眼球を回旋したとき，このレンズで正しく矯正されて点像として網膜上に結ぶはずの無限遠にある点物体の像が，実は一般にその位置から外れてしまうのです。言い換えれば，完璧な乱視矯正レンズの条件である(25)式が単レンズでは満たされなかったという事実の反映です。

さらに前後ともトーリックに研磨することが難しいという製作上の困難があり，トーリック・トーリックレンズが実用化されることはありませんでした。前後面のどちらか一方をトーリック，他方を球面としたトーリック・球面または球面・トーリックの組み合わせレンズが実用解として採用されるようになったのです。

☆プンクタールの解

Zeiss 社が選んだのは前面がトーリックで後面が球面のトーリック・球レンズでした。このとき後面の曲率 x に対して

$$\rho_1 = \mu_1 = x \tag{29}$$

となり，(13)と(18)式から次式が得られます。

$$\rho = \frac{D_\mathrm{v}}{n-1} + x, \quad \mu = \frac{D_\mathrm{h}}{n-1} + x \tag{30}$$

光軸上の乱視が測定されると，レンズの屈折力 D_v と D_h が決まりますから，x を変えることによって（ρ, μ）で指定されるトーリック面の形が決まります。その中から乱視レンズの特性が最も理想に近くなるような x を探すのが問題です。しかし，一つの条件しか使えませんから，トーリック・トーリックレンズよりも不利な選択を迫られることになります。

Zeiss 社が選んだ条件は，2つの主断面に生じる非点収差が等しくなるとい

うものでした．しかし，この非点収差が一般に軸上の非点収差と一致しないことは明らかで，実際に計算してみなければ不一致の程度が許容範囲内にあるかどうかは分からないでしょう．

　この条件は，次の2つの式の左辺が一致することです．

$$\sigma_v - \tau_v = D_v - D_h + h^2(S_v - T_v) \tag{31}$$

$$\tau_h - \sigma_h = D_v - D_h + h^2(T_h - S_h) \tag{32}$$

すなわち，条件式は次式で与えられます．

$$S_v - T_v = T_h - S_h \tag{33}$$

これが Zeiss 社の von Rohr らが特許明細書で明らかにした条件式でした．特許出願時に彼らが知っていたに違いない，その近似的表現である(14)，(17)，(19)および(20)式をおよそ10年後に Gleichen に公表されてしまったというわけです．もっともこの公表時点ですでに公然の秘密になっていたと推測することも可能かも知れません．

　いま実例として $D_v = -8D$，$D_h = -4D$，$n = 1.50$ を選び，レンズ頂点から回旋点までの距離を $l = 0.025$ m と仮定すると $\lambda = 40D$ となります．$\rho_1 = \mu_1 = x$ と置くと次式が直ちに得られます．

$$S_v = \frac{3}{4}(-22x^2 + 1592x - 24448) \tag{34}$$

$$T_v = \frac{1}{3}(-22x^2 + 1616x - 15616) \tag{35}$$

$$T_h = \frac{2}{3}(-10x^2 + 692x - 10816) \tag{36}$$

$$S_h = \frac{2}{3}(-22x^2 + 1396x - 17952) \tag{37}$$

これらの式を(33)式に代入して次式が得られます．

$$x^2 - \frac{6160}{90}x + \frac{96448}{90} = 0 \tag{38}$$

この式を解いて,

$$\frac{1}{x_1} = 41.3 \text{ mm} \tag{39}$$

$$\frac{1}{x_2} = 22.6 \text{ mm} \tag{40}$$

が得られます。von Rohrが特許明細書中に例題として示した, $D_v = -8D$, $D_h = -4D$, $n = 1.52$, レンズ厚0.5 mmに対する, 光線追跡で修正した後面の曲率半径43.0 mmと, (39)式による緩いカーブの解析的近似解41.3 mmとの極めていい合致は, von Rohrらがプンクタールを設計した時点でGleichenが後に公表した諸公式による近似解をすでに手にしていて, それを初期値に使ったことを強く示唆するものでしょう。

☆ Gleichenの乱視レンズ

Gleichenは彼の発明の特徴を特許明細書（USP）の中で次のように説明します。「トーリックレンズを使うと, その光軸上では目の乱視は完全に補正されるが, 目を回旋して斜めの方向を見ると一般に認識できるほどの大きさの不鮮明像を生じる。この網膜上に生じたボケは光線束が光軸に対して大きく傾いた角度でレンズに入射することによって形成された有害は（付加的）非点収差によるものである。鮮鋭で満足を与えてくれるはずの視力はボケの大きさだけでなく, その形がレンズの赤道面と子午面とで変わることによっても損なわれる。この形が2つの主断面で相当に大きく変わると, 目（したがって人の視覚）は視力の状態が非常に早く変化したと感じ, 目自体を常にそれにいち早く順応することを強いられるであろう。目に非常に悪いこのエネルギーの消耗を避ける目的で, 付加的な像の不鮮鋭さを, 完全に除去することはできないが可能な限り小さく, しかも2つの断面の間で変わらないようにするのが本発明の主旨である」。Gleichenは慎重に言葉を選びながら, von Rohrらとは違い, 目のピントを変えない条件下で2つの主断面間で網膜上の像の拡がりが小さく, かつその形があまり変わらないレンズフォームを決めたのだと主張しているわけです。

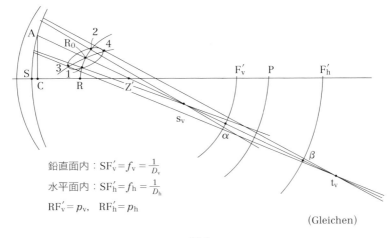

図4

図4に凸レンズを想定し，主光線が鉛直断面を通る斜入射光線束の結像の様子を誇張して示してあります．説明はほぼGleichenに従います．

光軸上，Sはレンズの後側頂点，Cは第2屈折面への主光線の入射点Aから光軸に下ろした垂線の足でAC = h，Rは光軸上目の入射瞳*の中心，Z′は目の回旋中心でSZ′ = l，F'_vは鉛直断面の焦点でSF$'_v$ = f_v = $1/D_v$，F'_hは水平面の焦点でSF$'_h$ = f_h = $1/D_h$，RF$'_v$ = p_v，RF$'_h$ = p_h です．

主光線AZ′の延長線上に鉛直面内の2つの非点焦点 s_v と t_v が生じます．s_v はメリジオナル焦点，t_v はサジタル焦点です．目を上方に回転すると，入射瞳RはZ′を中心に円を描いてR_0に移ります．$R_0 Z'$ = RZ′ = d です．一方，Z′を中心とし半径がZ′F$'_v$とZ′F$'_h$の球を描きこれらを非点主焦点球（astigmatic principal focal spheres）と呼ぶことにしましょう．これは，球面レンズの遠点球面に対応します．いまこの球面（鉛直面内では円）と主光線AZ′の延長線との交点をそれぞれαとβとすると，これらはs_vとt_vとは一般に一致しません．しかし，もし$\alpha = s_v$および$\beta = t_v$が成り立つと，このとき乱視眼はαとβ

---

* 目の入射瞳の位置はGullstrandの模型に従えば，角膜表面から眼球内部に向かって3.234 mm，射出瞳の位置は同じく3.855 mmです．ここでは，両瞳が同じ場所にあると近似しました．

の共役点を同時に網膜上に結ぶことになり，めがねによる乱視の完全な矯正が図の配置で実現するはずです．しかし，そうは問屋が卸しません．そこでGleichenは入射瞳が有限の開口寸法をもつと仮定し，2つの非点主焦点球面上に形成される s_v と t_v のピンボケ像が重なって得られる非点収差像を求めようと考えたのでした．

いま入射光線束のメリジオナル成分が目の入射瞳の縁1と2をかすめてメリジオナル焦点 s_v に集まった後に F'_v 球面上に作る小さい弧の長さを g_v，サジタル成分が目の入射瞳の縁3と4をかすめて F'_h 上に作る小さい弧の長さを g_t とすると，入射瞳の直径を $2r_0$, $s_v R_0 = s_{0v}$, $t_v R_0 = t_{0v}$ と置いて次式が成り立ちます．

$$\frac{2r_0}{g_s} = \frac{s_{0v}}{s_{0v} - p_v} \tag{41}$$

$$\frac{2r_0}{g_t} = \frac{t_{0v}}{p_h - t_{0v}} \tag{42}$$

ここに $R_0 \alpha = RF'_v = p_v$, $R_0 \beta = RF'_v = p_h$ です．

α と β は共に乱視眼の網膜上黄斑部と共役ですから，g_s と g_t の像 y_s と y_t はそれぞれ次式で与えられます．

$$\frac{y_s}{g_s} = \frac{\text{const}}{p_v} \tag{43}$$

$$\frac{y_t}{g_t} = \frac{\text{const}}{p_h} \tag{44}$$

ここにconstは2つの式に共通の値です．第1近似として目の前側頂点焦点距離（約15 mm）と一致します．

このあと，ごちゃごちゃした演算が続くのですが，最終的に次式が得られます．

$$y_s = -\text{const} \cdot 2r_0 \frac{h^2}{p_v^2}(f_v^2 S_v + U_v^0) \tag{45}$$

$$y_t = +\text{const} \cdot 2r_0 \frac{h^2}{p_h^2}(f_h^2 T_v + U_v^0) \tag{46}$$

ここに

$$U_v^0 = \frac{1}{2}\left(\lambda - \rho + \frac{D_v}{n-1}\right) \tag{47}$$

一方，水平断面については同様の計算を行って次式が得られます。η_s と η_t はそれぞれ y_s と y_t に対応する網膜上のボケを表します。

$$\eta_s = +\text{const} \cdot 2r_0 \frac{h^2}{p_h^2}(f_h^2 S_h + U_h^0) \tag{48}$$

$$\eta_t = -\text{const} \cdot 2r_0 \frac{h^2}{p_v^2}(f_v T_h + U_h^0) \tag{49}$$

ここに，

$$U_h^0 = \frac{1}{2}\left(\lambda - \mu + \frac{D_h}{n-1}\right) \tag{50}$$

一般に非点像が開口から主光線に沿って a および b にあるとき，開口と相似な——円形開口の場合，最小錯乱円——像が得られる距離 p は次式で与えられます。

$$\frac{1}{a} + \frac{1}{b} = \frac{2}{p} \tag{51}$$

図4 においては

$$\frac{1}{p_v} + \frac{1}{p_h} = \frac{2}{p} \tag{52}$$

を満たす点Pが最小錯乱円が形成される位置になります。したがって，斜入射光線束に対して

$$\frac{1}{s_{0v}} + \frac{1}{t_{0v}} = \frac{2}{q_v}, \quad \frac{1}{s_{0h}} + \frac{1}{t_{0h}} = \frac{2}{q_h} \tag{53}$$

と置いたとき，$q_v = q_h = p$ が成り立てば，すなわち最小錯乱円がZ'を中心に半径 p の円の上に形成されれば，網膜上には中心対称で像の拡がりが最も小さい最小錯乱円が結ぶことになります。

ところで，最小錯乱円が鉛直断面と水平断面の両面で同時に得られるのは

$$y_s = y_t, \quad \eta_s = \eta_t \tag{54}$$

の場合です。この条件を満たすには2つの自由度が残っていなければなりません。乱視レンズの度数を決めるのに2つの自由度が必要ですから，独立した4つの曲率半径をもつ両面トーリックレンズでないと両断面とも網膜上に同じ寸法の錯乱円を生じさせる解は存在できないことになります。

von Rohrの場合と同じくここでも，条件式をひとつに絞って1面トーリックの最適解を探すことになります。Gleichenがたてたその条件が，網膜上無限遠に対する共役面上で，2つの主断面に対し，非点収差に起因する点像のボケの大きさの間に次の関係が成り立つというものでした。

$$y_s - y_t = \eta_t - \eta_s \tag{55}$$

Gleichenはこの条件を次のように説明しました。
「これは，錯乱図形の円形からのずれ，すなわちその長軸の長さから短軸の長さを差し引いた値が，2つの主断面の間で等しくなるという条件であって，このとき両断面とも主光線に沿って同じ位置に最小錯乱円が形成される」。

この後段の特徴は(41)～(43)式を用いて容易に得られます。

$$\frac{1}{s_{0v}} + \frac{1}{t_{0v}} = \frac{1}{s_{0h}} + \frac{1}{t_{0h}} \tag{56}$$

この式は光学的に非常に面白い性質を表しています。光軸に対して同じ角度で入射する光線束によって形成される最小錯乱円の位置が鉛直面内と水平面内とも回旋点から測って同じ距離にあることを教えてくれるからです。しかし，この位置は両面トーリックの場合とは異なり，**図4**におけるZ'を中心とし半径$p = Z'P$の円周上にはありません。したがって，網膜上の像は最小錯乱円ではなく，(55)式を満たす楕円になります。

(45)～(50)式を(56)式に代入して整理すると，前面がトーリック，後面が球面の場合に次式が得られます。

$$\frac{f_v^2}{p_v^2}(S_v - T_h) + \frac{f_h^2}{p_h^2}(T_v - S_h) = 0 \tag{57}$$

ただし,

$$\frac{f_\mathrm{v}}{p_\mathrm{v}} = \frac{1}{1-e_0 D_\mathrm{v}}, \quad \frac{f_\mathrm{h}}{p_\mathrm{h}} = \frac{1}{1-e_0 D_\mathrm{h}} \tag{58}$$

です。ここに e_0 はレンズの後側頂点から目の角膜表面までの距離です。

(56)式に $\rho_1 = \mu_1 = x$, $D_\mathrm{v} = -8$, $D_\mathrm{h} = -4$, $n = 1.5$, $\lambda = 40$, $e_0 = 0.015$ を代入して整理すると x に関する2次方程式が得られます。

$$x^2 - \frac{5156060}{61010}x + \frac{75155136}{61010} = 0 \tag{59}$$

これを解いて,第2面の曲率半径として,

$$\frac{1}{x_1} = 53.4 \,\mathrm{mm} \tag{60}$$

$$\frac{1}{x_2} = 15.3 \,\mathrm{mm} \tag{61}$$

が得られます。これらと比較すべき von Rohr の解は, 41.3 mm と 22.6 mm です。

第2面の曲率半径としてカーブが緩やかな方 41.3 mm をとったとき,網膜上の像の寸法を秒角で表して次式が得られます。

$$\varepsilon_\mathrm{vs} = -\frac{4}{3} r_0 h^2 \cdot 2943 \tag{62}$$

$$\varepsilon_\mathrm{vt} = \frac{4}{3} r_0 h^2 \cdot 3304 \tag{63}$$

$$\varepsilon_\mathrm{hs} = \frac{4}{3} r_0 h^2 \cdot 647 \tag{64}$$

$$\varepsilon_\mathrm{ht} = \frac{4}{3} r_0 h^2 \cdot 275 \tag{65}$$

ここに r_v, h とも単位は m です。

いま, $h = 0.01 \,\mathrm{m}$, $2r_0 = 0.001 \,\mathrm{mm}$ とすると,主光線の像側の傾斜角 $\sin^{-1}\theta = 0.1/0.025$ より $\theta = 23.6°$ の場合は符号を省略して,

$\varepsilon_{vs} = 161.8''$ (66)
$\varepsilon_{vt} = 182.0''$ (67)
$\varepsilon_{hs} = 35.6''$ (68)
$\varepsilon_{ht} = 15.12''$ (69)

となります。これら4つの値は確かに条件(55)式と整合します。すなわち，$\varepsilon_{vt}-\varepsilon_{vs} \fallingdotseq \varepsilon_{hs}-\varepsilon_{ht} \fallingdotseq 20''$です。しかし，楕円の平均半径と楕円率は大きく異なっています。条件(55)式が数学的な便利さから決められたことの弱点を露呈したように見えます。しかし，上の4つの値はいずれも正視眼の分解能とされる$2'\sim 3'$と同程度かそれ以下です。鉛直面内の像は円形に近く，水平面内の像は目の分解能以下ですからその大きい楕円率（≈ 0.5）も気にならないでしょう。

ともあれ，鉛直と水平の2つの主断面の間で，非点収差は同じだが，焦点移動がある von Rohr の設計と，焦点移動はないが像の形と寸法が変わる Gleichen の設計のどちらが人に快適であるかは，実験しなければ分かりません。特に頭を固定して早く動く物体を見るとき，目のピントが追従するかどうかが重要でしょう。ここで注意しておきたいのは，両者のレンズデータに大きな違いがあるという事実です。$D_v = -8D$, $D_h = -4D$ に対する後側球面の曲率半径の値が von Rohr 型で 41.3 mm に対し Gleichen 型では 53.4 mm となります。プンクタールだけが唯一の解ではない，他にもいろいろありそうだという見通しがこの時点で得られたとしたら，これも Gleichen の大きな功績だったといえるでしょう。

プンクタール発売以来100年になる現在まで，めがねレンズの発展と進歩は絶え間なく続いています。本項は，その黎明期に大きく貢献した Gleichen の近似理論を中心に紹介しました。

18 非点光線束の追跡 11
ペツバールの定理 1

> この和がこれらの関係に対して持つ意義を初めて完全に認めた人の名前に従って，ΣP_ν をペツバール和と呼ぶ。しかしその意義はペツバール以後も長い間認められず，誤解されたままであった。
> —— M. Berek：レンズ設計の原理* ——

　ハンガリーの Szepesbéla（現在はスロバキア領）に生まれ，主にオーストリアの首都ウィーンを活躍の場とした数学者・光学者 Joseph Petzval（1807～1891）は，ペツバール条件の発見と，カメラ用肖像レンズ（portrait lens）の発明によって幾何光学とレンズ設計の歴史に不朽の名を残しました。本項は主にペツバール条件の発見とその後のこの定理をめぐるいくつかの論争について紹介します。

　ドイツ人の両親を持ちハンガリーに生まれ育った Petzval は 1835 年ブダペスト大学高等数学教授に就任し，その 2 年後には請われて隣国オーストリアのウィーン大学の同じく高等数学教授に転じました。そこで前任者で当時既に物理教室の主任だった A. von Ettingshausen から 1839 年に発表されたばかりの銀塩カメラの始祖ダゲレオタイプ用の明るいレンズの設計を強く勧められることになります。

　ダゲレオタイプの発明者 L. J. M. Daguerre から専用レンズをどう調達するか相談を受けたパリの光学器械メーカーの C. Chevalier は望遠鏡対物レンズ

---

* *Grundlagen der praktischen Optik*. von Walter de Gruyter (1930)。邦訳は三宅和夫：レンズ設計の原理，講談社（1970）

（色消しダブレット）を裏返して使い，その物体側の適当な場所にコマ収差を低減するために開口絞りを置くという，いわばあり合わせのレンズ配置を提案し，これが正式のダゲレオタイプ（Giroux 製）に装着されたのでした．

このレンズの最大の弱点は明るさが 1 : 15 と非常に暗い点にありました．人物のポートレート写真を撮影するのに戸外の日向で 30 分を要したといわれています．これを 1～2 分以内に収めることのできる明るいレンズの開発が急務とされました．そのためパリの奨励協会（Société d'encouragement, Paris）は 1841 年に写真レンズの改善をテーマにしたコンペを開催すると予告していたほどでした．

このような趨勢を熟知していた Ettingshausen 教授は，数学と光学の才能に際立って恵まれた Petzval にこの問題に取り組むことを強く勧め，Petzval もそれに応えて研究が始まったのでした．

成功裡に終わったこの研究の報告書，*Berichte über Ergebnisse einiger dioptricher Untersuchungen* は 1843 年にブダペストで公刊されました．これは入手がとても困難でしたが，1973 年にブダペストの科学・技術博物館から復刻出版され，その 1 冊が今私の手元にあります．同館の学芸員 K. Karlovits は別紙の解説の中で次のように書いています．「Daguerre の最初の弟子の一人 Ettingshausen 教授はパリから帰国すると，ウィーン大学の少壮数学教授 Petzval に写真の研究を始めるよう要請した」．

当時フランスの代表的科学者だった D. F. J. Arago は Daguerre と共同で 1839 年 8 月 19 日フランス学士院において新しい撮影方法の公開発表を行いました．映像を記録し保存できるという噂は当時既にヨーロッパ中に知れ渡っていて，公開の数日後にはパリの光学器械商の店頭にダゲレオタイプの装置が置かれ，これを一目見ようとする好事家で黒山の人だかりだったと当時の新聞が伝えているそうです．数学と物理学が専門の Ettingshausen の経歴からは，彼が Daguerre の教え子だったとは考えにくいのですが，彼はおそらくこの頃パリに滞在していて，市民の熱狂ぶりを目の当たりにしたのでしょう．加えて旧知の Daguerre とも会い，最大の欠点であるレンズの性能向上，特にその明るさの向上を痛感し，その開発を Petzval に委ねたのでしょう．

Petzval は私生活が知られるのを極端に嫌ったらしく，また自分の発明について話すこともなかったそうです。この点でも前記報告は貴重ですので，その冒頭部分を翻訳します。

「私は 1840 年の冬が終わる頃まで対象を仔細に調査した（幾何光学を初めて徹底的に勉強したの意でしょう）後，それを数式化する研究に入り，満足できる結果が得られたので，その後は数式を屈折光学の全分野を包含する理論に体系化することにした。その最初の実用化対象がポートレートレンズであった。これは 1840 年夏に完成し，後に Voigtlander 装置と呼ばれて広く知られることになった。この結果に最も大きく貢献したのは，砲兵司令官ルードリッヒ大公*が，数学知識が豊富なことで知られる砲兵軍団の中から上級火薬係下士官 Löschner と Hain および 8 人の計算に熟練した兵士を私に派遣して自由に使わせてくれたことだった。私は当時未だ広い領域をカバーする理論の最初の芽を見出したばかりだったが，それを完全で調和のとれた可能な限りエレガントな全体に発展させること，およびそれに従って数表（三角関数の真数表と対数表でしょう）を使う光線追跡計算を実用化することが私に課せられた暗黙の義務だと心得ていた。王室の支援を得てから 2 年が経過した今，この論文を書く目的の一つは，得られた成果である一般的で理論的な説明を，それが解折的研究の核心を避けて平易に表現できる限りにおいて行うことである」。

この引用中最後の文章は重要です。彼はこの論文に続けてほぼ同じテーマについて論文を 2 篇書いていますが，いずれもその主旨，すなわち数式の羅列を避けて本質的部分だけを素人にも分かる平易な文章で綴っています。これを科学論文として見たとき，完璧さに欠けるのはやむを得ません。後にさまざまな批判に曝されることになります。

彼はウィーン近郊の Kahlenberg に別荘兼レンズ試作工場を持っていました。1859 年そこに泥棒が入り，長年の研究資料が破棄され，その中には彼が出版するつもりで書きためた光学書の草稿が含まれていました。老齢の彼はこのショックから立ち直ることができず，以後彼の関心は光学を離れて音響学の

---

* オーストリア帝国の皇子，彼の子息で皇太子 Franz Ferdinand がサラエボで暗殺され（1914），それが第一次大戦の端緒になった。

研究に向かうことになります。Seidel の収差論（1853）よりも 10 年も早く完成していたはずの Petzval の 3 次収差論はこうしてその全容を見せることなく消えてしまったわけです。

　公式を掲げるだけで，その導出に必要な数式と条件をバッサリ省略する彼の流儀はその後の第 2 論文：光学研究報告＊と第 3 論文：屈折光学報告＊＊でも踏襲されました。そのため，彼がどういう方法で彼の 3 次収差論をつくり，それからペツバールの公式を導いたか分からず仕舞いになりました。しかし，彼の第 3 論文中 p.34 に彼の収差論を示唆する興味ある文章がありますので紹介しましょう。
「この公式の証明は光の擾乱説から導かれ，重要な数式の展開を行って初めて明らかになるのであるが，ここでは（実用を旨とする）通俗光学（論文）に取り上げるので，やむを得ず高度の科学（＝数学）を要する証明なしに使うことにした」．括弧は私が加えたものです．

　ここで光の擾乱理論とはドイツ語で optische Störungstheorie，英語では optical disturbance theory の訳で，これが Huygens-Fresnel の理論を基礎においた幾何光学，すなわち波面収差の理論を指すことは明らかだと思います．後の Seidel による光線光学的な 3 次収差論（1853）に対し，Petzval は H. H. Hopkins が著書：*Wave Theory of Aberration*（1950）で展開したのと同じ方法を使って，Seidel のと等価の式を導いたけれど，それを上記災難のために出版できなくなったのではないか，というのが私の推理です．もしそうだとすれば，イギリスにおいて A. E. Conrady の光路差理論（1920 年代）に始まり H. H. Hopkins が完成させた，それまでドイツ語圏ではあまり流行らなかった波面収差の実用理論の源流がオーストリアの Petzval にあったことになって歴史的にも面白いと思います．しかし，この推理を検証するには，かなり長い時間と大きい労力を必要とするでしょう．今の私にはこれに取り組む勇気はありません．

＊ Sitzungsberichte der mathematisch-naturwissenschaftlichen Klasse der Kaiserlichen Akademie der Wissenschaften, Wien **24** (1857), 50–76, 92–106, 129–145
＊＊ ibid., **26** (1858), 33–90

なお，私の訳文に相当する部分を，山田幸五郎は大正7年（1918年）に次のように訳しています。「例令此定理の証明は光学的擾動説より演繹せらるとも或は重要なる計算展開の背後に隠匿せらるとも余は之を通俗光学に用い又暫時高等科学の証明なくして引用するを余儀なくせらる」。これは幾何光学論文集第1（1918）中にあって山田が訳した H. Zinken, genant Sommer: Ann. Phys, Chem. 5（1864），563 中に著者が引用した Petzval 論文の一部ですが，いかんせん，これでは何のことかさっぱり分かりません。そこで私が試みたのが上記した訳文です。幾何光学論文集1は2（1919）と共に山田幸五郎訳・長岡半太郎校閲で丸善から出版された幾何光学の基礎となる，Gauss, Seidel, Finsterwalder, Abbe-Czapski, Zinken-Sommer, Airy, Abbe, Hamilton, Maxwell, Schwalzschild, Rayleigh らの論文を網羅した野心的な試みでしたが，いかにも訳文が生硬で分かりにくい。入社早々の若い人達が，これをめくって原著はもっと難解だろうと食わず嫌いに終わったという笑えない話があったほどです。

☆ Petzval の公式

ダゲレオタイプが発明された後は，写真に不可欠な広い画面と明るさを両立させるために複雑な構成のレンズが必要となり，その結果貼り合わせ単レンズと開口絞りの組み合わせのような単純な場合には有効だった試行錯誤的な設計が通用しなくなると Petzval は考え，「複雑な作用の中に深く隠されている法則」を，屈折則の近似展開による3次収差論から導き出そうとしました。その効用を，「そのような法則（公式）を知らないと，それが多大な労力と時間を掛ける誘因になる」とし，その一例として，「光軸に垂直な平面物体の幾何学像の位置に関する法則」を取り上げて説明したのです。彼はこれを，「その一般性と単純さおよび美しさを兼ね備えた，全屈折光学中実に最も素晴らしいものである」と自賛して次のように書きます。

「（光軸に垂直に置かれた平面物体に対する）幾何学的像面の，頂点（光軸との交点）における曲率半径の逆数は，結像光学系を構成する各単レンズの焦点距離の逆数とその屈折率の逆数の積の和に等しい」。

彼はこの定理の焦点距離を脚注で次のように説明しました。「単レンズの焦点距離 p は次式で与えられる。

$$\frac{1}{p} = (n-1)\left(\frac{1}{r} - \frac{1}{r'}\right) \tag{1}$$

ここに n はレンズの屈折率，r と r' はレンズの前面と後面の曲率半径である。この焦点距離はレンズの厚さには依存しないが，一般に入射平行光に対する像点距離（Vereinigungsweite paralleler Strahlen）とは異なる。おそらく焦点距離という命名は厳密には正しくない。しかし既に市民権を得ていることを考慮してこのままにしておく」。

彼は物点距離 a と像距離 b に対する結像方程式 $1/a + 1/b = 1/p$ を満たすレンズの特性値 p はレンズの厚さに依存しないという誤った考え方を信じていて，しかもそれが Bessel が定義した「平行光に対する像点距離，すなわち単レンズの光心から無限遠に対する像点までの距離」とは異なると言っているのでしょう。Bessel の定義を否定するところから出発したという一面を持つ Gauss の近軸理論（1841）は既に発表されていましたが，Petzval が第 1 論文を出版した 1843 年には未だ広く知られるには至っていなかったのでしょう。この考え方は第 3 報（1858）でも変わらず，(1)式で与えられる焦点距離 p はレンズの中心点（Linsenmittelpunkt）から焦点までの距離と明記しています（p.42）。中心厚が有限な単レンズの焦点距離がその厚さと無関係に(1)式によって与えられ，それはレンズの中心から像側焦点までの距離だと，数値的な検証もせずに「思ってしまえ」と言うのですから乱暴な話です。

C. Gauss が近軸理論の構想を得たのは発表時（1841）より 40～45 年前だったけれど，「内容があまりに初歩的と思われたため，今まで発表を差し控えておりました。しかし，現在も行われている伝統的な屈折光学の計算は非常に不正確で，数学的根拠を欠いた酷いものですので，これを発表するのも無駄ではあるまいと考えるようになりました」[*]と記し，物体側および像側空間に焦点，主点，焦点距離などを厳密に定義した上で，近軸結像理論を公表したのとほぼ

---

[*] 鶴田匡夫：第 7・光の鉛筆，新技術コミュニケーションズ（2006），15 近軸理論の誕生，p.236–255

同時期に行われた研究でしたから，Petzvalもまた時代の子だったと言うしかないでしょう。

ともあれ上の公式は焦点距離が(1)式で与えられる厚さが0の単レンズ群に対してしか成り立ちません。そうだとすれば，この公式は既にAiryとCoddingtonが証明済みだというのが次項に取り上げるRayleighの言い分でした。

一部にこのような誤りがあるのを承知の上で，翻訳を続けましょう。「像面の曲率半径をR，構成単レンズの焦点距離を$p, p^{\mathrm{I}}, p^{\mathrm{II}}$……，対応するレンズの屈折率を$n, n^{\mathrm{I}}, n^{\mathrm{II}}$……と置くと上の定理を数式化できる。

$$\frac{1}{R} = \frac{1}{np} + \frac{1}{n^{\mathrm{I}} p^{\mathrm{I}}} + \frac{1}{n^{\mathrm{II}} p^{\mathrm{II}}} + \cdots \tag{2}$$

像面が平面のときには$R = \infty$と置いて

$$\frac{1}{np} + \frac{1}{n^{\mathrm{I}} p^{\mathrm{I}}} + \frac{1}{n^{\mathrm{II}} p^{\mathrm{II}}} + \cdots = 0 \tag{3}$$

が成り立つ。この式は凸レンズと凹レンズの間にある均衡が成り立つ必要のあることを示す。均衡が凸レンズ側に超過すると像面はそれがレンズの後方にあるときレンズに向かって凹になり，反対に凹レンズ側に超過するとレンズに向かって凸になる。

像面の曲率半径Rはこうして構成レンズ間の距離と厚さにまったく依存しない。Rを決定するのに，光学系の並べ方も物体を置く位置も不要である。ただすべての焦点距離と対応する屈折率を知るだけでいいのだ。

(2)式の公式は実は一般式の特別な場合であって，屈折面と反射面を含む系（反射屈折光学系，catadioptic system. système catadioptique, katadioptisches System）にも適用できる。(**図1**による屈折系に対しては次式が成り立つ)。

$$\frac{1}{R} = \frac{n-1}{nr} + \frac{n^{\mathrm{I}}-1}{nn^{\mathrm{I}} r^{\mathrm{I}}} + \frac{n^{\mathrm{II}}-1}{nn^{\mathrm{I}} n^{\mathrm{II}} r^{\mathrm{II}}} + \frac{n^{\mathrm{III}}-1}{nn^{\mathrm{I}} n^{\mathrm{II}} n^{\mathrm{III}} r^{\mathrm{III}}} + \cdots \tag{4}$$

ここに$n, nn^{\mathrm{I}}, nn^{\mathrm{I}} n^{\mathrm{II}}$……を第1，第2，第3面のそれぞれ右側媒質の屈折率と定義する。反射面を含む場合，その屈折率を-1とすればいい。$r, r^{\mathrm{I}}, r^{\mathrm{II}}$…がそれぞれの面の曲率半径である。隣り合う2つの面を1組とし，それを1枚の

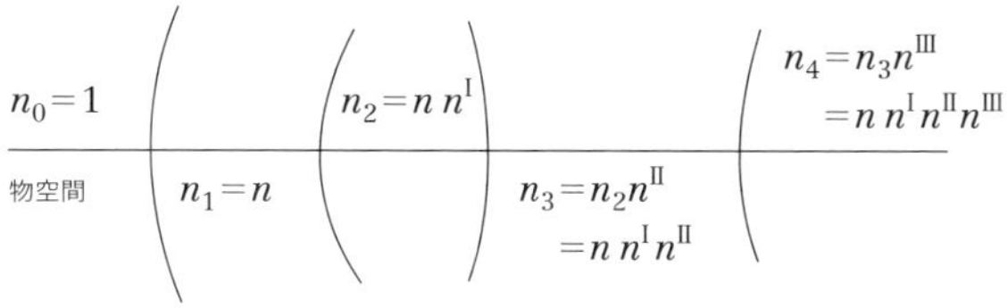

$$
\begin{array}{c|c|c|c}
n_0=1 & & n_2=n\,n^{\mathrm{I}} & n_4=n_3 n^{\mathrm{III}} \\
 & & & =n\,n^{\mathrm{I}}n^{\mathrm{II}}n^{\mathrm{III}} \\
\text{物空間} & n_1=n & n_3=n_2 n^{\mathrm{II}} & \\
 & & =n\,n^{\mathrm{I}}n^{\mathrm{II}} &
\end{array}
$$

図 1

レンズと数えると次式が成り立つ。

$$nn^{\mathrm{I}} = n^{\mathrm{II}}n^{\mathrm{III}} = n^{\mathrm{IV}}n^{\mathrm{V}} = \cdots = 1 \tag{5}$$

このときレンズの焦点距離はそれぞれ次式で与えられる。

$$\left.\begin{aligned}
\frac{1}{p} &= (n-1)\left(\frac{1}{r} - \frac{1}{r^{\mathrm{I}}}\right) \\
\frac{1}{p^{\mathrm{I}}} &= (n^{\mathrm{II}}-1)\left(\frac{1}{r^{\mathrm{II}}} - \frac{1}{r^{\mathrm{III}}}\right) \\
\frac{1}{p^{\mathrm{II}}} &= (n^{\mathrm{IV}}-1)\left(\frac{1}{r^{\mathrm{IV}}} - \frac{1}{r^{\mathrm{V}}}\right)
\end{aligned}\right\} \tag{6}$$

その結果次式が得られる。

$$\frac{1}{R} = \frac{1}{np} + \frac{1}{n^{\mathrm{II}}p^{\mathrm{I}}} + \frac{1}{n^{\mathrm{IV}}p^{\mathrm{II}}} + \cdots \tag{7}$$

」

この引用文では，彼が得た一般式である(4)式が現在よく知られている，

$$\begin{aligned}
\frac{1}{R} &= -\sum_m \frac{1}{r_m} \varDelta\left(\frac{1}{n_m}\right) \\
&= \frac{n_1-1}{n_1 r} + \frac{n_2-1}{n_2 r_2} + \frac{n_3-1}{n_3 r_3} + \cdots + \frac{n_m-1}{n_m r_m}
\end{aligned} \tag{8}$$

だったけれど，これをレンズを1列に並べておくという現実の直観的理解に結びつけるために屈折率の表現に小細工を施したように見えます．第2論文では，(4)～(7)式を省略して(3)式に続けていきなり(8)式を取り上げ，n_1, n_2, n_3……を屈折面で仕切られた媒質の屈折率という，現代の表記法に変えています．

☆ Petzvalへの批判

　Petzvalは，実用光学の実務者には不要だとして，ペッツバールの公式やその特別な場合である，像面が平坦になる公式を示しただけで，それらが成り立つために必要な前提条件に一切言及しませんでした。具体的には，この公式が3次収差論（口径と画角に関する次数の和が3である近似理論）の範囲で正しく，しかも非点収差が除去されて初めて成り立つという，言葉で書けば1行で済むほどの単純な前提条件を何処にも記さなかったことが徒になって，多くの批判に曝されることになります。

　その口火を切ったのはL. Seidel（1821～96）でした。彼は共軸球面系が発生する3次収差を5つに分類し，しかもそれぞれの係数がその光学系を構成する個々の屈折面の収差係数の代数和で与えられることを導きました[*]。したがって，球面収差，コマ収差および非点収差を0としたとき，平面物体の像面が一般に球面になるというペッツバールの公式を彼が導いた一連の式からいわば自動的に導出できたのです。彼はこの公式を説明したところに注記して次のように述べます。

「(12)式による公式は1843年にPetzvalが光線屈折の論文中で開示したものである（私の知る限りその続報は出版されていない）。しかしこの公式は重要なものなのでそれが満たすべき前提条件が報告されるべきなのにその記述がなかった」。Seidelはこれに続けて，Petzvalが彼の公式を得るに至った道筋を忖度して次のように書きます。「この公式に到達する極めて単純な方法は次のようなものである。自身が球面状に彎曲した物体が1つの球面による屈折の結果生じる像もまた球面である。これを新しい物体と考え，その上の各点を発した光線が次の球面で屈折して第2の球状の像面をつくる。以下屈折面の数だけこの操作を繰り返してこの公式を得ることができる。しかし，この演繹法だけでは正しい結果は得られない。何故なら，一般に像の先端をつないでできる球面には次数が同じで曲率半径の異なる2つがあり，その一方を無視できる条件が

---

[*] Astronomische Nachrichten, **37**（1853）105–120, **43**（1856）289–304, 305–320, 321–332, 引用ページはp.323

何であるかが上の方法だけでは明らかにされていないからである」。要するに，ペツバールの公式は非点収差が 0 という条件の下で初めて成り立つのに，Petzval にはその明示がないのは致命的だというのです。こうして彼は次のように断定します。「私が本文で与えた条件を仮定し，精密な研究によって正しいとされた方法から得られたこの公式を上に述べたような方法で Petzval が見出したのはほとんど偶然だったと思われる」。

　Seidel は，この公式が彼の 3 次収差論の解析的取り扱いから導かれたもので，上に挙げた逐次的方法をメリジオナルあるいはサジタル結像に適用しても，系全体の非点収差が 0 でない限り正確には得られるはずはないと確信していたのでしょう。それが上の断定的な批判になったのだと思います。

　Petzval がこの批判に答えた形跡はありません。光学関係の資料が盗難で四散したのは 1859 年ですから，Seidel の論文発表時には資料は未だ手元にあったはずですが反論はしなかったようです。

　代わって Petzval の弁護を買って出たのは Seidel の批判からおよそ半世紀後の von Rohr でした*。「Petzval の理論，とりわけ彼が導いた 2・3 の公式は時の経過とともに批判の対象になった。実際，この先行者が証明を書き残さなかったことが悔やまれる。L. Seidel と H. Zinken-Sommer は 2 人とも，彼ははなはだ不十分な研究を根拠にして彼の理論を発表したとの解釈だった。しかし私にはこれはあまりにも好意的でない理解のように思われる。彼が 1857 年に発表した 2 つの論文を読むと，彼は当時少なくとも光軸に近いところを通る斜入射光線束に関しては，像という用語を非点収差のない場合を想定して使っているように見える。彼は第 2 論文中（p100）の，Chevalier の風景用レンズの開口絞りの位置を変えて像の平面性を改善する段落で，『これは厳密な意味で序列をつけるならば像とはいえない』と述べ，さらに続けて『可能な限り収差を除去し，科学的方法で製作され，その結果得られた美しい画像を生じさせるレンズに対してさえ，それで十分という程の評価ができないのが実際である。何故なら，この種のレンズも大方は(1)式による像面の弯曲を持っているからである』と記している」。ここに(1)式とは本項の(7)式を指します。そして，

---

* *Theorie und Geschichte der photographischen Objektives*, Springer（1899），p270

最後の段落で「屈折面が球面であることによって生じる5つの結像欠陥——一部は鮮鋭さと弯曲にかかわり，他はもとの物体との相似性にかかわるものだが——に関するPetzvalの研究に後にL. Seidel，続いてM. Tiesenによって完全に証明された。現在（1899）では，Seidelの導出が理想的な完璧さで与えられたが，Petzvalは彼自身によるその導出を公表しなかったというのが通説である。しかしそれ以上に，Petzval自身がこの領域の研究で深い知見を得ていたことはほとんど疑う余地がない」，と言い切っています。要するに同業者の目から見て，PetzvalがSeidelが導いたのとほぼ同じ内容の3次収差論を10年以上早く手中にしていたのは確実だと主張しているように見えます。

　H. Zinken, gen. Sommerの批判も相当に厳しいものでした*。彼は本項の(7)式が無条件に成り立つには，単一球面屈折面に対し主光線がその曲率中心を通ることが必要だと述べ，そのようなことが共軸球面系を構成する各屈折面に対して続いて起こることは考えられないと主張しています。これを説明するために彼が描いたのが図2です。屈折球面の曲率中心をC，光軸（すなわち後続する球面の曲率中心がこの線上に並ぶの意）をOEとします。図2はこの系のメリジオナル面を表しています。BA_0と$B'A_0'$はそれぞれの物体面と像面を表す球面の断面で，それぞれの曲率半径をρとρ'とします。屈折面の曲率半径はCD = CE = rです。BとB'から光軸に下した垂線の足をAとA'とします。物体空間の屈折率を$n_0 = 1$，像空間の屈折率をnとすると次式が得られます。

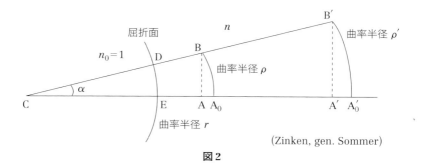

(Zinken, gen. Sommer)

図2

---

* Phys. Chem. Ann.（= Pogg. Ann,）**122**（1864），563

18 非点光線束の追跡 11 ペツバールの定理 1

$$\frac{1}{\rho'} = \frac{n}{\rho} - \frac{n-1}{r} \tag{9}$$

ここで Zinken, gen. Sommer は次のように書きます。ただし彼が Strahlen（光線群）と呼んだ用語を，ここでは厳密に考えて主光線と訳しました。「この式を次々に並べたレンズ系に拡張し，かつ物体面の曲率半径を ∞ と置くと，Petzval の(7)式が得られる（正しくは $1/R = \Sigma_m 1/n\rho_m$）。—— 中略—— しかし，(9)式を任意の屈折系に適用することは，像をつくる主光線が屈折面の曲率中心を通ると仮定しなければならないため，危険がある。この条件が最初の屈折面に対して満たされたとしても，それが後続する屈折面の中心を次々と通ることは決して起こらないからである」。これに続けて，「しかし，これから行う一般的な取り扱いに従えば，主光線が極限的に光軸と一致するような場合（上に挙げた例のように，主光線が必ず屈折面の中心を通るという条件が不要なので，共軸系においても主光線を連結した折れ線で記述でき，その結果主光線の各屈折面への入射角が十分小さいと仮定できるというほどの意でしょう），主光線が光軸を横切る位置が像の曲率に影響を及ぼさないわけでは決してないことが明らかになる」。少々もって回ったいい方ですが，要するに本来の意味の主光線に沿って非点収差が消えるという前提条件を与えれば，(7)式の正しさが証明されるといっているのです。これに対し von Rohr は，この前提条件を Petzval は既に知っていたが直接的な文章では記述しなかったと強く推定したわけです。またその後，M. Berek (1930) は von Rohr の推定を追認する形で冒頭に掲げた文章を残したのでしょう。

H. Zinken, gen. Sommer が初出論文で記した証明は冗長で分かりにくいので，ここでは 14 で述べた Martin の方法にほぼ準じる近似の手順に従って説明します。

屈折球面の曲率半径を PC = r，主光線の入射点を P，物点も非点収差をもつとしてそのメリジオナルおよびサジタル像点を O_t と O_s，同じく屈折後のメリジオナルとサジタル像点を I_t と I_s とし，主光線の光軸との交点，すなわち開口絞りとその像の位置を R と R' とします（**図3**）。このとき次式が成り立ちます。

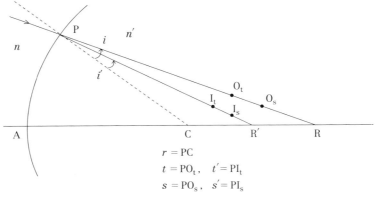

$$r = \text{PC}$$
$$t = \text{PO}_t, \quad t' = \text{PI}_t$$
$$s = \text{PO}_s, \quad s' = \text{PI}_s$$

図3

$$\frac{n'\cos^2 i'}{t'} - \frac{n\cos^2 i}{t} = \frac{n'\cos i' - n\cos i}{r} = \frac{n'}{s'} - \frac{n}{s} \tag{10}$$

上式中の諸記号の意味は**図3**に示してあります。

図4に屈折前後のサジタル像 O_s と I_s およびそれらが曲率半径 ρ_s と ρ'_s の球面上に位置することを示します。O_s と I_s が屈折球面の中心 C から引いた直線の上に乗っているのは，よく知られたサジタル像点の持つ特徴です[*]。2つの像面とも入射点 P が光軸に近づく極限で近軸物点と近軸像点に収束します。同様にして開口絞りの像 R と R' の間にも共役関係が存在します。以上を念頭において，入射角 i と屈折角 i' とも十分小さいと仮定して，

$$\cos^2 i = 1 - i^2, \quad \cos^2 i' = 1 - i'^2$$

と置いて次式が得られます．

$$\frac{1}{n'\rho'_s} - \frac{1}{n\rho_s} = \frac{1}{r}\left(\frac{1}{n'} - \frac{1}{n}\right) - \frac{Q_l^2}{(Q_l - Q_{s_0})^2}\left(\frac{1}{n'l'} - \frac{1}{nl}\right) \tag{11}$$

ここに，

$$Q_{s_0} = n\left(\frac{1}{r} - \frac{1}{s_0}\right) = n'\left(\frac{1}{r} - \frac{1}{s'_0}\right) \tag{12}$$

---

[*] 本書 [8] および [9]。

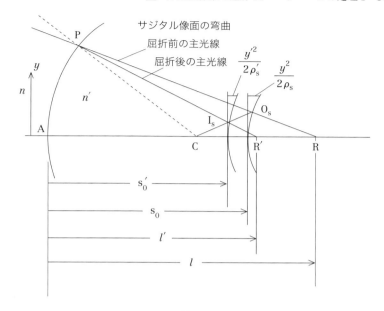

図4

$$Q_l = n\left(\frac{1}{r} - \frac{1}{l}\right) = n'\left(\frac{1}{r} - \frac{1}{l'}\right) \tag{13}$$

です。14で物点に関する共役点までの距離として t と t' をとりましたが，本項はさらに近似を進めて，これを近軸の共役点までの距離 s_0 と s_0' にしてあります。

一方，メリジオナル像点（像面上光軸との交点を中心とする円の円周方向にほぼ直線的に延びるとしてタンジェンシャル焦線とも呼ばれる）に関しては(11)式に対応して次式が得られます。

$$\frac{1}{n'\rho_m'} - \frac{1}{n\rho_m} = \frac{1}{r}\left(\frac{1}{n'} - \frac{1}{n}\right) - 3\frac{Q_l^2}{(Q_l - Q_{s_0})^2}\left(\frac{1}{n'l'} - \frac{1}{nl}\right) \tag{14}$$

(11)および(14)式とも屈折面間の距離が含まれていませんから，(11)と(14)式をそれぞれ屈折面ごとに加算すると，両式とも左辺は最初と最後の屈折面の項を残して打ち消し合い次式が得られます。

$$\left(\frac{1}{n'\rho'_s}\right)_{\text{final}} - \left(\frac{1}{n\rho_s}\right)_{\text{initial}}$$
$$= \Sigma \frac{1}{r}\left(\frac{1}{n'} - \frac{1}{n}\right) - \Sigma \frac{Q_l^2}{(Q_l - Q_{s_0})^2}\left(\frac{1}{n'l'} - \frac{1}{nl}\right) \tag{15}$$

$$\left(\frac{1}{n'\rho'_t}\right)_{\text{final}} - \left(\frac{1}{n\rho_t}\right)_{\text{initial}}$$
$$= \Sigma \frac{1}{r}\left(\frac{1}{n'} - \frac{1}{n}\right) - 3\Sigma \frac{Q_l^2}{(Q_l - Q_{s_0})^2}\left(\frac{1}{n'l'} - \frac{1}{nl}\right) \tag{16}$$

(15)と(16)式とも,右辺第2項が0になるとき,すなわち,

$$\Sigma \frac{Q_l^2}{(Q_l - Q_{s_0})^2}\left(\frac{1}{n'l'} - \frac{1}{nl}\right) = 0$$

を Zinken-Sommer の条件といいます。これは2つの像面が一致することを意味し,このとき非点収差,厳密には3次の非点収差は消滅します。物体面が平面すなわち弯曲がないとき,像面の弯曲(=曲率半径)ρ は次式で与えられます。

$$\frac{1}{n'\rho'} = \Sigma \frac{1}{r}\left(\frac{1}{n'} - \frac{1}{n}\right)$$

この式の右辺をペツバールの和と呼びます。加算記号 Σ は各屈折面についての総和を意味します。厚さが0の単レンズに対するペツバールの和は像空間の屈折率を $n' = 1$,レンズの屈折率を n としたとき

$$\frac{1}{\rho'} = -\frac{1}{nf'}$$

で与えられます。f' はその像側焦点距離です。

めがねレンズの非点収差をベンディングによって0としたとき,必ず弯曲が残存すること,その際遠視用ではレンズに向かって凹,近視用では凸になる事実は広く知られています。

次項は主にイギリス人の貢献について述べます。

19 非点光線束の追跡 12
ペツバールの定理 2

> 像の彎曲に関する公式はふつう Petzval の名で呼ばれているが,少なくとも薄いレンズの組み合わせに関しては Airy と Coddington に帰せられるべきものである。
>
> —— **Lord Rayleigh**[*] ——

　Lord Rayleigh（1842～1919）はノーベル物理学賞を62歳で受賞（1904）してから3年後に,K. Schwarzschild の一連の論文（1905）[**] に感銘をうけ,Hamilton の光学,誤解を恐れず一口でいえば波面光学の一般論と,光線追跡の方法で得られた Seidel の3次収差論を結びつける簡潔な論文を書きました。巻頭に掲げた文章はこの論文からの引用です。

　Rayleigh が意図したのは,イギリスでは広く知られているがドイツではあまり顧みられない Hamilton の特性関数（characteristic function）を用いた幾何光学の一般論と,その逆にドイツで発展しイギリスではあまり取り上げられない Seidel の収差論を直接的に結びつけようとするものでした。具体的には共軸球面系（これを同じく光軸を共有する回転対称型非球面系に拡張するのは容易です）の特性関数がその対称性により5つの回転不変量,すなわち x^2+y^2, $xx'+yy'$, $x'^2+y'^2$, z および z' の関数であることを出発点に,特性関数の解折的性質を利用して Seidel の収差係数との関係を求めようとしたのです。ここに (x', y', z') は光線の出発点の直交座標,(x, y, z) は終点の直交座標で,z と z'

---

[*] Phil. Mag., **15** (1908), 677
[**] Gött. Abh. **4** (1905), No.1, p3, No.2, p3, No.3, p.3, 本書 34・35 に詳しく紹介しました。

は光軸に沿ってとってあります。ちなみに上の5つの回転不変量のうち最初の3つを極座標で表せば、お馴染の r^2, $rr'\cos\phi$, r'^2 になることはいうまでもありません。H. Boegehold は、「Rayleigh は回転不変量を使って特性関数から Seidel の収差を導いた」と述べました*。Rayleigh のこの論文は波面収差を回転不変量を仲介にしてべきに展開したり円多項式で直交展開するという、現在広く行われている手法のいわば「はしり」だったということができるでしょう。

Hamilton の論文** をはじめ、先に引用した Schwarzschild と Rayleigh の論文はすべて、長岡半太郎校閲・山田幸五郎訳：幾何光学論文集第二、丸善 (1919) に収録されています。なお同じ訳者による第一はその2年前の1917年に出版されました。山田は東大理学部物理の大学院在学中に海軍に出仕 (1916) しましたが、その後も大学院に籍を置き、長岡の指示により幾何光学基礎論ともいうべき難解な、当時すでに古典扱いだった論文を読破・翻訳し、それがその頃刊行中だった科学名著集（丸善）の第8・9冊として出版されたのでした***。

日本海軍が第1次大戦（1914～18）の最中に、緊急の課題として浮上した光学兵器国産化を目指して日本光学を設立させると同時に、自前の光学兵器開発と民間工場の監督を行うべく、帝国大学の物理専攻卒業生の採用を始めたその第1号が山田だったわけです。その山田に実務につかせる前にまず幾何光学の基礎理論を学ばせるという海軍当局と長岡の選択が当を得ていたかどうかは分かりません。一方の日本光学は大戦終結後ドイツから招聘した光学系の設計者から実用的なレンズ設計の手法を学びましたが、それを企業秘密として海軍への公開を拒み続けました。海軍を経由して他社にそのまま流出するのを恐れたのでしょう。

このような事情があったためでしょうか、翻訳は生硬かつ難解です。上記論文を翻訳だけで理解するのは難しく、原著論文と現代の幾何光学のテキストを

---

* H. Boegehold: Die allgemeinen Gesetze über die Lichtstrahlen-bündel, p.226 in *Czapski-Eppenstein: Grundzuge der Theorie der Optischen Instrumente*, 第3版 Barth (1924)
** Trans. Roy. Irish Academy, **15** (1828), 69; ibid., **16** (1830), 1; ibid., **16** (1831), 93. なお、これら論文は *The Mathematical Papers of Sir W. R. Hamilton*, vol.1 (Geometrical Optics), ed. by A. W. Conway and G. L. Synge, (1931) に収められています。ネットから無料でダウンロードできます。
*** 山田幸五郎回想録 (2001)、自費出版図書

手元において引き比べながら読まないと、なかなか先へ進めません。本項では、Hamilton理論の紹介が本文のほぼ半分を占めるRayleigh論文の要約から始めることにしましょう。

☆ Hamiltonの特性関数とRayleighの展開

以下の叙述と記号はほぼRayleighに従います。Hamiltonの定義によれば特性関数Vは始点$P'(x', y', z')$から終点$P(x, y, z)$にいたるまでの時間によって与えられます。ただし、$t = s/c_0$と置いてあります。tは時間、sは光線に沿って測った距離、c_0は真空中の光速度です(**図1**)。

$$V = \int \mu ds \tag{1}$$

ここにμは媒質の屈折率、積分は2点を結ぶ光線の径路(= 光路)に沿って行われるとします。光路を勝手に(数学的に)変えたとき、物理的に実現する光路は上記積分が最小値(一般には停留値)をとるとき、すなわちフェルマーの原理が成り立つときです。これを変分の表現で表すと、

$$\delta \int \mu ds = 0 \tag{2}$$

となります。このとき、始点および終点における光線の方向は次式で与えられます。

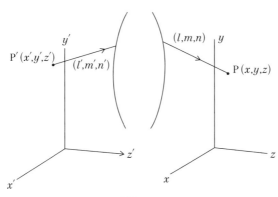

図1

$$l=\frac{\partial V}{\partial x},\ m=\frac{\partial V}{\partial y},\ n=\frac{\partial V}{\partial z} \tag{3}$$

$$-l'=\frac{\partial V}{\partial x'},\ -m'=\frac{\partial V}{\partial y'},\ -n'=\frac{\partial V}{\partial z'} \tag{4}$$

ここに (l, m, n) と (l', m', n') は終点と始点における光線の方向余弦を表します。ただし，始点，終点ともそれらが占める空間の屈折率を1としてあります。以下では単色光について論じますので屈折率は波長とは無関係な定数です。光学系は共軸系ですから，特性関数 V はその光軸対称性から，x^2+y^2, $xx'+yy'$, $x'^2+y'^2$, z, z' の合計5つの回転不変量の関数になります。ここで**図2**に示すように，終点と始点の座標原点から光線に下ろした垂線の足 R と R' からの光線距離によって関数 T を定義し，角特性関数と呼びましょう。これと区別するため上記 V を点特性関数と名付けます。

$$T=lx+my+nz-l'x'-m'y'-n'z'-V \tag{5}$$

T の微分 dT を計算すると，簡単のため終点の値だけを取り上げたとき次式が得られます。

$$dT = ldx+mdy+ndz+xdl+ydm+zdn \\ -\frac{\partial V}{\partial x}dx-\frac{\partial V}{\partial y}dy-\frac{\partial V}{\partial z}dz \tag{6}$$

これを(3)式を用いて整理すると

$$dT = xdl+ydm+xdn \tag{7}$$

ただし，

$$ldl+mdm+ndn=0 \tag{8}$$

が得られ，これより

$$\frac{\partial T}{\partial l}=x-\frac{lz}{n},\ \frac{\partial T}{\partial m}=y-\frac{mz}{n} \tag{9}$$

が得られます。同様の関係が始点についても得られ次式で与えられます。

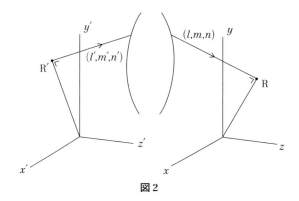

図2

$$-\frac{\partial T}{\partial l'} = x' - \frac{l'}{n'}z', \quad -\frac{\partial T}{\partial m'} = y' - \frac{m'}{n'}z' \tag{10}$$

(7)-(10)式により特性関数 T が始点と終点における光線の方向（余弦）のみの関数であることが分かりました。Hamilton は T に特別の用語をつけませんでしたが，後にこの特徴に注目して角特性関数（angle characteristic）と呼ばれるようになりました。

さて，T もまた先に挙げた5つの回転不変量の関数です。そこで，T として次の近似式をつくります。

$$T = T^{(0)} + T^{(2)} + T^{(4)} \tag{11}$$

ここに $T^{(0)}$ は方向余弦に無関係，$T^{(2)}$ は2次の微小量，$T^{(4)}$ は4次の微小量とします。したがって，

$$T^{(2)} = P(l^2 + m^2) + P_1(ll' + mm') + P'(l'^2 + m'^2) \tag{12}$$

$$\begin{aligned}T^{(4)} = &Q(l^2+m^2)^2 + Q_1(l^2+m^2)(ll'+mm') \\ &+ Q'(l^2+m^2)(l'^2+m'^2) + Q_{11}(ll'+mm')^2 \\ &+ Q_1'(ll'+mm')(l'^2+m'^2) + Q''(l'^2+m'^2)^2\end{aligned} \tag{13}$$

ここに係数 $P, P_1, P', Q, Q_1, Q', Q_{11}, Q_1', Q''$ はいずれも光学系に固有の定数でせいぜい波長によって変わるだけです。

いま傾角に関する3次以上の項を無視すると $T \fallingdotseq T^{(0)} + T^{(2)}$ となり n および n' を1とすることができるので次式が得られます。

$$x = (z+2P)l + P_1 l', \quad y = (z+2P)m + P_1 m' \tag{14}$$

$$x' = -P_1 l + (z'-2P')l', \quad y' = -P_1 m + (z'-2P')m' \tag{15}$$

ここで，(x, y, z) と (x', y', z') が近軸理論における共役点だと考えて，$x/x' = y/y'$ と置くとこれより近軸条件，

$$(z+2P)(z'-2P') + P_1^2 = 0 \tag{16}$$

が得られ，これを用いて次式が得られます。

$$\frac{x}{x'} = \frac{y}{y'} = -\frac{z+2P}{P_1} = \frac{P_1}{z'-2P'} \tag{17}$$

これが例えば薄い単レンズに対して成り立つ倍率公式の一般化であることは容易に分かります。

ここでRayleighは，共役な2つの面に対しそれぞれ $z=0$, $z'=0$ と置いても(3)と(4)式はそのまま成り立つとして，

$$l = \frac{\partial V}{\partial x}, \quad m = \frac{\partial V}{\partial y} \tag{18}$$

$$l' = -\frac{\partial V}{\partial x'}, \quad m' = -\frac{\partial V}{\partial y'} \tag{19}$$

と置き，角特性関数 T の変数が V に対する (x', y', x, y) から (l, m, l', m') に変わったのに対し，(x', y') を独立変数に残した (l, m, x', y') の関数である混合特性関数（mixed characteristic）U を定義します（図3）。これを導入することにより，Seidel収差の各項との対応が見易くなります。

$$U = lx + my - V \tag{20}$$

dU を求め(18)・(19)式を利用すると次式が得られます。

$$dU = xdl + ydm + l'dx' + m'dy' \tag{21}$$

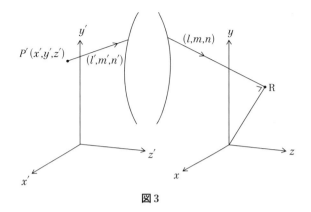

図 3

これを書きかえて(18)・(19)に対応する次式が得られます。

$$x = \frac{\partial U}{\partial l}, \quad y = \frac{\partial U}{\partial m} \tag{22}$$

$$l' = \frac{\partial U}{\partial x'}, \quad m' = \frac{\partial U}{\partial y'} \tag{23}$$

U もまた回転不変量 $x'^2 + y'^2$, $l^2 + m^2$, $lx' + my'$ の関数ですから、これを(11)式と同様に

$$U = U^{(0)} + U^{(2)} + U^{(4)} + \cdots \tag{24}$$

と書くことができ、$U^{(2)}$ は次式で与えられます。

$$U^{(2)} = \frac{1}{2} L(l^2 + m^2) + M(x'l + y'm) + \frac{1}{2} N(x'^2 + y'^2) \tag{25}$$

この式が近軸域の結像を支配することは $T^{(2)}$ の場合と同様で、次式が得られます。

$$x = Ll + Mx', \quad y = Lm + My' \tag{26}$$

(x, y) が (x', y') と共役だと仮定すると、このとき (l, m) とは無関係に上式が成り立つためには $L = 0$ が必要です。こうして

$$x = Mx', \quad y = My' \tag{27}$$

という(17)式よりもはるかに単純で物理的にも M を結像の倍率とする明快な関係が得られたことになります。

次に Seidel 収差と結びつく $U^{(4)}$ を Seidel の記法に合わせて書くと次式が得られます。

$$\begin{aligned}U^{(4)} = &\frac{1}{4}A(l^2+m^2)^2 + B(l^2+m^2)(lx'+my') \\ &+ \frac{1}{2}(C-D)(lx'+my')^2 \\ &+ \frac{1}{2}D(l^2+m^2)(x'^2+y'^2) \\ &+ E(lx'+my')(x'^2+y'^2) + F(x'^2+y'^2)^2\end{aligned} \tag{28}$$

ここで(22)式を使って (x, y) を計算するのですが,その際 $y'=0$ と置いても一般性を失いません。これより次式が得られます。

$$x = Al(l^2+m^2) + Bx'(3l^2+m^2) + Cx'^2 l + Ex'^2 \tag{29}$$
$$y = Am(l^2+m^2) + 2Bx'lm + Dx'^2 m \tag{30}$$

厳密には(22)式を適用するのは $U = U^{(2)} + U^{(4)}$ に対してですから,正しい x と y の値は(29)式と(30)式にそれぞれ Mx' と My' を加えてやらなければなりません。

(28)式に含まれた F が(29)・(30)式から消えるため,この次数の収差に対する定数は5つとなり,これが Seidel の5収差と一致したわけです。A は光軸上の物点に対する狭義の球面収差を表し,$A=0$ が球面収差が消失する条件になります。$B=0$ は Seidel がフラウンホーファーの条件と呼んだもので,Airy と Coddington がともに考察に加えなかったものです。これこそ Seidel が初めて理論的に導入した収差です。Seidel は Fraunhofer が製作した望遠鏡対物レンズが後の精密な計測の結果 $A=B=0$ を満たしているのは,Fraunhofer がこの条件を知っていたからだったろうと推測して,フラウンホーファーの条

件と命名したのでしょう*。$A=B=0$ は望遠鏡対物レンズが満たすべき条件と考えられています。これは言うまでもなく反射望遠鏡にも適用できます。放物面鏡は $A=0, B\neq 0$ なので極めて狭い視野でしか使えません。パロマーの200インチ反射望遠鏡はその最も新しい例（1948）です。その後製作された巨大望遠鏡の多くが $A=B=0$ を満たす Ritchey-Chrétien 型であることを知る人は多いでしょう。

Abbe の正弦条件と $A=B=0$ が等価なことは，(23), (24), (25)および(28)式から $m=0$ と置いて得られる

$$l' = Ml + Bl^3 + (x' と y' が 0 のときに消える項) \tag{31}$$

から明らかです。光軸上（$x'=y'=0$）の共役点間で

$$l' = Ml + Bl^3 \tag{32}$$

が一般に成り立ち，$B=0$ のとき l'/l は一定となり，これが Abbe の正弦条件にほかならないからです。3次のコマ収差 $=0$ と正弦条件が等価なことを(32)式から導いたこの Rayleigh の手際のよさには敬服します。エレガントな解法の典型です。

次はいよいよ非点収差とペツバールの定理の導出です。(29)と(30)式をそれぞれ l と m で偏微分すると，$l=m=0$ の極限で次式が得られます。

$$\frac{\partial x}{\partial l} = Cx'^2, \quad \frac{\partial y}{\partial m} = Dx'^2 \tag{33}$$

次に(32)式より $B=0$ のとき $l'=Ml$ および $x'=x/M$ が成り立つことを考慮すると

$$\frac{\partial x}{\partial l} = Cx^2/M^2, \quad \frac{\partial y}{\partial m} = Dx^2/M^2 \tag{34}$$

が成り立ち，これよりメリジオナル面（$y=0$）における像面の曲率半径を ρ_1，サジタル面における像面の曲率半径を ρ_2 とするとき次式が得られます。ただし記号を節約し，$C/M^2, D/M^2$ を以下では C および D と表記します。

---

*鶴田匡夫：第7・光の鉛筆，新技術コミュニケーションズ（2006），6 ハーシェルの条件，p.87–98

$$\frac{1}{\rho_1} = 2C, \quad \frac{1}{\rho_2} = 2D \tag{35}$$

したがって非点収差がなくなる条件は

$$C = D \tag{36}$$

であることが分かります。残る最後の定数 E が歪曲差を表すことは明らかです。

ここで Rayleigh は，球面収差とコマ収差は残存する（$A \neq B \neq 0$）けれど，光線束が十分に細い場合，すなわち小さい開口絞りが光軸上にある場合について非点収差と像面弯曲を論じます。このとき主光線が満たす方程式は(29)と(30)式をそれぞれ l と m に関して微分して $m = 0$ と置くことにより得られます。すなわち次式が成り立ちます。

$$\frac{\partial x}{\partial l} = 3Al^2 + 6Bx'l + Cx'^2 = 3H + K \tag{37}$$

$$\frac{\partial y}{\partial m} = Al^2 + 2Bx'l + Dx'^2 = H + K \tag{38}$$

これらの式が主光線のまわりの細い光線束による2つの非点像それぞれが形成する像面の弯曲を与えることになります。

上式より次式を導くことができます。

$$2H = 2Al^2 + 4Bx'l + (C-D)x'^2 \tag{39}$$
$$2K = (3D-C)x'^2 \tag{40}$$

これより，$H = 0$ が非点収差の消える条件で，この式が x'/l を含むことから開口絞りの位置に依存すること，すなわち開口絞りの位置を選ぶことによって非点収差を0にする可能性のあることを教えてくれます。

一方，K がこの比に依存しないことから，$K = 0$ が最初 Coddington により，後に Petzval によって数式化された，像面がガウス像面に一致する条件，すなわち像面が平面になる条件であることを示唆しています。

Rayleigh 論文の紹介はここで終わります。以下は非点収差と像面弯曲の関係についての私の追加説明です。

非点収差と像面弯曲を端的に結びつけるには球面収差とコマ収差を0とした単純な場合に還元するほうが分かり易いように私は思います。このとき(37)と(38)式は次のように書けます。

$$\frac{\partial x}{\partial l} = \frac{1}{2}[3(C-D)+(3D-C)]x^2 = Cx^2 \qquad (41)$$

$$\frac{\partial y}{\partial m} = \frac{1}{2}[(C-D)+(3D-C)]x^2 = Dx^2 \qquad (42)$$

この2つの式は(35)式による事実,すなわちメリジオナル像面が曲率半径 $\rho_1 = 1/2C$, サジタル像面が曲率半径 $\rho_2 = 1/2D$ であることに変わりはないが,これらをもうひとつの曲率半径 $\rho' = 1/(3D-C)$ の仮想的な球面を基準にして測ると,2つの曲線のそれからの隔たりはこの仮想面に対して同じ側にあって3:1になることを表しています(**図4**)。この仮想的な球面こそペツバールの公式が教える曲面すなわちペツバール面です。この面が現実の像面になるのは非点像面がひとつになる条件 $C = D$ が満たされたときに限ります。しかし,非点収差が残存してもペツバール面は数学的には存在し,これを用いて非点像面の一方の弯曲が分かれば他方を容易に計算できるという利点を提供します。この関係は A. E. Conrady が見出したもので,広く知られています*。このと

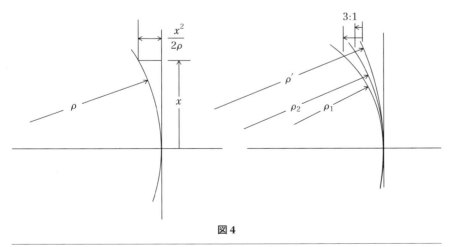

図4

---

* Monthly Notices of the Royal Astronomical Society, **79** (1918), 60

き，この曲面は物理的な意味を持ちませんが，非点収差が除去されると一躍像面の弯曲という重要な役割を見出すことになるのです。言うまでもありませんが，この関係は薄いレンズ列に限らず，屈折面が一線に並んだ一般的な共軸系に適用できます。

　Rayleigh 論文の目的は，共軸光学系の軸対称性を仲介にしてハミルトンの光学とザイデルの収差論を直截的に結びつけることにあって，冒頭に掲げた像面弯曲に関して「Petzval に対する Airy-Coddington の先取権」を声高に主張する点にはありませんでした。単なる歴史的事実として触れただけだったのです。そのため，Coddington-Petzval 条件の導出には，E. T. Whittaker: *The Theory of Optical Instruments* (1907) を参照のことと記したに過ぎませんでした。

　実は Whittaker の解法は Martin によってそのまま踏襲され，その大要を私は前項で紹介しましたので繰り返しません*。一方，Airy が単レンズについてその非点収差を除去したときの像面の弯曲（= 曲率半径）を求めた公式は，やはり13にやや詳しく述べました**。それ故ここでは，Coddington が Airy の単レンズの式を，複数の単レンズを光軸上に並べた場合に拡張した方法を紹介しましょう。

☆ Coddington の公式の導出

　Airy は開口絞りと薄い単レンズを組み合わせたときに生じる非点収差を，開口が十分に小さいとする仮定の下できれいな公式にまとめました。Coddington (1798?～1845) はこれを複数個の薄レンズを一線上に並べた配置に拡張する公式を導きました。彼はもともと Airy のお弟子さんで，Airy が書く予定でまとめた資料をもとに，後に有名になる著書：*Treatise on the Reflexion and Refraction of Light*, Part 1 (1829) と Part 2 (1830) を出版したという経緯があります。彼の公式はこの本の第1部に詳しく述べられていますが，Airy の初出論文とは表記にかなりの違いがあります。ここでは私の先の解説を一応読んでい

---

* 本書18 p.318–320
** ibid., 本書13 p.209–224

ただいた前提で話を進めることにします。

まず単レンズの公式について，焦点距離 f のレンズの前方 h に光軸に垂直においた平面物体の像は一般に彎曲した像面になります。k_0 を近軸の像距離，z を像高とし，メリジオナルおよびサジタル像のレンズからの距離を k および κ としたとき次式が成り立ちます*。

$$\frac{1}{k} = \frac{1}{f} - \frac{1}{h} + \frac{1}{k_0^2}\left\{3V + \frac{1}{\mu}\right\}\frac{z^2}{2f} \tag{43}$$

$$\frac{1}{\kappa} = \frac{1}{f} - \frac{1}{h} + \frac{1}{k_0^2}\left\{V + \frac{1}{\mu}\right\}\frac{z^2}{2f} \tag{44}$$

ここに μ はレンズの屈折率です。これらの式は Airy が求めた 13 の (11) と (4) 式とほぼ同じです。上式第3項が z^2 に比例することは像面が近似的な球面であることを教えてくれます。式中の V は Airy が定義した V を焦点距離 f で割ったものと同じです。

Coddington は (43) と (44) 式の意味を次のように述べています。「物点距離が像高によらず一定（レンズによって作られた像ではないの意でしょう）の場合，もし物点から近似的な像点（近軸像点の意）に光軸に垂直な平面を考えると，そこから第2焦線（サジタル像の焦点），最小錯乱円，および第1焦線（メリジオナル焦点）までの距離はそれぞれ

$$\left(V + \frac{1}{\mu}\right)\frac{z^2}{2f} \tag{45}$$

$$\left(2V + \frac{1}{\mu}\right)\frac{z^2}{2f} \tag{46}$$

$$\left(3V + \frac{1}{\mu}\right)\frac{z^2}{2f} \tag{47}$$

で与えられる。そして最小錯乱円の直径は，

$$\frac{\lambda}{\kappa} V \frac{z^2}{2f} \tag{48}$$

---

* いままでは光軸の方向を z 軸にとって来ましたが，Coddington は z を像高にとりますので，以下では，これまでの x に代わって z を使います。

である」。ここに λ はレンズ上の微小光線束の直径です。

次に, (43)と(44)式を第2の薄レンズの結像に移すことになります。単純な近軸計算によって, 第2レンズからの物点距離 h_2 を計算できます。しかし, この上に立てるべき物体面は第1レンズによる像面ですから平面ではなく弯曲していますのでその影響を式に反映させる必要があります。メリジオナル像に関しては, これは形式的に(43)式に

$$-d\left(\frac{1}{h}\right) = \frac{dh}{h^2} \tag{49}$$

を加えることによって実現します。$dh_2 = -dk_1$ は明らかですから,

$$dk_1 = -\left\{3V + \frac{1}{\mu}\right\}\frac{z^2}{2f} \tag{50}$$

これより次式が得られます。

$$\frac{1}{h_2^2} dh_2 = \frac{1}{h_2^2}\left\{3V + \frac{1}{\mu}\right\}\frac{z^2}{2f} \tag{51}$$

ここで近軸近似より $z/h_2 = z_2/k_2$ なので, 次式が得られます。

$$\frac{1}{k_2} = \frac{1}{f_2} - \frac{1}{h_2} + \frac{1}{k_2^2}\left\{3V_1 + \frac{1}{\mu}\right\}\frac{z_2^2}{2f_1} + \frac{1}{k_2^2}\left\{3V_2 + \frac{1}{\mu}\right\}\frac{z_2^2}{2f_2}$$

$$= \frac{1}{f_2} - \frac{1}{h_2} + \frac{1}{k_2^2}\left\{3\left(\frac{V_1}{f_1} + \frac{V_2}{f_2}\right) + \frac{1}{\mu}\left(\frac{1}{f_1} + \frac{1}{f_2}\right)\right\}z_2^2 \tag{52}$$

同様にしてサジタル像に関しては,

$$\frac{1}{\kappa_2} = \frac{1}{f_2} - \frac{1}{h_2} + \frac{1}{\kappa_2^2}\left\{\left(\frac{V_1}{f_1} + \frac{V_2}{f_2}\right) + \frac{1}{\mu}\left(\frac{1}{f_1} + \frac{1}{f_2}\right)\right\}z_2^2 \tag{53}$$

となります。ここに 2 つのレンズとも屈折率は等しい ($\mu_1 = \mu_2$) としてあります。

(51)と(52)式を任意の数の薄レンズを並べた場合に拡張するのは容易です。n 番目のレンズに対する公式は次式で与えられます。

$$\frac{1}{k_n} = \frac{1}{f_n} - \frac{1}{h_n} + \frac{1}{k_n^2}\left\{3\left(\frac{V_1}{f_1} + \frac{V_2}{f_2} + \cdots + \frac{V_n}{f_n}\right)\right.$$

$$\left. + \frac{1}{\mu}\left(\frac{1}{f_1} + \frac{1}{f_2} + \cdots + \frac{1}{f_n}\right)\right\}z_n^2 \tag{54}$$

この式を，各レンズの屈折率が同じではなく，まちまちの場合を考慮し，加算記号Σを使って書き換えて次式が得られます．

$$\frac{1}{k_n} = \frac{1}{f_n} - \frac{1}{h_n} + \frac{1}{k_n^2}\left\{3\Sigma\frac{V}{f} + \Sigma\frac{1}{\mu f}\right\}z_n^2 \tag{55}$$

同様にしてサジタル像に関しては，

$$\frac{1}{\kappa_n} = \frac{1}{f_n} - \frac{1}{h_n} + \frac{1}{\kappa_n^2}\left\{\Sigma\frac{V}{f} + \Sigma\frac{1}{\mu f}\right\}z_n^2 \tag{56}$$

が得られます．なお，(43)–(56)式の中で，右辺第3項に含まれる k や κ の値はいずれも近軸計算で得られる値です．したがって厳密には，$k = \kappa = k_0$ とか $k_n = \kappa_n = k_{n0}$ と表記すべきですが，ここでは Coddington の単純な表記に従いました．

これまで何度も顔を出した V について，その薄い単レンズに対する値を，**図5**を参照しつつ決めることにしましょう．ただし球面収差を0と仮定します．図において X は光軸（XPABOX'）上に置かれた小開口の中心位置，Qm は光軸に垂直に置かれた物体，P は第2屈折面の曲率中心，O は第1屈折面の曲率中心，Y はレンズによる X の近軸像，X' は第1面による X の近軸像です．物体 Q のメリジオナル像点は q_1，サジタル像点は q_2，それぞれから光軸に下した垂線の足を n_1 と n_2 とします．q_2 がレンズを通過後の主光線と PQ` の交点で与えられることは周知です*．ここに Q` は HK の延長線と QO の延長線との交点で，第1面による Q のサジタル像点です．Q' は直線 KX' の延長線上にある，第1面による Q のメリジオナル像です．AX = b，AX' = b'，BY = c は図の配置です

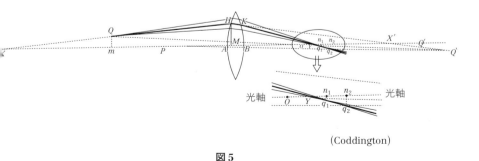

図5

---
* 本書 [8] p.130–147，および同 [9] p.148–160参照

べて正の値をとるとします。レンズの焦点距離 f もこの図では正です。主光線が第1屈折面に入射する点を H, その光軸に下した垂線の足を M, HM $= y$ とします。結像の方程式を立てるときには薄レンズ条件である AB $= 0$ とします。

ここで，主光線が光軸となす角度が十分に小さいと仮定して

$$\text{Am} = h, \ \text{Bn}_1 = k, \ \text{Bn}_2 = \kappa, \ \text{qn} = z^* \tag{57}$$

と置いて $u = \text{QH} = \text{mH} \sec \angle \text{QXm}$ を計算して y^4 の項を切り捨てて，

$$\frac{1}{u} = \frac{1}{h} - \frac{1}{2h}\left(\frac{1}{b^2} + \frac{1}{hr}\right)y^2 \tag{58}$$

とする近似式を用いて次式が得られます。

$$\frac{1}{\kappa} = \frac{1}{f} - \frac{1}{h} + \left(V + \frac{1}{\mu}\right)\frac{1}{k^2}\frac{z^2}{2f} \tag{59}$$

ここに，$b = \text{AX}$，r は第1面の曲率半径です。このとき V は次式で与えられます。

$$V = \frac{1}{\mu(\mu-1)} \cdot \frac{1}{(\alpha-\beta)^2} \cdot \left\{ \frac{\mu+2}{\mu-1}x^2 + 2(\mu+1)(\alpha+\beta)x \right.$$
$$\left. + 2(\mu+1)(\mu-1)\alpha\beta + \mu(\mu-1)\beta^2 + \frac{\mu^3}{\mu-1}\right\} \tag{60}$$

ここに，

$$\frac{1}{h} = (1+\alpha)\frac{1}{2f}, \ \frac{1}{b} = (1+\beta)\frac{1}{2f}, \ \frac{1}{r} = \frac{1+x}{\mu-1}\frac{1}{2f} \tag{61}$$

$$\frac{1}{k} = (1-\alpha)\frac{1}{2f}, \ \frac{1}{c} = (1-\beta)\frac{1}{2f}, \ \frac{1}{s} = \frac{1-x}{\mu-1}\frac{1}{2f} \tag{62}$$

とする置換をしてあります。$c = \text{BY}$，s は第2屈折面の曲率半径です。

同様の手順で

$$\frac{1}{k} = \frac{1}{f} - \frac{1}{h} + \left(3V + \frac{1}{\mu}\right)\frac{1}{k^2}\frac{z^2}{2f} \tag{63}$$

が得られるのはいうまでもありません。

---

* 図には記入がありませんが，物体 Qm の近軸像高を指します。

ここで練習問題として,ハイゲンス接眼レンズを構成する2枚のレンズそれぞれの形を決める計算例を示します(**図6**)。現実の光学系に薄レンズ仮定を適用できる好例です。これは望遠鏡接眼レンズとして広く使われて来たもので,第1レンズと第2レンズの焦点距離をそれぞれ $3l$ と $1l$,レンズ間隔を $2l$ とし,開口絞りが対物レンズ上にあって実効的に ∞ とすることができる配置です。これより直ちに

$$h_1 = \infty, \quad h_2 = l \tag{64}$$

が得られ,その結果

$$\left.\begin{array}{l} k_1 = l, \; h_1 = -\dfrac{3}{2}l \\ \alpha_1 = -5, \; \alpha_2 = 1 \\ \beta_1 = -1, \; \beta_2 = -3 \end{array}\right\} \tag{65}$$

が求まります。

これらのデータを用いて V_1 と V_2 を計算して非点収差 $\Sigma V/f = 0$ の解を見出すのは容易です。結果のみ記すと,

$$(x_1 - 2.14)^2 + 3(x_2 - 0.714)^2 = 0.69 \tag{66}$$

を満たす x_1 と x_2 の組み合わせならばいいことが分かります。Coddington はその例として $x_1 = 2$, $x_2 = 2.1$ を挙げています。これらの値は,**図5** の凸レンズが $r > 0$, $s > 0$ の符号をもつとしたことから,2つのレンズともメニスカスで,ともに曲率半径の比がおおよそ $1:3$ であることが容易に分かります。

Coddington はこの後,

図6

$$\Sigma \frac{V}{f} = -\frac{1}{2\mu}\Sigma \frac{1}{f} \tag{67}$$

は不可能だと書き，どういう方法で得られたのか分かりませんが，これに近い解として $x_1 = 15/7$ と $x_2 = 5/7$ を挙げています．第1レンズは曲率半径比が11：4のメニスカス，第2レンズは同じく1：6の両凸レンズです．(67)式の説明からは，

$$\Sigma \frac{V}{f} = 0 \tag{68}$$

が非点収差が0の条件で，このときの像面弯曲の曲率半径 ρ が

$$\frac{1}{\rho} = \Sigma \frac{1}{\mu f} \tag{69}$$

で与えられるという明快な解釈を，Coddington が得ていたのか，少し疑問の余地があるようにも感じられます．しかし，彼が単レンズについて求めた(43)と(44)式から $V = 0$ が非点収差0の条件であることは明らかですから，このとき薄いレンズ群に対して(68)式と(69)式が成り立つこと，すなわちペッツバールの公式が成り立つことを Coddington が Petzval に先んじて知っていたことは Rayleigh が書いた通り正しいと思います．

☆ H. Coddington（1798/9?～1845）小伝[*]

　Coddington は Cambridge 大学を優等生で卒業した数学者で，1823年修士号を取得して同大学の講師補に選任されました．ここで少壮教授 G. B. Airy の知遇を得，彼が恐らくは多忙のために計画を断念した新しい光学テキストの執筆を引き継ぐ形で準備した資料を受け取って完成させたのが，先に挙げた "*A System of Optics*" 上下2巻（1829～30）でした．Coddington はどういう理由があったのか分かりませんが，正講師・助教授・教授という学者の昇進コースをとることなく1832年には大学選出の聖職者（牧師）に転身し，1845年動脈破裂のため職を辞し，同年転地療養のため滞在したローマで死去しました．学者としての業績が乏しいようですが，上記 *A System of Optics* は19世紀イギ

---

[*] 主に，Oxford Dictionary of National Biography, vol.4 から引用しました．

リス光学隆盛の掉尾を飾る幾何光学の名著として広く知られています。

なお私は以前，彼が書いたもうひとつの著書である初等光学テキスト：*An Elementary Treatise on Optics*（1823，第2版1825）を紹介したことがあります[*]。

---

[*] 鶴田匡夫：第7・光の鉛筆，新技術コミュニケーションズ（2006），14 1825年の光学器械，p.222–235

20 不遊点（aplanatic point）

> 遊びをせんとや生れけむ，戯れせんとや生れけん，
> 遊ぶ子供の声きけば，我が身さえこそ動がるれ。
>
> ──梁塵秘抄──

　aplanatic という光学用語が登場するのは 18 世紀末のイギリスだったようです。von Rohr* によると，イギリスの写真専門の週刊誌 British J. Photography に次のような記事（1866）が載ったそうです。「aplanatic という用語を最初に使ったのは Blair 博士だった（1791）。彼は特別に優れた色収差補正を施した彼のレンズをそう呼んだ。しかしその後，この用語はもっとも優れた光学テキストの著者である Coddington, Herschel その他の人々によって球面収差をもたないの意味で用いられるようになった」。

　1 点を出た光線がすべてもう一つの点に集まるような屈折および反射曲面をはじめて系統的に研究したのは R. Descartes（デカルト，1596~1650）です。その中で広く知られている屈折面はデカルトの卵形（Cartesian oval）と呼ばれる 4 次曲面です。その他の例を含めてすべての屈折および反射面が非球面であるため加工が難しく，その実用価値は少なく，僅かな例外は無限遠に対して球面収差を 0 にする放物面鏡の天体望遠鏡への応用でしょう。しかしこれとて，正弦条件を満たさないため視野が極端に狭く，現代の巨大望遠鏡には専ら正弦条件を満たしたリッチー・クレチアン式が使われています。

　一方，オランダの C. Huygens（ホイヘンス，1629~95）は，球レンズや球面からなる単レンズに対して光軸上で球面収差のない一対の共役点をもつ光学

---

* *Theorie und Geschichte des Photographischen Objektives*, Springer （1899），p.35 の脚注

20　不遊点（aplanatic point）

配置を見出しました*。これらは製作が容易な球面系であるのに加え，正弦条件を満たすため後に実用光学器械への応用が図られました。特に顕微鏡対物レンズへの応用が顕著でした。

さて，1872年に新設計の対物レンズを発表し，その圧倒的な光学性能の故に，Zeiss社を世界の顕微鏡メーカーの頂点に押し上げたE. Abbeは1879年に，成功の鍵の一つだったコマ収差（厳密にはその大きさが像高に比例して増大する収差）を除去する目安を与える光線追跡法――一般的な正弦条件――の発見を証明抜きで学会誌に投稿しました**。その表題は「レンズ系のアプラナティスムの定義について」でした。ここで彼は光軸上の点から点への結像が無収差であるだけでは良質の結像の条件としては不十分だとして，これにコマ収差も0であるとする条件を加えてアプラナティスムを定義することを提案しました。この提案は大方の受け入れるところとなり，この時期を境にしてaplanatic（ドイツ語ではaplanatisch）の定義が徐々に変わることになったのでした。

aplanaticはギリシャ語のaplanētos（= that can not go astray）由来の単語です。aは否定の接頭語，planētosはwandering（歩きまわる，放浪する）です。これに関連する単語にplanetがあります。これも同じくギリシャ語由来でplanētēs（= wanderer; 歩きまわる人，さまよう人）です。この日本語訳は江戸時代からあり，游星（当用漢字では遊星）と惑星です。いまは惑星が優勢ですが，歴史的には対等だったようです。漢和辞典によると，游には「ぶらぶらしている，なまける」の意があり，惑には「まよう，正しい道から外れる」の意があります。惑星の軌道が地球から見て不規則のように見えるとするヨーロッパ語の語源に忠実な和訳だったのでしょう。

光学用語のaplanaticも先輩格のplanetに引きずられたのかどうか分かりませんが，現代では「不遊の」と訳されています。不遊の点あるいは互いに共役な不遊な点同士を不遊点と呼びます。不遊とする理由について，中村清二は，「何故に不遊と称するかというと，若しこの条件が満足されていないときには，一つの物体の像は不鮮明であって空間を游動して一定の場所にないからである」

---

* *Dioptrica*（1653），全集第3巻（1916）p.62–66
** Sitzungsberichte der Jen. Ges. f. Med. u. Naturw., (1879) 129–142, 全集第1巻（1904），p.213–226

と述べています。彼は著書：レンズ収差論，東京砲兵工廠（1916）*の中でこの説明に続けて，上述のHuygensの例を挙げていますが，楕円体については正弦条件を満足していないので一組の不游点ではないと断っています。Abbeの新定義が，本格的レンズ設計手法が導入される以前の20世紀初頭の日本ですでに確立ないしは定着していたことを示すものでしょう。

それでは日本最初の物理用語集（明治21年，1888）ではどうなっていたでしょうか？　私の手元にある「学術語和英仏独対訳字書」によれば，「Aplanatic, Aplanétique, Aplanatisch, 無収差（ノ）」です。何とAbbe以前の定義が正しく現代の用語で記載され，その派生語としてAplanatic mirror（無収差の鏡），Aplanatic surface（無収差の面）が記載されています。なおOEDの説明は「Free from aberration; spec. applied to a compound lens which is free from spherical aberration ——以下略——」となっていて，例文は1794年（前述Blairの文章）から1869年（Tyndall）まで3件掲載されています。これとほぼ一致する訳語です。

一方，私が座右において参照することの多い*Ramdom House Dictionary*（第2版，1987）では，「free from spherical aberration and coma（1785～95）」とあり，Abbe以後の定義が掲げてあります。したがってこの語の成立時期が（1785～95）とあるのは誤り，ないしは誤解を招く表現です。

少し脱線しました。この「学術語対訳字書」は明治16年（1883）に「物理学訳語会」が設立され，当時の数学・物理学界を代表する36名がこれに参加して5年後に刊行されたものです。1985年（昭和60年）に日向敏彦氏の解説つきで有精堂出版から刊行されました。読み始めたら止められない面白い資料です。なお「日本の物理学史」（1978，東海大学出版）資料篇にはその前文が2ページにわたって転載されています。

☆ Descartes と Huygens

Rene Descartes（デカルト，ラテン名 L. Renatus Cartesius, 1596～1650，直交座標を Cartesian coordinates と呼ぶのは彼のラテン語の姓に由来してい

---

* 改訂版が中村清二講述・富岡正重改編集として1957年に宗高書房から出版されました。

20 不遊点 (aplanatic point)

ます）は，彼が創始した解析幾何学のテキスト「幾何学」を「方法序説と3つの試論」中の一つの試論として1637年にオランダで出版しました。このテキストともう一つの試論「屈折光学」中には光の屈折と反射を利用して点から点への無収差結像を可能にする図形の考察が含まれています。彼は平面上に描いた2次および4次の曲線をその対称軸（＝光軸）のまわりに回転して作った曲面を屈折または反射面とし，光軸上の1点が無収差で光軸上の1点に結像できる曲面の形を求めようとしたのです。具体的には光軸上に物点と像点を決めてやり，その間の結像が球面収差なしで行われるような面の位置と形を幾何学的な作図法や数式を用いた解析的方法によって求めようとしたわけです。

これらの曲面の一部が，単一の屈折面や反射面であれ，または単レンズであれ，一般に球面ではなく非球面になることは十分に予想されることです。Descartes が見出した屈折面は後にデカルトの卵形面（Cartesian oval）と呼ばれることになる4次の曲線でした。

オランダの物理学者 Christiaan Huygens（ホイヘンス，1629～95）は，1678年中に執筆し，1690年に出版した「光についての論考」（英訳書名 *Treatise on Light*, 1912. Dover版あり）の中で1章を「第6章：屈折と反射に使われる透明体の形について」にあて，Descartes の屈折・反射論を彼自身が創始した2次波の理論で検証しつつ，彼が示した諸例の導出と光学系としての特徴を論じました。その中の白眉は，ある特定の条件下でデカルトの卵形面が球に縮退し，このときある特定の一組の点から点への結像が球面収差が0になるだけでなくその近傍において正弦条件をも満たす，すなわち，後に不遊点と呼ばれることになる関係の発見でした。この説明の中で彼はこの発見を「私は非常に昔 — il y a fort long temps — 述べたことがある」と記しました。実際彼は1653年に書いた屈折光学第1部「屈折と望遠鏡に関する論考」中に手書きの図とともに詳しい説明を行った他，不遊点をもつ単レンズの解を示しました。

20世紀初頭 USA の光学界のリーダーの一人だった J. P. C. Southall は著書：*Mirrors, Prisms and Lenses*（1923）の中で（p.617），次のように書いています。「Descartes が屈折球面の光軸上に一組のいわゆる不遊点をもつことを知っていたかどうか疑わしい。これが Huygens によって1653年以前に

Descartes とは独立に発見されたことは確かである」。

☆デカルトの卵形

Descartes が，特定の共役点の間で完全な結像が実現する楕円・双曲線・放物線などの2次曲線（いわゆる円錐曲線）の概念を拡張して卵形曲線に到達したのは確かです。これを対称軸のまわりに回転してできるのが，デカルトの卵形です。しかし奇妙なことに，彼がどのようにして卵形曲線を発見したかの記述は彼の著作中には見出されていません。その発見に基いて，曲線の作図法を開示しているだけです。Huygens は「光についての論考」の中で次のように書いています。「Descartes 氏がこれらの曲線を見出した方法に関しては，彼自身はそれに一言も言及していないし，私の知る限りでは彼以後誰もこの点を説明していないので，私はここで寄り道をして，彼の方法がどのようなものであったのか，私の推測を述べようと思う」。彼は Descartes が発見した屈折則だけを使って，屈折面としての卵形の作図法を示しました。ここではフェルマーの原理を使ってその関数形を求めてみましょう。Southall の前掲書からの引用です。

図1において，光軸に対して回転対称の非球面を考えます。軸上の点 L が同じく軸上の点 L' に無収差で結像するとき，屈折面の光軸との交点を A，その上の任意の点を P とし，入射側の屈折率を 1，屈折側のそれを n とすると，フェルマーの原理により次式が成り立ちます。

$$\mathrm{LP} + n\mathrm{PL} = \mathrm{LA} + n\mathrm{AL}' \tag{1}$$

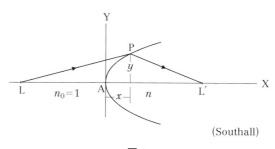

(Southall)

図1

20 不遊点（aplanatic point）

いま，

$$v = \mathrm{AL}, \ v' = \mathrm{AL'}, \ l = \mathrm{PL}, \ l' = \mathrm{PL'} \tag{2}$$

と置き，符号を光線の進行方向に正，逆向きに負とすると，(1)式は次のように書けます．

$$nl' - l = nv' - v = a \tag{3}$$

ここに a は L と L' 間の光学距離です．(3)式が屈折面・反射面に共通のデカルトの卵形の形を決める基本式です．(3)式による平面曲線の形は a によって変わります．

$a = 0$ の場合は $nl' - l = 0$ となり，(3)式による面は球面の屈折面になります．このとき共役点 L と L' は次節で述べるように不遊点になります．また反射面を表す $n = -1$ の場合には $l' + l = a$ となり，これは L と L' が焦点の楕円に他なりません．

いま頂点 A を原点とする直交座標系を作り，x 軸を光軸上，点 P の座標を x, y で表すと次式が得られます．

$$l^2 = y^2 + (v-x)^2, \ l'^2 = y^2 + (v'-x)^2 \tag{4}$$

これらを(3)式に代入して整理すると次式が得られます．

$$\{(n^2-1)(x^2+y^2) - 2(n^2 v' - v)x\}^2 \\ + 4n(v-nv')\{(v'-nv)(x^2+y^2) + 2(n-1)vv'x\} = 0 \tag{5}$$

この式は光軸を含む面内で，デカルトの卵形曲線が x と y に関する4次の式で与えられることを教えてくれます．

物点が無限遠にある場合は，(5)式を v^2 で割って v を含まない項を残せばよく，その結果(5)式は x と y に関する2次式になり，曲線は一般に円錐曲線になります．デカルトはこの事実を知っており，望遠鏡への応用を想定して**図2**に示す2つのレンズを設計しました（「屈折光学」中の**図50**と**51**）．図の(a)は第1面が回転楕円面，第2面が焦点を中心とする球面です．第1面で屈折し

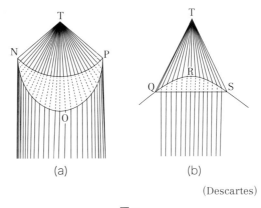

(Descartes)

図 2

た光線は第 2 面で屈折せずそのまま焦点に向かうので球面収差が 0 となります。(b)は第 1 面が平面，第 2 面が回転双曲面です。第 1 面への入射光線は屈折を受けずにそのまま直進し，第 2 面で屈折して 1 点に集まります。彼はこれらのレンズを組み合わせて球面収差のない，したがって「星やその他きわめて遠く近づきえぬものを見るのに役立ちえるもっとも完全な眼鏡を作ることができる」と考え，そのときいちばん問題になるのは非球面の製作法だとして，主に円錐曲線の幾何学的性質を利用した各種クランク機構を備えた研磨機を考案しました。しかし，彼のアイディアには 2 つの落し穴がありました。一つは後にニュートンが指摘したガラスの分散に原因する色収差，もう一つは本項のテーマである不遊点の問題でした。円錐曲線を使う場合に，反射と屈折系に共通して，球面収差に除去できてもコマ収差が残存し，そのため極端に狭い視野しか得られないという欠陥に彼は気付かなかったのです。

☆ Huygens の不遊点

さて，(2)式による v と v' として，

$$v = (n+1)r, \ v' = (n+1)r/n \tag{6}$$

を選んで(5)式に代入すると，

20 不遊点 (aplanatic point)

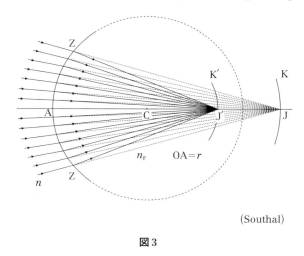

(Southal)

図3

$$(x-r)^2 + y^2 = a^2 \tag{7}$$

が得られます（**図3**）。これは，2次や4次の複雑な形をした曲面ではない単純な球面の屈折によっても，球面収差が0になるような一組の共役点が存在することを教えてくれます。しかも球面ですからその中心を通るすべての直線が光軸の資格をもつわけで，一組の共役な球面 JK と J′K′ 上のいたるところで収差0が実現することになります。要するに不遊点の資格をもつ収差が0のかなり広い領域が存在するわけです。Huygens はこの解を Descartes が導いたであろう(5)式に(6)式の条件を与えて手に入れたのではありません。彼の解法の説明から始めて，それから導かれる不遊点の性質および不遊点をもつ単レンズ（aplanatic meniscus，以下では不遊メニスカスレンズと呼びます）の提案までを，彼の著書：*Dioptrique*（屈折光学）の記述に沿って紹介しましょう。全集13巻（1916）中の p.62〜66 を参照して下さい。この記述は屈折光学3部のうちその第1部第1巻（完成は1653年，Huygens 24歳），「平面・球面およびレンズによる屈折について」中にあります。彼の光学研究は1652年から1692年頃までの長期間にわたり，その集大成である「屈折光学」全巻の刊行は彼の死後遺作集（Opuscula Posthuma, 1703）に収められました。しかし

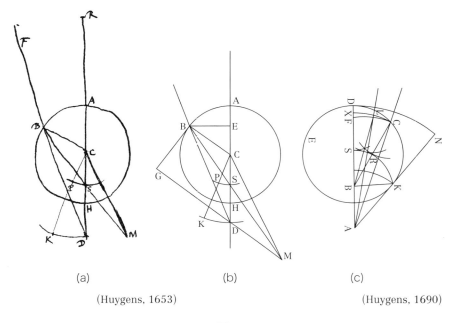

(a) (Huygens, 1653)　(b)　(c) (Huygens, 1690)

図 4

この本は入手が難しく，日本では見ることができませんでした。

　おそらくそのような事情のためでしょうか，彼の幾何学的解法にはその後半に誤りがあります。しかし，これから述べる全体の流れをたどるのに支障はありません。

　Huygensの手書きの図を**図 4**(a)に，これに基いて私が描いた修正版を(b)に示します。球面屈折面の曲率中心Cを通る断面（メリジオナル面）を描いてありますが，屈折はその前面だけで行われ後面による第2の屈折は想定していません。図において，2点間の距離はすべて正とし，例えば $AC \equiv CA > 0$, $AD \equiv DA > 0$ です。直線RACHDを光軸とし，屈折面の頂点Aから $AD = DC + CA$ だけ離れた点Dに集中する光線群を考え，位置Dが次式を満たすと考えます。DはAの反対側に仮想した頂点Hの外側にあるとしてあります。

$$\frac{\mathrm{DC}}{\mathrm{CH}} = n \tag{8}$$

ここに CH は球面の曲率半径,物体空間の屈折率は1,像空間(=屈折後の空間)の屈折率は n とします。D が(8)式を満たすとしたとき,その近軸像点 S は次式で与えられます。

$$\frac{\mathrm{SC}}{\mathrm{CH}} = \frac{1}{n} \tag{9}$$

このとき,三角形 DCB と三角形 BCS は相似になります。彼の表現によれば,「2つの三角形は角 C(=∠BCD)を共有し,それを挟む2辺の長さの比が等しいからである」。というわけです。その結果,BD = nBS, ∠BSC = ∠DBC および ∠BDC = ∠SBC が得られます。これらの関係から

$$\sin\angle\mathrm{DBC} = n\sin\angle\mathrm{SBC} = 定数 \times \mathrm{BE} \tag{10}$$

が得られます。ここに BE は B から光軸に下した垂線の足 E までの距離です。(10)式は入射点 B から近軸像点 S に引いた直線が屈折則を満たすこと,すなわち光軸に対して有限の傾角で球面に入射して D に向かう光線群がすべて近軸像点 S に集まること,したがって S は物点 B の無収差像点であることを教えてくれます。

実は Huygens はこれに続けて,「C から BD に平行な直線を引き,これと BS の延長線との交点を M とする。このとき,三角形 DBS と三角形 BMC において,角 BMC と角 DBS もまた等しい。しかも,角 BMC と角 DBS もまた等しい。三角形 DBS と三角形 BMC も相似なので,BM/MC = DB/CD = CD/RA である。それ故 BM/MC は屈折率 n に等しく,かつ CM は光線 FB と平行である。こうして BSM は光線 FB の屈折光線であることが証明された」,と書いています。しかしこの記述は不要なだけでなく誤りです。図(b)を使った正しい説明は次のようになるでしょう。「D を通り BC に平行な直線を引きこれと屈折光線 BS の延長線との交点を M とする。このとき三角形 BDS と三角形 BMD は相似になり辺長の比は 1：n になる。このとき次式が成り立つ。

$$\sin\angle \mathrm{BDG} = n\sin\angle \mathrm{BMG} = 定数 \times \mathrm{BG} \qquad (11)$$

ここに∠BDG＝∠DBC，∠BMG＝∠SBCですから，(11)式は(10)式と同じ内容で異なる表現にすぎません。証明の繰り返しですから私の説明は実は不要で，Huygens の記述は誤りだったわけです。

　Huygens はこの問題を存命中に刊行した「光に関する論考（1690）」の中で**図4**(c)に示す図を掲げて簡単に次のように述べています。「さらに，注目に値することだが，或る場合には，この卵形曲線は完全な円になるのである［**図4**(c)］。すなわち，AD 対 DB の比が屈折（の大小）を測る比（屈折率），ここでは3：2（＝1.5）と同じ場合である。このことに私はずっと以前に気付いていた」。この**図**(c)は**図**(a)から上記した「蛇足」部分の図形をカットしたものですが，「ずっと以前」には未だ発見していなかったホイヘンスの2次波」による波面の作図法が反映した図になっていることに興味を引かれます。なお，**図**(c)を(a)，(b)と比較するには，直線 AD を軸に左右を反転させればいいです。しかし，この段落からは彼の不遊点発見の重要性を汲み取ることは難しいでしょう。再び「屈折光学」に戻ることにしましょう。

　無収差共役点の存在を証明した後，彼は次のように述べます［**図4**(a)］。「若し曲率中心 C のまわりに半径が CD と CS の2つの球面を考え，その上に C を通る任意の光線との交点 K と P をとると，K に向かうすべての光線は透明な媒体の表面 ABH で屈折した後に正しく点 P に集中する。ただ一つの球面の組（図では DK と SP）だけがこの性質をもっている」と記しました。後に E. Abbe が共軸球面系に対して証明することになる「球面収差がないときの正弦条件」を満たす光学系が，単一球面の場合にはただ一組の共役球面間（曲率半径 CD と CS）で入射光の傾角（∠BDC）とは無関係に厳密に成り立つことの発見でした。

　最後に，こうして得られる無収差の共役点は，一方が実像であれば他方が虚像という関係にあって，両方とも実像という解がないことを指摘しておきましょう。

☆不遊メニスカスレンズ

　単一屈折球面による不遊点を自然界で見出すのは難しく，ましてやこの原理をそっくり借りて結像系を設計するのは無理でしょう。Huygens が次に論じたのは，この性質すなわち不遊点をもつ単レンズでした。彼の文章を翻訳します。

「我々はすでに球面による屈折について深い理解をもち，しかも球面研磨が容易なことを知っている。そこで，上の結果の助けを借りて他の1点に集中する光線を与えられた点に（無収差で）集中させるようなレンズを設計することにしよう。同様にして，与えられた点から発散する光線群を，それとは異なる点から（無収差で）射出するように見せることできる（虚像を作る場合を指す表現でしょう）。

　図5(a)において，2点AとBが与えられたとする。Aに向かう光線群をBに向かわせる条件を求める。線分ABをAC/CBがレンズの屈折率（図では$3/2 = 1.5$）に等しい点に切断する。次にABをDまで延長し，CD/DB = AC/CBになるようにする。Dを中心に半径DCの円EFGと，Bを中心に半径BHの円EHGを描く。BHはBFよりほんの少し小さくしておく。後者は前者とEとGで交わる。この半月状の形EFGHが求めるレンズの形である。このときすでに証明したように点Aに向かう光線群はEFGに入射してそこで屈折後に点Bに向かう。同じレンズを用いて，Bを発した光線群をその虚像であるAから発したように変えることができる。」。要するに，**図4(b)**において，Dに集光する光線束中の任意の光線が球レンズに入射する点をBとしたとき，Bで屈折した光線が第2の屈折面を屈折せずに直進するようにしてやればよく，そのためには第2の屈折面が第1の屈折面による無収差集光点Sを中心とする球面であればいいというわけです。実用的にはレンズは薄い方がいいので**図5(a)**では第2球面の曲率半径を第1球面のそれよりほんの少し小さくしてあるのです。

　こうして作ったメニスカス凸レンズが，球レンズと全く同じ不遊特性，すなわち主光線のとり方と無関係に，常に無収差結像が可能な共役結像の組が存在するかというと決してそうではありません。それは，屈折力をもつメニスカス

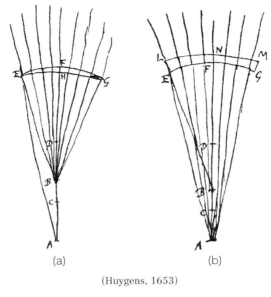

(a)　　　　　　　(b)

(Huygens, 1653)

図5

レンズには光軸が一つしかないからです。しかしその場合にも軸上の近軸共役点の間には有限な傾角で入射した光線 EA と屈折光 EB の間に(10)式と同じ関係

$$n \sin \angle \text{EAH} = \sin \angle \text{EBH} \tag{12}$$

が成り立ち，これは正弦条件に他なりませんから，このレンズも，コマ収差が0になるという意味で Abbe 以降の定義を満たす，不遊レンズであることが分かります。

以上は凸レンズの例ですが，同様の方法により**図**5(a)において B に向かう光線群を A に集中させる凹のメニスカスレンズを設計することができます［**同図**(b)］。翻訳します。「先の場合と同様に B を中心に円 EFG を描き，次に同じく B を中心に半径 BN が BF よりも僅かに大きい円 LNM を描く。ELNMGF がレンズの断面である。このレンズにより，B に向かう光線群を A に収束させることができる。何故なら，EFG がガラス球の表面の場合には，B に向かう光線群

をAに収束させるけれど，同じ表面がこの場合中空の球体をガラスが取り囲む配置なので，Bに向かう光線群がAに収束することになる．表面LNMはBを中心にした球面なので，それは中心Bに向かう光線を全く曲げることがないのである．このレンズはまたAを発する光線群があたかもBから発するよう見える（BがAの虚像の意）機能ももっている」．

こうして，2種類のメニスカスレンズは光線の向きを逆にした場合を含め4通りの，正弦条件を満たすという意味で不遊光学系の配置を実現でき，その際の倍率は凸レンズでは$1/n$，凹レンズではn倍になります．しかし，これらのすべてにおいて，物点と像点のどちらか一方が虚になるという性質は，実物体・実像という組み合わせが大部分を占める単体かそれに近い組み合わせレンズによる使用を著しく制限することになるでしょう．

しかしそれにもかかわらず，球面屈折によっても，完全な無収差結像を実現する1組の共役球面が存在することを発見し，さらにその近似解として不遊メニスカスレンズを発明した，若冠24歳（それより若かったかもしれない），Huygensの天才には驚嘆します．彼は後者による近似解が実はコマ収差の除去と結びつくとは勿論いっていません．しかしこの事実がはじめて明らかになったのはその226年後のE. Abbeによってだったと知ることは大切でしょう．あらためてHuygensの天才に脱帽です．

☆単純な応用

球面収差とコマ収差が実用上十分に除去されたレンズをアプラナートといいます．歴史的に有名なのはフラウンホーファーが製作した天体望遠鏡用色消し対物レンズで，大口径（口径7 cm以上）のものの口径比は大部分が1：17.5前後だったそうです．同じ構成のレンズの口径を大きくすれば収差が急激に増大します．しかし少なくとも単色光用に限れば，アプラナートと凸の不遊メニスカスレンズを接近して配置することにより，前者の口径をそのまま，すなわち残存収差をそのままにして，組み合わせレンズの焦点距離を$1/n$に縮小することができます．

いま簡単のためアプラナートを焦点距離がfで厚さが0の薄レンズと仮定

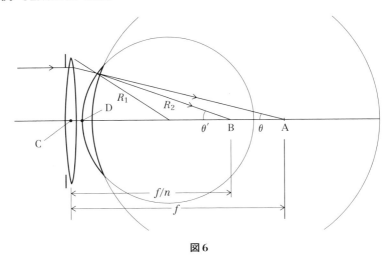

図 6

し，屈折率が n の凸の不遊レンズの第1面が光軸上でアプラナートと接する配置を考えましょう (**図6**)．CD = 0 とするわけです．第1面の曲率半径を R_1，第2面のそれを R_2 と置くと，これらはそれぞれ次式で与えられます．

$$R_1 = \frac{f}{n+1} \tag{13}$$

$$R_2 = \frac{n+1}{n} R_1 \tag{14}$$

この関係は，アプラナートの焦点距離が付加的な収差（球面収差とコマ収差）を生じることなく $f = $ CA から $f/n = $ CB に縮小したことを教えてくれます．これは単に望遠鏡やコリメーターの全長を短かくできただけでなく，点物体の無収差回折像を $1/n$ に縮小できることを意味します．図示した光線がレンズの縁を通るとしたとき，正弦条件により開口数の比 $\sin\theta'/\sin\theta = n$ が成り立つことから明らかです．この組み合わせ配置は現在レーザー光学系に商品化されて広く使われています．広告によれば，ダブレットアプラナートと不遊メニスカスレンズの組み合わせによって，焦点距離にもよりますが，F/3.3 のアプラナートを提供できるそうです．

図において，光線の向きを逆にして，物点をB，その虚像をAと考えると，凸の不遊メニスカスレンズは像空間の開口数の比を $1/n$ に低減できるので，物体側の開口数を大きくとりたい顕微鏡対物レンズの設計に有用なことが予想されます。例えば不遊条件を満たすメニスカスレンズを3枚タンデムに並べることによって，像側開口数を n^{-3} だけ小さくできるので，その後ろに開口数の小さい結像レンズを置いて不遊条件を満たす良質の高倍対物レンズを設計することが可能になります。

21 Listerのアプラナティック焦点と顕微鏡対物レンズの設計

> これらの明白な混乱の中から，父は見かけ上矛盾するすべてのデータを調和させる原理を引き出し，顕微鏡の高倍化のために単体レンズを組み合わせる際に立脚すべき基礎を打ち立てたのである。
>
> —— J. Lister, 1st Baron of Lyme ——

　イギリスの酒類販売業者 J. J. Lister（1786–1869）は余技で始めた顕微鏡改良の研究の中で，色消し平凸レンズには球面収差が0になる位置が光軸上に2つ——Listerはアプラナティック焦点と呼びました——あることの発見と，解像力が開口角の2分の1の正弦（開口数。厳密には物体空間の屈折率が1の場合）に比例するという事実の実験的証明という，2つながら時代に大きく先駆けた発見によって知られる，「数学に不案内— limited acquaintance with mathematical science」と自称するアマチュア科学者です。

　本項はまず，対物レンズと接眼レンズからなる複式顕微鏡が，A. Leeuwenhoek（1632～1723）の業績で知られる単レンズ顕微鏡に被験物の細部再現という点で拮抗・凌駕することになる19世紀前半の歴史を辿り，その中で特に設計面で顕微鏡改良に主導的役割を果たした Lister のアプラナティック焦点（Lister's aplanatic foci）の発見とその複式顕微鏡への応用を解説します。

☆19世紀前半の複式顕微鏡

　まずその前史として，私が書いた文章を転載します[*]。
「望遠鏡の出現が17世紀科学革命の発端になったのとは対照的に，顕微鏡へ

---

[*] 辻内・黒田他編，最新・光学技術ハンドブック，朝倉書店（2002）中の「光学技術史」p.1-81

の関心は小さい昆虫や鉱物を拡大して楽しむ富裕なアマチュアに限られていたように見える。

　低倍とはいえ，普通のルーペでは得られない倍率でミクロの世界を発見し，それを一般に紹介したのはR. Hooke（1625～1703）であった。彼は1665年に「ミクログラフィア（Micrographia）―拡大による微小物体の物理的記述―」を出版し，その中で複式顕微鏡によって観察した，昆虫の拡大図・植物性組織の構造・毛細管実験・にれとこの髄や羽根ペンの羽軸中に見られる細胞らしいものの記述などを，自分自身で描いた細密な原画から起こした銅版画図版によって，広く世界に知らせた。この書物は，「顕微鏡の歴史の中で，この本ほどに大きな影響を後世に与えたものは他にない」と伝えられている。

　しかし，19世紀初頭にいたるまで，その高い分解能の故に科学的研究にもっぱら用いられたのは単レンズ顕微鏡であった。C. Huygensはその発明を天体望遠鏡のそれの直後だったとしている。この顕微鏡を世に知らしめたのは，オランダの呉服商Leeuwenhoekが1673年にイギリスの王立協会に送った手紙からであった。彼は生涯に400台もの顕微鏡を製作したが，その1例で現存するものに，曲率半径が両面とも0.75 mmで厚さが1.1 mmの両凸レンズの物体側に0.5 mmφの開口絞りを置いた，高開口数（$NA = 0.46$）で無収差に近い光学系がある。彼はこれを用いてR. Hookeよりもおよそ1/10の細かさをもつ細菌やさまざまな微小な生物を発見した。この顕微鏡では物体と目を極端に近づけることが必要なため苦しい姿勢をとらなければならない。その一方，複式顕微鏡ではそれを机の上に置いて自然な姿勢で覗くことができる。このほうがアマチュアには好都合だが，より微小なものを観察するには単レンズ顕微鏡のほうが格段に優れていたのである。

　当時まだ，色収差や球面収差を除去する実際的な方法は確立していなかったので，その補正に便利な複式顕微鏡の利点は生かされなかった。同型のレンズであれば，残存収差は焦点距離に比例して増大する。したがって焦点距離が小さいレンズほど一般に残存収差は小さく，開口数も大きくとれるのである。
――中略――
　こうして，複式顕微鏡は王侯貴族を含めたアマチュア用，単レンズ顕微鏡は

科学研究用という役割分担が，本格的アクロマート（色収差と球面収差を補正した対物レンズ）が誕生して複式顕微鏡の優位が確立する19世紀半ばまで続くのである」．

複式顕微鏡改良の最初の試みは18世紀後半に実用化された色消しレンズの対物レンズへの応用でした．オランダの騎兵隊長でアマチュア科学者のF. Beeldsnyderは図1(a)に示すような3枚構成の分離型レンズ（口径約6 mm，焦点距離21 mm）を作りました（1791）．これは現物が現存し，van Cittertの測定によると分解能約10 μm だったそうです*．その後同じくオランダの光学機器商 van Deyl 親子が製造販売した2枚構成の色消し対物レンズ[図1(b)]の中で最良のものは焦点距離18 mm，総合倍率150×，分解能は約5 μm だったそうです．物体側が，フリントガラス製両凹レンズ（第1面はほぼ平面），像側がクラウンガラスまたは板ガラス製両凸レンズの構成でした．当時の単式顕微鏡の分解能は1.5 μm に達していましたから，色消し対物レンズを採用した複式顕微鏡も分解能に関しては単式顕微鏡に遠く及ばなかったのです．

当時複式顕微鏡の分解能を決めるのは倍率だと信じられていました．使用上の制約から複式顕微鏡の鏡筒長には上限がありますから，倍率を上げるには対物レンズの焦点距離を短くする必要があり，そのため色消しレンズを2個・3個とタンデムに並べる方式が行われました．図1(c)はフランスのSellique とChevalier による例で，色消しレンズ4個を積み重ねるものです（1824）．この顕微鏡を試用した A. J. Fresnel は，「200倍まではこのほうが従来の色消しでないレンズよりも細部の再現性に優れているが，それ以上倍率を上げても改善は見られない」と述べています**．倍率を上げても分解能がある値以上は向上しなかったのは色消しレンズ単体の球面収差が大きかったためだったろうと思います．その翌年に Chevalier は各レンズともおもてうらを逆にし，しかも単体レンズの焦点距離を0.4インチ（10.2 mm）以下と小さくして球面収差を低減した2枚構成の図1(d)の配置を発表しました．しかし開口に対する制約から分離能に限界があり，レンズ枚数を増やすなどしたものの，Lister*** に

---

* P. H. van Cittert et al: Proc. Koninklijk Nederlandsche Akademie van Wetenschper, **54** (1951), 1
** Ann. chim. et phys. **27** (1825), 43, 全集第2巻 (1868), p.705
*** Phil. Trans. **120** (1830), 187

21 Lister のアプラナティック焦点と顕微鏡対物レンズの設計　359

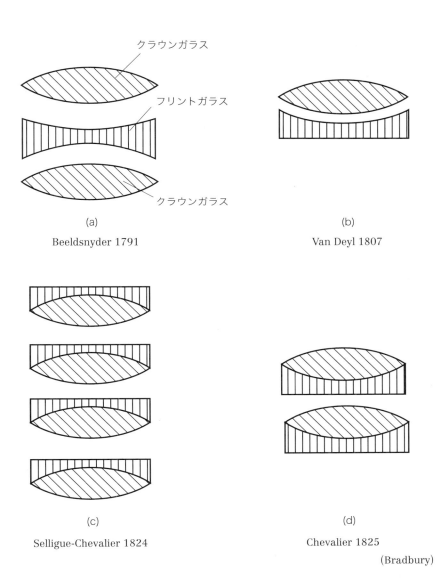

図 1

よれば，「その配置がもつ像改善の可能性を出し切れなかった」そうです。Listerはこの時点ですでに，レンズの間隔と焦点距離比を最適化して，球面収差・コマ収差とも著しく低減する方法を見出していて，こう断定できたのです。これが本項のテーマです。

ドイツではFraunhofer-Utzschneider社が1811年に2枚構成の色消し対物レンズを発売しました。タイプは**図1**(c)や(d)と同じですが接着ではなく薄い空気層を隔てて向かい合わせたものだったそうです。

Listerが調べたものは焦点距離が1.8インチ（45.7mm）から0.43インチ（10.9mm）の4本1組のものに更に近年（1830年現在）最小焦点距離のもの1枚が加わったセットで，各レンズとも開口角（物体面からレンズの入射瞳を見込む角）が8°～15°と小さく，そのため高い分解能は期待できなかったそうです（**図2**）。

イタリアではその北部にあるModenaリセオ（高等教育機関への進学校，フランスのリセと同じ。）教授G. B. Amici（1786～1868）が**図1**(d)の配置にもうひとつ色消しレンズを加えた，各レンズがその置く位置に合わせて最適設計された開口角の大きいレンズを製作しました。1827年にこれを調べたListerは像性能がvery fine performanceと絶賛しています。この後Amiciから，彼が当時を上まわる，総合で焦点距離5.7mm，開口の直径5.7mmのレンズを作ったとの知らせをうけたそうです。この時点で開口数が0.45の対物レンズを製作したわけですが，そのレンズ構成と像評価の記録はないようです。

Listerは有名な上記論文の導入部で，このような1830年時点における顕微鏡対物レンズの現状を通観した後に次のよ

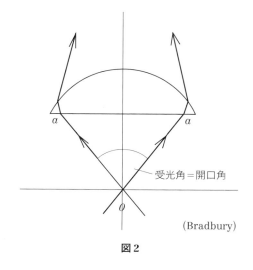

図2

うに述べています。「これまで列挙した対物レンズはそれぞれに異なる長所をもっているが，主にそれらがどこまで色収差と球面収差を取り除かれているか，特にこれに関連して，開口を焦点から見込む角度（focal angle of their aperture，物点から開口を見込む角度の意。先に開口角と名付けたもの）をどれだけ大きくとれるかが重要である。何枚なら，物体を発して（レンズに入射する）光線束の拡がりが大きいことが優れた色消し対物レンズを特徴づける像の明るさと鮮鋭さにとって絶対的に重要であるということは，今や十分に確立した認識だからである」。顕微鏡の分解能が開口数に比例するという E. Abbe が定義した波動光学的分解能（1873）に限りなく接近した定性的認識がこの時点で誰もが認める共通の常識になっていたことは注目すべきことです。

この頃に生まれたもうひとつの重要な課題として，標準的試験標板の探索があります。その突破口を開いたのはイギリスの医師 C. R. Goring でした。彼は初めはイギリスの Tulley，後には同じイギリスの Dollond に対物レンズの改良を依頼する一方，その性能評価用標板として，青色の蝶として知られる Morpho menelaus の鱗粉を選びました。その後も寸法の異なるさまざまな蝶の鱗粉と周期物体の標本として硅藻が使われることになります。Goring は，「顕微鏡結像の鮮鋭度を知るために使う標本の発見はこの器械の歴史に新しい時代をもたらした」，と自賛しています。

横道に逸れますが，この種の標本はその後長く実用に供されました。鈴木文太郎：顕微鏡及鏡査術式，丸善（1910），p.48 の記述を転載します。

「対物鏡の検定法

顕微鏡使用者ハ対物鏡ノ能力ヲ如何ニシテ検査スベキカヲ会得スルハ必要ナル事項トス，顕微鏡製作者ハ自家ノ作品ニ対シテハ多ク検査用標本ヲ添付ス，又此ノ標本ハ通常無色ニシテ精微ノ構造ヲ有スル物体ヲ撰用ス，例之「ジアトーメン」（海藻科ニ属シ其ノ細胞膜ハ非常ニ緻密繊細ナル硅酸塩土ヨリ成ル支梁ヲ具フ）或ハ蝶ノ鱗粉等ヲ使用ス，斯クノ如キ標本ヲ検鏡シテ色彩及ビ球面差錯（収差）矯正ノ程度及ビ諸能力ノ完否ヲ鑑査スベシ。

左表（**表1**）ハ「ジッペル」氏ニ拠ルモノニシテ一定ノ対物鏡ノ「ジアーメン」（硅藻）ノ或ル種類ニ対シ解像スベキ定限ヲ示スモノトス。

表 1

鏡口率数	中心照暉ニ由ル
0,45	Pleurosigma balticum
0,55	Grammatophora marina
0,65	Grammatophora serpentina
0,76	Nitschia sigma
0,85	Grammatophora oceanica
1,00	Surirella gemma
	偏斜照暉ニ由ル
1,05	Grammatophora subitilissima
1,10–1,25	Amphipleura pellucida

(鈴木)

　上記6個，対物鏡ハ，若シ偏斜照暉（斜方照明）ヲ応用スルトキハ，当該口率数（開口数）ヨリ0.05乃至0.10ノ降下セルモノニアツテ己ニ同等ノ解像力ヲ呈スルモノトス。

　又「アッベ」氏ノ創案ニ成ル試験板（Testplatte）ナルモノアリ之一葉ノ載物硝子上ニ6個ノ鍍銀面ヲ造リ，各個ニ数多ノ細密ナル併行線ヲ鏤刻シ，0.05乃至0.24 mmノ厚サヲ有スル6個ノ覆蓋硝子ヲ以テ覆イタルモノナリ，此ノ各面ヲ所検ノ対物鏡ヲ以テ視査シ球面及ビ色彩差錯（収差）矯正ノ程度及ビ厚サノ適否ヲ鑑査ス」。Goringが創始したという検査標本の影響は実に大きく後世に及んだのでした。

　他方，一層微細なものを見ようとする対物レンズの改良のほうは相変わらず試行錯誤法が幅を利かせていました。ともあれ，Goringの督励にもかかわらず，TulleyもDollondも，色消しレンズの選択と配置をこの方法に従って繰り返すだけで画期的な性能向上を実現できませんでした。

　そんな中で，イタリアのAmiciは物体側の第1色消しレンズの球面収差を第2色消しレンズの球面収差で打ち消すというアイデアをもって実験的に配列を変えて最適解を得るという方法によって単体レンズの大開口角化に成功し，高解像力でしかも明るい対物レンズを実現しました（ca 1824）[*]。同じ試行錯誤法と言っても，こちらは明確な方針の下で集中的にテストを繰り返したことが

---

[*] S. Bradbury: *The Evolution of the Microscope*, Pergamon（1967），p.191

21 Listerのアプラナティック焦点と顕微鏡対物レンズの設計　363

成功をもたらしたのでしょう。1827年までに彼は焦点距離が 1.25 mm の色消し対物レンズを製作したそうです。こうして製作されたレンズを先に述べたように Lister が使ってみて，これは凄いと太鼓判を押したというわけです。

　このような試行錯誤法は当時すでに一部に行われていて Amici が最初ではありません。また各レンズを重ねていくそれぞれの段階で，組み上がったレンズが単独で使用できるほどに球面収差の補正が行われていたことも事実でした。しかし Amici はこの工程を他にぬきんでて精密に行った結果，球面収差の相殺が完璧に近づいて大開口角化が実現したのでしょう。H. Boegehold は Amici のこの補正作業が Lister の 3 次理論を超えて高次の球面収差の補正にまで及んだことを示唆しています*。もっとも，Lister 自身，彼の理論が不十分なことを承知の上で，Amici と同様に高次球面収差の補正を行っています。後述します。

　Amici はフィレンツェに生まれ，大学卒業後長くリセの数学教授をつとめた後，1831 年に招かれてフィレンツェ国立天文台台長に就任し，当地の自然史博物館の館長を兼務して 73 歳で引退するまでこの地位にあったそうです。公職についていたとは言え，彼の光学研究は本業に近かったのでしょう。商品として供給できるほどの工作設備を持っていたことも事実でしょう。上に挙げた低倍顕微鏡対物レンズの研究よりも，先端に半球レンズを配置した高倍（高開口数）レンズの発明と，その液浸レンズへの適用で広く知られています。

　彼がこれらの発明について直接言及した論文が見当たりませんので，ここでは V. Ronchi が引用した友人宛の手紙（1855）の一部を翻訳してご覧に入れます**。「先に記した色消しレンズ 3 枚からなる対物レンズは高倍用には最適ではありませんでした。物体に向き合う先端レンズが大き過ぎて，光学系全体の焦点距離を十分に小さく，かつ開口を十分大きくできないことが致命的でした。そこで，先端のレンズを透明でありさえすればクラウン，フリント，低品質ルビー，ダイヤモンド，溶融水晶その他何でもいいのですが，半球レンズに代えるアイ

---

* H. Boegehold: Das Zusammengesetzte Mikroskop, in *Grundzuge der Theorie der Optischen Instrumente*, 3e Anfl. (1924), p.494

** *Dictionary of Scientific Biography*, ed., C. C. Gillispie. (1970) vol.1

デアを思いつきました。それが生じる収差は後続する2組のレンズで除去するのです。そのために私は，非常に大きい分散をもつフリントガラスを必要としました。私はそれをAiry*の好意でFaraday**から譲ってもらいました。イギリスの光学商たちはこの要請を一笑に付しましたが，1844年にロンドンで新しい対物レンズを公開したところ，その優秀さに舌を巻き，競って真似するようになり，アメリカ人もそれに続きました。しかしフランス人たちは興味を示さずこの改善を理解できなかったので大きく立ち遅れることになりました」。学者というより卓越した発明家という印象をうける文章です。

　AmiciはListerとは次のようなかかわりがあったと伝えられています。彼は1827年に彼が開発した3本の色消し平凸レンズを組み合わせて使う顕微鏡を携えてパリとロンドンを訪問し，その圧倒的に優れた結像性能の故に光学器械業者と顕微鏡ユーザーの間に大きい反響を与えたそうです。特に3本を組み合わせたときの性能は素晴らしく，その際，試料をはさむガラス板の厚さ補正が行われていたとの記録が残っているそうです。

　パリでは有名なメーカーChevalierがその販売契約を結ぼうとし，ロンドンではListerのものを含むイギリス製顕微鏡との専門的な比較調査が行われたそうです。その検討結果の一部はHodgkinとListerの「血液と動物組織の顕微鏡観察」という有名な共著論文***の中に触れられています。それによると，Listerの顕微鏡は「これまでにイギリスで製作されたものの中で最も優れているが，これと深い知識と卓越した技術をもつModenaの光学者のものとは甲乙つけ難かった」そうです。Hodgkin（1798～1866）はホジキン病で知られるイギリスの病理学者・医師です。このとき使われた顕微鏡の鏡体はJ. Smithが1826年に製作した，頑丈かつ精巧なもので，下記の研究†によると，今は失われているが，後に発表されたいわゆるリスター型対物レンズが当時すでに存在し，研究に使われていたことは間違いないということです。

＊本書13 p.209
＊＊鶴田匡夫：第7・光の鉛筆，新技術コミュニケーションズ（2006），8 M. Faradayの光学グラス溶解実験 p.115
＊＊＊ Phil. Mag., New Ser. **2**（1827），130
† B. Bracegirdle, Medical History: **21**（1977），187–191

この年(1827) ListerはAmiciに手紙を送り,「色消し平凸レンズをタンデムに並べる方法はイギリスとイタリアで互いに独立に発明されたようだ。イギリスではTulleyによる1824年が最初だがイタリアではどうだったか」を問い合わせています。Amiciは,「望遠鏡に応用しようと考えたのは1815年頃だが,顕微鏡への応用に本格的に取り組んだのは1824年頃だった」と答えているそうです*。

☆ Listerの発見

当時の複式顕微鏡用対物レンズの主流は,色消し平凸レンズを真ちゅう製バレルに固定し,それらを2枚・3枚と積み重ねて倍率を上げるというものでした。例えばUtzschneider社製のものは,同じ形で焦点距離の異なるレンズ5本がセットになっていて,使用者が焦点距離が短いレンズから順に重ねて固定して使うようになっていました。一方Amiciの2枚および,3枚構成のものは,それぞれが異なる形の色消し平凸レンズを所定の位置に固定してありました。

Listerは父親から引き継いだお店を有能な番頭さんに任せ切りだったのでしょうか,お金と余暇にたっぷり恵まれていたようで,この種のレンズを沢山手元において,その光学特性を実に科学的・合理的な方法で丹念に比較・評価したのでした。更には,彼の仕様に従ったレンズをTulleyらイギリスの業者に作らせ,1831年頃には自分の仕事場で自ら製作するようになったそうです。ここでは詳細を省きますが,私が1956年に日本光学に入社した頃行われていた対物レンズの目視による検査法が,その細部にいたるまでListerの記載に非常によく似ていたことに驚かされます。Listerの論文が出版された頃日本ではシーボルト事件(1828)が起きています。

この頃にはすでに,平凸レンズのフリントガラス製平凹部を下(物体側)にした配置が収差補正上最適なことが分かっていました。Utzschneider製のものは,単体としては仕上がりが完璧で光学性能も上々なのですが,重ねて使うと大多数の組み合わせで性能の劣化が著しい一方,Amiciの2枚・3枚の合成

---

* Pisa高等師範学校資料(ネット経由で取得)

レンズの性能が抜群にいいことに注目し，Lister はその違いが生まれる原因が色消し平凸レンズにあるだろうと見当をつけて，その理論らしいものを次のように述べました．翻訳します．

「**図3**においてabをこの種のレンズとする．簡単のためこれを一枚の平凸レンズと考え，レンズの外側の2つの面で発生した球面収差と色収差が，軸上の点fを発した光線fdegに関して貼り合わせ面acbによって完全に補正されたと仮定する．

fを発した光線fdegが無収差でレンズを通ると仮定し，hcを凸面に対する法線，idを平面に対する法線とする．この場合，光線の射出角 geh は入射角 fdi のほぼ3倍の大きさになっている．

点光源をレンズに近づけて光線fdegが光軸に対して一層傾くようにすると，入射角・射出角の大きさの比が1に近づくので，2つの面によって生じる球面収差の和は曲面acbが生じる球面収差よりも小さくなって，全体の球面収差は補正過剰になる．

しかし，光源fがレンズに更に近づくと，光線の光軸に対する傾斜の増大にともなって入射角が増大し，遂にその間減り続けていた射出角を上回るようになる．このとき両面で生じた球面収差が曲面acbが発生する球面収差と再び一致する．この点をf″で表すと，ここで光線は再びレンズを無収差で通り抜けることになる．

光源がここから更にレンズに近づくか，または最初の点fより遠ざかると，前者では入射角が，後者では射出角がそれぞれのもつ効果の釣合いを失って増

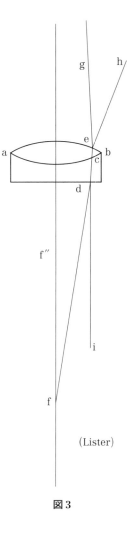

(Lister)

図3

大し収差が acb による補正を越えて小さくなって補正不足を生じるのである」。また別の個所ではコマ収差の補正について，「2つの焦点（図3における f と f″）においては，斜入射光線束に対する効果が逆になるため，（2つのレンズの組み合わせによって）総合のコマ収差を0にすることができる」と述べています。要するに，彼が発見した原理に従えば，球面収差とコマ収差を同時に0とする，したがって広い像面で像質の優れた対物レンズを設計できると言っているのです。

球面収差に関する上の推論は現代においてよく知られているダブレットの効用，すなわち3次収差論の範囲で，「光線の入射側球面と射出側球面で発生する球面収差を接合面で発生する球面収差で相殺する」という性質から導くことができます。また実際に物点距離を変えてはその都度球面収差に関するザイデル和を計算して Lister が述べた性質を検証することも可能です。また薄レンズ仮定の下で，レンズの諸パラメーターを与えて球面収差を物点距離 L の関数として解析的に表現すれば，それが一般に L または $1/L$ の2次式になることを明らかにし，それを解いて2つの根を求めることも可能です。計算の筋道については Martin の著書を参照して下さい[*]。しかしこのような理論的見通しが全く立たなかった時代に，冒頭に述べたような数学的素養のない Lister が，それを実験的に証明しようと試みるまでには，実に根気よく行われた観察の集積があったのでした。

彼の子息で彼よりも遥かに著名な外科医で殺菌消毒法の完成者 Joseph Lister, 1st Baron of Lyme（1827～1912）は父の遺した実験ノートを丹念に調べて次のように述べています[**]。1829年11月から始まった，主に Utzschneider 社製5本1組の平凸レンズを使った実験ノートについてです。「最初のノートには単体レンズ5本それぞれの正確な記述があり，他はすべてこれらのレンズをさまざまに組み合わせて使ったときの色収差・球面収差・コマ収差に関する記述である。彼は1827年にたまたま選んだ2本のレンズを組み合わせたとき両者の間隔を拡げるとコマが減少したと記録していた。今回調

---

[*] *Technical Optics* vol 2, Pitman (1950), p.90
[**] Monthly Microscopical J., **3** (1870), 134

べた記録では，沢山のレンズの組み合わせ毎に，両者を接近させたときとある距離を置いて並べたときの性能が記されている．それらを一読すると，混乱に混乱が重なったように感じられた．両レンズ間の距離によってコマ収差と球面収差がどう変わるかについて膨大な結果が記されているが，それらの間に矛盾するとは言わないまでも相反するデータが多く存在した．例えばコマ収差に関しては，Utzschneiderのレンズは単体が小さい外向きのコマを示すのに，2本を接近させたときには大きな外向きのコマが現れ，間隔を1.2インチに拡げるとコマはほぼ完全に消滅したが，強いて言えば僅かに内向きのコマが残っているようだった．更に読み進むと，単体のとき外向きのコマをもつ3本のレンズをタンデムに並べると，接近させたときには内向きのコマだったのが，互いの間隔を拡げると外向きに変わった．一方，球面収差に関しては，一見したところ法則らしいものがあるようだった．単体では球面収差のない2本のレンズを接近させると補正過剰の球面収差が現れ，間隔を拡げるとこのこの補正過剰は消失した．同様の傾向は異なる組み合わせでも見られた．しかし，読み進むと，3本のレンズを接近させたときの補正過剰が，互いの間隔を拡げても消えない例や，少し間隔を拡げただけで逆に増大した例にぶつかった．また更に後の，同じく3本のレンズを使った例では補正過剰は間隔を拡げると小さくなったが0にはならなかった．

　これらの明白な混乱の中から，彼は見かけ上矛盾するすべてのデータを調和させる原理を引き出し，顕微鏡の高倍化のために単体レンズを組み合わせる際に立脚すべき基礎を打ち立てたのである」．

　ここにたびたび出て来る補正過剰とは補正不足と対で使われる用語で，凸レンズの球面収差に関して周辺光線（光学系の軸上の物点から出て入射瞳の周辺部分を通過する光線）が像空間で光軸を横切る点が近軸像点よりもレンズに近い場合に補正不足（under-correction），その反対にレンズより遠い場合に補正過剰（over-correction）と言います．3次の球面収差が支配的なザイデル領域では，縦の球面収差はah^2で表すことができます．ここにhは入射高です．$a<0$が補正不足，$a>0$が補正過剰を意味します．

　一般に，球面収差が0の場合には，ピントを変えたときの像は近軸像面に対

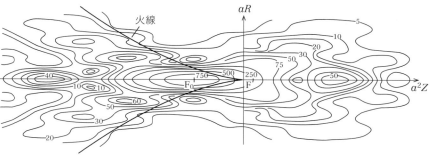

(Zernike & Nijboer/久保田 一部改変)

図4

して対称に変わります。しかし3次の球面収差が残存すると，その対称性が崩れます。その典型的な例を**図4**に示します。3次球面収差が波面収差で測って2分の1波長の補正不足の場合の強度等高線図です。Fが近軸像点，F_0が最良像面上の回折像中心でそのときのシュトレール比は0.75です。同じ2分の1波長の補正過剰の場合には，この図は近軸像面（Fを通る縦の直線）を軸に左右が逆転します。すなわちピントを変えたときの回折像の変化が$a \to -a$に対して逆転します。収差の絶対値が変わっても点像の拡がり方の特性，例えば最良像面が近軸像面のレンズ側にあるかその反対側にあるかといった特徴はほぼ保存されますから，球面収差が補正過剰か不足かは，ピントを上下して例えば蝶の鱗粉による点線を観察すれば見分けられるでしょう。Listerの論文や上記子息の報告には記載がありませんが，球面収差の符号の逆転は注意深く観察すれば十分の精度で検出できたろうと私は推察します。

Listerが発見した原理を手短かに言えば，「平凸の色消しダブレットには，球面収差が補正された2つの点fとf″が存在する。レンズから遠い方の点fの共役点は実像，近い方の点f″は虚像を形成する」ということです。この性質を生かした対物レンズの設計が次の課題になります。

☆Listerの対物レンズ設計

Listerの設計法を手短かに言えば，「物体側のレンズBに対してはレンズに

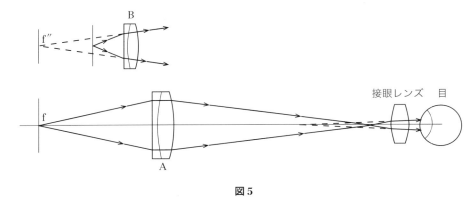

図5

　近い方のアプラナティック焦点(f″)に物体を置く配置とし，その虚像の位置に像側レンズAの遠い方のアプラナティック焦点(f)を合わせて，その実像を作り，それを接眼レンズで観察する」ものです（図5）。このとき大きい受光角を持ちながら，球面収差がザイデル域で0，コマ収差も2つのレンズの間で正負が逆のため打ち消し合って小さくなる筈です。彼は手持ちのレンズのfとf″をかたっぱしから調べ上げ，その中から適当な倍率と鏡筒長が得られそうな組み合わせを探したのでしょう。

　しかしこれはあくまで「手短かに」言えばの話です。彼は主に平凸色消しダブレットを使って実験しましたが，その間，実にさまざまなこのタイプのレンズの特性を調べ上げて最適解を探していきます。その実際を彼の論文から垣間見ることにしましょう。

　彼は実験に用いた平凸色消しレンズについて次のように述べています。「私が使ったレンズはすべて平凸フリントレンズがスイスまたはイギリス製のクリスタルガラス（English flint）*，両凸クラウンレンズが白板ガラス（plate）**だった。色消しは凸レンズの空気側球面の形で決められた。凹レンズと凸レンズの間の屈折率と分散の配分は，その形 $[r_1 = \infty,\ r_2\ (= r_3)$ および $r_4]$ が平

---

* ベネチアンガラスやボヘミヤンガラスが有名ですが，最初に（およそ1662）ガラス工芸用に作られた鉛を多量に含んだガラスはイギリス製だったそうです。彼は一連の実験の結果，このガラスの方が光学用重フリントガラスよりも，彼の用途には向いていたと述べています。
** 可視域で透明度の高い板ガラスの総称。光学特性はBK7に近い。

面側焦点の近くに物点を置いたときに，その像が球面収差なしに鏡筒長の内側またはほぼ光軸に平行（実際にはレンズからかなり遠方に生じる虚像）のどちらかに結ぶようにしてあった」．おそらく，接合面の曲率半径は主にこの配置で球面収差が 0 になるように選ばれ，残った自由度である空気側球面の曲率半径は主に色消しのために使われたという意味だろうと思います．薄レンズ近似による接着型平凸ダブレットでは，色消し条件から 2 つの単体レンズの基準波長に対する焦点距離比が決まると，これと球面収差 0 の条件とから残された 2 つの自由度である r_2（$=r_3$）と r_4 を決めることができます．その解が上に記した 2 つの共役関係を満たすよう，当時使用可能なガラス材料から，それに最も適した組み合わせを探したのでしょう．Lister は膨大な実験結果の集積の中から，具体的な複式顕微鏡の配置に即した解として，いわゆる光学ガラスではない「イギリスフリントと白板クラウン」を選んだのです．その実際は次のようなものでした．

「2 つのアプラナティック焦点の位置は状況，具体的には設計条件によって大きく変わった．試験用に作らせた貼り合わせ平凸レンズ——重フリントと軽白板ガラスの組み合わせ——は色収差がかなりよく補正されていたが，遠方アプラナティック焦点はレンズからかなり離れていてレンズから近方焦点までの距離の 3 倍に近かった．一方，平凹レンズをイギリスフリントに変えると，遠方焦点は更に遠ざかり，近方焦点は上の例よりもレンズからの距離比が一段と小さくなった．一般に，レンズから遠方焦点までの距離が長いと近方焦点までの距離比は減少する傾向が見られた．例えばクラウン製両凸レンズ（曲率比 31 対 35）の接合面の曲率をそれが大きい方から小さい方に変えると遠方焦点までの距離が長くなる一方，近方焦点までの距離は前者に対する比が 1/2 から 1/6 に減少した．

　平凸タブレットの性質で特記すべきものにコマの現れ方がある．遠方焦点面上軸外の点を出た光線束の像は外向きのコマを示すが，近方焦点面からの軸外光線束は内向きのコマを示した．このコマ像の特性は 2 つの焦点に特徴的で，平凸だけではなく色消しメニスカス型にも見出された」．

　これらの特徴を生かした応用はいくつか考えられるとした上で，Lister はそ

れらの中から、「受光角の大きい光線束に残存する2つの収差を最も易しい方法で除去し、これまで顕微鏡の完全性に対する主な障害になっていたものに打ち勝つ手段を提供する」応用を取り上げたのです。翻訳します。

「正しく作られ光軸を共有するように接着された色消しレンズをもうひとつの同様の特性をもちしかも焦点距離が適切な値のレンズと組み合わせて、視野の中心で球面収差のない系を作ることができる（図6）。そのためには先端レンズBの短い方のアプラナティック焦点 f'' を発した光線がBを通過後もうひとつの実線で描いたレンズAの長い方のアプラナティック焦点fを発する光線束の中の光線fAに引き渡される（2つの光線が一致するの意）ようにすればいい。その際、レンズAを通過した光線束が、あまりAに近いところに像を結ばないか、あるいは発散光線束にならないまでも、あまり遠くに結像しないこと、（具体的には、Aによるfの像が鏡筒長—約200 mm前後—を含む限られた領域にあるの意でしょう）が望ましい。それには初めから硝種の選択にも少し配慮した方がいい。なお短い方のアプラナティック焦点をレンズに近く、かつ受光角を大きくするには重フリントガラスを更に高屈折率・高分散のものに代えることが望ましい。

この配置が決まったら、次は2つのレンズの間隔を少し変える小調整を必要に

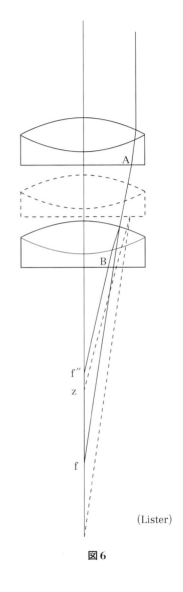

図6

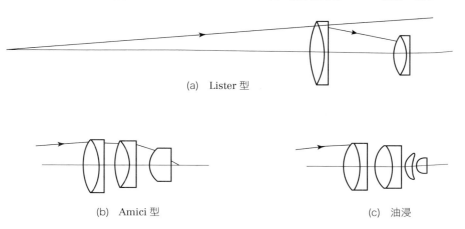

(a) Lister 型

(b) Amici 型　　　　　　　　　　　(c) 油浸

（光線追跡計算の便を考慮して光線の方向を像側から物体側に向けてある）　　　（Conrady）

図7

応じて行って顕微鏡の調整が完了する。そうした後で接眼レンズを取り付ける鏡筒の長さをかなり大きく変えても，それで収差補正が乱されることはない。この変化に対する収差の変動が2つの平凸レンズの間で逆向きなので互いに打ち消し合うからである。

図6において，レンズAを実線の位置から光軸に沿って点線で示した位置までBに近づけた場合，Aの遠方アプラナティック焦点に向かう点線で示した光線は，f″より少し離れたzを発してBで屈折した同様に点線で示した光線に引き継がれる。この点はレンズBの2つのアプラナティック焦点の中間にあるから，この系は全体として球面収差0の状態から補正過剰の球面収差をもつ状態に変わる。2つのレンズの間隔を拡げると球面収差は補正不足に変わる」。

これに続けて彼はその後の顕微鏡対面レンズ設計の指針となる極めて重要な指摘を記しました。「3個以上のレンズを組み合わせる場合には，先端レンズで生じた補正不足の球面収差を中間に置くレンズの補正過剰の球面収差で打ち消すことができ，これはしばしば便利な方策である」。この方法によれば，3次だけでなく，高次の球面収差も同時に補正できます。Listerがこのことをどこ

まで明確に知っていたか分かりませんが，実用上極めて重要な指摘だと思います。この方法はAmiciが創始したとされています。しかしListerは，2個一組の色消し平凸レンズによって球面収差をいわば自由に操作できるという彼の発見を，顕微鏡対物レンズ開発のもっと広い分野に拡張できると主張している点で極めて重要です。この論文が出版された頃Listerが作った3枚構成の対物レンズは当時最高と言われたAmiciの同型レンズと性能を競っていました。彼が実験的に見出した法則は，Amiciの「一方のレンズが生じた球面収差を他方の逆向きの球面収差で打ち消す」という試行錯誤法に，いわば理論的根拠を与えたと言うこともできるでしょう。実際，先に掲げたAmiciの書簡は半球レンズが生じる強い球面収差補正不足を，高分散ガラスを平凹レンズに使った2個の色消し平凸レンズの組み合わせが示す強い球面収差補正過剰で打ち消すという設計［**図7**(b)］が成功したことを語っているわけですから，Listerの公開された論文がAmiciの高倍対物レンズの誕生（1838）に力を貸したと言うこともできると私は思います。

　Listerは上の文章に続けて，色収差の微調節とコマ収差の除去について次のように書きます。「僅かに残存する色収差も同様に逆向きの色収差補償法で補正することができる。また同じ原理に従って，光軸に対して斜めに進む光線束に対する2つの焦点の効果が逆向きなことを利用してすべてのコマ収差を補正でき，その結果視野の全面を平坦で鮮鋭にすることができる」。こうしてListerは高次を含む球面収差と3次のコマが補正された色消し対物レンズを設計する指導原理を数学の助けを借りることなく，注意深い実験を繰り返す中から確立したのです。この論文が出版された2年後の1832年に，イギリス王立協会は彼を会員（Fellow of the Royal Society）に推挙しました。

☆その後の展開

　ここではConradyの本の第2部（編集：R. Kingslake, 1960）の一部を翻訳します。これは著者がImperial College of Science and Technology, LondonのDepartment of Technical Opticsにおける講義の際学生たちに手渡したタイプ印刷のノート（1921～31）に加筆した資料を，彼の女婿R. Kingslakeが編

集・出版した著書からの引用です（p.662–63）．ListerとAmiciの対物レンズを歴史的・具体的に評価した短い文章で，貴重なコメントだと思います．「図7(a)は科学的原理に基いて初めて設計されたダブレット顕微鏡対物レンズの一般的配置である．これは1830年に J. J. Lister（偉大な Lister 卿の父）が彼の並み外れた観察力の結果として発明したものである．当時の色消しレンズの形は概ね平凸であった．彼はこのレンズが球面収差ゼロの2つの物点位置をもつこと，しかもこの2つの位置でコマ収差が反対符号の傾向にあることに気がついた．図は彼が創始した設計で，後方レンズ（寸法の大きい方）の第2アプラナティック対（当時こう呼ばれた）を前方レンズの第1アプラナティック対と結び付ける方式というものであった．こうしてこの組み合わせには球面収差がなく，また2つの要素レンズによるコマが尾を引く方向が互いに逆向きのため，両レンズの焦点距離比を適当に選ぶことによりコマの補正も実用上ほぼ完全に実現できた．2つの要素レンズが共に球面収差をもたないという当初の条件は，そうしないほうがいい結果が出ることが分かったため後に放棄された．しかし，このタイプには像面が平坦であるなどさまざまな利点があるため，現代にいたるまで開口数（NA）が0.3かそれを少し上回る低倍対物レンズの大部分がこのタイプに属している．

これより高倍のレンズには色消しレンズを1枚増やし，3つのレンズが互いに Lister の原理で結び付くタイプが採用された．このトリプレット型は長くは続かなかった．前方レンズをもっと単純な1枚の厚い平凸レンズを球面収差・色収差とも補正過剰の第2・第3レンズと組み合わせる図7(b)のタイプの方が，NAが0.50から0.85の高開口数対物レンズにより適していることが広く知られることになったからである．すべての通常用途の乾式（前方レンズと被験物の間が空気であるような）対物レンズはこの Amici 型になっている．

NAがこれより大きい，実際には殆んどが液浸である対物レンズは図7(c)に示すAbbe型であり，これが，イギリスの顕微鏡学者 Stevenson の示唆によることは明らかである．これは，単純なメニスカスレンズと厚い平凸レンズ（半球レンズと呼ばれることが多い）からなる複合前方レンズと2枚のそれぞれが接合型の補正過剰レンズを組み合わせからなっている．最先端のレンズは多くの

場合完全な半球よりも少し厚い超半球になっている。このタイプでは前方レンズと被検物の間の空間が水またはセダー油で満たされていて液浸対物レンズと呼ばれている」。現代の対物レンズを通観するにはこれよりも遥かに広いスペースを必要としますが，1920~30年代に書かれたことを念頭に置けば，たいへん要領のいい要約になっていると思います。

22 Lister と顕微鏡対物レンズの理論分解能

> この遅きに失した出版によって，当時公表されていれば得られたに違いない先取権を今更取り返すことはできないにしても，この出版が彼の名を科学に顕著な貢献をした傑出したイギリス人アマチュアのリストに加えるきっかけになれば幸である。
>
> —— A. E. Conrady ——

　J. J. Lister（1786～1869）が自分の名前で生前発表した光学論文は前項で紹介したたった一篇（1830）だけです。しかし彼の対物レンズを中心とする顕微鏡改良の研究は1824年，彼が38歳の時に始まり，終生続きました。その詳細は彼が残した膨大なノートから知ることができるそうです。そのごく一部は彼の子息 J. Lister が王立顕微鏡学会に宛てた手紙が学会誌に Obituary Notice（死亡通知）として掲載された文章から推察できます[*]。この他に未発表の論文原稿が2篇あり，そのひとつが彼の死後44年ぶりに印刷された，「肉眼，望遠鏡および顕微鏡における鮮鋭度限界」[**]です。これには Conrady による解説が独立した論文として並べて掲載されています[***]。

　Conrady はその中で，「（この論文は1842年から3年にかけて書かれたが），その最後の改訂は彼の死の10年前にあたる1853年に行われている（彼の没年1869年から計算すると数字が合いません）。彼が何度も出版を延期した理由は分からないが，結果的に死後ちょうど50年間印刷されないまま放置された。

---

[*] Monthly Microscopical J. **3** (1870), 134–143
[**] J. Roy. Micr. Soc., (1913), 34–55
[***] ibid., (1913), 27–33，冒頭に掲げた文章はこれからの引用です。

この論文の価値は，現代でもなお偉大な科学的重要性をもつという疑問の余地のない事実から明らかである．若しこれが出版されていれば，その30年後にAbbe, Helmholtz その他の人々によってあげられた功績の大部分を先取りしていたことは言うまでもない」，と言い切っています．

この最高の讃辞は，平行光線を入射させたときに成り立つ正弦条件を知らなければ理論的には導けない筈の「開口数とFナンバーの関係」，すなわち，

$$\sin\theta' = \frac{1}{2F}, \quad F = \frac{f'}{2h} \tag{1}$$

を彼が実験によって導き，しかも顕微鏡対物レンズの解像力が当時漠然と信じられていた $2\theta'$（ラジアン）ではなく $\sin\theta'$ に比例して増加することを，測定によって明らかにした功績に対して与えられたものです［**図1**(a)］．ここに $2\theta'$ は Lister が an angle of the pencil admitted from a point in focus ——受光角——と呼んだものです．現代では angular aperture ——開口角——と呼ぶの

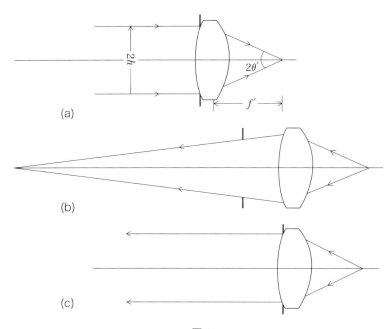

図1

がふつうです．この重要な発見は2つながら，E. Abbeが1873年に理論的に明らかにした画期的な論文*に先立つこと実に30年あまり前に，一人のアマチュアの注意深い観察と精密な測定の結果から生まれたものだったわけです．

(1)式は厳密には，無限遠からレンズの光軸に平行に入射してその入射瞳（半径 h）の縁を通った光線がレンズを射出後に光軸と角度 θ' で交わる場合に成り立つ正弦条件の式です．正しくは，開口の内部に入射する任意の高さ h の光線に対して(1)式が成り立つことを要求するのが正弦条件ですが，Listerはその特別な場合である開口絞りの縁をかすめる光線に対してこの式が成り立つことを発見したのです．ここに f' は後側焦点距離です．$\sin\theta'$ はAbbeが開口数（Numerische Apertur）と呼んだものと物体空間の屈折率が1のときに一致します．F はFナンバーと呼ばれ，レンズの明るさの目安として使われる量です．顕微鏡対物レンズでは，物点・像点ともレンズから有限の位置にあり，しかも使用時の光線は(a)に描かれたのとは逆向きです［**図1(b)**］．しかし，レンズから像までの距離はふつうレンズから物点までの距離の10倍以上，すなわち倍率分だけ離れていますから，(1)式の関係が実用上顕微鏡対物レンズに十分にいい近似で適用できるのです［**図1(c)**］．

Listerは対物レンズの解像力が，Fナンバーの異なる多数の「収差がよく補正された」レンズに対して $1/F$ に比例して向上すること，しかも「光軸上の物点（a point of focus）を発し，レンズに入射を許される光線束がレンズを平行光として射出後にもつことになるその直径が $2f'\sin\theta'$ で与えられること」を精密かつ注意深い測定の結果から発見したのです．

若しこの発見がその時点で公表されていたならば，Helmholtzが輝度不変則とエネルギー恒常則から（1874），またAbbeが幾何光学的考察から（1873），それぞれ独立に発見したとされる正弦条件が，それより30年も前に実験的事実として知られ，しかも顕微鏡の解像力が開口角（angular aperture）$2\theta'$ ではなく $\sin\theta'$ に比例するという事実もまた知られていたことになります．また技術的には，Abbeが言うところの，「職人の試行錯誤法で設計・製作された」

---

* M. Schultze's Archiv fur mikroskopische Anatomie, **9** (1873), 413–468, 全集第1巻（1904），p.45–100

時代の対物レンズの多くが，実は球面収差とコマ収差が正弦条件を満たすほどに良く補正されていたことを証明したことにもなったでしょう。Conradyの指摘は決して大袈裟な讃辞ではなかったと私は思います。

本項では，Listerの研究がどのように行われたかをいくつかの資料から探ってみようと思います。

☆ Listerの顕微鏡研究

アマチュア顕微鏡愛好家だったListerが顕微鏡と色消し対物レンズの改良に本格的に取り組むようになったのは1824年，38歳のときでした。翌25年のノートには次の記述があるそうです。

「TulleyがGoring博士の依頼で製作した分離型3枚構成の焦点距離が4/10および2/10インチの色消し対物レンズはその像性能が非常に良かった。しかし焦点距離と比べてレンズが厚いのが欠点だった。彼は（試行錯誤を繰り返した結果なので）止むを得なかったと言ったが，私は彼を説得して焦点距離がそれよりも長い9/10インチのものを（比例拡大したときの厚さより）遥かに薄い設計で試作させることにした。結果は彼の2/10インチ対物レンズの最良のものとほぼ同等の性能で私を満足させてくれた」。これは2枚のクラウンガラス（実際はおそらく板ガラス）製凸レンズの間にフリントガラス製凹レンズをサンドイッチした，当時望遠鏡対物レンズに多用されたタイプを原型にした色消レンズでした。その模式図を図2に示します。Listerがどのような根拠で薄くできると考えたのか上の文章からは分かりません。しかし試作結果は上々で，これは後に製品化されて"Tulleyの9/10インチ"と呼ばれる低倍対物レンズになります。翻訳を続けましょう。「それどころかある点では2/10インチを凌駕していた。正しく調整した後は，水銀の小球で反射した光による点物体の像は視野の全域で明るい（中心対称の）点像になったが，既存の2/10インチ，4/10インチともそうなるのは視野の中心近くの小部分だけで，それ以外の像は視野の外側に向けた，いが

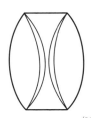

(Wredden)

図2

（状の尾）を伴っていた」。彼の子息J. Listerはこの記述を，「これにはスケッチも付いていて，後に彼の重要な研究テーマになるコマ収差に言及した最初である」と注記しています。この段落に続けて，これ以外のレンズタイプについて，彼独特の並み外れたきれいさと正確さをもつ複合レンズの外貌図（いわゆるガラス図でしょう）の素案がいくつか描かれ，最後に「僅かに残った収差を補正する最良の手段を突きとめるために沢山の実験を行った」，と結んでいるそうです。

実はこの3枚構成のレンズは，彼が設計し物理器械メーカーJ. Smith社が1826年に製作した精密で頑丈な恐らくイギリスで製作された最初の本格的色消し複合顕微鏡とともに，彼の子孫であるLister姉妹からイギリスのWellcome医学史協会（H. Wellcome卿が設立した医学研究支援団体ウェルカム財団が運営する機関）に寄贈されています。

この協会の研究員B. Bracegirdleは論文：J. J. Lister and the Establishment of Histology（組織学——生物の組織の構造・発生・分化などを研究する学問——）[*]，の中でこの顕微鏡と対物レンズについて実物にあたった上で説明を加えていますので，その一部を紹介します。

Bracegirdleはこの歴史的装置を使い，現代の技術で作成した組織標本の顕微鏡写真を撮影し，それが現代の顕微鏡で撮影したものと比べて遜色がないことを確かめた後，レンズのX線写真を撮影し，それがListerのアプラナティック原理によるものではなく**図2**によるいわば旧式の分離型トリプレットであることを証明しました。

対物レンズの焦点距離は19 mm（3/4インチ），開口絞りはレンズのすぐ後ろに置かれ最大直径10 mmから1 mmおきのものが交換可能になっています。像質を損なわない最大直径は8 mmで，このときの開口数は0.16でした。アッベの標板で検査したところ，色収差と球面収差が驚いたことにほぼ完全に補正されていました。ここで著者Bracegirdleは少し唐突に見えるのですが次のように書きます。「このように高性能のレンズであっても，この程度の低倍対物レンズを使うためにあれほどがっしりした鏡体を設計する必要はなかった

---

[*] Medical History, **21** (1978), 187–191

筈である。したがって我々は彼のアプラナティック原理に基いて設計されたこれよりも高倍の対物レンズがもともとこの顕微鏡本体に付属していたが今は失われてしまったと考えざるを得ない。豪華なマホガニー製ケースにはあと2つ対物レンズが収納されるスペースが設けられていた」。要するに，鏡体が完成した1826年5月には，後にRoss社やSmith社がListerの指導下で製作することになる，先端に上に述べた3枚構成のレンズを使い，その後に2個の色消し平凸レンズをアプラナティック原理に従って並べる高倍対物レンズ（図3）や，彼らが以前に製作したがものにならなかった色消しレンズ2枚を同じくアプラナティック原理に従って並べ直してつくった低倍用レンズの原型が既に出来上がっていたと大胆に推測しているわけです。

この推測は，私が前項で紹介したHodgkinとListerの共著論文* 中の（おそらくHodgkinが執筆した）文章「Listerの顕微鏡はこれまでにイギリスで製作されたものの中で最も勝れているが，これと深い知識と卓越した技術を持つModenaの光学者（Amiciを指す）のものとは甲乙つけ難い」とも符合します。Amiciはこの年（1827）にListerとは設計思想こそ違いますが，3枚の色消し平凸レンズをタンデムに並べた構成の対物レンズをフランスとイギリスで公開し，その圧倒的な光学性能で評判だったのです。この共著論文で使われたのがListerの3枚構成の色消しレンズだけだったならこうは書けなかった筈です。この時点でListerがアプラナティック原理に従った高倍レンズを持っていたことはこの文章からも十分に推測できると思います。

この推測は，私が前項で触れたListerがAmiciに送った手紙中の，「色消し平凸レンズをタンデムに並べる方法は，イギリスではTulleyによる1824年が最初である」という文章とも符合します。Tulleyに発注したのは勿論Listerでしょう。

上記3枚構成の色消しレンズ［Tulley製, 9/10インチ, 開口角20°, （NA 0.18)］と，それを2本タンデムに並べた場合［開口角38°（NA 0.62)］を始め，同社に委託して製作した色消し平凸レンズとそれをタンデムに2本・3本と並べた場合や，先端レンズに3枚構成レンズ，後続して色消し平凸レンズを置いた

---

* Phil. Mag., New Ser. **2**（1827），130

場合などさまざまな組み合わせについて，数年間にわたる実験を繰り返した末に，彼はアプラナティック焦点の原理を完成させ，それが1830年の論文発表となったのでしょう。

その間に得られた恐らく複数の最高の組み合わせによる対物レンズは，彼の手許において彼の趣味である微細な標本の観察に使われただけでなく，医師や生物学者にも提供され，そのひとつがHodgkinとの，「生物組織学の出発点」とされる1827年の共著論文に結実したのでしょう。

Bracegirdleは論文の最後を次の文章で結んでいます。「Listerの研究と彼の顕微鏡は2つの重要な結果を生んだ。その第1はイギリスおよび諸外国で最終的に良質の顕微鏡生産が商業規模で行われ，1840年までには本格的な研究に適したさまざまな仕様の顕微鏡が入手できるようになったことと，その第2は特にドイツにおいて正常組織と病理組織の性質を調べるのに使われるようになったことである。Listerの顕微鏡は生体組織の性質に関する爆発的研究をもたらす引き金になり，その後に来る病原体としての細菌の役割の解明への道を舗装することになった」。その後を引き継いだのがZeiss社の顕微鏡だったというわけです。

☆商品化への道のり

Listerはそれまでレンズの試作を委託していたTulleyが多忙のためそれに応じてくれなくなった1830年暮れに自宅でレンズの加工を始めました。

J. F. W. Herschel卿への手紙（1831年2月）の中で次のように述べています。「結果は予想以上でした。これまで真ちゅう加工もガラスからレンズを削り出す作業もほとんど経験がなかったのに，工具を作り，色消し平凸レンズ3群構成のレンズ［開口角36°（= NA 0.31）］を難なく製作できました。レンズを破損することもなく曲率半径も設計通りで試作要件をみたすレンズができた次第です」。もともと器用だったのでしょう。

彼が1830年論文で，いわば設計の手の内を明らかにしたにもかかわらず，業界はアプラナティック焦点法を積極的に利用せず，平凸ダブレットを2～3枚重ねるタイプのレンズを旧態依然とした試行錯誤法によって設計・製作する

方法を繰り返していたようです。それを知った彼は、当時のイギリスの光学機器トップメーカー Ross 社に、焦点距離 1/8 インチ開口角 63°（NA 0.52）の設計データを恐らく Lister の名前を出さない条件で売却し、この「3 枚構成の先端レンズ＋平凸 2 枚」の対物レンズは 1837 年以降高倍対物レンズの標準タイプとして業界に君臨したそうです（図3）[*]。

その後 Ross 社はこれに改良を加え 1842 年に開口角 74°（NA 0.60）の対物レンズを商品化しました。これら収差が非常によく補正されたレンズでは、カバーガラス（標本の上に載せて試料を固定する薄いガラス板）によって生じる像の劣化が問題になり、Lister の指示で先端レンズ群を光軸に沿って僅かに移動させる機構が取り付けられるようになったそうです（1838）。なお同社では平凸 2 枚構成で焦点距離が 1 インチの低倍対物レンズも同時に商品化しています。こちらの開口角は 22°（NA 0.19）だったそうです[**]。その後 1840 年に Lister は Ross 社の了承を得た上で J. Smith に対物レンズのデータを開示しましたが、このとき倍率は焦点距離 1/4 インチまでとし、最高倍率レンズ（焦点距離 1/8 インチ）は作らせないとの但し書きがついたそうです。

これらの内容を記した Lister の 1837 年メモにはこれらのレンズ設計の要諦として、「レンズの各表面への光線の入射角が他の不可欠な条件と両立する限りにおいてできるだけ小さくなるよう」にすることを挙げ、また開口角が徐々に彼の期待を越えて大きくなっていったと述べ、この頃になると彼自身が関与しない製品も出回るようになったが、いずれもアプラナティック原理がその設計の鍵になっていたと回想しています。

ともあれ、Abbe が 1870 年代に確立し

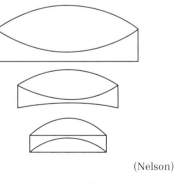

(Nelson)

図3

---

[*] E. M. Nelson: J. Roy. Micros. Soc., **20**（1900），425
[**] 上記 E. M. Nelson 論文中の表には、このレンズの構成が 1/4 インチ高倍レンズと同じと記され、Bradbury の著書（p.194）にもそう記載されていますが、本文中の説明によれば平凸 2 枚が正しいようです。

た波動光学的結像理論，および厳密な光線追跡法と正弦条件の導入という学問的成果と，加工・組立・検査法などの生産技術の革新によって，初めて顕微鏡対物レンズの近代化が実現したことは広く知られた歴史的事実ですが，それより30年も前のイギリスで，それに先行しほぼ同等の実験的原理に立脚した対物レンズ革新の技術が誕生していたことはあまり知られていません．しかし，「ローマは一日にして成らず」という格言はここでも立派に生きていたわけです．

☆ Listerの結像性能測定

　Listerが生前に公表しなかった論文：「肉眼，望遠鏡および顕微鏡における鮮鋭度限界（On the Limit to Defining-Power, in Vision with the Unassisted Eye, the Telescope and the Microscope）」の主目的は彼自身がその中に書いているように顕微鏡の鮮鋭度限界(現代の用語では解像力— resolving power —)を実験的に求めることでした．そのためには先ず肉眼と望遠鏡に対して，測定に使う標板の形状とその照明法を厳密に定め，開口の寸法を変えては解像力を測定し，それに準じた光学配置を顕微鏡に対して設計して一連の測定を行うことが必要でした．

　彼は温度計に使うほぼ球形の水銀溜めからの空の反射光を利用した点光源や，それを並んだ2つのローソクの炎で照らして人工の2重星を作ってテストに使いました．しかし彼が定量的な視感測定に適するとして最終的に選んだのは明暗が短冊形に繰り返す矩形波チャートと市松（碁盤目）模様のチャートでした（**図4**）．この像を目で観測し，周期パターンが消失するときの明暗のピッチによって鮮鋭度限界（＝解像力）を定義したのです．

　開口直径 a，後側焦点距離 f' の無収差望遠鏡対物レンズの像面における遮断空間周波数 p_0 は次式で与えられます（**図5**）*．

$$p_0 = \frac{1}{s_0} = \frac{a}{\lambda f'} \tag{2}$$

ここに λ は使用する光源の中心波長，s_0 はチャート像の周期を表します．

　いま，例えば目のコントラスト検出閾値を約3%とすると，このときの空間

---

* 鶴田匡夫：応用光学Ⅰ，培風館（1990），p.242

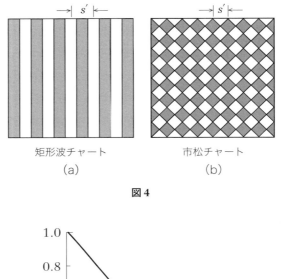

矩形波チャート 市松チャート
(a) (b)

図4

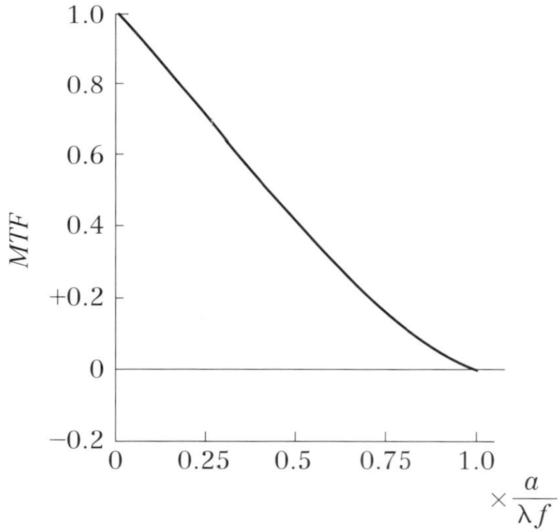

図5

周波数 p は次式で与えられます。

$$p = \frac{0.9}{s_0} = \frac{0.9a}{\lambda f'} \tag{3}$$

彼は焦点距離 f' よりも十分遠方に矩形波および市松模様のチャートを置き，これを薄い雲に覆われた昼の戸外で望遠鏡で観察する配置（**図6**）をつくり，

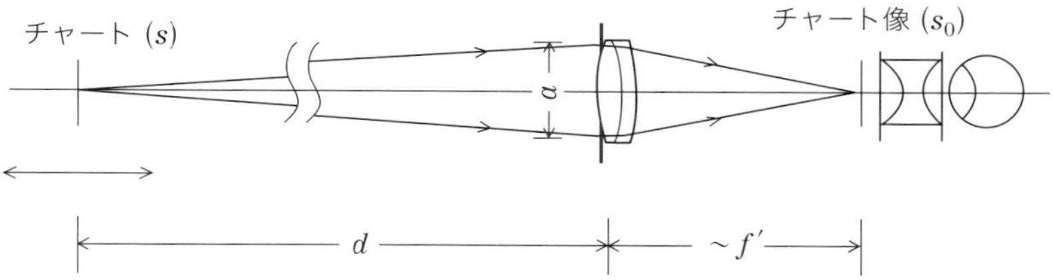

22 Lister と顕微鏡対物レンズの理論分解能　387

図6

望遠鏡の光軸に沿ってチャートを遠ざけていって，そのコントラストが消滅する距離を求めて鮮鋭度限界を計算したのでした．

Lister に従ってチャートの明暗の周期を s，その対物レンズからの距離を d，レンズの開口の直径を a とすると(2)式を書きかえて次式が得られます．

$$\frac{as}{d} = \lambda \tag{4}$$

一方検出閾値約 3% に対応する式は

$$\frac{as}{d} = \frac{\lambda}{0.9} \tag{5}$$

となります．

彼は当時おそらく最高の評価を得ていた Dollond 社製焦点距離 5 フィートの対物レンズを主対象に，その開口直径を変えてはチャート像のコントラストが消失する前後でチャートまでの距離を実測しました．その際，すでに肉眼に対して**図6**を簡略化した配置，すなわち目の直前に開口絞りを置き，それを通して遠方のチャートを観察する配置によって得られた結果から，正常な視覚をもつ目は，その瞳の直径 a が 0.02 インチ（= 約 0.5 mm）以下のとき(4)式を満たすことが分かっていましたので，望遠鏡の射出瞳の直径が 0.02 インチ以下になるように接眼レンズの倍率を選んでありました．その測定条件と結果を**表1**に示します．長さの単位をインチ（= 25.4 mm）にとってありますから，表の最後の欄の数字と比較すべき理論値は(4)と(5)式による，それぞれ 2.20×10^{-5}（インチ）と 2.45×10^{-5}（インチ）です．ここに中心波長には彼の推定値 $\lambda = 2.2 \times 10^{-5}$ インチ（559 nm）を用いました．チャートの周期構造が見えな

表 1

試験レンズ 焦点距離	開口直径 a (インチ)	テストチャート周期 s (インチ)		コントラスト消失距離 d (インチ)	$\dfrac{d}{s}$	$\dfrac{as}{d}$ (インチ)
Dollond 5 フィート	1.5	市松 (交差) 市松 矩形波	0.0715 0.05) 0.075 0.058	まだら模様検知 4560 消失 4800 かなりはっきり 4800 かろうじて検知 3840 消失 3960	63776 67020 64000 66207 68276	2.34×10^{-5} 2.23 2.34 2.26 2.19
	1.95	矩形波	0.058	見えるがぼんやり 4800	82758	2.35
	2.65	市松	0.0373	かすかにまだら模様 4380 たしかに消失 4500 あるようにも見える 4800	— 120693 128686	— 2.19 2.06
	2.7	市松	0.0373	あるようにも見える 4740	127077	2.13
Tulley $3\frac{1}{2}$ フィート	3.24	矩形波	0.0373	見える 4500 見えない 4800	147059 156862	2.20 2.06
Dollond	3.8 (全開口)			すべてのチャートが大きすぎて消失しない		

(1 インチ = 25.4 mm)　　　　(Lister)

くなる限界が有効数字2桁目の1以内に収まっていること,またコントラストを識別できた限界が,限りなくコントラスト0に近いというのは実に驚きです.

しかし,ここで特に強調したいのは,結像の特性を物体の基本単位として点物体ではなく周期性チャートで定量的に表示しようという,歴史的に見ておそらく最初の試みが,E. Abbe よりも 40 年早く,一人のアマチュア科学者によって行われたという事実です.

しかし Lister は,少なくともここまでは,J. F. W. Herschel 卿がその頃出版した "Light" (in Encyclopaedia Metropolitana, 1849, 執筆は 1827) 中の Fraunhofer の美しい実験への言及からして自分のやった仕事は新規性が乏しいとして,得られた結果を出版するのを断念し,「私の研究を少数の友人に知らせるだけで満足すること」にしてしまうのです.しかし,彼が 1831 年から 32 年にかけて行ったこの研究は,その後 10 年を経た 1842～3 年頃まで誰か別の人によって取り上げられたことがなく,しかもその頃の顕微鏡用途の拡大と解像力の向上の結果,その結像の性質と解像力はメーカー・ユーザーとも重要な事柄だと分かって来たので,改めて論文にしようと決心したのでした.それにもかかわらずこれが最終的に彼の生前には公表されなかったことは既に記しました.

顕微鏡の解像限界を上に述べた望遠鏡の場合になぞって調べるために彼が考えた配置を**図7**に示します.望遠鏡の場合と異なり,顕微鏡ではチャートを置く場所はほぼ被験対物レンズの前側焦点面に固定されますので,その空間周波数を変えるために,被験レンズよりも高倍で開口角が大きくしかも実効的に無収差の対物レンズを用意し,ひとつの空間周波数チャートを光軸に沿って移動して,被験レンズに対するチャートの空間周波数を可変にしてあります.このとき,高倍対物レンズによるチャート像は,レンズが無収差であってもその

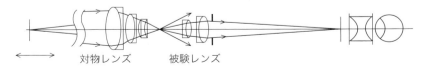

図7

コントラスト低下を免れない他，ふたつの対物レンズの光軸を正しく合致させることなどに細心の注意が必要です。

しかし，目や望遠鏡の解像力測定に使った方法を顕微鏡に適用するとき，それが望遠鏡対物レンズと比べて寸法が小さく，構成が複雑で，しかも使用する光線束の開口角が大きいという特性に起因したいくつかの困難を解決することが必要になります。その中でも小さい（焦点距離＜1インチ）レンズの焦点距離を計算したり測定する方法の開発と，開口絞りを置く位置とその寸法を**図1**(b)に従って測定し，それから**同図**(c)に示す言わば等価絞りの位置と寸法に変換することなどが重要でしょう。

ここでは先ずListerが開発した焦点距離測定法を紹介し，(1)式の発見につながった等価開口絞りの測定法は次節で取り上げることにします。

当時，Gaussの近軸理論（1840）と，その成果である主要点の概念と意義は未だ広くは知られていませんでした。しかし単純なレンズ例えば有限な厚さをもつListerの色消し平凸レンズの焦点距離やバック焦点距離などは近軸計算で容易に得られることが知られていましたから，彼はこれを基準にして複雑な構成のレンズの焦点距離を測定する方法を考案したのです。彼の文章を引用しましょう。「この測定では異なる対物レンズの焦点距離を高い精度で知る必要がある。私が考案した方法は，先ず色消し平凸レンズの前側焦点面に細かい目盛りを刻線したガラス板（マイクロメーター）を置く。このときレンズ平面端からマイクロメーター刻線面までの距離は1.35インチである。これにレンズの厚さの2/3すなわち0.12インチを加えた長さが焦点距離である。マイクロメーターをカメラ・ルシーダを介して投影して目盛線像の寸法を読み取る。次に平凸レンズの代わりに測定したい対物レンズを置き，光軸に沿って移動させて先の投影面に鮮鋭な目盛り線像をつくり，その寸法を読み取る。このとき2つの像の寸法比が平凸レンズと対物レンズの焦点距離の比になる」。

彼の測定原理を**図8**に示します。(a)は基準レンズ（焦点距離f'_0）によるマイクロメーターの無限遠像をカメラ・ルシーダの投影レンズの焦点面に結ばせる光路図，(b)は試験レンズ（f'）に変えたときの図です。このとき試験レンズの焦点距離は，

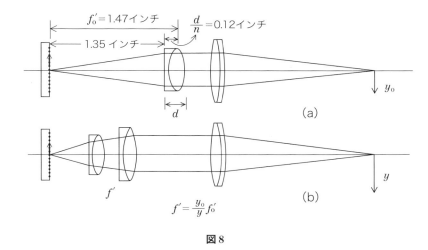

図8

$$f' = \frac{y_1}{y_2} f'_0 \tag{6}$$

になります。ここに y_1 と y_2 はそれぞれマイクロメーターの目盛線間距離 y の像の寸法です。この焦点距離測定法は倍率法の名で現在も広く使われています。

☆開口数の発見

　顕微鏡対物レンズの結像性能評価にかかわる特性値は，望遠鏡の場合と同じく焦点距離と射出瞳の直径です（**図1**）。しかし，望遠鏡の入射瞳が対物レンズの取り付け枠そのもので，薄レンズ仮定が成り立つ場合にはレンズに重なる位置と考えていいのに対し，顕微鏡の場合は複雑で一筋縄では行きません。

　現代では主として位相差法や干渉法の場合を含むさまざまな照明法への適応性を考慮して，開口絞りを対物レンズの後側焦点面に置く場合が多いのですが，当時はまちまちだったようです。**図1**に示したように顕微鏡では望遠鏡と光線の向きが逆，したがって望遠鏡の場合の入射瞳が顕微鏡では射出瞳になりますし，正規の配置で有限距離結像系であることを考えると，望遠鏡とのアナロジーで射出瞳の直径の真値を求めるのは至難の業だったと思います。

彼は次のように書いています。「対物レンズが受け入れる光線束の実質的な──virtual──直径 a の測定が常に容易であるとは限らない。若し光線束を制限する隔壁（＝開口絞り）が物体側にある場合──これはよくある例であるが──その直径は求めるべき値 a よりも遥かに小さい。また像側に置かれる場合には実際の寸法よりも、レンズから開口絞りまでの距離とその共役像点からの距離の比の分だけ大きくしてやらねばならない［**図 1**(b)と(c)参照］。対物レンズが数個の分離したレンズから成る場合には、開口絞りがその内部のどこにあるかによって新たな補正が必要になる。

　表 2 に記した開口の直径 a は必要に応じてその補正を行った値である。しかしこれとは別の測定と実験──説明すると長たらしくて読者を退屈させてしまいそうなので省略するが──の結果、私は解像力を決定するときの開口の直径が物点（この場合は前側焦点にある）からレンズに入射する光線束の開き角（＝開口角）の弦の長さに等しいこと、また弦を算出するときの円の半径はレンズの焦点距離であることを見出した」。下線は私が施しました。Conrady はこの文章に追記して、「ある角の弦とはその角の 1/2 の正弦を 2 倍したものである。Lister は 1832 年の時点で、顕微鏡の解像力が開口角そのものではなく、その弦に比例すること、すなわち Abbe 以後 numerical aperture（開口数、略して NA）と呼ばれることになる量に比例することを知っていた」、と書いています。

　Lister の上の文章を式で書けば

$$a = 2f \sin \theta \tag{7}$$

となります。ここに f はレンズの前側焦点距離、2θ は開口角、$\sin\theta$ は物空間の屈折率が 1 のときの開口数 NA です。したがって**表 2** の最後の列は $2NA \times s$ となります。これがインチで測った中心光波長であることは言うまでもありません。また望遠鏡に対する遮断空間周波数の式は、顕微鏡に対しては

$$p = \frac{1}{s} = \frac{2NA}{\lambda} \tag{8}$$

となります。

表2

テストチャート	周期: s' (インチ)	チャート投影用対物レンズ 焦点距離: b (インチ)	試験対物レンズ 焦点距離: d (インチ)	開口絞り直径: a (インチ)	コントラスト消失距離: c (インチ)	チャート像の周期: s $s=\dfrac{s'b}{c}$ (インチ)	$\dfrac{as}{d}$ (インチ)
市松	0.1414	0.118	1.47	0.078	41	4.07×10^{-4}	2.16×10^{-5}
矩形波	0.2014				60	3.96	2.10
市松	0.1414	同 上	同 上	0.097	52	3.21	2.12
矩形波	0.2014			0.097	75	3.17	2.09
〃	0.1007			----	37.2	3.19	2.10
市松	0.0707			----	26	3.21	2.12
市松	0.1414	同 上	同 上	0.144	76.5	2.18	2.13
矩形波	0.2014			0.144	110	2.16	2.12
市松	0.1414	同 上	同 上	0.199	106.5	1.56	2.11
矩形波	0.2014			0.199	154	1.54	2.10
市松	0.1414	同 上	同 上	0.260	139	1.20	2.12
市松	0.1414	同 上	0.684	0.078	88	1.89	2.15
矩形波	0.2014	同 上	同 上	0.078	130	1.82	2.08
矩形波 同 上 (直交) (60°交差)	0.1006	同 上 〃	同 上 〃	0.078 〃	おそらく64で消失 32 (6角形) 26 (菱形)		
市松	0.1414	同 上	同 上	0.097	110	1.51	2.14
矩形波	0.1006			0.097	78.5	1.51	2.14
市松				0.097	54	1.54	2.18

表2 （つづき）

テストチャート 周期:s' (インチ)		チャート投影用対物レンズ 焦点距離:b (インチ)	試験対物レンズ 焦点距離:d (インチ)	試験対物レンズ 開口絞り直径:a (インチ)	コントラスト消失距離:c (インチ)	チャート像の周期:s $s=\dfrac{s'b}{c}$ (インチ)	$\dfrac{as}{d}$ (インチ)
市松	0.1414	0.118	0.684	0.144	162	1.03	2.17
矩形波	0.2014			0.144	243	1.02	2.14
矩形波	0.1007			0.144	117	1.02	2.14
市松	0.1414	同上	同上	0.199	230	0.725	2.11
市松	0.0707			0.199	112	0.744	2.16
矩形波	0.1006			0.199	162	0.732	2.13
市松	0.1414	同上	同上	0.260	289	0.577	2.19
市松	0.1414	同上	同上	0.300	330	0.505	2.21
市松	0.0707	同上	同上	0.320	168	0.496	2.20
矩形波	0.1006			0.320	292	0.471	2.16
矩形波	0.0707			0.320	162	0.463	
市松	0.1414	0.106	0.415	0.078	151	1.10	2.07
矩形波	0.2014			0.078	215	1.10	2.07
市松	0.1414	同上	同上	0.097	186	0.897	2.09
矩形波	0.1006			0.097	134	0.886	2.07
市松	0.0707			—	92	0.906	2.12
市松	0.0707	同上	同上	0.144	139	0.60	2.08
矩形波	0.1006			0.144	202	0.589	2.04
矩形波	0.1006	同上	同上	0.199	276	0.43	2.06

テストチャート 周期: s' (インチ)	チャート投影用対物レンズ 焦点距離: b (インチ)	試験対物レンズ 焦点距離: d (インチ)	試験対物レンズ 開口絞り直径: a (インチ)	コントラスト消失距離: c (インチ)	チャート像の周期: s, $s=s'b/c$ (インチ)	$\dfrac{as}{d}$ (インチ)
矩形波 0.054	0.052 (開口角78°?)	0.120 開口角62° $\left(2d\sin 31°=0.124\right)$	0.126	135 135 (薄曇り)	0.208 0.206	2.18×10^{-5} 2.16
矩形波 0.2014 市松 0.0707	同上	同上	0.126 0.126	501 173	0.209 0.212	2.19 2.22
矩形波 0.054	同上	0.119 開口角66.2° (0.130)	0.126	142	0.198	2.16
矩形波 0.054	同上	0.076 開口角77° (0.095)	0.098	151 160 (晴天) 156 (ランプ)	0.186 0.175 同上	2.16 2.25 同上
矩形波 0.2014	同上	同上	0.098	614 (晴天) 606 (曇天)	0.170 同上	2.19 同上
市松 0.0707	同上	同上	0.098	210 207	0.175 同上	2.25 同上
市松 0.1414	同上	同上	0.098	430	0.171	2.20
市松 0.1414	(推定値) 0.073 開口角78°	0.253	0.25	486	0.212	2.09
市松 0.1414	同上	Amici 0.073	0.098	581	0.177	2.37

(Lister)

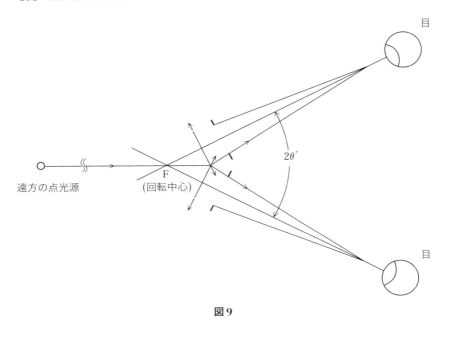

図 9

　Lister はこれに続けて，開口角 2θ の測定法を次のように記しました（**図 9**）。「この角度はレンズの前方，例えば 10 フィートのところにローソクの炎を置き，顕微鏡を対物レンズの前側焦点を中心にして左右に回転し，光線束の端が視野と交差するときの角度の差を読んで得られる。しかし，こうして得られた角度から弦 $2f\sin\theta$ を計算する際には約 0.006 インチを加えてやる必要がある。また開口半径が 0.1 インチ以下の場合にはそれ以上の値を加えなくてはならない。この補正はへりのボケが開口角を小さく見積もってしまうのを補正するためである」。このボケは，開口絞りが光源と共役の位置，すなわち対物レンズの後側焦点面に置かれていなかったために生じたパララックスや，光源像が対物レンズの収差によってぼけたために生じたのでしょう。いずれにしても難しい測定だったに違いありません。

　さて，Lister は(7)式を発見するにいたった理論的・実験的な経緯を，先の引用の際，私が下線を施した理由，要するに読者が退屈するだろうとして説明し

ませんでした。一方，草稿を渡された少数の友人達も(7)式には重大な関心を寄せていたようです。

その一人 G. Jackson は 1849 年に，自らが対数計算で得た，(7)式を介した開口角と解像力の一覧表の出版許可を Lister に求めた記録が残っています。Lister はこの申し出を結局断ったようですが，その理由が，論文全体が出版されるより前にその一部だけが流通するのを嫌ったためか，あるいはこの時点でもなお(7)式の導出を明快に説明できなかったか，あるいは他の事情によるのか分かりません。しかし少なくとも，当時知られていた良質の対物レンズから得られた実験式だという以上の理論的な説明には，今から考えればコマ収差への言及が不可欠です。しかし彼は遂にこの2つを結びつけることができなかったように見えます。

その傍証として，この論文中の Amici の高倍対物レンズ［焦点距離 0.073 インチ，開口絞り直径 0.098 インチ］を測定したときのコメントを引用します。「視野の非常に狭い中央部ではかなり良い像を生じるが，それ以外の場所では非常に大きいコマ像が現れる。しかしこの事実は（テストチャートを縮小投影する補助光学系の開口角（78°）が試験レンズのそれ（84°）より小さいという）変則的な配置で行われた目視観察（による正規化解像力の低下という）結果とは関係がない」。このコメントからは，一連の実験は光軸上の共役点の間で行われているので，軸外像であるコマ収差の影響が入り込む余地はないという思い込みがあったこと，およびそのためこの Amici レンズについて，(8)式と(2)式の間に有意の差が生じているかどうかを精密にチェックしようという発想が生まれなかったというのが私の推測です。Lister の文章は平易な言葉で書かれていて，そのための解釈が多義的になって誤訳を生む恐れがあります。上記コメントの原文を掲げておきます。「Image fair in best part of A's field, but this part is a very small one, great coma over all the rest of the field, differing in that respect from the vision of a transparent object seen with a smaller pencil admitted behind it」。A's は Amici's を意味します。

☆顕微鏡対物レンズの測定結果

Listerが表にまとめた測定データの中から約半数を**表2**に示します。いちばん右側の欄は正規化分解能と呼ぶべきもので，レンズの焦点距離 d と開口の直径 a の比で正規化したときの分解能（遮断空間周波数の逆数）を表します。無収差レンズに対する値は光波長に等しく，インチ単位で 2.2×10^{-5} インチ（= 558.8 nm）です。レンズの焦点距離と開口絞りの直径は本文中に紹介した方法で測定されたものです。表の第1グループは比較的焦点距離の大きい低倍対物レンズ3本について，テストチャートと開口を変えたときのデータの変化を克明に記したものです。第2のグループは高倍対物レンズ3本の例で，開口角の測定値とそれから計算した開口絞りの直径が加えてあります。特に開口絞りのデータに関しては，若し測定値が正しければ両者の差が正弦条件からのずれを表す筈ですが，一見したところ測定誤差の中に隠れてしまったようです。

第3の例は試験レンズの開口角が，テストチャート投影用レンズよりも大きい場合です。2つの例とも，開口角の測定値が載っていません。あるいは逆に開口絞りの直径を直接測定するのが困難だったため，開口角の測定値から(2)式を使って計算した値を記入したのかも知れませんが，いずれにせよ2つの測定値の比較ができないのは残念です。

☆論文が出版されなかった理由

Listerの子息 J. Lister は，この論文が彼の存命中彼の意志で出版されなかった理由を次のように書いています。「彼はある時期この論文を出版する準備を終わっていたが，ちょうどその頃彼の長男の病気が悪化して亡くなるという不幸があり，これが彼の心に暗い影を落としその後数年間この研究を完成させる意欲を失ってしまった。やっと立ち直って出版する直前になって，今度は天文官 Airy 教授が彼とは異なるルートを経て同じ結論を得たことを知りその計画を放棄した。私はたいへん残念なめぐりあわせだと感じた。そのすぐ後1837年には，……」。文中の Airy の論文とは円形開口のフラウンホーファー回折を論じた有名な研究（1835）を指します。先に挙げた原稿中の先行者 Fraunhofer

への言及にせよ，上の Airy 論文にせよ，「実験による正弦条件式の発見」をこの Lister 論文の最大の貢献と考える現代の評価からすると，いささか見当違いの心配だったように見えます．しかし彼にとっての主題は，肉眼，望遠鏡および顕微鏡の解像力を as/d というひとつの尺度で記述することにあり，正弦条件式の発見はその際開口角が望遠鏡と比べて極端に大きいという顕微鏡の特異な性質を望遠鏡と直接結びつけて共通の尺度で評価する手段のひとつとして，(7)式による実験式の存在に気がついたに過ぎなかったのかも知れません．

　しかし私には，1830年論文によって王立協会の会員に推挙された後だったとはいえ，彼の学歴コンプレックスも多少マイナスに作用したかも知れないように感じられます．彼は14歳のときに富裕な酒類販売業者だった父 John の下で見習いの仕事を始め，やがて父の共同経営者として成功したのでしょう．1826年にはロンドンの西5マイル（約8km）の Upton House に 70 エーカー（8万6千坪!!）の邸宅を構え，彼が死去するまでここで光学と顕微鏡の研究を続けたそうです．彼はラテン語に通じ，数学にも長じていたそうで，この家庭から後に男爵に列せられることになる外科医・殺菌消毒法の完成者 John Lister が生まれることになります．子息 J. Lister は父を称える前記「死亡通知」の末尾で，「彼の美しい性格の中で最高のものは稀に見る謙虚さとキリスト教徒的な謙遜さだった」と書いています．エゴティスム（俺が俺が主義）とは対極的な性格が，論文の出版を控えさせた本当の理由だったのかも知れません．

23 フラウンホーファー回折の初出論文1
無収差レンズの回折像

> FraunhoferはFresnelの理論を知らなかった。同様に
> FresnelもFraunhoferの暗線発見を利用しなかった。
> —— H. Boegehold[*] ——

　A. Fresnel（1788～1827）はフランス科学アカデミーが募集した懸賞課題「回折」に応募して1818年に，後にフレネル回折と呼ばれることになる回折の理論とその実験的検証を報告しました[**]。これは光を部分的に遮る隔壁から有限の位置にある点光源を発した光が隔壁で回折し，そこから有限の位置に置いた観察面に明暗の縞を生じるという現象を，隔壁によって部分的に遮蔽された球面波上にHuygensの2次波の理論を適用して作った積分式を解析的に解き，その解を実験的に検証するというものでした。

　余勢を駆ってFresnelは1821年に光の横波仮説を発表しました。これは一連の偏光現象の説明には成功したものの，学界の評価は極めて冷淡でした[***]。この同じ年に，ドイツ語圏に属するバイエルン王国（首都ミュンヘン）では光学器械製造業者 J. Fraunhofer（1787～1826）が自社製の経緯儀を使って，フレネル回折のいわば特殊解である，後にフラウンホーファー回折と呼ばれることになる回折現象を実験的に詳しく調べ，その延長線上で回折格子の着想を得て，単色光の精密な波長測定に成功しました。

---

[*] Die Naturwissenschaften, **14** (1926), 523
[**] A. Fresnel: *Oeuvres*, **1** (1866), p.129., 第8・光の鉛筆，アドコム・メディア（2009），30
　 p.516–536 に詳しく解説しました。
[***] *Oeuvres*, **1** (1866), p.629., 横波理論の論争については，鶴田匡夫：第8・光の鉛筆，34
　 p.596–613 参照。

ここで，フレネル回折とフラウンホーファー回折の今日的な定義を，日置編：光学用語集，オーム社（1981）から引用して掲げます。

フレネル回折。光源および観測面の少なくとも一方が回折物体（例えば開口）に対して有限の距離にある場合に生ずる回折現象。フラウンホーファー回折の対語。回折波が平面波とみなせないのでフラウンホーファー回折の場合よりも取扱いがやっかいで，計算にはフレネル積分が用いられる。

フラウンホーファー回折。光源および観測面が回折物体（例えば開口）に対して無限遠にある場合に生ずる回折現象。フレネル回折の対語。実用的には，物体を平行光で照明したとき，物体の拡がり（拡がりの最大値）を 2a，照明光の波長を λ として，$z \gg a^2/\lambda$ を満たすような物体と観測面までの距離 z（ファーフィールドの条件を満足）を選べばよい。また，観測面が光源の共役面になったときにも同じ回折が生じる。物体と回折像の複素振幅分布は，互いにフーリエ変換の関係で結ばれている。

この定義からも推測されるのですが，Fresnel はフレネル回折の特殊解であるフラウンホーファー回折の存在に気が付いていました。しかしそれを特別に取り上げて解析解を求めたり，それを実験で確かめることをせず，その代わりに次のコメントを残しました*。

「幅が極めて大きい開口であっても，それによって生じる回折パターンを決めるのに，この（後にフレネル積分と呼ばれることになる）積分計算を必要としない注目すべきケースがある。それは絞りの前にレンズを置いて，レンズによって屈折した光線群が焦点を結ぶ平面上で回折パターンを観察する時である。このとき，レンズを射出する波面の曲率中心が点光源を発した波面に代わって（その共役点のある）この平面上に存在し，これが問題を著しく単純にするのである」。括弧内は私の補足的説明です。

Fresnel がこの時点で，スリット開口の回折パターンが $(\sin x/x)^2$ の形になることを知っていたかどうか分かりません。また現実の結像レンズをどこまで絞れば無収差とみなせるかの知識に欠けていたかも知れません。また，彼も Fraunhofer と同様に極めて輝度の高い太陽光を点光源に使っていましたが，

---

* *Oeuvres*, **1** (1866), p.302

彼はそれを単色化するのに赤いガラスフィルターを重ねていましたので，光線束を絞り込むことによって回折パターンが暗くなるのを恐れたのかも知れません。しかし恐らく最大の理由は回折問題を明快に解くのに，無収差であることを証明するのに面倒なチェックを必要とする結像レンズを測定の配置の中に持ち込みたくなかったためだったろうと私は想像します。実際，彼が測定に使ったレンズは回折パターンとそれに重ねた目盛り刻線つきガラス板を観察するためのルーペだけでした。

☆フレネル回折とフラウンホーファー回折

現代の光学テキストでは，平面開口の平均的直径が光波長λよりも十分大きいと仮定し，キルヒホッフの境界条件が満たされると考えて，スカラーの同次波動方程式 $(\nabla^2+k^2)u=0$ から，点Qにおける回折の基本式，

$$u(Q) = \frac{iA}{2\lambda} \iint_{\Sigma_1} \frac{e^{-ik(r+r_0)}}{rr_0} \{\cos(\boldsymbol{n},\boldsymbol{r}) - \cos(\boldsymbol{n},\boldsymbol{r}_0)\} dS \tag{1}$$

を導き，これを出発点として与えられた光学配置に対して上式を解くという手順がとられます[*]。ここに点光源Q_0を発した単位の球面波が開口上に作る波動は $u = A\exp(-ikr_0)/r_0$, $r_0 = Q_0P$, $r = QP$, $\boldsymbol{n}$ は開口の法線，$\boldsymbol{r}_0$ と $\boldsymbol{r}$ はそれぞれ入射光と回折光の進行方向（ただし回折光は逆方向を正とします）を示す単位ベクトル，$(\boldsymbol{n},\boldsymbol{r}_0)$ と $(\boldsymbol{n},\boldsymbol{r})$ は $\boldsymbol{n}$ と $\boldsymbol{r}_0$ および $\boldsymbol{r}$ となす角度を表すとします。その他の諸記号は**図1**に示した通りです。

光源Q_0が開口から十分に遠方にあるとし，開口Σ_1の代わりにQ_0を中心とし開口に近接する球面Σをとると，$\cos(\boldsymbol{n},\boldsymbol{r}_0) = 1$, $\cos(\boldsymbol{n},\boldsymbol{r}) = -\cos\theta$ となるので(1)式は簡単になって次式が得られます。

$$u(Q) = \frac{iA}{2\lambda} \frac{e^{-ikr_0}}{r_0} \iint_{\Sigma} \frac{e^{-ikr}}{r} (1+\cos\theta) d\sigma \tag{2}$$

ここに$d\sigma$はΣ上にとった面素です。この式から，2次波の振幅が1次波の$1/\lambda$であること，またその位相は $i = \exp(i\pi/2)$ より，1次波に対して$\pi/2$

---

[*] 鶴田匡夫：応用光学Ⅰ，培風館（1990），p.160

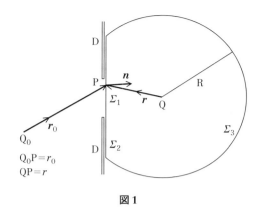

図1

だけ進んでいることが分かります。

実際の光学器械では，Fresnelが前提としたような，自由空間中に開口だけが単独に置かれる場合は稀で，開口の近傍にレンズを置いた結像系やそれが収差を持つ場合，開口上に回折格子などを置く場合，複屈折性物質や検光子が介在する場合などをともなうことが多いので，それらと等価な複素振幅分布 g を持つ無限に薄いフィルターが開口上にあると考えて(2)式を一般化しておきます。ただし実用光学系では $\theta \approx 0$ と置ける場合が多いので $\cos\theta = 1$ としました。

$$u(\mathrm{Q}) = \frac{iA}{\lambda} \frac{e^{-ikr_0}}{r_0} \iint_\Sigma g \frac{e^{-ikr}}{r} d\sigma \tag{3}$$

次に，開口の大きさ（≈平均的な直径 d）に比べて開口中心 O から光源 Q_0 と観測点 Q までの距離 r_0 と r_0' が十分に大きいと仮定し，球面 Σ 上の積分を開口平面上 B の積分で近似します（**図2**）。開口 B の面内に直交座標系 (ξ, η)，それに直交して z 軸をとります。光源 $Q_0 (x_0, y_0, -z_0)$，観測点 $Q(x, y, z)$，B 上の点 $(\xi, \eta, 0)$，$Q_0 Q$ と z 軸のなす角を一定値 δ とします。$r_0 \gg d, r_0' \gg d$ とした先の仮定から，開口上の点を P としたとき $Q_0 P$ と PQ が z 軸となす角度を δ と等しいと置くことができます。また，被積分関数の分母の $Q_0 P = r$ と $QP = r'$ をそれぞれ $Q_0 O = r_0$ と $QO = r_0'$ に等しいとして積分の外に出すことができます。こうして(1)式は簡単になって次式が得られます。

$$u(\mathrm{Q}) = \frac{Ai}{\lambda} \frac{\cos\delta}{r_0 r_0'} \iint_B g e^{-ik(r+r')} d\xi d\eta \tag{4}$$

いま，r と r' を $\xi/r_0, \eta/r_0, \xi/r_0', \eta/r_0'$ のべきに展開して整理すると，

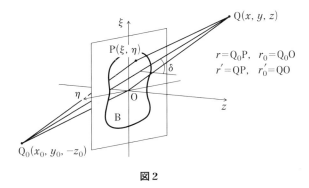

図2

$$\Delta(\xi, \eta) = r + r' - (r_0 + r_0')$$
$$= -(l-l_0)\xi - (m-m_0)\eta + \frac{1}{2}\left(\frac{1}{r_0}+\frac{1}{r_0'}\right)(\xi^2+\eta^2) + \cdots \quad (5)$$

が得られます。ここに (l_0, m_0) と (l, m) は入射光と回折光の方向余弦で,

$$l_0 = -\frac{x_0}{r_0}, \ l = \frac{x}{r_0'} \quad (6)$$

$$m_0 = -\frac{y_0}{r_0}, \ m = \frac{y}{r_0'} \quad (7)$$

で与えられます。

(5)式において (ξ, η) の2次の項を無視できる場合,すなわち,

$$\frac{d^2}{8}\left(\frac{1}{r_0}+\frac{1}{r_0'}\right) \ll \lambda \quad (8)$$

のときには(4)式は簡単になって次式で与えられます。

$$u(Q) = \frac{Ai}{\lambda}\frac{\cos\delta}{r_0 r_0'} e^{-ik(r_0+r_0')} \iint_B g e^{ik\{(l-l_0)\xi+(m-m_0)\eta\}} d\xi d\eta \quad (9)$$

(8)式の条件をフラウンホーファー条件とかファーフィールド条件,その領域をフラウンホーファー領域と言い,(9)式をフラウンホーファー回折の式と言います。この式は定数項を除いて g のフーリエ逆変換になっています。

(5)式の2次の項を無視できないが,それ以上の高次の項を無視できる場合には(4)式は次式に還元します。

$$u(Q) = \frac{Ai}{\lambda}\frac{\cos\delta}{r_0 r_0'}\exp\{-ik(r_0+r_0')\}\iint_B g\exp\left[-ik\left\{\frac{(x_0-\xi)^2+(y_0-\eta)^2}{2r_0}\right.\right.$$
$$\left.\left.+\frac{(x-\xi)^2+(y-\eta)^2}{2r_0'}\right\}\right]d\xi d\eta \tag{10}$$

この式が成り立つ領域をフレネル回折の領域，この式をフレネル回折の式と言います。

フラウンホーファー回折は(8)式により開口から十分離れたところで現れ，回折図形は開口からの距離に比例して大きくなります。開口の後ろに∞に照準した無収差の望遠鏡で観察すると，その焦点距離に比例した大きさの回折像を観察できます。また，複雑な構成の結像レンズの内部に開口が置かれている場合にも，その影響を複素振幅分布 g に背負わせることにより，Q_0 と Q_1 を共役点と考えて(9)式とよく似た式を導くことができます。ただしこの結像レンズが Q_0 と Q_1 の間で無収差と仮定します。記号を簡略にするため，Q_0 と Q_1 が共に光軸上にあるとした時，像面上 Q_1 から (x, y) だけ離れた点 P の波の振幅 $u(P)$ は次式で与えられます。

$$u(P) = \frac{Ai}{\lambda}\frac{1}{r_0 r_0'}e^{-ik(r_0+r_0')}\iint_B e^{ik\{\frac{x\xi}{r_0'}+\frac{y\eta}{r_0'}\}}d\xi d\eta \tag{11}$$

ここに r_0 と r_0' はそれぞれ Q_0 と Q_1 から入射瞳と射出瞳の中心までの距離とします。(11)式が(9)式によるフラウンホーファー回折式と同等であること，すなわち無収差レンズによる点像の回折パターンはフラウンホーファー回折式を用いて得られることが分かった次第です。

一方のフレネル回折はフラウンホーファー回折よりも開口に近いところに現れ，その回折パターンが開口の形と相似で，その境界が回折によってぼける領域だということができます。

実際の結像レンズは収差を持ち，しかも実使用上焦点外れの誤差を常に含んでいます。したがって(11)式から外した位相関数 g にその効果を持たせて(11)式に加えた，

$$u(P) = \frac{Ai}{\lambda}\frac{1}{r_0 r_0'}e^{-ik(r_0+r_0')}\iint_B g e^{ik\{\frac{x\xi}{r_0'}+\frac{y\eta}{r_0'}\}}d\xi d\eta \tag{12}$$

が，収差を含む点像回折像を求める一般式となります．その際に式の定数項を除き，$u(0)$ で正規化した式が使われるのがふつうです．ここに $P=0$ は点光源の幾何光学的像点の座標です．

☆ J. Fraunhofer が回折実験を始めるまで

Fraunhofer には際立って著名な論文が2篇あります．ひとつは「色消し望遠鏡を完全なものにするための，ガラスの屈折力と色の分散力測定」[Denkschrift d. kgl. Akad. d. Wiss. in München, **5**（1817）3–31, 著作集* p.1–31＋図版2葉] と，表題にフラウンホーファー回折の初出論文と記した「光線の相互作用と回折による光の変容とその法則」[同上 **8**（1821–22），1–76，著作集，p.51–111，＋図版6葉] です．私は最初の論文中，特に屈折率測定法について詳しく解説したことがあります**．この論文の後半は太陽スペクトル中のフラウンホーファー暗線の発見と，その中の明瞭な暗線を使った屈折率の測定の報告にあてられています．

彼は特に明瞭な暗線を赤から紫に向けて A, B, C……K と命名し，B と H の間に 574 本の暗線を観測しその1本1本を記録しました．彩色を施した原本はドイツ博物館（ミュンヘン）に所蔵され，その白黒コピーが論文に添付されています．しかし，彼のプリズム分光計を覗いただけでは光学や天文学の専門家でも測定はおろか，暗線の存在そのものさえ見ることができなかったということです．

イギリスの天文学者 J. F. W. Herschel（1792～1871）は 1824 年ミュンヘンに Fraunhofer の数学・機械研究所を訪問し，そこで彼から直々に暗線の見方を教わり，その上彼が自分で書いた観測手順書と彼の好意で入手したクラウンガラスとフリントガラスのサンプルをイギリスに持ち帰りました***．しかし暗線の観測法を人に教えるのにたいへん苦労したそうで，次のエピソードが伝わっています†．彼の友人で数学者の C. Babage（1792～1871）の回想記から

---

* E. Lommel 編：*Joseph von Fraunhofer's gesammelte Schriften*（1888）
** 鶴田匡夫：第3・光の鉛筆，新技術コミュニケーションズ（1993），⑨プリズムの最小偏角，p.105–115
*** 鶴田匡夫：第7・光の鉛筆，新技術コミュニケーションズ（2006），p.116
† M. W. Jackson: *Spectrum Belief, Joseph von Fraunhofer and the Craft of Precision Optics*, MIT（2000），p.127

の引用です．

「ものが見えない理由がしばしば視覚機能の欠陥のためではなく，その見方を知らないことから起こる驚嘆すべき事実を数年前 Herschel 氏のところで経験した．話題が太陽スペクトル中のフラウンホーファーの暗線に及んだとき，彼が私にそれを見たことがあるかと尋ねた．私がまだだが是非見たいものだと答えると，彼は自分自身 Fraunhofer から観測の手順書をもらっていたにもかかわらず，それはものすごく難しく，見えるようになるまで長い時間を要したと言ってから，次のように付け加えた．"いま装置を組んで君に見えるようにするからまず覗いてごらん．探しても見付からないこと請け合いだよ．その後で，君が覗いた状態のままで，私の指示にしたがってやってごらん．今度はそれが見えるようになる．いったん見えてしまうと，いままで見えなかったのが不思議などころか，スペクトルを見ただけでその上には必ず暗線群が重なって見えてしまうのだよ"．言われた通りにスペクトルを凝視したが，彼の警告にもかかわらず暗線は見えなかった．しばらくして私は彼にどうやったら見えるようになるのかと尋ねた．その時になって初めて，彼の予言通りのことが完全に成就したのである」．

見方にコツがあったと言えばそれまでですが，要するに暗線は明瞭な何本かを除いては非常にコントラストが低く，彼が描いた数百本の直線群とは比較にならないほどに薄い線だったのでしょう．これから紹介する彼の回折実験は，このコントラストの低い暗線をもっと鮮鋭に見えるようにするための試みのひとつがその発端ではなかったかと，彼はそのことに言及していませんが，私は想像します．実際彼の実験は，最初の論文で報告した経緯儀を使った屈折率の測定法をルーチン化して，現代の分光計の原型となった光学配置を用いて行われています．

☆ Fraunhofer の回折実験

この著名な論文の冒頭で，Fraunhofer は，肉眼だけを使った光学実験に良質の光学器械を上手に併用することによってその測定の精度が著しく向上すると述べ，物理光学の分野で回折の研究が遅れていて，この光の変容の法則につ

いて我々が知るところの少ない理由のひとつは，この実験にルーペ以外の光学器械が使われなかったことだと喝破します．更に続けて，光の屈折と反射の際その進行方向が僅かな角度だけ曲がる回折という現象は我々が気が付かない多くの場合も含めて重要な役割を果たしているので，その法則を正確に知ることが（光学器械の機能の拡大と性能向上のために）強く求められ，更にその知識が光の本性を知る上で重要だと主張します．括弧内は私が付け加えた文章です．

ところがこの時点で彼が持っていた回折の知識は，フランスの光粒子説の信奉者 J. B. Biot の著書，*Traité de physique expérimentale et mathématique*, Tome IV（1816）中の「de la Diffraction」p. 743–775，に限られていて，冒頭に述べた1818年の Fresnel の回折論文についての言及はありません．Fresnel とは独立に行われた研究と言えば聞こえがいいけれども，上の引用に私が加えたように，彼の研究の目的は，光学器械の機能拡大と性能向上という実用が第1で，光の本性すなわち光が粒子か波動かという議論に結着をつけようという Fresnel の視点とは大きく違っていたことが分かります．

彼の実験配置の核心部を**図3**に示します．経緯儀（と言っても水平回転軸のまわりを望遠鏡が旋回し，その旋回角を同軸の直径12インチの円形目盛り板を使って4秒角単位で読み取る水準儀——レベル——ですが）を改造し，同軸で回転する載物台を付け加えたもので，その上に金属製開口を，その中心が回転軸上に乗るようにしてあります．望遠鏡は口径20ライン（＝42 mm），焦点距離16.9インチ（430 mm），接眼レンズの倍率は30×と50×でした．光源にはヘリオスタットを介した太陽光を用い，それを水平方向から暗室に導き，経緯儀の回転中心から463・1/3インチ（約11.8 m）離れたところに幅0.01〜0.02インチ（0.025〜0.05 mm）のスリットを置いて線光源としました．開口を経緯儀の回転中心に置

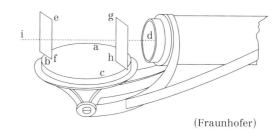

（Fraunhofer）

図3

くことによって，光源を有限距離の位置に置いたことによる角度補正が不要になります。

望遠鏡を線光源に正対させて視野の中央に明るい線像を観察するよう調整し，スリット開口の幅を狭めていくと，線像は回折の効果によって左右に拡がり，同時にその中心から裾に向かって左右対称に色づいていきます。単色光に対しては強度が $|\sin x/x|^2$ に従って明瞭な明暗の回折縞が現れる筈ですが，白色光ではその代わりに，ニュートンのカラースケールに似た順序で色調の変わる回折縞が生じることになります。ニュートンのカラースケールと異なるのは，中央が暗黒の代わりに白色であることと，中央から左右に遠ざかるに従って急激に暗くなることです。Fraunhofer は明暗が繰り返す毎に，その端，すなわち最も暗いところに生じる赤色縞の方向を望遠鏡を回転して測定しました。その結果，赤い縞の位置が中央から測って正確に等間隔で並ぶことを確かめました。$\sin x/x$ の零点が等間隔で並ぶことを知っている私達からは当然の結果ですが，それを知らなかった Fraunhofer にとっては精密測定の輝かしい成果でした。

ここでは彼に先まわりしてスリットの回折像の強度分布が

$$\left|\frac{\sin x}{x}\right|^2, \quad x = \frac{\pi\gamma \sin\alpha}{\lambda} \tag{13}$$

で与えられるとします。γ はスリット開口の幅，α は回折角，すなわち入射光に対する回折光の偏角，λ は波長です。

単色光に対する(13)式とその写真を**図4**(a), (b)に示します。

Fraunhofer は太陽の明るい白色光を光源に使ったので，回折縞の最も暗い縞の方向が(13)式によりほぼ波長に比例して増大するため特定の零点の方向はありません。その代わりに平均的に最も暗い方向として各着色縞（彼はスペクトルと呼びました）の赤色端 L^I, L^{II}, L^{III}, L^{IV} の方向を読み取ろうとしたのです。

着色した回折縞（スペクトル）を模式的に示したのが**図5**です。視感度中心（比視感度 1, 550 nm），短波長側（比視感度 0.3, 500 nm），長波長側（比視感度 0.4, 620 nm）の3本の回折像強度曲線を重ねて描いてあります。Fraunhofer が L^I, L^{II}, ……とした位置をこの図では短波長側と長波長側の強

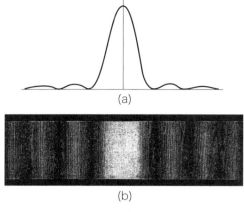

図 4

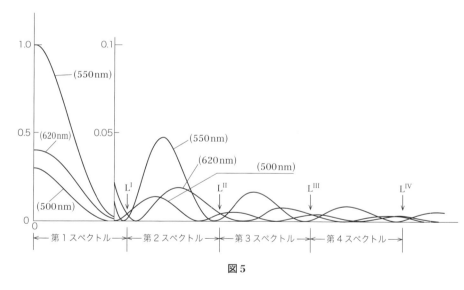

図 5

度が等しく，それらが視感度中心（黄緑色）の強度よりも大きい場所と定義して書き込んであります。非常に大雑把に言って，「赤い光と青い光を等量まぜると赤紫色（マゼンタ）になる。Fraunhoferが赤色端と言ったのはマゼンタだった」ことを説明しようと考えて私が描いたのがこの図だったわけです。

Fraunhoferが赤色端と呼んだ，例えばL^Iに現れた赤い光を彼自身プリズム

で分光し、それが青と赤のスペクトルから成ることを確かめています。白色光スペクトルからその中央の黄緑色のスペクトルを部分的に弱めた結果、短波長側と長波長側の光量が拮抗し小さい角度変化によっても色調が大きく変化する——いわゆる鋭敏色——現象を利用して、回折縞の境界がマゼンタ（赤紫色）になる方向を高い精度で読み取ることに成功したのでした。

　それでは何故カラーフィルターで単色化した太陽光を使って**図4**における暗いバンドの中央を直接測定しなかったのか？　答えはおそらく、回折縞全体が暗くなるだけでなく、いちばん暗い位置を測微接眼レンズを使って可動十字線で測定するのが難しかったせいでしょう。いちばん暗い、すなわち検出にかかるフォトン数が最も少ないところを探すのは、光電測光と視感測光、またはアナログ処理とデジタル処理に共通していい方法とは言えません。

　それに引きかえ、明暗を色調の変化におきかえて計測する方法は極めて鋭敏で再現性の高い方法として、その後さまざまな分野で採用されるところとなりました。その例のひとつに、単層反射防止膜の目視による膜厚制御法があります。

　写真レンズの空気と接するすべてのレンズ表面に真空蒸着法を使ってフッ化マグネシウムの反射防止膜を付着させる工程は戦後間もなく広く普及したものです。昭和28（1953）年に発行された、中小企業庁編・応用物理学会光学懇話会（日本光学会の前身、1952年創立）発行：レンズ・プリズムの工作技術、から引用します。「白色電球、或は昼光色蛍光灯でレンズのコーティング面を反射させて、この反射光の色合を観察しつつ試料の蒸発を続ける。反射光の色合は膜の厚みにしたがって次第に変化してくる。色合が赤紫—青紫になったら直ちにシャッターを閉じ、蒸発を中止する。赤紫—青紫の辺りの変化が最も早いから十分注意しなければいけない」。このとき反射率は約550 nmで最小になります。可視域の短波長側と長波長側の反射光成分がバランスするときの色調の変化を測るという点でFraunhoferの方法と同じ原理と考えていいでしょう。逆に言えば、Fraunhoferこそ、色相変化法の始祖だったと考えることができるかも知れません。彼は単に各スペクトルの赤い端（das rothe Ends eines jeden Spektrum）と表現しましたが、これが上に引用した「赤紫色」を指すことは明らかです。

彼の測定結果を**表1**(a)に示します。γはパリインチ（27.0690 mm）[*]で測ったスリット幅，L^{I}〜L^{IV}は各スペクトルの赤紫色端を基準にした回折角を表しLはL^{I}, $L^{II}/2$, $L^{III}/3$……の算術平均です。

彼は表中の数値がいずれも生データであることを強調し，開口の幅を約2桁変えたにもかかわらず，測定の際の相対誤差はほぼ一定だったとし，回折に関して次の2つの法則が成り立つと結論しました。

(1) 幅の異なるひとつの開口によって回折する光の偏角は開口の幅に反比例する。

(2) 狭いスリット開口によって回折する光に関して，次数の異なる赤紫色の回折光の偏角は第1項による偏角を公差とする等差級数になる。

この2つの法則を式に書くと次のようになります。

$$L^{I} = \frac{0.0000211}{\gamma} \tag{14}$$

$$L^{II} = 2 \times \frac{0.0000211}{\gamma} \tag{15}$$

$$L^{III} = 3 \times \frac{0.0000211}{\gamma} \cdots \tag{16}$$

次に，彼は回折パターンの分光的性質に言及します。望遠鏡の接眼レンズとそれを覗き込む目の間に薄いプリズムを，その分光方向が回折による偏角方向に対し垂直になるように挿入して観察すると，例えば上の第1赤色端（実はマゼンタ）が青と赤の2つの幅広のスペクトルから成っていることが分かるといった観察結果を示します。しかし，分光効果に関しては次項に取り上げる，スリット開口を等間隔に並べたときの効果を扱うこの論文の後半部の解説に譲ることにします。

表1(b)に測定値から私が計算したL^{II}/L^{I}とL^{III}/L^{I}の値を示します。理論値と非常によく一致しています。彼の測定の精度の高さを示しています。

---

[*] Fraunhoferの活動したバイエルン地方がフランス文化圏に近かったせいでしょうか，彼は長さの単位にドイツ語圏で多用されたZoll（約25.4mm，イギリスのインチと同じ）ではなくパリインチを使っています。

表1

(a)

No.	スリット開口幅 (パリインチ*) γ	L^{I}	L^{II}	L^{III}	L^{IV}	算術平均 L	$L\gamma$
1	0,11545	37″,58	1′ 15″,5	1′ 53″		37″,66	0,0000210
2	0,06098	1′ 11″,6	2′ 22″,7	3′ 31″,7	4′ 44″,7	1′ 11″,17	0,0000210
3	0,03690	1′ 57″,1	3′ 53″,3	5′ 48″,3		1′ 56″,6	0,0000209
4	0,02346	3′ 4″	6′ 7″,7	9′ 16″,3		3′ 4″,43	0,0000210
5	0,01237	5′ 48″,5	11′ 38″	17′ 26″,5	23′ 14″,7	5′ 48″,7	0,0000209
6	0,01210	6′ —	12′ 1″	18′ 14″	24′ 9″	6′ 1″,84	0,0000212
7	0,01020	6′ 56″	13′ 56″	20′ 54″		6′ 57″,3	0,0000206
8	0,00671	11′ 6″	22′ 17″,7	33′ 14″	44′ 35″	11′ 6″,4	0,0000217
9	0,00642	11′ 11″	22′ 18″	33′ 43″	44′ 58″	11′ 12″,2	0,0000209
10	0,00337	21′ 3″	42′ 16″	1° 4′ —		21′ 10″,3	0,0000207
11	0,00308	23′ 31″	47′ 6″	1° 10′ 43″		23′ 32″,7	0,0000211
12	0,00218	33′ 30″	1° 7′ 40″			33′ 40″	0,0000213
13	0,00215	35′ 24″,7	1° 10′ 16″			35′ 17″	0,0000220
14	0,00114	1° 4′ 53″				1° 4′ 53″	0,0000215

* パリインチ = 27,0690mm

(Fraunhofer)

(b)

L^{II}/L^{I}	L^{III}/L^{I}
理論値	
2,000	3,000
2,009	3,007
1,993	2,957
1,992	2,974
1,998	3,023
1,905	3,003
2,000	3,039
2,010	3,014
2,001	2,994
2,024	3,015
2,008	3,040
2,039	3,007
2,012	
1,984	

次に彼はスリット開口の代わりに円形開口を用いたときの白色光回折像、いわゆるエアリーの回折像について同様の測定を行いました。単色光による中心円盤すなわちその中心から第1暗環に相当するまでを第1スペクトル、第1暗環から第2暗環までを第2スペクトル、以下第3、第4スペクトルと呼び、各々の赤色、実は赤紫色（マゼンタ）縞の位置を測定しました［**表2(a)**］。**表**中のγは円形開口の直径をパリインチで表示した値、L^I, L^{II}, L^{III}, L^{IV}は各スペクトルの赤色（実は赤紫色縞）端の測定値で、回折像中心からの偏角を表します。

この回折像の単色回折像が$|J_1(x)/x|^2$で与えられ、この時の零点が$|\sin x/x|^2$の場合と異なり等間隔でないことはいまでは常識です。しかしFraunhoferはそんなことを知りませんから、実測値からそれらの間に何か規則性がないか探しています。表の右から2列目は、それによる第1赤色端までの角度の補正値、最後の列はその値を用いて計算した$L\gamma$の値です。$L\gamma$はパリインチで表した波長で、反射防止膜の例では薄膜の光学厚さを表す基準波長ですが、回折パターンに関してはそのような明確な物理的意味を持ちません。一種の換算波長と考えておけばいいでしょう。これが開口の半径を2桁近く変えてもそう大きい変動を示さない事実は、この測定法が高い精度で行われたことの証拠と言えるでしょう。同じ赤色端と言っても、スペクトルの次数が増えるに従ってその色は白色成分が多くなるので、その位置を決める困難は増加した筈ですが、彼の細心の注意がそれを克服したのでしょう。**表2(b)**に測定値から私が計算したL^{II}/L^IとL^{III}/L^Iの値を$J_1(x)/x$の零点から求めた理論値と比較した値を掲げます。見事な一致です。

しかしFraunhoferは遂に、スリット開口と円形開口について、その回折式の解析的な解には到達できませんでした。この仕事はスリット開口に関してはF. M. Schwerd（1835）に、円形開口についてはSchwerdとG. B. Airy（1835）の手に委ねられることになります。

表2

No.	スリット開口幅 (パリインチ*) γ	L^I	L^{II}	L^{III}	L^{IV}	L^V	算術平均** L	$L^I\gamma$	$L\gamma$	L^{II}/L^I 理論値	L^{III}/L^I
1	0,10426	53″,8	1′ 36″,3	2′ 16″	2′ 58″,5		41″,6	0,0000272	0,0000210	1,831	2,655
2	0,06713	1′ 22″,3	2′ 27″	3′ 30″	4′ 32″,3		1′ 3″,3	0,0000268	0,0000206	1,790	2,528
3	0,05001	1′ 48″,8	3′ 17″,3	4′ 46″,8	6′ 15″,5	7′ 47″,7	1′ 29″,7	0,0000264	0,0000217	1,786	2,554
4	0,03997	2′ 12″,7	4′ 2″,9	5′ 55″,1	7′ 48″,6	9′ 40″,9	1′ 52″	0,0000257	0,0000217	1,722	2,636
5	0,03791	2′ 15″,7	4′ 8″,5	6′ 6″,3	8′ 5″,1		1′ 56″,5	0,0000249	0,0000214	1,830	2,676
6	0,03318	2′ 41″,7	4′ 52″,4	7′ 6″,4	9′ 18″,7	11′ 32″	2′ 12″,6	0,0000260	0,0000213	1,831	2,699
7	0,02682	3′ 13″,1	6′ 1″,4	8′ 49″,7	11′ 42″		2′ 49″,6	0,0000251	0,0000223	1,808	2,637
8	0,02318	3′ 49″,4	6′ 57″,8	10′ 14″,5	13′ 23″,6		3′ 11″,4	0,0000258	0,0000215	1,872	2,743
9	0,02237	3′ 54″,7	7′ 9″,4	10′ 24″,1	13′ 40″,5		3′ 15″,3	0,0000255	0,0000212	1,721	2,679
10	0,01234	4′ 3″,6	7′ 24″,5	10′ 56″,4	14′ 15″,4		3′ 20″,6	0,0000252	0,0000208	1,830	2,659
11	0,01824	4′ 45″,7	8′ 51″,3	12′ 54″,9	17′ 3″,5		4′ 6″	0,0000252	0,0000217	1,825	2,695
12	0,01746	5′ 3″	9′ 19″,4	13′ 22″,9	17′ 52″		4′ 16″,3	0,0000257	0,0000217	1,861	2,714
13	0,01238	6′ 55″,5	12′ 57″,5	18′ 48″,6			5′ 56″,5	0,0000249	0,0000214	1,846	2,650
14	0,00922	9′ 27″,3	17′ 35″,4	25′ 34″,5			8′ 3″,6	0,0000254	0,0000216	1,871	2,716
										1,860	2,705

(a)　(Fraunhofer)　(b)

* パリインチ＝27,0690mm
** L^I〜L^{IV}の測定値から推定した値であまり意味のない数値

24 フラウンホーファー回折の初出論文2
回折格子の分光作用の発見と製作

> 私がこの目的のために特別に製作した格子は2つの開口の間隔が0.000285パリインチ（= 7.71μm）で，しかも平均してその不等性が1/100を越えてはならないということからして，恐らく人間の手でこれ以上のものは作れまいというほどのものであった。
>
> —— J. Fraunhofer（1822）——

Fraunhofer は前項で取り上げた1821/22年論文*の前半約1/3を単一開口による回折にあて，残りを本項の主題である主に等間隔平行に並べた小開口群による回折と干渉とその結果生じる分光作用の発見，および自作した回折格子を使ったその検証にあてました。これはプリズムとは異なり，長さと角度を測って光の波長を直接的にかつ高精度で求める道を開く大発見でした。

彼はこの論文の冒頭で，「私は，光の回折法則を決定するために行った実験を，私が実際に行ったのとは異なる順序で報告する。そのほうが報告すべき実験例を減らし，かつ内容を理解させるのに有用だと考えるからである」，と記しました。これを念頭において論文の目次を次に掲げます。ただし，ページは著作集のものです。

序文	53–54
I．単一開口による光の回折	55–67

---

* 1821年7月14日バイエルンアカデミーにおいて講演。
 Denkschr. kgl. Akad. Wiss. München **8**（1821/22），1–76，著作集：*J. Fraunhofer's gesammelte Schriften*, ed., E. Lommel（1888）p. 51–111, 図6葉。

II.	多数の光線束による相互作用	67–83
III.	回折光を2つ,3つ……と増やしたときの相互作用	83–91
IV.	水その他屈折媒質中の回折光線束間の相互作用	91–93
V.	反射による回折光線束間の相互作用	94–96
VI.	円形または四角形開口による回折光線束間の相互作用	96–105
補足		105–107
概要		108–111
図版		6葉

なお,相互作用とは干渉の効果と同義です.

著名なオーストリアの物理学者で哲学者のE. Mach (1838~1916) は死後 (1921) に出版された *Die Prinzipien der Physikalischen Optik*, Barth* の中で,恐らく発見・発明の順序を I→III→II と考えて次のように述べています.「回折の効果はスリット開口の幅を狭めると拡がるが明るさはその分だけ低下する.しかしこの現象(具体的には対物レンズの焦点面に生じる回折パターン)はその形と明るさとも(対物レンズの直前に置かれた)スリットの位置を変えても変わらない.したがって回折パターンを明るくするのにスリット開口の数を増やして等間隔平行に並べようと考えるのは極めて自然である.Fraunhoferが同じスリット開口を2つ並べて置いたところ,回折パターンは単に明るさを増すだけでなく,それが新しく生じた複数の極小点によって分割されることを発見して非常に驚いたと打ち明けている」.しかし,この論文,およびその後に発表された2つの関連論文(後出)を探しても上の引用中最後の文章の根拠になるような記述は見当たりません.

異なる開口を通過した光線束が空間的に重なったところに相互作用(=干渉)が生じるわけですから,最初に単一スリット開口による回折の性質を実験的に求め,次に同形のスリットを同じ間隔をおいて2つ,3つと平行に並べたときに,それらで回折して拡がった光線束同士が空間的に重なったところに多光線束干渉パターンが現れることになります.これは顕著な分光効果を示しますから,この実験的事実から複数スリット開口の極限的配列である回折格子の

---

* 英訳(Dover版)あり.書名 *The Principles of Physical Optics*

アイデアに行き着いたというのは極めて説得力のあるシナリオです。

　Fraunhoferは回折格子発明の経緯を示す手紙やメモを残していなかったらしいので，その発明の出所を探す資料は著作集中の上記3つの論文だけです。von Rohr*は第1論文（1821/22）の補足（著作集，p.105）中の文章から，その発端が鳥の羽根を通して遠方の点光源を眺めたときの回折・干渉図形だったと推測しました。Fraunhoferの文章を翻訳します。「大抵の鳥の羽根の羽枝（うし，羽軸の左右にのびて平行にならぶ）には規則的に並ぶ細い開口があり，これを顕微鏡で観察することができる。これを通して遠方に置いた明るい点光源を見ると，裸眼によっても特定の位置に着色したスペクトルを観察できる。これを望遠鏡の直前に置き，ヘリオスタットの近くに置いた円形開口を通して太陽光を導入すると，第1種と第2種のスペクトルが観察できる（ここに第1種のスペクトルとは単位開口による回折パターンで中央部で明るく裾にいくに従って暗く，かつ着色の度合いが大きくなるもの，第2種とは格子の効果によって生じるいわゆる分光スペクトルで，前者と比べ視野の中央部の狭い部分に生じる）。裸眼で見えたのは第1種のスペクトルで，これは大きく拡がり，その裾の部分は暗いものだった。これを望遠鏡を通して観察すると，高い倍率のためによほど注意しないと見過ごされてしまう恐れがある。（したがって，望遠鏡を通して容易に観察できるのは第2種のスペクトルだということになる）」。括弧内は私が追加した文章です。

　von Rohrはこの文章に注目し，Fraunhoferは鳥の羽根を使った実験から回折格子の着想を得，これをお手本にして金属線格子を作成したと考えたのでした。すなわち研究はI→鳥の羽根→II→IIIの順に進んだと推測したのです。

　ところがこの回折格子のアイデアはFraunhoferより35年も早い1786年にUSAで生まれ，当時同国の代表的学術誌だったTransactions of the American Philosophical Societyに掲載されていたことが1932年に明らかになりました**。この論文を発見し，著者D. Rittenhouse（1732～96）の生誕200年記念集会で

---

* *Joseph Fraunhofer*, Akademische Verlag. (1929), p.138。この本は最も包括的で詳細なFraunhoferの伝記とされています。全234ページ。
** **2** (1786), 201–206

報告したのはペンシルベニア大の物理学教授 T. D. Cope でした*。回折格子刻線機の開発では Rowland を筆頭に USA が先駆的役割を果たしたことは広く知られています。そのお膝元でこの事実にそれまで誰も気が付かなかったのは実に不思議です。

回折格子発明の発端は，Fraunhofer の場合，鳥の羽根だったのに対し，Rittenhouse の場合は絹のハンカチでした。しかし二人の人工格子の製作法は驚くほどよく似ていました。ここではまず埋もれた論文の紹介から始めましょう。

☆ Rittenhouse の回折格子

アメリカ独立宣言（1776）にニュージャージーの代表として署名した F. Hopkinson（1737～91）は，ペンシルベニア海軍裁判所の判事だった 1785 年 3 月に友人 D. Rittenhouse に手紙を送り，彼が観察した奇妙な現象について科学的説明（a solution on philosophical principles）を求めました。この奇妙な現象とは，「ピンと張った絹のハンカチを目の前に置いて約 100 ヤード（約 90 m）先の街灯を眺めるとハンカチの糸が拡大されて太いロープでできた網目のように見える。しかし不思議なことにハンカチを左右に動かしてもこの形は静止したままである」というものでした。

Rittenhouse は，アメリカ独立に貢献した政治家・行政官（初代造幣局長官）であっただけでなく，卓越した科学器械——時計・測量機・天体望遠鏡その他——を自ら製作する技術者，さらには USA の天体観測に指導的役割を果たした万能の人でした。初代の Franklin の後を継いでアメリカ哲学会（学術会議のような組織でしょう）の会長に就任し，その科学全般に対する指導的役割を確立した人物でもありました。

彼は Hopkinson の実験を追試したのち，正確な測定を行う目的で 1 インチに 106 本の溝，すなわちピッチが 0.240 mm の真鍮製の細いネジを作り，これを上下平行に固定してほぼ 1/2 インチ角の枠をつくり，その溝に上下交互に 50～60 本をひとつに編んだ毛髪の束をぴんと張って等間隔平行の格子を作りました。こうすると，ネジの直径分だけ前後に離れた格子が 2 面できてしま

---

* J. Franklin Institute, **214**（1932），99

います。文中に記述はありませんが，おそらく毛髪の束を上下のネジの溝に接着剤でかたく固定した後一方の格子を構成する毛髪の束をハサミで切り取って1枚の格子にしたのでしょう（**図1**）。

　彼は暗室の窓のシャッターに幅1/30インチ（0.85 mm）長さ3インチ（76 mm）の開口を設け，それを視線の先に晴れた空があるような配置で格子を通して眺めました。格子線が開口と平行になったとき，明るさがほぼ等しい3本の線とその左右にそれぞれ4～5本の暗い線が観察できました。後者は中央の線から遠ざかるに従って色づきしかも不鮮明になりました。彼はその理由を，「これらの複数の線が生じたのは格子線の影響を受けずにその隙間を通り抜けた光線が引き起こしたもの」だろうと考え，それ以上は考察を進めませんでした。Newtonの権威の下Huygensの光波動説は否定され，後者がYoungやFresnelの実証的研究で見直されるより遥か以前のことですから止むを得ない理解だったと思います。

　彼は装置の完璧さを検定するために，毛髪の束を太くし，隣り合う隙間すなわち単位開口を狭めて約1/250インチ（＝0.1 mm，格子間隔0.24 mmの約0.4）として実験を繰り返しました。その結果，中央を挿んだ3本の線は先の実験よりも暗くなったけれど，中央線の左右各6つ目までの線を識別でき，しかもそれらの隣り合った距離がほぼ等しいことを確認できました。ついでそれらの着色の程度について次のように述べています。「中央の線は格子を外したときと同様に鮮鋭で無色だが，その左右2番目の線はかなり鮮鋭だが少し拡がり気味で内側の

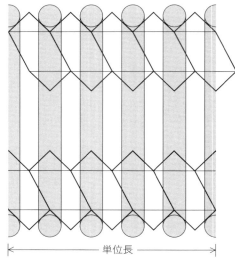

図1

縁は青く外側は赤く着色している。中央線から離れると線は不鮮明の度が増し，それぞれがプリズムによるのと同じ順序の色の列を形成する。色の拡がりは外側にいくに従って大きくなり，5番目ないし6番目になると互いの縁が触れ合うようになる。しかし，中心に最も近い線の間には暗い線が存在し，その線幅は明るい線のそれよりも長い」。実に正確な記述です。

彼はこれらの実験を定量化するためにFranklinから借りた小型のマイクロメーター付きプリズム望遠鏡を使い，第1次線間の角度が赤色端で15′30″，青色端で13′15″であることを測定し，この色分散がガラスによる屈折と逆であることを，Newtonの記述を引用して説明しています。

論文の結語は印象的です。「これらの実験を続行することにより，目を通して人々を元気づけ，おそらくは何よりも人に創造主の恩恵を認めさせる光という素晴らしい物質の性質に関する新しくしかも興味ある発見がなされることは間違いない。しかし私の余暇は限られているので当面この研究を放棄せざるを得ない」。

この論文が発表された1785年にT. Youngは13歳，FresnelとFraunhoferは共にその2〜3年後に生まれています。光波動論が息を吹き返し華々しい成果を生むことになるまでには，まだ20年を越える年月が必要だったのです。

☆ Fresnelと回折格子の光線方程式

「織り目の細かい布を通して明るい物体，例えば星やろうそくの炎を眺めたときに，直接像のまわりに並ぶ着色した回折像を見て」，格子の光線方程式を導いたのはA. Fresnelでした（1815）。

彼は1814年にポリテクニック教授D. F. A. Aragoの指導をうけて光学，特に光の波動論の見地から回折，干渉，偏光などの研究に取り組むことになります[*]。

反射および透過回折格子に関する光線方程式の発見は彼の処女論文（後に「回折第1論文とその補遺」と呼ばれることになる）の中に含まれています[**]。

彼は本文で反射と屈折の法則を波動論から導いた後，その補遺において，大

---

[*] 鶴田匡夫：第8・光の鉛筆，アドコム・メディア（2009），p.502
[**] A. Fresnel: Oeuvres, **1** (1866), 本文p.9–33, 補遺p.41–60. 反射格子の公式はp.46，透過公式はp.48に掲載されています。

要次のように述べます。「反射面上に等間隔平行な溝(彼は raie ――例えば鉛筆で引いた線――と表現しました)が存在する場合,溝にあたって反射した光は(整反射した光とは別に)検討しなければならない。なぜなら溝はそれを除く平面とは同一面上にないからである。図2(a)において,小間隔で隣り合う線上の点AとBで反射した光が調和の条件(同位相になるの意)を満たして観察者の目に入るのは次式を満たす場合で,平滑な平面で反射する方向とは異なる」。その結果,反射格子に対する入射光の入射角 i と回折光の射出角 r の間には次の関係があることを導きました。

$$a \sin i - a \sin r = nd \tag{1}$$

ここに a は溝の間隔,d は波長,n は正負の整数です。$n = 0$ は整反射の方向を表します。

次は透過格子の場合です。「図2(b)において,AとBを2本の細線と入射光CAとDBがつくる平面との交点とする。入射光は細線によって可能なすべての方向に曲げられる。しかし目に感じられるのは,屈曲後に振動が調和する

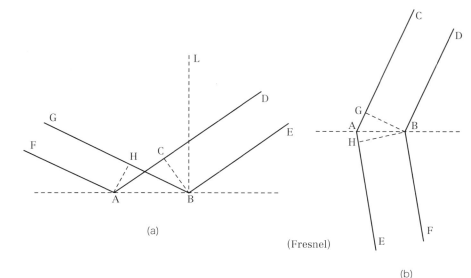

図2

（同位相になるの意）方向に限られる」。すなわち図において GAH が波長 d の整数倍になる方向に限られるというわけです。これを式で表すと，格子間隔を a と置いて次式が得られます。

$$a \sin i + a \sin r = nd \tag{2}$$

こうして Fresnel は，格子を構成する各刻線がすべて同じ形をしているとの仮定の下に，これをコヒーレントな点散乱体に置きかえ，それらによって散乱した光の中ですべての光路長が光波長の整数倍になる方向に輝点が現れるとして格子の光線方程式を導いたのでした．全集の編集者 E. Verdet は Fresnel のこの導出に次のコメントを注記しました．

「Fresnel によって明らかにされたこれらの式は正しく格子による色の分散法則を表している．Fraunhofer は何年も後になってこの法則を実験によって再発見した．Fresnel の理論が完全であるために唯ひとつ欠けていたのは，彼が入射光の中で遮られることのなかったすべての部分から送り出された光を考慮する代わりに，線の縁で曲げられた光だけに注目して（計算を）行った点であった」．

この現象を実験的により深く知ろうとすれば，Fraunhofer どころか先に取り上げた Rittenhouse にとってさえ，線の太さを変えて次数間のスペクトルの明るさの変化を調べること，すなわち単位の隙間の幅が次数間のエネルギー配分にどう影響を与えるかが定量的な実験評価に不可欠なことは当然でした．しかしそれを理論的に予想するには F. M. Schwerd の計算（1835）[*] を待たねばなりませんでした．上の Verdet のコメントには，数学にたけた Fresnel ならばそれより 20 年も早く Schwerd の式を導けたろうにという無念さが込められているように私には感じられます．

Fresnel はなぜこのような実験を手掛けなかったのか？ おそらく彼の真の目的は光波動論の実験的な検証にあり，そのためには格子を作ったり望遠鏡を使ったりせずに，言わば剃刀の刃とルーペだけでそれを実証する方が説得的だとして，いわゆるフレネル回折の領域の実験を選んだのでしょう．

---

[*] これが次項のテーマになります．

☆回折格子の製作とフラウンホーファー暗線の精密測定（第1論文）

先に挙げた1821/22年論文の第2節：「（非常に）多数の光線束による相互作用」は回折格子のアイデアがどのようにして生まれたかには全く触れずに，いきなりその製作法の記述から始まります。基本的にはRittenhouse設計と同じですが，ピッチが0.149 mmとRittenhouseの0.240 mmよりも細かいネジを使い，毛髪を束ねた細線の代わりに金または銀製の細い線を採用しました。試作した回折格子は260本の細線から成っていました。直径が一様だという利点がありましたが，線が曲がり易いのでピンと張るのに苦労したそうです。ヘリオスタットを介して太陽光を水平に保って幅0.01インチ，長さ2インチのスリットに導き，その明るい像を経緯儀で観測する前項で述べたのと同じ配置で実験を行いました。対物レンズの直前その中央部に格子を置いたときに目にした現象をFraunhoferは次のように書いています。「びっくりしたことに，格子を光路に入れて私が目にした現象はひとつのスリット開口の回折とは全く違うものであった。ヘリオスタットのスリット開口は格子を外したときと正確に同じに見えた。しかしその像から少し離れてその両側にたくさんの色づいたスペクトルが見えた。それらは良質のプリズムを通して見るものとよく似ていた。それらは端にいくに従って長くなったが，同時に暗くなった——次数が増すに従ってスペクトルが拡がり，次第に隣り合うスペクトルの端が重なり，ついには大部分が重なってしまう様子が簡潔に述べられているが省略——。

格子を外したときのスリット像にピントを合わせてから，その状態のまま格子を挿入してスペクトルを観察すると，私がかつてプリズムを使って太陽のスペクトル中に発見したのと同じ暗線と縞模様が見えた。これは特別に重要なことである。何故なら，後に分かることだが，極めて多くの回折光線束の相互作用によってこの光の変容（光の分光学的性質と同義です）の法則を非常に高い精度で決定することが可能になるからである」。この引用中最後の文章は特に重要です。格子がプリズムを凌駕する波長分散を示す可能性をもつだけでなく，波長そのものを決定できることの発見を告げる文章だからです。RittenhouseでもFresnelでもなくFraunhoferこそが回折格子の真の発見者であることを示し

24 フラウンホーファー回折の初出論文2 回折格子の分光作用の発見と製作

ていると思います。

彼が試作したネジのピッチの中で最小のものは 0.074 mm でした。この他に，ガラスの表面に金箔を張り，その上に等間隔平行の溝を直接刻線し，金属線格子によるのと全く同じスペクトルを得たそうです。

しかし彼がフラウンホーファーの暗線の精密測定実験に使った 10 種の格子はいずれも金属線格子で，それらのピッチは 0.05284 mm〜0.6866 mm，開口幅（γ）/線幅（δ）は 4〜0.125 でした。ピッチ $\gamma+\delta$ と γ/δ を大きく変え，そのときの格子への垂直入射光に対する暗線の偏角 B〜H を精密測定可能な次数について測定して，そのデータから回折格子の分光法則を求めようと考えたのです。測定の結果，特定の暗線に対する偏角は細線間の距離 $\gamma+\delta$ のみによって決まること，および単位開口幅 γ が小さいほど観測可能なスペクトルの数は増えるが明るさは全体として低下するという事実が実験的に極めて高い精度で実証されました。

表1に測定結果の 1 例を示します。用語を節約するために各暗線の名称 B〜H をそれぞれの偏角を表すとし，添字 I, II, III, IV……はスペクトルの次数を示します。異なる次数に対する偏角の平均値は例えば，$3C = C^{I} + C^{II}/2 + C^{III}/3$ とし，**表**の下欄のデータ，例えば $(\gamma+\delta)C = 0.00002425$ における C は sin C を表すとしてあります。なおこの角度の単位はラジアンです。

彼は $\gamma+\delta$ と γ/δ の異なる 10 個の格子それぞれによるスペクトルの特性を詳しく調べた上で，**表1**に準じるデータを掲げました。彼が残したコメントの中には，後に問題になる格子の製作誤差によるスペクトル像の劣化が述べられていて注意を引きます。「線の中心間距離に不等性があるとスペクトル線が著しく不鮮明になる。格子製作の精度がいかに高くてもそれには限界がある。いかに良質の格子でも，ある次数の特定のスペクトルが正確にその位置を特定できないことがあるのはそのためである。例えば**表1**（No1）において B^{II} および 5 次以降のスペクトルの記載がないのはこの理由による」。

彼は 10 種の格子による測定結果を平均して，1 次スペクトルに関して次の実験式を得ました。

表1

$$\gamma = 0.000628 \text{ パリインチ} (17.0\,\mu\text{m}),$$
$$\delta = 0.001324 \text{ パリインチ} (35.8\,\mu\text{m})$$

B^I	=		44′ 45″	E^{III}	=	1^0 42′	42″,7
C^I	=		42′ 42″,3	E^{IV}	=	2^0 16′	59″,7
C^{II}	=	1^0 25′	25″	F^I	=	31′	32″,6
D^I	=		38′ 19″,3	F^{II}	=	1^0 3′	10″
D^{II}	=	1^0 16′	38″	F^{III}	=	1^0 34′	44″
D^{III}	=	1^0 55′	—	G^I	=	27′	57″,3
D^{IV}	=	2^0 33′	14″,7	G^{II}	=	55′	51″,7
E^I	=		34′ 12″,6	H^I	=	25′	42″,3
E^{II}	=	1^0 8′	28″,3	H^{II}	=	51′	31″,7
B	=		44′ 45″	F	=	31′	34″,1
C	=		42′ 42″,4	G	=	27′	56″,5
D	=		38′ 19″,2	H	=	25′	44″
E	=		34′ 14″				

$(\gamma+\delta)$ B = 0,00002541　　$(\gamma+\delta)$ F = 0,00001792
$(\gamma+\delta)$ C = 0,00002425　　$(\gamma+\delta)$ G = 0,00001587
$(\gamma+\delta)$ D = 0,00002176　　$(\gamma+\delta)$ H = 0,00001461
$(\gamma+\delta)$ E = 0,00001944　　パリインチ = 27,069 mm

$$B = \frac{0.00002541}{\gamma+\delta} \quad C = \frac{0.00002425}{\gamma+\delta}$$

$$D = \frac{0.00002175}{\gamma+\delta} \quad F = \frac{0.00001789}{\gamma+\delta}$$

$$E = \frac{0.00001943}{\gamma+\delta} \quad G = \frac{0.00001585}{\gamma+\delta}$$

$$H = \frac{0.00001451}{\gamma+\delta} \tag{3}$$

上式を現代の光学教科書の垂直入射光に対する公式に準じて書けば

$$\varepsilon \sin\vartheta = \nu \times \text{const}_\lambda \quad \nu = 0, \pm 1, \pm 2, \cdots \tag{4}$$

となります。ここにεは格子定数（＝格子間隔）です。彼は(4)式が正しいと

表2

	Fraunhoferの測定値 (1821)		1926年 現在の値
	(パリインチ)	(nm)	(nm)
B	0.00002541	687.8	
C	0.00002425	656.5	656.3
D	0.00002175	588.8	589.3
E	0.00001943	526.0	527.0
F	0.00001789	484.3	486.2
G	0.00001585	429.1	430.8
H	0.00001451	392.8	396.9

1パリインチ = 27.069mm　　　　　　　　　　　(Boegehold)

考えていたようですが,実験的には回折光の偏角が極めて小さいので $\sin\vartheta \fallingdotseq \vartheta$ の近似が成り立つため,その検証は不可能でした。第2・3報への宿題になりました。(4)式中の定数 const_λ はB〜H線の波長をパリインチで表したものと一致します。表2に彼の(3)式による測定値と現在知られている値を示します。Boegehold (1926) による表です。

彼は1821/22論文の中では(3)式の結果に何ら理論的考察を加えていません。すなわち式中の定数と波長との関係への言及はありません。ただ,7つの暗線間の距離がプリズムによるスペクトルとは異なると述べているだけです。これが光波動論に従えば波長と一致するとの結論に到達するのは第3報においてです。

彼はまた,スペクトルが次数とともに単純に暗くなるのではなく,特定の次数のスペクトルがその前後より暗かったり,あるいは全く消失する現象を観察しました。これはmissing order(あるべきところにない次数)と呼ばれる現象で,格子間隔 $\gamma+\delta$ と単位開口の幅 γ の比が整数比のところに生じます[*]。彼は使用した多くの格子について観察したデータを細かく記述していますが,そ

---

[*] 詳しくは鶴田匡夫:応用光学I,培風館 (1990), p.233を参照してください。

れらはおおむね missing order を使って説明できます。

彼は10個の格子について測定値とそれから求めた $(\gamma+\delta)B$, $(\gamma+\delta)C$, ……の値の合致が良すぎるという疑問に先手を打って，格子間隔の測定について，金属線を巻きつけた状態でネジの100回転分を顕微鏡下で測定して100等分したもので6桁の精度があると豪語しています。経緯儀による角度測定の精度については，既にプリズムによる偏角測定で証明ずみということでしょうか，ここでは触れていません*。

第III節以降は省略します。III節はスリット開口を2つ，3つ……と等間隔平行に並べたときの回折パターンを論じたものです。I，II節と比べて重要性に劣ります。内容は私のテキストを参照してください**。IV以降は一部に面白い記述がありますが，回折格子本来の議論から多少外れますので割愛します。

☆細かい刻線群による測定と波動説への接近（第2論文）***

にわかには信じ難いことですが，Fraunhoferは第1論文を書き上げた後になって，それより20年も前に発表されたYoungの光波動説の論文を知り，それを検証する実験——そのためには格子定数の小さい格子が必要です——を行って下記学会誌の寄書欄に投稿しました。第1論文を学会報告してからちょうど1年後の1822年7月22日のことです。短い文章ですので全文を翻訳します。

「私はこのところ余暇を利用して光線束間の相互作用の研究を行っているが，このたび先の論文で示したのより6倍も大きい第2種の色スペクトル（前報で非常に多数の等間隔平行格子によって作られるスペクトルをこう名付けた）を取り出すことに成功した。これにより，この回折という現象の法則，とりわけ（次数の）異なるスペクトルに対応する偏角の正弦の比が整数1, 2, 3……の関係

---

* 鶴田匡夫：第3・光の鉛筆，新技術コミュニケーションズ（1993），⑨プリズムの最小偏角，p.105–115
** 鶴田匡夫：応用光学I，培風館（1990），p.230–233
*** Schuhmacher's Astromische Nachrichten, **1** (1822) col. 295。ドイツ語圏では学術誌の上に編集者の姓をつける習慣がありました。したがってこれはれっきとした学術誌です。略してAstronomische Nachrichten とする場合もあります。この雑誌は1ページが左右2欄に分かれ，それぞれに番号がついていました。p.ではなく col.（kolonneの略）と表記されているのはそのためです。文献を検索したり注文するときは p.と書くほうが通りやすいようです。

にあるという法則を誰にも分かる形で証明することができる。これは今から20年も前にT. Young博士が光の回折理論から導いたものである*。私がこの目的のために特別に製作した格子は2つの開口の間隔（いわゆる格子定数）が0.000285パリインチ（＝ 7.71μm）で、しかも平均してその不等性が1/100を越えてはならないということからして、恐らく人間の手でこれ以上のものは作れまいというほどのものであった（何という自信家!! しかもそれを公言することをはばからない。この句はその後しばしば引用されることになる）。この格子から取り出した色スペクトルはプリズムの場合と比べて非常に大きく、色スペクトル中の基準になる線（例えばフラウンホーファー線）や細かい線の集まりにプリズムを使うよりも正しく測定することができる」。

☆ Fraunhoferの回折格子製作と基本式の導出（第3報）

　Fraunhoferは1823年6月14日、バイエルンアカデミー数学・物理学部会において、「光の法則とその理論に関する新しい研究、その結果の短信」の表題で講演しました。これは第2報とその後の実験研究の詳細と、それによって実証した、Youngのダブルスリット理論を適用して作った格子分散公式を報告する、彼の回折格子研究の到達点を示すものでした**。

　論文の冒頭で彼はこの研究の目的の大要を次のように述べています。「先の実験によれば表1に示したように、最も細かい格子（格子間距離 $\varepsilon = \gamma + \delta =$ 0.001952パリインチ）を使ってもD線の1次回折光の偏角は$38'19''.3$に過ぎなかった。格子間隔がこの値より遥かに小さく、その結果回折角が大きくなれば、ラジアンで測った偏角、またはそのsinかtanのどれを使ったとき実測値と正しく一致するかが分かるだろう。理論の結果は後で明らかにするように(4)式なのだが、これを直接実験的に証明するには先の実験よりも小さい格子

---

* 本文には記載がありませんが、Phil. Trans. (1802), 12, だろうと思います。この中でYoungは「500分の1インチ間隔の平行線を刻んだCoventryのマイクロメーターに太陽光を垂直入射させたとき、赤い光の回折角が$10.25°, 20.75°, 32°, 45°$だったとして、それらの正弦の比が1:2:3:4になる」と記しています。あまりにも大きい回折角ですが、その秘密は各細線が実は線間隔の約1/20強の2本の線に分かれていたことにあったようです。これを格子間隔として計算すると赤い光の波長は450nm強となって、どうやら数値は合いそうです。

** Annalen der Physik, **74**（1823）, 337–78, 著作集p.117–43

間隔の格子を作ることが必要だった」。

　ネジのピッチをそれまで以上に細かく切ることが不可能なのは彼の目には明らかでした。また，その溝に張る細線が不透明でも半透明でも，また透明であってさえ，それらの分光効果が同じであることはそれまでの研究から分かっていましたから，彼はガラスの上にそれより数段柔かい金箔を張ったりグリースやワニスを薄く塗付し，それを恐らく鋭く研いだ金属の刃先で刻線することにしました。しかしこれらの方法では格子間隔をネジの半分の 0.001 インチにするのが精一杯でした。

　最終的に彼が選んだのは先の鋭く尖ったダイヤモンドのかけらでガラス表面に直接刻線するというものでした。専用の機械を製作しましたが，彼はその動作原理，装置の概要等を一切明らかにしていません。企業秘密と言ってしまえばそれまでですが，彼の格子刻線機（後にルーリングエンジンと呼ばれるようになる）は一切記録に残されることもなく，また現品はその一部さえ現存しません。彼が製作した線格子や刻線格子，その測定に使われた経緯儀などがミュンヘンにあるドイツ科学博物館に所蔵されたのとは対照的です*。近代的機械切り刻線機の完成者 G. R. Harrison (MIT) と E. G. Loeven (BRL社) は，「彼こそ，この分野の活動を取り巻いてきた秘密主義の元祖である」と批判しています**。

　しかしダイヤモンド片を使った刻線については例外でした。その困難さを詳しく記しています。彼が(4)式による回折格子の光線方程式の検証に使ったのは 2 つの格子でした。ひとつは格子間隔が $\varepsilon = 0.0001223$ パリインチ（= $3.31\,\mu m$，302 本/mm）で刻線数 3601 本（刻線部の幅 1.92 mm）のもの，他は格子間隔 0.0005919 パリインチ（= $14.05\,\mu m$，71.2 本/mm）のものでした。後者の刻線数は記載されていません。

　細いほうの格子は彼の刻線機の限界精度ぎりぎりのところで製作されたものでした。彼は「ある面積の中に非常に多くの溝を刻み込んだだけでは不十分である。これらの溝はその間隔が少なくとも 1/100 の精度で同じ間隔に刻線され

---

* L. C. Glaser: Z. f. tech., Phys. **7**（1926），252
** Appl. Opt. **15**（1976），1744

なければならない。こうして初めて1次や2次スペクトル中の（フラウンホーファーの）鮮鋭な暗線を観察できるのである」と述べてからその実際を次のように書きます。

「私の刻線機を使って1パリインチの中に3200本（118本/mm）の，その間隔に比べて十分に細い溝を刻線できる。しかし，間隔が0.00003125パリインチ（以下インチと略称する）で間隔誤差がその1/100であるような格子の製作には今のところ成功していない。これは恐らくどんな機械を作っても不可能であろう。このような間隔の小さい場合には100本や200本の刻線では明るいスペクトルを得られないので，数千本が必要になる。よほどの好運に恵まれないと，$\varepsilon = 0.0001223$インチで数千本の平行線を等間隔で刻線できるようなダイヤモンド片を見付けられない。これまでのところ，この細かい格子はひとつしか作れなかった。刻線中にダイヤモンド片の先端の形が変わればそれまでの作業が無駄になる。製作中に刻線が太くなったり細くなったりするが，作業者はそれを制御できない。分解能が最高の顕微鏡を使っても刻線に最適のダイヤモンド片を選ぶのは不可能に近い。先端がそれほど尖っていないほうがかえって細い線を刻めたりする。要するに使ってみないと分からないのだ。さらに難しいのは，ダイヤモンド片が少し傾斜したり当たる場所が変わると線の太さが大きく変わることである。何しろ一本一本別々にしかも注意深く刻線し，しかもそれを数千回も高い精度で繰り返すのだから，この作業がどんなに時間が掛かりしかも忍耐を必要とするか分かってもらえるだろう。

次は刻線精度の問題である。平行溝の間隔が不等のとき，それがスペクトル中の基準暗線のボケとどう結びつくかを次式を使って調べてみよう。
(4)式を$\theta \ll 1$と近似して次式が得られる。

$$\vartheta = \frac{\nu\omega}{\varepsilon} \tag{5}$$

ここにωは定数としておく。上式を微分して

$$d\vartheta = -d\varepsilon \frac{\nu\omega}{\varepsilon^2} \tag{6}$$

が得られる。これより$d\varepsilon = 0.01\varepsilon$，$\varepsilon = 0.0001223$インチの場合を考えるとD

線に対して $d\vartheta$ の値は 1 次スペクトルに対し $6'5''$,2 次スペクトルで $12'10''$,3 次スペクトルで $18'15''$ になる。これより,スペクトル中の暗線像が 1 次と 2 次のスペクトル中で鮮鋭であっても,3 次,4 次ではそうならないことが理解できよう」。

Fraunhofer はここで刻線間隔のランダムな変化によって暗線の像が拡がってその鮮鋭さが損なわれるとして製作誤差の影響を議論しています。しかしこれが克服されてもなお送りネジその他の周期誤差によるゴーストスペクトルの発生という難題が控えていることには気がついていません。

ともあれ彼は上記 2 つの格子のうち,細かいほうを使って垂直入射光に対する 1 次と 2 次のスペクトルについて暗線を測定し,**表3**(a)の結果を得ました。これらの値は繰り返し測定をする必要もないほど鮮鋭で読み取り精度 $4''$ に収まっ

表3

C^I	$= 11^0\ 25'\ 20''$	F^I	$= 8^0\ 26'\ 6''$
C^{II}	$= 23^0\ 19'\ 42''$	F^{II}	$= 17^0\ 3'\ 34''$
D^I	$= 10^0\ 14'\ 31''$	G^I	$= 7^0\ 27'\ 19''$
D^{II}	$= 20^0\ 49'\ 44''$	G^{II}	$= 15^0\ 3'\ 9''$
E^I	$= 9^0\ 9'\ —$	H^I	$= 6^0\ 52'\ 36''$
E^{II}	$= 18^0\ 32'\ 34''$		

(a)

C^I	$= 2^0\ 20'\ 57''$	E^V	$= 9^0\ 28'\ 3''$
D^I	$= 2^0\ 6'\ 30''$	F^I	$= 1^0\ 44'\ 19''$
D^{II}	$= 4^0\ 13'\ 7''$	F^{II}	$= 3^0\ 28'\ 45''$
D^{III}	$= 6^0\ 20'\ 7''$	F^{III}	$= 5^0\ 13'\ 23''$
D^{IV}	$= 8^0\ 27'\ 43$	F^{IV}	$= 6^0\ 58'\ 18''$
D^V	$= 10^0\ 35'\ 53''$	G^I	$= 1^0\ 32'\ 22''$
E^I	$= 1^0\ 53'\ 7''$	G^{II}	$= 3^0\ 4'\ 57''$
E^{II}	$= 3^0\ 46'\ 17''$	G^{III}	$= 4^0\ 37'\ 30''$
E^{III}	$= 5^0\ 39'\ 50''$	H^I	$= 1^0\ 25'\ —$
E^{IV}	$= 7^0\ 33'\ 41''$	H^{II}	$= 2^0\ 50'\ 11''$

(b)

たそうです。しかし，3次，4次……のスペクトルでは線が観察できたものの，偏角 ϑ を1次と2次の場合ほどには正確に読み取れなかったそうです。暗線像のボケを(6)式によって納得したのでしょう。

粗いほうの格子による垂直入射光に対する偏角の測定値を**表3**(b)に示します。こちらは偏角は小さいものの，1次から5次ないし6次までを秒角の読み取り精度で測定できました。これら2つの測定値を組み合わせた結果，垂直入射光に対する格子の公式が

$$\sin\vartheta = \frac{\nu\omega}{\varepsilon} \tag{7}$$

であることが実験的に証明できたわけです。

粗いほうの格子の測定で奇妙な現象に出会いました。それは垂直入射光に対する±1次のスペクトル強度が2倍以上違っていたことです。彼はその原因が刻線断面形状の左右不対称にあると推測しました。しかしこれを特定の次数に回折光を集中させる，いわゆるブレーズ効果として積極的に利用するアイデアをもつには到りませんでした。

彼は余勢を駆って斜入射光に対する格子の光線方程式を実験的に求めようとしました。しかし，彼の言葉によれば，「それは最も炯眼の物理学者——scharfsinnigsten Physiker——でも実験によってこの現象から法則を引き出すのは極めて難しい」と匙を投げて，理論式を導くことになりました。その出発点はT. Youngの「ヤングの干渉縞（1802）」の理論でした。Fraunhoferによれば，Youngの波動論はFresnelとAragoの努力によって正しいとされたもので，これによれば(4)式の const_λ および(7)式の ω は波長を表します。

単色光を使ったヤングの2光線束干渉計の ν 次の干渉縞の最も明るい点の軌跡は，そのスリット間隔を格子間隔とする回折格子による ν 次のスペクトルと，格子の面積が十分小さい極限で完全に一致します。Fraunhoferは格子の光線方程式をヤングの式から直接，何の近似も課すことなしに導出しようと考えました。

ヤングの干渉計の原理図を**図3**に掲げます。Aを単色点光源，Bを縞の観測点，CとDを小開口としたとき，光線ACBとADBの間の光路差は

$$\delta = \frac{2\pi}{\lambda_0}(ACB - ADB) \qquad (8)$$

で与えられます。媒質の屈折率は全空間で1，単色光源の波長は λ_0 とします。開口CとDが十分に小さく，その回折によって像空間の任意の点Bに光が到達できると考えると，(8)式による等位相面はCとDを焦点とする双曲面群となります。Fraunhoferは物点・観察点とも同一主断面（刻線に垂直な平面）にあるとし，光源が無限遠にあって格子の法線に対して角度 σ で入射したときの，格子から

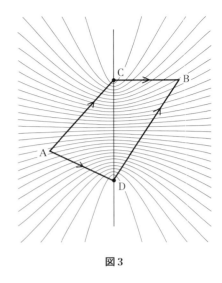

図3

y だけ離れた点Bにおける干渉波間の光路差を近似を含まない解折的な式にまとめました。私が参照したH. Boegehold（Zeiss）のFraunhofer没後100年記念論文集中の解説[*]中で，「彼がどのようにしてこの式を導いたか私は確認していない。彼はYoungの計算をそのまま踏襲して求めたのではないと強調している」と書き，フラウンホーファーの条件，すなわち $y \to \infty$ の条件を与えて解いた結果得られた見慣れた式だけを掲げています。

$$\varepsilon \sin \tau_{\pm\nu} = \varepsilon \sin \sigma \pm \nu\omega \quad \nu = 0, \pm 1, \pm 2, \cdots \qquad (8)$$

ここに $\tau_{\pm\nu}$ は $\pm\nu$ 次の回折角，ω は単なる光の色に付与された定数ではなく，波長という光波動論に立脚した明確な物理的意味をもつ定数です。この式が本項では掲げませんでしたが，斜入射光に対する回折角の実験結果を正しく説明できたことは言うまでもありません。こうして彼は以後，回折格子による回折公式の実験的検証が光波動説を支持するという立場を鮮明にすることになります。

最後に，2つの格子を使った実験から得られたフラウンホーファー線の波長のリストを**表4**に掲げます。Kayserによれば，これらの値はその40年後にい

---

[*] Die Naturwissenschaften, **14**（1926），523

表4

	Fraunhoferの測定値 (1823)		1926年 現在の値	偏 差	
	(パリインチ)	(nm)	(nm)	(nm)	%
C	0.00002422	656.6	656.3	+0.3	0.046
D	0.00002175	588.8	589.3	−0.5	−0.085
E	0.00001945	526.5	527.0	−0.5	−0.095
F	0.00001794	485.6	486.2	−0.6	−0.123
G	0.00001587	429.6	430.8	−1.2	−0.279
H	0.00001464	396.3	396.9	−0.6	−0.151

パリインチ = 27.069 mm　　　　　　　　　　(Boegehold)

たるまで最も信頼できるものであり続けたそうです[*]。なお，Fraunhoferの第1論文と第3論文には英訳（ただし一部に省略あり）があります。
J. S. Ames ed., *Prismatic and Diffraction Spectra*, Harper (1898)

---

[*] H. Kayser: *Handbuch der Spectroscopie*, Band 1 (1900), p.692

25 フラウンホーファー回折の数学的表現1

> 重力の理論が天体の運動を予測できるのと全く同様に，光の波動理論が回折現象を正しく予測できることを理解できるであろう。
> —— F. M. Schwerd：序文[*]——

　ドイツ連邦バイエルン王国 Speyer（シュパイヤー）のギムナジウム（Gymnasium，高等教育機関への進学校）教授 F. M. Schwerd（シュウェルト，1792～1871）は，1835年に出版した著書：*Die Beugungserscheinungen, aus dem Fundamentalgesetzen der Undulationstheorie*（波動理論の基本法則から導いた回折現象），Manheim, の序文で次のように述べています。

　「この（フラウンホーファー回折という）現象に関する卓越した研究は最初 J. Fraunhofer により，次いで J. F. W. Herschel によって行われ，更にはこの本の著者がそれに続いた。しかし，これから研究すべき課題は未だ多く残っている。

　この現象を叙述しようという努力はこれまでのところ期待したほどの成果を挙げていない。光の放射理論（＝粒子説）は Fresnel が証明したように回折の解明には無力である。しかし波動理論も，回折現象を正しく説明できたとはいえ，それを（数式を用いて）記述するのに四苦八苦しているという事実は，これら著名な物理学者たちの責に帰すべきであろう。少なくとも現代の多くの科学者が，この課題は非常に難しく扱いにくいという認識で一致している。それ

---

[*] 主著：*Beugungserscheinung* からの引用です。少し大袈裟に聞こえますが，その頃まで力学と光学が自然哲学の車の両輪だったことを考えると光の波動説の精密な実証がいかに重要だったかを実感できるでしょう。

故私は今から約2年前に,波動理論の研究に専念し回折の原理を熟知した上で,この驚嘆すべき光の形態（＝回折現象）の全てを完全に解明する道を見出す幸福を獲得したことに筆舌に尽くし難い満足を感じている」。もってまわった文章ですが,要するにフラウンホーファー回折を数学的に定式化するのに初めて成功したと言っているのです。

彼はこれに続けて,「私はこの著書の中で実際に,どんな形,寸法または配列の開口であれ,それらを与えて主観的・定性的に観察される回折現象（図形）を光波動理論に基いて明らかにするだけでなく,その図形の任意の点における強度分布を解析的に決定する表現が得られることを実証することになろう」,と述べ,著名な物理学者 Fraunhofer と Herschel が共にフラウンホーファー回折の実験的事実とその現象論的な解釈を提出したにとどまったところから一歩進めて,その解析的表現を得たと宣言したのです。

彼が考えたフラウンホーファー回折の数学モデルは,直線をつないでできた開口に入射する単色平面波上に Huygens の2次波理論を適用し,その無限遠における回折波の振幅分布を求めて2乗するというものでした。Fresnel が仮定し後にホイヘンス・フレネルの原理と呼ばれることになる近似を,入射波・回折波とも開口から無限に離れた特別な場合にあてはめたもので,前項の冒頭に引用した定義からも分かるように,数学的にはこちらのほうが Fresnel が求めた一般的な解析解よりも遥かに単純なものです。それが Fresnel の発見（1818）より17年も遅れて初めて見出されたのは奇妙ですが事実です。しかしこの間に天体観測用色消しレンズを初めとする結像レンズの著しい進歩があり,無収差であってもなお存在する,回折に起因する星の像の拡がりを定量的に評価する必要が高まったこと,換言すればフラウンホーファー回折をレンズの諸元を用いて定量的に表現する実用的な要請がこの研究を促進したという面があったと推測することもできるでしょう。

J. J. Lister は 1842～3 年に書いたとされる論文[*]の中で,当時イギリス製の中で最高の品質といわれた Dollond 社製色消し望遠鏡対物レンズ（焦点距離5フィート,口径3.8インチ）の白色光に対する目視解像力が,これは後に分かっ

---

[*] 鶴田匡夫：本書 22 p.377–399 中の**表1**参照

たことですが,少なくとも口径2.7インチまでは無収差系に対する理論解像力とほぼ同等の値に達したことを報告しています。なお開口絞りを全開したときは測定が不能だったそうです。測定に使った彼の邸宅の庭が狭くて1200m以上の距離をとれなかったか,周期が1mm以下の矩形波チャートを作れなかったか(当時は未だ写真による図形の縮小コピーを作ることはできませんでした),空気の揺動のせいだったか,その理由は分かりません。しかし同じ諸元をもつ球面収差が0のレンズとほぼ同じ解像力をもつレンズが当時すでに存在したことは確かでしょう。

また,Fraunhoferが製作し,1825年にDorpat(当時ロシア領,現エストニア,Dorpatはポーランド名,ドイツ名はTartu)天文台に据付けられた口径9.5インチ,焦点距離170インチの色消し対物レンズは,その後の諸測定からほぼ完璧にアプラナート(球面収差とコマ収差が補正されたレンズの意)と評価されています。彼が実験から得た無収差円形開口レンズによる点像の拡がりの公式が,このレンズの開口全面を使ってもなお成り立つことをFraunhofer自身が確認していたに違いないと私は思います。しかし,彼の現象論的理論からは,回折円盤を取り巻く回折環の寸法や相対強度を知ることはできません。後者が残存球面収差の増加とともに著しく増加することは現代では広く知られています。誰もが納得できる仮説の下で点物体の回折像を数学的に定式化し,その上で与えられた開口による点像を自在に計算する方法を確立することが強く要請される時代になったのでしょう。

Schwerdの著書が出版された1835年にはイギリスのグリニッジ天文台長で天文官G. B. Airyが円形開口による点像回折像をSchwerdよりも遥かにエレガントな手法で計算しました。これは後に広く行われることになるベッセル関数を回折問題に適用するおそらく最初の例になりました[*]。しかし,このときには未だベッセル関数という用語は定着していませんでした。

Schwerdの一般的回折理論には,任意の,縁が直線をつなぐ形をした開口だけでなく,それが規則的に並んだ1次元および2次元の周期構造物体,例えば交差した回折格子の場合なども含まれていました。すなわち2次元格子の逆

---

[*] Trans. Cambridge Phil. Soc., 5 (1835), 283.

格子を求めるフーリエ変換の手法が，勿論この用語が使われるより遥か以前のことですが，述べられていたわけです。格子定数の等しい2枚の明暗格子を直交させて無収差レンズの前に置き，白色点光源で照明したとき像面に現れる回折像を，自から手彩色を施した図にして掲げています。

　M. von Laue（1879〜1960）は回想録*の中で，いわゆるラウエ斑点を実験的に見出してその機構をあれこれ考えていた折，Schwerd に始まる古典的回折理論で取り扱う2次元格子を3次元に拡張することによって説明できることに気付いたと記しています。翻訳します。「硫酸銅の小片をX線で照射したときの透過写真には入射した明るい光斑のまわりを回折した格子スペクトルが輪帯上に並んで写っていた。この写真を見せられて，私はその機構をあれこれ考えながら，Leopold 通りを家に向かった。家に近づいた時，突然その数学的理論がひらめいた。私はその少し前に数学科学全書に寄稿する論文のためにSchwerd（1835）以来の光学格子の回折理論を新しく公式化する仕事をしたことがあり，その理論を2度適用すれば直交格子の理論が得られることを知っていた。だから私はただ，3つの空間格子の周期に対応して，（積分を）3回なぐり書きするだけで，新しい発見を表現することができたのである。——中略——その後2, 3週間して，私は上記とは別のはっきり写っている写真を定量的に調べ，この理論を検証することができた。かくしてこの日は私にとって決定的な日となったのである」。決定的とはこの発見がX線による結晶の構造解析法をもたらし，その僅か2年後の1914年に「結晶によるX線回折の発見」によってノーベル物理学賞を受賞したことを指しているのは明らかでしょう。

　とまれ，任意の形をした開口やさまざまな周期物体，例えば2つの等間隔平行の明暗格子を直交，一般的にはある角度で交差させて並べた場合のフラウンホーファー回折像を計算する基本式，現代の用語によれば両者がフーリエ変換で結ばれるという公式を導出し，しかもそれを沢山の例について計算と実測を行ったのは，Fraunhofer でも Herschel でもなく，Schwerd でした。

　しかしこの事実を知る人は今や極めて僅かです。文献を網羅的に引用することで定評のある Born & Wolf: *Principles of Optics* にしてからが，「Airy が円

---

* M. von Laue: *Gesammelte Schriften und Vorträge*, III, Frieder（1961），p.XXIII

形開口による回折強度分布を導いた」，と書いたところの脚注に，「Airyとほぼ同じ頃，Schwerdは円を180の辺をもつ正多角形に置き換えて近似解を得た」と記しただけで出典を示していません．また我国の首都圏の大学や公立の図書館で彼の著書を所蔵しているのは理研（和光市）だけです．

事情はUSAも同様だったようです．私はたまたまApplied Opticsの寄書欄に載った下記論文*を見てSchwerdの名と業績を知りました．著者らはSchwerdの略歴と著書の内容を紹介するだけでなく，直交格子を作成してそのカラー回折像の写真を本文中に掲載し，Schwerdの手彩色図と比較して見せたのでした．この2枚を並べた写真が掲載紙（1969年11月号）の表紙を飾りました．気が付けば今から45年も昔のことです．私が本項で紹介するのは，主にこの論文とその引用論文を追跡して得た資料によります．

☆矩形開口による回折 **

Schwerdはまず，単色点光源を矩形開口を通して観察するときの前提条件を次のように整理します．
1) 色消し望遠鏡対物レンズまたは直接目の直前に隔壁を置き，その上にあけた矩形開口を通して単色点光源を観察する．
2) 点光源は観測者から十分遠方にあり，それから隔壁に送られる光線群は互いに平行である．
3) 点光源を発する光は完全に単一（単色光の意）なのでひとつの同じ波動系に属している．換言すればこの光は完全に単色で同じ方向に偏っている．
4) 観察者の目は遠方に照準できるか或いはそのようにめがねで矯正されていて，平行光が彼の網膜上の1点に正しく集まるとする．

彼はこれに続けて，「望遠鏡はこの（回折という）現象を引き起こすのに何ら本質的には関与していない．しかしそれがもたらす利益は，観察者に計り知れない価値がある．何故ならそれはこの現象を網膜上で拡大して回折像の観察

---
* R. B. Hoover and F. S. Harris, Jr.: Die Beugungserscheinungen: A Tribute to F. M. Schwerd's Monumental Work on Fraunhofer Diffraction, Appl. Opt., 8 (1969), 2161
** Airyは以下と同様の計算をSchwerdよりも早く1831年に出版した講義用テキストの中で公表しています．しかし2人とも相手の研究を知らなかったことは確かでしょう．次項に取り上げます．

を容易にし,かつまた開口を大きくできるのでその製作を容易にし,かつこの現象を明るく観察できるようにしてくれるからである」,と述べます。フラウンホーファーの回折を,「光源と観察面が共に開口に対して無限遠にある場合に生じる」という紋切り型の定義と比べて,何とまあ懇切丁寧で勘所をきちんと押さえた説明でしょう。

彼はこれまでに知られているフラウンホーファー回折のいろいろな特徴,例えば隔壁上に開けた開口を平行移動させても,それがレンズの枠の内側にある限り回折像は変わらないといった現象を数式の中に表現しておこうとする意図があって,一見込み入った光学配置を考えます(図1)。図において,SAとS'A'は水平に入射する光線束が矩形開口の縁をかすめる光線を表します。MNは紙面に垂直に立てられた隔壁とその上の開口の水平断面を示し,これは入射光に対して傾いて置かれています。ATとA'T'は水平面内の回折光線束でこれがこれから研究する対象です。目または望遠鏡の光軸NN'は入射光線束に向けられ,点Nは光軸が隔壁の中心と交差する点とします。Aを通り入射光線束に垂直な平面Af,同じくAを通り回折光線束に垂直な平面AgおよびNを通

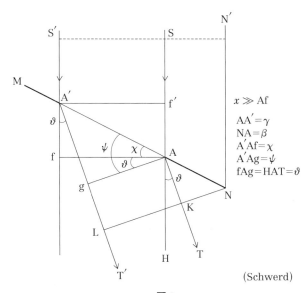

図1

り回折光線束に垂直に平面NLを考え，隔壁の開口幅AA′をγ，その高さをh（図には描かれていない），角度A′AfとA′Agをそれぞれχとψとします。したがって回折角fAg = HATをϑで表して$\vartheta = \psi - \chi$が得られます。

Nから光源に向けて距離AS = x（$\gg$ Af′，フラウンホーファー回折の仮定）だけ離れた位置に光線束に垂直な基準平面（図では点線で表す）を考え，その上に位相の揃った2次の点光源が多数並んでそこからホイヘンスの2次波が生じるとし，彼はこれを初等的な単振動の表現である，

$$\sin 2\pi (t/T) \tag{1}$$

で表しました。ここにtは時間，Tは振動の周期を表します。

このとき点AとA′の基準平面からの距離はそれぞれ，

$$x - \beta \sin \chi, \quad x - (\beta + \gamma) \sin \chi \tag{2}$$

となります。ここにβ = NAです。いま開口AA′を$(n+1)$個の線分$d\gamma$に分割し，$(n+1)d\gamma = \gamma$と置くと，基準面から各線分までの距離は，

$$\left.\begin{array}{l} x - \beta \sin \chi - \dfrac{1}{2} d\gamma \cdot \sin \chi \\[4pt] x - \beta \sin \chi - \dfrac{1}{2} d\gamma \cdot \sin \chi - d\gamma \sin \chi \\[4pt] x - \beta \sin \chi - \dfrac{1}{2} d\gamma \cdot \sin \chi - 2 d\gamma \sin \chi \\[4pt] \qquad\qquad \vdots \\[4pt] x - \beta \sin \chi - \dfrac{1}{2} d\gamma \cdot \sin \chi - n d\gamma \sin \chi \end{array}\right\} \tag{3}$$

となります。したがって各点における振動は次式で与えられます。

$$U^{(1)} = A^{(1)} \sin \left[2\pi \left(\frac{t}{T} - \frac{x - \left[\beta + \frac{1}{2} d\gamma\right] \sin \chi}{\lambda} \right) \right]$$

$$\left.\begin{aligned}U^{(2)} &= A^{(1)}\sin\left[2\pi\left(\frac{t}{T} - \frac{x - \left[\beta + \frac{1}{2}d\gamma + d\gamma\right]\sin\chi}{\lambda}\right)\right]\\ U^{(3)} &= A^{(1)}\sin\left[2\pi\left(\frac{t}{T} - \frac{x - \left[\beta + \frac{1}{2}d\gamma + 2d\gamma\right]\sin\chi}{\lambda}\right)\right]\\ &\quad\vdots\\ U^{(n+1)} &= A^{(1)}\sin\left[2\pi\left(\frac{t}{T} - \frac{x - \left[\beta + \frac{1}{2}d\gamma + nd\gamma\right]\sin\chi}{\lambda}\right)\right]\end{aligned}\right\} \quad (4)$$

ここに $A^{(1)}$ は各微小線素上の振幅で，x が十分遠方にあるとの平面波近似により開口上で一定値をもつとしてあります．

次に開口 AA′（厳密には紙面に垂直に高さ $dh = h/(m+1)$ をもつ矩形開口ですが線 AA′で代用します）上に再びホイヘンスの原理を適用し，各線素の回折波 KL 上の振動を求めると次式が得られます．

$$\begin{aligned}U_{(1)} &= A^{(1)}\sin\left[2\pi\left(\frac{t}{T} - \frac{x - \left[\beta + \frac{1}{2}d\gamma\right]\sin\chi}{\lambda}\right.\right.\\ &\qquad\left.\left. - \frac{\left[\beta + \frac{1}{2}d\gamma\right]\sin\psi}{\lambda}\right)\right]\\ U_{(2)} &= A^{(1)}\sin\left[2\pi\left(\frac{t}{T} - \frac{x - \left[\beta + \frac{1}{2}d\gamma + d\gamma\right]\sin\chi}{\lambda}\right.\right.\\ &\qquad\left.\left. - \frac{\left[\beta + \frac{1}{2}d\gamma + d\gamma\right]\sin\psi}{\lambda}\right)\right]\end{aligned}$$

$$U_{(3)} = A^{(1)} \sin\left[2\pi\left(\frac{t}{T} - \frac{x - \left[\beta + \frac{1}{2}d\gamma + 2d\gamma\right]\sin\chi}{\lambda}\right.\right.$$
$$\left.\left. - \frac{\left[\beta + \frac{1}{2}d\gamma + 2d\gamma\right]\sin\psi}{\lambda}\right)\right]$$

$$\vdots$$

$$U_{(n+1)} = A^{(1)} \sin\left[2\pi\left(\frac{t}{T} - \frac{x - \left[\beta + \frac{1}{2}d\gamma + nd\gamma\right]\sin\chi}{\lambda}\right.\right.$$
$$\left.\left. - \frac{x - \left[\beta + \frac{1}{2}d\gamma + nd\gamma\right]\sin\psi}{\lambda}\right)\right] \quad (5)$$

上式において，回折光の方向が入射光のそれと異なる場合（$\chi \neq \psi$），その位相が等差級数列になる成分 $2\pi\lambda^{-1} \times [d\gamma(\sin\psi - \sin\chi)]$ を含むことから，各項の振幅が等しい値 $A^{(1)}$ をもつことを考慮すると，

$$\sin x + \sin(x+y) + \sin(x+2y) + \cdots + \sin(x+ny)$$
$$= \frac{\sin(n+1)\frac{1}{2}y}{\sin\frac{1}{2}y} \cdot \sin\left(x + \frac{n}{2}y\right) \quad (6)$$

の関係を用いて次式が得られます。

$$U^{(1)} + U^{(2)} + \cdots + U^{(n+1)}$$
$$= A^{(1)} \frac{\sin[(n+1)\pi d\gamma(\sin\psi - \sin\chi)\lambda^{-1}]}{\sin[\pi d\gamma(\sin\psi - \sin\chi)\lambda^{-1}]} \cdot \sin 2\pi$$
$$\times \left(\frac{t}{T} - \frac{x}{\lambda} - \frac{\left(\beta + \frac{1}{2}(n+1)d\gamma\right)(\sin\psi - \sin\chi)}{\lambda}\right) \quad (7)$$

ここで $d\gamma$ が十分に小さいとして $\gamma = (n+1)d\gamma$，また角度 $\pi d\gamma(\sin\psi - \sin\chi)\lambda^{-1}$ が十分に小さいとしてその正弦を弧で近似すると次式が得られます。

$$\int (U) = \sum_i U^{(i)}$$

$$= (n+1)A^{(1)} \cdot \frac{\sin[n\gamma(\sin\psi - \sin\chi)\lambda^{-1}]}{[n\gamma(\sin\psi - \sin\chi)\lambda^{-1}]}$$

$$\times \sin 2\pi \left(\frac{t}{T} - \frac{x}{\lambda} - \frac{\left(\beta + \frac{1}{2}\gamma\right)(\sin\psi - \sin\chi)}{\lambda} \right) \tag{8}$$

この式は回折光が平行光であるとするフラウンホーファー近似により開口を垂直方向にその高さ h を $(m+1)$ 等分した各開口に対しても成り立ちますから,それらを加算して得られる開口全体の寄与は次式で与えられます。

$$\iint U = (m+1)f(U)$$

$$= (m+1)(n+1)A^{(1)} \cdot \frac{\sin[\pi\gamma(\sin\psi - \sin\chi)\lambda^{-1}]}{[\pi\gamma(\sin\psi - \sin\chi)\lambda^{-1}]}$$

$$\times \sin 2\pi \left(\frac{t}{T} - \frac{x}{\lambda} - \frac{\left(\frac{1}{2}\beta + \gamma\right)(\sin\psi - \sin\chi)}{\lambda} \right) \tag{9}$$

ここに,

$$(A) = (m+1)(n+1)A^{(1)} \cdot \frac{\sin[\pi\gamma(\sin\psi - \sin\chi)\lambda^{-1}]}{[\pi\gamma(\sin\psi - \sin\chi)\lambda^{-1}]} \tag{10}$$

は開口で回折する振動の合成振幅で,Schwerd はこれを振動強度 (Vibrationsintensität) と名付けました。今は振動の振幅と呼ばれています。開口を通過した回折光の強度 (die Intensität des Lichts des ganzen gebeugten Lichtbündels) は (A) を 2 乗して得られます。

$$(A)^2 = \{(m+1)(n+1)A^{(1)}\}^2 \left\{ \frac{\sin[\pi\gamma(\sin\psi - \sin\chi)\lambda^{-1}]}{[\pi\gamma(\sin\psi - \sin\chi)\lambda^{-1}]} \right\}^2 \tag{11}$$

いま,光が開口に垂直に入射したときの振動強度(現代の用語では振幅)の総和を A で表すと

$$(m+1)(n+1)A^{(1)} = A\cos\chi \tag{12}$$

と置けるので,

$$(A) = A\cos\chi \cdot \frac{\sin[\pi\gamma(\sin\psi - \sin\chi)\lambda^{-1}]}{[\pi\gamma(\sin\psi - \sin\chi)\lambda^{-1}]} \tag{13}$$

$$(A)^2 = (A\cos\chi)^2 \left\{ \frac{\sin[\pi\gamma(\sin\psi - \sin\chi)\lambda^{-1}]}{[\pi\gamma(\sin\psi - \sin\chi)\lambda^{-1}]} \right\}^2 \tag{14}$$

が得られます。

　ここまで幅γ, 高さhの矩形開口について論じて来ました。その際高さ方向の幅hによる回折に関しては幅がdhで長さがγのすべての面素を発する回折波の位相が等しいとして計算して来ました。これは入射光線束が高さ方向には回折しない場合を表しています。別の表現によれば, ここまでは長さがγで幅が$h=0$の1次元開口の回折を取り扱って来たわけです。このとき入射光線を含み紙面と直交する面内のすべての回折角φに対して振動強度（＝振幅）は一定で(10)式で与えられます。同様のことが, 上の1次元開口と直交するもうひとつの長さがhの1次元開口にも成り立ちます。これを図示したのが図2(a)です。矩形開口を互いに直交する2つの1次元開口に分解できるわけです。各々による回折パターンの等高線は①が縦軸に平行, ②が横軸に平行になります［図2(b)］。両分布の積が矩形開口の回折パターンを与えることになり, 次式が得られます。変数分離の効用です。

$$I(\psi, \varphi) = const \cdot \left(\frac{\sin[\pi\gamma(\sin\psi)\lambda^{-1}]}{[\pi\gamma(\sin\psi)\lambda^{-1}]} \right)^2 \left(\frac{\sin[\pi h(\sin\varphi)\lambda^{-1}]}{[\pi h(\sin\varphi)\lambda^{-1}]} \right)^2 \tag{15}$$

この式に対応する矩形開口による回折パターンの写真を図2(c)に示します。

　回折による光束の損失がないと仮定すると, 上式を半空間で積分し,

$$\int_0^\infty \left(\frac{\sin x}{x} \right)^2 dx = \frac{\pi}{2} \tag{16}$$

を考慮して次式が得られます。

$$I(\psi, \varphi) = \frac{\gamma h}{\lambda^2} \Phi \left(\frac{\sin[\pi\gamma(\sin\psi)\lambda^{-1}]}{[\pi\gamma(\sin\psi)\lambda^{-1}]} \right)^2 \left(\frac{\sin[\pi h(\sin\varphi)\lambda^{-1}]}{[\pi h(\sin\varphi)\lambda^{-1}]} \right)^2 \tag{17}$$

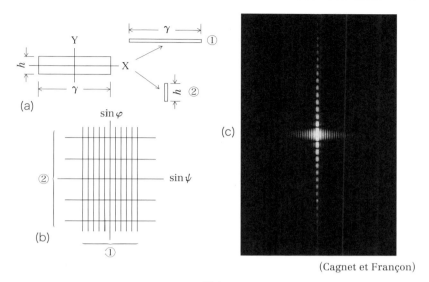

(Cagnet et Françon)

図2

ここに Φ は開口に入射する全光束(その単位は放射量ではW = J/s,測光量ではlm)です。

彼は(17)式を導出していません。しかし平行四辺形開口の一般式を導出していますから,その特別な場合である上式を得ていたことは確かです。

☆直線をつないで作った開口による回折

現代のほとんどすべての光学教科書が,フラウンホーファー回折の解析的表現を記述するのに矩形開口と円形開口の場合だけを取り上げています。実用的にはそれで十分と考えてのことでしょうが,数学的には前者が直交座標,後者が極座標を使ったとき変数分離ができて解析が容易だからです。しかしSchwerdの場合は違いました。前節で解説したように,まず矩形開口に対する解析的表現を見出すと,その物理的な特徴を子細に調べた上で,次のステップで,直線をつないで作った開口――彼が具体例に選んだのは台形,すなわち1組の対辺が平行な四辺形でした――に対する解法を導き,これを使って平行

四辺形や三角形開口の解析解を求めました。その結果，各辺に垂直な方向に回折光が集中してその裾が長く延びることや，開口の点および軸対称性が回折像の形に及ぼす影響などを解析的かつ数値的に熟知することになります。その上で彼は，円形開口を 180 の辺をもつ正多角形に近似，すなわち 90 個の互いに平行な二等辺台形に分割し，それぞれに対する解を加算することによって円形開口の回折像を Airy とは独立に数値計算によって求めたのでした。

図3に台形開口に対する回折像の計算配置を示します。紙面に開口を描き，これに垂直に平行光が入射する場合の図です（彼は斜入射平行光を考えましたが，ここでは説明を簡略にするために垂直入射としました）。観察系の光軸が隔壁と交差する点を N とします（N が光の遮蔽部を通るのは奇異に感じられますが一般性を考慮しただけです）。開口面内に一様に分布した同一位相の 2 次波源から射出する光線群の中で紙面内に描いた軸 NN″ を含む特定の平面と直交する光線だけを取り出して波の加算（実は積分）処理を行おうというわけです。この平面が紙面となす角 ψ が回折角です。ψ をかえてはこの計算を繰り返すことによって，NN″ に垂直な面内における回折波の振幅や強度が求まることになります。NN″ を光軸中心 N のまわりに回転することにより，さまざまな方位の回折波が得られます。例えば台形の辺 AB を NN″ に直交させた配置で

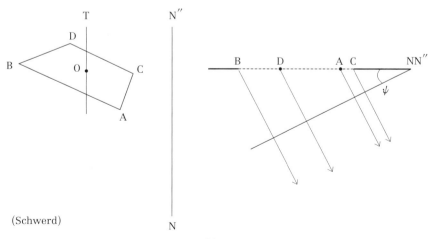

図3

は，ABに平行な方向に，入射光に対して角度ψだけ異なって進む回折波の総和を求めることができます。

Schwerdはこの配置に従って，台形の特別な場合である，平行四辺形（AB = CD），三角形（AC = 0），二等辺台形（AC = BD）などの開口に対する回折計算を行いました。ここではその中で，円を90個の，中心から各辺を見込む角度が等しく，かつ互いに平行な二等辺台形に分割し，個々の要素図形による回折の総和を計算して円形開口による回折像の振幅および強度分布を計算した例を紹介します。

☆円形開口による回折像の数値計算

図4に**図3**を円形開口に変えた場合の計算配置を示します。円を回転軸NN″に対して直交する底辺をもつN個の台形に分割し，その1つに寸法を記入してあります。

開口ABCDの内部に一様に敷きつめられたホイヘンスの2次波源から軸NN″と直交する面内を回折角ψで射出する光線束のうち辺ACによる回折成分の振幅$\iint D$は次式で与えられます。

$$\iint D = A \frac{\sin\left[\pi D \cos\xi \cos\frac{\pi}{N} \sin\psi/\lambda\right]}{\left[\pi D \cos\xi \cos\frac{\pi}{N} \sin\psi/\lambda\right]} \frac{\sin\left[\pi D \sin\xi \sin\frac{\pi}{N} \sin\varphi/\lambda\right]}{\left[\pi D \sin\xi \sin\frac{\pi}{N} \sin\varphi/\lambda\right]}$$
$$\times \sin\left[2\pi\left(\frac{t}{T} - \frac{x}{\lambda}\right)\right] \qquad (18)$$

ここに軸NN″は開口の重心Oを通るようにOTにしてあります。その効果は上式中単振動を示す第3成分の正弦関数の変数を簡略にすることにあります。

Schwerdは(18)式を導出するのに技巧をこらした面倒な演算を行っています。ここではその演算を省略して，この式の物理的意味だけを考察します。

彼はすでに**図3**による台形開口やその特別な場合である矩形，平行四辺形，三角形などによるフラウンホーファー回折像が，それらの各辺と直交する方向に強い回折縞を生じることや，多くの場合，たとえば矩形開口や平行四辺形開

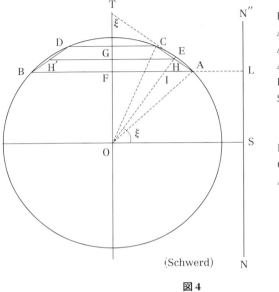

図4

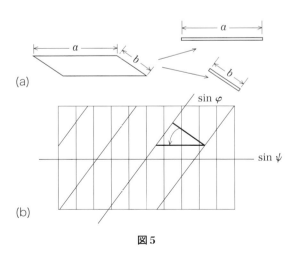

図5

口では互いに直交または交差する2つの1次元開口による各々の強度分布の積で与えられることを導いていました。したがって図4の二等辺台形に対してもそれと類似の結果を見込んで(18)式を導出したのだと思います。

(18)式は彼が斜方座標系を用いて表現した平行四辺形開口による回折像の振幅分布と完全に一致します。このとき図5に記した記号を用いて次式が得られます。ただし垂直入射光とします。

$$(A) = const \cdot \left(\frac{\sin[\pi a(\sin\psi)/\lambda]}{[\pi a(\sin\psi)/\lambda]} \right)$$
$$\times \left(\frac{\sin[\pi b(\sin\varphi)/\lambda]}{[\pi b(\sin\varphi)/\lambda]} \right) \sin\left[2\pi \left(\frac{t}{T} - \frac{x}{\lambda} \right) \right] \quad (19)$$

(18)式と(19)式は比例定数を無視すれば次式による対応により完全に一致します。

$$a = \mathrm{HH}' = D \cos\xi \cos\frac{\pi}{N} \quad (20)$$
$$b = \mathrm{AC} = c \sin\xi \quad (21)$$

(21)式に $\sin\xi$ が入るのは等高線の間隔が斜交座標系の表現から直交座標系のそれへ変換することによります。具体的には図5(b)において太線で示した等高線間隔が矢印の方向に変換されその長さが$(\sin\xi)^{-1}$倍になるわけです。

台形のもう一方の辺BDによる回折は、回折縞が伸びる方向がξから$-\xi$の方向へと変わりますが、そのX軸に沿った方向への寄与が(18)式において $\sin\xi = \sin(180° - \xi)$ が成り立つため変わらず、そのため図4における辺ACとBDによる回折のFL = OS方向の成分はすべての単位台形に共通して(18)式によって記述できることが分かります。

円の二等辺台形への分割は等角度π/Nで行れたため、その面積は単位台形毎に異なります。それが(18)式の定数Aに含まれるので、それを計算しておくことが必要です。これは容易に得られ次式で与えられます。

$$A = A_N \frac{\frac{1}{2}(AB+CD) \times FG}{\frac{1}{4}\pi D^2} = A_N \frac{(a - c\sin\xi)c\cos\xi}{\frac{1}{4}\pi D^2}$$

$$= A_N \frac{\left(D\cos\xi\cos\frac{\pi}{N}\right)\left(D\cos\xi\sin\frac{\pi}{N}\right)}{\frac{1}{4}\pi D^2} \tag{22}$$

ここに A_N は円開口に入射する全光束の振幅を表します。

これを(18)式に代入して次式が得られます。

$$\iint (U) = A_N \frac{\sin\frac{\pi}{N}}{\frac{1}{4}\pi^2 D \sin\psi/\lambda} \times \cos\xi \sin\left[\pi D \cos\frac{\pi}{N}\cos\xi\sin\psi/\lambda\right]$$

$$\times \frac{\sin\left[\pi D \sin\frac{\pi}{N}\sin\xi\sin\psi/\lambda\right]}{\left[\pi D \sin\frac{\pi}{N}\sin\xi\sin\psi/\lambda\right]} \sin 2\pi\left(\frac{t}{T} - \frac{x}{\lambda}\right) \tag{23}$$

これをすべての単位台形について積算して回折角 ψ に関する振動強度,現代の用語による振幅が求まることになります。これは次式で与えられます。

$$\iiint (U) = A_N \frac{\sin\frac{\pi}{N}}{\frac{1}{4}\pi^2 D \sin\psi/\lambda} \times \int \left(\cos\xi \sin\left[\pi D \cos\frac{\pi}{N}\cos\xi\sin\psi/\lambda\right] \times \right.$$

$$\left. \times \frac{\sin\left[\pi D \sin\frac{\pi}{N}\sin\xi\sin\psi/\lambda\right]}{\left[\pi D \sin\frac{\pi}{N}\sin\xi\sin\psi/\lambda\right]}\right) \sin 2\pi\left(\frac{t}{T} - \frac{x}{\lambda}\right) \tag{24}$$

この式の中で π/N, $\pi D\sin\psi/\lambda$ および $(t/T - x/\lambda)$ はすべての単位台形に共通です。したがって,$\pi/N = 1°$ としたとき,半円に対する45個の台形について $\xi = 1°$, $3°$, $5°$ …… を上式に代入して数値計算を行って積算すれば円形開口のフラウンホーファー回折が求まることになります。

現代ではフラウンホーファー回折を回折角 ψ そのものではなく,例えば矩形開口に対しては

$$Z = \frac{2\pi}{\lambda}\left(\frac{W}{2}\right)\sin\psi \tag{25}$$

円形開口に対しては

$$Z = \frac{2\pi}{\lambda}\left(\frac{D}{2}\right)\sin\psi \tag{26}$$

などと表記するのがふつうです。ここにWは矩形の辺長，Dは円の直径です。Zは無次元数ですが，$\sin\psi \doteqdot \psi$と置いた場合を考えれば明らかなように単位は角度（ラジアン）です。現代ではその複素振幅を例えばu，強度を$I = |u|^2$で表記します。その際(1)式による振動項は$|expi(t/T)|$として省略するのがふつうです。こうして円形開口のフラウンホーファー回折は次式で与えられます。

$$u(Z) = \frac{2J_1(Z)}{Z} \tag{27}$$

$$I(Z) = \left(\frac{2J_1(Z)}{Z}\right)^2 \tag{28}$$

G. B. Airy（1835）は円形開口のフラウンホーファー回折をZを0.2（ラジアン）刻みで計算し[*]，これは現代にいたるまで継承されています[**]。しかしSchwerdはこれを15°角刻みで計算しました。その生データを**表1**(a)に示します。これを後にE. Lommelによって得られた0.1ラジアン刻みの6桁の数表と直接比較することはできません。しかしSchwerdは(a)の表からおそらく内挿で計算した零点の位置はLommelのデータ[***]と非常にいい一致を示しています［**表1**(b)］。Schwerdの近似計算が高い精度で行われた証拠でしょう。

M. E. Mascartの3巻本のテキスト，*Traite d'optique* I (1889) p.310–312には，おそらく当時すでにAiryの蔭にかくれて顧みられることが少なかったSchwerdに敬意を表してか，Schwerdの表がAiryのそれと並んで印刷され，しかも零点の位置に関してはAiryのよりも精度が高いことが既に分かっていたSchwerdのデータが記載されています。

---

[*] Trans. Camb. Phil. Soc., **5** (1835), p.283
[**] 例えば M. Françon: Interference, diffraction et polarisation, in *Handbuch der Physik*, **24** Springer (1956), p.274
[***] Z. f. Math. und Phys., **15**（1870），p.141–169，次項に取り上げます。

表1 (a)

円形開口回折像の振幅・強度分布

Z ラジアン $\times \frac{\pi}{2}$	度角 °	振幅 (A)	強度 $(A)^2$	Z ラジアン $\times \frac{\pi}{2}$	度角 °	振幅 (A)	強度 $(A)^2$
0.)	0°	+1.0000	1.0000	7.)	630°	−0.03199	0.00102
	15	+0.9912	0.9825		645	−0.03729	0.00139
	30	+0.9659	0.9330		660	−0.03979	0.00158
	45	+0.9247	0.8550		675	−0.03950	0.00156
	60	+0.8689	0.7550		690	−0.03665	0.00134
	75	+0.8005	0.6407		705	−0.03149	0.00099
1.)	90	+0.7217	0.5208	8.)	720	−0.02464	0.00061
	105	+0.6349	0.4031		735	−0.01654	0.00027
	120	+0.5432	0.2950		750	−0.00784	0.00006
	135	+0.4492	0.2018		765	+0.00087	0.00000
	150	+0.3558	0.1266		780	+0.00902	0.00008
	165	+0.2657	0.07059		795	+0.01613	0.00026
2.)	180	+0.1812	0.03285	9.)	810	+0.02177	0.00047
	195	+0.1045	0.01094		825	+0.02566	0.00066
	210	+0.03733	0.00139		840	+0.02764	0.00076
	225	−0.01918	0.00037		855	+0.02769	0.00077
	240	−0.06426	0.00413		870	+0.02590	0.00067
	255	−0.09762	0.00953		885	+0.02248	0.00051
3.)	270	−0.11948	0.01427	10.)	900	+0.01773	0.00031
	285	−0.13048	0.01702		915	+0.01204	0.00014
	300	−0.13160	0.01732		930	+0.00582	0.00003
	315	−0.12424	0.01544		945	−0.00049	0.00000
	330	−0.10998	0.01209		960	−0.00655	0.00004
	345	−0.09051	0.00819		975	−0.01174	0.00014
4.)	360	−0.06765	0.00458	11.)	990	−0.01606	0.00026
	375	−0.04314	0.00186		1005	−0.01903	0.00036
	390	−0.01861	0.00035		1020	−0.02064	0.00043
	405	+0.00443	0.00002		1035	−0.02077	0.00043
	420	+0.02475	0.00061		1050	−0.01952	0.00038
	435	+0.04141	0.00171		1065	−0.01702	0.00029
5.)	450	+0.05374	0.00289	12.)	1080	−0.01350	0.00018
	465	+0.06143	0.00377		1095	−0.00926	0.00008
	480	+0.06442	0.00415		1110	−0.00451	0.00002
	495	+0.06293	0.00396		1125	+0.00031	0.00000
	510	+0.05753	0.00331			Maxima	
	525	+0.04871	0.00237				
6.)	540	+0.03753	0.00141		1210	+0.01641	0.00027
	555	+0.02474	0.00061		1390	−0.01332	0.00018
	570	+0.01136	0.00013		1570	+0.01109	0.00012
	585	−0.00176	0.00000		1750	−0.00946	0.00009
	600	−0.01377	0.00019		1930	+0.00814	0.00007
	615	−0.02404	0.00058				
7.)	630	−0.03199	0.00102				

Maxima : 219°.6; 401°.9; 582°.8; 763°.3; 943°.7; 1124°.0.
$Z = \pi D \sin \psi / \lambda$

(Schwerd)

表1 (b)
円形開口回折像の零点 (Z)

次数	Lommel	Schwerd
1	3.831706	3.833
2	7.015587	7.015
3	10.173467	10.172
4	13.323690	13.322
5	16.470631	16.471
6	19.615861	19.618

☆ Schwerd 小伝

現代の光学テキストで彼に関する具体的記述があるのは，A. Sommerfeld: Optik（1950，邦訳，英訳あり）くらいでしょう。その脚注（p.206）に，「彼はSpeyerの中学校の教師だった。彼はこの本が出版されたとき，そのすべてに自らの手で彩色を施した図を掲げた」と書きました*。もう少し詳しい彼の経歴を前掲のHooverとHarris, Jrの寄書から抜き書きして紹介します。

「Schwerdは1792年，ドイツの西南部Wormsの近くRhein-Bavaria（Palatinate——現在のPfalz州——の一部。ウィーン会議の決議によりバイエルン王国の領地となってこの名がついた）のOsthofenに生まれた（その後ナポレオンはこの地方を含むライン川左岸をフランスに併合し，この統治が1813年まで続くことになります。しかし住民の多くはこの併合に好意的だったそうです。ドイツ語圏における大国プロイセンとオーストリアに対する反発や対抗心のせいでしょう）。Mainzの教会でフランス語・ラテン語・数学・論理学などを学び，1814年にパリの高等師範学校（école normal）の試験に合格して，フランス政府から空席のあったSpeyer（シュパイヤー，Palatinateの首都，教育の

---

*邦訳：光学（瀬谷・波岡訳）講談社（1969）p.243，には「彼の本の全版のすべての図を手で彩色した」とあります。実際に彩色した図は2葉だけです。しかしそれだけでも大変な労力を要したでしょう。

中心都市。現在の人口は約5万人）の中学校の講師に任命された。戦後の学制改革により彼は1817年にギムナジウムの教授，36年にはSpeyerに新設されたLyceum（9年制大学進学校，上のギムナジウムとの区別はよく分かりません）の物理学および数学の教授に任命され，64年に引退するまでその職にあった。（その間，彼の学者としての名声は高く，イギリス王立天文学会準会員に推薦されたり，バイエルン国王から1級十字勲章を授与されたりしました。）

　天文学者の間ではLyceumにある小型天体望遠鏡で観測した周極星とすい星の観測記録や，変光星の観測で知られている。また明るい星用のプリズム分光光度計を製作した」。括弧内は私の追加説明です。

　彼は引退後もSpeyerに留まり1871年に死去しました。SpeyerとManheimには今も彼の名を冠したギムナジウムがあるそうです。またSpeyerの大聖堂わきには彼の胸像が建っているそうです。死後も，市が生んだ偉人として遇されているのでしょう。

　しかし，彼の名を不朽にしたのは，何といっても彼の主著：*Beugungerscheinungen*でしょう。本項で私はその極く一部を取り上げて解説したに過ぎません。以下に目次の一覧表に私のコメントを括弧で加えたものを示します。

序言：波動理論の基本原理
第1章：平行四辺形・三角形および円形開口による単色点光源の回折像の決定
Ⅰ．矩形開口
Ⅱ．台形開口
Ⅲ．平行四辺形開口
Ⅳ．三角形開口
Ⅴ．円形開口
第2章：同一開口を1列または複数列に並べたときの回折
Ⅰ．1列に並べた場合
　(a) 平行四辺形
　(b) 三角形
　(c) 円形

- (d) いろいろな針金格子
- (e) Fraunhoferの非対称スペクトル（入射光に対して開口が斜めに置かれた場合）
- (f) Fraunhoferの部分格子（格子間隔に規則的な不同がある場合）

II．複数列に並べた場合
- (a) 平行四辺形
- (b) 三角形
- (c) 円形

第3章：単位開口が任意（規則性はあるが複雑な）の場合

I．Herschelの3角格子［**図6**(a)］

II．2個の同一三角形を回転と平行移動させて作った図形［**図6**(b)，4つの図形の回折パターンがひとつの単位三角形の回折計算の結果を用いて表すことができる］

III．正六角形（6つの同寸法の正三角形から合成）

IV．2個の平行四辺形を並べた場合［**図6**(c)］。（図は辺長の異なる2つの正方形開口を左側は同心，右側は並べて置いた場合）。

V．2個の直径の異なる円形を並べた場合［**図6**(d)］。［(c)における正方形を円に代えた場合です。右側の2つ並べた配置を3次元に拡張し，各開口を球体に置き換えれば，そのまま等軸結晶の単位格子になるでしょう。斜方体にすれば3斜晶系のモデルが得られるでしょう。Laueが調べた硫酸銅の結晶は3斜晶系に属します。彼のX線による結晶の構造解析のアイディアが光の回折理論，特にSchwerdの研究に源流をもつことは，この図からも推測できると思います］。

VI．鳥の羽根［**図6**(e)］。(鳥の羽根の中央の軸ABから副軸のbが生えていて，その左右に斜めに羽枝 $\alpha\beta$，$\alpha'\beta'$ …が規則的に並んでいます。$\alpha\beta$と$\alpha'\beta'$の間には隙間があり，それを模型化したのが2つの平行四辺形の組（**図**の右下）です。これの規則的配置により左下の回折図形が得られる筈です。しかし，その配置にはバラつきがあるので鮮鋭な図形は期待できないそうです)。

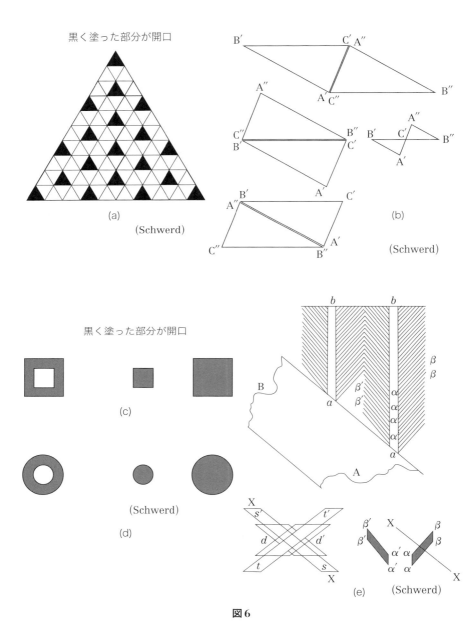

図 6

第4章：任意形状の格子による非単色点光源の回折像
　　　　太陽スペクトルによるFraunhoferの暗線
　　　　直線および十字格子による回折
　　　　三角および円開口による回折

26 フラウンホーファー回折の数学的表現2

> 近代の文明は人間から次第次第に途中を奪う方向に動いているが，途中という距離を奪って得た利便というものと，途中を喪ってしまった味気なさとをくらべてみれば，果してどちらが幸福であるかは疑問であろう。
> ——唐木順三：途中の喪失——

　G. B. Airy（1801～92）は1824年に出身校Cambridge大学のtutor（割り当てられた学生を受け持つ指導教官，講師— instructor —より一段下のポスト）に任命されて以来，口頭で行われる講義という指導法が情報伝達の量という点で決定的に少なく，しかも本質的には聞くだけで読めないという欠点をもつと痛切に感じ，それを補うためにテキストを作ろうと考えました。大学の出版部と交渉して資金を調達し出版にこぎつけたのが，*Mathematical Tracts*（1826, 180ページ）の初版500部だったそうです。これは月の理論，地球の形状，歳差運動と章動，および変分法を取り上げています。出版した年の彼の講義の受講者は大学の3年生と4年生を中心に全部で55人だったそうです。

　彼は順調に昇任し，同大学天文学教授兼付属天文台長になっていた1831年に，初版の内容を改訂増補した上に約150ページの「光の波動理論」を加えた440ページの大冊をその第2版として出版しました*。書名は"*Mathematical Tracts on the lunar and planetary theories, the figure of the earth, precession and nutation, the calculus of variations, and the undulatory*

---

*最近は無料でネットからダウンロードできますが図面が取り出せません。完本は国立天文台に所蔵されています。

theory of optics. Designed for the use of students in the university" という長いものです。1877年には，「光の波動理論」が単独で出版されました。フラウンホーファー回折に関しては前項で紹介したSchwerdの理論（1835）と，円形開口の場合を除いてほぼ同じ議論が，それより4年も早く行われています。また本書には，「多重反射を考慮した平行平面板による干渉」の記述があり，これは後にエアリーの式と呼ばれることになる式が初めて発表された文献でもあります[*]。

第2版のp.331には，円形開口の回折について非常に注目すべき記述があります。
「望遠鏡の開口に隔壁を置かないとき，すなわち円形の開口に対しては，その縁の形は次式で与えられる。

$$y' = -\sqrt{e^2-x^2}, \quad y'' = \sqrt{e^2-x^2} \tag{1}$$

ここに (x, y) は開口上にとった直交座標，e は開口の半径である。フラウンホーファー回折の計算を進めると，その結果は次の2つの方程式を解くことに帰着する。

$$\int \sqrt{e^2-x^2} \cdot \cos nx \, dx, \quad \int \sqrt{e^2-x^2} \cdot \sin nx \, dx \tag{2}$$

しかしこの2つの式は表示する(exhibit)ことができない（初等関数では表現できないの意でしょう）。したがって回折像の強度分布を完全な形で見出すことはできない。しかし我々は既に四角形や平行四辺形開口については，点像を取り巻く光のパッチ模様が開口の幅に逆比例することを見出している。したがってそれから演繹して，円形開口の場合にも像を囲んで複数の光の輪が生じ，それらの直径が開口の直径に逆比例すると予想していいだろう。実験すればその正しさを立証できる」。

私たちはベッセル関数の公式から，(2)式の左の式が

$$J_1(z) = \frac{z}{\pi}\int_{-1}^{1} \cos zu \cdot \sqrt{1-u^2} \, du \tag{3}$$

---

[*] この事実はあまり知られていません。Born & Wolf: *Principles of Optics*, 7th ed. (1999), p.362, には "known as Airy's formula" とのみ記されて初出誌は引用されていません。

によって $J_1(z)/z$ と結びつくことを知っています。しかし，ベッセル関数の存在やその数学的性質が未だあまり知られていなかった当時，(2)式の積分を実行するには，z を与えてはその都度数値計算を繰り返すという見通しの悪い方法しかありませんでした。Airy の文章は彼が(3)式に到達したにもかかわらず，その数値計算を躊躇する気持ちを反映しているように見えます。当時の彼は上記テキストの表題が示すように，数学・天文学・光学の広い分野の研究と教育に追われて，極めて多忙でした。加えて彼は農村出身で，伯父の計らいで給費生として入学した Cambridge 大学を優等で卒業した，上昇志向の極めて強い青年でした。1826 年にルーカス教授ポスト* を得た後 1828 年にはプルミアン教授兼同大学天文台長に就任し，次いで 1835 年に Greenwich 天文台長兼天文官の地位についたのでした。彼はこの天文と測量行政の長官ポストに 1881 年に引退するまで留まり，イギリスの天文学と天文行政に大きな影響力を及ぼすことになります**。なお自伝では，ルーカス教授職の年俸 99 ポンドに対しプルミアン教授職の年俸は 500 ポンドだったそうです。本項で紹介する論文は Greenwich 天文台に転出する直前の 1834 年 11 月 24 日に Cambridge Philosophical Society に報告されています。出世街道まっしぐらのとき，ケンブリッジへの置き土産として発表されたのでしょうか。しかし自伝にはこの日「"On Computing the Diffraction of an Object Glass" を Cambridge Society に報告」と書かれているだけです。

☆円形開口によるフラウンホーファー回折の問題設定

　彼の論文の表題は自伝のとは異なり，"On the Diffraction of an Object-glass with Circular Apperture"（円形開口をもつ対物レンズの回折について），Trans. Cambr. Phil. Soc., **5** (1835), 283 です。この論文の冒頭で彼は大要次のように述べています。
「良質の天体望遠鏡対物レンズの直前に直線で縁取られた絞りを置いたときに見られる星の像を取り巻く（回折）縞の形と明るさを計算するのは単調で退屈

---

* 本書 9 p.148 の脚注参照
** 本書 13 p.209 参照。なお彼の自伝, *Autobiography of Sir G. B. Airy*, ed., W. Airy, Cambridge (1896) は現在レプリント版が入手できます。

だが決して難しくはない。いくつもの独立変数の正弦と余弦を積分するだけで済み，面倒なのは積分端を決めることだけだ。これを計算し実験と比較するのは多くの場合光の波動論を検証するという目的に由来する。しかしこれとは異なり，実用上常に問題となるのだが，それを完全に解くにはもっと難しい積分を必要とするものがあり，それは円形開口をもつ対物レンズの場合である。この光学現象は頻繁に目にするものなので，これを数学的に取り扱う際に必要な数値積分を求めようというのが私の意図するところである」。

光軸に平行に入射した単色光線束が，円形開口上で無限に多くの同位相の2次波を発生させるという，後にキルヒホフ近似と呼ばれることになる仮定の下で計算を進めることになります。光軸を z 軸，それと直交して紙面内に x 軸，両軸に直交して y 軸をとり，原点を薄レンズの中心にあるとします。開口上の点 $P(x, y)$ を発した2次波を考え，(x, z) 面内にあって近軸焦点から光軸に垂直に b だけ離れた点 Q に集まる回折光を計算します。「光源と観察面が共に開口に対して無限遠にある」というフラウンホーファーの条件を満たした配置で計算するわけです（**図1**）。以下 Airy の原著に忠実に式を追ってみます。

P に小面積 $dx \cdot dy$ をとり，P から Q までの距離を q とすると，Q における正弦波の振幅は次式で与えられます。

$$dx \times dy \times \sin \frac{2\pi}{\lambda}(vt - q - A) \tag{4}$$

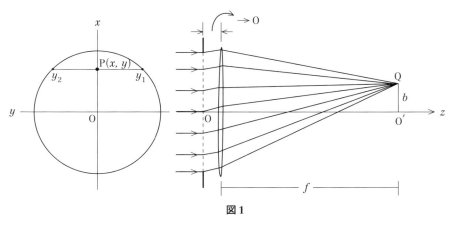

図1

ここに v は波動の伝搬速度, t は時間, λ は波長, A は波動の位相で (x, y) とは無関係の定数です. このとき q は次式で与えられます.

$$q = \{(x-b)^2 + y^2 + z^2\}^{1/2} \fallingdotseq \{x^2 + y^2 + z^2 - 2bx\}^{1/2} \tag{5}$$

入射平行光がレンズを射出後に Q に収束する球面波に変わることを考慮して, $x^2 + y^2 + z^2 = f^2$ と置くと次式が得られます.

$$q = (f^2 - 2bx)^{1/2} \fallingdotseq f - \frac{b}{f}x \tag{6}$$

これより(4)式は次のようになります.

$$\sin \frac{2\pi}{\lambda}\left(vt - f - A + \frac{b}{f}x\right)dx\,dy \tag{7}$$

この式に y が含まれていないことから, y に関する積分域は図1において,

$$y_2 - y_1 = 2\sqrt{a^2 - x^2} \tag{8}$$

になります. ここに a は円開口の半径です.

こうして, 開口上を発した2次波の Q における総和は次式によって与えられます.

$$\begin{aligned}
&2\int_{-a}^{a}\sqrt{a^2-x^2}\cdot\sin\frac{2\pi}{\lambda}\left(vt-f-A+\frac{b}{f}x\right)dx\\
&= 2\sin\frac{2\pi}{\lambda}(vt-f-A)\int_{-a}^{a}\sqrt{a^2-x^2}\cos\frac{2\pi}{\lambda}\frac{b}{f}x\,dx
\end{aligned} \tag{9}$$

いま, $x/a = \omega$, $2\pi/\lambda \cdot ba/f = n$ と置いて整理すると次式が得られます.

$$4a^2 \sin\frac{2\pi}{\lambda}(vt-f-A)\int_0^1 \sqrt{1-\omega^2}\cos n\omega\,d\omega \tag{10}$$

この式中の ω に関する積分こそ, Airy が4年前の1831年に出版したテキストに載せたまま, 初歩的な方法では解が得られないとして放置した(2)式の第1式に他なりません.

実は(10)式中の積分が後にベッセル関数と呼ばれることになる関数を用いて与えられることは Poisson によってすでに1823年に証明されています. 現

代の表記に従うと次の通りです*。

$$J_1(z) = \frac{z}{\pi} \int_{-1}^{1} \cos zt \cdot (1-t^2)^{1/2} dt \tag{11}$$

Airyは(10)式中の積分式を N と置いて，次の微分方程式を導きました。

$$N + \frac{3}{n}\frac{dN}{dn} + \frac{d^2N}{dn^2} = 0 \tag{12}$$

ここに N は n のみの関数である定積分

$$N = \int_0^1 \sqrt{1-\omega^2} \cdot \cos n\omega \, d\omega \tag{13}$$

を表します。

Airyは(13)式から(12)式を導出する手順を単に「N が(12)式による線形微分方程式を満たすことは容易に示される。この微分方程式は1階の常微分方程式に変換できるが，その具体的な解法は既知の方法では得られないように見える」と述べているだけです。しかし，彼が4年間も放置していた円形開口によるフラウンホーファー回折の計算を再開した理由が(12)式の発見にあったことは確かだと私は考えますので，ここで少し立ち入った推論を試みたいと思います。

☆矩形開口と円形開口の微分方程式

円形開口の回折像が(12)式による2階常微分方程式を満たすことは，現代の多くの光学研究者や技術者にとって——私もその一人ですが——，Airyが "it may be shown" というほどにすんなり納得できるものではないでしょう。そこでまずお手本を矩形開口，具体的には1次元開口に対する微分方程式の導出を試みましょう。

幅が $2a$ の1次元開口の回折を(13)式にならって書くと，

$$N_0 = \frac{1}{2}\int_{-1}^{1} \cos n\omega \, d\omega = \frac{\sin n}{n} \tag{14}$$

と，こちらは当時すでによく知られた初等関数の解が得られます。

---

* G. N. Watson: *A Treatise on the Theory of Bessel Functions*, (1922), p.25

(14)式から dN_0/dn と d^2N_0/dn^2 を計算して(12)式と同じ形の2階の微分方程式を作ると，

$$N_0 + \frac{2}{n}\frac{dN_0}{dn} + \frac{d^2N_0}{dn^2} = 0 \tag{15}$$

が得られます。これはヘルムホルツの方程式を極座標に変数分離して得られるもので，その動径成分の微分方程式の一般形は

$$\frac{d^2\omega}{dz^2} + \frac{2}{z}\frac{d\omega}{dz} + \left[1 - \frac{n(n+1)}{z^2}\right]\omega = 0 \tag{16}$$

です。その基本解がいわゆる球ベッセル関数であることは現代では周知です。$n=0$ の場合が(15)式です。その解のひとつが第1種の球ベッセル関数 $j_0(z)$ と表記され，次式で与えられます。

$$j_0(z) = \sqrt{\frac{\pi}{2z}} J_{1/2}(z) = \frac{\sin z}{z} \tag{17}$$

ここに J は第1種の円柱関数でふつう（狭義の）ベッセル関数と呼ばれるものです。

Airy は彼の論文中で(15)式に言及はしていません。しかし彼はおそらく sinc 関数 $\sin n/n$ が(15)式を満たすことを知った上で，円形開口に対する(13)式もまた(15)式とよく似た微分方程式を満たすだろうと考えて(13)式から dN/dn と d^2N/dn^2 を計算し，それを用いて(15)式とは第2項の係数が2から3に変わるだけの2階微分方程式(12)式に到達したのだろうと私は推測します。要するにこの関数 N の特性はまだほとんど知られていないので，それが $n=0$ のまわりにべき展開できると仮定し，(13)式を用いてその各項の係数を決めて近似解を求めるしかないけれど，項数を増やすことによって，どこまでも正確に，回折像の強度分布 $|N|^2$ やその回折環の強度の極大と極小の位置などを決定することができると確信したのだと思います。

(13)式は E. Lommel が1871年に導出することになる微分方程式，

$$\frac{d^2y}{dz^2} - \frac{2\nu-1}{z}\frac{dy}{dz} + y = 0 \tag{18}$$

とその解

$$y = z^\nu J_\nu(z) \tag{19}$$

の特別な場合です。$\nu = -1$ と $J_{-n}(z) = (-1)^n J_n(z)$ の関係を用いて，

$$N = \frac{2J_1(n)}{n} \tag{20}$$

が得られます。

　Airy は(16)式や(18)式とそれらの一般解に関する知識を持っていませんでしたが，ベッセルの線形2階微分方程式とそれに類似の微分方程式に関して，それらの定積分表示やべき級数展開の手法を理解した上で，(12)式の解が当時は未知の，しかしその後「定積分は存在するが，その積分結果を初等関数では表すことのできない関数——特殊関数とか超越関数と呼ばれることになる——で表示できると確信して，再度円開口の回折問題に立ち向かうことになったのでしょう。

☆ Airy の解法

　円形開口の回折を求めるための(13)式による定積分表示から，(12)式の微分方程式を導くのは，かなり面倒です。まず微分と積分の順序の交換と部分積分法を適用して(13)式から次式を作ります。

$$\begin{aligned}
\frac{dN}{dn} &= -\int (1-\omega^2)^{1/2} \sin n\omega \cdot \omega \, d\omega \\
&= -\frac{n}{3} \int_0^1 (1-\omega^2)^{3/2} \cos n\omega \, d\omega
\end{aligned} \tag{21}$$

$$\left\{ = -\frac{J_2(n)}{n} \right\} \tag{21}'$$

第3行目はベッセル関数の表記です。

　次に(21)式を再び n に関して微分して(12)式を得る手順はかなり技巧を要します。私はその後に知られることになるベッセル関数の漸化式と微分公式を使い，(21)′を経由して(12)式を導きましたが，(21)式から直接(12)式を導くのは，何というか直観的なひらめきがないと難しいようです。

ここで彼は, その後にベッセル関数を n のべきの級数で展開するという常套的手法を導入します。これはその次数 ν が負でなければ $J_\nu(n)$ は n が有限の範囲でいたるところ正則 (何回でも微分可能の意) な関数であることから許される方法です。N の場合はその中心対称性から

$$N = a_0 + a_1 n^2 + a_2 n^4 + \cdots \tag{22}$$

と置くことができますから, これを(12)式に代入し, その結果得られるべき級数の各項を項別に 0 とすればいいわけです。その結果次式が得られます。

$$N = \frac{\pi}{4} \times \left(1 - \frac{n^2}{2 \cdot 4} + \frac{n^4}{2 \cdot 4^2 \cdot 6} - \frac{n^6}{2 \cdot 4^2 \cdot 6^2 \cdot 8} + \cdots \right) \tag{23}$$

これと同様の結果が, $\cos n\omega$ をべきに展開して(13)式に代入し項別に積分して得られることは, こちらのほうが見通しが悪いことは当然ですが, 明らかです。

彼は(23)式による括弧内の値を $n = 0$ から 12 まで 0.2 おきに計算し小数点以下4桁の数表にまとめました (**表1**)。後に E. Lommel[*] が6桁の数表を作成しましたが, それとの一致は完璧でした。Lommel のデータとの不一致は1個所だけでした。$n = 3.0$ に対する Airy の値 0.2261 に対する Lommel の値が 0.226039 でした。おそらく使った対数表の繰上げの誤差によるものでしょう。強度分布は表の値を2乗したものですから実用的には十分すぎるほどに正確な値です。

表2に強度分布の特徴的データをまとめました。(a)は Airy の値, (b)は Rayleigh (1872)[**] の値です。**表1**における Airy の値が Lommel (1870) の値と極めて良好に一致したのに対し, こちらの不一致が大きいのは, Airy のデータが**表1**の値から内挿によって得られたのに対し, Rayleigh はその後に知られるようになったベッセル関数の微分や漸化式を自由に使うことができ, しかもこの関数の精密な数表が作られていたからだったのでしょう。

さて, Airy の論文の大要は数学的にはここまでですが, 彼はこれにいくつ

---

[*] Zeitschrift f. Math. u Phys. **15** (1870), 141–169
[**] Astron. Soc. Month. Not., **33** (1872), 59–63, Scientific Papers 1 (1899), p.163–166

表1

n	$\phi(n)$	n	$\phi(n)$
0.0	$+1.0000$	6.0	-0.0922
0.2	$+\ .9950$	6.2	$-\ .0751$
0.4	$+\ .9801$	6.4	$-\ .0568$
0.6	$+\ .9557$	6.6	$-\ .0379$
0.8	$+\ .9221$	6.8	$-\ .0192$
1.0	$+\ .8801$	7.0	$-\ .0013$
1.2	$+\ .8305$	7.2	$+\ .0151$
1.4	$+\ .7742$	7.4	$+\ .0296$
1.6	$+\ .7124$	7.6	$+\ .0419$
1.8	$+\ .6461$	7.8	$+\ .0516$
2.0	$+\ .5767$	8.0	$+\ .0587$
2.2	$+\ .5054$	8.2	$+\ .0629$
2.4	$+\ .4335$	8.4	$+\ .0645$
2.6	$+\ .3622$	8.6	$+\ .0634$
2.8	$+\ .2927$	8.8	$+\ .0600$
3.0	$+\ .2261$	9.0	$+\ .0545$
3.2	$+\ .1633$	9.2	$+\ .0473$
3.4	$+\ .1054$	9.4	$+\ .0387$
3.6	$+\ .0530$	9.6	$+\ .0291$
3.8	$+\ .0067$	9.8	$+\ .0190$
4.0	$-\ .0330$	10.0	$+\ .0087$
4.2	$-\ .0660$	10.2	$-\ .0013$
4.4	$-\ .0922$	10.4	$-\ .0107$
4.6	$-\ .1116$	10.6	$-\ .0191$
4.8	$-\ .1244$	10.8	$-\ .0263$
5.0	$-\ .1310$	11.0	$-\ .0321$
5.2	$-\ .1320$	11.2	$-\ .0364$
5.4	$-\ .1279$	11.4	$-\ .0390$
5.6	$-\ .1194$	11.6	$-\ .0400$
5.8	$-\ .1073$	11.8	$-\ .0394$
6.0	$-\ .0922$	12.0	$-\ .0372$

(Airy)

かのコメントを加えています.ここではその中から2つ紹介しましょう.

その1は回折環の直径測定についてです.その直径を正確に測ろうとすれば開口を小さくして環の直径を大きくしなければならず,このとき環の明るさ(照度)は開口半径の4乗に逆比例して小さくなり目視観察による測定が難しくなります.彼はこの困難を克服するために円形開口を楕円開口に変えるよう提案します.**図2**の上欄は左が半径aの円形開口,右が短径をそのままに,

表2

	円 形 開 口				円 環 開 口	
	n	強度	n	強度	n	強度
第1極大	0.00	1.000	0.00	1.000	0.00	1.000
第1極小	3.83	0	3.83	0	2.41	0.000
第2極大	5.12	0.0175	5.1	0.0170	3.83	0.160
第2極小	7.14	0	7.02	0	5.52	0.000
第3極大	8.43	0.0042	8.4	0.0041	7.02	0.090
第3極小	10.17	0	10.17	0	8.66	0.000
第4極大	11.63	0.0016	11.6	0.0015	10.17	0.057
第4極小		0	13.3	0	11.8	0.000

(a) (Airy)　　(b) (Rayleigh)　　(c) (Rayleigh)

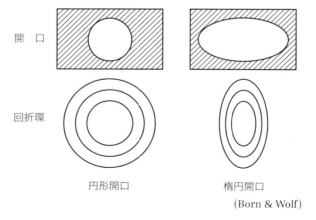

開口　　円形開口　　楕円開口
回折環　　　　　　　　(Born & Wolf)

図2

長径を μ 倍して μa とした楕円開口,下欄はそれぞれによる点像回折パターンを模式的に描いたものです[*]。このとき,回折環の形は開口の楕円を 90°回転したのと同じ形の楕円群になることは容易に証明できます。これより,図の上下方向に測ったときの回折環の強度分布が(a)と(b)で同じ寸法であるにもかかわらず,(b)のほうの明るさ(照度)が(a)の μ^2 になっていることが分かります。

その 2 は円形開口中央部を同心の円形遮蔽板で覆った場合の回折図形についてです。後に彼はこの問題を再び取り上げ,その中で幅が無限小の円環開口の回折像が,べき展開の表現ではありますが 0 次のベッセル関数で与えられることを導きます (1841)[**]。しかし,ここでは未だそこまでは到達せず,しかしそれと同等の表現を得ることに成功しています。このとき円環開口の回折像の振幅分布はその半径が等しい円形開口の回折像をその中心振幅で正視化して $\phi(n) = 4/\pi \times N(n)$ と置いて次式で与えられます。

$$\frac{p}{n} \cdot \frac{d}{dn}\{n^2 \phi(n)\} \qquad (24)$$

ここに p は円環開口の微小幅です。

上式に(23)式を代入して微分操作を施し,それを 0 と置いて各暗環の直径を求めることができ,彼はその結果から,各暗線の直径は円環開口と同じ半径をもつ円形開口のそれよりもかなり小さい値を取ること,またその代償に回折環の相対強度が著しく増加することを確かめました(**図 3**)。

ところで,(24)式は $\phi(n) = 2J_1(n)/n$ と置けば明らかにベッセル関数の漸化式

$$\frac{d}{dn}[nJ_1(n)] = nJ_0(n) \qquad (25)$$

と一致します。すなわち,輪帯開口の回折像の振幅分布が現在の表記に従えば $J_0(n)$ で与えられることが,1834 年の時点で Airy によって証明されていたわけです。彼の 1841 年論文が 1834 年論文と比べて理論面で新鮮さに乏しいことは否めません。しかし $J_0(n)$ の数表を初めて掲載したことが高く評価されて

---

[*] Born & Wolf: *Principles of Optics*, 7th ed., (1999), Cambridge U. P., p.444
[**] Phil. Mag. Ser. 3, **18** (1841), 1–10

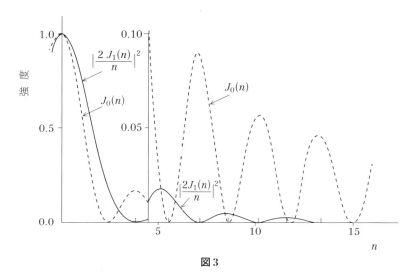

図3

後世に名を残すことになります*。

　直交座標系で書かれた(12)式による回折積分を極座標系に変え，その方位角に関する積分を求めると，輪帯の半径を円形開口のそれと等しいとしたとき次式で与えられます。

$$E = p \int_0^{2\pi} \cos(n \cos\theta) d\theta \tag{26}$$

この式中の被積分関数を0のまわりにテイラー展開して次式が得られます。

$$\cos(n\cos\theta) = 1 - \frac{n^2 \cos^2\theta}{1\cdot 2} + \frac{n^4 \cos^4\theta}{1\cdot 2\cdot 3\cdot 4} - \frac{n^6 \cos^6\theta}{1\cdot 2\cdot 3\cdot 4\cdot 5\cdot 6} + \cdots \tag{27}$$

これを(26)式に代入して項別に積分して次式が得られます。

$$E = 2\pi p \left\{ 1 - \frac{n^2}{2^2} + \frac{n^4}{(2\cdot 4)^2} - \frac{n^6}{(2\cdot 4\cdot 6)^2} + \cdots \right\} \tag{28}$$

この式の括弧内は J_0 のべき展開式と一致します。

　Airyは(28)式の数値計算を行って，初めて $J_0(n)$ の4桁の数表を作成しました（**表3**）。彼は次のように述べています。「私はこの多項式を使って，E の値

---

* G. N. Watson: *A Treatise on the Theory of Bessel Functions*, 2nd ed., (1944), p.654

表3 (28)式より計算した $J_0(e)$ と $|J_0(e)|^2$

$e.$	$J_0(e)$	$|J_0(e)|^2$	$e.$	$J_0(e)$	$|J_0(e)|^2$
0.0	+1.0000	1.0000	5.2	−0.1104	0.0122
0.2	+0.9900	0.9802	5.4	−0.0412	0.0017
0.4	+0.9604	0.9224	5.6	+0.0269	0.0007
0.6	+0.9120	0.8318	5.8	+0.0917	0.0084
0.8	+0.8463	0.7162	6.0	+0.1507	0.0227
1.0	+0.7652	0.5855	6.2	+0.2018	0.0407
1.2	+0.6711	0.4504	6.4	+0.2433	0.0592
1.4	+0.5669	0.3213	6.6	+0.2740	0.0751
1.6	+0.4554	0.2074	6.8	+0.2931	0.0859
1.8	+0.3400	0.1156	7.0	+0.3001	0.0900
2.0	+0.2239	0.0501	7.2	+0.2951	0.0871
2.2	+0.1104	0.0122	7.4	+0.2781	0.0773
2.4	+0.0025	0.0000	7.6	+0.2516	0.0633
2.6	−0.0968	0.0094	7.8	+0.2154	0.0464
2.8	−0.1850	0.0342	8.0	+0.1727	0.0298
3.0	−0.2601	0.0677	8.2	+0.1222	0.0149
3.2	−0.3202	0.1025	8.4	+0.0691	0.0048
3.4	−0.3643	0.1327	8.6	+0.0144	0.0002
3.6	−0.3918	0.1535	8.8	−0.0394	0.0016
3.8	−0.4026	0.1621	9.0	−0.0907	0.0082
4.0	−0.3971	0.1577	9.2	−0.1365	0.0186
4.2	−0.3766	0.1418	9.4	−0.1768	0.0313
4.4	−0.3423	0.1171	9.6	−0.2091	0.0437
4.6	−0.2961	0.0877	9.8	−0.2321	0.0540
4.8	−0.2404	0.0578	10.0	−0.2460	0.0605
5.0	−0.1776	0.0315			

(Airy)

を 0 から 10 まで 0.2 おきに計算した。この多項式はいずれの場合も最終的には早い速度で収束した。しかし n が大きい場合には，初項の近くでは非常に大きい値になってしまう。$n=10$ に対しては，1.0, −25.0, +156.25, −434.0277, +678.168 となってしまう。そのため n^{36} の項まで取らねばならなかった。計算は小数点以下 6 桁まで行ったが，慎重を期して 4 桁までを掲載した」。

彼は続けて，この数表から零点が近似的に $n=2.405, 5.52, 8.64$ であること，また強度 E^2 の最大値が $n=0.00, 3.85, 7.01$ のところにあり，それぞれの値がおよそ $1, 1/6, 1/11, 1/16$ であることを，表の値からの内挿によって導きました。

彼のこの系列の論文にはもうひとつ非常に著名な論文があります。それは幾何光学的に得られる火線や火面の近傍の明るさの分布を波動光学的，すなわちホイヘンスの原理を適用して求めた論文です。その中で中心的役割を果たすのが後に Airy の積分とか虹積分と呼ばれる積分です。これは ±1/3 次のベッセル関数と強い関連が指摘されています*。この積分は久保田広：波動光学，中の虹の理論で紹介されています**。Airy は，当時まだベッセル関数という名が定着していませんでしたが，よほどこの関数に縁があったようです。しかしベッセル関数という用語が定着する以前から，この関数の研究が数理物理学のもっと広い領域で広く行われていたことが知られています。詳しくは例えば J. Dukta の下記論文*** を参照して下さい。しかしここには Airy 論文の引用はありません。

☆ Rayleigh の取扱い

Lord Rayleigh（1842～1919）は 1872 年に，太陽のような明るい物体を望遠鏡で観察する際，分解能を保ったまま減光する方法として，望遠鏡の開口を縁だけを残して幅の極めて狭い環状の開口とする提案を発表しました†。当時すでにベッセル関数の数学的諸性質は広く知られ，関数表も入手が容易でしたので，彼は開口の全面を使う場合と，その縁だけを環状に残した開口を使う場合の回折像の計算と両者の比較をベッセル関数を駆使して極めて簡潔に行いました。以下にその概要を紹介します。

「対物レンズの環開口（$2\pi R dR$）によって，レンズの開口から見て回折像中心から θ だけ離れた像面上の点に生じる振幅 dI は，$x = 2\pi \sin\theta \cdot R/\lambda$ と置いて次式で与えられる。

$$dI = 2\pi R dR \cdot J_0(x) \tag{29}$$

ここに，

---

* Trans. Cambr. Phil. Soc. **6** (1838), 402., **8** (1849), 599
** 久保田広：波動光学，岩波書店 (1971)，p.355–359
*** Arkive for History of Exact Sciences, 49 (1995), 105
† *On the Diffraction of Object-Glasses*, 前出の Rayleigh 論文

$$J_0(x) = \frac{1}{\pi}\int_0^\pi \cos(x\cos\phi)d\phi \tag{30}$$

は0次のベッセル関数である。

開口の全面，0からRまでを使う場合には，次式が得られる。

$$I = 2\pi \int_0^R RdR J_0(2\pi \sin\theta \cdot R/\lambda) \tag{31}$$

強度はそれぞれdIとIを2乗して得られる。
(31)式は次のように書きかえられる。

$$I = \frac{2\pi R^2}{x^2}\int_0^x xdx J_0(x) \tag{32}$$

$J_0(x)$は次式を満たす。

$$J_0'' + \frac{1}{x}J_0' + J_0 = 0^* \tag{33}$$

これより，

$$\int_0^x xdx J_0(x) = -\int_0^x dx[xJ_0''(x) + J_0']$$
$$= -\int_0^x dx \frac{d}{dx}[xJ_0'(x)] = -xJ_0' \tag{34}$$

これより，$J_0'(x) = -J_1(x)$を用いて，

$$I = \pi R^2 \frac{2J_1(x)}{x} \tag{35}$$

が得られる。

こうして2つの場合の強度の比は

$$\left\{\frac{2J_1(x)}{x}\right\}^2 : \{J_0(x)\}^2 \tag{36}$$

となる。

次に暗黒環の位置を調べよう。それらの半径は$J_1(x) = 0$と$J_0(x) = 0$より得られる。輪帯開口の場合はxが，

---

* この式は(12)と(15)式に対応します。

$$2.41, 5.52, 8.66, 11.8, 14.9, 18.1, \cdots \tag{37}$$

のところにあり，最終的には（順番が大きくなると），$(m-1/2)\pi$ になる。一方全開口の場合は，

$$3.83, 7.02, 10.17, 13.3, 16.5, 19.6, \cdots \tag{38}$$

となり最終的には $(m+1/2)$ となる。

ここまでのところは円環法が断然有利のように見える。若し像の拡がりを第1暗環の直径で評価すれば 2.41/3.83 = 1/1.6 となる。Foucault の実験によれば像の寸法は第1暗環の直径よりも小さいようだ。多分照度分布の形によるのだろう。両者の中心強度を1とするとそれを取り巻く回折縞の強度は $2x^{-1}J_1(x)$ のほうが $J_0(x)$ よりも常に小さい。$|J_0(x)|^2$ が最大値をとる位置は $J_1(x)=0$ によって与えられ，これは常に全開口による場合の0点の位置に等しい。このときの最大値は

$$3.83, 7.02, 10.17, \cdots \tag{39}$$

となる。そのときの $J_0(x)$ の値は符号を無視して，

$$0.403, 0.300, 0.250, \cdots \tag{40}$$

で与えられる。これらを2乗したものが強度になる。

一方，$2x^{-1}J_1(x)$ が最大値を取るのは

$$J_1'(x) - \frac{J_1(x)}{x} = 0 \tag{41}$$

のところである。

ベッセル関数の漸化式

$$J_2(x) = \frac{J_1(x)}{x} - J_1'(x) \tag{42}$$

を用いて(41)式は単純な

$$J_2(x) = \frac{J_1(x)}{x} - J_1'(x) \tag{42}$$

になる．上式により，回折縞の最大値を与える x の位置は

$$5.1,\ 8.4,\ 11.6,\ \cdots \tag{44}$$

となり，このときの $2x^{-1}J_1(x)$ の値は符号を無視すると

$$0.13,\ 0.064,\ 0.040 \tag{45}$$

が得られる」．以上の諸データをまとめたのが**表2(c)**です．

この論文が発表されると，ある読者から先行研究として前出のAiryの1841年論文を指摘されたそうです．これに対しRayleighはその存在は知らなかったが，Airyは解を求めるのが目的であり，一方自分の意図は天体望遠鏡の所有者に対して，過剰に明るい物体を観察する際円環開口を使うときの利点を理論の結果として提示したもので，もともと数学上の先取権を争う気など毛頭ないと突っぱねています．

確かにこの小論文は，ちょっとした思い付きを数式を使って明快に裏付けたものとはいえ，円形開口と円環開口によるフラウンホーファー回折とその比較を現代の教科書の題材として記述するのに理想的です．しかし，Schwerdが光の波動説を証明するために，またAiryが円形開口による星像のかたちを定量的に求めるという天文学的に重要な目的を実現するために，それぞれ数学的に不便だった環境下で取り組んだ創意の跡をたどるのもまた興味あることでしょう．時代に先駆けた研究には常にこれ程の悪環境が必然だからです．

☆その後の展開

円形開口の無収差回折像研究の次の目標はその焦点外れ像の計算でした．これをベッセル関数の展開式を用いて手際よく実行したのはE. Lommel (1837〜1899) でした[*]．彼はバイエルン王国のPfalzに生まれ，Erlagen大学の

---

[*] 表題は「Die Beugungserscheinungen einer kreisrunden Offnungen und eines kreisrunden Schirmchens」です．Abh. Bayer. Akad., **15**, Abth 2 (1885), 233–328, 別に図が9枚ついています．入手が難しい論文です．別刷に記された雑誌名は，Abh. d. II Cl. d. k. Ak. d. Wiss. **15**. Bd. II. Abth. です．この論文の続編が同誌 **15**, Abth 3 (1886), 531 です．

実験物理教授を勤めた後München大学の教授職に移り（1868~86），その地で亡くなったそうです．ベッセル関数の研究，特にその光回折理論への応用で知られています．同郷のよしみでしょうか，Fraunhofer著作集（1888）の編集者でもあります．

　彼は前掲の1871年論文で円形開口の近軸像面上の回折像の振幅と強度分布と回折環の0位置，および各環の最大値を小数点以下6桁まで計算して数表を作成しましたが，その15年後に今度は焦点面の前後の，いわばピンボケした点像の振幅と強度分布の解折式を求めて数表にまとめたのです．

　ほぼ全ページが数式と数表で埋めつくされているこの論文を要約する自信は私にはありません．しかしほぼ彼のつくった筋道を踏襲し，数学的には一層洗練されたやり方でこの問題を取り扱った論文*と，それに従って2人の共著者**がそれぞれの著書の中で行った要約がありますので，それらを参照していただきたいと思います．

---

* E. H. Linfoot and E. Wolf: Proc. Phys. Soc., B. **66** (1953), 145
** E. H. Linfoot: *Recent Advances in Optics*, Cambridge U. P. (1955), p.35–41, M. Born and E. Wolf: *Principles of Optics*, 第7版, Cambridge U. P. (1999), p.484–499, 初版は1959年

27 ヘリオメーターの回折像とその対称性1

年年歳歳花相似たり，歳歳年年人同じからず
——劉廷芝：代悲白頭翁——

アプラナート（球面収差とコマ収差がほぼ完全に補正された結像光学系），具体的には良質な望遠鏡対物レンズの入射瞳上に，さまざまな幾何学的な特徴をもつ開口絞りを置いたとき，その回折像の対称性がどうなるかを系統的に論じた研究が2篇，19世紀末にドイツで報告されました。

その1はR. Straubel（1864〜1943）がJena大学に提出した学位論文（1888），その2はJ. Scheiner（1858〜1913）とS. Hirayama（平山信，1867〜1945）がプロシア科学アカデミー論文集の付録（1894）に発表したものです。前者は特に流通が悪かったらしく，後者が発表された後にStraubelが学位論文中の関連部分を詳述した報告を優先権を主張する目的でAnn. Phys（1895）に投稿しました。

面白いことに2つの論文とも，回折像の対称性というテーマに深くかかわる例としてヘリオメーター（heliometer）を挙げています。地球は太陽のまわりを楕円軌道を描いて公転し，後者はその一方の焦点に位置します。そのため地球から見た太陽の大きさは季節的に変動します。その視直径を精密に測定するために考案されたのがこの天文器械です。F. Bessel（1784〜1846）はその測定精度を大幅に向上させて，太陽から恒星までの距離測定に応用しました（1838）。このとき星の回折像が示す特異な対称性がStraubel及びScheinerとHirayamaの研究の発端になったというわけです。まずヘリオメーターとその回折像を解説します。

☆恒星視差の発見*

　ヘリオメーターという用語を初めて使ったのは測光学の創始者 P. Bouguer (1698～1758) と言われています。ギリシア語の太陽 (helios) と測定機 (meter) をつなげて作った複合語です。ひとつの望遠鏡の視野内に太陽の像を2つ作り，一方を他方に対して移動させて両者が接する2つの位置間の距離を測って太陽の視直径を求めます。太陽像の輪郭は不明瞭なので，その直径を望遠鏡対物レンズの焦点面に置いた測微接眼レンズ（視野内の焦点板上にマイクロメーターねじで移動するスケールをもち，その移動量がバーニヤ目盛で精密に読みとれる接眼レンズ）で直接測るよりもばらつきが小さい測定ができるというのが最大の利点です。

　太陽の見掛けの視直径は1年を周期に変動し，その値は近日点と遠日点ではおよそ3.4%異なります。この値を目安にして観測値の高精度化を図ろうというのが動機となってヘリオメーターが誕生したのです。

　測定対象が太陽の場合は上記3.4%の変動を角度で表すと約1分角です。しかしこの方法を恒星の年周視差の測定に応用しようとすると，同様の角度変動は1秒角以下になってしまいます。ここに恒星の年周視差とは，太陽と地球がある恒星に対して張る角度と定義される量で，最大すなわち太陽に最も近い恒星であるケンタウロス座プロキシマ (α Centauri) でさえ $0.''74$ と非常に小さい値です**。

　W. Herschel (1738～1822) は1781年に，太陽に近くそのため明るく見える被測定恒星とそれに見掛け上極めて近接する暗い，したがって無限遠にあるとみなせる星の2つの星の間の角度の年間を通した変動を記録してその最大値と最小値の差を求めるという比較測定法を提唱しました（**図1**）。この測定法は恒星までの距離を測るための本命と考えられたにもかかわらず，その後，半

---

* コペルニクスの地動説と共に始まった恒星の年周視差の発見と測定の歴史を概観した一般向け著書に，A.W.Hirshfeld: *Parallax*, Freeman and Company (2001) があります。測定装置やその測定原理の説明は大方省略されていますが好著です。一読をお勧めします。
** 1952年の教養課程の天文学講義の試験に，当時の若い講師 小尾信弥先生は「地球公転の天文学的意義を述べよ」という問題を出されました。恒星の年周視差の講義にたまたま出席していたので及第点をとれたことを思い出します。

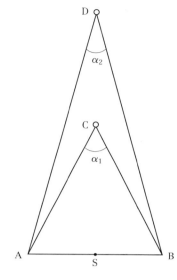

$\alpha_1 \gg \alpha_2$ のとき 年周視差は次式で与えられます。

$$\text{年周視差} = \frac{1}{2}(\alpha_1 - \alpha_2)$$
$$\fallingdotseq \frac{\alpha_1}{2} = \frac{SA}{SC}$$

年周視差が1秒角になる距離を1パーセク（pc）と呼びます。年周視差 p を角度の秒単位で表すと、パーセク単位で表したその星までの距離 d は次式で与えられます。1パーセクはおよそ 3.09×10^{13} km です。

$$d = \frac{1}{p}$$

SA：地球の公転軌道の長半径
SC：太陽（S）から被測定恒星までの距離
SD：太陽から十分遠方にある恒星までの距離

図1

世紀もの間信頼するに足るデータは報告されませんでした。ようやく1838年頃になってヨーロッパの3つの天文台がそれぞれ異なる恒星の測定に成功しました。F. Bessel（Königberg天文台，ドイツ），F. Struve（1793~1864, Dorpat天文台，ロシア）およびT. Henderson（1798~1844, Cape of Good Hope天文台，南アフリカ）によるものです。3つの測定がほぼ同時期に行われた背景には望遠鏡光学系とその駆動装置の進歩が大きく与っていたと思います。その中でBesselの観測は、恒星用ヘリオメーターの開発と測定の信頼性および的確なデータ処理などの点で際立っていました。

彼はFraunhofer製口径157 mmの大型ヘリオメーターを使い，1837年夏から38年秋まで観測を行い，白鳥座61番星（61 Cygni）の視差0."3136を得ました[*]。ほぼ同じ頃Hendersonは後に太陽に一番近い星として知られるこ

---

[*] F. W. Bessel: Astronomische Nachrichten, **16**, No365 および 366, (1838), 65

表1

		1840年代*	1915**	Hipparcos (1989–93)
α Centauri	Henderson	1.″00 (1.″16)	0.″750	0.″747,1
61 Cygni	Bessel	0.″314	0.″285	0.″285,054
α Lyrae	Struve	0.″125 (0.″262)	0.″10	0.″130,23

* ( ) は修正値
** F. W. Dyson : J. Roy. Astr. Soc. Canada, **9** (1915), 408. Dyson は当時 Greenwich 天文台長.

とになるケンタウロス座プロキシマ（α Centauri）を測定して 1.″0 を得ました（1838 年 12 月王立天文学会報告）。また 1840 年に出版された報告* には 1.″16 とあります。現在知られている値より 1/4 から 1/3 ほど大きい値です。

Struve は 1836 年琴座 α（α Lyre，通称ベガ— Vega —）を観測して 0.″125，確率誤差±0.″025 を得ました。しかし Bessel の報告を見た後これを 0.″262 に改めたということです**。**表1** に 3 人の測定値とその後の観測結果，および高精度視差観測衛星 Hipparcos によって得られた結果 (1989~93) を示します。これらの経緯から，当時すでに Bessel こそが恒星の年周視差を初めて印刷物で発表した人というのが定説になっていたようです。ベッセル関数でその名を知られる Bessel の天文学への最大の貢献とされています。

☆ヘリオメーターの原理***

1 つの接眼レンズの視野内に同じ大きさの 2 つの太陽像を近接して観察測定する目的で，S. Savary は対物レンズに**図2**(a)の細工を補した光学系を発明しました（1743）†。レンズの中心を挿んで左右の斜線を施した部分を切り落とした後に**図2**(b)に示すように接合し，点線で示した開口絞りを通してふつうの対物レンズ鏡筒にマウントするのです。切り落とす部分 aghc と acfe の幅が

---

* T. Henderson: Memoirs of the Royal Astr Soc., **11** (1840), 61
** A. Berry: A Short History of Astronomy (1899), Dover 版あり。Struve の原論文は未入手
*** 主に Encyclopedia Britannica 第 11 版 (1910~) の記事によりました。
† Phil. Transaction, (1753), 156

27 ヘリオメーターの回折像とその対称性1 483

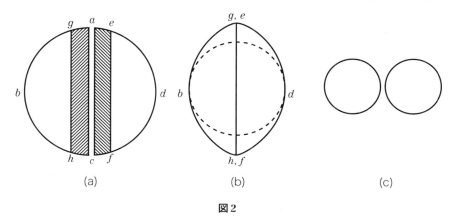

図2

それぞれ元のレンズの焦点距離に太陽の最大直径（角）の正接をかけた長さよりわずかに大きくなるようにすると**図2**(c)に示す2つの太陽像が接眼レンズの視野に並んで観察されます。太陽像の大きさは季節的に変動しますから、その量を2つの像の隙間を測微接眼レンズで測定することになります。Savaryはこれに似た2つの光学配置を提案しましたが、いずれも同形の太陽像の隙間を測ってその寸法変化を読み取るという方式になっています。

ヘリオメーターの名付け親P. Bouguerは、2つの像の一方を両者の中心を結ぶ線上で移動させ、太陽像の縁同士が接する位置を読み取る方式を採用して測定のばらつきを低減する配置を考案しました［**図3**, (1748)］。同型・同一焦点距離の対物レンズを2つ並べ、その一方を他方に対して矢印で示す方向に精密ネジを使って移動させ、2つの像の縁が接する位置をネジの回転角で正確に読み取るのです。

しかし当時は同型で焦点距離が厳密に等しい対物レンズを製作するのはたいへん難しかったようです。イギリスの光学器械製造業者J. Dollondはこの困難を回避するためにひとつの色消し対物レンズをその直径に沿って2つの半円レンズに切断し、その一方を他方に対して**図4**に示すように移動させる方式を発明しました（1754）。この発明は子息P. Dollondに引き継がれて商品化され、その1台（口径82.6 mm、焦点距離1.07 m）をBesselが使うところとなった

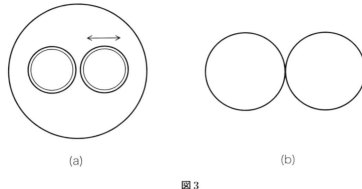

図3

そうです。Besselは彼が台長を勤めることになるKönigsberg天文台建設当時(1810〜13)から,この機器を使って2重星やすい星,日食時の太陽などの測定を精力的に行い,その経験を生かして1820年頃大型のヘリオメーターの製作を検討することになります。大型化の最大の利点は分解能の向上と,暗い比較星を明るく見えるようにすることです。付随的には焦点距離が長くな

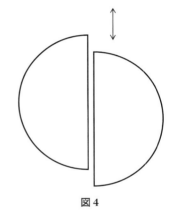

図4

るため2つの像間隔が長くなってその測定が容易になることが挙げられるでしょう。

一方バイエルン王国の光学器械製造業者Fraunhofer(1787〜1826)は,これより前に小型のヘリオメーター(口径76mm,焦点距離1.5m)を計4台製作していて,寸法の点でDollond製にわずかに劣るものの,光学性能・機械精度の点で遥かに勝り,しかも星を追尾する性能に勝れた赤道儀上に搭載されていました。

2人の間で仕様が決まり,口径16.5cm,焦点距離2.6mの対物レンズを2分割したヘリオメーターを赤道儀に搭載する工事が始まったのは1824年でし

た。その際 Bessel は半円レンズを平面上ではなく，その焦点を中心とする円筒面上で移動させるよう強く主張しましたが，Fraunhofer は製作上の困難を理由にこれを拒否したという話が伝わっています。こうすると 2 つの太陽像の接触点や，2 つの星像の合致点が常に 2 つの分割した半円レンズに共通した光軸上の 1 点にくるので軸外収差の影響が生じないというのがその理由です。Fraunhofer が同時代の常識を 1 桁以上も上まわる製作と測定の精度を目指し，しかもそれを実現したことは広く知られていますが，Bessel もまた相当な凝り性だったようです。

　Fraunhofer はこの同じ年（1824）に当時最大の口径をもつ Dorpat の 9.1 インチ（24 cm）赤道儀を完成させています。したがって機械系・光学系ともその技術をこの新ヘリオメーターに転用することができました。彼の死（1826 年 6 月 7 日）の直前には機械系はほぼ完成し，3 本の色消し対物レンズも最後の部分修正作業を終わっていました。2 つの半円レンズに分割する作業だけが残っていたそうです。レンズを 3 本も製作したのは切断作業の際に破損するのを恐れたためでしょう。翌年には 3 本とも「のこぎりで引く」作業が成功したそうです。Fraunhofer は死の 2 年前の 1824 年 11 月 5 日に Bessel に宛てて，「私の望み通りに作業が進めば貴兄のこのヘリオメーターが私の最後の作品になるだろう」と書き送っているそうですが，この製品が完成して Bessel の Königsberg 天文台に搬入されたのは 1829 年 3 月でした。

　Bessel が主に採用した 2 重星の距離（視差）の測定法を**図 5**に示します。○を被測定星，△を比較星とし，固定半円レンズによる像を○と△，可動半円レンズによる像を●と▲で表します。4 つの像は直線上に並ぶ筈ですが，ここでは説明を容易にするため少し左右に離して並べてあります。**図 5**(a)は可動半円レンズを順方向，(b)は逆方向に直進させる場合を示します。接眼レンズ（ここには描かれていない）で観察し，○と●が一致する位置から△と●が重なるまでの可動半円レンズの変位●▲を読み取るのです。同じ方法を逆方向に行うのが(b)です。実際には比較星は被測定星と比べて極端に暗いので，両者の像の明るさをバランスさせるために一方の半円レンズに金属性メッシュフィルターを重ねて使ったそうです。

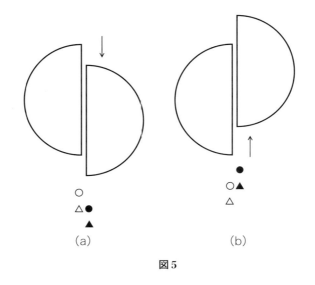

図5

　この測定の合致精度を決める最大の光学的要因は半円レンズによる点物体像の形と大きさです。無収差レンズによるその解を初めて計算したのが冒頭に触れたStraubelであり，その細部まではっきり分かる明瞭な写真像を発表したのがScheiner/Hirayamaだったのです。**図**6(a)に後者による写真を掲げます。半円レンズの進む方向（y）とそれに直交する方向（x）を対称軸とするきれいな対称性を示しています。ぼんやり考えると開口が対称軸を1つしか持っていないので，回折像も同じだろうと思ってしまいそうですが，それは間違いです。次項に詳しく述べます。

　おそらくSavary以来，ヘリオメーターの改良に携わって来た人たちは実験によってこの対称性を熟知していたでしょう。しかし半円レンズの回折像を理論的・実験的に求めたのはBesselの測定があってから半世紀も後のことだったのです。

☆ヘリオメーターの点像強度分布

　Besselは先に挙げた61 Cygniの年周視差発見の論文の他に，この測定に使っ

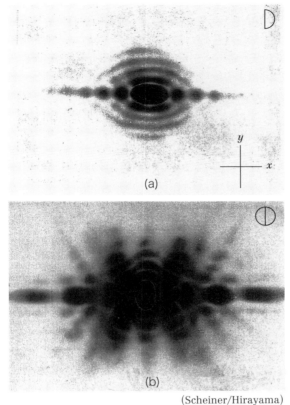

(Scheiner/Hirayama)

図6

たFraunhofer製の大口径ヘリオメーターとそれを搭載した赤道儀について詳細な報告を残しています[*]。それに加え据付け直後に書いた「Königsberg天文台に据付けられた大ヘリオメーターに関する暫定報告[**]」があります。この論文中に,この器械で実際に星を観測したときの星像の性質を述べた個所がありますので紹介します。後に無収差半円レンズによる点像強度分布の等高線図を計算することになるP. F. Everitt(1909)によれば,ヘリオメーターによる星

---

[*] Astronomische Untersuchungen, **1** (1841), p.1–152
[**] Astronomische Nachrichten, **8**, No189 (1831), 411–427

像の観察結果を報告した最初の文献だということです[*]。

　Besselはまず大気の揺動の影響は，対物レンズを2つに分割した後に再び元の位置に戻したヘリオメーターの配置のほうが，元のレンズと比べて大きいとして次のように書きます。「2つの半円レンズをその光軸が一致するように配置して星を観測したところ，予想に反して切断しないレンズによる像とは異なっていた。前者では大気の揺動が大きいとき，もともとは1つだった星像が時々2つに割れて見えたが，後者では2つに分かれる現象は起こらなかった。その理由は今日まで明らかにされていないが，今回設置した装置に限らず，ヘリオメーターに固有の性質のようである。Fraunhoferの小型ヘリオメーターでも同様の性質が見出されているそうである」。次に大気の揺動が小さいときに観察した星像の性質について次のように続けます。「私が観察した分割の効果は，両分割レンズを光軸を一致させて並べた時，丸い形をした星像から分割線に垂直にその左右に散乱によって生じたような光が現れることであった。この効果は明るい星で著しく，暗い星では小さかった。おそらく光線が切断した直線端で屈曲したことが原因であろう」。ここに屈曲（inflexion）とは回折（diffraction）とほぼ同義です。

　いったん切断した2つの半円レンズをそれ以前の位置に戻すと図7のようになるでしょう。したがってこれによる回折像は半径aの円形開口の回折像（の振幅分布）から削り代の分として中央部の幅が2b，長さが2aのスリットによる回折像（の振幅分布）を引き算したものを2乗して得られます。しかし，図7中に示した回折積分の計算を当時数値的に行うことは不可能だったと思います。代わりに図7とほぼ同じ開口を使ってScheinerと平山が空気の揺動を無視できる実験室内で撮影した写真を図6(b)に掲げました。Besselが大気の揺動が少ないときに観察した星像は(b)の写真に近かったのでしょう。一方，大気の揺動が大きいとき，それをモデル化して回折像への影響を調べるのは難しいのですが，仮に左右の半円を通り抜けた光同士の間の光路差が波長を越えて大きい場合には，光路差が0または1波長の場合は図の(b)が，また半波長の場合には同図の中央核の中心を縦に通る暗い帯が現れて，このとき星像が左右

---

[*] Proc. Roy. Soc. A, **83** (1909), 302

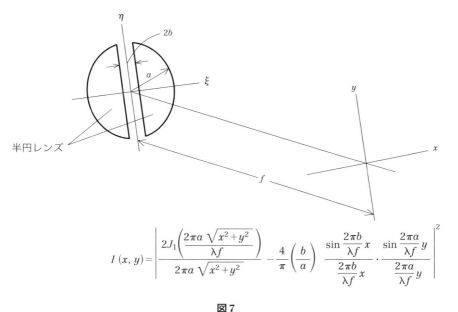

図7

に2分されたように見えることを説明できそうです。なお，Scheinerらは「この回折像(b)は半円レンズ単独のときの像(a)によく似ているが完全に同じではない。2つの半円レンズで回折した光同士が干渉するのがその原因である」とだけ述べています。

Besselの翻訳を続けましょう。「ところで私はある特別な装置を使い，2つの像を合致させたとき，2つの半円レンズの前面・後面とも正しく1つの球面でつながっていることを見出した*。切断による第3の効果は，2つの半円レンズを左右に（ξ軸に沿って）分離していくと，はじめ丸かった中央の光斑が分離線と直交する方向に伸びることである。この現象は大気の揺動が小さく，しかも大きい倍率の下で観察できる。個々の半円レンズは球面収差が完全に補

---

* おそらく光軸が合致する配置で，2つの半円レンズの上に両表面をカバーするニュートン原器をのせたとき，左右のレンズによるニュートン縞が完全につながったと言っているのでしょう。Fraunhoferの後継者たちが，ヘリオメーターを正しく組立・調整したことの証左でしょう。

正された1つのレンズの一部であるが、分割した2つの半円レンズはそれぞれ他方に対してその補正が行われていない（左右の分離量が大きくなると2つの回折像の中心が分離し、両者が互いに横にずれて重なり合うために生じた現象でしょう）。これに加え切断面からの光線の屈曲もこの効果に寄与している可能性が大きい」。

　これらの実験事実とその解釈を定量的に把握するには、球面収差のない半円レンズによる星像をフラウンホーファー回折の積分式から導出することが必要不可欠です。これが行われたのはBesselの初出論文から半世紀後の1880年代の前半になってからでした。H. Struve (1882), H. Bruns (1883), R. Straubel (1888) らによる理論と計算結果が報告されるようになりました。またその詳細な強度等高線図が機械式計算機を使って得られたのは20世紀に入ってからでした（P. F. Everitt, 1909）。なおG. B. Airyが無収差円形開口レンズによる近軸像面上の点像強度分布を求めたのは1835年です。

　Airyによる回折積分を現代の表示で書くと次式で与えられます［**図**8(b)］*。

$$U(P) = C \int_0^a \int_0^{2\pi} e^{-ik\rho\omega\cos(\theta-\psi)} \rho d\rho d\theta \tag{1}$$

$$= 2\pi C \int_0^a J_0(k\rho\omega) \rho d\rho \tag{2}$$

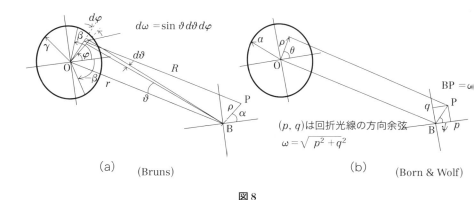

図8

---

* Born & Wolf: *Principles of Optics*, 7th ed., (1999), p.439

ここに (ρ, θ) は円形開口に適用するために使った極座標です。方位角 θ に関する積分が極めて簡単な，

$$\frac{1}{2\pi}\int_0^{2\pi} e^{ix\cos\alpha}d\alpha = J_0(x) \tag{3}$$

の関係から容易に得られます。当時未だ(3)式は知られていませんでしたが，Airy は結果的に $J_0(k\rho\omega)$ を $\rho = 0$ のまわりにテイラー展開することによって $U(P)$ の近似解を求めて強度分布 $|U(P)|^2$ を計算したのでした。しかし半円開口では方位角 θ に関する積分を $-\pi/2$ から $\pi/2$ までの領域で行う必要があり，(1)から(2)への移行と比べ格段に複雑な演算が必要になるのです。この事情を承知した上で，Bruns の計算を追ってみましょう。

☆ Bruns の方法

H. Bruns（1848〜1919）はこの論文[*]を発表する前年の 1882 年にライプチヒ大学（ドイツ）天文学教授兼ライプチヒ天文台長に就任しました。測地学特にジオイドの研究や大気屈折の研究で知られる他，幾何光学の分野では著書 "*Das Eikonal*"（1895）があります。

彼は扇形開口による無収差回折像の計算を**図 8**(a)の配置とそれに書き込んだ諸量を用いて行いました。参考に(b)に(1)–(3)式をつくった際の Born & Wolf の配置を掲げておきます。前者では直交座標系の中心を近軸像点 B においたのに対し，後者では射出瞳の中心 O にとってあります。したがって前者では射出瞳上の座標が B に入射する光線の方向余弦で，一方後者では近軸像面上の座標が O を発する光線の方向余弦で表示されます。

Burns は(1)式の被積分関数をベッセル関数で展開してから扇形の開口範囲 $-\beta$ から $+\beta$ まで個別に積分する方法と，回折積分を直接部分積分して，数値計算が容易な式に変換する方法の 2 つを提案しました。前者はベッセル関数 $J_1, J_2, J_4, J_6 \cdots\cdots$ の数表があれば計算が容易な方法であり，後者は当時の機械式計算機への適用を予想しての提案でした。

この頃になると回折積分を複素数表示で記述する習慣が定着したようです。

---

[*] Astronomische Nachrichten, **104** (1883), No2473, 1–8

以下**図 8**(a)の記号を使って計算の道筋を記します。

$$C + iS = \iint e^{\frac{2\pi i \rho \vartheta}{\lambda} \cos(\varphi - \alpha)} \vartheta d\vartheta d\varphi \tag{4}$$

ここで公式

$$e^{iz \cos \eta} = \sum_{n=-\infty}^{\infty} i^n J_n(z) \cos n\eta \tag{5}$$

を(4)式中の指数関数に適用すると次式が得られます。ここに n は整数を表します。

$$e^{\frac{2\pi i \rho \vartheta}{\lambda} \cos(\varphi - \alpha)} = \sum_n \frac{2}{n} i^n J_n\left(\frac{2\pi \rho \vartheta}{\lambda}\right)(\cos n\varphi \cos n\alpha + \sin n\varphi \sin n\varphi) \tag{6}$$

この式を(4)式に代入し，φ に関する積分を $(-\beta, \beta)$ の範囲で行うと次式が得られます。

$$\begin{aligned} C + iS &= \sum_n \frac{2}{n} i^n \cos n\alpha \sin n\alpha \int_0^\gamma J_n\left(\frac{2\pi \rho \vartheta}{\lambda}\right) \vartheta d\vartheta \\ &= 2\left(\frac{\lambda}{2\pi \rho}\right)^2 \sum \frac{i^n}{n} \cos n\alpha \sin n\beta \int_0^\delta J_n(z) z dz \end{aligned} \tag{7}$$

ここに $\delta = 2\pi \rho \gamma / \lambda$ です。

ここで公式

$$J_{-n}(z) = (-1)^n J_n(z) \tag{8}$$

を用いて(7)式を実数部と虚数部に分けて整理すると次式が得られます。

$$C = 2\beta \left(\frac{\gamma}{\delta}\right)^2 \int J_0(z) z dz + 4 \left(\frac{\gamma}{\delta}\right)^2 \sum_n \frac{i^n}{n} \cos n\alpha \sin n\beta \int J_n(z) z dz, \quad n = 2, 4, 6, \cdots \tag{9}$$

$$iS = 4 \left(\frac{\gamma}{\delta}\right)^2 \sum_n \frac{i^n}{n} \cos n\alpha \sin n\beta \int J_n(z) z dz, \quad n = 1, 3, 5, \cdots \tag{10}$$

これまでの演算から回折像の近軸中心 $(\rho = \delta = 0)$ の計算は容易にできて

$$C = \beta\gamma^2, \quad S = 0, \quad H = C^2 + S^2 = \beta^2\gamma^4 \tag{11}$$

が得られ，これが扇形角 β の 2 乗に比例することが分かります．

次は不定積分

$$\int J_n(z) z \, dz \tag{12}$$

を求める計算です．実はこの積分は $n = 0$ の場合，すなわち，

$$\int_0^\delta J_0(z) z \, dz = \delta J_1(\delta) \tag{13}$$

の場合を除きたいへん面倒です．結果のみを記すと，

$$\frac{2}{nz}\int_0^z J_n(z) z \, dz = \frac{4(n+1)}{n(n+2)} J_{n+1}(z) + \frac{4(n+3)}{(n+2)(n+4)} J_{n+3}(z)$$
$$+ \frac{4(n+5)}{(n+4)(n+6)} J_{n+5}(z) + \cdots \tag{14}$$

となります．これより C と S を求めると次式が得られます．

$$C = 2\beta\gamma^2 \frac{J_1(\delta)}{\delta} - 8\gamma^2 \frac{3}{2\cdot 4} \frac{J_3(\delta)}{\delta} \cos 2\alpha \sin 2\beta$$
$$- 8\gamma^2 \frac{5}{4\cdot 6} \frac{J_5(\delta)}{\delta} [\cos 2\alpha \sin 2\beta - \cos 4\alpha \sin 4\beta] - 8\gamma^2 \frac{7}{6\cdot 8} \frac{J_7(\delta)}{\delta}$$
$$\times [\cos 2\alpha \sin 2\beta - \cos 4\alpha \sin 4\beta + \cos 6\alpha \sin 6\beta] - \cdots \tag{15}$$

$$S = +8\gamma^2 \frac{2}{1\cdot 3} \frac{J_2(\delta)}{\delta} \cos\alpha \sin\beta$$
$$+ 8\gamma^2 \frac{4}{3\cdot 5} \frac{J_4(\delta)}{\delta} [\cos\alpha \sin\beta - \cos 3\alpha \sin 3\beta] + 8\gamma^2 \frac{6}{5\cdot 7} \frac{J_6(\delta)}{\delta}$$
$$\times [\cos\alpha \sin\beta - \cos 3\alpha \sin 3\beta + \cos 5\alpha \sin 5\beta] + \cdots \tag{16}$$

半円開口の場合は $\beta = \pi/2$ ですから式は簡単になって次式が得られます．

$$C = \pi\gamma^2 \frac{J_1(\delta)}{\delta} \tag{17}$$

$$S = \frac{2\gamma^2}{\delta \sin \alpha} \left[\frac{4}{1\cdot 3} J_2(\delta) \sin 2\alpha + \frac{8}{3\cdot 5} J_4(\delta) \sin 4\alpha + \frac{12}{5\cdot 7} J_6(\delta) \sin 6\delta + \cdots \right]$$

(18)

これより強度分布 $H^2 = C^2 + S^2$ が得られ，これが x 軸と y 軸を対称軸とする対称性をもつことが直ちに分かります。

ここで Bruns は次のように書いています。「ヘリオメーターの回折図形が2つの異なる回折図形の単純な和になっていることが分かった。その1つ C に対応するものはよく知られた（Airyの）輪状パターンに他ならない。もう1つの S は円形開口上の一方の半円部を半波長の奇数倍の位相遅れを与える透明板で覆うことによって分離することができる（このとき $C = 0$ が成り立つからです）」。この文章の後半部分は当時未だ可能性に言及しただけでしたが，後に Straubel が実験的に検証し，更に透明な光学薄膜が容易に作れるようになった第2次大戦後になって，回折像の位置決めに応用されることになります。このとき位相膜の境界の方向に沿って，回折像の中心を通る鋭い暗線が生じるので，その位置を測って位置決めに使おうというアイディアです。久保田先生の著書：波動光学，岩波書店（1971）p.286 に回折像の等高線図と写真が掲載されています。先生は，「この暗線は極めて細いものでスリットまたは点光源の幾何光学的位置を正確に表しているから，スリットの像（強度の極大）を十字線に合わせるいろいろな測定で像の幅のため測定が不正確になるのにくらべ，この暗線（強度の極小）を用いればはるかに精密な測定ができる。このことは古くストラウベルがすでに気がついていたことであるが，ウォルターによって極小強度法（Minimumstrahlkenzeichnung）として発達されている[*]」と書いています。しかし，Straubel[**] は Bruns のアイディアである半波長の位相遅れを簡単な干渉コンペンセーターで実現し，理論通りの回折パターンを撮影したので，引用中「ストラウベルがすでに気がついていた」を「Brunsがすでに気がついていたが，Straubelが実験的に検証した」と改めるべきだと思

---

[*] *Handbuch der Physik*, **24** (1956), p.582
[**] Ann. Phys. **56** (1895), 746 および Astronomische Nachrichten: **139**, No.3327 (1896), p225

います。後述します。

　さて，(18)式は実に見事な近似式ですが，高次のベッセル関数の正確で膨大な数表がなければ役に立ちません。Brunsはそれを百も承知で，(4)式を直接数値計算する第2の方法を提案しました。それは(4)式を部分積分して得られます。

　(4)式を変形して半円開口に対する次式が得られます。

$$S = \left(\frac{\gamma}{\delta}\right)^2 \int_{-\frac{\pi}{2}-\alpha}^{\frac{\pi}{2}-\alpha} d\psi \int_0^\delta dz \cdot z \sin(z \cos \psi) \tag{19}$$

これをαで微分して次式が得られます。

$$\frac{\partial S}{\partial \alpha} = -2\left(\frac{\gamma}{\delta}\right)^2 \int_0^\delta dz \cdot \sin(z \sin \alpha) \tag{20}$$

ここでαにかえて，

$$\varepsilon = \alpha + \frac{1}{2}\pi \tag{21}$$

と置きます。像面の極座標の方位角を半円の切断線から測ろうというのです。したがって

$$\frac{\partial S}{\partial \alpha} = \frac{\partial S}{\partial \varepsilon} = 2\left(\frac{\gamma}{\delta}\right)^2 \left[\frac{\sin(\delta \cos \varepsilon)}{\cos \varepsilon^2} - \frac{\delta \cos(\delta \cos \varepsilon)}{\cos \varepsilon}\right] \tag{22}$$

ここで，Sはさきに述べたように半円の境界線上（$\varepsilon = 0$およびπ）で0であることを考慮して次式が得られます。

$$S = 2\gamma^2 \int_0^\varepsilon \frac{du}{v}\left[\frac{\sin v}{v} - \cos v\right] \tag{23}$$

$$v = \delta \cos u \tag{24}$$

　Brunsは，δを与えて(23)式を機械式計算機にかけて$S(\delta, \varepsilon)$を$\varepsilon = 0 \sim 90°$の領域で計算し，回折像中心（近軸焦点）から等距離にある点のSを求められると考え，おそらくは彼のグループの1人S. Schnauderが計算に着手しているので追って発表することになろうと予告しました。しかしこれは遂に実現しませんでした。この計算を，実際に機械式計算機を使って$\delta = 0 \sim 16.47$の領域

で計算し回折像の強度分布の等高線図を作成したのは P. F. Everitt（University College, London）でした。発表は 1909 年 9 月ですから，Bruns の提案以来ほぼ 25 年ぶりだったわけです。

☆ Straubel の計算

C. R. Straubel（シュトラウベル，英語読みではストローベル，1864〜1942）は 1888 年に Jena 大学に提出した学位論文：「フラウンホーファー回折積分を開口の境界に沿った線積分に変換する問題―特にヘリオメーターの回折理論に関連して」の中で半円開口による回折像の数値計算を行いました。このとき彼は Bruns の論文を知らぬままに，回折積分をテイラー展開したり漸近展開するという，いわば現代の正統的な手法を用いてこの問題に挑戦し，Bruns のグループが結局なし得なかったその数値解を得て Astr. Nach.（前出）に発表したのです（1896）。

Bruns のベッセル関数で展開する方法では，極座標で書いた回折積分をまずその方位角に関して積分した後に動径の積分を行います。しかし，Straubel は積分の順序を逆にして先ず動径の積分から始めました。

射出瞳上および像面上の座標系を**図9**に示します。このとき回折積分の実数成分 C と虚数積分 S を 1 つの式で表現して次式が得られます。

$$\begin{matrix} C \\ S \end{matrix} = \iint \frac{\rho}{e^2} d\rho d\chi \begin{matrix} \cos \\ \sin \end{matrix} 2\pi \left(\frac{\rho\delta}{e\lambda}\right) \cos(\chi - \sigma) \tag{25}$$

これより回折像の強度 N は回折像中心で 1 に正規化して次式で与えられます。

$$N = \frac{e^4}{F^2}(C^2 + S^2) = \left|2\frac{J_1(v)}{v}\right|^2 + \frac{4}{\pi}|\psi(v)|^2 \tag{26}$$

$$\psi(v) = \tan\sigma \frac{\sin(v\cos\sigma)}{v^2} - \int_0^\sigma \frac{\cos(v\cos\varphi)}{v}\cos\varphi d\varphi \tag{27}$$

$$v = \frac{2\pi r\delta}{e\lambda} \tag{28}$$

$$\varphi = \chi - \sigma \tag{29}$$

ここに(27)式は(25)式の下欄の式を ρ に関して部分積分して得られます。(26)

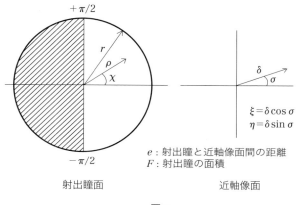

図9

式の第1項は円形開口による無収差回折像で中心強度1，第2項は回折積分の虚数項から得られる強度分布で像面上 x 軸と y 軸を対称軸とする図形で中心強度は0です。したがって，一般的には扇形開口，実用的には半円開口の回折像を手計算，すなわち3角関数の真数表と対数表を使って求める鍵は(27)式をどう解くかにかかっています。原理的には Bruns が得た(16)式中のベッセル関数 J_2, J_4, J_6……を δ に関してテイラー展開したり漸近展開した上で数値計算に持ち込めばいいのですが，数学に堪能だった Straubel は，ベッセル関数を仲介とせずに(27)式をさまざまに変形して収束のいい関数列を作ってこの問題を解きました。おそらくその計算の実際が学位論文のテーマの1つだったのでしょう。しかしこの学位論文は後に彼が経営陣に加わることになる Zeiss 社の図書館にも所蔵されていなかったようです。流通が極端に悪かったのでしょう。

彼は(27)式を $v = 0$ のまわりにテイラー展開しました。すなわち $\psi'(0)$，$\psi''(0), \psi'''$，……を計算して次式を得たのです。

$$\psi(v, \sigma) = \sin \sigma (a_1 v + a_3 v^3 + a_5 v^5 + \cdots) \tag{30}$$

$$(-1)^n a_{2n+1} = \frac{1}{1\cdot 3\cdot 5 \cdots (2n+1)(2n+3)} \left[1 + \frac{1}{2}\cos^2\sigma + \frac{1\cdot 3}{2\cdot 4}\cos^4\sigma + \cdots \right.$$
$$\left. + \frac{1\cdot 3\cdot 5 \cdots (2n+1)}{2\cdot 4\cdot 6 \cdots 2n}\cos^{2n}\sigma \right] \quad (31)$$

しかし,この式はvの増加とともに収束が悪くなり,実用になるのは高々$v \approx 10$くらいでしょう。しかし,回折像の強度分布を計算したい範囲は今も昔も$v \approx 20$あたりまでですから,それ以上は漸近展開,すなわち,$1/v$のべきによる展開を必要とすることになります。なお,円形開口による第4円環の半径は$v = 13.3$です。

漸近展開の結果のみ記すと,vが十分に大きいとき次のようになります。

$$\psi(v, \sigma) = \frac{\sin(v\cos\sigma)}{v^2 \sin\sigma\cos\sigma} - \frac{\cos(v - \pi/4)}{2v\cdot\sqrt{v}}\sqrt{\pi} + \cdots \quad (32)$$

これによく知られた$J_1(v)/v$の漸化式,

$$\frac{J_1(v)}{v} = \frac{\sqrt{2}}{v\sqrt{\pi v}}\sin\left(v - \frac{\pi}{4}\right) \quad (33)$$

を考慮して,(26)式による回折像の強度式は次式で与えられます。

$$N(v, \sigma) = \frac{8}{\pi v^3} - \frac{16(\cos v + \sin v)\sin(v\cos\sigma)}{\pi\sqrt{\pi}\,v^3\sqrt{v}\sin\sigma\cos\sigma} + \frac{16\sin^2(v\cos\sigma)}{\pi^2 v^4 \sin^2\sigma\cos^2\sigma} \quad (34)$$

開口の直線断面方向に関しては,$\sigma = \pi/2$と置いて

$$N(v, \pi/2) = \frac{8}{\pi v^3} - \frac{16(\cos v + \sin v)}{v^2\sqrt{v}\,\pi\sqrt{\pi}} + \frac{16}{\pi^2 v^2} \quad (35)$$

が得られます。

現代では(34)と(35)式はベッセル関数の漸化式を使って容易に導出できます。しかし,この操作を経ずに直接的な方法でこれらの式を導き,回折像の裾の部分を漸化式で表現したのはStraubelが初めてだったようです。Brunsはこの部分の計算を(23)式の数値積分に任せてその解析的表現である漸近展開式を導出しませんでした。

Straubelは$v = 0 - 12$の範囲を(30)式,$12.5 - 20$を(32)式を用いて数値計

算を行い,小数点以下4桁の数表にまとめました.ただし,σに関しては,30°, 60°, 75°, 85°, 90°を選んでいます.**図10**の上欄に彼が描いた強度分布のグラフを掲げます.図中のa, b, c, dはそれぞれσ = 0°, 30°, 60°, 90°に対する曲線を表します.右図は左図に対し縦軸の目盛りを10倍にしてあります.

最後に彼は,Brunsが示唆したC^2とS^2を分離する実験結果を示します.当時1つの対物レンズの右半分と左半分の一方に光路長の差が2分の1波長になるような薄膜を付着させる技術はまだ生まれていませんでした.Straubelはその代わりに3枚の光学くさびを組み合わせたコンペンセーターを製作しました(**図11**).3枚とも同じくさび角(2′)をもつガラス板で,大きいほうはレンズの開口全面をカバーし,小さいほうの一組は接近して置かれ,境界線が開口

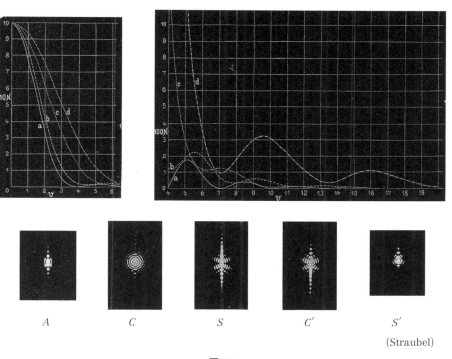

図10

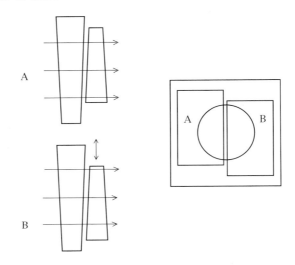

図 11

を 2 分するようにしてあります。小さいほうの一方を矢印の方向に直進させて左右で 2 分の 1 波長(ただし黄緑色の光を基準とする)の光路差を実現したのです。これを用いて非常にきれいな写真が得られています。**図 10** の下欄の A は半円レンズの回折像,C は円開口の左右の光路差が 0 の場合で C^2 を,S はそれが 2 分の 1 波長の場合で S^2 を示します。C において縦の方向(分離線に直交する方向)に暗い回折縞が見えますが,これが**図 11** における 2 つのくさびの A と B 縁による回折と散乱によって生じたことは確かでしょう。**図 10** の S が Wolter の極小強度法の最初の写真ということができるでしょう。

28 ヘリオメーターの回折像とその対称性2

> 回折図形の中心を通る任意の直線を引き，2つに分れた一方をこの中心のまわりに180°回転すると両者は完全に重なる。単にこの直線を折り目にして畳んだのでは完全には重ならない。
> —— Scheiner und Hirayama：本文 ——

☆ヘリオメーター回折像の強度等高線図

　イギリスの University College, London では，1909年当時，ヘリオメーターを使って2重星を観測する際のその方向と分離長に関する測定の個人差の調査を，学生実験用天文設備を使って行っていました。人工2重星には間隔が既知のカドミウム電極間に火花放電を起こしたものを使ったそうです。この実験は赤道儀に小型のヘリオメーターを取り付けて行われましたが，その際ヘリオメーターの開口を絞り込むとこの装置に特有の点像の回折パターンがはっきり見えるようになることを知った P. F. Everitt は，文献を調べて前項で取り上げた F. W. Bessel (1838), H. Bruns (1883), J. Scheiner と S. Hirayama (1893)らの論文に行きつき，そのパターンの強度等高線図を Bruns が導いた方程式から直接計算しようと考えたのでした。しかし R. Straubel の前項で取り上げた2編の論文（1895, 96）はこの探索から漏れてしまったようで，それへの言及はありません。ここでは Straubel の論文と比較しながら，機械式計算機を使った Everitt の論文*を要約します。

　Everitt はイギリスの精密機器と航海機器の製造業者 Hughes and Sons in

---
* Proc. Roy. Soc., **A83** (1909), 302

Londonの光学設計主任を永く勤めた人で,レンズや六分儀に関する特許をもつ他,J. T. Taylor: *The Optics of Photography and Photographic Lenses* の改訂版(1904)にAnastigmatic Lensesの章を執筆しています。しかし本論文執筆時にUniversity Collegeでどんなポストについていたかは不明です。

彼はBrunsが機械式計算機を利用するときに有用だとして導入した回折積分の虚数成分Sの式[本書 27 の(23)・(24)式]

$$S = 2\gamma^2 \int_0^\varepsilon \frac{1}{v}\left(\frac{\sin v}{v} - \cos v\right)du \qquad (1)$$

$$v = \delta \cos u \qquad (2)$$

から出発して,半円開口による点像の強度分布の等高線図を作成しました。ここに(δ, ε)は半円開口の切断方位から測った,近軸像点を中心とする像面上の極座標表示です(図1)。Brunsが仲間内で数値計算が進行中と記した(1883)にもかかわらず結局発表されずに終わってから26年後のことです。

Brunsは既に1883年の時点で,(1)式がベッセル関数を用いて$J_{2n}(\delta)/\delta$ ($n = 1, 2, 3 \cdots\cdots$)によって展開できることを知っていました。しかし当時まだ数値計算に使えるほどに完備したJ_2, J_4, J_6などの数表がなかったためこの展開式を使うのを諦めたのでした。この事情はEveritt がこの問題に取り組んだ1909年になっても実質的に変わっていませんでした。彼は次のように書いています。「この積分を求めるには3つの方法がある。(1)これとは別の,数表のある積分に置き換える,(2)この積分をδに関してテイラー展開する,(3)機械式計算機を使って積分を実行する,の3つである。(1)の方法は不可能であることが分かった。(2)

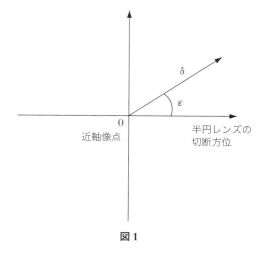

図1

と(3)のどちらを選ぶかは，δの範囲によって大きく左右される．回折図形ではδの範囲を0から16.47（半円開口の直径と同じ直径の円形開口による回折像の第5暗環の半径）とするのが望ましい，中央部0から同第1暗環の半径3.83まではテイラー展開によった．δ＞3.83ではこの展開式の収束が極端に緩やかになるので，機械式積分法を使うことにした」．

　もともと，(1)式のような定積分で表される複雑な関数$f(\delta)$が閉区間$(0, \delta)$でn回微分可能ならば$f(\delta)$が

$$f(\delta) = \sum_{r=0}^{n-1} \frac{f^{(r)}(0)}{r!} \delta^r + R_n \qquad (3)$$

で与えられるというのがテイラーの定理です*．ここに$f^{(r)}(0)$はfのr番目の導関数の$\delta=0$における値です．またR_nは剰余項と呼ばれ，いろいろな表示法が知られています．

　いま(1)式を正規化して

$$f(v) = \int_0^\varepsilon \frac{1}{v}\left(\frac{\sin v}{v} - \cos v\right) du \qquad (4)$$

と置き，$f^{(r)}(0)$を計算して(3)式に代入し，剰余項R_nの凡その値を念頭において，想定したδの上限値に対して項数rをいくつにすればいいかの見当がつきます．Everittは6項までとることにより，δ＝0～3.83の範囲の近似計算を行いました．これと全く同じ手法を用い，Straubelはδ＝0～12までの計算を行っています．彼は採用した項数を明示していませんが，Everittの6項を越える項まで計算していた筈です．

　Everittが求めたテイラー係数の中で最高次数の式$f^{11}(0)$は次の通りです．

$$f^{11}(0) = -\frac{1}{13}\left(\frac{\sin 11\varepsilon}{11264} + \frac{11\sin 9\varepsilon}{9216} + \frac{55\sin 7\varepsilon}{7168}\right.$$
$$\left. + \frac{33\sin 5\varepsilon}{1024} + \frac{55\sin 3\varepsilon}{512} + \frac{231\sin \varepsilon}{512}\right) \qquad (5)$$

このような係数をもつ(3)式の計算を実行するには，当時広く使われるようになった手廻しの機械式デジタル計算機Brunsviga（1886年から1916年の間に

---

* 森口・宇田川・一松編：数学公式II，岩波書店 (1957), p.124

約50,000台販売されたそうです）が便利でした。これは後に日本で広く使われるようになったタイガー計算機（販売期間，1923〜70）と原理が同じ計算機で，掛け算・割り算が得意です。彼は本文中に$f^{(n)}(0)/n$の計算シートを記載しています。三角関数の真数表と Brunsviga 計算機を使って(3)式の計算を実行したのでした。

次の$v = 3.83$〜16.47の領域における計算は(4)式を直接数値積分する方式によりました。Straubel が$δ = 0$〜12までをテイラー展開で，また12.5〜20を漸近展開法で行ったのとは対照的です。

まず(4)式の被積分関数zを引き算記号を含まない形に変えます。数値計算を簡便にするためです。

$$z = \frac{1}{v}\left(\frac{\sin v}{v} - \cos v\right), \quad f(\delta, \varepsilon) = \int_0^\varepsilon z\,du \tag{6}$$

$$v = \delta \cos u = \tan \phi \tag{7}$$

これより次式が得られます。

$$z = \frac{\sin(v - \phi)}{v \sin \phi} \tag{8}$$

この式が対数計算に適していることは明らかです。**表1**に$\delta = 11.61986$を与えたときのzの値を計算する計算シートを示します。uの値を$0°$から$5°$おきにとったときのデータです。この表はおそらく三角関数の真数表と対数表から得たデータを機械式デジタル計算機で処理して作ったものでしょう。彼は1つのδの値に対し，uを$2°$おきに$0°$から$90°$まで計算し，その後の加算処理

$$f(\delta, \varepsilon) = \Delta u \sum_0^{n-1} z_n(u), \quad n\Delta u = \varepsilon \tag{9}$$

を今度はアナログ積分機を使って実行したのです。

彼は更に回折図形の強度パターン上にある極大と極小点の位置を求める計算もあわせて行っています。強度等高線図を描くには必要なデータですが本項では説明を省略します。

表 1

$\delta = 11.61986$

u	0°	5°	10°	15°	Max
$\log \delta$	1.0652009	1.0652009	1.0652009	1.0652009	1.0652009
$\log \cos u$	—	9.9983442	9.9933515	9.9849438	9.2531911
$\log v = \log \tan \phi$	—	1.0635451	1.0585524	1.0501447	0.3183920
ϕ	85° 4′ 52″.6	85° 3′ 45″.3	85° 0′ 20″.8	84° 54′ 31″.2	
v (ラジアン)	11.619860	11.575616	11.443330	11.223922	
v (度角)	665° 46′ 8″.2	663° 14′ 2″.2	655° 39′ 16″.1	643° 5′ 0″.1	
$v - \phi$	580° 41′ 15″.6	578° 10′ 16″.9	570° 38′ 55″.3	558° 10′ 28″.9	
$\log \sin \phi$	9.9983977	9.9983855	9.9983480	9.9982831	
$\log\left(\frac{1}{\sin \phi}\right)$	0.0016023	0.0016145	0.0016520	0.0017169	$u = 79°.680$
$\log\left(\frac{1}{v}\right)$	8.9347991	8.9364549	8.9414476	8.9498553	
$\log \sin (v - \phi)$	9.8142034n	9.7909994n	9.7073766n	9.4940367n	
$\log z$	8.7506048n	8.7290688n	8.6504762n	8.4456089n	
z	−0.056312	−0.053588	−0.044717	−0.027900	

(Everitt)

☆積分描画機 (Integraph) Coradi

彼が使った積分描画機 Coradi (Abdank-Coradi と呼ぶのが普通のようです。発明者 B. Abdank-Abakanowicz, Coradi はスイスの数学器械メーカー。) の概要を紹介します。これは紙 (Everitt は card と書いています。かなり厚い数 10 cm 四方の紙だったのでしょう) の上に正確に描いた曲線 $f(x)$ を $x = a$ から b まで追跡針 (ポインター) でなぞると, 定積分,

$$Y = \int_a^b f(x)\,dx \tag{10}$$

すなわちその一次導関数が $f(x)$ であるような曲線 $Y(x)$ が同じ紙の別の個所に描かれる機構をもつ装置です。

まずこの種の積分描画機に広く使われた転動輪 (roller wheel) を説明します。これは車軸のまわりを自由に回転する車輪で, 紙の上をスリップせずに転がるものです。これを積分機に利用する原理を**図2**に示します。3輪車の前輪 (操舵輪) に転動輪が, 2つの後輪部には紙の上をそれぞれ自由に動き廻れる

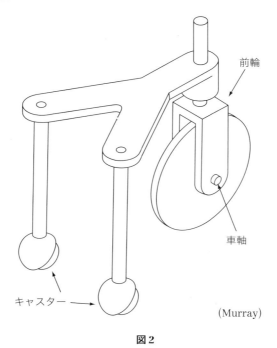

図 2

キャスターが付いています*。これに車軸とは異なる方向から弱い力が加わると，3輪車は前輪に接する方向に動きます。力の車軸方向の成分は車輪と紙の接触点における摩擦力に阻まれて3輪車を動かすことができず，それと直交する成分が3輪車を前輪の面内で移動させるわけです。したがって前輪の進む方向（x軸となす角 α）をハンドル（図には描かれていない）で操舵してやることにより，

$$\frac{dY}{dx} = \tan\alpha \propto f(x) \tag{11}$$

が常に成り立つようにしてやれば，$f(x)$ を被積分関数とする積分 Y が得られることになります。$f(x)$ が与えられたとき(11)式が常に成り立つような機構の

---

* 私は以前プラニメーターの項で転動輪の特性を説明しました。第9・光の鉛筆，アドコムメディア (2012), p.307。以下の説明は F. J. Murray: *Mathematical Machines*, **2** (1961) p.353 によります。

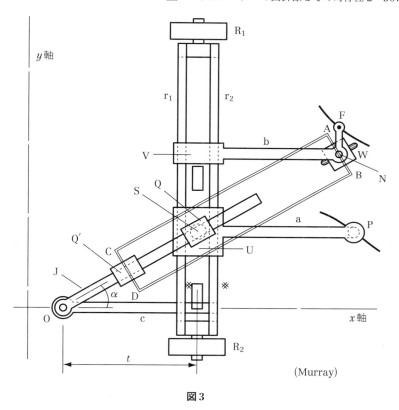

(Murray)

図3

1つが**図3**に示すCoradi積分描画機で、上から見たものです。

 2本の平行なレールr_1とr_2をもつ車体が2つの車輪R_1とR_2によってx軸の方向に直進運動します。車体にはレール上をy軸に沿って自由に動ける2つの小さい車台UとVが乗っています。それぞれの車台から腕aとbが突き出しています。aの先端には曲線$f(x)$をなぞるための追跡針Pがついています。車台Uの中央部Sには回転可能な軸受けがあり、これに結合するピボットを介して、中空の円筒Qが取り付けられ、その中を丸い棒Jが滑らかに前後できるようにしてあります。Jの先端は車台から直接突き出た腕cの先端と軸受けOで結合しています。

いま x 軸として O を通る直線をとると次式が得られます。

$$\tan \alpha = \frac{f(x)}{t} \tag{12}$$

ここに α は J が x となす角で，t は図中に示した距離で定数です。

　丸い棒 J にはもう 1 つ中空の円筒 Q' が嵌っていて滑らかに前後できます。Q' には矩形のフレームが，その一端 CD が J に直交するように固定してあり，他端 AB は転動輪 W の車軸に結合しています。すなわち転動輪の進む方向は常に丸い棒 J の中心軸の延長線上にあるようにしてあるわけです。転動輪の支持台は軸受け N を介して車台 V の先端と結合しています。こうして，転動輪 W は常に(12)式による J の傾斜と同じ傾斜をもち，しかも W の運動は車台 V の運動と完全に一致することになります。軸受け N から y 軸に平行に少し離れて鉛筆 F を立てれば，それは紙の上に $f(x)$ の積分を描くことになります。

　Everitt はこの積分描画機を使って，まず円開口に対する第 1 暗環を与える δ を選び，ε の 10°, 20° ⋯ 90°に対する(4)式を測定して，数値計算の値と比較し，両者の不一致が最大でも 0.2% 以下という，私の個人的な感想ですが驚異的結果を得ました。

　これに力を得て作成したのが，**図 4** に示した強度等高線図です。中心の強度を 1 に正規化してあります。主な等高線には細かい数字で中心に対するその相対強度が記入してありますが，低倍のルーペで拡大してやっと判読できるほどの寸法なので，本文からほぼ等倍で転載したこの図から数字を読み取るのは難しいでしょう（私の予想は外れました。図は元図よりも鮮明に再現されています）。回折像の中心を通る横軸上の強度分布が円形開口の回折像 $|2J_1(x)/x|^2$ と一致することは既に分かっていますし，更に x 軸から測った方位角 ε が 0°, 30°, 60°, 90°の断面の強度曲線（前回の**図 10**）を並べて較べれば，やはり前項で掲げた回折像の写真との細部にいたるまでの一致を確認できるでしょう。

　図 3 に示した原理図からは，装置の全体がいかにも華奢であるように見えます。また自由に回転できるいわば関節の機能をもつ結合部が沢山あって，作業者の指先が追跡針をどの方向に動かしても同じ感覚でその円滑な移動を実現できるかも気掛りです。しかし当時の精密機器メーカーが粋をこらして設計・製

28 ヘリオメーターの回折像とその対称性2 509

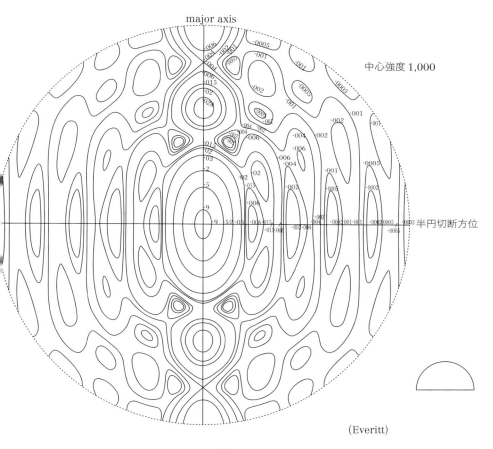

図 4

作した装置の外貌図*を眺めますと，その機械的堅牢さがうかがわれ，Everitt が最大で誤差 0.2% だったとしたデータも頷けるように感じられます。

第 2 次大戦直前までの主として機械式デジタルおよびアナログ計算機を取り上げた専門書に，城憲三：数学機器総説，増進堂（1946）があります。著者は大阪大学工学部精密工学科創設（1939）以来数学機器の講義を担当し，南茂

---

* 当時の代表的な数学器械のテキスト，A. Galle: *Mathematische Instrumente*, Teubner (1912), p159 に掲載されています。

夫先生も戦後聴講したそうです。戦後間もなく同大学で日本最初の真空管式電子計算機を完成させた，パイオニアとして知られています。

☆無収差フラウンホーファー回折像の対称性

　無収差レンズの光軸上の点光源を発してレンズの開口に入射し，そこに置かれたさまざまな形の開口絞りAで回折して，その近軸像点のまわりに拡がる光斑の一般的な性質が，フラウンホーファーの回折積分の式から導かれることは周知です。これはStraubelの記法に従って次式で与えられます。

$$s = \frac{K}{\lambda e^2} \iint_A dx dy \sin 2\pi \left(\frac{t}{\theta} + \frac{x}{\lambda} \frac{\xi}{e} + \frac{y}{\lambda} \frac{\eta}{e} \right) \tag{13}$$

ここに s は近軸像面上近軸像点を原点とする直交座標上の点 (ξ, η) における複素振幅，t は時間，θ は光振動の周期，その他の記号は**図5**に示しました。積分は開口絞りAの内部で行います。このとき回折像の (ξ, η) における強度は次式で与えられます。

$$M = |s|^2 = \frac{1}{2} \left(\frac{K}{e} \right)^2 (C^2 + S^2) \tag{14}$$

$$\begin{matrix} C \\ S \end{matrix} = \iint \frac{1}{e^2} dx dy \begin{matrix} \cos \\ \sin \end{matrix} 2\pi \left(\frac{x}{\lambda} \frac{\xi}{e} + \frac{y}{\lambda} \frac{\eta}{e} \right) \tag{15}$$

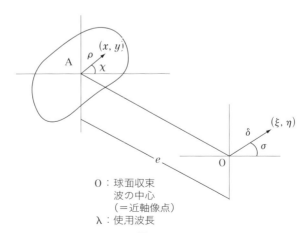

O：球面収束波の中心（＝近軸像点）
λ：使用波長

図5

(15)式を極座標表示で書くと次式が得られます。

$$\begin{matrix} C \\ S \end{matrix} = \iint \frac{\rho}{e^2}\, d\rho d\chi \begin{matrix} \cos \\ \sin \end{matrix} 2\pi\left(\frac{\rho\delta}{e\lambda}\right)\cos(\chi-\sigma) \tag{16}$$

ここに,

$$\xi = \delta \cos\sigma, \quad \eta = \delta \sin\sigma \tag{17}$$
$$x = \rho \cos\chi, \quad y = \rho \sin\chi \tag{18}$$

これらの式を用いて, 回折像に広く一般的に成り立つ定理を次の5つにまとめたのはイギリスの天文学者 J. Bridge* でした。すなわち,

1. 相似の開口による回折像もまた相似である。その寸法は開口の寸法比に逆比例する。
2. 波長の異なる単色光による回折像の寸法は波長に正比例する。
3. 結像レンズの開口の内部で与えられた開口絞りを平行移動しても回折像の形は変わらない。
4. 開口上任意に直線を1本引き, それに直交する直線群が開口の縁と交差する2点間の距離をすべて m 倍した開口を作ると, 新しい開口による回折像の当該直線と同方向の振幅は m 倍, したがって強度は m^2 倍になる。
5. 遮光板の上に寸法の同じ開口が等間隔平行に並んで置かれたときの回折像は, その中の1個の開口による回折像の強度分布に, 各開口上同一位置に点開口が並んでいるとして得られる回折像の強度分布を重ねたものに等しい。

このうち第5項は回折格子の作用に理論的根拠を与えるもので, 回折格子の歴史上重要な位置を占めるものです。

さて, Straubel はこれら Bridge の5定理に, 新たに定理を2つ加えるとして次のように述べます。「その第1はフラウンホーファー回折像の対称性, 第2はそれを単純な要素から合成することである」。

彼はまず像面座標の中心を, その点を通って直線を引いたとき, この線上にあってこの点から等距離にある点上の強度が等しくなる点と決めました。この

* Phil. Mag. (4), **16** (1858), 321

とき回折像はこの点を中心として点対称の強度分布を示します。これが球面波の幾何学的収束点，また共軸系にあっては近軸像点であることは自明です。これより対称性の定理は次のように書けます。「開口が n 個の対称軸をもつ場合には回折像は $2n$ 個の対称軸をもつ。すなわち n は開口の対称軸，残りの n は各対称軸に直交する方向であり，すべての対称軸は球面波の収束点（= 近軸像点）を通る」。ただし一組の軸が一致する場合があり，それは例えば偶数辺をもつ正多角形の場合で，対称軸は n に縮退します。一方奇数辺では $2n$ のままです。

この定理の証明は容易です。(13)式において回折像の座標を $\xi \to -\xi, \eta \to -\eta$，すなわち近軸像点のまわりに180°回転すると，

$$s(-\xi, -\eta)^2 = s(\xi, \eta)^2 \tag{19}$$

が得られ，回折像は開口がどんな形をしていても常に点対称性をもつことが証明できました*。

更に，開口が対称軸をひとつだけもつ場合，例えば図6に示す半円形の場合

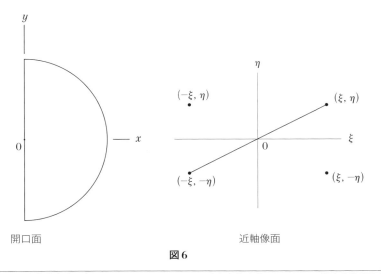

開口面　　　　　　　　　　　　　近軸像面

図6

---

* 回折積分を複素数表示に変えると，$s(-\xi, -\eta) = s(\xi, \eta)^*$ となります。しかしこの場合も強度を $|s|^2$ で定義すれば同じ結論に到達します。

には，対称軸が x 軸ですから，像面上点 $(\xi, -\eta)$ が点 (ξ, η) と等強度になることは自明です。加えて点対称性の定理から点 $(-\xi, -\eta)$ もまた同強度になり，こちらは x 軸に関して点 $(\xi, -\eta)$ と対称の位置にあります。したがって開口面のひとつの対称軸に対して像面ではその軸とそれに直交する軸の合計 2 つの対称軸が存在することが証明できた次第です。

　もうひとつの定理は，(15)式における C と S について C^2 と S^2 を分離したり合成する問題に関するものです。前項で取り上げたヘリオメーターの半円レンズについて Bruns が理論から予想し Straubel が実験で検証した性質を，Straubel が拡張したもので，次のように書けます。「ある開口 A が与えられたとき，それを補完して開口全体を中心対称にするような開口 B をつくり，合成した開口 C に光を同位相で通過させたときと A と B の間に光路差 $(2n-1)\lambda/2, n = 1, 2, 3\cdots$ を与えたときのそれぞれによるフラウンホーファー回折像を作ると，前者が開口 A の C^2，後者が同じく開口 A の S^2 を与える」。この定理の典型的な応用例が前項で取り上げた半円開口だった訳です。この例を拡張したものに，円開口の一部を直線で切り取った開口の場合が挙げられるでしょう［**図7**(a)］。しかし例えば円開口を 4 等分して対向する扇面開口の一組を遮光した開口には上の定理を適用できません。それ自身が点対称をもっているので補完開口が顔を出す余地がないからです［**図7**(b)］。その後に発表された多くの文献で，Straubel の第 1 定理の紹介があっても，第 2 定理への言及

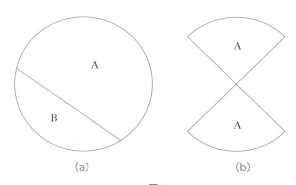

図7

が殆どないのは、これが意外なほどに適用例が少ないことによると私は思います。しかし理論的ないしは形式的な面白さがありますのであえて紹介しました。証明は容易です。

☆ Scheiner と Hirayama の写真集

ポツダム天文学・天体物理学観測所教授 J. Scheiner と当時この天文台に留学中だった平山信（所属記載なし）の共著論文：Photographische Aufnahmen Fraunhofer'scher Beugungsfiguren（フラウンホーファー回折図形の写真記録）、がプロイセン王国科学アカデミー（ベルリン）論文集の付録 (Anhang zu Abh. d. kgl. Akad. d. Wissensch. zu Berlin (1894)) として出版されました。何で付録扱いなのか分かりませんが、1894 年 9 月 24 日にアカデミー物理・数学部に提出され、即日印刷にまわされ、同年 10 月 15 日に発行されたと記されています。

この論文の主役は実に様々な開口による無収差回折像の計 36 点にのぼる写真です。撮影には写真用に色収差補正した焦点距離 4 m の対物レンズを使い、さまざまな形の開口絞りには直径が平均 2 mm という小さいものを用意しました。著者らの説明から光学配置を描いたのが**図 8** です。焦点距離 4 m の色消し対物レンズと組み合わせる開口絞りの平均直径が 2 mm とはいかにも小さく、実使用時の口径比は何と 1:2000 です。そのため、コリメーターの焦点距離は、これが向かい合う対物レンズの焦点距離より大きいという常識とは逆に約 30 cm

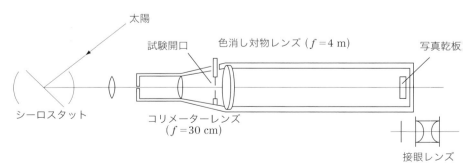

図 8

と極端に小さく，これが対物レンズの金枠にちょこんとマウントされ，その焦点位置に置かれた小開口がヘリオスタットを経た太陽光で水平に照射されて点光源の役割を果たす構成になっています。そのため直径2mmの丸い開口絞りによる回折像の中心円板の直径は数mmになります。乾板に記録された回折像はそれを約2倍に引き伸ばされて印刷されています。乾板への露光時間は5～15分だったそうです。

このような事情から，さまざまな形の開口絞りをどうやって製作するかが，その正しい回折像を得る鍵になりました。文章の一部を翻訳します。「遮光絞りの製作は念を入れて行われた。その僅かな誤差や規則性からのずれが強調されて姿を現し，例えばたまたま付着した小さなほこりが回折パターンの対応する場所に大きな変更をもたらすのである。直線状の境界をもつ開口は薄い錫箔に加工してからそれより少し大きい開口に貼り付けて作った。開口を横断する対角線や弦などは極細に引いて作ったプラチナ線で作った。開口の内部に遮光パターンを含む場合はそれを顕微鏡のデッキガラス上に固定した」。

おそらくこれらの作業を含む実験の全体を，筆頭著者Scheinerの下で担当したのは，東京帝国大学理科大学星学科を1888年に卒業し，1890年にヨーロッパに留学してグリニッジ天文台を経てポツダムで研修していた，発表当時26歳の平山信だったのでしょう。彼は論文発表の年に帰国して星学科講師に就任し，翌年には教授に昇任しました。1919年には第2代東京天文台長に就任しています。

私は前項で，彼らの撮影した36葉の写真からヘリオメーターに関連する2枚を転載しましたが，ここでは彼らがその製作に苦労したと記した構成の開口による回折像を図9に示します。開口の形は各写真の右下に掲げてあります。おそらくすべての開口がほぼ同じ倍率で描かれていると思います。1. は参考のために掲げた円形開口の回折像です。

著者らはフラウンホーファー回折の諸式を主にBrunsの論文に従って記述し，それを簡単におさらいした後，回折像の対称性について次のように述べています。「回折図形の中心を通る任意の直線を引き，2つに分れた一方をこの中心のまわりに180°回転すると両者は完全に重なる。単にこの直線を折

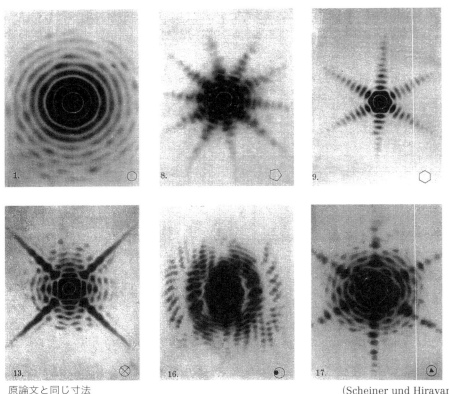

原論文と同じ寸法 　　　　　　　　　　　　　　　　　　(Scheiner und Hirayar

図 9

り目にして畳んだのでは完全には重ならない。いろいろな回折図形を一見しただけで，そのすべてがこの定理を満たすことが分かる。更にこの定理から，全く対称性をもたない開口から対称性のある回折図形が生じることが分かる。更に，奇数個の線分から成る開口によってその2倍の対称軸をもつ回折像が生じることが分かる。3角形・5角形開口がその例である」。

この記述に対して自分の先取権を主張したのがStraubelだったわけです[*]。

---

[*] Straubelの主張は一般に認められたようです。例えば，F. Jentzsch: Beugungstheorie der Optischen Instrumente, in *Handbuch der Physik* **21**, Licht in Materie, Springer (1929), p.927

☆ R. Straubel 小伝

　Straubel（1864〜1943）は Jena 大学に教職のポストを得た後，1901 年 Zeiss 財団に入社し，E. Abbe が死去した 1905 年に O. Schott（Schott 社創立者），S. Czapski（Abbe の女婿）と共に同財団の 3 人の役員の 1 人に抜擢され，1933 年にナチスの圧力によってやむなくその職から離れるまで，第 1 次大戦の敗戦を含む困難な時期に同財団の経営の舵取りを任されたのでした。彼の不本意な引退は彼の夫人がユダヤ人であることに原因があり，彼が 1942 年に死去した後，夫人は強制収容所に送られ，そこで死を迎えたと伝えられています。

　Czapski は 1907 年に 46 歳の若さで亡くなりました。彼は Straubel について次のように語っているそうです。「シュトラウベルが精神的にいかに大きな人物であるかを私が知ったのは，彼が役員となって 2, 3 年したころでした。いつも彼は受身にまわり，観察するような立場をとるのですが，あるとき私がアメリカに長期出張に出たために，実際に行動せざるを得なくなったことがあります。するとどうでしょう。彼には経営的な組織能力もあり，科学的にも技術的にも建設的で，すべてが備わっていたのです。これこそがアッベの精神だと思いました。くたくたになるまで働くという，悪癖も含めてですが[*]」。Czapski の死と O. Schott の引退後はプラネタリウムの発明者で第 2 次大戦後も西ドイツのツアイス財団の経営責任者をつとめた W. Bauersfeld（在職期間，1908〜1959）と E. Schott（同，1927〜1968）が経営陣に加わりました。

　Straubel の光学分野第 1 の業績が「ストローベル（シュトラウベル）の定理」の発見であることに異論はないでしょう。この定理はその後多くの理論家たちに取り上げられ，今では一般化ラグランジュ不変量，光学的リウビルの定理，（一般化）エタンデュ定理などと，さまざまな用語があてられています。近年は照明光学系や非結像光学系の設計と評価に必要不可欠な定理として広く知られていますが，この定理の起源が Straubel にあることに疑いの余地はありません。しかし，私はすでにこれについて多くを述べていますので本項では

---

[*] A. Herman（中野不二男訳）：ツアイス―激動の 100 年，新潮社(1995)，原著の出版は 1989 年．

説明をすべて割愛し，以下に私が発表した資料のみ掲げることにします*。

Straubelにはまとまった評伝がありません。そこで，Zeiss在籍中（1928～34）に彼の部下だったM. Herzberger（1899～1982）が「C. R. Straubelの科学業績」としてまとめてJ. O. S. Aに掲載した4ページの紹介記事［**44**(1954), 589］からその一部を訳出します。Herzbergerはその後USAに移住し，長くKodak社に勤務しました。*Strahlenoptik* (1931)と*Modern Geometrical Optics* (1958)の著者です。

「彼の指揮下でJenaは世界光学産業の中心となった。彼の研究所は実用研究だけでなく理論分野にまで研究領域を拡大した。これは現在でも民間巨大研究機関（おそらく1954年当時のBell研やIBMのWatson研を指しているのでしょう）でしかやれないことである。この時期に光学に関するあらゆる著書と論文を集めた図書館も完成した（Zeiss財団に所属する人たちが出版する専門書の巻末に付された膨大な参照文献はすべてここに所蔵されていたのでしょう。現在のJenaには今も残っているのだろうか？）。

彼は写真器材メーカーを統合してIca社を作り，第1次大戦後の経済的困難の中でドイツ光学産業の殆んどを統合してZeiss-Ikon社を設立して取締役会の議長をつとめ，Leitz社と対抗する企業に育てた。彼の在任期間の後半には，写真測量や軍用器械に注力する一方，水力の利用や洪水制御，重力定数gの干渉測定，太陽光の利用などにまで関心を拡げ，地震研究に補助金を出したりした。

彼の学位論文は見ていない。フレネル・フラウンホーファーの原理に従う回折積分を境界上の線積分に変換する，いわばストークスの積分則の一般化を目指したものだったらしい。形の異なる開口による回折がヘリオメーターの場合も含め研究の対象だったらしい。半円開口による回折の数値解は彼によって計算・公表された。

大学の講師応募論文は非球面波による回折を取り扱い，また開口上中心から縁にいくに従って透過率が低下するマスクを使うアポディゼイションの研究も含まれていた」。

---

* 鶴田匡夫：応用光学I，培風館(1990), p.129, 第4・光の鉛筆 31, 32, 本書 1, 2, 3

これらを含む合計33篇の論文リストが報告の末尾に掲載され，その中で僅か6篇だけが取締役在任中のものだったそうです．Herzbergerは彼の論文の多くが流通の悪い媒体に掲載されたこともあり，彼の卓見の多くが世の中から埋れてしまったと嘆いています．確かに，回折積分の線積分表示にせよ，アポディゼイションにせよ，彼の研究は引用されないのが普通のようです．

☆ Scheiner[*] と平山[**]

　平山信（1867〜1945）は1890年にヨーロッパに留学し，Greenwichに数ヶ月滞在した後Potsdamに移り，当時勃興しつつあった天体物理学のリーダー H. C. Vogel の下で残りの3年余りを過ごしました．その時の研究成果の1つが上記回折像の研究でした．

　Vogelはちょうどその頃，技術的進歩が著しかった写真術を天文学に導入し，恒星のドップラーシフトを精密に測定して主に分光学的連星の研究を推進していました．J. Scheiner（1858〜1913）は彼の下でこの研究の共同研究者だったのです．

　Scheinerは1887年にそれまで在籍していたBonn天文台からVogelが所長を勤めるPotsdam王立天体物理学研究所に移り，Vogelが設計しSpectrography（分光写真儀）と名づけた新しい装置を使い協力して恒星の視線方向の速度を正確に測定しました．平均確率誤差は2.6 km/sに達し，それまでに得られた値より1桁小さいものだったそうです．彼はまた1900年頃から恒星表を作るための恒星写真の撮影に従事しました．彼の実用的・実験的技能を見込まれてのことだったのでしょう．実際，彼は写真測光法の経験則を調べてその誤りを検証したそうです．

　誕生したばかりの最先端の天体物理学研究の真只中に身を置きつつ，職人芸の粋でもある光学実験や写真技術を身をもって研修できたわけですから，平山のこの研究にかける意気込みはたいへんなものだったろうと想像されます．当時の実験ノートや日記が残っていれば是非とも見てみたいと思うのは私だけで

---

[*] 主として，W. McGucken: in *Dictionary of Scientific Biography*, ed., C. C. Gillispie, (1970)によりました．
[**] 中山茂編：天文学人名辞典，恒星社 (1983)．

はないと思います。

　1895年教授に昇任した平山は主に実験と観測を受け持つ第2講座を担当し（第一講座は寺尾寿），実地天文学・天体観測・天体物理学・恒星天文学・軌道論・測地学などを教えました。

　帰国後の研究について，東京大学百年史・理学部（東大，1987）には次の記述があります。「平山信は太陽黒点に関する研究を続けると共に，小惑星の観測と軌道決定，更に測地学委員会と協力して各地の経緯度の精測及び潮位の解析を行うなど顕著な業績を残している」。「平山信は，明治35年（1902）に入った戸田光潤の助けを得て，太陽面の連日撮影を行い，黒点を基準とした太陽活動状態の記録を蓄積し，天体測光並びに分光学方面における実験的研究と共に恒星の子午線通過の写真観測法に関する考察を試みた」。これらは天体写真測光の草分け的存在だったVogel・Scheinerの指導下の研修が花開いた成果と言えるのかも知れません。

　天文学は歴史的にその実用面で国家的要請に応える責務を負っています。寺尾寿と並んで近代ヨーロッパの天文学を日本に導入したパイオニア平山には教育と研究の他に行政への参画が避けられませんでした。前掲の天文学人名辞典からその部分を引用します。

　「当時麻布にあった東京天文台において研究のかたわら寺尾寿台長を助け，経営，設備の改善・後進の指導に当たり大正8年（1919）寺尾退官の後をうけて第2代台長となった。昭和3年（1928）3月退官まで台長として天文台の三鷹村への移転に東奔西走し，塔望遠鏡・65cm赤道儀などの設置・編暦報時業務の確立に力を尽した。明治32年（1899）に理学博士，同42年に帝国学士院会員となった。また水沢緯度観測所や三鷹国際報時所あるいは日本天文学会などの創立に携わった。研究としては，日食観測にもたびたび参加し，太陽関係の理論的研究も行った。写真観測にも力を注ぎ，小惑星の軌道決定を行い，その間，Tokio，Nipponiaの2個の小惑星の発見をした。のちには主として恒星天文学の研究に意を注いだ（執筆，内田正男）」。

29 水島三一郎とラマン分光器 1

> その時の余興,福引きで,「水島三一郎」の賞品,「大風呂敷」が渡されるのを,先生は苦笑いされながらも楽しげに眺めておられた[*]。
>
> ——片山幹郎:回想の水島研究室より——

　ラマン効果が 1928 年に発見されてからしばらくたった 1932 年の日本で,この現象を使った極めて独創的な研究が構造化学の分野で始まりました。その中心人物が水島三一郎(1899〜1983, 1961 年文化勲章)です。ここではまず,水島のそれまでの研究歴の大要を紹介しましょう。

　彼は東大理学部化学科を 1923 年に卒業し,直ちに助手に採用されて以来,有機物誘電体の電波領域(自作した発振器による波長 60 cm〜50 m)における物理的・電気的性質の実験的研究を続けました。彼が 1926 年に日本化学会欧文誌に発表した同じ表題:「電波の異常分散と吸収」をもつ一連の論文[**]が P. Debye(1936 年ノーベル化学賞。双極子モーメントおよび X 線と電子線回折による分子構造の決定)の目に止まり,「これは電波の分散と吸収を不減衰波(連続発振波と同じ)で系統的に測定した最初の研究で,かつて自分が考えた双極子モーメントに基づく理論を支持するものだ」と絶賛され,その後光学教科書の古典とされることになる M. Born: *Optik* (1933) 第 8 章 放射・吸収・分散の末尾に次のように紹介されています。「Debye は彼の理論を証明するのに Mizushima の測定を利用した。さまざまなアルコールの誘電率と吸収を波

---

[*] ここでいう大風呂敷には,ものごとを構想する力が大きくかつ広い範囲に及ぶというほどの意味がこめられていたのでしょう。

[**] Bull. Chem. Soc. Japan, **1** (1926), 47, 83, 115, 143, 163. 化学の原典 3,構造化学 I,東京大学出版会(1974), p.61–71 にその一部の邦訳と東健一による解説が掲載されています。

長3.08m, 9.5mおよび50mにおいて温度 −60°〜60°Cの範囲で測定されたものである。」。水島はこうして,「アルコールなどの有機化合物について,電磁波の異常分散現象を世界に先駆けて発見し,これが分子の双極子モーメントに起因することを証明した」最初の人とする評価が定着したのでした。その後分子内回転や回転異性を双極子モーメントの測定値を使って調べる方法が水島研究室の一手法として確立することになります。

この業績が契機となって水島は1929年から約1年半Debye(当時ライプチヒ大学物理学教室主任)の研究室に留学し,彼の文章によれば,「Debyeは私の望みをかなえて1年半位化学の問題(つまり量子化学の問題)に対して波動方程式をどのようにたてるか,またそれをどのように解くか懇切に指導された」のでした。彼はこれに続けて,「(自からそれを希望したのは自分が)将来量子化学の理論の専門家になることを目的としていたものではない。当時一般の化学者にとって,とりつきにくい量子化学をできるだけわかりやすく説明するためには,自分で量子化学の問題をとくという方法でその核心をつかむのがよいと思ったからである」と述べています。後に彼を慕って多くの俊才たちが集って水島研究室人脈[*]を作った理由のひとつに,彼にこのような研究者・教育者としての自覚があったことを挙げられると思います。なお,留学中のおそらく貴重な経験については,上記引用をふくむ回想記が残されています[**]。

この回想記の中で彼は,留学を終えて帰国した直後から始まりその後10年あまり彼と彼の研究グループが取り組むことになる分子内部回転研究のアイディアがどのようにして誕生したかについて,次のような一節を残しています。少し長いですが引用します。

「(私の論文が掲載された欧文誌創刊号には)仁田勇博士のペンタトリトロール$C(CH_2OH)_4$の論文[***]がのっているが,これは欧米の幾人かの研究者の誤りをただし,炭素の四面体原子価をX線回折の立場から証明した重要なものである。彼らは四面体原子価を否定する別の根拠として,この分子が大きな双極

---

[*] 回想の水島研究室,馬場・坪井・田隅編,共立出版 (1990)
[**] 水島三一郎:構造化学研究の思い出から。日本の化学百年史,日本化学会編,東京化学同人社 (1978), p.47–59
[***] I. Nitta: Bull. Chem. Soc. Japan 1(1926), 62–63

子モーメントをもっていることをあげているが,これも賛成できない。というのは CH_2OH 基は内部回転軸をもっているから,この分子が四面体構造をもっていても双極子モーメントは大きくなり得るからである。当時私はこの問題を考えて,前に測定した電波の分散と吸収の結果を Debye の理論だけで説明してよいかどうか再検討すべきだと思った。その理由は低温ではアルコールの粘度が極めて高くなるから,分子全体としての配向は起らないでも内部回転によって極性基の配向は起り得るからである。しかしこの問題は私の行った実験結果が正しいか誤っているかということには関係がなく,その結果の理論的説明の問題だから後にのばすことにした。—中略— だから1930年代の初めから長く続いたわれわれのグループの分子内部回転(配座)の研究を1926年の化学会欧文誌創刊の時点で開始する決心をしたとはいえないが,その頃から頭のどこかに潜在していた位のことはいえよう」。

この文章には化学系でない光技術者にとって解説を要する用語がありますので,簡単に触れておきます。まず,炭素の4面体原子価とは,1874年に van't Hoff が提唱したもので,炭素原子を正四面体の中心に置いたとき4本の結合が正四面体の4個の頂点に向くという仮説です。仁田はこれを X 線回折法によって実証し,上記論文で発表したのです。

次にペンタトリトロールが有限の大きさの双極子モーメントを持つことについて。メタン分子 CH_4 およびこれと同様の構造をもつ CCl_4 や CBr_4 など CX_4 型の化合物の双極子モーメントが0であるという実験的事実が広く知られている中で,4つの CH_2OH 基をもちこれらと同じ構造の筈のペンタトリトロールが何故大きい双極子モーメントを示すかという,仁田に対する強い反論がありました。彼らは,炭素には正四面体以外に,炭素を頂点とする四角錐状の構造もまた可能であるとしてペンタトリトロールが双極子モーメントをもつという事実を説明しようとしたのです。この論争は結局仁田の勝利に終わったのですが,水島は上に挙げた見解をもって仁田を擁護しました。このとき,分子内回転という現象をまだ漠然としてではありますが,将来の研究テーマの1つに算えていたのかも知れないと彼は回想しているのです。

☆ラマン分光の研究開始

　水島がヨーロッパから帰国後に取り組んだ研究課題は分子内回転でした。その実験手法として選んだのがそれまでに手掛けた誘電率や双極子モーメントの理論と実験の蓄積と組み合わせて使うことになるラマン分光法でした。

　以後，水島の片腕としてラマン分光の一切を受け持つことになる森野米三（1908～1995，1992年文化勲章）は前記：「回想の水島研究室」の中で次のように書いています。「水島先生が帰朝の第一歩として始められたのは，これまでの電波の吸収に加えて，分光法を採用されたことであった。留学中のDebye教授の研究室では分光学の経験を全く持たれなかったのであったから，研究課題についてのこの選択は，当時としては極めて珍しいケースであったのである。―中略― この時代に，彼の地で一度も手掛けたことのない実験を始めようと決心されたのである。その勇気には，正に頭の下がる思いがするのである」。これは当時水島の部下でありまた共同研究者として彼に最も近いところにいた人の証言ですから，水島がラマン分光に本格的に取り組む決心をしたのが帰国後だったことを教えてくれます。実際森野はJ. Molecular Structureに寄稿した「ジクロロエタン*のゴーシュ型の発見」という英文で書かれた回想記［**126** (1985) 1–8］の中で次のように述べています。

　「水島はラマン効果の実験を1933年に開始した。ある日彼はこの実験を私と一緒にやらないかと提案した。それは私にとって嬉しいお誘いだった。何故なら当時私はいわゆる"量子ペスト"にかかっていたからである。量子力学はその頃実に血わき肉おどる話題だった。しかし私たちは分光写真器もなければ2人とも分光学の経験が全くなかった。彼はどうしても分光をやりたいというのだ。私には水島がどのようにしてこのアイディアを思いついたのか見当がつかなかった。言うまでもなく，私たちは分子分光法が分子構造の研究に非常に重要なことはよく承知していた。しかし赤外分光学は未だ揺籃期にあって，私たちの問題に使えるとは思えなかった。私が知る限り，これは水島の友人のひとり藤岡由夫博士の貴重な示唆によるものだった。藤岡は原子物理学分野の活

＊ 正式名は1,2-Dichloroethane。二塩化エチレン，塩化エチレンと同じ物質を指す。化学式は$C_2H_4Cl_2$。

溌な分光学者だった。彼の示唆が（赤外で透明な）プリズムが不用の，近年発見されたばかりのラマン効果を使う分光法だったこと，しかもそれに必要なプリズムとレンズは国産品として東京で調達が可能だという耳よりな話だったに違いない」。

この回想は水島の死去（1983）後に書かれたもので，しかも森野は別のところでほぼ同じ内容の，しかし上記ほど具体的でない回想を「──先生は正確にはお話にならなかったが，──私の知る限り，当時御親交のあった藤岡由夫博士（理化学研究所高嶺研究室）の提案……」と但し書を付けて書いています。ここで気になるのは，上記引用中の「ある日」がいつだったか，また藤岡の示唆がいつ何処でなされたかです。水島は島内武彦との共著：赤外線吸収とラマン効果，共立出版（1958）のはしがきで「われわれの研究室では，1932年にラマン効果の研究を始めた」と述べています。おそらく，分子内回転を研究テーマに据える以上，分子の双極子モーメントの測定だけでは不十分で，分光測定が不可欠なことを実感し，藤岡が留学から帰った1932夏以降に実験の準備に取りかかったのでしょう。

藤岡由夫（1903~1976）は東大物理を1925年卒業後直ちに理化学研究所に入所し高嶺研究室に所属しました。この研究室は当時日本の分光学の拠点として広く知られていました。ラマン効果発見の1年後の1929年には早くも藤岡を単独著者とする"Raman Effect on Organic Substances"が理研の欧文誌に発表されています[*]。Woodが創始した光源配置，Hilger社製定偏角プリズム分光写真器［g線（435.9 nm）に対する分散2.2 nm/mm，ただし撮影レンズの焦点距離100 mm，乾板と組み合わせた波長範囲400 nm~500 nm，励起波長は水銀のg線とh線（404.7 nm）］を使い，温度によるラマン線の強度や線幅の変化を報告したものです。本文中の記述から，プリズムの材質は重フリントガラスSF3だったようです。

水島は留学先のDebyeの研究室でたまたま藤岡と1年余り一緒に留学生活を送っています。水島は「日本人としては菊池正士，藤岡由夫君などがいたことは私にとって真に幸いであった」と述べていますから，専門こそ一方は構造

---

[*] Sci. Papers, Inst. Phys. Chem. Res., **11** (1929), 205

化学，他方は原子物理/分光学と違っていたとはいえ，共通の関心事に違いないラマン分光が話題にならなかったとは考えづらく，また理研は当時，今の和光市ではなく本郷と目と鼻の先の駒込にありましたから2人は帰国後も互いに連絡を取り合っていたと考えるのが自然でしょう。ラマン分光を始めようと決心して，あらためて藤岡の助言を得て分光器の製作に取りかかったのが1932年後半だったと推測できそうです。

☆寺田寅彦と藤岡由夫

　後に東大理学部化学科の教授に就任することになる田隅三生は，彼が学部を卒業する1959年3月に行われた水島教授退官記念講演（最終講義）で直接聞いた話として次のように書いています*。「水島にラマン効果の重要性を示唆したのは当時東京帝国大学理学部物理学科教授（実際には1927年3月に地震研究所に転出している）の寺田寅彦であった。寺田は，化学科助教授であった水島に，「君，あれは化学にも重要だよ」と赤門の近くを歩きながら語ったという。しかし，森野の後年の回想によると，水島に化学におけるラマン効果の利用価値を説いたのは当時理化学研究所の高嶺研究所にいた藤岡由夫だっただろうとのことである。どちらが正しいかは，関係者がすべて死去してしまっている現在，知る由もない。どちらも正しかったということもありえよう」。

　寺田寅彦は1924年5月に東大教授のまま理研の研究員になり，高嶺とはいわば机を並べる仲になりました。しかしそれ以上に2人はうまが合ったらしく，定期的に会食する高嶺デーをはじめ，音楽会・観劇・ゴルフ・撞球などを一緒に楽しんでいたようです。

　藤岡は東大在学中はいわゆる寺田スクールではありませんでしたが，彼が理研に入所して高嶺研に所属するようになってから，映画や音楽を通じて寺田と急速に親しくなり，藤岡の留学（1929～32）中は実に頻繁に長短さまざまの手紙の交換があったようです。寅彦全集第16巻には寅彦発の計30通が掲載され，その大部分が留学期間に集中し，時には自分の息子，時には同学の後輩，時には子息の後見人に語りかける真情あふれる文面を見ることができます。

* 東レリサーチセンター The TRC News No.85（2003年10月号）1–17

また帰国後1932年の秋からは寺田のバイオリン，坪井忠二（1902〜1982，地球物理学者）のピアノ，藤岡のチェロでトリオの合奏を寺田宅で隔週一回ずつ専門家の指導をうけて行っていたそうで，「先生はどの様な御忙がしい時でも必ず此の日はあけておられ，又必ずその為に練習を欠かされなかった。坪井君と私と御伺いして，先づ1〜2時間雑談に花を咲かせてからトリオを始める」*という会合が続いたそうです。

　こうした親密な人間関係の中で，藤岡の実質的な処女論文（1929）のテーマであるラマン効果が世間話の話題になったことは間違いなく，したがって「君，あれは化学にも重要だよ」という寺田の示唆が水島の留学期間の前後1929年から1932年のどの時点で発されても不思議はなかったでしょう。しかし私は，これが非常に早い時期，おそらく藤岡が高嶺の指導下でラマン分光の実験に取りかかった1929年のはじめ頃に水島に伝えられたのではなかったかと想像します。水島がラマン分光に本格的に取り組もうと考えた1932年になって，昔寺田に言われたことばが蘇ったのだろうというわけです。いわば全く個人的な体験として胸の内にしまっていたことが，最終講義で初めて明かされたというのでしょうか。彼を筆頭著者とする，森野・東との後に有名になる共著論文（1934）**の末尾には分光学に関する貴重な助言をうけたとして，東大理学部物理学科教授木内正蔵と藤岡への謝辞が述べられています。木内はスペクトルの超微細構造やシュタルク効果など当時最先端の物理光学の日本におけるパイオニアとして知られ分光学に造詣の深かった物理学者です。彼の姪木内みよは後の藤岡の夫人です。

　水島はおそらく，藤岡だけでなく木内からも分光法のイロハからラマン分光測定の勘どころまで手ほどきを受けたに違いありません。東大の物理教室と化学教室は今と同様隣り合わせの場所にありましたし，木内の研究室には手作りの実験器材や実験用に組み立てられた装置が所狭しと並んでいたそうです。こうして得た知識から，「大型の分光プリズムを備えた明るく迷光の少ないラマン分光器」の設計と製作が大急ぎで進んだのでしょう。

---

* 思想：寺田寅彦追悼号，昭和11年（1936）3月号 264–268
** Sci. Papers, Inst. Phys. Chem. Res. **25** (1934), 159–221

☆水島と長岡正男

　水島と，後に日本光学工業（現ニコン）の社長（1947～59）になる長岡正男（1897～1974）は府立一中・一高・東大理学部化学科を通じて同窓で旧知の間柄でした。水島は当時硝子工場で光学ガラス研究の責任者だった長岡を訪ねましたがその後の経緯を次のように述べています*。「長岡正男君の好意によって，径12 cm（焦点距離60 cm）の色消しレンズとそれに見あう大きな30°プリズムを格安に入手し，リトロー型分光器を組立てた。60°プリズムを使用する普通の型の分光器を作る方が楽なことは当然だが，当時助教授であった筆者にとって，それに必要な光学部品を買う費用は工面できなかった。スリットも2枚の安全カミソリの刃で作った。ところが森野君の努力のおかげで，面白い結果が出だした頃，長岡君が日本光学工業の倉庫から大きな60°プリズムを探し出してくれたうえ，日本学術振興会（1932年設立）が誕生してかなりな額の研究費が得られたので，高さ15 cmぐらい（で辺長が22 cm）の60°プリズム2個をもった分光器（これは筆者の定年退職のときまで使っていた）を組立てることができたばかりでなく，明るい石英分光器も作れることになった。──中略──また長岡正男君が親切にも筆者に貸すために作ってくれた高さ20 cmの大きなプリズムも，展覧会に陳列されただけで，そのあとだれがどこへ片付けたかわからない」。

　彼はまた別のところ**で，この第1号分光器について「胴体は大工に作ってもらった木の箱である」と書いています。しかし実際には鋼鉄製のI字鋼(アイジコウ)の上部の細長い平面上に光学部材を調整して固定した頑丈なもので，その全体を遮光するために木製の暗箱が乗っている構成になっています***。これを移動するのに6人がかりでやっと運んだという記録が残っています。

　この第1号リトロー型分光器を**図1**(a)に，その後に設計し製作したいわば決定版プリズムラマン分光器を同図(b)に示します。水島は1939年に執筆し，

---

* 化学と工業，**34**(1981), 236
** 先に引用した「日本の化学百年史」p.55
*** 化学と工業，**34**(1981), 3月号 表紙およびp.218

29 水島三一郎とラマン分光器 1

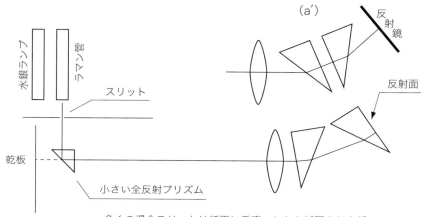

(a)

(水島・森野・東)

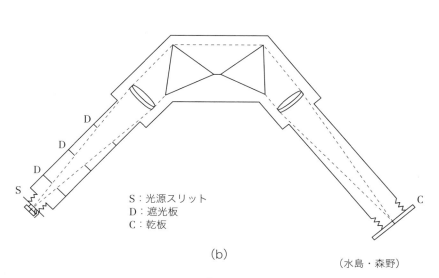

S：光源スリット
D：遮光板
C：乾板

(b)

(水島・森野)

図1

敗戦1年前の1944年に刊行された柴田・水島・木村著「分光化学後篇」，裳華房の中で分光器について次のように述べています。

「ラマン散光は弱い光であるからそのスペクトルを可成短時間に撮影するためには明るい分光器を用ふることを必要とする。又同時に分散度も大であることを必要とする。此二つの条件を同時に満足する為には大なるプリズムと大なる口径を有するレンズを使用せねばならぬ。従来著者は森野博士とともにかかる分光器を数個製作したが，最近高さ10cm乃至15cmのプリズム2個或は3個と口径12cm，焦点距離40cm乃至100cmの色消しレンズを用ひて組立てたものはその製作が容易で結果も甚良好であった［**図1**(b)］。ラマンスペクトルの撮影にはしばしば長時間の露出を必要とするのでその間分光器の機械的動揺を少くする為，細隙，レンズ，プリズム及び取枠をすべて一個の金属台に固定することが必要である。——市販品にはHilger製E_2やZeiss製3プリズム分光器があるが説明を省略——しかし今日本邦に於ては良好なレンズ，プリズム等が製作せられるのであるから，夫等を用いてこの研究に適する分光器を組立てるのが，性能の点から考へても亦経済の上から考えても賢明のことと思われる」。水島がこの間に使った光学部材はすべて日本光学で製作されたものでした。彼は学術誌・学術書・一般誌などに自製のラマン分光器を取り上げて説明するときには，律義なことに必ず使用したレンズやプリズムなどの光学部材はすべて日本光学製だと書いています。

☆日本光学の光学ガラス開発

日本海軍，狭義には海軍艦政本部が精密光学兵器（具体的には測距儀と潜望鏡）と光学ガラスの国産化を目指して日本光学工業の設立に漕ぎつけたのは1917年7月でした。第1次世界大戦（1914〜18）の勃発は，それまで兵器の大部分を輸入に頼っていた当時の日本，その中でも海軍に大きな衝撃を与えました。敵国ドイツからの光学ガラスの輸入が途絶えたのは当然ですが，同盟国もそれぞれ軍用光学器械の生産が火の車でしたから，自国向けを優先して，日本のことまで構っていられませんでした。その結果，契約済みのものまでキャンセルされるケースが続出しました。日本は日英同盟の制約からドイツに宣戦を

布告して，ドイツが領有していた中国の青島（チンタオ）を攻撃・占領しました．しかしそれ以上に戦争に深入りしなかったため損害は軽微だったものの，仮想敵国ロシアやUSAに対する劣勢は明らかでした．そのための緊急を要する施策のひとつが光学兵器の国産化でした．私はすでにこの問題について解説していますので*，ここでは光学ガラスの開発についてだけ触れておきます．

海軍造兵廠では大戦勃発1年後の1915年半ばに，光学ガラスの研究を開始しました．直接的な動機は，海軍が破格の大金を払ってようやくフランスのパラ・モントワ社から購入した光学ガラス4〜5トンを積んだ大阪丸が地中海においてドイツ潜水艦に撃沈されたという事件だったとされています．試験溶解の開始は1917年4月でした．研究を主導したのは東京高等工業学校（現在の東京工大）教授芝田理八，助手を務めたのは同校窯業科を卒業し，日本光学を経て後に小原光学硝子（現オハラ）を創立することになる小原甚八でした．1918年2月になって，第15回目で初めてクラウンガラス，ついでフリントガラスの試験溶解に成功し，間もなくクラウンガラスK3，フリントガラスF2とF3，硼硅酸ガラスBK7などの生産が可能となり，光学ガラス自給の道が開けたのです．しかしこれはガラス化に成功したというだけで，レンズに加工して光学器械に組み込むことができるまでにはまだ長く険しい試練が待っていました．

ところが，1922年に造兵廠が海軍技術研究所に改組されるのにともない築地の工場も閉鎖されることになり，日本光学が光学ガラス部門をそっくり引き継ぐことになります．今の言葉を使えば国の財政負担を軽減するための民営化でしょう．

日本光学では1918年に光学ガラスの研究を始めましたが，技術的・経営的困難のため一時中断した後，1922年に国勢院からの奨励金を得て研究を再開し，翌23年3月には大井硝子研究工場が完成し溶解試験を開始しました．溶解炉は海軍造兵廠が1916年にUSAで購入したものを，事業譲渡以前に造兵廠から日本光学に移籍していた中島定治がスケッチして設計・製作したもの

---

* 第5・光の鉛筆，アドコムメディア（2000），[7]・[8]光学設計事始め，p.95–130．第6・光の鉛筆（2003），[7]・[8]国防と光学——第1次大戦前後の日本—— p.87–114

だったそうです。またいくつかの光学ガラスの成分表は同社取締役藤井龍蔵がヨーロッパ視察（1919～20）の際——入手径路は分かりませんが——持ち帰ったものだということです。当時すでに海軍との間で光学ガラス内製化の接衝があり、ヨーロッパに知己の多かった藤井は将来を見越して資料の収集に動いたのでしょう。1922年には、その前年に大学を卒業し大学院に在籍していた長岡正男がおそらくは父君で日本光学の顧問を委嘱されていた東大教授長岡半太郎の意を受けて日本光学に光学ガラス研究を目的に入社しています。

日本光学は海軍の意向に沿って、その25年史（1942）によれば、「当社は敢然起ってこれに応じ、その事業一切の譲渡をうけると同時にまたその優秀な技術者をも迎え入れて、ここに最も新鋭な技術陣営を整備するや、いよいよ当該研究に邁進すべき決意を強固にし、かつ本邦における代表的の光学器械および光学兵器製造会社として、新発足をなしたのである」のでした。当時欧米においても光学ガラス製造単独では採算が覚つかないことは周知だったようです。それを承知の上で、大戦後の軍縮時代に困難な経営を余儀なくされていた会社が下した乾坤一擲ともいうべき決断でした。それをうかがわせる文章ですので再録しました。

ここで思わぬ大災害・関東大震災が起こります（1923年9月1日）。造兵廠の光学ガラス工場は壊滅的被害を受け、設備は全滅します。このとき芝田はすでに責任者のポストを離れて高等工業学校教授に戻っていましたから、何のことはない、事業一切の譲渡が小原を筆頭とする現場の技術者と作業者、それに彼らが持つノウハウだけになってしまったわけです。

新設間もない日本光学の硝子研究工場も大震災により炉に亀裂が生じるなどの被害を受けましたが、同時期に造兵廠から小原以下数名が入社し、翌年には本格的な研究が始まりました。

しかしそれからが大変でした。大戦後長く続く不況の中で、年商150～200万円の会社が1921年以来6年間に政府の補助金総額15万6000円と会社の支出24万円の計40万円を投じて研究を続けたにもかかわらず、その間生産された光学ガラスは性能不良のため殆んど使用されずに終わったのです。ここに性能とは大雑把に言へば、(1)屈折率特性、(2)耐久性、(3)気泡と石（原料

がガラス化せずに残ったもの）の不在，(4) 脈理（屈折率が局所的に異なる現象）の不在，(5) 透明度，(6) 残留ひずみの不在，などです．これらのすべてに合格点が与えられて初めて製品に組み込むことができるわけです．

詳しいことは省きますが，社内の仕様を満たす光学ガラスが順調に生産できるようになったのは，本格参入から4年後の大正最後の年1926年6月以降でした．翌1927年（昭和2年）7月13日に，25年史によれば，「陸海軍，商工省，東京府商工課，国産振興会，理研，東京帝国大学等に於ける斯界の専門家110名を招待し，研究状況及び製品の展覧に供し，多大な示唆と感銘を与えたのであった」そうです．この時出席者に配布された資料：光学硝子研究に就て（全11ページ）は現在，東大総合図書館で閲覧できます．

日本光学では，光学兵器の大型化にともない，それに必要なBK7製プリズムも極めて大きく，しかもその質も最良のものが要求されました．泡がなくかつ脈理皆無のガラスを溶解するだけでなく，それを光学的に均質にするためのアニール工程を時間をかけてゆっくり，硝種によって異なりますが，例えば400℃から600℃に高めた後で徐々に冷却する必要があります．25年史によると，「硝子の電熱による精密焼鈍（アニール）は漸次規模を拡大して研究をつづけた結果，1930年4月これが工業的にも良果を得る確信を得たので，同年12月中旬いよいよ電熱による精密焼鈍を工業的に行う目的をもって大井第二工場に硝子焼鈍工場を新設し，作業を開始した」，とあります．40年史（1960）にはこれにまつわるエピソードとして，「砂山技師が設計したテッサー型のアニター鏡玉は，鈍さない硝子で作ったので設計者の意に満たず，その次の設計には良く鈍した硝子を用い，設計通りの結果が得られ，これをニッコールと命名し，初めてこの名が生れた」との記載があります．このレンズは大名刺版（6.5×9 cm）用の焦点距離12 cm，1:4.5のテッサー型でした．試作品は1929年に作られ，結果が思わしくないので，その後1年余りを費して改良を重ねて1931年に完成したそうです．ニッコールの商標登録は出願1931年7月，公告は翌1932年4月でした．

ここで本題に戻りましょう．水島が長岡を訪ねた1932年はこの新しいアニール工場が稼働して2年後のことですから，最初はプリズム用のBK7を優先し

たアニール実験も，大型対物レンズ用のクラウンやフリントガラスに拡大して精密アニール工程を決めて実験を繰り返していた時期にあたるでしょう。フリントガラス F2 と重フリントガラス SF2 などの分光プリズムに転用可能な高分散ガラスは BK7 と並んで量産が最も早く始まった硝種でしたから，長岡が水島に提供する分光プリズムが年を追って大型化し，最後には高さ 20 cm に達したというのも頷けることです。しかしその頃外国ではこれよりも大きいプリズムや明るい対物レンズが使われていたようです。水島は大戦後発刊された *Handbuch der Physik* 中の Raman Effect* の中で，「フランスの Cabannes は f/0.7 の明るい対物レンズを，また Mathieu は高さが 35 cm の分光プリズムを使った」，と記しています。

☆水島の第一号ラマン分光写真器

図1(a)に示した水島の第一号機本体について概要と特徴を述べます。分光プリズムは 30°プリズム 2 個を，第 2 プリズムの後面を反射面にして光線を前後 2 回通過させるようにしてあります。基準波長に対し 2 個の 60°プリズムを共に最小偏角条件を満たすように並べた配置(b)と同じ分散を示すのは(a)′の配置ですが，中心波長を変えるときの機構上の容易さから(a)を選んだのだと思います。(a)や(a)′の配置をリトロー (Littrow) 型とかオートコリメーション型といいます。

リトロー型(a)と(a)′はそれとほぼ同じ分散の通常型(b)と比べて，プリズムの厚さが半分のため良質で同じ開口をカバーするガラス素材を得るのが容易で安価，かつ対物レンズがひとつで済み，しかも全長が半分になるなどの特徴があるため広く用いられています。しかしその半面光学系の表面による不要の反射光やその内部に残る微粒子による散乱光が通常型と比べて現れ易いのが欠点です。

図1(a)においてプリズム系を最小偏角から少し外れた配置で並べてあるのはレンズに最も近いプリズム面からの反射光によるゴーストスペクトルが正しいスペクトルの近くにできるのを防ぐためでしょう**。また(a)では省略されて

---

* **26**(1958), Springer, p.172
** そのもうひとつの特徴である，分散を増大させる効果については次項に説明します。

いますが，(b)において光路に沿っていくつも遮光マスクを置くのも上に挙げたのをはじめとするさまざまな不要散乱光を遮断するためでしょう。

ラマンスペクトルの写真にはこれら分散光学系本体が原因の背景光の他にさまざまな原因で発生する光，すなわち励起光とラマンスペクトル以外の背景光が重なっていて，その多いか少ないかがラマン線の検出力を決めることになります。水島は前掲回想記の中で，「この分光器で撮影したスペクトルの写真は初期の論文のうちの一つに掲げられているが，それはその後2個の大きな60°プリズムで組立てた分光器でとったものとあまり変わらない。これは森野君の実験がうまいことを示すものである」と述べています。これは実験家に対する最大の讃辞ですが，同時に論文からだけでは十分には知ることのできない実験成功の秘密が，この分光器を子細に調べることによってはじめて明らかになるであろうことを示唆していると思います。

1号機に使われたプリズムの材質が何だったかについて，ニコンに残っている資料は見つかりませんでした。それを推定するには，論文中のデータしかありません。鍵になるのは次の文章です。「最初我々は30°プリズム（8 cm×14 cm）1個とそれに色消しレンズ（有効径12 cm，焦点距離60 cm）を組み合わせたリトロー型分光写真器を作った。その分散は4000Åにおいて22Å/mmであった。第2の分散系はそれより大きいプリズム（9 cm×14.5 cm）2個を使ったもので，分散は12Å/mmであった。これが図1(a)に示した配置である」。ここに分散とは像面において1mm幅に含まれる波長範囲（Å単位）を表し，厳密には分散逆数（linear reciprocal dispersion）と呼ぶべき量です。

1号機の分散系(a)は60°プリズムと等価ではなく，また厳密には基準波長に対し最小偏角の光路から少し外れています。そこでここでは第1の分散系である30°プリズム1個だけを完全な最小偏角のリトロー配置，すなわち60°プリズムに最小偏角の方向から平行光を入射させたときの分散を調べることにしましょう。

ところが上の「4000Åにおいて22Å/mm」というデータがどうやって得られたのかが分からない。多分鉄のスペクトルを使って較正したのでしょうが，確証はありません。そこで，Schott社の最新のカタログから，鉛を多量に含ん

だ旧タイプのF2とSF2のデータを取り出し，そこに併記されているSellmeirの分散式の諸係数を使って$n(\lambda)$と$dn(\lambda)/d\lambda$を計算し，これから像面上の分散

$$f\frac{d\theta}{d\lambda} = f\frac{d\theta}{dn}\frac{dn}{d\lambda} \tag{1}$$

を求めることにしました。$d\theta/dn$はプリズムの頂角と屈折率から計算できます*。fは望遠鏡対物レンズの焦点距離です。上式の逆数（Å/mm）が分散逆数を与えるわけです。実測値と計算結果を**表1**に示します。波長4000Åの他，可視域の中心を水銀のe線（5461Å）で，またおそらく同じ材質のプリズムを用いて得られた波長7942Åの近赤外光に対する値**を併記してあります。これらのデータから，水島が使った日本光学製プリズムの材質はF2ではなくSF2だった確率が高いと考えていいと思います。しかし，F2・SF2のいずれだったにせよ，この時期にこれらの大型光学ガラスが実用上十分な品質レベルで生産されていたことを証明するものでしょう。これは，第2次大戦終結までの間日本光学が達成した光学ガラス製造技術に関する次の記述と照応します***。

「前記の如く同社製品は大型で，特に光路の長いプリズム等に使用されたので，硝子の検査方法は精密に研究され，その用途に応じて独特の方法が採られ，硝子製造者を刺激したことは，この急速な進歩を促進した基である。特に測距儀用の端反射五角プリズム，中央部プリズム，潜望鏡の下部プリズム等の製造は，泡のない且つ脈理の皆無な硝子を溶解する研究と，硝子を均質にする焼鈍

表1

波長 (Å)	実 測 値	F2	SF2
4047	22 （水島他）	29.25	24.75
5461	—	88.80	76.28
7942	232 （南）	269.70	244.40

分散逆数 (Å/mm)

---

* $d\theta/dn$および$dn/d\lambda$の計算については次項に詳しく述べます。
** 南英一：日本化学会誌，**62**(1941), 665. 次項に取り上げます。
*** 兵器を中心とした日本の光学工業史，光学工業史編集会 (1955), p.449

作業の研究とを進め，特殊な電気炉及び温度調節装置が備えられた。これは光学兵器用硝子の焼鈍ばかりでなく，学術用の特殊硝子の部品にも大いに役立っている。これによって国産でラーマン・プリズムのような大型のプリズムも出来上った」。終戦時までに大量に熔解した光学ガラスの種類は37にのぼりました。

☆リトローマウント

　オートコリメーションを基本とするプリズムおよび回折格子分光器をリトロー型と呼ぶ慣習が定着しています。これはOtto v. Littrowが1863年にオーストリアの学会誌に報告したのが最初だったという認識に由来します*。

　ところがLord Rayleighがこれに異議を唱え，Natureに10行あまりの短いコメントを寄せました**。いささか野次馬的ですが，登場するのが大物ばかりですので全文を翻訳します。

　「プリズムやプリズム群中を反射鏡を使って光を往復させる応用はLittrowの発明とされている。Kayserは *Handbuch der Spectroscopie* Bd. 1 p.513 (1900) の中で次のように述べている。「分散を向上させるのに光線を逆戻りさせる方法を使ったのはLittrow [Wien. Ber. 47 (1863), 26-32] が最初である」。しかしこの方法を初めて使ったのは彼ではない。私はその証拠をMaxwellの論文 [Phil. Trans. 150 (1860), 78]*** から見出した。すなわち彼は，「プリズム中を光を2度通過させるのに反射鏡を使う方法を私は1856年に色を混合する装置を作るのに採用した。またスペクトルを観察するのに反射光を使う装置はM. Porroによって（私とは独立に）組立てられた」と述べている。私はPorroが書いた資料を見付けられなかったが，MaxwellとPorroがLittrowに先行していることは明らかだ。この方法がもたらす利便に疑いの余地はない」。ここに括弧内はMaxwellの文章中に含まれた語句です。なお，Porro

---

* Sitzungsberichte der kaiserlichen Akademie der Wissenschaften, **47**. Abt2 (1863), 26-32. この雑誌はWiener's Berichteと略記されることが多い。
** Nature, **89**(1912), 167
*** The Scientific Papers of James Clerk Maxwell vol.1 (1890), p.410-444, ＋図版4ページ，上記文章はp.436にあります。

(1801〜1875)のファーストネームはMではなくIです。彼はイタリアの光学者で，上下左右を反転させるポロプリズムの発明者として知られています。

　H. Erfle*はPorroの発明はイギリス特許（E. P. 2377/54，出願1854年，公開1855年）で公表されていること，またKayserは前記著書の上記引用とは別のところでLittrowの先行者としてJ. Duboscqの名を挙げていると記しました。

　KayserはフランスのJ. Duboscq（1817〜1886）が1860年以後の早い時期に製作したとする外貌図と光路図を掲げています（**図2**）**。これを見たところでは手持ちの小型分光器のようで，Kayserはこの構成にした目的は分散を向上させるよりも，装置をコンパクトにまとめることにあったようだと述べています。

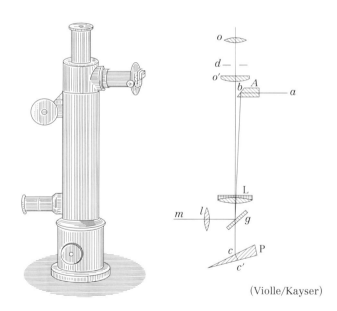

図2

---

* Czapski-Eppenstein: *Grundzüge der Theorie der optischen Instrumente*, 3版（1924）中の第10章 Einfache und Zusammengesetzte Prismer, p.320–369に記載されています（p.364）。
** 出典は，J. Violle: *Cours de Physique*, Tome II Acoustique et Optique, Deuxieme Partie, Optique Geometrique, Masson (1892), p.198です。

一方、Littrow が先に引用した論文で報告したものは、4 個の 60°プリズムを並べそのすべてが、入射光の中心波長を変えてもなお最小偏角の条件を満たすような機構を備え、かつその最後に平面反射鏡をおいて中心波長の光を垂直反射するようにしてあるなど凝った分光器で、もともと高分散の分光器を更にその分散を 2 倍に向上させるという明確な意図の下に設計されていました。Kayser は Littrow こそプリズム分光器の高分散化と汎用性をオートコリメーション型で初めて実現した人だとして彼の装置を詳しく解説した上で、「Littrow はこの装置に関して、追従者が同種のものを製作するのにその後 10 年もかかったほどに先行していた。彼の原理はこれまでほとんど知られていなかったのだ」と述べています。図3 に Littrow が実際に作った分光器の配置を示します。Erfle が言いたかったのは、Rayleigh は Kayser の著書の中の 1 ページを読んだだけで先行者を Maxwell と Porro だと主張したけれど、関連個所もあわせて読めば Littrow こそがオートコリメーション法でプリズム分光器の高分散化を実現した最初の人だという Kayser の見解に納得しただろうということでしょう。その後もリトローマウントという用語が定着して現在にいたっています。

★ Otto von Littrow 小伝[*]

リトローマウントにその名を残す O. von Littrow（1843~64）は 1863 年に腸チフスに罹患して 21 年 7 ヶ月の短かい生涯を終えたオーストリアの物理・天文学者です。彼は祖父 Joseph Johann（1791~1840）、父 Karl Ludwig（1811~1877）の 2 代続いたウィーン大学天文台長の家系の長男として生まれました。

彼はギムナジウムを卒業してウィーン大学の 3 年修業コースに進み、その間に図3 に示したリトロー型分光器を設計しただけでなく、その試作品を完成させたのです。ウィーン工科大学付属工場で製作した分光器の実物の精密なスケッ

---

[*] これまで殆んど何も知られていなかった彼の評伝を初めて明らかにしたのは、ウィーン大学天文研究所に所属する F. Kerschbaum と I. Müller でした。Astron. Nachr. **330**(2009) 574. ここには、O. v. Littrow の 1863 年頃の全身写真も掲載されています。

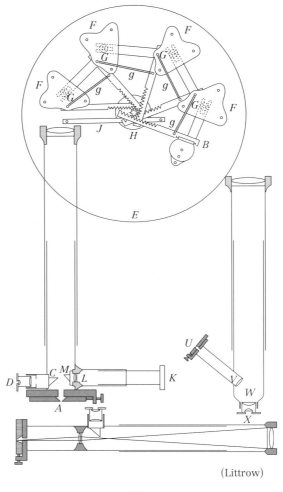

(Littrow)

図3

チがその配置図（**図3**）に並んで掲げられています．なお彼は本文中に脚注をもうけて，Duboscqの装置との関連を次のように述べています．「光線の反射と第2望遠鏡の不要という2つの原理はすでにDuboscqが応用している．私は自分の装置が完成した後に彼の発明を初めて知った．彼はプリズムを1個に限定していて，複数個を正しく配列することの困難に気がついていない．した

がって，（高分散を得るのに必要な）プリズム数の増加を半減させるという私の方法の本質的な利点とは無縁である」。いささか我田引水の気味がありますが，後世は彼の主張に同意してリトローマウントの用語が定着したのでしょう。この研究をアカデミーに報告（1862年12月4日）した半年後には，この分光器に太陽光を導入するためのヘリオスタットの製作を同じくアカデミーに報告しました（1863年7月23日）*。2つの論文とも著者が学生であることを示す Stud. Phil. や Eleve の肩書が記されています。この2つの器械は早速父が台長を勤めるウィーン大学天文台で組み合わされ，太陽の分光観測に使われています。ともかく並外れたものづくりの才能に恵まれた技術者でもあったのでしょう。

これらの研究は学位論文として Leipzig 大学に提出され，1863年8月9日に学位を取得したのでした。

彼は翌1864年5月に，更に学業を続けるために Heidelberg 大学で H. v. Helmholtz と G. R. Kirchhoff の指導を受けることになり，その後ウィーンに帰省中，チフスに罹って1864年11月7日に帰らぬ人となったのでした。

---

* 第1論文の掲載誌 **48**(1863), 337

30 水島三一郎とラマン分光器 2

> 量子化学をできるだけわかりやすく説明するためには，自分で量子化学の問題を解くという方法でその核心をつかむのがよいと思ったからである。
> —— 水島三一郎：構造化学研究の思い出から ——

　水島と森野が作った複数のラマン用プリズム分光器はその後第2次大戦中から戦後にかけて，東大理学部化学教室においてラマン以外の分光分析の用途にも使われていたそうです。これらの分光器がラマン実験で示した，微弱なスペクトルを検出する勝れた性能の故でしょう。

　綿抜[*]によれば，その中で最も古く，水島らがラマン分光用に初めて自作した分光器がその後同じ化学教室の南英一によって天然物中の希アルカリ金属元素のスペクトルの半定量分析に使われました。彼は南の論文[**]から次の文章を引用しました。「水島三一郎教授より貸与せられた同氏製作に係はるリトロー型硝子プリズム分光写真機（分解能，λ7942Åにおいて58Å/mm）を使用し，富士写真フィルム株式会社製赤外乾板（8600~8500Åにおいて感光度極大を示す）によってルビジウムの赤外スペクトル線 RbI 7947.6Å および RbI 7800.2Å を撮影した」。これはわが国における希アルカリ金属元素の天然試料における半定量の最初だったろうとのことです。また，南と垣花は KCl 中に含まれる 10^{-7}% の Cs も検出しています。水島の分光器を使ったこの一連の研究は戦後も継続して行われたそうです。

　上の引用中に記された分解能，「$\lambda = 7942$Å において 58Å/mm」はこれを

---

[*]「分光器のつぶやき」：化学教育 **27** (1979), 363
[**]「本邦の主として鉱泉中に含有せられる希アルカリ金属元素に就て」，日本化学会誌 **62** (1941), 665

分散逆数に読みかえたとき，水島らの1号機［ただしSF2の30°プリズム1個をリトローの配置で用いた場合。（**図8**(a)）］に対する私の計算値（前項30の**表1**）の値244.4Å/mmと大きく食い違い，その約1/4（分散で4倍）になっています。したがって最も安易な推定によれば，光源，対物レンズおよび写真乾板をそのままの配置で使い，分散系だけをその分散が4倍になるようなプリズム系と交換したことになります［**図1**(b′)および**図8**(d)］。

水島を中心とするグループは，ラマン分光の最初の論文を理研欧文誌に，またその要約版をPhys. Z. 誌［**35**（1934）911］に発表しました。このとき使った分散系は30°プリズム（開口寸法：高さ9cm×幅14.5cm）2個を**図1**(a)の配置で使うリトロー型でした。

しかしその後遅くとも1938年中には研究費が増えて「日本光学工業株式会社製の高さ10cm乃至15cmのプリズム数個，並に口径12cm焦点距離

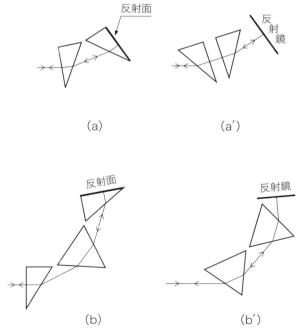

図1

60 cm 及び 100 cm の色消しレンズ数個を（学術振興会の援助で）入手し得たので，此等の光学部分品を用ひて次の 2 つの分光器を組立た。第 1 のものは上記のプリズム 2 個と焦点距離 60 cm のレンズ 2 個を用いたものでその配置は第 1 図［前項29の図1(b)］に示された如くである。―中略―第 2 の分光器はプリズム 2 個と焦点距離 100 cm のレンズ 2 個とを用ひて製作したもので，これは明るさにおいて第 1 のものに劣るが，分散度においては大いに勝るものであって，4040Å に於て 7Å/mm，又 4500Å に於て 11Å/mm である」* となったのでした。

　こうした経緯から，南が1941年に報告した研究では，水島らが使った図1(a)ではなく(a′)の配置を 60°プリズム 2 個に置き換えた(b′)の分散系を使ったと考えられます。このとき 30°プリズムの第 2 面を反射面としたリトロー型（［図8(a)，60°プリズム 1 個を最小偏角の配置で使う同図(a′)と等価]）に対して正確に 4 倍の分散能（分散逆数で 1/4）をもつ分散系が得られるからです。一方，図8(a)の配置を(b)に変えた水島らの第 2 号分散系はプリズムの屈折率によって異なりますが 2 倍をかなり下まわります。後述します。図1(b′)の配置は(a)と比べてかなり大きく，またプリズム系とは別にもうひとつ回転台を設け，その上に平面反射鏡を固定する必要があります。占有面積はかなり大きくなりますが，1 号機の鋼鉄製定盤（I 字鋼）上で交換することは十分に可能だと思います。

　綿抜の引用を続けましょう。「当時（恐らく 1950 年代後半）の筆者は貝殻中の Li の年代的，地域的，種類別の差異を検討するため貝を集め試料を作製中であった。1960 年に教養学部に奉職することになり，藤原鎮男先生のご厚意により，このリトロー型分光写真機を教養学部へ借用することになった。以来直流電源がないため，分光器は机の上に，あの大きなプリズムは小生のロッカーの中へ大切に保管されていたのである」。ここで問題になるのは，「このリトロー型分光写真機」と「あの大きなプリズム」がそれぞれ何を指すかということです。

---

* 日本化学会誌 **60**（1939）289

☆東大教養学部に移った1号分光器

さて，教養学部に移管された分光器はその後1973年以降，教養課程「化学実験」中の「水素原子のスペクトル測定」用の機材として使われることになります。その実験テキスト*によると，測定には日立101型可視分光光度計を使うことになっています。しかし実験を担当した高野穆一郎は分光光度計を使う代わりに水島の分光写真機の写真乾板をポラロイドフィルムに代えて，「学生は水素原子スペクトルを直接目にし，さらに暗室を使わないで簡単にスペクトルの撮影および現像を行なえるようになった」のでした。高野によればこの分光器は，「Littrow型分光器である。分散能は 8 nm/mm (650 nm), 3.5 nm/mm (500 nm), 1.3 nm/mm (400 nm) 程度であった」そうです**。

これは水島・森野・東が最初の論文で述べた1号機の図1(a)による分散データと波長400 nmにおいてほぼ一致します。南が測定に使った分光器はおそらく，1号機の分散系部分を図1(a)から(b′)に交換したバージョンだった，そ

(化学と工業，1981年4月号表紙より
転載．日本化学会の転載許可済)

図2

---

* 東京大学教養学部化学教室編：化学実験［第3版］，東大出版会 (1977)，p.134
** 「水素原子スペクトルからRydberg定数を求める実験―ポラロイド写真フィルムの利用」：化学教育，**27** (1979)，85

のため木製の箱である外観からは1号機と区別がつかなかったということになるでしょう。

　この分光器は後述するように現存しません。しかし「化学と工業」誌1981年4月号の表紙を飾った写真（**図2**）によりますと，分光器後方の分散プリズム収納部の上にその内部から取り出したプリズムが写っています。仔細に眺めると，これが30°プリズム2個を**図1**(a)のように並べてあると推定できそうです。この分光器こそが，水島が回想の中で1号機と呼び，論文中では「second apparatus」と記した，水島にとってだけでなく，日本の構造化学の歴史にとっても記念碑的な成果を生んだ分光器だったことが分かります。

☆ラマン分光1号機との再会

　水島のラマン分光1号機が教養学部の学生実験に使われているというニュースが水島本人の耳に入ったのは1980年，彼が81歳のときでした。以下に水島のお孫さんの一人が私家版「水島三一郎——その思い出——（1984）」に寄せた文章を転載します。

古い分光器　　　　　　　　　　　　　　　　水島洋

　僕が大学二年の時（1880年），駒場での化学実験において，偶然にも祖父の作った実験装置と出会うことができた。それは，木の箱でできた古い分光器であったが，当時としては，大変精巧なものであったようだ。今でも十分に使えるものだった。僕は特に先生に頼んで，友人三人とその装置を使って，各種元素のスペクトルを測定させてもらうことができた。

　後日，田園調布に祖父を訪ねた折，分光器のことを祖父に伝えると，祖父もその装置のことをよく覚えていた。「どこにいったのかと長い間気にしていたが，駒場の化学教室にあったのか」といって驚き，また，「自分の手作りの装置を，孫が実験に使っていたのか」といって大変喜んだ。そしてさっそく，駒場まで，自ら出向いてきて，特大のプリズムの調達など，作った時の苦労話をいろいろと聞かせてくれた。その喜びを学会関係の人に話したことから，数ヶ月後に化学会の雑誌の表紙に，分光器の写真が出ることになった。

祖父と同じ科学者の道を歩もうとしていた僕は，五十年前に祖父が自分で作り実験していた装置に偶然出会ったことに，喜びとともに何か見えない絆みたいなものを感じた。そして僕は今，大学院で科学者への道を歩み始めている。

このエピソードを当時教養学部教授だった片山幹郎は，「回想の水島研究室」の中で次のように書いています。

「たしか昭和55年9月のはじめ，水島と名乗る一学生が私の部屋に現われた。先生のお孫さんの洋君で，先生の伝言を携えて来てくれたのである。「祖父の作った分光器がこの化学教室にあり，それを使って水素原子のバルマー系列などの分光実験を行った。そのことを祖父に話したところ，是非自分の目で確かめたいと言っている。都合を祖父に連絡して欲しい」というのがその趣旨であった。不覚にもこの事実を全く知らなかった私は，早速担当者に問い合わせた。その責任者綿抜邦彦さんは，直ちに「化学教育」の別刷「分光器のつぶやき」を持って現われ，「その分光器は水島先生がラマン分光測定のため製作された第1号の分光器で，後に南英一先生が使用され，それから駒場の化学教室に移された」と説明してくれた。

教養学部の化学実験では，希望する学生にこの分光器を用いて原子スペクトルの実験を行わせていたのである。はじめ担当者が「この分光器は水島先生が作られたものである」と説明すると，学生の中に小さいざわめきが起きたという。その学生の中にお孫さんがおられたのである。

駒場の化学教室でも，この分光器を直々先生に見ていただくのを喜び，できるだけ早くおいで頂きたいとのことであった。私はすぐに先生に連絡した。先生は古い資料を御持参になって数十年ぶりにその分光器を懐かしげに御覧になり，この装置は先生が製作された第2号分光器であると言われた（この場合第1号は分散系が30°プリズム1個のものを指します。したがって分散系を30°プリズム2個に代えたものが2号機です。しかし水島自身は両者をまとめて1号機としていますので本項では彼にしたがって1号機と呼んでいます）。後刻行われた化学教室スタッフとの懇談会で先生は，この分光器が学生実験に使用されていることを大そう喜ばれ，そして森野先生と苦労してこの分光器を作ら

れたころの思い出話などに花が咲いた。分光器の外側はあめ色に塗られ，蛇腹*は黒い紙を折り曲げたいかにも手製のものである。この分光器の写真は「化学と工業」の表紙を飾ったこともあるので，ご存知の方も多いであろう。森野先生が駒場へ来られた折にも見ていただいた。

　この分光器は教養学部の宝物として永久に保存されることであろう。しかし水島先生も森野先生も，できるだけ長く学生実験に使って欲しいともらしておられる。これは，この分光器が単なる作品ではなく，そこには先生の科学に対する精神が凝集しており，学生がそれを感じとってくれることを願っておられるからであろう」。

　この分光器が表紙に載った「化学と工業」1981年4月号には，編集部の依頼を受けて水島自身が「50年前の手づくり分光器」と題する回想記を寄せています。その中からこの分光器に関する部分を引用します。前項と重複しますが，全体の流れを辿るのに有用だと考えました。「これはラマン効果研究のために作ったものだが，当時は未だ商品化された明るい分光器がなかったので，中学以来の友，長岡正男君（後の日本光学工業社長）の好意によって，径12 cmの色消レンズとそれに見あう大きな30°プリズムを格安で入手し，リトロー型分光器を組み立てた。60°プリズムを使用する型の分光器［例えば前項の**図1**(b)］を作る方が楽なことは当然だが，当時助教授であった筆者にとって，それに必要な光学部品を買う費用は工面できなかった。スリットも2枚の安全カミソリの刃で作った。ところが森野君の努力のおかげで，面白い結果が出だした頃，長岡君が日本光学工業社の倉庫から大きな60°プリズムを探し出してくれたうえ，日本学術振興会（昭和7年設立）が誕生してかなりな額の研究費が得られたので，高さ15 cmぐらいの60°プリズム2個をもった分光器［これは筆者の定年退職のときまで使っていた。著者注；前項の**図1**(b)に示したものと同じです］を組立てることができたばかりでなく，明るい石英分光器も作れることになった」。

　この記念碑的分光器はその後廃棄処分されました。手狭まになったが引き取

---

* 折り畳み式や組立式のカメラで，レンズ取付部と本体とをつないでいる，伸縮するひだ状のもの。遮光性の革・布などで作られる（広辞苑）。不要な反射光や散乱光を効率よく吸収してそれらが再び光学系に戻らないようにするために使われます。

り先が見付からなかった，せめてその頃東大駒場博物館があったなら，というのが関係者の繰り言だったようです。旧一高の図書館を改装して駒場博物館が開館したのは2003年でした。当時写真乾板を使う分光写真器は，光電管や光伝導素子などの光検出器を使うモノクロメーターに取って代わられいわば瀕死の状態でした。しかしその後CCDなどの画像素子の導入により現在では完全に復活しています。

☆プリズム分散系の光学

プリズムは，平面回折格子も同様ですが，単色平行光線束に対して歪曲収差を除き無収差です。したがってその分散特性を調べるには2つの屈折面に直交する面（principal section，主断面といいます）内の光線を1本追跡するだけで十分です。なお，歪曲収差はスペクトル線の弯曲となって現れますが，ここでは取り上げません。興味をお持ちの方は例えば下記をご覧下さい*。

以下に小穴純先生が上智大学大学院で行った講義：光学特論（分光器論，1971）の草稿に従って，前項と本項の小論を理解するのに最小限必要な分光プリズムの性質を要約します。この草稿はA4版レポート用紙約200枚にぎっしり書かれていて，先生が東大理学部教授時代に行った大学院の講義の決定版と言えます。用語と記号は先生に従います。

ここでは最も単純な3角形プリズムとその組み合わせについて，プリズムによる光線の屈折と，その分光作用を表す分散能について記します。

(1) プリズムによる光線の屈折

頂角 A のプリズムの主断面内に入射角 i_1 で入射する光線の屈折角を i_1' とすると次式が成り立ちます（**図3**）。

$$n_1' \sin i_1' = n_1 \sin i_1 \tag{1}$$

ここに n_1 と n_1' はそれぞれ空気とプリズムの屈折率です。空気の屈折率は可視の全域で1.00028〜1.00027と真空の値1に極めて近いのですが，厳密には相

---

* 鶴田匡夫：続・光の鉛筆，新技術コミュニケーションズ（1988），p.174–184

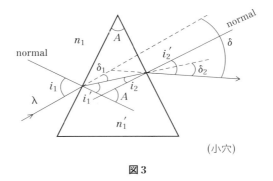

図3

対屈折率 $N = n_1'/n_1$ を定義して，屈折則を

$$N \sin i_1' = \sin i_1 \tag{2}$$

で表します．光学ガラスの特性を示す屈折率には通常この値 N が用いられます．

第1面で屈折した光線は第2面に入射角 i_2 で入射しますが，これはプリズムの頂角 A を用いて

$$i_2 = A - i_1' \tag{3}$$

で与えられます．したがって第2面による屈折角 i_2' は次式で与えられます．

$$\sin i_2' = N \sin i_2 \tag{4}$$

このとき，射出光線の入射方向からの偏角 δ は

$$\delta = \delta_1 + \delta_2 = i_1 + i_2' - A \tag{5}$$

で与えられます．

ある特定の入射角に対して偏角が最小値をとることが知られていて，このとき

$$\cos i_1 \cos i_2 = \cos i_1' \cos i_2' \tag{6}$$

が成り立ち，これより

$$i_2 = i_1' \tag{7}$$

が得られます。

(7)式は光線がプリズム内でその頂角の2等分線に直交することを表しています。このようにするには入射角 i_{10} を

$$\sin i_{10} = N \sin\left(\frac{A}{2}\right) \tag{8}$$

とすればよく，このとき偏角 δ_m は次式で与えられます。

$$\delta_m = 2i_{10} - A \tag{9}$$

これより次式が得られます。

$$N = \frac{\sin i_{10}}{\sin\left(\frac{A}{2}\right)} = \frac{\sin\left(\frac{A+\delta_m}{2}\right)}{\sin\frac{A}{2}} \tag{10}$$

したがって，分光計を用いて A と δ_m を測定して使用波長に対するプリズム材料の屈折率を精密に測定できることが分かります[*]。これが Fraunhofer が創始した最小偏角による透明固体の精密な屈折率測定法です。現在も光学ガラスの屈折率測定にはこの方法が主に使われています。プリズムに連続スペクトルをもつ平行光線束を入射させたとき，最小偏角となるのはただひとつの波長だけで，その他の波長の光はこうはなりません。

ここで先生は，重フリントガラスSF2製の60°プリズムに $\lambda = 5000$Å に対する最小偏角の方位から平行光線束を入射させたとき，その射出光が光軸に平行になるように正対させた望遠鏡対物レンズ（焦点距離 $f_L' = 500$ mm）の焦点面に形成されるスペクトルの計算例を示します。**図4** はそのグラフです。縦軸に波長，横軸にその像位置（$\lambda = 5000$Å の像位置からの距離）s をとってあ

---

[*] 鶴田匡夫：第3・光の鉛筆，新技術コミュニケーションズ（1993），[9] プリズムの最小偏角，p.105–115

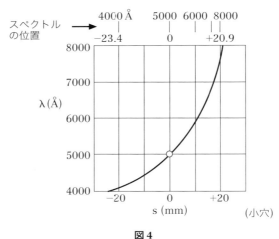

図4

ります。その際先生はSF2の屈折率を通常使われる輝線スペクトルに対する値から，内挿法によって4000Åから8000Åまで1000Åおきにとった波長に対する値に換算したデータを，小数点以下5桁まで計算して使っています

表1

λ (Å)	N
4000	1.68406
5000	1.65879
6000	1.64653
7000	1.63940
8000	1.63478

SF2の屈折率

(小穴)

（**表1**）。聴衆者が具体的イメージを得る便を図ったのでしょうが，内挿計算には当時多大な労力が必要だったと思います。現代では各光学ガラスについて，ゼルマイヤーの式の係数が記されていますので，それを用いて特定の波長に対する屈折率やその波長に関する微分値を容易に計算できます。後述します。

先生は**図4**を参照しつつ次のように述べます。「この例ではλ4000Å～8000Åのスペクトルの全長は44mmほどであるが，4000～5000Åは24mm，5000～6000Åでは11mmというように，波長が長くなるにした

がってつまってくる。いわゆる分散が小さくなる。このことは最小偏角となるべき波長をどれに選んでみても変わらない。この根本原因は，プリズムの材料であるところの光学ガラス，水晶，石英ガラス，ホタル石などがすべて，長波長に対して"屈折率の変化"が小さくなるためである。スペクトルの各部分におけるこのつまり方の measure として，問題の部分の付近の，1 mm の幅に含まれる波長範囲（Å 単位）を用い，これをそのスペクトルの，その部分における分散逆数（linear reciprocal dispersion）といい Å/mm を単位として表す。ある波長における分散逆数は，波長（λ）対像距離（s）曲線の，その波長における接線の勾配に等しい。**図 4** より，波長 5000Å における分散逆数は約 66Å/mm であることが知られる。つまりこの場合，スペクトル線に沿った 1 mm の間に約 66Å の波長範囲が含まれることになる。これは分散の小さなスペクトルであって，ここにフィルムを置いて撮影したスペクトログラムから波長を決定しようとする場合，スペクトル線の間隔を 1 μm の精度で測定しても波長は ±0.066Å の誤差をもつことになる。ただしこの例のスペクトルでも，波長の短かいところでは分散大，長波長では極めて小。——中略—— プリズムの寸法をそのままで対物レンズの焦点距離 f'_L を大きくすれば，それに比例して分散も大きくなる。ただし連続スペクトルの場合には f'_L の 2 乗に比例してスペクトルは暗くなる。これに対し，f'_L を変えずにプリズムの数を増すと，スペクトルの明るさをあまり減らすことなしに，プリズムの数にほぼ比例して大きな分散のスペクトルを得ることができる」。本項の冒頭に掲げた，水島の実験（4000Å）と南の実験（8000Å）の間で分散プリズムを変えたとする私の推測を裏付ける文章です。

(2) プリズム系の分散能

まずプリズム 1 個によって生じる分散を計算します（**図 5**）。波長 λ の平行光線束がプリズム主断面に平行な面内で入射角 i_1 で入射して偏角 δ を受けたとき，同じ入射角で波長 $\lambda + d\lambda$ の光が入射して $\delta + d\delta$ の偏角を受けたとしましょう。このときプリズムの分散能（dispersive power）D_λ を次式で定義します。

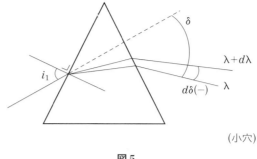

(小穴)

図5

$$D_\lambda = \frac{d\delta}{d\lambda} \tag{11}$$

単位はラジアン/Å です。つまり，波長 λ と 1Å だけ異なる光が δ と何ラジアン（又は秒角）違う方向に屈折されるかを示す量で，この値が大きいほど分光系としては望ましいわけです。この値は入射角 i_1 と波長 λ によって異なりますが，常にマイナスの値をもちます。

(5)式より，入射角 i_1 を一定にして δ を波長 λ で微分すると次式が得られます。

$$D_\lambda = \frac{d\delta}{d\lambda} = \frac{di_2'}{d\lambda} \tag{12}$$

波長 λ が dλ だけ変わったために i_2' が di_2' だけ変わるとは，波長が変わるとプリズムの屈折率が変わり，屈折率が変わるから i_2' が変わるわけだから，

$$D_\lambda = \frac{di_2'}{dN}\frac{dN}{d\lambda} \tag{13}$$

と書くことができます。

上式において $dN/d\lambda$ はプリズムの材質に固有の量です。波長 λ と屈折率 N の関係が詳しく測定されていれば，$N-\lambda$ 曲線の正接（タンジェント）として知ることができます。先の SF2 の数値例では

$$\left(\frac{dN}{d\lambda}\right)_{5000} = -1.660 \times 10^{-5}/\text{Å} \tag{14}$$

となります。

一方上式の di_2'/dN はプリズムの頂角 A や屈折率 N, 入射角 i_1 によって決まる幾何光学的量です。これを τ_λ と記して形状指数と呼ぶことにしましょう。入射角 $i_1 = $ const. の条件で計算して次式が得られます。

$$\tau_\lambda = \frac{di_2'}{dN} = \frac{\sin A}{\cos i_1' \cos i_2'} \tag{15}$$

この式を(13)式に代入し、プリズム1個の場合の分散能の一般式をつくることができます。すなわち、

$$D_\lambda = \frac{\sin A}{\cos i_1' \cos i_2'} \frac{dN}{d\lambda} \tag{16}$$

この式は最小偏角でない入射角でプリズムに入射する光線に対して一般的に成り立つ式で、光線追跡で容易に計算できます。水島の1号機における、2つの30°プリズムを使った分散系の第1プリズムは最小偏角の配置から10°ほど外れているように見えます［前項29の図1(a)］。この系の分散を求めるには(15)式が必要になります。しかし、この式が載っているテキストは稀です。

(15)式の特別な場合として、波長 λ の光がプリズムに対して最小偏角条件を満たすとき次式が得られます。

$$\tau_\lambda = \frac{di_2'}{dN} = \frac{2\sin\frac{A}{2}}{\left(1 - N^2 \sin^2\frac{A}{2}\right)^{1/2}} \tag{17}$$

更に特別な場合として、$A = 60°$ の場合には

$$\tau_\lambda = \frac{di_2'}{dN} = \frac{1}{\left(1 - \frac{N^2}{4}\right)^{1/2}} \tag{18}$$

が得られます。

SF2の60°プリズムを $\lambda = 5000$Å の光に対して最小偏角の配置で入射角を決めた場合には(14)式と、**表1** より $N = 1.65879$ を(16)式に代入して得た数値を掛け算して分散能,

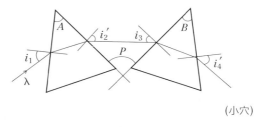

図6

$$D_{5000} = -2.971 \times 10^{-5} \text{ rad/Å} = -6.13''/\text{Å} \tag{19}$$

が得られます。

先に**図4**上で定義した分散逆数と分散能 D_λ の関係は次式で与えられます。

$$\frac{d\lambda}{ds} = -\frac{1}{f_L' D_\lambda} \text{ Å/mm} \tag{20}$$

f_L' はスペクトル撮影用対物レンズの後側焦点距離です。

ここで、ラマン用プリズム分散系に多用される、2個またはそれ以上のプリズムをタンデムに並べて分散能を増大させる場合について、その一般式を導きます。2個のプリズムが材質、頂角とも異となる場合を**図6**の配置に対して計算します。この計算は面倒で「容易に得られる」とは言えませんし、その結果得られる式も類書には載っていないことが多いので、以下に先生の文章をほぼそのまま転載します。

「波長 λ の光に対する最終光線の偏角を $\delta_{A,B}$ とするとき、この波長に対するこの系の分散能 $D_{A,B}$ は(11)式と同様に

$$D_{A,B} = \frac{d\delta_{A,B}}{d\lambda} \tag{21}$$

で定義されるが、$\delta_{A,B}$ に関しては

$$\delta_{A,B} = i_1 + i_4' - (A - P + B) \tag{22}$$

という関係があるので、これを $i_1 = \text{const}$ で λ について微分すると、

$$D_{A,B} = \frac{d\delta_{A,B}}{d\lambda} = \frac{di_4'}{d\lambda} \tag{23}$$

が得られる。つまり入射角 i_1 を一定にしておいて波長を $d\lambda$ だけ変えると，i_1' が少し変わり，i_2 が少し変わり……i_4' が少し変わる。この最後の i_4' の波長による変化が分散能 $D_{A,B}$ というわけ。

これを求めるにあたり，i_2' の変化まではすでに計算してある。すなわち，最初の1個のプリズム A については(16)式より，

$$\frac{di_2'}{d\lambda} = D_A = \frac{\sin A}{\cos i_1' \cos i_2'} \left(\frac{dN}{d\lambda}\right)_A \tag{24}$$

そこで**図6**において i_2' と i_3 の関係を示す $i_3 = P - i_2'$ の両辺を λ に関して微分すると，

$$\frac{di_3}{d\lambda} = -\frac{di_2'}{d\lambda} = -D_A \tag{25}$$

が得られ，次に i_3 と i_3' の関係，$N_B \sin i_3' = \sin i_3$ を同様に λ に関して微分すると，

$$\left(\frac{dN}{d\lambda}\right)_B \sin i_3' + N_B \cos i_3' \frac{di_3'}{d\lambda} = \cos i_3 \frac{di_3}{d\lambda} = -D_A \cos i_3 \tag{26}$$

が得られ，これより

$$\frac{di_3'}{d\lambda} = -\frac{1}{N_B} \tan i_3' \left(\frac{dN}{d\lambda}\right)_B - \frac{1}{N_B} \frac{\cos i_3}{\cos i_3'} D_A \tag{27}$$

が得られる。

次に i_3' と i_4 の関係，$i_4 = B - i_3'$ の両辺を λ に関して微分すると，

$$\frac{di_4}{d\lambda} = -\frac{di_3'}{d\lambda} = \frac{1}{N_B} \left\{ \tan i_3' \left(\frac{dN}{d\lambda}\right)_B + \frac{\cos i_3}{\cos i_3'} D_A \right\} \tag{28}$$

が得られる。

最後に i_4 と i_4' の関係，$\sin i_4' = N_B \sin i_4$ の両辺を λ について微分すると，

$$\cos i_4' \frac{di_4'}{d\lambda} = \left(\frac{dN}{d\lambda}\right)_B \sin i_4 + N_B \cos i_4 \left(\frac{di_4}{d\lambda}\right) \tag{29}$$

が得られる。

(29)式の右辺第2項に(28)式を代入して整理すると

$$\frac{di_4'}{d\lambda} = \frac{\cos i_3 \cos i_4}{\cos i_3' \cos i_4'} D_A + \frac{\sin B}{\cos i_3' \cos i_4'} \left(\frac{dN}{d\lambda}\right)_B \tag{30}$$

が得られる。右辺第2項は，波長 λ，入射角 i_3' に対するプリズムBの単独の分散能を示す。したがって上式を(23)式に代入して2つのプリズムによる分散能は次式で与えられる。

$$D_{A,B} = \frac{\cos i_3 \cos i_4}{\cos i_3' \cos i_4'} D_A + D_B \tag{31}$$

2つのプリズムによる合成の分散能 $D_{A,B}$ が，両者の分散能の単純な和でないことに注意したい。

特に波長 λ の光がプリズム B において最小偏角の状態にある場合には，$i_3' = i_4$，$i_3 = i_4'$ であるから，

$$D_{A,B} = D_A + D_B \tag{32}$$

であり，さらにこの光が両プリズムにおいて最小偏角の状態にあるときには，

$$D_{A,B} = \frac{2\sin\frac{A}{2}}{\left(1 - N_A^2 \sin^2\frac{A}{2}\right)^{1/2}} \left(\frac{dN}{d\lambda}\right)_A + \frac{2\sin\frac{B}{2}}{\left(1 - N_B^2 \sin^2\frac{B}{2}\right)^{1/2}} \left(\frac{dN}{d\lambda}\right)_B \tag{33}$$

さらに両プリズムの材質と頂角が等しい場合には

$$D_{A,B} = 2D_A \tag{34}$$

となる。」

こうして，私たちが複数のプリズムを直列に並べるときに当然のことのように，「同じ材質（例えばSF2）の60°プリズムを，すべてのプリズムに対して最小偏角条件が満たされる」ようにしますが，実はこのときに限って分散能の加算が可能になることが分かった次第です。

この一般論の適用例として先生は，**図7**に示す2つの配置を取り上げます。面白いことにその(a)は水島が採用しなかった**図1**(a')の配置，(b)は彼が実際に採用した分散系(a)に対応します。**図1**と**図7**とでは，プリズムの頂点が上

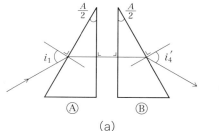
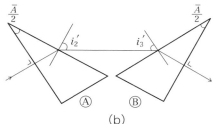

図7

下逆になっていますが，原著に合わせて統一しませんでした。言うまでもなく，水島らのリトロー配置に換算するには，それぞれの分散能を2倍してやればいいのです。

(a) 頂角Aのプリズムを2等分し，分割面に垂直に引き離した系で，第1面で屈折された光が分割面に垂直な場合。

$$i_2 = i_2' = 0,\ i_3 = i_3' = 0,\ i_1' = i_4 = A/2,\ i_1 = i_4' = \sin^{-1}(N\sin(A/2)) \quad (35)$$

を(16)式に入れて，

$$D_A = \frac{\sin\frac{A}{2}}{\cos\frac{A}{2}}\frac{dN}{d\lambda},\ D_B = \frac{\sin\frac{A}{2}}{\left(1-N^2\sin^2\frac{A}{2}\right)^{1/2}}\frac{dN}{d\lambda} \quad (36)$$

これを(31)式に入れて，

$$D_{A,B}' = \frac{\cos i_3 \cos i_4}{\cos i_3' \cos i_4'} \frac{\sin\frac{A}{2}}{\cos\frac{A}{2}}\left(\frac{dN}{d\lambda}\right) + \frac{\sin\frac{A}{2}}{\left(1-N^2\sin^2\frac{A}{2}\right)^{1/2}}\left(\frac{dN}{d\lambda}\right)$$

$$= \frac{2\sin\frac{A}{2}}{\left(1-N^2\sin^2\frac{A}{2}\right)^{1/2}}\left(\frac{dN}{d\lambda}\right) \quad (37)$$

すなわち分割する以前のプリズムにおいて光が最小偏角の状態で通ったときの分散能と一致します。引き離した間隔とは無関係。これは**図7**(a)においてプ

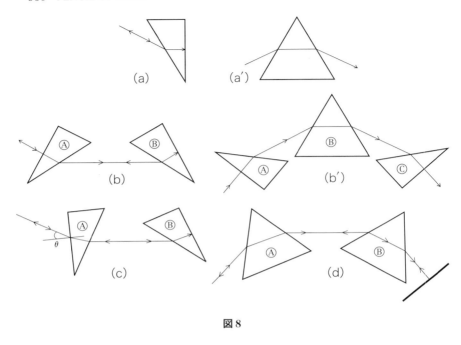

図8

リズムⒶの第2面を反射面としたリトロー配置，すなわち水島の第1号プリズム系と等価なことが分かります［**図8**(a)］。

(b) これは(a)のように2等分したプリズムを背中合わせに組み合わせ，第1面に垂直に入射した光が2つのプリズムを対称的に通るようにした配置です。

$$i_1 = i_1' = 0,\ i_4 = i_4' = 0,\ i_2 = i_3' = A/2,\ i_2' = i_3 = \sin^{-1}(N\sin(A/2)) \quad (38)$$

の条件を与えて(16)式より次式が得られます。

$$D_A = \frac{\sin\frac{A}{2}}{\left(1 - N^2 \sin^2 \frac{A}{2}\right)^{1/2}} \left(\frac{dN}{d\lambda}\right) \quad (39)$$

$$D_B = \frac{\sin\frac{A}{2}}{\cos\frac{A}{2}} \left(\frac{dN}{d\lambda}\right) \quad (40)$$

(30)式より，合成系の分散能 $D_{A,B}''$ は次式で与えられます．

$$D_{A,B}'' = 2\tan\frac{A}{2}\cdot\left(\frac{dN}{d\lambda}\right) \doteqdot D_{A,B}' \tag{41}$$

$$\frac{D_{A,B}''}{D_{A,B}'} = \frac{\left(1-N^2\sin^2\frac{A}{2}\right)^{1/2}}{\cos\frac{A}{2}} \tag{42}$$

図7(b)の配置はⒷプリズムの第2面を反射面にすると，Ⓐの第1面を対物レンズの光軸に垂直にしたときの水島の第2号分散系と等価になります［**図8**(b)］．

☆水島の分散系の解析

(41)と(42)式は水島らの第1号と第2号分散系を比較する上で重要な意味を持ちます（**図8**）．彼らは，(a)の分散逆数22Å/mmに対し(b)では12Å/mmと分散が約2倍（厳密には1.83倍）になったと述べています．しかし上式から計算すると，少なくとも第1面に垂直入射した光が第4面に垂直入射する(b)の配置では(42)式により，SF2ガラスで作ったプリズムの場合4000Åに対し(a)の場合の1.25倍にしかならないのです．そこで，彼らが論文中に描いた(c)の配置，すなわちプリズムⒶへの入射角を変え，それに応じてⒷも後面で光が垂直に反射するような，全体としてオートコリメーションが実現するようにすれば分散が大きくなるかどうかを調べてみました．これは(b′)の配置においてプリズムⒶとⒸを同じ角度だけ回転してⒶへの入射角とⒸからの出射角を5°，10°，20°，30°，40°と変えたときの形状係数を小穴の一連の公式を使って計算したのと等価です．その結果を**図9**に示します．横軸に入射角 θ を，縦軸に形状係数をとってあります．その結果，入射角を変えることによって形状係数がほぼ入射角 θ に比例して増加することが分かりました．しかし**図8**(a)の $2\times11/12=1.83$ 倍にするには入射角を40°，後に高野が記したデータ（分散逆数13Å/mmを形状係数に換算すると約1.69倍）に対しては30°と，論文中の図で示唆された角度よりもかなり大きくなっています．

しかし，**図8**(c)においてプリズムⒶを回転してそれへの入射角を変え，そ

れに応じてⒶを中心にⒷをわずかに回転してオートコリメーションの条件を満たすように微調整するのは機構上もかなり面倒です。おそらく水島・森野の1号機には，第2分散系を装着したときの入射角 θ 対分散逆数の較正表がついていただろうと推測できそうです。

しかし，この分散系をそのまま使ったのでは，近赤外の $\lambda = 7900$Å 近辺のスペクトルを測るには不十分です。分散が4000Åのときの約 1/10 に低下するからです。そのため上の 30°プリズム2個の代わりに 60°プ

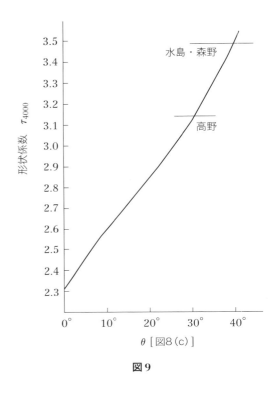

図9

リズム2個を分散の大きい**図 8**(d)の配置に変えたのだと思います。回転機構を備えた反射鏡を付け加える必要がありますが，それは**図 8**(c)でも同じですから，良質の 60°プリズムさえ入手できればこちらのほうが有利だからです。

(3) $dN/d\lambda$ の計算

小穴先生は，SF2 の 4000Å，5000Å……における屈折率を小数点以下5桁まで計算しただけでなく（**表 1**），その分散 $dN/d\lambda$ も同様に 5000Å において 1.660×10^{-5}Å^{-1} と小数点以下3桁まで求めています。これはおそらく光学ガラスの製造元から，$n(\lambda)$ の内挿式であるゼルマイヤー（Sellmeier）の式かそれと同等の式の係数を入手して，それから $dn/d\lambda$ を計算したのだろうと私は思います。

19世紀の後半に，Sellmeier, Helmholtz, Ketteler, Drudeなど多くの人々が，「原子核に弾性的に束縛されている電子が光による交流電場によって強制振動する」という古典モデルを使って屈折率の波長依存性すなわち分散を説明しようとしました*。Sellmeier** は多成分系である光学ガラスに対して，ふたつの紫外吸収とひとつの赤外吸収があるというモデルを適用して次式を得ました。

$$n^2(\lambda) = 1 + \frac{B_1\lambda^2}{\lambda^2 - C_1} + \frac{B_2\lambda^2}{\lambda^2 - C_2} + \frac{B_3\lambda^2}{\lambda^2 - C_3} \tag{47}$$

例えばSchott社では，各光学ガラスに対し，実測値をもとに求めた係数B_1, B_2, B_3, C_1, C_2, C_3等をカタログに表示しています。この他にも，上式を展開したいくつかの近似式が使われています。しかし，(47)式をはじめこの種の式は，一応i線（365 nm）から1083 nmまでの範囲で任意の波長に対する屈折率やその導関数$dn/d\lambda$を計算できますが，それはあくまで内挿値であって実測に基くものではありません。したがって小数点以下何桁まで保証するといったものではありません。ここでも目安としての数値だということは知っておいていただきたいと思います。

　(47)式より直ちに次式が得られます。

$$n\frac{dn}{d\lambda} = -\frac{B_1 C_1 \lambda}{(\lambda^2 - C_1)^2} - \frac{B_2 C_2 \lambda}{(\lambda^2 - C_2)^2} - \frac{B_3 C_3 \lambda}{(\lambda^2 - C_3)^2} \tag{48}$$

　Schott社が公表しているF2とSF2のゼルマイヤー係数の値を**表2**に示します。ただし，波長λはμmで測った値です。いずれも鉛を含んだ旧ガラスで現在販売されていません。これらのデータを用い，(47)と(48)式を計算して得たnと$dn/d\lambda$および分散逆数の値を**表3**に示します。分散逆数は60°プリズムを最小偏角の配置で使い，f'_Lを600 mmにした場合，すなわち水島の第1号分光器と第1号分散系を組み合わせた場合に対応する値です。

　なお，可視光を中心とする波長表示の単位には現在nmが使われますが，以前はÅ単位（= 0.1 nm）が使われていました。ここでは原著論文の表示に従いましたので，本文中両単位が混在します。

---

* 例えば鶴田匡夫：応用光学Ⅰ（1990），培風館，p.61
** Ann. Phys. Chem. **143** (1871), 272–282

表2

F2	
B_1	1.34533359
B_2	0.209073176
B_3	0.937357162
C_1	0.00997743871
C_2	0.0470450767
C_3	111.886764

SF2	
B_1	1.40301821
B_2	0.231767504
B_3	0.939056586
C_1	0.0105795466
C_2	0.0493226978
C_3	112.405955

ゼルマイヤーの係数

(Schott)

表3

波長 (Å)	F2			SF2		
	n	$dn/d\lambda\,(\text{Å}^{-1})$	分散逆数 (Å/mm)	n	$dn/d\lambda\,(\text{Å}^{-1})$	分散逆数 (Å/mm)
4047	1.65064	3.22×10^{-5}	29.2	1.68233	3.64×10^{-5}	24.8
5461	1.62408	1.10×10^{-5}	88.8	1.65222	1.23×10^{-5}	76.3
7942	1.60859*	0.37×10^{-5}	270	1.63496*	0.39×10^{-5}	244

* 計算値

31 非球面に関する興味ある文献 1
Kepler と Descartes

> 黙って睨んで考え込む，今日うまい考えが出なければ，寝ていて考える，目が覚めたらまた考える。毎日同じ事を繰り返すのである。
> ——**大河内正敏：寺田君の憶ひ出**——

　私は 2013 年夏に，(独)日本学術振興会フォトニクス情報システム第 179 委員会から，その第 32 回研究会（同年 10 月 4 日）で非球面をテーマとしたチュートリアル講演会を開催するので，「何を学ぶか，どう学ぶか」という演題で 1 時間半の講演ができないかとの打診をうけました。

　現代では，口径 30 m の超大型天体望遠鏡 TMT* 用複合対物鏡や半導体製造用ステッパー光学系から極めて小さいコンパクトディスクのピックアップレンズやスマホのカメラ用撮影レンズにいたるまで，採算がとれる限りどんな非球面も——その曲面ができる限り緩やかになるように最適設計されていることは言うまでもありませんが——与えられた諸精度を満たす加工が可能です。しかし今の私はその設計・製作の現場に立ち合う機会はありませんし，この種のプロジェクトの技術開発や製作・検査などに部分的に関与したのも遥か昔のことですから，お引き受けするのを躊躇したのですが，up to date の話題はそれぞれの専門の方々にお願いしてあるとのことでしたので，今から凡そ 100 年前までに公開された資料について，いわば読書案内のようなことを話してみようと思い直してお引き受けした次第です。

　このような事情がありましたので，予稿には本題に入る前に，理化学研究所

---

* Thirty Meter Telescope の略。計画の概要は例えば朝日新聞 2014 年 5 月 5 日朝刊 19 面参照。

第3代所長（1921〜46）大河内正敏が書いた寺田寅彦追悼文を引用して次のように書きました。大河内は第2次大戦前に同研究所の研究成果を工業化して「理研」を新興財閥のひとつに育てた人として知られています。

☆大河内の寺田寅彦追悼文*

「歩兵銃から打ち出された小銃弾が，予め薄い金属板に穿たれた，丸い孔，四角な孔，3角な孔等を通り抜けるときの瞬間写真を，シュリーレン法で写して見ると，色々な形をした空気の波と思われるものが出ている。大した問題でもないから良い加減にして置こうと思ったら，寺田君は承知しない。若しこれを空気の波とすれば何で出来たか説明しよう，君ひとつ調べろと言う。仕方がないから，先ず参考書か専門雑誌で，今まで何か似た研究はないか調べてみようと思って，寺田君に教えを乞うたが，その時の答が私の言う奥の手であった。文献などを調べて何がある，写真を睨んで何時までも考えて見給え何か出てくるさと言うのであった。誰に聞け，何を調べろ，何を読めと言うような手は駄目だ，何もせずに黙って考えろと言うのである。黙って睨んで考え込む，今日うまい考えが出なければ，寝ていて考える，目が覚めたらまた考える。毎日同じ事を繰り返すのである。果して考えが出て寺田君に話すとそれに違いない，それで説明がつくと言って喜んだ。

以来30年，私はこの手をあらゆる事柄に用いている。特に製造工場では面白い位効果がある。良品廉価生産の研究をやる時に，工場へ行って，ここを改良しようと思ったところに座り込む，立ちつくして，その装置や機械と睨めっこをしている，1日でも2日でも，考えの出るまで黙って考え込む。どうしてもいけない時には，数日おいてまたやる。機械から離れても考える，寝ても考える。旅行をすれば汽車の中で考える。そうすれば先人未発の機械装置が浮いて出て来る。併し寺田君自身の場合は，あの人の頭のことだからそんなに考え込まずに，すらすらと解決が出てきたのだったと思う。

私はこの寺田君から教わった手を，若い技術者に試みさせている。真剣に夢中で考え込んだ者に必ず妙手が浮んで，予期以上の成績を挙げているが，そん

* 思想，昭和11年（1936）3月号，岩波書店，295

な馬鹿馬鹿しい手があるものか，それよりは先ず内外の特許を調べる方が早い。専門の雑誌，書物を読破する方が先だと，私の言う事を聞かずに図書室に這入り込んだ連中は，結局在来のやり方に捕われて平々凡々のことより出来ないのである。

寺田君の思い出は数々あるが，1番深いそうして今日，今日以降も寺田君のお蔭で，理研が良品廉価生産の研究に成功して行くことを記して，君の余徳を世人に分ちたい。決して自分免許の廉価生産ではない。世界中何国にも負けない廉価生産の方法，手段は，君の残して行った無手という手で案出されているのである（昭和11年2月）」。

ものごとには矛と盾の両面があって，こんなことをしたら時間ばかり掛かって商売にならないという苦言もまた存在します。現に私は，「子曰く，吾れ嘗つて終日食わず，終日寝ねず，以って思う。益無し。学ぶに如かざるなり――論語：衛霊公篇――」，という苦い経験を何度となくしています。また，それぞれの人の知識や経験の違いに応じ，その人にかなった方法を用いるべきだとする仏教説法に由来する「人を見て法を説け」というのも事実でしょう。しかしそれにもかかわらず，大河内の上の指摘は，仕事を与える側と受ける側に共通して，多くの研究者・技術者に対して極めて重要なことだと思います。長い引用を敢えて行った理由です。

光学と光学器械の分野で，寺田・大河内のやり方を地でいって大成功を収めた人はE. Abbe（1840～1905）でしょう。Jena大学の無給の私講師だったAbbeは1866年に当時従業員わずか20人の光学器械製造業者カール・ツアイス社の社主Carl Zeissの要請を受けて顕微鏡の「科学的根拠にもとずく体系的な製造法」に取り組むことになりました。彼は作業の全工程を分割し，作業者がそれぞれの工程を分担する分業制を導入し，各工程に「科学的根拠にもとずいた」製作法と測定法を割りつけ，個々の作業はAbbe自身の指示で行うというやり方で，従来の職人と従弟制度による手工業からの脱皮を図ったのです。その間彼は工場に通いつめ自分も工具たちと一緒に作業したそうです。

その一方で，顕微鏡の設計を彼独自の方法で追求しました。当初，現場の「開口角が大きい方が，より鮮明に細部を再現する」という経験に基ずく主張

をあえて退け，小さい開口数だが視野の範囲で収差がよく補正された対物レンズを設計・試作したところ，像のぼけが甚だしく，これがきっかけになって彼の「顕微鏡結像の回折理論」が長い時間をかけて誕生することになります（1871）。次に今度は高開口数で球面収差がよく補正されたレンズを試作したところ，視野の中心だけは鮮鋭な像を結ぶが，それからほんの僅か外れただけで像が急激に劣化することを見出します。この現象と対症療法的で個別的な補正法は当時既に知られていましたが[*]，彼はあえてそれを無視し，結像全般に適用が可能な正弦条件を発見することになります（1873, 79）。こうした研究の成果として発表されたアプラナート対物レンズシリーズ（1872），とアポクロマートシリーズ（1884）によってカール・ツアイス社は世界の顕微鏡メーカーの頂点を極めることになったのでした。なおAbbeには，それまでの非球面の応用が専ら球面収差とコマ収差の補正に限られていたのに対し，それを非点収差の補正に応用する原理的特許[**]があり，これは後に凸の高屈折力めがねレンズKatralの開発に結実しました[***]。

　Abbeが光学器械の設計と製作に特別の関心を持つようになったのは私講師時代に彼が「磁気測定用電気器具一式」をツアイス社に注文した1863年以降だったようです。彼は大学の費用負担を軽減するために同社にかよいつめ，3週間もの間工具と一緒に作業したそうですが，その時の仕事振りをC. Zeissは「ひじょうに器用で仕事は正確だが，この類の器具のことを，いままで知らなかったようだ」と述べているそうです。C. ZeissがAbbeと知り合ってまもなく，彼を技術全般に関する指導者に迎え，更には共同経営者にしたいと考えるようになった，これが伏線だったように見えます[†]。

　つまり，Abbeが顕微鏡の開発に取り組むことになった1866年の時点で，生来の天分に加えて光学器械の知識がすでに相当に蓄積されていたのでしょう。大河内が「寺田君自身の場合は，あの人の頭のことだからそんなに考え込まずに，すらすらと解決が出てきたのだったと思う」と書いているのとほぼ同

---

[*] 本書 21
[**] DRP119915（1901）
[***] 本書 15 参照
[†] 主に括弧でくくった文章は，A.ヘルマン，中野不二男訳：ツアイス・激動の100年（1995），新潮社刊，からの引用です。

非球面に関する興味ある文献 1 Kepler と Descartes

じ情況だったのでしょう。凡人には凡人なりにこの方法が役に立つというのが大河内の信条だったわけです。要するに「にわか勉強で他人の真似をするのでは高が知れてる。その時までに獲得した自分の知恵と知識の限りを盡して現場で考えよ」というのでしょう。

こうした事情を承知した上でなお，専門的知識を獲得するのに，すぐれた文献を時間をかけて一字一句もおろそかにせず読みこむことが欠かせないと思います。古い文献にはその後に誤りだとされることになる事柄も少なからず存在します。しかしその分だけ，著者の真意を理解できたと感じたときの喜びはまた格別です。いささか時代遅れの読書日記をご覧に入れる所以です。

☆ Kepler の回転双曲面

正しい屈折則も微分法も未だ発見されていなかった時代に，J. Kepler (1571〜1630) は単レンズのもつ球面収差を，その屈折面を球面から回転双曲面に置き換えることによって打ち消す方法を見出したと考え，著書 *Dioptrice* [1611, 彼のラテン語による造語で後に屈折光学と訳されるようになる —— Dioptrics (英)，dioptrique (仏)，Dioptrik (独) ——] の中で次のように述べています [**図 1**(a)]。

「定理 59：密な媒質中を互いに平行に走る光線が屈折によってその外部に射出して 1 点に集まるのはその屈折面が近似的に双曲面の場合である。

図 1(a) において，円弧 ABCDEFG の中心を H とする。HD は十分に長く*，光線 RA, PB, LC, KE, MF および QG は HD に平行とする。

すべての上記光線の屈折が比例的であるならば**，屈折後の光線はすべて 1 点に収束する。しかしそれらは比例的でなく，傾斜（入射角の意）が大きくなると大きく変わるので，LC と KE は I で交わるが，その隣りの光線 PB と MF は I よりも屈折面に近い N で交わり，いちばん端の RA と QG はもっと近い位置 O で交わる。

それ故，点 O と I が 1 点 N と一致するためには，A と G における屈折が球面

---

* AG ≪ HD，すなわち 3 次収差が優勢な領域を意味しているのでしょう。
** 近軸条件を満たすの意

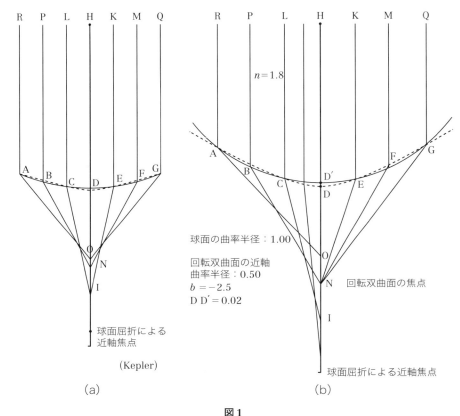

図1

の場合より少し小さく，CとEにおける屈折が球面の場合より少し大きくなければならない。それには，AとGにおいて屈折面に対するRAとQGの傾斜を小さく，CとEにおいてLCとKEの傾斜を大きくしてやればいい。

　ABに対するRAの傾斜を小さくするには，始点Aを固定したまま終点BをRのほうに動かしてやればいい。そのためには，弧ABCと点Aにおいて交わり，しかもABCよりも図において上方にあるようなもうひとつの弧を考えてやればいい（図において実線ABCに対して新たに点AとCを通る点線で示した弧を考えてやろうの意）。このとき，光線LCに対する傾斜は最初の弧BCに対

する傾斜よりも大きくなる。事情は E と G に対しても同じである。こうして点 A と G を始点とする新しく点線で示した曲線は元の円弧と 4 つの点で交差する。これは双曲線であって楕円ではない。円弧と 4 点で交わる曲線は双曲線であって楕円ではないからである。何故なら、楕円は半円よりも小さい円弧と 2 点でしか交われないからである（放物面に関しては翻訳を省略）」。

この「定理」の後半にある双曲線と楕円の図形的特徴，すなわち前者は特別に選ばれた円と 4 点で交差できるが，後者は 2 点でしか交われないという記述は正しいのですが，ちょっと分かりにくいので，特に前者について次節で具体例を挙げて説明します。

実はこうして作られた図形について，円錐曲線の性質と作図から容易に分かることですが，図の点 N は回転双曲面の屈折によって生じる焦点なのです。Kepler が自から描いた図 1(a) の双曲線は少しぎこちないので，私がこれに近い諸元を選んで描いたのが図 1(b) です。後述します。

彼は正しい屈折則には到達できませんでした。たいへん複雑な形をした屈折則を導きましたが，それを実験で検証してはいません。それにもかかわらず彼は回転双曲面による屈折が軸上の無限遠物体に対して無収差だと信じていました。定理 59 に続くのは次の定理です。

「定理 60：目の水晶体は表面が（回転）双曲面の形をしており，その後には網状の皮膜（網膜）がちょうど焦点面（像を見るために紙を置く位置）に置かれ，その上に実際に目の前にあるものの像が写っている。解剖学者の所見によれば，水晶体は両凸レンズで透明度は非常に高い。その形状は特に後面（網膜に近い面）で顕著に双曲面である。網膜は水晶体からある距離を隔てて丸い球殻の内側に広がっていて，その表面のすぐ下は紙のように白いことも分かっている。その結果，外界の網膜上への結像が実現し，ほぼ双曲面の場合について定理 59 に述べたことからして，光線束の完全で鮮鋭な結像が達成されることは明らかである」。

Kepler は目が外景の鮮鋭な倒立像を網膜上につくることを初めて明らかにした人ですが，彼はこの結像に最も寄与するのは水晶体（レンズ）だと考え，しかもその網膜側の屈折面が上に記したように当時の解剖学的所見に従って回

転双曲面で近似できると信じていました。これから，双曲面が少なくとも光軸上の物点に対して無収差だと推測したのでしょう。この推測を球面屈折面が示す顕著な球面収差と結びつけて，「屈折が比例的でない」入射角にまで適用できる正しい屈折の法則を求めようと考えて辿りついたのが「定理59」だったと言えると思います。

彼がこの定理で述べた手順を，後にデカルト（René Descartes, 1596～1650）が創始した解析幾何学（1637）を使って丹念に辿れば，W. Snell や Descartes が実験的に見出したとされる正しい屈折の法則を理論的に発見できたかも知れません。

しかし彼は遂に正しい屈折の法則には到達できませんでした。彼が空気と水の境界における Witelo（ラテン名 Vitellio）の測定値（入射角 10°～80°）をもとに導いた実験式は，

$$i - r = ki \sec r \tag{1}$$

という複雑なものでした*。ここに i は入射角，r は屈折角，k は媒質に固有の定数です。入射角が小さいとき屈折率 n とは次式で結ばれます。

$$(1-k)^{-1} = n \tag{2}$$

後に彼の弟子 C. Scheiner（1575～1650）は羊や牛の目の水晶体（レンズ）の後面が双曲面であることを実測によって突きとめ，更に 1625 年には人の目も同様に縁にいくに従ってカーブが緩やかになる双曲面であることを明らかにしました。現代では，角膜と水晶体の後面がともに縁に向かってなだらかになっていて，これが目の球面収差を低減するのに役立っていることが知られています**（図2）。

---

* この式と正しい式である $\sin i = n \sin r$ との比較については，G. Buchdahl: Methodological Aspects of Kepler's Theory of Refraction, Studies in History and Philosophy of Science, **3** (1972), 265–298 参照
** R. B. Rabbetts: *Clinical Visual Optics*, 3rd ed., Butterworth (1984), p.12

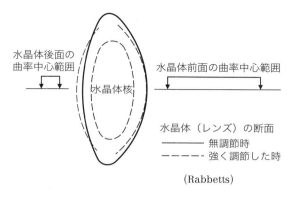

図2

☆ 2次曲面の表現と非球面

　ここで回転2次曲面の形を，光学系への応用を念頭に置いて記述しておきます。まず L. C. Martin の著書*から要約します。
「2次曲線の対称軸（多くの場合2つの焦点を結ぶ直線と一致する）を x 軸にとりその原点を頂点と一致させたとき，円の方程式は次式で与えられる。

$$y^2 - 2rx + x^2 = 0 \tag{3}$$

ここに r は円の曲率半径。
　一方，これと頂点を共有する2次曲線群は次式で与えられる。

$$y^2 - 2rx + px^2 = 0 \tag{4}$$

このとき上式を変形して

$$\frac{y^2}{2x} = r - \frac{px}{2} \tag{5}$$

が得られるから，$x \to 0$ としたとき，すなわち頂点における曲率半径はパラメーター p によって分類されるすべての2次曲線に対し等しい値 r をもつことになる」。p は2次曲線（＝円錐曲線）の離心率 e と次式で結ばれます。

---

* *Technical Optics* II, 2nd ed., Pitman (1960), p.351–353

$$p = 1 - e^2 \tag{6}$$

表1に両パラメーターの対照表を掲げます。

「**図3**に p の値に対応して変わる2次曲線のグラフを示す。(4)式を解いて次式が得られる。

$$x = \frac{2r \pm (4r^2 - 4py^2)^{1/2}}{2p} \tag{7}$$

表1

	離心率 e	p
双曲線	>1	<0
放物線	1	0
楕円（長軸が x 軸と一致）	<1	$0<p<1$
円	0	1
楕円（長軸が y 軸と一致）	——	>1

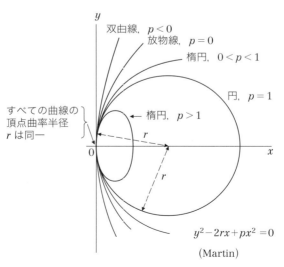

図3

ルートを開いて次式が得られる。

$$x = \frac{y^2}{2r} + \frac{py^4}{8r^3} + \frac{p^2 y^6}{16r^5} + \cdots \tag{8}$$

これより,同じ頂点曲率半径をもつ2次曲線と円の間の x 軸に沿った隔差 g は次式で与えられる。

$$g = \frac{(p-1)y^4}{8r^3} + \frac{(p^2-1)y^6}{16r^5} + \cdots \tag{9}$$

x 軸に対して対称な2次曲線以外の曲線は y^4 以上の各項に関して2次曲線とは異なる係数をもつ。しかし,頂点曲率半径が等しい場合は(8)式における展開式の初項は必ず y^2/r から始まる。x 軸に対称で2次よりも高次のどんな曲線も,その4次の項 y^4 の係数が p の異なる2次曲線のどれかと一致する。同様の理由により,波面収差で y^4 に依存する1次の球面収差をもつ系は球面屈折面を回転2次曲面に変えることによってそれを除去することができる。または,2次曲面を2つ採用することにより,2つのパラメーターを適当に選べば,例えば1次の球面収差とコマ収差を除去することができる。―以下略―」。

　ここに挙げた式を使って私が**図1**(b)を求めた手順を簡単に記しましょう。まず**図1**(a)で基準に選んだ円(実線)の半径を単位1とし,双曲線の頂点近傍の曲率半径を r,光軸(回転軸)と交差するすなわち頂点の座標を $(-c, 0)$ とすると,円と双曲線の光軸近傍の式は(8)式によりそれぞれ次式で与えられます。

$$x = \frac{y^2}{2} + \frac{y^4}{8} + \cdots \tag{10}$$

$$x = \frac{y^2}{2r} + \frac{p}{8r^2} y^4 - c + \cdots \tag{11}$$

これより両曲線の光軸に沿った隔差は

$$g = \frac{1}{2}\left(\frac{1}{r} - 1\right) y^2 + \frac{1}{8}\left(\frac{p}{r^3} - 1\right) y^4 - c \tag{12}$$

となります。

　いま**図**(a)から大凡の見当で $r = 0.5$, $c = 0.02$ と置き,(12)式が $y > 0$ で2つ

の実根をもつと仮定すると $p > -3$ が得られます。これより，2つの曲線が $y > 0$ の領域で2点で交わるためには $-3 < p < 0$ であることが必要になります。簡単のために $p = -1.5, -2.0, -2.5$ を選んで解を求め，その小さいほうの値が**図 1**(a)に近い $p = -2.5$ に対する双曲線を(6)式を用いて計算してプロットしたのが**図 1**(b)です。与えられた球面に対してその球面収差を除去するのに必要な双曲線の形状を，ただしその近軸焦点距離が 1/2 になるという条件で，求めたのが Kepler の作図法だったらしいことが分かった次第です。Martin の非球面表示法が，おそらくは高次の回転対称非球面も含めて実用的だというひとつの例といえると思い，紹介しました。

とまれ，Kepler は前記定理 59 において，回転双曲面による屈折が軸上の無限遠物体に対して無収差の結像をもたらすという，当時まだ必ずしも定量的に実証されていなかった命題を公理と考え，これを出発点として球面屈折の収差を論じたと言うことができるでしょう。その議論は極めて具体的で説得力があり，非球面を設計したり製作するのにすぐにも役に立ちそうに見えます。実際，前面平面・後面双曲面のレンズが無限遠物体に対し，また両面双曲面のレンズが特定の倍率の結像に対し，共に光軸上の結像に限るとはいえ，開口をいかに大きくとっても球面収差がないこと，またその像位置も正しく予測できることを教えてくれるからです。後述します（**図 7**）。彼が卓越した科学的洞察力ないしは嗅覚をもっていたことの証左でしょう。

☆デカルトの非球面

R. Descartes（1596～1650）は 1637 年に，「方法序説と3つの試論」* を刊行しました。ガリレオが異端審問所によって地動説を放棄させられた時（1633）からわずか4年後のことです。彼は自からが思索の末に獲得した，「科学的真理を発見するための新しい方法」を述べた「方法序説」に加えて，それを具体的に適用する対象に「屈折光学」，「気象学」および「幾何学」を選んだのでした。

彼は「屈折光学」の中で，屈折の法則を「入射角と屈折角の正弦の比が一定」

---

* デカルト著作集第1巻，白水社（1973）。

と述べ,この法則ともうひとつの試論「幾何学」で詳述した解析幾何学の手法を組み合わせて,回転2次曲面をもつ屈折面や反射面を使ったレンズや反射鏡の無収差(実際には球面収差だけが0の)結像を論じ,それらを実現するための非球面の製作法を詳しく述べています.球面レンズの製作法は職人に任せておけばいい,非球面こそが学者の領分だというのでしょう.

実はオランダのW. R. Snell(1591~1626)は水中の物体が浮かび上がって見える現象を注意深く調べ,図4(a)のCBとDBの比が目の高さによらず一定であることを見出しています.これは正しい屈折の法則を表していますが,Descartesはこの関係に現代の正弦比一定という形を与えたという説が有力のようです*.

彼は「屈折光学」の中で平面上に描いた2次曲線(円,楕円,放物線,双曲線)をその対称軸のまわりに回転して作った曲面を屈折または反射面とし,共役点の一方が無限遠にあるときに,光軸上で無収差の結像ができる曲面の形を求めました.しかし,本文中では示唆するに止めていますが,光軸上の点対点の結像を可能にする4次曲面の形について,「幾何学」の中で取り上げて説明しています.これがデカルトの卵形(ovales de Descartes)と呼ばれるものです**.現代のテキストでは,その証明をDescartesが実際に行ったのではなく,P. de Fermat(1601~1665)のフェルマーの原理を使った証明が広く行われ

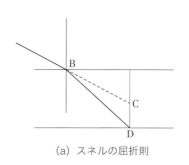
(a) スネルの屈折則

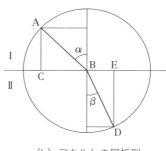
(b) デカルトの屈折則

(広 重)

図4

---

* 広重徹:物理学史I,培風館(1968) p.39–40
** ovalとは,卵の形をしたとか輪郭が卵の形をしたという意味で,そのまま名詞としても使われている単語です.卵形とか卵形曲線と訳しました.

ています。実はFermatも1637年頃ほぼ同時期に，ほぼ同じ内容の，しかしフェルマーの原理に基づく解析幾何学を完成していて，Descartesとはその後おそらくは研究の優先権をめぐって相当に険悪な，決闘や訴訟にまで発展しそうな関係にあったようです[*]。2人の発想の違いが生んだ行き違いとも考えられますが，私はコメントするだけの資料を持っていません。ともあれ，卵形を求めるにはフェルマーの原理のほうが明快で単純なことは確かなようです。

デカルトの卵形と，その特殊解である共役点の一方が無限遠である場合について，実に明快な解法を与えたのはR. K. Luneburgです。以下にそれを翻訳して転載します[**]。

「デカルトの卵形

フェルマーの原理を，与えられた点P_0とP_1が完全（幾何光学的に無収差の意）結像であるような単純な系に適用する。3次元直交座標系(x, y, z)を考え，2つの点がz軸上それぞれ$P_0(z_0 = 0)$，と$P_1(z = a > 0)$にあるとしても一般性を失わない。第1媒質の屈折率をn_0，第2媒質の屈折率をn_1とし，その境界の屈折面の座標を$\omega(x, y, z) = 0$で表す。したがって問題は，第1媒質中の$P_0(0, 0, 0)$を射出したすべての光線が屈折後に第2媒質中の点$P_1(0, 0, a)$に向かって収束するような曲面ωを求めることである。$(0, 0, 0)$を発し，屈折面上の点(x, y, z)で屈折して点$(0, 0, a)$に達する光線の光路長Vは次式で与えられる。

$$V = n_0(x^2 + y^2 + z^2)^{1/2} + n_1[x^2 + y^2 + (z-a)^2]^{1/2} \tag{13}$$

フェルマーの原理により上式は停留値を持つ必要がある。したがって$\omega = 0$の値をcで表すと，

$$n_0(x^2 + y^2 + z^2)^{1/2} + n_1[x^2 + y^2 + (z-c)^2]^{1/2} = c \tag{14}$$

ここで屈折面の頂点を軸上の0とaの中間点Aに選ぶとcは陽に（explicit）表現できて，

---

[*] 例えば，A.バイエ（井沢・井上訳）：デカルト伝，講談社（1979）
[**] *Mathematical Theory of Optics*, Univ. Calif. Pr. (1964), p.130–133，初版は1944年にBrown Univ.から片面のタイプ印刷で出版されました。

$$n_0(x^2+y^2+z^2)^{1/2} + n_1[x^2+y^2+(z-a)^2]^{1/2} = n_0A + n_1(a-A) \quad (15)$$

となる。ここに $A = P_0A$ である。表面が回転対称であることを考慮すると上式は任意の断面で成り立つから，

$$n_0(x^2+z^2)^{1/2} + n_1[x^2+(z-a)^2]^{1/2} = n_0A + n_1(a-A) \quad (16)$$

が得られる。平方根を2度開くことにより4次の代数方程式が得られる。これがデカルトの卵形（曲線）である。ただし根は正符号をとるとする。

ここで，必要条件(16)式が十分条件すなわち屈折がスネルの法則（正弦則）を満たしていることを証明しておく。これはこの問題に関する次の解釈から直接導かれる。第1媒質中の波面は次式で与えられる。

$$\psi = n_0(x^2+y^2+z^2)^{1/2} \quad (17)$$

一方第2媒質中の波面は次の関数で与えられる。

$$\psi' = c - n_1[x^2+y^2-(z-a)^2]^{1/2} \quad (18)$$

これは点 $P_1(0, 0, a)$ に向う球面波である。若し屈折面 ω 上で $\psi = \psi'$ ならば，ψ と ψ' は $\omega = 0$ の近傍で連続な $\psi_x^2 + \psi_y^2 + \psi_z^2 = n^2$ の解を表す。我々はすでに，スネルの法則はこの ψ が連続であることの結果であることを知っている。しかしながら，$\omega = 0$ 上で $\psi = \psi'$ が成り立つことの結果が(16)式に他ならないのである。証明終わり。

デカルトの卵形（曲線）を作図するのは容易である。**図5**において，P_0 と P_1 を中心として，それぞれ半径 r_0 および $r_1 = c/n_1 - r_0n_0/n_1$ の円を描きその交点をつなげばいい。**図5**は $n_0 = 1$, $n_1 = 1.5$, $a = 1$ の場合で $A = 0.5$，すなわち $P_0A = AP_1 = a/2$ の場合である。

物体が無限遠にある場合

平行光線束が屈折面に入射して点 P_1 で交差する場合を考える（**図6**）。このとき屈折率が n_0 の媒質中の波面は［(17)式の代わりに］次式で与えられる。

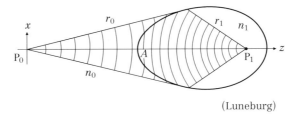

(Luneburg)

図 5

$$\psi = n_0 z \tag{19}$$

第 2 媒質中は収束する球面波になるので [(18)式と同じく]

$$\psi' = c - n_1 [x^2 + y^2 + (z-a)^2]^{1/2} \tag{20}$$

で与えられる。ただし $a = OP_1$ である。O は屈折面の z 軸との交点 $(0, 0, 0)$ である。前項と同様の連続の条件から，次式が得られる。

$$n_0 z + n_1 [x^2 + y^2 + (z-a)^2]^{1/2} = n_1 a \tag{21}$$

これは次式による平面図形を z 軸のまわりに回転して得られる。

$$n_0 z + n_1 [x^2 + (z-a)^2]^{1/2} = n_1 a \tag{22}$$

この式が円錐曲線であることは容易に分かる。平方を開いて次式が得られる。

$$\frac{\left(z - a\dfrac{n_1}{n_1 + n_0}\right)^2}{a^2 \left(\dfrac{n_1}{n_1 + n_0}\right)^2} + \frac{x^2}{a^2 \dfrac{n_1 - n_0}{n_1 + n_0}} = 1 \tag{23}$$

この式は $n_1 > n_0$ のとき楕円 [図 6(a)]，$n_1 < n_0$ のとき双曲線(b)を表す。

$n_1 > n_0$ の場合の楕円の半軸長 A と B はそれぞれ次式で与えられる。

$$A^2 = a^2 \left(\frac{n_1}{n_1 + n_0}\right)^2, \quad B^2 = a^2 \frac{n_1 - n_0}{n_1 + n_0} \tag{24}$$

このとき $M = OM$ と $e = MP_1$ はそれぞれ次式で与えられる。

[31] 非球面に関する興味ある文献 1　Kepler と Descartes

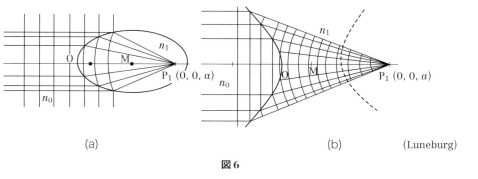

(a)　　　　　　　　　　　　　(b)　　　　　(Luneburg)

図 6

$$M = a\frac{n_1}{n_1+n_0}, \quad e^2 = a^2\left(\frac{n_0}{n_1+n_0}\right)^2 \tag{25}$$

図からも明らかなように，$M+e=a$ である。

　$n_1 < n_0$ の場合の式は(23)式から明らかなように双曲線を表す。すなわち，

$$A^2 = a^2\left(\frac{n_1}{n_1+n_0}\right)^2, \quad B^2 = a^2\frac{n_0-n_1}{n_1+n_0} \tag{26}$$

また図中に示した $M=\mathrm{OM}$ と $e=\mathrm{MP}_1$ はそれぞれ次式で与えられる。

$$M = a\frac{n_1}{n_1+n_0}, \quad e^2 = A^2+B^2 = a^2\left(\frac{n_0}{n_1+n_0}\right)^2 \tag{27}$$

これより，$M+e=a$，すなわち光線の集まる点 P_1 (＝光学的焦点) は双曲線の幾何学的第 2 焦点 (＝反対側の分枝に囲まれた焦点) と一致する」。

なお原文とその記法には一部に混乱がある他，図にもミスプリントがありますので，それらを修正したり説明を追加しました。彼は更に共役点の一方が虚である場合と，その特別な場合である球面屈折における不遊点について図と式をふんだんに使って親切に解説していますが省略します。後者については例えば私の解説* を参照して下さい。

　ここで，図 6(a)・(b)のそれぞれに対する現代の応用例を示しておきます (図 7)。(a)は前面が回転楕円体で後面はその焦点に立てた平面反射面の単レンズです。少なくとも光軸に平行に入射した単色平面波に対しては無収差の

---

* 不遊点，本書[20], 340

反射波が入射光と同じ方向に帰って来ます。車のヘッドライトを反射してドライバーに高速道路の中央分離線を夜間でもはっきり見えるようにする装置として，欧米ではボタン（button）の愛称で永く親しまれて来たそうです*。図においてレンズを厚さを B，屈折率を n とすると，楕円の半長軸長と半短軸長はそれぞれ $Bn/(n+1)$ および $B[(n-1)/(n+1)]^{1/2}$，離心率は $e = [1-(b/a)^2]^{1/2} = 1/n$ となります。光学的焦点が図形の第2焦点と一致することはいうまでもありません。

図7(b)は前面が平面，後面が回転双曲面の場合です。後面から焦点までの距離を B とすると，その半長軸長と半短軸長は(a)と同様にそれぞれ $B/(n+1)$ と $B[(n-1)/(n+1)]^{1/2}$ で与えられます。しかし離心率は n です。平面を双曲面に換えると特定の倍率の結像に対して球面収差が0の単レンズを設計することができます。**図7**(c)はその特別な場合で前後の両面が共に回転双曲面の単レンズで，これをほぼ等倍の結像系にしたとき，球面収差だけでなく，コマ収差もまた0になるという特徴があるため，拡がった光源像を投影用レンズの入

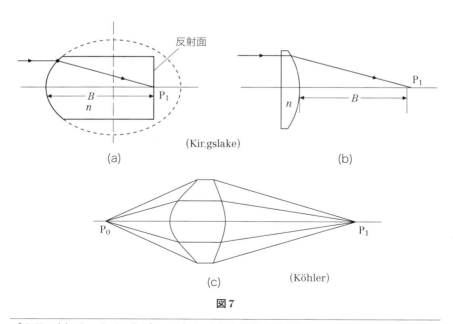

図7

---

* R. Kingslake: *Lens Design Fundamentals*, Acad. Pr. (1978), p112–113

射瞳上につくるコンデンサーとして，製作上の困難に目をつぶれば，最適の筈です[*]。完全に対称構成のレンズが等倍配置で完全にコマ収差のない結像を示すのは周知ですが，ほぼ対称な系が等倍に近い配置で残存コマ収差が小さいことも広く知られています。

　回転双曲面は**図1**に示したように，その近似球に対して2つの輪帯上で極値をもち，それだけでも極値がひとつの輪帯に限られる楕円面よりも更に製作が難しいことが予想されます。例えばシュミットカメラの補正板はその色収差を小さくするために開口の縁に近い輪帯で削り代が極値をもつように設計されていますが，その近傍で精度を出すのが難しいことが知られています。

　しかしDescartesが，用途が広いとしてその製作に取り組んだのは回転双曲面でした。

☆ Descartesの回転双曲面創成機

　Descartesは「どちらかといえば双曲線形レンズの方があらゆる点で楕円形レンズよりも望ましい」と結論し，その創成機を，当時最高のレンズ職人Ferrierを雇って製作しようとしました。

　彼はちょうどコンパスの針の先が円を描くように双曲線を描く機構を考案し，その針先の運動を直接・間接に被加工物に伝え，それを回転対称面に加工する機構を考案しました。**図8**にその原理を示します。(a)は直円錐をその軸に平行な平面で切ったときの断面が双曲線になることを表し，(b)はそれを機械的に実現する機構を示します。ABは木か金属製のローラーで軸1–2のまわりを回転します。これには斜めに軸1–2の中心を通る丸い穴が明けてあり，それに細長い円柱型の定規（ロッド）KMがぴったり嵌合して斜めにスムーズに滑るようにしてあります。ローラーの軸に平行に平板CGを固定し，定規の端Kに一定の力を加えてローラーを軸1–2のまわりに回転すると，定規の先端Mが平板CG上に描く曲線は正確に双曲線になります。すなわち，円錐の軸と平行に置かれた平面上に描かれる(a)の曲線CNOPが(b)の定規KMによって現実の板の上に描かれたり，又はMの先端を硬い鋼鉄製にして双曲線の型

---

[*] ケーラー照明に名を残すZeiss社のA. Köhlerの論文，Z. f. Instrumentenkunde, **31** (1911), 270参照

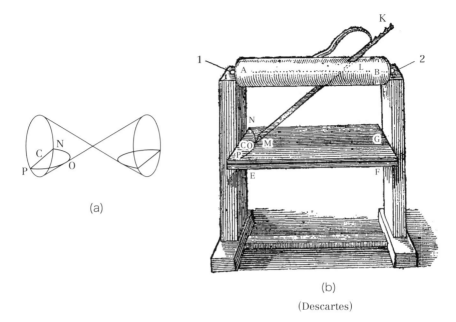

(a)

(b)
(Descartes)

図 8

板（テンプレート）を切り出すこともできるだろうというわけです。

　彼はこの原理に従って設計した回転双曲面創成機の外観図を示していますが，現在国内で閲覧できる，19世紀末に発行された全集中の図は原版の摩耗による損傷が激しく，説明も冗長で分かりにくいので，ここでは現代のE. Heynacher による図と説明を転載します（**図9**）*。彼は論文発表時西ドイツZeiss 社の非球面部門の責任者だった人です。「ロッド 2 は車軸 1 に（ある角度で）堅く連結してあり，1のまわりを角度 $\pm\alpha$ の範囲で往復している。このロッドは自由に回転するベアリングボール 3（ボールソケット形軸継手）の中心を突き抜けてその前後をスムーズに動けるようにしてある。この軸継手は直交する 2 つの軸に沿って自由に動けるステージ 4 上に固定されているので，ロッドとある平面の交点が軸の回転に連動して双曲線を描くことになる。このステージ上には水平に腕 5 が出ていてその先端に点接触型の砥石がついている。これ

---

* Phys. Technol. **10** (1979), 124

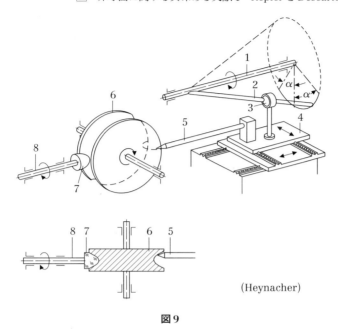

(Heynacher)

図 9

によって右側の機構が作る双曲線を研削・研磨用の砥石円盤 6 の側面に転写する。円盤の反対側には被成形物（ガラス）7 を研削・研磨するための回転手 8 があって、これがガラスを適当な力で円盤に押しつけて加工が実現するのである」。なお、Descartes の原図には、点接触子 5 の代わりに、図 8(b) によって削り出したテンプレート CNOP を直接砥石に押しつけてその形（双曲面）を 7 に転写する機構が描かれています。

　この、時代の 300 年も先を行く試みは不成功に終わりました。しかし、若し成功していたら、新たな困難、すなわち完成した非球面レンズが、光軸のまわりの極めて狭い領域でしか鮮鋭な像を結ばないという性質、すなわちコマ収差の出現を知ることになったでしょうし、色収差による像の滲みもまた改善すべき新しい問題点に浮上したことでしょう。

32 非球面に関する興味ある文献 2
Huygens の非球面無（球面）収差単レンズ

> 幾何学者が確かで疑問の余地のない諸原理によって命題を証明するのに対し、ここでは諸原理の方がそこから引き出される様々な帰結によって正当化されるのである。
>
> —— C. Huygens：光についての論考　序文 ——

　17世紀ヨーロッパ屈指の大自然哲学者オランダ人 Christiaan Huygens (1629～95) は1679年5月から約3ヶ月の間毎土曜日に、フランス王立科学アカデミーで「光についての論考（Traité de la Lumière）」の講義を行い、その約10年後の1690年にその時の原稿をもとに複屈折に関する実験的・理論的研究を追加した同名の書物を出版しました。英訳は1912年に刊行され、現在は Dover 版で入手できます。安藤・鼓・穐山・中山による邦訳は科学の名著：ホイヘンス, 朝日出版社 (1989) に収められています。

　この本は光の波動理論を明快で系統的に述べたもので後世に大きな影響を与えましたが、ここではその終章である第6章「屈折と反射のために使われる透明物体の形状について」を取り上げ、特に彼がスネルの法則とフェルマーの原理を使って巧みに導いた、1面が非球面の無収差単レンズとその現代的な解法について解説します。ただしここで無収差とは球面収差が厳密な意味で理論的に0という意味です。このとき大きいコマ収差が残存しそのままでは一般結像用、例えばカメラの撮影には使えません。

☆ Huygens の後面非球面無（球面）収差単レンズ

　Huygens は上記書物の第6章で主に Descartes の卵形レンズとその特殊な

32 非球面に関する興味ある文献2　Huygens の非球面無（球面）収差単レンズ

解である無限遠物体に対する回転円錐曲面レンズを解説した後，**図1**に示す前面球面・後面非球面単レンズの作図法による導出を試みました。前面非球面後面球面のレンズの解は既に Descartes が得ています。前項の**図5**において，前面を有限位置 P_0 に対する卵形面とし，後面を共役点 P_1 を中心とする球面にしてやればいいからです。このとき，前項で示したように卵形面を作図によって求めるのは極めて容易です。

Huygens は非球面を後面にもって来たとき，同様の手順で無収差単レンズを作ることができることを立証しようとしたのでしょう。しかしこちらは前面卵形面の場合とは違い，定規とコンパスで簡単に描くことはできません。私が知る限りこの問題を物点が無限遠にある特別な場合について厳密に解いたのは，Luneburg（1944）が角アイコナールを使って解析的に求めたのと，吉田正太郎（1957）がそれを知らずに光線光学的方法によって数値的に求めたのとの2つの例です。ここではまず Huygens の作図法を紹介し，次いで Luneburg と吉田の解法を述べます。

図1は Huygens によるもので，回転軸（＝光軸）上の点 L を発した光線が円弧 AGK 上の点 G で屈折した後に非球面の断面 BDK 上の D で屈折して光軸上の像点 F に達するところを描いてあります。ここで彼が作図のための条件として挙げるのは，G における屈折がスネルの法則に従うことと，光路 LGDF に沿って測った光路長が光軸上の光路 LABF に沿った光路長に等しいとするフェルマーの原理の2つです。彼が提唱した2次波（彼は onde particuliere ——個別波——と呼んでいます。現代のフランス語用語では2次の光源から射出する ondelette ——英語では wavelet —— とか ondes elementaires と呼ばれることが多いようです。英語では secondary wave）はここでは副次的に1回使われているだけです。

さて，L を中心にして A に接する円弧を描きその LG との交点を H，また F を中心に B に接する円弧を描きその DF との交点を C とすると，HG の長さは物差で測れるので光軸上 AS ＝ HG/n をみたす点 S を決めることができます。ここに n はレンズの屈折率です。これよりフェルマーの原理を満たす次式が得られます。

588 PENCIL OF RAYS

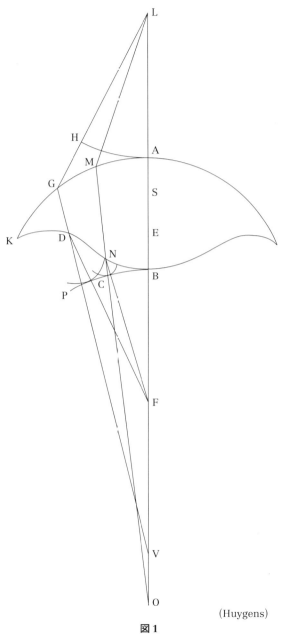

(Huygens)

図1

$$\mathrm{GD} + \frac{\mathrm{DC}}{n} = \mathrm{SB} \qquad (1)$$

点Gにおいてスネルの法則に従って屈折した光線GVとFを発する特定の直線が交差する点Dが上式を満たすとき，点Dが非球面上にあること，すなわちDで屈折した光線が像点Fを通ることが証明できたことになります．しかし，このような点Dを1回の幾何学的な作図で求めることはできません．Dを適当に選んではその都度SE＝GDを求め，これから得たFBからDを中心にしてDC＝nEBを半径とする弧を描いたとき，それが弧BCPと接したときが正しいDを選んだことになるのですが，それには数回の作図の繰り返しが必要ですし，結果を簡単な数式で表すこともできないでしょう．要するに解が存在することは明白だけれど，それは1回の作図で完了するエレガントな解ではないのです．彼は，「波面AHの伝搬は，レンズの厚みを通った後では，球状の波面BPとなり，この波面上のすべての点は，直線すなわち光線に沿って中心Fへと進むはずである．これこそが証明すべきことであった」と述べて解の存在を証明できたと強調しました．その一方，この例よりも簡単な，像側が平面で物体側が非球面の，すなわち**図1**とは非球面化する面が逆の単レンズを光軸上の無限遠物体に向けたときに球面収差が0になる非球面の形を1回の作図で求めた実例を挙げて「先の作図の問題よりもずっと易しい問題である」と述べています（**図2**）．これはDescartesが取りあげなかった形の前面非球面平凸レンズです．1面が完全な平面であること，および私が図中に点線で書き加えた基準球面からの削り代が**図1**よりもなだらかなことから，製作が比較的容易な非球面とされています．

図2において，点Lを発し平面KAK上の点Gをスネルの法則に従って屈折した光線が非球面凸面KBK上で屈折して光軸に平行な光線になるような点Dを求め，同様の手順を光線LMNに対して行ってNを求めるという操作を繰り返して非球面凸面BDKを作図することになります．作図の原理は，第1面の屈折に対するスネルの定理の適用と，光軸上の光源を発し第2面で屈折したすべての光線が頂点Bに接し光軸と直交する平面と等しい光路長で交差することの2つです．少しじれったい文章ですが安藤らの翻訳を引用しましょう．

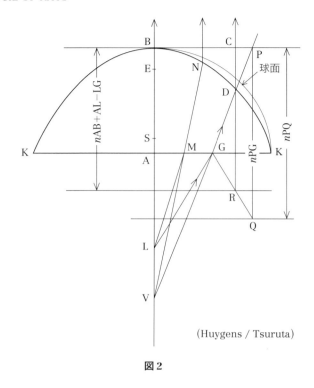

(Huygens / Tsuruta)

図2

「点 L から,与えられた線 AK 上の任意の点まで直線 LG が引かれたとしよう。それを光線と考えれば,その屈折 GD が見出され,これを(逆方向に)延長すれば,どちらかの側で直線 BL と,例えば図のように,V で交わる。次に,AB に垂線 BC を立てれば,我々は平行光線を想定したのだから,BC は無限遠点 F から来る光の波面を表わすことになる。従って,この波面 BC のすべての部分は,同時に L に到達しなければならない。或いは点 L から発する波面のすべての部分は,同時に直線 BC に到達しなければならない。そしてそのためには,線 VGD の上に点 D を,すなわち AB に平行な DC を引くとき,CD と nDG と GL の和が nAB と AL の和に等しくなるような点 D を見出さねばならない。あるいは,それぞれから既知の GL を除けば,CD と nDG の和が与えられた線(の長さ BE+ES,ただし BE = CD/n,ES = DG,n はレンズの屈折率)に等し

くなければならない。これは先の作図（**図1**）の問題よりもずっと易しい問題である」。

彼は作図法を具体的に示しませんでした。安藤らは訳文の脚注で次のように述べています。「VGを延長しBCとの交点をPとする。PからBAに平行な直線を引き，この直線上にPQ = nPGとなる点QをLの側にとり，GとQを結ぶ。次にBCに平行でBCからの距離がnBA + AL − LGである直線をLの側に引き，GQとの交点をRとする。RからABに平行線を引けば，これとPGとの交点が求める点Dである」。**図2**は私がHuygensの原図をこの作図法を理解し易いように書き改めたものです。なお，彼は屈折率を$n = 3/2$として説明していますが，ここではnと表示してあります。

☆ Luneburgの1面非球面単レンズの解法

与えられた条件下で球面収差のない非球面の形を近似を含まない作図法で厳密に求めるHuygensの方法は非球面設計の出発点だったと思います。この方法を適用できるのは極めて単純な場合に限られるのは事実ですが，非球面の形を少しずつ変えては収差補正を最適化していく「試行錯誤法」の，これは逆問題ですから，一般的な光線追跡法の有用性と限界を理解する上で重要かつ興味あるテーマだろうと思います。しかし，この方法を実用的な非球面の設計と製作に応用するには，作図を数値的データに変換してやることが必要です。平面や球面からのずれを有効数字で2桁はおろか，場合により3桁以上も正しく指定しなければならない場合が少なくないからです。ここでは解析的な方法をR. K. Luneburgの著書に従って，また光線光学の手法を吉田正太郎の論文に従って紹介します。いずれもHuygensの**図1**の問題を簡略化した，光軸上の無限遠物体の結像を取り扱っています。

アイルランドの数理物理学者W. Hamilton（1805〜65）が導入した解析力学におけるハミルトン関数とそれを用いた正準方程式（1834）が量子力学の数学的定式化に大きく貢献したことは広く知られています。彼はこれに先立って，幾何光学における光線の方程式が一般化した質点の運動方程式と全く同じ形式で記述できることを明らかにしました（1828〜）。これがハミルトンの光

学と呼ばれるものです。

　ハミルトンの光学の中核を担うのは特性関数（characteristic function，示性関数と呼ぶこともある）です。これは解析力学におけるポテンシャルと全く同じ性質をもちますが，具体的な光学系を記述しようとすると式が複雑になるため特別に単純な，例えば単レンズや2枚反射鏡などにしか実用上は適用するのが困難です。そのため現代の光学テキストではお座なりの説明に終わったり，または完全に無視する場合が多いのですが，その中で久保田広先生の著書：光学（岩波書店，1964）は分かり易く丁寧に説明していて出色のものです。あと1～2ページ追加すれば，本項で取り上げる1面非球面単レンズの議論ができたのにと残念です。ここでは先生のご本の記述（p.290–292，330–336）をとりあえず既知として，Luneburgの非球面の理論を紹介します。なお，彼の小伝と著書：*Mathematical Theory of Optics*（初版1944，広く流通するようになったのは1964年版）については下記*を参照して下さい。以下はこの本の第2章：幾何光学のHamiltonの理論（p.82–128）と第3章：その特別な問題への応用（p.129–215）からの部分的引用です。

　ハミルトンの特性関数Vとは，出発点から到達点までの光路長を両点の座標［ふつうは光軸に沿ってz軸をとる直交座標(x, y, z)で表す］の関数として表したもので，点特性関数とも呼ばれます。この座標系の代わりに光線の方向余弦に屈折率をかけた光学的方向余弦で表したものを角特性関数（angular characteristic）と呼び，Tで表すのが，習慣です。ふつう物空間・像空間とも屈折率は一定ですから両空間の内部では光線は1本の直線になります。その各成分は次式で与えられます。

$$p = n \cos \alpha = \frac{n\dot{x}}{(1 + \dot{x}^2 + \dot{y}^2)^{1/2}} \tag{2}$$

$$q = n \sin \alpha = \frac{n\dot{y}}{(1 + \dot{x}^2 + \dot{y}^2)^{1/2}} \tag{3}$$

$$n^2 - p^2 - q^2 = \frac{n^2}{1 + \dot{x}^2 + \dot{y}^2} \tag{4}$$

---

*鶴田匡夫：第5・光の鉛筆，新技術コミュニケーションズ（現アドコム・メディア），(2000)，p.323

ここに $\dot{x}=dx/dz,\ \dot{y}=dy/dz$ です。

　角特性関数 T は，物体空間と像空間それぞれの内部で光線が直線で表されるという前提から次のようにして導くことができます（**図3**）。光軸上の点の組 z_0 と z_1，および $\bar{z}_0$ と $\bar{z}_1$ を任意に選んだとき，光線の始点 Q_0 と Q_1 および $\bar{Q}_0$ と $\bar{Q}_1$ の間の光路長 T と $\bar{T}$ の間には次式が成り立ちます。Q_0 と $\bar{Q}_0$ および Q_1 と $\bar{Q}_1$ はいずれも光線と直交するようにしてあります（図では見易いように少し傾けて描いてあります）。

$$\bar{T}=T-(\bar{z}_0-z_0)(n_0^2-p_0^2-q_0^2)^{1/2}+(\bar{z}_1-z_1)(n_1^2-p_1^2-q_1^2)^{1/2} \tag{5}$$

これより，z のとり方とは無関係な量 T_0 を次式,

$$\begin{aligned}&\bar{T}+\bar{z}_0(n_0^2-p_0^2-q_0^2)^{1/2}-\bar{z}_1(n_1^2-p_1^2-q_1^2)^{1/2}\\&=T+z_0(n_0^2-p_0^2-q_0^2)^{1/2}-z_1(n_1^2-p_1^2-q_1^2)^{1/2}=T_0\end{aligned} \tag{6}$$

によって定義できます。

　次に球面屈折面の角特性関数を**図4**に従って求めて次式が得られます[*]。

$$T_0=R\left[n_0^2+n_1^2-w-2\sqrt{(n_0^2-u)(n_1^2-v)}\right]^{1/2} \tag{7}$$

　ここに R は屈折球面の曲率半径で光線に対して凸のときを正，物空間と像空間の屈折率をそれぞれ n_0 と $n_1(>n_0)$ とし，

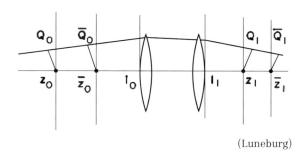

(Luneburg)

図3

---

[*] 導出には2ページ余りを要しますので省略します。

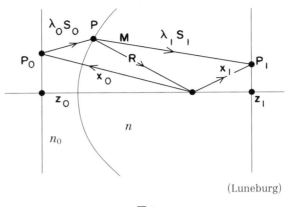

(Luneburg)

図4

$$u = p_0^2 + q_0^2, \quad w = 2(p_0 p_1 + q_0 q_1), \quad v = p_1^2 + q_1^2 \tag{8}$$

です.屈折面は光軸に対して回転対称ですから,$q_0 = q_1 = 0$ としても一般性を失いません.

ここで Luneburg は,当時 USA の Spencer Lens Co. でレンズの設計者として働いていた立場から,既に商品化された画質のいい写真レンズ,例えばクックのトリプレット(1:4.5)の基本配置を変えずに,口径比とともに増大する球面収差だけを低減して大口径化するのに,最終面を非球面化するのが効果的だと述べて2つの例を示します(**図5**).(a)が前面平面・後面非球面,(b)が前面球面・後面非球面の例で,(b)は**図1**に示した Huygens の非球面単レンズと同じものですが,物点の位置を無限遠にとってあります.

非球面の形,$w(x, y, z) = 0$ を求める手順は次の通りです.**図6**に示した光軸上の点 P_0 を発した球面波が模式的にトリプレットに代表させたレンズに入射し第3レンズの前面(平面断面を描いてあるが,一般的には球面断面を表す)で屈折後に点 (x, y, z) に達する光線の点特性関数を $V(P_0; x, y, z)$ で表すと

$$V = V(P_0; x, y, z) = \text{const} \tag{9}$$

32 非球面に関する興味ある文献2　Huygensの非球面無（球面）収差単レンズ　595

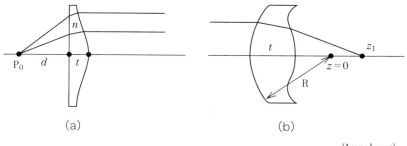

(a)　(b)

(Luneburg)

図5

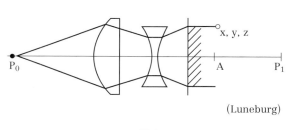

(Luneburg)

図6

は第3レンズ前面で屈折後の等位相面すなわち波面を表します。いま斜線で表した媒質中に境界$w(x, y, z)$を考え，ここで屈折した光が空気中で無収差すなわち球面波に変換されると，このときの波面は次式で与えられます。

$$\psi = C - [x^2 + y^2 + (z - z_1)^2]^{1/2} \tag{10}$$

この波は光軸上の1点$P_1(0, 0, z_1)$に集まるわけです。

連続の条件から，Vとψは曲線$w = 0$上で一致しなければならないので，

$$V(x, y, z) + [x^2 + y^2 + (z - z_1)^2]^{1/2} = C \tag{11}$$

が成り立ちます。これが非球面の形を求める基本式になります。ここに定数Cは非球面と光軸の交点（頂点）をAとすると

$$C = V(0, 0, A) + z_1 - A \tag{12}$$

で与えられます。

レンズの光軸（z 軸）に対する回転対称性を考慮して次式が得られます。

$$V(x, 0, z) + [x^2 + (z - z_1)^2]^{1/2} = V(0, 0, A) + z_1 - A \tag{13}$$

この式は写真レンズを念頭に描いた**図6**の配置における非球面形状決定の基本式ですが，これを解いて $V(x, 0, z)$ を求めて $w = 0$ を決定するのはたいへん難しい。そこで彼は**図5**(a)に対しては V の代わりに混合特性関数 W を，また(b)に対しては角特性関数 T を用い，助関数表示を仲介にして $w = 0$ を求める方法を導きました。ここでは後者(b)について説明します。

図5(b)において物点は光軸上無限遠位置にありますから $p_0 = 0$ となり，角特性関数 $T(z, p)$ は次式で与えられます。

$$T(z, p) = V(z, x) - xp \tag{14}$$

この式と(13)式から，非球面の (z, x) 断面の形が

$$T_0(p) - p \frac{dT_0(p)}{dp} + \frac{n^2 z}{(n^2 - p^2)^{1/2}} - [x^2 + (z - z_1)^2]^{1/2} = C \tag{15}$$

と

$$x = -\frac{dT_0(p)}{dp} + \frac{pz}{(n^2 - p^2)^{1/2}} \tag{16}$$

を解いて得られることが分かります*。

図において，第1面の曲率中心を $z = 0$ と置くと(7)式より

$$T_0 = R[1 + n^2 - 2(n^2 - p^2)^{1/2}]^{1/2} \tag{17}$$

が得られ，これを(15)と(16)式に代入することになります。

いま，助変数として

---

*この2つの式を独力で導出するのは非常に難しい。しかしこれも長くなるので省略します。

32 非球面に関する興味ある文献2 Huygensの非球面無（球面）収差単レンズ 597

$$p = n \sin \alpha \tag{18}$$

を選びます［**図5**(b)］。ここにnはレンズの屈折率，αはレンズの第1面による屈折光線が光軸となす角度です。また第1面の曲率半径を$R=1$に正規化します。このとき(15)・(16)式は次のようになります。

$$n(x \sin \alpha + z \cos \alpha) + [x^2 + (z-z_1)^2]^{1/2} = C - [1 + n^2 - 2n \cos \alpha]^{1/2} \tag{19}$$

$$n(x \cos \alpha - z \sin \alpha) = \frac{n \sin \alpha}{[1 + n^2 - 2n \cos \alpha]^{1/2}} \tag{20}$$

定数Cは非球面の頂点Aの位置$z = t-1$を(19)式に代入して得られます。すなわち$\alpha = x = 0, z = t-1$とおいて，

$$C = (n-1)t + z_1 \tag{21}$$

が得られます。

　この単レンズは無収差なので，すべての入射光線は1点に集まります（z_1 = const）。したがってz_1は近軸計算で求まります。レンズの屈折率・厚さおよび非球面の近軸曲率半径が決まるわけです（前面の曲率半径Rは1に正規化）。こうしてαを与えて非球面の形状 $(x, z-z_1)$ を計算できることになります。

　この例題がHuygensの非球面単レンズに他ならないことにLuneburgは言及していません。しかし，物点を無限遠においた特殊解だとは言え，Huygensの幾何学的解法をそのおよそ250年後にLuneburgが解析的に解いたことは間違いないと私は思います。

　Luneburgのこの著書が難解なことには定評があります。ある先生が大学院の光学講義のテキストにこの本を選んだところ，回を追う毎に聴講する学生が減り続けたそうです。彼は「そして誰もいなくなった」とは言いませんでしたが，これをテキストに使ったのは1年度だけだったそうです。

　それ程に高い数学的な予備知識が必要なわけではありませんが，よどみなくペンの先から流れ出す数式からあれよあれよとばかりに極めて独創的で完璧な

幾何光学の基礎と応用の体系が姿を現すといってよく，著者の数学的力量がただものでないことを彷彿させます。初版本（1944）の部数は極めて限られていて，我国でこれを所蔵している図書館は見当たりません。E. Wolfの尽力でUniv. Calf. Pressから再版されたとき（1964）には著者の死去（1949）から15年もたっていたため，本文の改訂は初版に挿入された6ページの数式に関する正誤表を元になされた誤植の訂正にほぼ限られています。その中の最大の誤植は著者の名前がLunebergとなっていたことです。再版本ではLuneburgに訂正されています。この再版本は我国の多くの大学や企業の図書館に所蔵されていて閲覧や一部をコピーするのは容易です。

☆吉田正太郎の光線光学理論

吉田正太郎（1912～）は1995年12月4日午後，日本光学会光設計グループ主催の第8回研究会で，「レンズ設計通論」の題名で講演しました。車椅子をお使いでしたが意気軒昂そのもののご講演で，会場全体が非常に高揚した雰囲気に包まれたことでした。講演の内容と使われた100枚を越えるスライドは5年後の2000年に刊行された600ページを越える大冊「光学機器大全」，誠文堂新光社，にほぼそのまま記載されていて，今では容易に読むことができます。当時はまだ，彼が戦後間もなくの1947年から54年の間に行った非球面アプラナートの理論的研究と膨大な設計データ*が，1980年代にコンパクトディスク（CDプレーヤー）用単レンズアプラナート対物レンズの開発に先行していたことはその開発に従事した一部の人々を除き一般にはあまり知られていませんでした。おそらく，欧文の発表がなかったことや，特許出願がなされなかったことが原因で，引用されることが極端に少なかった故でしょう。しかし彼はその経緯にはほとんど触れず，「日本の光学産業は世界一だなどと威張っているが，天体観測用巨大反射鏡ひとつ磨けないのに何が世界一だ」と叱咤されたことが強く印象に残っています。

---

* 東北大学科学計測研究所報告，「特に口径比の大きい非球面アプラナート・レンズに関する計算 I–V」，**5**(1957), 123–144, **6**(1957), 19–114, **6**(1958), 125–226, **7**(1958), 43–123, **8**(1959), 75–113, **8**(1959), 147–214, **8**(1959), 249–347, **9**(1960), 1–110

32 非球面に関する興味ある文献 2　Huygens の非球面無(球面)収差単レンズ

　吉田の科学計測研究所報告は 500 ページを越す大部なものですが，その最初の例題が「Huygens の非球面レンズ」でした ［**5**(1957), 130–137］．冒頭で彼は，「この非球面レンズに就いては，<u>前面は焦点を中心とする球面である</u>ことと，球面収差がないことは判っているが，それ以上の詳細は文献に見当らないので，著者は後章に述べる後面非球面アプラナート単レンズとほぼ同じ原理を用いて独自の方法で計算した」と述べています．

　実は Huygens 自身は上記下線を施した条件を付けていません．Luneburg も **図** 5(b) に示したように焦点 z_1 を前面球面の中心 $z = 0$ の右側に描いています．吉田はおそらく「特に口径比の大きい」解を得るために焦点をできるだけレンズに近づけたかったのでしょう．彼が描いた，前面（球面）の曲率半径 r_1 を一定にして口径比を変えたときの形状の変化を **図** 7 に示します．屈折率を 1.51633（BK7, d 線）にとってあります．図中の数字は口径比です．点線で描いたのがレンズの中心厚を前面の曲率半径に等しいと置いた場合の図で開口半角は 61.1° です．これに対し，口径比 1 : 0.2 のレンズの開口半角は 52°45′ と計算されます．しかし，口径比が 1 : 0.5 を越えて大きくなると理論的にコマ収差の完全除去が不可能になりますので実用的には役に立ちません．これは Huygens の知らなかった事実ですが，この種の単レンズを結像系として実用化するには球面収差だけでなくコマ収差も同様に補正されたレンズ，すなわちアプラナート化したレンズを設計・製作する必要があります．しかしここでは球面収差だけの除去を目指した吉田の計算法を紹介します．

　図 8 は無限遠からレンズの光軸に沿って光線束が入射するところを描いてあります．レンズの端の厚さが 0 と仮定し，そこに入射した光線が焦点に到るまでの光路長が，光軸に沿って焦点に達する光線の光路長と等しいとおくと，これが最周辺光線の球面収差が 0 になる条件を与えます．すなわち，

$$\Sigma_0 = \bar{a} + r_1 = nd + (s_2')_0 \tag{22}$$

が成り立ちます．ここに，

$$\bar{a} = (1 - \cos U)r_1 \tag{23}$$

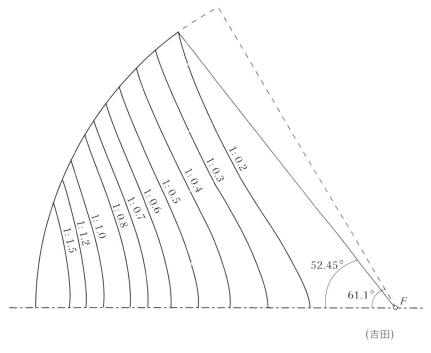

(吉田)

図7

です。これより次式が得られます。

$$d = \frac{\bar{a}}{n-1} \tag{24}$$

後面の頂点における曲率半径は近軸計算で決まるのでこれを用いてこの単レンズの（近軸域で定義される）焦点距離は次式で与えられます。

$$f = \frac{nr_1(r_1-d)}{nr_1-\bar{a}} \tag{25}$$

なお私が**図7**のグラフに点線で加えた極限値は(24)式において $d \leq r_1$ の条件から得られます。

　入射瞳の直径と焦点距離の比である口径比は(25)式を用いて次式で与えられます。

32 非球面に関する興味ある文献 2 Huygens の非球面無（球面）収差単レンズ 601

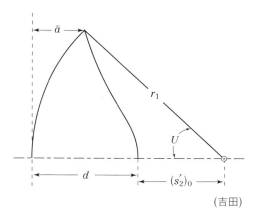

(吉田)

図 8

$$口径比 = 1 : \frac{n\left(r_1 - \dfrac{\bar{a}}{n-1}\right)}{2(nr_1 - \bar{a})\sin U} \tag{26}$$

以上の計算から，後面非球面の形状を除いて，レンズの諸元がすべて決まったことになります。吉田は口径比を与え，それに対するレンズの諸元を計算したデータを**表 1** に掲げました。

後面の形状を求める手順を**図 9** を使って説明しましょう。光軸に平行にレンズ前面上点 P に入射した光線が，ここで屈折後後面 Q で再び屈折して近軸焦点 F に達する光線の光路に沿って計った光路長 $AP + nPQ + QF$ が光軸に沿って計った光路長 $\Sigma_0 = nA_0Q_0 + Q_0F$ と等しくなる点 Q を，光線光学の方法で求めようというわけです。

先ずレンズ前面について一般の球面系に屈折則を適用して次式を計算します。

$$\sin i_1 = \frac{h_1}{r_1} \tag{27}$$

$$\sin i_1' = \frac{\sin i_1}{n} \tag{28}$$

表 1

$n = 1.51633 \qquad f = 100.000000$

口径比	r_1	$(r_2)_0$	d	U	$\bar{a}$	Σ_0
1 : 0.2	+314.064177	−45.706397	240.095704	52° 45′ .0770	+123.968615	+438.032792
1 : 0.3	+222.892637	−52.308585	145.052263	48° 23′ .7207	+ 74.894835	+297.787472
1 : 0.4	+179.520034	−58.987948	98.134068	44° 7′ .8592	+ 50.669564	+230.189598
1 : 0.5	+155.198722	−65.370180	70.713603	40° 6′ .9509	+ 36.511555	+191.710277
1 : 0.6	+140.245663	−71.172995	53.150461	36° 27′ .3179	+ 27.443177	+167.688840
1 : 0.7	+130.470964	−76.253597	41.232003	33° 11′ .6055	+ 21.289320	+151.760284
1 : 0.8	+123.780034	−80.590673	32.804355	30° 19′ .5942	+ 16.937873	+140.717907
1 : 1.0	+115.543109	−87.284712	22.037786	25° 38′ .4903	+ 11.378770	+126.921879
1 : 1.2	+110.904126	−91.944549	15.735433	22° 4′ .0545	+ 8.124677	+119.028802
1 : 1.5	+107.029467	−96.486222	10.309385	18° 8′ .7645	+ 5.323045	+112.352511
1 : 2.0	+103.972933	−100.584131	5.907720	13° 54′ .7762	+ 3.050333	+107.023266
1 : ∞	+100.000000	−106.752538	0.000000	0° 0′ .0000	0.000000	+100.000000

(吉田)

32 非球面に関する興味ある文献2 Huygensの非球面無（球面）収差単レンズ

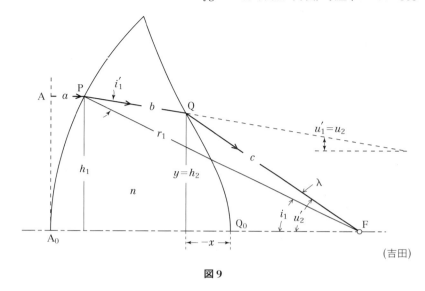

図9

$$u_1' = u_2 = i_1 - i_1' \tag{29}$$

$$a = h_1 \tan \frac{i_1}{2} \tag{30}$$

以上の検算として

$$\varepsilon_1 = r_1 \operatorname{vers} i_1 - a \tag{31}$$

が0になることを確かめます。ここに，$\operatorname{vers} i_1 \equiv 1 - \cos i_1$ です。

　球面収差が0になるためには光路長が入射高 h_1 によらず一定でなければならないから，

$$a + nb + c = \Sigma_0 \tag{32}$$

次に3角形PQFから幾何学的に次式が得られます。

$$c^2 = b^2 + r_1^2 - 2r_1 \cdot b \cdot \cos i_1' \tag{33}$$

(32)と(33)式から未知数 b と c を計算することになります。計算を見易くする

ために次の置き換えをします。

$$\Sigma_0 \equiv nd + (s_2')_0 = r_1 + \bar{a} = a + nb + c \tag{34}$$

$$g \equiv nb + c = \Sigma_0 - a \tag{35}$$

$$p \equiv ng - r_1 \cos i_1' \tag{36}$$

(35)と(36)式を(33)式に代入して整理すると2次方程式が得られます。

$$(n^2 - 1)b^2 - 2pb + (g^2 - r_1^2) = 0 \tag{37}$$

これを解いて次式が得られます。

$$b = \frac{p \pm [p^2 - (n^2 - 1)(g^2 - r_1^2)]^{1/2}}{n^2 - 1} \tag{38}$$

ここで複号のうち正号は解として不適当なので除き,

$$q^2 \equiv p^2 - (n^2 - 1)(g^2 - r_1^2) \tag{39}$$

と置いて

$$b = \frac{p - q}{n^2 - 1} \tag{40}$$

が得られます。これより(35)式から次式が得られます。

$$c = g - \frac{n}{n^2 - 1}(p - q) \tag{41}$$

これより**図9**を参照して

$$\sin \lambda = \frac{b}{c} \sin i_1' \tag{42}$$

$$u_2' = i_1 + \lambda \tag{43}$$

が得られます。ここまでの計算の検算は光軸上の投影長から次式で行います。

$$\varepsilon_2 = a + b \cos u_2 + c \cos u_2' - r_1 \tag{44}$$

ε_2が0であれば計算が正しい値を与えたことになります。

これより点Qの座標

32 非球面に関する興味ある文献 2 Huygens の非球面無(球面)収差単レンズ 605

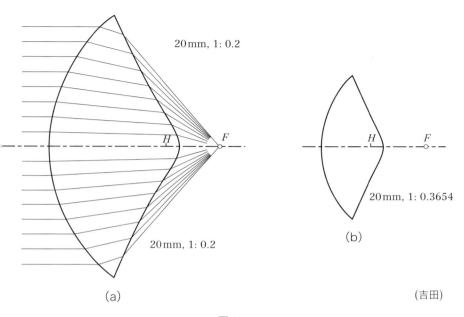

(吉田)

図 10

$$x = (s_2')_0 - c \cos u_2' \tag{45}$$
$$y = h_2 = c \cdot \sin u_2' \tag{46}$$

が得られます.この検算は

$$\varepsilon_3 = h_2 + b \sin u_2 - h_1 \tag{47}$$

が0になることを確かめればいいわけです.

　吉田の計算結果を**図 10**(a), (b)に示します.(a)は口径比 1:0.2, (b)は 1:0.3654 の場合で,いずれも焦点距離を 20 mm としてあります.彼は計算の実際を次のように記しました.「何れもガラスは硼硅クラウン BK7 として d 線 (587.56 nm) の屈折率 $n = 1.51633$ を用いた.計算には 7 桁の三角関数真数表 (Chambers) と平方根展開型の Frieden 電動計算機を用いた.もとの計算には,a, b, c, x, y 等の長さは 0.000001 まで, i, u 等の角度は $0'.0001$ まで求

めてある。$\varepsilon_1, \varepsilon_2, \varepsilon_3$ は計算精度の目安となるが，それらの絶対値の最大は何れも 0.000020 内外であった」。彼は更に正弦条件違反量の計算を行い，このレンズには極めて大きいコマ収差が残存することを確かめています。

彼は Huygens のレンズを手始めに，前面非球面・後面球面のレンズをほぼ同じ計算手順で計算し，ついで前後面の近軸曲率比を変えて最周辺光線に対して正弦条件を満たす解を求めました*。次の段階ですべての入射高に対して球面収差0でかつ正弦条件を完全に満足する本来の意味で球面収差とコマ収差を全く含まない両面非球面レンズ，すなわち「特に口径比の大きい非球面アプラナート・レンズ」の計算に挑戦することになります。

---

* 先に引用した吉田の第2報，東北大学科学計測研究所報告 **6** (1957), 19-114 に詳述されています。なお，この種の1面非球面準アプラナート単レンズは Straubel (Zeiss) によって 1908 年に，豊富な設計例とともに特許化されています。次項に取り上げます。なお，準アプラナート (Semiaplanatische Systeme) は A.W.Gleichen (1911) の命名のようです。*Die Theorie der modernen optischen Instrumente* (1911), p.323　semi はふつう半と訳しますが，私は少し異和感を持ちましたので，「それに準じる」の意味を込めて準と訳してみました。

33 非球面に関する興味ある文献 3
Herschel（子）・Linnemann・Straubel

> あらゆる仕事
> すべてのいい仕事の核には
> 震えるアンテナが隠されている　きっと……
> ── 茨木のり子：鎮魂歌 ──

　前項で取り上げた Huygens, Luneburg および吉田正太郎の論文は，用いる手段こそそれぞれ作図法, 特性関数法および光線光学法と大きく異なりますが，その拠り所にフェルマーの原理を使うという点で共通していました。この方法は，単一非球面屈折面やそれを構成要素とする単レンズなどの単純な光学結像系に球面収差をもたない条件を与えて，面の形状を厳密に求めるのに適しています。

　しかし，これらより複雑な結像系の残存（球面）収差を，非球面を導入することによって意図した範囲内に収めるといった現実的設計課題に適用するのは難しいことが知られています。これに代わって広く行われている設計法が光線追跡です。これは物点から出た多くの光線がレンズの各面でスネルの法則に従って屈折して進む経路を計算し，それらが像面を貫通する点の集まりを調べて像のよしあしを判定する「シミュレーション法」です。フェルマーの原理の代わりにスネルの法則を使うといえばそれまでですが，これが膨大な量の数値計算を必要とすること，またこの計算がコンピューターの高速化・高性能化のお蔭でレンズの設計に革命的な変革をもたらしたこともまた広く知られています。

　本項はこの方法を非球面を含む光学系の設計に拡張する計算法の開発と，その輝かしい成果のひとつであるアプラナート単レンズの設計を紹介します。

☆ J. F. W. Herschel の非球面光線追跡

　光線追跡をレンズ，特に望遠鏡対物レンズの設計に応用した最初の人が19世紀初頭のJ. Fraunhofer（1787〜1826）だったという説が有力ですが確証はないようです[*]。これは言うまでもなく共軸球面系への適用ですが，屈折面を非球面とした時の基本式を導いたのは，Fraunhoferとも親交のあったイギリスの天文学者J. F. W. Herschel（1792〜1871）でした[**]。彼は1827年に書き上げ，1845年に出版された長大なテキスト"Light"[***]の中で次のように書いています（p.375–376）。表題は「曲面による正常屈折と光線」です。全訳します。

　「曲面上の光線の屈折は入射点における接平面による屈折と同じなので，その性質（屈折則が成り立つほどに十分平滑であればの意）を知れば，表面の方程式で与えられる関係と結びつけることにより，平面に対する屈折則を適用して屈折光線の通路を決定することができる。ここで，曲面が回転対称で，しかも物点がその回転軸上にあるという簡単な場合に限って議論を進めよう。

命題：物点が回転対称曲面の軸上にあるとし，任意の輪帯を通る光線が結像する（軸上の）焦点を求めること。

　図1において，CPを曲面の（メリジオナル）断面，Qを物点，QqNを回転軸，PMを光線の曲面への入射高，PNを面の法線，PqまたはqPを屈折光線の方向とする。したがって，qがPを回転して作った輪帯の焦点である。このとき，屈折率をμ，Qを座標原点にして$QM = x$で表すと，$MP = y$，$r = (x^2 + y^2)^{1/2}$，$p = dy/dx$と置いて次式が得られる。

---

[*] 光線追跡法を完全な形で記述した最初の人はG.S.Klugelだったことが知られています。*Analytische Dioptrik in zwey Theilen* (1778). 今ではレプリント版が容易に入手できます。しかしFraunhoferがそれを読んでいたかどうかは分かりません。

[**] ドイツ生まれのイギリスの天文学者で天王星を発見したJohn（1738〜1822）の子。天文学者・物理学者。父の研究の継承者。南アフリカにおいて南半球の天体観測を行った。科学行政官としても知られる。

[***] *Encyclopaedia metropolitana*, ed., E. Smedley (1845), 第4巻341–586。首都圏ではお茶の水大学図書館にあります。最近この百科事典が電子化され1分冊約10ドルで入手できますが，私は未だその複写の出来映えを見ていません。

33 非球面に関する興味ある文献3 Herschel（子）・Linnemann・Straubel

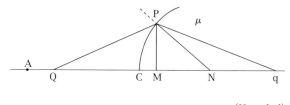

(Herschel)

図1

$$\sin \text{QPM} = \frac{x}{r}; \quad \cos \text{QPM} = \frac{y}{r};$$

$$\sin \text{NPM} = \frac{p}{(1+p^2)^{1/2}}; \quad \cos \text{NPM} = \frac{1}{(1+p^2)^{1/2}}$$

これより，

$$\sin \text{NPQ} = \sin \text{QPM} \cdot \cos \text{NPM} + \sin \text{NPM} \cdot \cos \text{QPM} = \frac{x+py}{r \cdot (1+p^2)^{1/2}}$$

が得られ，その結果

$$\left.\begin{array}{l} \sin \text{NPq} = \dfrac{1}{\mu} \cdot \sin \text{NPQ} = \dfrac{x+py}{\mu r(1+p^2)^{1/2}} \\[2mm] \cos \text{NPq} = \dfrac{Z}{\mu r(1+p^2)^{1/2}} \\[2mm] \text{ただし} \\[2mm] Z = \left[\mu^2 r^2 (1+p^2) - (x+py)^2\right]^{1/2} \end{array}\right\} \quad (a)$$

が得られる。

これより

$$\text{MPq} = \text{NPq} + \text{NPM}$$

を用いて次式が得られる。

$$\sin \text{MPq} = \frac{x+py+pZ}{\mu r(1+p^2)}, \quad \cos \text{MPq} = \frac{-p(x+py)+Z}{\mu r(1+p^2)}$$

これより

$$\tan \mathrm{MPq} = \frac{\sin \mathrm{MPq}}{\cos \mathrm{MPq}} = \frac{x + py + pZ}{-p(x+py) + Z}$$

が得られる。

以上の結果を用い

$$\mathrm{Mq} = \mathrm{PM} \cdot \tan \mathrm{MPq} = y \cdot \tan \mathrm{MPq} = \frac{y[pZ + (x+py)]}{Z - p(x+py)} \tag{b}$$

こうして次式が得られる。

$$\mathrm{Qq} = x + y \cdot \tan \mathrm{MPq} = (x+py) \cdot \frac{px - y - Z}{p(x+py) - Z} \tag{c}$$

ここまでの計算は、軸上の物点 Q を原点 ($x = 0$) にしてメリジオナル面内の曲面断面の形 $y = y(x)$ とその導関数 p が与えられたとき、この曲面上 P に入射した光線がスネルの法則に従って屈折して光軸と交わる点 q を求めるものです。ただし直線 PN は曲面上 P に立てた法線の方向を示します。以上の結果から次の 3 つの系を導くことができます。

「系 1. 曲線の弧 CP の長さを s とすると、$rdr = xdx + ydy = dx(x+py)$ を用いて次式が得られる。

$$\begin{aligned} Z &= \left[\mu^2 r^2 \left(\frac{ds}{dx}\right)^2 - \left(\frac{rdr}{dx}\right)^2 \right]^{1/2} \\ &= r \left[\mu^2 \left(\frac{ds}{dx}\right)^2 - \left(\frac{dr}{dx}\right)^2 \right]^{1/2} \end{aligned} \tag{d}$$

系 2. 反射に対する式は $\mu = -1$ と置いて得られる。このとき $Z = [r^2(1+p^2) - (x+py)^2]^{1/2} = y - px$ となり、(c)式の Qq は次式に還元する。

$$\mathrm{Qq} = 2\frac{(x+py)(px - y)}{2px - y(1 - p^2)}$$

系 3. $P = \tan \mathrm{MqP} = \cot \mathrm{MPq} = (\tan \mathrm{MPq})^{-1}$ を用いて次式が得られる。

$$P = \frac{-p(x+py) + Z}{x + py + pZ} \tag{e}$$

このとき、屈折光線上の座標 (X, Y) は Q を座標原点としたとき次式を満たす。

$$Y-y = -P(X-x) \tag{f}$$」

最後にHerschelは物点が無限遠にあって，左から光軸に平行に平行光線束が入射する場合として，物点Aが点Qの左側aだけ離れた位置にあるとしてxの代わりに$x+a$を代入し，次に$a \gg x$としたときのZ，PおよびAqを計算して次式を得ます。いずれも上に得られた各式を$a \gg x$と仮定して求めたものです。

$$\left. \begin{array}{l} Z = a[\mu^2(1+p^2)-1]^{1/2} \\ P = \dfrac{-p+[\mu^2(1+p^2)-1]^{1/2}}{1+p[\mu^2(1+p^2)-1]^{1/2}} \end{array} \right\} \tag{g}$$

$$Aq = x + y \frac{1+p[\mu^2(1+p^2)-1]^{1/2}}{[\mu^2(1+p^2)-1]^{1/2}-p} \tag{h}$$

(h)式のxは物点AからMまでの距離ではありません。光軸上屈折面から有限な距離にある座標原点Qから測った距離QMを表すに過ぎないわけです。このことは，Qの位置を物点の代わりに，その物理的・数学的に明快な意味をもつ点に選んでいいことを示唆しています。実際，Herschelの上記取扱いを発掘し，Qを屈折面の頂点における曲率中心に選ぶことによって，軸対称非球面の光線追跡を見易い関係に定式化したのは，Carl Zeiss社の技術陣でした。

☆ Carl Zeiss社の非球面追跡公式

Zeiss社の技師，H. Siedentopf[*]によれば，同社の非球面の開発はE. Abbeの特許[**]（1899，1900）と共に始まりました。これはDescartes・Huygensに始まる解析的方法による設計とは異なり，球面系で設計した後に，その1ないし2面の球面からの偏差を級数展開し，その係数を収差補正が最適化するように決めてやろうというものでした。彼は次のように述べています。

「回転対称面に限ると，メリジオナル断面の方程式は極座標系を用いて次のように書ける。

---

[*] von Rohr編：*Die Theorie der Optischen Instrumente*, Bd. 1, 第1章（1904）。この本は後にイギリス政府から同国の光学産業を育成する目的で英訳が出版されました（1920）。
[**] 斜入射光の収差補正用非球面光学系，D. R. P. 119915, 131536（1899）

$$r = f(\phi) = r_0 + \sigma$$

ここに r_0 は頂点（曲線と光軸の交点）の曲率半径，σ は頂点において球面と接する非球面の光軸に沿う方向の偏差を表し，$l = r_0 \phi$ のべきに展開して次式で与えられる。

$$\sigma = \kappa l^4 + \lambda l^6 + \nu l^8 + \cdots$$

ここに各項とも偶数次数のべきなのは，メリジオナル曲線が回転軸に対称だからであり，l^2 の項がないのは頂点における曲率半径 r_0 が2次の項に関しては曲線に近似するからである。非球面係数 κ，λ，ν は系全体が球面から成る場合の球面収差を打ち消す条件から計算される」。

引用文中の2つの式に到達するには，おそらくHerschelからの引用のような考察があったでしょうが，それらは一切省略された，「無愛想」な文章です。しかしそれから20年余り後に刊行された *Handbuch der Physik* **18** (1927), *Geometrische Optik, Optische Konstante, Optische Instrumente* 中の H. Boegehold: Linsenfolgen mit nichtsphärischen Flächen, p.156–167 の中で著者は初めて，Herschelの先駆的な仕事を引用して，「軸対称曲面による光線屈折の一般式は既に J. F. W. Herschel によって導かれた」とした上で，彼が主に直交座標系を使い，曲面の形を軸上の物点位置を原点として記述したのに対し，こちらは屈折面の頂点の曲率中心を原点とする極座標表示で記述することを念頭において議論を展開しました。したがってBogeholdが描いた**図2**における座標原点CはHerschelの**図1**における座標原点Qと屈折面頂点に対して逆の位置にあります。以下に翻訳します。

「**図2**において，SOは光軸，BOは入射光線，Cは任意に選んだ座標原点，BC′は曲線上Bに立てた法線の延長線，BC = R，SO = s，CS = x_0（図の配置ではマイナス）である。（原図には屈折光線は描かれていませんが，ここでは記入してBO′としてあります）。

このとき曲線の方程式は直交座標系を用いて次式で与えられる。

$$y = f(x) \tag{1}$$

33 非球面に関する興味ある文献3 Herschel（子）・Linnemann・Straubel 613

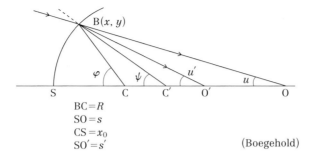

図2

ここに x 軸は光軸（= 回転対称軸）である．極座標で表示すると次式が得られる．

$$R = f(\varphi) \tag{1a}$$

このとき入射光線の入射高 y は次式で与えられる．

$$y = -(x - x_0 - s)\tan u \tag{2}$$

ここに x_0 は頂点 S の座標である．（符号の約束は**図2**による）．極座標表示による式は

$$R = \frac{(s + x_0)\sin u}{\sin(\varphi - u)} \tag{2a}$$

で与えられる．

(1)と(2)式または(1a)と(2a)式を使って，B に入射する光線に対する代数解や近似解を得ることができる．更に，B における法線が光軸となす角 ψ は次式を使って得られる．

$$\tan \psi = -\frac{dx}{dy} \tag{3}$$

または

$$\tan(\psi - \varphi) = -\frac{R'}{R} \tag{3a}$$

ここに $R' = dR/d\varphi$ である．

更に，入射角

$$i = \psi - u \tag{4}$$

より屈折角 i' と屈折光線が光軸となす角 u' はそれぞれ，

$$\sin i' = \frac{n \sin i'}{n'} \tag{5}$$

$$u' = \psi - i' \tag{6}$$

で与えられるので，像距離（頂点からの距離）s' は直交座標系および極座標系を用い，それぞれ

$$s' = x - x_0 + y \cot u' \tag{7}$$

および

$$s' = -x_0 + \frac{R \sin(\varphi - u')}{\sin u'} \tag{7a}$$

で与えられる。

　こうして，非球面曲線が直交座標系または極座標系によって与えられたときの像距離を (x, y) または (R, ψ) の関数として計算できる式が得られたことになり，これに軸対称非球面の縦の球面収差だけでなく，正弦条件違反量 $\sin u'/\sin u$ もまた正しく計算できることを教えてくれる。これらの結果を複数個の非球面を含む複雑な共軸球面系に適用することに特別な困難はない」。

　次に Bogehold は，光軸上の物点から曲面上 B に向かう光線を主光線としたときの微小光線束の非点結像式を導きます。これこそは Abbe の前掲特許を強度の遠視眼用めがねレンズの設計に適用する際の鍵になる計算式でした。球面に対してはメリジオナルおよびサジタル断面ともその曲率半径は球の半径に等しいのですが，非球面に対しては 2 つの曲率半径は一般に異なりますのでその補正が必要になります。翻訳を続けましょう。

「サジタル断面の曲率半径 r_s が BC′ に等しいことは自明なので次式が得られる。

$$r_s = \mathrm{BC}' = \frac{R \sin \varphi}{\sin \psi} \tag{8}$$

一方，メリジオナル断面の曲率半径 r_t は(1a)式によって決まり，解析幾何学の教科書によれば次式で与えられる。

$$r_t = \frac{(R^2 + R'^2)^{3/2}}{R^2 + 2R'^2 - RR''} \tag{9}$$

ここに $R'' = d^2R/d\varphi^2$ である。

　球面に対する公式の r の代わりに r_s と r_t を代入し，非球面屈折面による公式は次式で与えられる。

$$\frac{n'}{s'} = \frac{n}{s} + \frac{(n'\cos i' - n\cos i)}{r_s} \tag{10}$$

$$\frac{n'\cos^2 i'}{t'} = \frac{n\cos^2 i}{t} + \frac{(n'\cos i' - n\cos i)}{r_t} \tag{11}$$

　この公式を共軸系の各屈折面に順次適用する場合には，非球面に(10)・(11)式を使う以外は球面に対する式を使えばいい」。

　従来の共軸球面系に対す光線追跡の手法を非球面に拡張する際に知っておくべき物理的ないしは光学的基礎事項を上のように説明してから，実用的な手順を次のように述べます。

　「次に，座標原点 C を適切に選ぶことによって，計算を簡略にする方策を考えよう。メリジオナル断面の曲線(1a)をテイラー展開すると，その対称性を考慮して次式が得られる。

$$R = r + r_2\varphi^2 + r_4\varphi^4 + r_6\varphi^6 + \cdots \tag{12}$$

いま極 C を頂点 S に属する曲率中心に一致させると，$r = SC$, $r_2 = 0$ となる。角度 φ の代わりに半径 r の円弧

$$l = r\varphi \tag{13}$$

を選ぶと次式が得られる。

$$R = r + \sigma = r + \kappa l^4 + \lambda l^6 + \cdots \tag{14}$$

(2a)式に $x_0 = -r$ を代入すると，変形係数を κ のひとつだけ，または κ と λ の

2つを考慮したときの，入射点Bに対する (φ, R) の計算が，(12)式の代わりに(14)式を使うのと同様に多少容易になる筈である。(14)式による級数近似の代わりに，非球面が円錐曲線で与えられるという単純化を行った例にM. Langeの研究* がある」。なお，ここでは取り上げませんが，3次収差論 (Seidelの理論) では κ が，また5次の収差論では κ と λ が主要な役割を果たします。

Boegeholdの上記引用の中で特に重要な指摘は正弦条件への言及です。球面収差を非球面で補正したとき，そのレンズが実用性を持つためには同時に正弦条件を満たすことが絶対に必要だからです。Zeiss社の技術陣が非球面開発の初期段階で既にこの問題に注目したことを教えてくれます。

☆ Linnemann のアプラナート単レンズ

先に引用した論文中で，Siedentopfは，「理論的に決定された非球面の系統的な応用は，Zeiss社のJena工場において (1904年時点で) 未だ始まったばかりだ」と述べ，それまでは球面からの偏差が極めて小さい天体観測用反射鏡やレンズおよび大型写真レンズなどの部分修正という試行錯誤法に限られていた非球面の適用対象が拡がりつつあることを示唆しています。その中には上述のBoegeholdの論文中にある「正弦条件」への言及からも予想される「非球面の導入によって完璧なアプラナート単レンズを設計したりその色消しを図る」研究も含まれていたに違いありません。しかしこの最初の成功はGöttingen大学の天文学者・理論物理学者 K. Schwarzschild (1873~1916) と彼の下で学ぶ学生 Martin Linnemann (1880~?) によって齎されました (1905)。Schwarzschildは凹面の非球面2枚を用い球面収差とコマ収差を同時に除去する反射望遠鏡の設計に成功しました。しかし両面とも球面からの偏差が大きいためすぐには実用化にいたりませんでした。彼の論文は次項で紹介します。LinnemannはGöttingen大学の学生の頃の1902年にSchwarzschildの幾何光学の講義を聴講して感銘をうけ，両面非球面の完全アプラナート単レンズの設計に興味を持ち，彼の指導下で学位論文 "Ueber nichtsphärische Objektive"

---

* Z. f. Instrkde. **34** (1914), 273
著者は日本光学工業 (株) が1921年にドイツから招聘した技術団の団長をつとめた人です。

(1905), 全42ページを完成させたのです.

　Schwarzschildの設計解がその見事な導出法と相俟って広く知られ, 後に天体観測用ばかりでなく, 顕微鏡対物鏡にも応用されたのとは対照的に, 両面非球面単レンズは近年のCD用対物レンズへの応用こそ脚光を浴びたものの, Linnemannの名がこれに結びついて語られることは極めて稀なのが実情です. この論文が発表された当時は, それを実際に読んだ人々からのコメントがあり, 例えばA. W. Gleichen (1911) は「彼は学位論文でこの種のアプラナートレンズの数学理論を展開し, 完全にアプラナティックな (すなわち, 開口の全面で軸上球面収差が0でかつ正弦条件を完全に満たす) 単レンズを設計した」と述べ[*], R. Straubel (1909) は「Linnemannは, 開口のすべての輪帯で球面収差が0でかつ正弦条件を完全に満たす (両面非球面) 単レンズを得た」と記しました[**].

　これらの人たちはLinnemannの学位論文を読んだ上でこのようなコメントを残していますが, これが学術雑誌とは異なり流通が限られ, しかも彼はこれ以外には光学に関する学術論文を発表した形跡がなく, その後の業績も全く知られていませんので, このレンズの発明者としての正しい評価が行われないままになってしまったように見えます. 例えば吉田正太郎は次のように書いています[***].「1905年にM. Linnemannが初めて研究し, 1908年にZeissでsemi-aplanatic lensとして顕微鏡の照明系に実用化した. しかし, 具体的な詳細は示されていない」,「1925年にイーストマン・コダック研究所のSilbersteinは, ザイデル領域内では球面収差もコマもない, 非球面アプラナート・レンズを設計してJ. Opt. Soc. Am., **11** (1925), 479–494に発表しました. —中略— コマを除去するために, 正弦条件を考慮に入れたのは, Silbersteinが最初です」[†]. 彼が若しLinnemannの原論文を入手していれば決してこんな文章を書けない筈ですが, 執筆当時はそれが不可能だったのでしょう. 今ではネットか

---

[*] *Die Theorie der modernen optischen Instrumente*, (1911), 第16章, p.311–328。第2版 (1923). 英訳あり。*The Theory of Modern Optical Instruments* (1921), p.328–346. この本も, 前出のRohrの本と同じくイギリス政府から発行されました。
[**] BP7144 (1909)
[***] 東北大学科学計測研究所報告, **5** (1957), 129
[†] 光学機器大全, 誠文堂新光社 (2000), p.213

ら無料で入手できる他，レプリント版もオンデマンドで購入できます。しかしどちらも文字は不鮮明で記号の上下の添字を読み取ることは困難です。原本は印刷術創始の国にふさわしく，添字は5倍のルーペで拡大してもびくともしない鮮鋭さです。

Linnemann論文では先ず非球面を含む一般的な構成の共軸屈折系について，アプラナート系が満たすべき屈折公式を導きました。しかしここでは，両面非球面のアプラナート単レンズの配置から紹介を始めることにしましょう（図3）。左から光軸に平行に入射高 h で入射する光線が2つの非球面による屈折を経て軸上の1点Pに集まることを表しています。このとき次式が成り立ちます。ただしこのレンズの焦点距離を1に正規化しておきます。

$$\rho_1 \sin \alpha_1 + \rho \sin \alpha = \sin \alpha \tag{15}$$

$$\rho_1 [n_1 - \cos \alpha_1] + \rho [1 - \cos \alpha] = e \tag{16}$$

$$\frac{d\rho}{d\alpha}[n_1 \cos(\alpha - \alpha_1) - 1] - n_1 \rho \sin(\alpha - \alpha_1) = 0 \tag{17}$$

(15)式は物点が無限遠にあるときに成り立つ正弦条件，(16)式は入射高 h で入射する光線と光軸に沿って入射する光線の間に成り立つフェルマーの原理，(17)式は後面で屈折した光線が光軸上の1点に集まるときの後面の形状 ρ を決めるための微分方程式です。この3つの方程式をすべて満たす解が得られたとき，完全なアプラナート単レンズが設計できたことになります。これら3つの式とも近似を全く含まない式であることを強調しておきます。

(15)式が物点が∞にあるときの正弦条件，ただし焦点距離 f を1に正規化

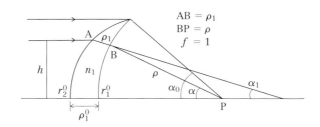

図3

してあること，すなわち

$$\frac{h}{f} = \sin\alpha, \quad f = 1 \tag{18}$$

を表すことは明らかです。**図4**はこのとき，レンズへの入射光線の延長線と射出光線を逆方向に延長した直線が，焦点を中心とした半径が焦点距離 $f(=1)$ の円弧上で交差することを描いたものです。この円弧の正式名が何か私は知りませんが，これが像側主点を通ることから主曲面と呼ぶ人もいます。

また，(16)式における定数 e とこれを使って得られるレンズの形状特性は次のようなものです。この式は光軸上では $\alpha_1 = \alpha = 0$ ですから，レンズの中心厚を $\rho_1{}^0$ と置いて

$$\rho_1{}^0 = \frac{e}{n_1 - 1} \tag{19}$$

が成り立ちます。また光線に沿ったレンズ厚 ρ_1 が正の値をとるためには，

$$\rho(1 - \cos\alpha) < e \tag{20}$$

が必要です。$\rho_1 = 0$，すなわち前後2つの曲面が交差するときは**図4**より $\rho = f(=1)$ となって，

$$\cos\alpha_0 = 1 - e \tag{21}$$

が得られます。e がこの式によってレンズの最大開口角 α_0 を決めるパラメーターであることが分かります。

ここで，(15)・(16)・(17)式を級数展開して解くために次の変数変換を行

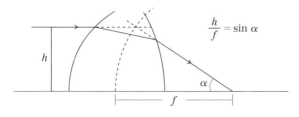

図4

います。

$$x = \tan\frac{\alpha}{2}, \quad x_1 = \tan\frac{\alpha_1}{2} \tag{22}$$

$$n_1 - 1 = a_1, \quad n_1 + 1 = b_1 \tag{23}$$

これより次式が得られます。

$$\rho_1 \frac{a_1 + b_1 x_1^2}{1 + x_1^2} + 2\rho \frac{x^2}{1 + x^2} = e \tag{24}$$

$$\rho_1 \frac{x_1}{1 + x_1^2} + \rho \frac{x}{1 + x^2} = \frac{x}{1 + x^2} \tag{25}$$

$$\frac{1}{2}\frac{d\rho}{dx}[a_1(1+xx_1)^2 - b_1(x-x_1)^2] - (a_1+b_1)\frac{(x-x_1)(1+xx_1)}{1+x^2}\rho = 0 \tag{26}$$

ここで，**図3**から明らかなように，$x < 1$，$x_1 < 1$ですから ρ，ρ_1 および x_1 を x のべきに展開します。

$$\left.\begin{array}{l}\rho = \sum_{k=0}^{\infty} q_{0,2k} x^{2k}, \quad \rho_1 = \sum_{k=0}^{\infty} q_{1,2k} x^{2k} \\ x_1 = \sum_{k=0}^{\infty} p_{1,2k+1} x^{2k+1}\end{array}\right\} \tag{27}$$

(27)式を(24)～(26)式に代入し，x の各べきの項を比較することにより，係数 (q, p) を決定するための一連の式を得ることができる。ただし $q_{0,0}$ は積分定数である」。

ここで彼は次数の小さいほうから順に15行に達する，(q, p) 間で成り立つ式を羅列します。ここでは次に取り上げる近軸曲率半径の計算に必要な低次の式だけ挙げておきます。

$$(n_1 - 1)q_{10} = e, \quad q_{10}p_{11} + q_{00} = 1 \tag{28}$$

計算例を示す前に，ここでレンズのデータとしてその屈折率 n_1 と中心厚 ρ_1^0 ($\equiv q_{10}$) を決めておきます。これよりレンズの開口角 α_0（焦点からレンズ厚が0になる方向を見込む角度の1/2）を計算できます。

$$n_1 = 1.5, \quad \rho_1^0 \equiv q_{10} \equiv \frac{e}{n_1 - 1} = 0.16 \\ \alpha < \alpha_0 (= 23°04'26'') \qquad \qquad (29)$$

この開口角に対応する開口数は 0.39,口径比は 1：1.28 です。この論文の発表から 80 年後に開発されたコンパクトディスク用両面非球面プラスチックレンズの規格が開口数 0.45,口径比 1：1.15 だったことを考えると,ほぼそれと同等の明るさをもつレンズを想定して設計したことが分かります。

近軸解の計算

　回転対称非球面の光軸上の曲率半径は非球面特有の高次の項を含まないので,近軸域では球面系と同様の式を適用できて次式が得られます。ただし,r_1^0 は入射光に対して第 2 屈折面,r_2^0 は第 1 屈折面の近軸曲率半径です。

$$r_1^0 = \frac{(n_1 - 1)}{n_1 p_{11} - 1} q_{00}, \quad r_2^0 = \frac{(n_1 - 1)}{n_1 p_{11}} \qquad (30)$$

(28)式を参照すると,レンズの近軸曲率半径 r_1^0 と r_2^0 はともに,その屈折率 n_1 と中心厚 q_{10} および任意定数 q_{00} によって決まること,すなわちアプラナート単レンズの前・後面の非球面形状を決定する出発点になるべき近軸データには任意の定数がひとつ含まれていることが分かります。

　Linnemann は,単レンズの形が両凸レンズを挟んで入射平行光に対して凸と凹のメニスカスレンズになるように,q_{00} の値を 0.8000 から 1.0640 まで 15 等分してそれぞれに対するレンズ形状を計算しその 1 部を図示しました(**図 5**)。これらの中から実設計の出発点としてどれを選ぶかは,設計と製作の際に発生する誤差に対する安定性（ロバストネス）によって決まるでしょう。

級数展開法による非球面の計算

　彼は(27)式を(24)～(26)式に代入し,x のべき毎にその係数を 0 と置くという演算を行って,(28)式に続く高次の項の係数 $q_{00} \sim q_{04}$, $p_{11} \sim p_{17}$, $q_{10} \sim q_{16}$ の合計 $4 \times 3 = 12$ の数値を求めました。その内 q_{10}, q_{11} は(28)式に示しました。

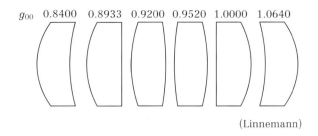

図 5

積分定数 q_{00} を変えては各係数を求めた値を**表 1**に示します．3 つの系列とも次数が上がると係数が急激に増加すること，また q_{00} を変えると個々の係数もまた大きく変わることが見てとれます．Linnemann はその中から表の左右・上下を見渡して変動が少ないとして $q_{00} = 0.90$ を選び，更に $q_{04} = 0$ になる，その値 $q_{00} = 0.90361716$ を形状を決める初期値としました．

表 1 のデータを使って計算した両面非球面単レンズの断面図を**図 6**に示します．焦点距離を 10 cm としたときの図で光軸上の小さい丸印は後側主点を示しています．横軸の数字は焦点から測った距離（cm），縦軸も同様に cm 単位で目盛ってあります．彼の思惑通り，彼が選んだ No.3 のレンズが，他と比べて曲線がいちばん緩やかで，特に No.1 と No.5 が縁に近づくにつれて傾斜が急激に大きくなるのと好対照です．彼は曲線の形を仔細に観察して，「No.4（$q_{00} = 0.9$）と No.2（0.92）は光軸近傍で両凸レンズだが，光軸から遠ざかると No.4 では第 1 面（後側焦点側）が No.2 では第 2 面が変曲点をもつようになる．しかし，No.3（0.9036）は縁に行くに従って前面は曲率が少し強く，後面は少し弱くなるだけである．そのため（図より開口を拡げたとき），No.3 がいちばん広い開口まで使えることになる」，と記しています．

級数展開の誤差と数値積分による曲線の精密決定

前節の級数展開法は，(22)式による変数変換を経由していますので一概に断定はできませんが，**表 1** に示したようにザイデル域よりも高次の項を考慮して計算されています．しかし口径比の大きいレンズを想定する場合には，この

33 非球面に関する興味ある文献 3 Herschel（子）・Linnemann・Straubel

表 1

q_{00}	0.84	0.90	0.90361716	0.92	1.00
q_{02}	0	2.03	2.1557	2.76	6
q_{04}	-63	4.06	0	19.32	142.5
q_{06}	-1838	-165.01	48.1258	530.8	5251.4
p_{11}	1	0.68	0.6024	0.50	0
p_{13}	25	2.00	0.6257	-5.63	-37.5
p_{15}	1142	88.16	23.7992	-245.63	-1790.6
p_{17}	49316	3085.8	885.2697	-9100	-81420
q_{10}	0.16	0.16	0.16	0.16	0.16
q_{12}	-4	-8.85	-3.8467	-3.84	-4
q_{14}	-12	-0.01	$+0.1770$	$+0.12$	-20
q_{16}	-720	-10.97	-3.9568	-22	-1450

(Linnemann)

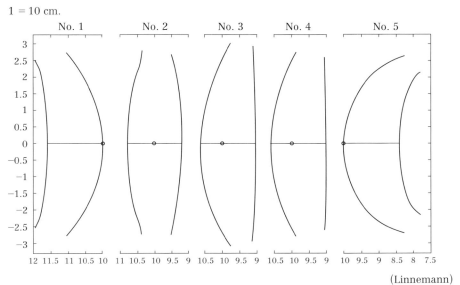

(Linnemann)

図 6

級数展開による近似解がどこまで正しいかをきちんと検定しておくことが必要です。それには近似を全く含まない(15)～(17)式に立ち返って，数値解を求めることが必要です。

微分方程式(17)式を書きかえて次式が得られます。

$$\frac{1}{\rho}\frac{d\rho}{d\alpha}=\frac{n_1 \sin(\alpha-\alpha_1)}{n_1 \cos(\alpha-\alpha_1)-1} \tag{31}$$

これを積分方程式に変えて次式が得られます。

$$\rho=\int_0^\alpha \rho\frac{n_1 \sin(\alpha-\alpha_1)}{n_1 \cos(\alpha-\alpha_1)-1}d\alpha \tag{32}$$

ここに α_1 は後面を屈折する際のスネルの式より次式で与えられます（**図3**）。

$$\sin(\beta_2-\alpha_1)=n_1\sin\beta_1,\quad \tan\beta_2=\frac{(\rho-1)\sin\alpha}{e-\rho(1-\cos\alpha)} \tag{33}$$

ただし，

$$\beta_2=\beta+\alpha \tag{34}$$

β は第2面への入射角。

例題として $q_{00}=0.29$ の場合を選び開口半角 $13°$ まで $30'$ おきに計算した数値を**表2**に掲げます。なお，α_1 は(33)式から得られ，またこの値を用いて ρ_1 は(15)または(16)式から計算できます。ρ と ρ_1 から両屈折面の α の関数としての曲率半径 r_1 と r_2 を計算するのは容易です。表中の Diff. と記した数値は ρ, α_1 および ρ_1 について数値積分による値から級数展開による値を差し引いた数値です。また最後の r_1 と r_2 はそれぞれ後面と前面の，近軸曲率中心から測った曲率半径を表しますから，その近軸曲率半径 r_1^0 と r_2^0 からの差が非球面の程度（＝球面からの削り代）を表すことになります。焦点距離100 mm のとき，$\alpha=13°$ $(1:2.2)$ に対しこの値が後面で -0.355 mm，前面で -0.482 mm となります。この削り代は口径比が増大すると急激に大きくなることが予想されます。

肝心の数値積分と級数展開による近似計算の比較については，(27)式におけるべき展開を x^6 の項までとったときに得られる係数（**表1**）を用いたときの $\alpha=13°$ に対する値が一応の目安になるでしょう。6次までとるとは，いわ

表 2

α	ρ	差	α_1	差	ρ_1	差	r_1	r_2
0^0	0.920000		$0^0\ 0'\ 0''$		0.160000		1.840000	0.666667
0 30'	0.920053		0 14 59.8		0.159927		1.840000	0.666667
1 0	0.920210		0 29 58.5		0.159707		1.840000	0.666667
1 30	0.920474		0 44 54.9		0.159342		1.840000	0.666668
2 0	0.920843		0 59 47.8		0.158830		1.839999	0.666669
2 30	0.921319		1 14 35.9		0.158172		1.839998	0.666672
3 0	0.921902		1 29 18.0		0.157367		1.839995	0.666677
3 30	0.922594		1 43 52.5		0.156415		1.839990	0.666686
4 0	0.923395		1 58 17.9		0.155317		1.839982	0.666698
4 30	0.924309		2 12 32.4		0.154072		1.839971	0.666716
5 0	0.925335		2 26 34.0		0.152680		1.839955	0.666743
5 30	0.926478	1	2 40 20.4	−0″.2	0.151141		1.839932	0.666780
6 0	0.927738	1	2 53 49.1	−0.4	0.149453		1.839902	0.666828
6 30	0.929120	2	3 6 57.1	−0.9	0.147618		1.839861	0.666893
7 0	0.930626	3	3 19 41.0	−1.7	0.145635		1.839809	0.666974
7 30	0.932261	6	3 31 56.6	−3.2	0.143504		1.839743	0.667077
8 0	0.934030	10	3 43 39.3	−5.9	0.141223	−1	1.839658	0.667208
8 30	0.935937	17	3 54 43.3	−10.4	0.138792	−2	1.839552	0.667367
9 0	0.937990	27	4 5 1.8	−18.0	0.136211	−3	1.839419	0.667562
9 30	0.940196	44	4 14 26.6	−30.3	0.133481	−4	1.839256	0.667801
10 0	0.942564	68	4 22 47.7	−49.8	0.130598	−7	1.839054	0.668090
10 30	0.945104	104	4 29 52.9	−1′24″.2	0.127562	−11	1.838806	0.668435
11 0	0.947829	156	4 35 26.8	−2 6.6	0.124373	−17	1.838502	0.668851
11 30	0.950755	231	4 39 10.5	−3 17.6	0.121029	−25	1.838132	0.669346
12 0	0.953901	339	4 40 40.0	−5 5.0	0.127527	−37	1.837678	0.669937
12 30	0.957289	491	4 39 24.4	−7 41.3	0.123865	−57	1.837124	0.670641
13 0	0.960949	705	4 34 43.8	−11 34.0	0.120031	−93	1.836447	0.671490

(Linnemann)

ゆる3次収差（ザイデル）と5次収差まで考慮した近似としていいので，これ以上の高次項を計算に載せるのは現実的でないように見えます。

こうして，Linnemannは決して断定的に述べてはいないのですが，後面の形状を α が13°を越えて遥かに大きくしたいときには(32)式による積分方程式を十分な精度で逐次近似して初めて信用できる解が求まりそうだということになるでしょう。

こうして，レンズの屈折率 n_1 と，開口半角の値 α_0 を決めて得られるレンズの中心厚を決め，更にレンズの前・後面の近軸曲率半径 r_2^0 と r_1^0 を決めてやれば，あとは (15)～(32)式，特にその中でも(32)式による積分方程式を高い精度で数値的に解くことによって，上限が $\alpha = 90°$（このときの口径比1：0.5）までの任意のアプラナート単レンズが設計できる道が，Linnemannによって開かれたことになります。彼は更に屈折率が等しく分散の異なる光学ガラスを組み合わせてこのレンズの色消し化を図っていますがここではすべてを省略します。

☆ Straubel のセミアプラナート単レンズ

E. Abbeの死去（1905）後に，Zeiss財団の3人の取締役の1人に抜擢されたR. Straubel（シュトラウベル，1864～1943）*は就任後間もない1907年に「非球面化による集光レンズの改善」というドイツ特許出願を行いました。私の手許にあるのはそのイギリス特許 No.7144（1909）です。

彼の発明は，「単レンズの一方の面だけを非球面化して球面収差を完全に補正し，かつ両面の近軸曲率半径の比を開口最周辺光線に対して正弦条件が満たされるように選ぶことによって，実用上十分にアプラナートとみなせる大口径比単レンズを，Linnemannの両面非球面完全アプラナートよりも遥かに容易に製作できる」ことを特徴とするものでした。

Linnemannの場合は，積分定数 q_{00} を適当に選ぶことにより，**図5**に示したようにレンズの近軸域の形（＝両屈折面の近軸曲率半径の比）をかなり自由に選べたのですが，この自由度を犠牲にすることの代償に，1面だけを非球

---

* 彼の小伝は本書28, p.501–520に掲載しました。

面化しても開口最周辺に入射する光線についてだけ正弦条件を満たすセミアプラナートを設計できるというわけです。

彼はLinnemannの発明を引用した上で，非球面を1面つくるだけでも費用がかさむのに，両面とも非球面にして，しかも両方の光軸を一致させるのは至難の業だと述べて，一方を球面化する利点を強調して次のように続けます。「そのためには，レンズの近軸要素，すなわちレンズの厚さと両面の近軸曲率半径を適当に選ぶことが必要である。さらに，その前提としてレンズの角開口と屈折率とが分かっていなければならない。しかもこれらの要素は複雑な式で結ばれている。それ故，この発明を説明するには実例によるしかない」。こうして，彼は特許明細書中では，この発明の核心であるその設計法には一切触れずにいきなり実例について構成要素の一覧表と断面図の説明に移るのです。これ以外のZeiss社発の資料にも設計法の実際についての記述は見当たらないようです。しかし，これはLinnemannの論文を読めば誰でも容易に導けるというものでは決してありません。その光線光学的な解法のひとつに，吉田が開発したもの（1957）があります[*]。演算の手順が丁寧に述べられています。彼の大口径比完全アプラナート設計のいわば入口といっていい貴重なものです。少々長いので紹介を割愛しますが一読する価値があります。

ここではイギリス特許明細書中の15例のうち断面図のある6例を**図7**に，またそのデータを**表3**に示します。(1)・(2)・(5)は無限遠物体に対して前面非球面，(4)・(6)は後面非球面の例で，開口半角はいずれも45°（口径比1：0.70）です。(3)はほぼ等倍結像の例で15°（1：1.93）です。開口の縁で正弦条件を満たしているのは当然ですが，中間帯の正弦条件違反量への言及はありません。なお，図中の点線で示した曲線は非球面の近軸曲率半径です。開口周辺部の非球面の近似球面からの偏差が大きいことに注目してください。

卓越した理論家だったZeiss社の技術担当役員Straubelが，何故理論的にはLinnemann論文からの応用の一例にすぎない特許の発明者だったのか少し合点がいかないところがあります。おそらく1907年当時Zeiss社では前述のAbbeの特許（1899）以来，球面からの偏差の大きいさまざまな非球面の研究

---

[*] 吉田論文の第2報：東北大学科学計測研究所報告 6（1957），19–114

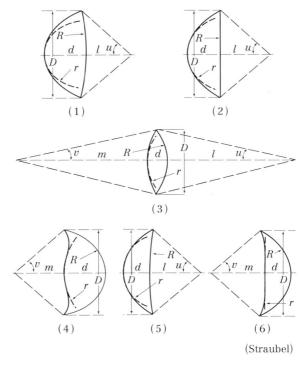

(Straubel)

図7

表3

$f = 100$

	n	v (°)	u (°)	r	R	d	m	l
1	1.5	0	45	55	390	59	∞	64
2	1.618	0	45	62	∞	47	∞	71
3	1.5	15	15	87	105	29	191	189
4	1.5	45	0	121	72	59	73	∞
5	1.75	0	45	68	−540	39	∞	75
6	2.3	45	0	2300	77	39	78	∞

n： 屈折率
v： 非球面側の開口半角
u： 球面側の開口半角
r： 非球面の近軸曲率半径
R： 球面の曲率半径
d： 中心厚
m： 開口角 $2v$ に対応するバックフォーカス
l： 開口角 $2u$ に対応するバックフォーカス
D： レンズの開口直径。(3)を除きすべて141
 (3) は103

(Straubel)

が理論面・製作面とも広く行われていて，大口径比アプラナートの研究もおそらく精力的に展開されていたのでしょう。Linnemann の学位論文が Göttingen 大学から出版された 1905 年時点で Zeiss 社には既にそれと同等かそれ以上の非球面設計技術の蓄積があったが「外部秘」扱いだったため公表されていなかった，そのため Linnemann の発表に先を越された格好になってしまった情況を変えようとして，同社最高幹部の名前で特許申請に踏み切ったのではないかと私は想像します。実際，当時の専門家から見れば，明細書に挙げられた実例からして，彼らが両面非球面の場合も含めて，単レンズアプラナートの計算手法を既に確立し，用途に応じていつでも製作に踏み切ることができることを宣言するに等しい内容だったのでしょう。

　さて，それから半世紀後の日本で，吉田が「特に口径比が大きい非球面アプラナートの研究」を始めた時に，Linnemann の論文と Straubel の特許を知っていたかどうかという疑問が生まれます。Linnemann に関する先に掲げた彼のコメントの前半は A. König* の文章からの引用ですし，彼の書いた総合報告**には，「レンズ系で aplanatic なものを初めて考究したのは M. Linnemann である (1905)。これは両面非球面の単レンズで，球面収差は完全に除去されているが，正弦条件は 2 つの入射高に対してだけ満足されている。このレンズは後に Zeiss で顕微鏡の照明系の集光レンズに用いた」と，これは上記 Linnemann と Straubel の報文のどちらの内容とも矛盾します。要するに両方とも読んでなかったのでしょう。彼は自分の研究がそれまで誰も試みなかったオリジナルなものと信じて，それに挑戦し大きな成果を得たのでしょう。研究が第 2 次大戦後 10 年もたっていなかった昭和 20 年代に行われ，当時は戦前のものも含め資料を集めるのが非常に困難だったことを考えると，止むを得なかったとも思われますが，上の 2 つの論文（一方は学位論文，他方は特許）は絶対に引用すべきだった公知資料ですから，後に読む機会があったとしたら，それを何らかの形で公表すべきだったと私は考えます。

---

* *Geometrische Optik*. [*HB. exp. Phys.* **20**, 2teil (1929)], p.77
** 吉田：非球面光学系とその応用，応用物理 **21** (1952), 244

34 非球面に関する興味ある文献 4
Descartes から Schwarzschild へ

> 反射光学におけるニュートンはデカルトだったが，
> アインシュタインはシュバルツシルトである*。
> —— **R. N. Wilson (1994)** ——

　　R. Descartes (1596〜1650) は著書「方法序説と 3 つの試論」中の「屈折光学」(1637) において，平面上に描いた円錐曲線（円，楕円，放物線，双曲線）をその対称軸のまわりに回転して作った曲面を屈折または反射面とし，共役点の一方が無限遠にあるときに，光軸上で無収差の結像ができる曲面の形を求めました**。

　　しかし，彼はこれを反射光学系に応用することに関心が薄く，適用をほぼレンズに限ってその形状の決定や製作法を論じています。しかし彼のこの方法から導かれ組立てられた 1 枚または 2 枚構成の反射望遠鏡の設計理論，すなわち光軸上で収差が 0 になる条件を満たす反射曲面とその配置に関する理論はその後実に 270 年にわたり天体観測用反射望遠鏡設計の唯一の指針として君臨し続けたのでした。

　　これに風穴を開け，同じ構成ながら球面収差だけでなくコマ収差も同時に除去する可能性を見出したのが K. Schwarzschild の 1905 年論文でした。本項

---

* Schwarzschild は Einstein が一般相対論を発表したその年 (1915) に，彼の重力方程式を解いてブラックホールの存在を予言しました。当時第 1 次大戦に従軍していた Schwarzschild は東部前線の塹壕の中で Einstein の論文を読み，直ちに問題を解いて Einstein 本人にその発表を依頼したそうです。彼は翌 1916 年 5 月，前線で天疱瘡という免疫不全が原因で起こる奇病のため死去しました。42 歳でした。Wilson はこの事実を念頭において上の文章を書いたのです。
** 本書 31, p.565–585

はまず Descartes と反射望遠鏡とのかかわりと,その基本型であるグレゴリー式,ニュートン式およびカセグレン式の誕生について述べてから,Schwarzschild 論文の序論である収差論を紹介します。次項ではその応用である非球面2枚鏡の理論と,それが現代天体望遠鏡発展のいわば原点であると同時に指導原理として生き続けた事情を述べたいと思います。

☆ Descartes と Mersenne 神父

　Descartes が生涯を通じて兄事することになる Mersenne(メルセンヌ)神父(1588~1648)は音と音楽をテーマとする著書：*L'harmonie Universelle* (1636)の中で**図1**に示す3つの反射望遠鏡の配置を提案しました。Descartes は当時既に「屈折光学」の草稿(印刷は1637)を完成させていましたから,Mersenne はその内容を十分に理解した上でこの提案を行ったのだと思います。これはもともとは「音の反射を作る装置」に関する研究ですが,彼はわざわざ「この発明は遠めがねに使っても役に立つ」と付記しています。3例とも反射鏡はすべて放物面で,**図1**(a)と(b)はそれぞれ後のグレゴリー式とカセグレン式の原型とみなせる配置です。両方ともアフォーカル系になっています。これは平行光線束が入射したとき,射出光もまた平行光線束になる配置を指し,無限遠に調節した目で望遠鏡を覗く場合がその具体例です。このとき

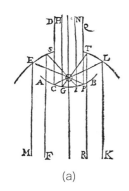
(a)

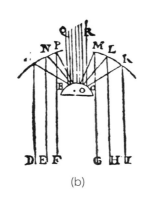
(b)

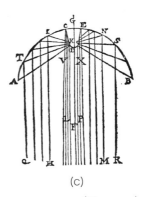
(c)

(Mersenne)

図1

目を望遠鏡の射出瞳（ふつうは対物鏡の接眼レンズによる像）上に置くのが正しい観察法ですが，**図1**の(a)，(b)とも目を置く位置が射出瞳から相当に離れた対物鏡のうしろにあるため，視野が狭められてしまいます。この困難を克服するために，彼は開口角の極めて大きい放物面鏡 CDE を接眼鏡に使い，その直後 VX に目を置く(c)の配置を考えました。しかしこのとき，観察者の頭が入射光を遮るので，このアイディアが使えるのは対物鏡の口径が十分大きい場合に限られるでしょう。

Descartes は Mersenne 神父の提案を批判して次のように述べています[*]。「貴兄が提案する凹面鏡2枚を使う望遠鏡はレンズ式と比べて勝れてもいないし便利でもないと私は考える。その理由は，(1) 接眼用レンズまたは反射鏡の近くに目をもって来ることができない，(2) 入射光と反射光の間を遮蔽する筒を置くことができない，(3) 同じ機能をもつレンズ系と比べて鏡筒の長さを短くできないし，使い勝手が良くなるわけではない，(4) 光はレンズの表面でその一部を失うが，鏡面による光の損失もそれに劣らず大きい」，などと述べています。この中で正しい指摘は (1) だけのように見えます。(3) の指摘は現代の知識からは誤りのように見えますが，それは後にグレゴリー式やカセグレン式などの配置が発明された後のことで，Mersenne 提案の時点では少なくとも誤りではなかったと思います。(4) については後述。

ここで意外なのは，レンズ系が色収差を発生するのに対し反射鏡系にはそれがないという，後者に決定的に有利な特徴が全く議論の対象になっていないという事実です。当時の望遠鏡が非常に暗く，球面収差・色収差とも実用の見地からは余り問題にされなかった故かも知れません。ともあれ，I. Newton がプリズムを用いてガラスの分散を発見（1666）してレンズの色収差を正しく説明し，それを避けるために反射望遠鏡を実際に作ってその有用性を証明したのは，Mersenne の著書出版の32年後の1668年，2号機が王立協会で公開されたのは1671年でした。

Newton は更に，当時の典型的屈折望遠鏡ではその球面収差が色収差の 1/1000 にすぎないこともあわせて明らかにしました。こうして，目で見るこ

---

[*] A. Dijon et A. Couder: *Lunettes et Telescopes*. Blanchard (1990). p.609。初版は1935年。

とのできる光軸上の像のボケが球面収差に由来し，その補正には非球面の導入が必要だとするDescartesの理論が，当時の現実的な望遠鏡改良の指針としては幻想にすぎないことが分かってしまったわけです。加えて色収差を発生させないという反射系最大の利点に気が付かなかったのですから，近視眼的な見方をすれば現実を知らない幾何学者Descartesの夢想との批判を免れなかったかも知れません。しかし，彼の理論を反射系に適用した「反射望遠鏡の設計指針」がその後270年間引き継がれて20世紀初頭まで生き残ったこともまた紛れもない事実でした。自己の論理に忠実なあまり遠くを見過ぎて近くの井戸に落ちる失敗を犯すという天才の宿命というかその証明でもあるのでしょう。

しかし，レンズを使う限り色収差を補正できないとするNewtonの早とちりの結論が，彼のその後長く続くことになる絶対的権威と結びついて，色消しレンズの発明を長期間遅らせたこともまた歴史的事実でした。これがまためぐりめぐって，19世紀末まで続く色消し屈折望遠鏡の隆盛を生み，本格的大型反射望遠鏡の出現を遅らせたというのですから，歴史は一筋縄ではいかないものです。

話が少し横道に逸れました。本題に戻りましょう。Mersenneの提案には後に実現することになるいくつかの重要な示唆が含まれていました[*]。しかし，おそらくDescartesの否定的見解をうけて試作を断念し，彼の計画は紙の上だけで終わりました。若し試作を始めたとしても，彼の非球面，特に形状のきつい放物面の製作は困難を極めたでしょう。成功は覚束なかったろうと思います。

☆初期の反射望遠鏡

スコットランドの数学者で発明家J. Gregory（1638〜75）は著書 *Optica promota*（1663）の中で**図2**(a)に示す反射望遠鏡の原理を発表しました。これがグレゴリー式と呼ばれるものです。大きい放物面鏡（主鏡）で集めた光線束を楕円凹面鏡（副鏡）の一方の焦点に結ばせ，その反射像を主鏡の中央部をくり抜いて作った穴の近くに結ばせて接眼レンズで観察するという配置です。Mersenneの提案を知らずに考案されたものだそうです。彼はロンドンの業者

---

[*] R. N. Wilson: *Reflecting Telescope Optics*, I, 2nd. ed., Springer (2004), p.4

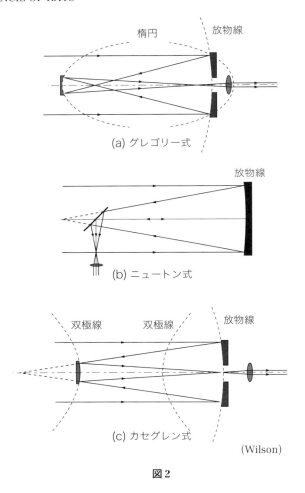

図 2

　に焦点距離約 1.8 m の望遠鏡を発注しましたが，非球面どころかその手前の球面鏡の製作に失敗し試作を断念したそうです．

　Newton は Gregory の副鏡の代わりに，小さい平面鏡を光路中光軸に対して 45°傾けて主鏡の焦点近くに置いて光を鏡筒の外に取り出す配置［**図 2**(b)］を考案し，Gregory が計画したのより遥かに小さい反射望遠鏡を自作しました．主鏡の有効径 34 mm，焦点距離 160 mm，接眼レンズにはケプラーの平凸レン

ズを使い，望遠鏡の倍率は約38倍でした．彼は，「地上の遠方物体を観察したところ，その見え味は長さが約4フィートのガリレオ式望遠鏡よりも良好だった．像は自作したものの方が少し暗かったが，その原因は金属鏡の反射損失の方がレンズ表面のそれよりも大きいのと，自分のものの方が倍率が大きかった故であろう」と述べています*．

Newtonの成功は，試作機が小型だったことと，金属鏡の研磨を自分で行い，それが当時の眼鏡職人が作るものより勝れていたことのせいだろうと言われています．しかし，彼の主鏡にしてからが，周辺部の面だれ（turned-down edge，周辺部の曲率半径が中央と比べて大きくなる現象）による像の劣化を防ぐため，周辺部で反射した光を目の直前に絞りをおいて遮蔽しなければなりませんでした．そのため，実効的口径比は1:7〜10あたりだったようです**．放物面どころか球面に磨くのさえ難しいことを十分承知していたNewtonが，その影響が小さくなるように，主鏡の焦点距離を小さくしただけでなく，口径比も1:7から1:10と小さくして実験に成功したのです．このとき口径の縁における球面と放物面の差は0.06λ以下ですから，球面を正しく作ることができればそれで十分だったわけです．王立協会で公開された（1672）2号機はいまも同協会に保管されています．彼は実用に耐える反射望遠鏡を初めて作った功績によって王立協会会員に推挙されたそうです．

この同じ年にフランス人L. Cassegrain***（1629〜1693）が発明したとされる，副鏡に凸の双曲面鏡を使う新しい型の反射望遠鏡のアイディアが公表されました［図2(c)］．このカセグレン式はグレゴリー式に対し，主鏡が同じ焦点距離をもつ場合に，望遠鏡の全長を副鏡の焦点距離の2倍分だけ短かくできるという特徴をもつ他は光学性能に実用上大きな違いはありません．しかし発表された当時は，Newtonを始め多くの専門家からその性能について否定的な評価が下されていたようです†．現代ではニュートン式とともに広く使われています．グレゴリー式は正立像が得られるため，一時地上用に使われたそうです

---

* 光学，島尾訳（岩波文庫）p.109
** H. C. King; *The History of the Telescope*, (1955), p.72
*** 彼の友人de Bercéが彼の発明を学会誌に発表して彼の名が知られるようになったそうです．しかし，ファーストネームLaurentと生没年が分かったのは近年のことでした．A. Baranne et F. Launay: J. Opt, **28** (1997), 158–172. 本書36参照
† 本書36に詳述．

が，天体用にはあまり使われなかったそうです。

　こうして，Mersenne の提案（1636）から，反射望遠鏡の 3 つの古典的タイプが出揃った 1672 年までの間に，反射望遠鏡の光学理論は光軸上の無収差結像を目標とする限りにおいてほぼ完成した次第です。視野中心（光軸上）に存在する唯一の単色収差である球面収差は理論上は 0 ですが，中心を外れるとコマ収差が急激に増大し，その大きさは中心からの角距離に比例し，口径比の 2 乗に比例します。しかし，これは不可抗力だと諦めて何か別の手段で対応しようというのが，Schwarzschild 論文（1905）以前の基本的考え方でした。要するに設計の理論にはその後 230 年間本質的な進歩がなかったわけです。この停滞の理由は極めて単純で，反射面に要求される表面形状の加工精度が屈折系の場合の約 4 倍〔$2/(n-1)$，n はレンズの屈折率〕と極めて大きく，そのため非球面どころか，球面を正しい形状に仕上げることがまず最大の困難だったからでしょう。主鏡の非球面化は口径比を小さく，すなわち F ナンバーを大きくすればするほど小さくて済みますが，副鏡の非球面化はそうはいきません。上の 3 つの型の中で副鏡が不要なニュートン型だけが試作に成功した秘密はここにあったのです。その後 180 年もの間ニュートン式だけが実際に本格的天文観測の現場で使われたことの最大の理由だったとされています。もうひとつの理由は，鏡の基板に使う銅とスズの合金スペキュラムの反射率が低く，しかも研磨面上の曇りの進行が速く再研磨が必要だという点でした。これに代わって，レンズと同じ手順で製作できるガラスを素材に選び，その研磨面に直接化学メッキする方法が確立したのは 1857 年以降です。

☆反射望遠鏡の普及から W. Herschel の大反射望遠鏡まで

　天体観測に使われる望遠鏡の大口径化を年代を横軸に描いたグラフを**図 3** に示します*。(a)が屈折，(b)が反射望遠鏡です。(b)によれば反射望遠鏡が実際に天体観測に使われるようになったのは Newton, Gregory, Cassegrain たちが発明したり試作した年ではなく，ロンドンの光学器械製造業者 J, Hadley（1682～1744）が王立協会に，ニュートン式反射望遠鏡（口径 6 インチ，焦点

---
* 広瀬秀雄：天文学史の試み，誠文堂新光社（1981），p.185–186

34 非球面に関する興味ある文献 4 Descartes から Schwarzschild へ 637

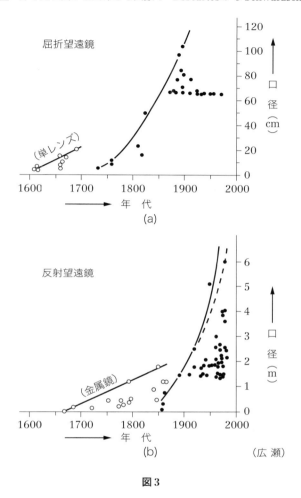

図 3

距離 62 インチ，F/10.3) を寄贈した 1721 年前後だったと推測できそうです[*]。この望遠鏡は全長わずか 6 フィートなのに，同じ口径で焦点距離が 123 フィートのホイヘンス型単レンズ望遠鏡と比べ，明るさこそ金属鏡 2 枚を使ったため暗かったけれど像質はほぼ同等との評価をうけたのでした。この頃にやっと単色屈折望遠鏡に対抗できるようになった矢先，今度は色消し屈折系の台頭が著

---

[*] 以下の記述は主に前掲の King の著書によりました。p.77–80

しく再び大きく水をあけられることになります。

　Hadley は非球面の検査にピンホールを使うオートコリメーション法を発明した人です。これは主鏡の近似球面の曲率中心に極めて近い位置にピンホールを置いて背後から照明して，その近くにできる等倍像を観察するというもので，製作工程で研磨面の球面からの偏差を定性的ではありますが調べることを可能にしました。これはそれまでの眼鏡職人が経験だけを頼りにしていたのと比べ非常に大きい進歩でした。彼はこのテスト法を使って回転放物面を作るのにその周辺部をほんの少し平坦にしたと述べているそうです。もっとも上記 $f = 62$ インチ，口径比 1:10.3 の球面鏡と回転放物面鏡の形状差は開口の最周辺で僅か $\lambda/4$（$\lambda = 0.55\,\mu m$）に過ぎませんから，彼の方法で研磨代を正しく検出したり修正できたか疑問は残ります。しかし，一般的な円錐曲線に対する球面からの偏差をべきに展開する手法は当時既に知られており，それによればカセグレン式の副鏡である双曲面が主鏡の放物面と比べて遥かにその偏差が大きいことは明らかですので，Hadley が副鏡が平面のニュートン式の製作に専念した理由がこの辺にあったと推測できそうです。

　彼は J. Bradley など当時の代表的天文学者と親交があり，彼らに伝えた研削や研磨法はやがてロンドンの同業者の知るところとなったそうです。彼はまた王立協会の会員に選ばれただけでなく，その副会長に就任しています。自然科学の振興を目的とする世界最古（1660 年設立）の学会が，いわゆるアカデミーだけでなく広く学歴のないアマチュアや製造業者にまで開かれた機関だったことが分かります。

　Hadley の後を継ぐ形で反射望遠鏡の性能向上と市場の拡大に貢献したのは J. Short（1710~1768）[*] でした。彼はスコットランド教会の牧師でしたが，C. Maclaurin（マクローリンの定理で知られる数学者）の講義を聴講してレンズ作りの魅力に取りつかれ，彼の助言と援助を得て，レンズ職人の才能を開花させたのです。彼の望遠鏡の多くがグレゴリー式でしかも口径比の大きい（1:3~1:8），したがって口径と比べて全長が短く使い勝手のいい明るい反射望遠鏡でした。技術的には球面からの偏差が大きい凹面非球面を高精度で加

---

[*] King の著書 p.84–88

工することができて初めて達成が可能になる仕様だったわけです。

彼は当時の常として製作法を秘密にして一切公開していません。それどころか亡くなる直前には道具一切を壊させています。H. C. King は，彼の技能が卓越していたので，たとえ道具が残っていても同業者にはとても彼のコピーを作ることはできなかっただろうと書いています。彼は続けて，「Hadley によれば，Short こそ放物面金属鏡を製作した最初の人だった。おそらく彼は金属やガラスの円板から凹面鏡を作るのにオーバーハング法を発明したのだろう」と述べています。オーバーハング（はみ出し）法とは，鏡やレンズの表面を研削や研磨する際，その直径とラップやピッチ皿の直径をほぼ等しくし，一方に対する他方の往復運動のストロークを加減してはみ出しの程度をいろいろに変えて回転し，レンズの各輪帯毎の摩耗量を調節する方法で，その後広く行われるようになったものです。現代ではこの方法は数値制御による部分修正法として復活しました。

Short は主鏡・副鏡とも正しく非球面化された凹面鏡から成る明るく使い勝手のいいグレゴリー型反射望遠鏡を生涯に 1000 台以上も製作し，ここで初めてそれまでの古い単レンズ屈折望遠鏡に対する実用上の優位性が確立したわけです。彼がカセグレン式を作らなかったのは，凸面非球面の製作と検査が凹面より難しかったせいでしょう。彼が 1772 年にスペイン王に 1200 ポンドで売却した有効径 18 インチ（46 cm）のグレゴリー型赤道儀はその後長い間世界一の大きさを誇りましたが，安定性には難があったようです。

W. Herschel（1738～1822）は 1757 年に生地ハノーバー（ドイツ）からイギリスに移住し音楽で生計を立てていましたが，1773 年 35 歳のときそれまでの趣味の天体観測が昂じて，金属材料の鋳造から鏡面研磨まで自分で行い，それをニュートン式の望遠鏡に組立てるまでになりました[*]。このとき作った口径 5.5 インチ，倍率 40 倍の反射望遠鏡で土星の輪とオリオン大星雲を観測できたそうです。以後音楽活動は冬眠状態になり，それに代わって望遠鏡の製作が彼と妹 Caroline（兄 William の協力者，女性天文学者）の生計を支えることになります。

---

[*] 以下の記述は主に，前掲の R. N. Wilson の著書の p.15–20 によりました。

その後しばらくの間の彼の関心は漫然とした天体観測に向けられたようですが，次第にその目的が「宇宙の構造究明」に絞り込まれたそうです。これが遠方の，したがって暗い星や星雲の観測を不可欠にすることは明らかです。このとき分解能と並んで，望遠鏡の集光力すなわちその大口径化が必要なことを彼は十分に承知していました。彼は1800年に，「集光力とは宇宙空間を貫いて遠い天体を見ることを可能にする力である」と書いているそうです。集光力の増大は大口径化と同義ですから，彼がそれを20インチ，40インチと大きくすることに精魂を傾けることになったのでした。

　彼の大口径反射望遠鏡の特徴は，口径比を十分に小さく（1:10〜12）して主鏡に放物面鏡の代わりに球面鏡を使えるようにすることと，金属鏡の低い反射率の影響を低減するためにニュートン式の平面鏡を廃止し，その代わりに星像の観測を入射光線束から外した位置で行うことでした。第1の変更は球面収差，第2の変更はコマ収差を発生しますが，それらが当時の基準内に収まればいいわけで，望遠鏡の製作者と使用者が一人の専門家の中に共存して初めて得られたアイディアだったと思います。彼の図4の配置をハーシェル式と呼びます。機構的には経緯儀ですが，主鏡の焦点に結ぶ像を直接観測するために，彼は鏡筒と一緒に回転する櫓から望遠鏡の内部を覗き込む形で観測を行ったのです。

　20フィート望遠鏡を例にとると，主鏡が球面であるために生じる球面収差は約1波長です。しかし現代の理論の教えるところではピントを変えて最適位置を探すことにより星像の中心強度を無収差系の0.8まで高めることができます。また図の配置では避けられない視野中心に現れるコマも，R. N. Wilson

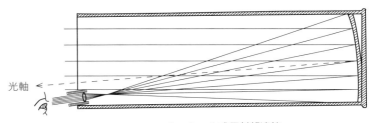

ハーシェル式反射望遠鏡

(Eppenstein)

図4

によれば「鏡筒の軸に対する接眼レンズの位置を合理的に評価すると接線方向のコマは 0.28 秒角となり，これは最良のシーング時における像の拡がりと同程度かそれより小さい。これは現代の評価でも優秀な性能である」と述べています。少し首を傾げたくなる記述ですが，ここは大 Herschel に敬意を表して納得することにしましょう。Wilson はこれに続けて，「彼は同時代の天文学者たちより，天文学的にも技術的にもあまりにも先行していたので，彼の達成した業績を凌駕するのに 50〜60 年を要した」と書いています。

なお彼は 20 フィート望遠鏡完成（1784）後，更に大型の 40 フィート（1:10）望遠鏡を製作し 1789 年に稼動を開始し，その強力な集光力の故に土星の衛星をあらたに 2 個発見するなどの成果を挙げましたが，これは 20 フィートに比べると失敗作だったようです。後にアイルランドの天文学者 W. P. Ross（1800〜67）が 1845 年口径 1.8 メートル焦点距離 16 メートルの巨大反射望遠鏡を製作しましたが，これも Herschel 式だったそうです。これが金属鏡を用いた最大のものだったそうです。

☆ザイデル変数とザイデルのアイコナール

17 世紀中葉に始まった天体観測用反射望遠鏡の発展はさまざまな技術の進歩に支えられ，19 世紀末には色消し屈折望遠鏡に対して優位に立つまでになりました。しかし，この進歩は主に製作と検査分野に限られていました。光学結像の理論面では「主鏡に放物面鏡を使い光軸上の無限遠物点に対して球面収差を 0 にする」ということだけが必要不可欠な条件とされて来ました。副鏡を楕円鏡や双曲面鏡に変えることは鏡筒を短くするためで，それによって画質が向上したり視野を拡げられるというものではありませんでした。しかし，写真術が天体観測に積極的に取り入れられるようになり，望遠鏡をより明るく，より広視野で使いたいという強い要請が生まれるに及んで，球面収差だけでなくコマ収差も低減したい，すなわち反射望遠鏡をアプラナート化したいという光学設計上の課題が浮上したのでした。この背景下で Karl Schwarzschild の画期的論文が発表されたのです（1905）。

当時彼は Göttingen 大学教授兼同大学天文台長の職にあり（1901〜1909），

極めて充実した研究・教育生活を送っていたそうです。例えば1904年夏学期には Klein, Hilbert, Minkowski に彼を加えた4人で数理物理学セミナーを担当したといいますから，その豪華さが目に見えるようです．彼の天文台には専門の異なる多くの俊才たちが集ったそうです．前項で取り上げた Linnemann もその一人だったのでしょう．

彼の論文は3部から成り，学会誌 Abh. Königl. Ges. Wis. Göttingen. Math-phys. Kl., 4 (1905~6), Nos. 1, 2, 3 に掲載された後，彼が台長をつとめる Göttingen 天文台の報告 [Mitt. Königl. Sternwarte, Göttingen (1905)] に転載されました．現在比較的容易に入手できるのはこちらの方で，3編が合本されているものが多いようです．第1部は Hamilton の角特性関数（＝角アイコナール）を Gauss の近軸理論と Seidel の3次収差論に関係づける，言いかえれば波面収差と光線収差の関係を厳密な数学的基礎から導出することを目指したもの，また第2部はその適用例として回転円錐鏡を1個の場合および2個組合わせた場合を選び，それらがアプラナート条件を満たす解を解析的に求めたもので，彼自身が具体的配置例として掲げたシュバルツシルト鏡の他，リッチー・クレチアン式を初めとする，後に提案されることになる多くのアプラナート反射望遠鏡配置を探索するのに主導的役割を果たすことになる記念碑的論文です．第3部は薄レンズ近似による広角屈折望遠鏡の設計に関する論文で，現代では利用価値が小さいものですが，彼のレンズ設計の考え方が具体的に示されていて興味深いものです．本項は第1部を紹介し，第2部とその後の展開は次項にまわします．なお，この論文集には山田幸五郎の邦訳があります*．これだけで論文の内容を正しく理解するのは難しいと思いますが，古風な文章とはいえ彼の理解が的確であることを示すいい翻訳です．

第1部：「アイコナール概念を基礎とする光学器械の収差論序論」において彼は，「この報告は5次収差の一般的輪郭を示した他は，概ね既知の事実を形を変えて述べたに過ぎない．独自の研究と呼べるものは，これに続く第2および第3部において詳しく論じられるであろう」と書きました．

本質的にはその通りでしょう．しかし，Hamilton が幾何光学を初めて体系

---

* 幾何光学論文集第2, 大正8年 (1919), 丸善, p. 307–485

化していわゆるHamiltonの光学を完成させた時点（1824年発表，1828年印刷，その後第1および第2補遺が1830年に印刷された）では，Seidelの収差論（1855）はおろか，Gaussの近軸理論（1840年提出，1843年印刷）も未だ公刊されていませんでした．その後，光学系の6つの主要点，2つの焦点距離，入射瞳と射出瞳，主光線の存在に始まり，3次収差の記述と分類やそれらを複雑な構成の共軸系に適用する実際などを取り扱う数学的手法が確立してから更に半世紀後に，Schwarzschildがフェルマーの原理から演繹されたHamiltonの光学にその後に成立したGaussとSeidelの，スネルの法則に基礎をおく光線光学理論の成果を注ぎ込んでその復活を図ったのがこの第1部であり，その最初の成功例が第2部と第3部だったわけです．

　Schwarzschildの理論には，Hamiltonの光学との整合性を重視するあまり，Seidelの収差論を組込む際のザイデル変換とザイデルアイコナールの導入や，後者への付加項の追加などの数学的「通過儀礼」が必要になるためそれらを整理して理解するのに手間がかかり，また解説すると長くなる嫌いがあります．例えば，Born & Wolf[*]も久保田先生[**]も特に節を設けて解説していますが中途半端の誹りを免れません．実用的には，ザイデルアイコナールを持ち込まなくても無理のない近似の下で，射出瞳上の波面収差と像面上の光線収差（横収差）を直接結びつけた上で，波面収差を使って第2部と第3部の結論を導くことが可能です．例えばH. H. Hopkins[***]やWelford[†]はその流儀です．したがってこれらの本にはSchwarzschildの名は出て来ません．しかしそれでは光学の歴史に背を向けることになり彼にも失礼なので，ここではまず，彼が近軸理論とSeidelの3次収差論をHamiltonの角特性関数（＝角アイコナール）と結びつけるまでの道筋をほぼBorn & Wolfに従って辿り，最後に私のコメントを記すことにしましょう．

　一般的共軸光学系を抽象化した配置を**図5**に示します．物体平面と入射瞳，および近軸像平面と射出瞳を描いてあります．慣習に従って射出瞳を像面より

---

[*] M. Born & E. Wolf: *Principles of Optics*, 7th ed (1999), p.233-36
[**] 久保田広：光学 (1964), p.336-42
[***] H. H. Hopkins: *Wave Theory of Aberrations*, (1950)
[†] W. T. Welford: *Aberrations of the Symmetrical Optical System*, 2nd ed. (1974), *Aberrations of Optical System* (1986)

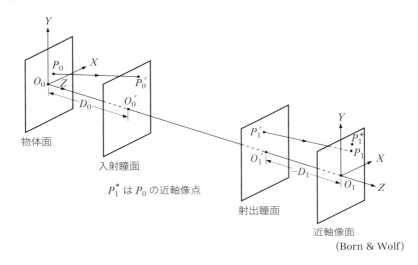

図5

レンズ側に描いてありますが，形式を整えるために，両者の距離をマイナスにしてあります．物体面上の $P_0(X_0, Y_0, 0)$ を発し光学方向余弦 $[p_0, q_0, (n_0^2 - p_0^2 - q_0^2)^{1/2}]$ をもって光学系に向かう光線が D_0 だけ離れた入射瞳上の点 $P_0'(X_0', Y_0', D_0)$ を通り，光学系を通過後に射出瞳上の点 $P_1'(X_1', Y_1', -D_1)$ をつき抜けて近軸像面上の点 $P_1(X_1, Y_1, 0)$ に達します．射出光線の光学方向余弦を $[p_1, q_1, (n_1^2 - p_1^2 - q_1^2)^{1/2}]$ とします．物体平面とその近軸像面の単位長 l_0 と l_1 より近軸横倍率 $M = l_1/l_0$ を定義し，物体および近軸像面上に正規化座標 (x_0, y_0) と (x_1, y_1) を次式のように決めます．

$$x_0 = C\frac{X_0}{l_0}, \quad x_1 = C\frac{X_1}{l_1} \\ y_0 = C\frac{Y_0}{l_0}, \quad y_1 = C\frac{Y_1}{l_1} \Biggr\} \quad (1)$$

近軸域ではこのとき $x_1 = x_0$, $y_1 = y_0$ が成り立ちます．

同じく近軸域では $(n_0^2 - p_0^2 - q_0^2)^{1/2} \fallingdotseq n_0$, $(n_1^2 - p_1^2 - q_1^2)^{1/2} \fallingdotseq n_1$ と置いていいので次式が得られます．

$$\left.\begin{array}{ll}\dfrac{X_0{}'-X_0}{D_0}=\dfrac{p_0}{n_0}, & \dfrac{X_1{}'-X_1}{D_1}=\dfrac{p_1}{n_1} \\[2mm] \dfrac{Y_0{}'-Y_0}{D_0}=\dfrac{q_0}{n_0}, & \dfrac{Y_1{}'-Y_1}{D_1}=\dfrac{q_1}{n_1}\end{array}\right\} \tag{2}$$

ここで近軸近似を仮定して，入射瞳と射出瞳が相似で両者の間で単位長 λ_0 と λ_1 の間に $\lambda_1/\lambda_0 = M'$ が成り立つとすると，瞳上の座標 (X_0', Y_0') と (X_1', Y_1') の代わりに，次の関係を導くことができます．

$$\left.\begin{array}{ll}\xi_0=\dfrac{X_0{}'}{\lambda_0}=\dfrac{X_0}{\lambda_0}+\dfrac{D_0 p_0}{\lambda_0 n_0} & \xi_1=\dfrac{X_1{}'}{\lambda_1}=\dfrac{X_1}{\lambda_1}+\dfrac{D_1 p_1}{\lambda_1 n_1} \\[2mm] \eta_0=\dfrac{Y_0{}'}{\lambda_0}=\dfrac{Y_0}{\lambda_0}+\dfrac{D_0 q_0}{\lambda_0 n_0} & \eta_1=\dfrac{Y_1{}'}{\lambda_1}=\dfrac{Y_1}{\lambda_1}+\dfrac{D_1 q_1}{\lambda_1 n_1}\end{array}\right\} \tag{3}$$

このとき近軸域では $\xi_1 = \xi_0, \eta_1 = \eta_0$ が成り立ちます．
なお，(1)式の C は次式で与えられます．

$$C = \frac{n_0 l_0 \lambda_0}{D_0} = \frac{n_1 l_1 \lambda_1}{D_1} \tag{4}$$

(1)式と(3)式をザイデル変数と呼びます．
ここで Schwarzschild は，ザイデル変数を使って次式によるザイデルアイコナール ψ を定義します．

$$\psi = T + \frac{D_0}{2n_0 \lambda_0^2}(x_0^2 + y_0^2) - \frac{D_1}{2n_1 \lambda_1^2}(x_1^2 + y_1^2)$$
$$+ x_0(\xi_1 - \xi_0) + y_0(\eta_1 - \eta_0) \tag{5}$$

ここに $T = (p_0, q_0; p_1, q_1)$ は，原点を O_0 と O_1 にとったときの角アイコナールです．説明すると長くなるのですが，(5)式において右辺に第2項以下を加えることにより，T の変数 $(p_0, q_0; p_1, q_1)$ から ψ の変数を $(x_0, y_0; \xi_1, \eta_1)$ に変えることができます．詳しくは前掲 Born & Wolf 参照*．このとき次式が厳

---

* (5)式から(6)式を得るまでの代数演算を，Schwarzschild や Born & Wolf よりも丁寧に，おそらく Schwarzschild がノートに書き込んだであろうように行ったテキストに，J. Picht: *Grundlagen der Geometrisch-Optischen Abbildung*, Deutscher Verlag der Wissenschaften (1955), p.162–163 があります．Born & Wolf は参照文献に挙げていませんが，手許に置きたい本です．著者は点像回折像の研究で知られ，著書 *Optische Abbildung* (1931) があります．第2次大戦後東ドイツに残留し，この本 (1955) を出版しました．

密に成り立ちます。

$$\left. \begin{array}{ll} \xi_1 - \xi_0 = \dfrac{\partial \psi}{\partial x_0}, & x_1 - x_0 = -\dfrac{\partial \psi}{\partial \xi_1} \\[6pt] \eta_1 - \eta_0 = \dfrac{\partial \psi}{\partial y_0}, & y_1 - y_0 = -\dfrac{\partial \psi}{\partial \eta_1} \end{array} \right\} \quad (6)$$

これこそSchwarzschildが探していた，近軸光学とSeidelの収差論をHamiltonの光学と厳密に結びつける式だったわけです。こうして，物体面上 (X_0, Y_0) を発し，入射瞳上 (X_0', Y_0') を目指して共軸光学系に入射した光線が光学系を射出後に射出瞳上 (X_1', Y_1') を通って近軸像面上 (X_1', Y_1') を貫通する光線に変換される特性を，還元座標 (x_0, y_0) と (ξ_1, η_1) を変数とするザイデルアイコナール $\psi(x_0, y_0; \xi_1, \eta_1)$ を使って厳密に記述する道が開けたことになります。近軸近似では $\xi_1 = \xi_0, \eta_1 = \eta_0, x_1 = x_0, y_1 = y_0$ が成り立つのは明らかです。

ところで，(6)式の右側の2つの式は，私たちが射出瞳上の波面収差から光線収差を求める式と完全に同じ形をしています。実際，Born & Wolfは，波面収差 $\Phi(X_0, Y_0; X_1', Y_1')$ の変数をザイデル変数 $(x_0, y_0; \xi_1, \eta_1)$ に置き変えたときの波面収差 $\phi(x_0, y_0; \xi_1, \eta_1)$ が近似的にザイデルアイコナール ψ と一致するとして次式を掲げます。

$$\phi(x_0, y_0; \xi_1, \eta_1) = \psi(x_0, y_0; \xi_1, \eta_1) - \psi(x_0, y_0; 0, 0) + O(D_1 \mu^6) \quad (7)$$

ここに $O(D_1 \mu^6)$ は誤差が $D_1 \times \mu^6$ のオーダーであることを意味します。μ は像空間において，像点から半開口を見込む角度です。上式の右辺第2項は物体平面上 (x_0, y_0) を発した主光線を表しますから，上式はSchwarzschildが定義したザイデルアイコナールが3次と5次収差の領域で実は後に広く使われるようになる波面収差そのものだったことが，明らかになったわけです。この事実は光線収差を波面収差（＝ザイデルアイコナール）で表現する近似が3次（ザイデル領域）だけでなく5次（シュバルツシルト領域）の収差にまで適用できることを保証するものです。したがってこの後は，Schwarzschildの主に2枚鏡構成の反射望遠鏡の議論を，分かり易い現代波面光学の言葉で紹介しても，彼

の先取権を侵害することにはならないだろうと思います。

さて，(5)式によるザイデルアイコナール ψ を級数展開すると，光軸に対する対称性を考慮して次式が得られます。

$$\psi = \psi^{(0)} + \psi^{(4)} + \psi^{(6)} + \psi^{(8)} + \cdots \tag{8}$$

ここに $\psi^{(2k)}$ は4つの変数 $(x_0, y_0; \xi_1, \eta_1)$ の $2k$ 次の級数ですが，光軸に対する対称性条件をみたすため次の3つの組合わせで上式に入って来ます。

$$\sigma^2 = x_0^2 + y_0^2, \quad \rho^2 = \xi_1^2 + \eta_1^2, \quad \kappa^2 = x_0\xi_1 + y_0\eta_1 \tag{9}$$

ふつうは円形開口を仮定し，物点が常に Y_0 軸上にあるとします。すなわち (Y_0, Z_0) 面をメリジオナル面，Y_0 を放射方向とするわけです。このとき (ξ_1, η_1) は極座標を用いて

$$\xi_1 = \rho \sin\theta, \quad \eta_1 = \rho \cos\theta \tag{10}$$

で表されます。

(8)式に2次の項が現れないのは，近軸域で $x_1 = x_0, y_1 = y_0, \xi_1 = \xi_0, \eta_1 = \eta_0$ が成り立つことと矛盾するからです。言いかえると(5)式の右辺において角アイコナール T に加わる合計4つの2次の付加項は，T の中に含まれるそれぞれと符号の異なる2次の項を打ち消すために加えられたと考えることができるでしょう。この事実は，結像が無収差の場合に共役点間の点アイコナールが特異点をもつため解が不定になるという困難を避けるために角アイコナールが導入された事情を反映しています。すなわち角アイコナールを $(x_0, y_0; \xi_1, \eta_1)$ で記述したとき無収差結像の共役点が近軸像面から外れた位置にできること，それを近軸像面上近軸共役点に戻すために，(5)式の右辺に第2項以下が加えられたと解釈できると思います。言いかえれば，ザイデルアイコナールは近軸像点を参照球面の中心にとったときの波面収差と一致するのです。これが，Born & Wolf が「ザイデルアイコナールは明快な物理的意味をもたない」と書き，久保田先生が「(付加項の) 物理的意味が不明だ」とした見解に対する私の物理的解釈です。

表1

m	$n=0$	$n=1$	$n=2$	$n=3$	収差の次数
0 2	 $_0k_{20}\rho^2$	$_1k_{11}\sigma\rho\cos\theta$			0次 $N_H = 1$ $(l + m$ $+ 2n = 2)$
0 2 4	 $_2k_{20}\sigma^2\rho^2$ $_0k_{40}\rho^4$	$_3k_{11}\sigma^3\rho\cos\theta$ $_1k_{31}\sigma\rho^3\cos\theta$	$_2k_{22}\sigma^2\rho^2\cos^2\theta$		3次 $N_H = 3$ $(l + m$ $+ 2n = 4)$
0 2 4 6	 $_4k_{20}\sigma^4\rho^2$ $_2k_{40}\sigma^2\rho^4$ $_0k_{60}\sigma^6$	$_5k_{11}\sigma^5\rho\cos\theta$ $_3k_{31}\sigma^3\rho^3\cos\theta$ $_1k_{51}\sigma\rho^5\cos\theta$	$_4k_{22}\sigma^4\rho^2\cos^2\theta$ $_2k_{42}\sigma^2\rho^4\cos^2\theta$	$_3k_{33}\sigma^3\rho^3\cos^3\theta$	5次 $N_H = 5$ $(l + m$ $+ 2n = 6)$

さて，(8)式を(9)と(10)式を使って展開して**表1**が得られます．表中のN_Hは慣例による収差の次数を表します．

$$N_H = (\sigma \text{ と } \rho \text{ の次数の和}) - 1 \tag{11}$$

$N_H = 1$ は近軸域，3はザイデル域，5はSchwarzschildの分類による5次の収差を表します．近軸域の収差 $_0k_{20}\rho^2$ と $_1k_{11}\sigma\rho\cos\theta$ はそれぞれ焦点外れと像面上の位置合わせ誤差によって生じるもので通常は収差に含めません．3次収差はSeidelの5収差で次項で取り上げるもの，5次収差はSchwarzschildが初めて見出して，「Petzvalは12個と言ったが9個が正しい」と述べ，あわせてそれらの図形的性質を明らかにしたものです．

次項に非球面2枚鏡の理論とその後の展開を紹介します．

35 非球面に関する興味ある文献 5
Schwarzschildの2枚鏡理論とその後の展開

> 考えるために調べるのが人間の習性だったと思うが，—中略— 調べるということが考えることに取って代わってしまった。
> ——佐野衛：書店の棚　本の気配——

　K. Schwarzschild（1873〜1916）は前項で引用した幾何光学第2論文：「反射望遠鏡の理論（1905）」の冒頭で次のように述べています。「少なくともこれまでの反射望遠鏡は屈折望遠鏡と比べて視野が狭いという根本的な欠点を持っている。放物面鏡は光軸上では完全な像を作るが，例えば口径比1：4の場合光軸から0.5°離れただけでコマ収差による像の拡がりが29″にも達する。以下の研究で私は，これまでの放物面鏡と平面鏡の組合わせの代わりに，正しく計算された形状をもつ2枚の反射鏡（回転対称円錐曲面の意）を用いれば，この点に関して進歩を達成できるかどうかの問題を提起した。答はイエスだった」。

　この論文の凄いところは，彼が導いた2つの配置例だけでなく，その後現在にいたるまでに見出されたほとんど全てのアプラナート反射望遠鏡の基本配置と非球面の形状が彼が導いた諸公式を使って得られるという点にあります。R. N. Wilsonが言ったように，反射望遠鏡の光学設計は1905年を境にDescartesとNewtonの時代からSchwarzschildの時代に移ったのでした。

　2枚鏡の共軸配置には，ふたつの鏡とも回転円錐曲面に限った上で，自由に選べるパラメーターが4つあります。ふたつの反射鏡の焦点距離比，それぞれの円錐定数および両反射鏡間の距離です。さまざまな機械的な制約（いまは干渉—interference—ということが多い）がありますから一概には言えません

が，アプラナート条件，すなわち球面収差とコマ収差を0にしてもなお，残った2つのパラメーターをうまく使えば非点収差と像面弯曲に関しても，両方とも0とはいかないまでも，実用上許容できる解が得られる可能性を秘めています。この事実がSchwarzschildの公式を実り豊かにしています。いわば打ち出の小槌というわけです。しかしこれはあくまでザイデルの収差，すなわち3次収差の領域に限った理論ですから，実際の設計にあたっては，光線追跡による小修正や部分的最適化が必要になることは言うまでもありません。

彼はこの論文中で2つの解を示しました。ひとつはザイデル領域で4つの収差すなわち球面収差・コマ収差・非点収差・像面弯曲のすべてを0にする解（アナスティグマート）ですが，これは主鏡が凸面鏡，副鏡が凹面鏡でいずれも短軸を回転軸とする楕円面の組合わせのため，前者の直径が後者のそれよりも小さく，また全長が合成焦点距離の2倍もあって望遠鏡としては実用にならない光学系です（**図1**）。図中の矢印をつけた実線は，近軸計算する際の光線の進行を描いたもので，反射を鏡面の頂点に立てた平面上で計算することを強調しています。もうひとつは**図2**に示す準カセグレン式で，主鏡は双曲面，副鏡は短軸を回転軸とする楕円面です。両面とも球面から大きく外れている他，

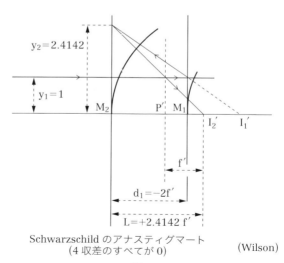

Schwarzschildのアナスティグマート
（4収差のすべてが0） (Wilson)

図1

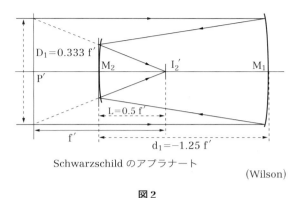

Schwarzschild のアプラナート (Wilson)

図2

副鏡による口径食が大きく，全長が長いため，当時すぐに実用化されることはありませんでした。

しかし奇妙なことに，Schwarzschild の論文は天文学者や望遠鏡製作者の間で当初はあまり注目されなかったようです。その実例が後に有名になるリッチー・クレチアン（Richey-Chrétien）式反射望遠鏡の設計です。

パリ天文台の天文官補佐（当時）Henry Chrétien（1879~1956）は世界の主な天文台の観測器機の調査（1908~10）を命じられて訪れたウィルソン天文台（USA）で装置建設の責任者 G. W. Richey（1864~1945）に会った際，アプラナート反射望遠鏡の設計を強く勧められたとして，大要次のように述べています[*]。

「Richey は，60 インチ反射望遠鏡のニュートン焦点面と比べてカセグレン式で使ったほうが視野が大きく取れるという事実に興味をもっていた。彼は副鏡に使った双曲面が主鏡の放物面によって生じる収差を補償するのではないかとの疑問をもっていた。私は彼から，この問題を理論的に調べること，特に放物面と双曲面という制約を外して自由にその形を選んだならば像の特性——この場合には視野——を改善できないものかどうか研究してもらえまいかと依頼された」。この文章の前段に述べられた実験に基づく推測は，ニュートン式の配置の口径比が 1:5 なのに対しカセグレン式では 1:17.5 と小さく（光学系として

[*] Rev. d'optique, **1** (1922), 13, 49

は暗く）なった分だけ視野が広がったとして説明できるのですが，Chrétien は Richey の上の要請に同感するところがあったのでしょう，早速計算に取り掛かり，Schwarzschild の論文を知らぬままに，主鏡の周辺部を放物面よりもほんの少し平坦にしただけの双曲面に変えるという実用解を見出したのでした。これが後にリッチー・クレチアン（R-C）式と呼ばれ，現代反射望遠鏡の主流に躍り出ることになる配置です。これが Schwarzschild が与えた条件を満たしていたことは当然です。しかし彼の方法は，古典的カセグレン式の配置から出発し，球面収差 0 と正弦条件を満たす解を光線追跡に基づいて解析的に求めたもので，Schwarzschild の総括的でエレガントな一般論から出発したのとは異なっていたことは明らかです。なお，Chrétien の論文は大戦後 1922 年に発表され，そこでは Schwarzschild の論文が引用され，計算の実際は全く異なるものの，ほぼそれに沿って説明が行われています。身近な例では，大気圏外から天体を観測するハッブル（Hubble）望遠鏡やハワイで観測を続けるすばる望遠鏡もこのタイプです。

☆収差係数の計算

　ザイデル収差の領域では，収差係数は 2 つの近軸データを用いて記述できます。ひとつは光軸上の物点を出て入射瞳の周辺部を通過する光線の近軸（スネルの屈折則を $ni = n'i'$ と近似して得られる）計算のデータ，もうひとつは主光線（軸外の物点を出て開口絞りの中心を通る光線）の同じく近軸計算のデータです。ふつうは屈折または反射面は球面としますが，ここでは回転対称非球面を含めて議論するため，屈折（反射）面の断面形状は次式で与えられるとします。

$$z = \frac{1}{2r} y^2 + \frac{1}{8r^3}(1+b_s) y^4 + \frac{1}{16r^5}(1+b_s)^2 y^6 + \cdots \quad (1)$$

ここに z はレンズや反射面の頂点に立てた接線上の高さ y における光軸に沿って計った断面までの距離，r は頂点における曲率半径すなわち近軸曲率半径，b_s（$= -e^2$，e は離心率）は Schwarzschild が定義した円錐定数で，$b_s = 0$ は球面，$b_s = -1$ は放物面，$0 > b_s > -1$ は楕円面，$b_s < -1$ は双曲面，$b_s > 0$ は短軸を回転軸とする楕円面です。上式の第 1 項は近軸項，第 2 項はザイデル項，第 3 項は 5 次収差の項です。なお，曲面が反射面の場合には，屈折面を想定して

作った公式に $n' = -n$, すなわち断面の入射側空間の屈折率を n としたとき，反射側空間のそれを $-n$ としてやればいいのです．以下の記述はほぼ R. N. Wilson* に従います．H. H. Hopkins, W. T. Welford と続く波面収差の一般論を2枚鏡系に適用したもので，Schwarzschild の取扱いとは異なったり，彼が使わなかったパラメーターも出て来ますが，彼の公式の万能性を見易く理解するにはこちらのほうが便利だと考えて紹介することにしました．実は同じ課題を取り上げて丁寧に解説したテキストに，山下泰正：反射望遠鏡——大口径・広写野化に向けて——，東大出版会（1992），中の第3章 反射望遠鏡の光学系，p.113-146 があります．基礎から現代のアプラナート反射望遠鏡の発展までを包括的に論じた出色のものです．以下に紹介するのは，この本の出版直後の1996年に初版が発行された Wilson による同じ主題のテキストの一部です．読み比べるとこの主題に対する理解が深まると考えてあえてこちらを紹介することにしました．

一般の共軸系のザイデル領域の波面収差 $W_3'(y_1, \eta')$ は次式で与えられます．ここに y_1 はメリジオナル面内第1屈折（反射）面への入射高，η' は第2面で屈折（反射）後の像高を表します（**図3**）．y_{m1} と η_m' はそれぞれの最大値です．

$$W(y_1, \eta') = \frac{1}{8}\left(\frac{y_1}{y_{m1}}\right)^4 \sum S_{\mathrm{I}} + \frac{1}{2}\left(\frac{y_1}{y_{m1}}\right)^3\left(\frac{\eta'}{\eta_m'}\right)\sum S_{\mathrm{II}} \cos\theta$$
$$+ \frac{1}{4}\left(\frac{y_1}{y_{m1}}\right)^2\left(\frac{\eta'}{\eta_m'}\right)^2 [(3\sum S_{\mathrm{III}} + \sum S_{\mathrm{IV}})\cos^2\theta$$
$$+ \sum(S_{\mathrm{III}} + S_{\mathrm{IV}})\sin^2\theta]$$
$$+ \frac{1}{2}\left(\frac{y_1}{y_{m1}}\right)\left(\frac{\eta'}{\eta_m'}\right)^3 \sum S_{\mathrm{V}} \cos\theta \tag{2}$$

ここに θ は瞳上にとった極座標の方位角でメリジオナル断面から時計回りに測るとしてあります．S_{I} は3次の球面収差，S_{II} は3次のコマ収差，S_{III} は3次の非点収差，S_{IV} は3次の像面弯曲，S_{V} は3次の歪曲収差の係数を表します．以下の議論では像質に無関係だとして歪曲収差を無視します．なお，式中の

---

* *Reflecting Telescope Optics* I, 2nd ed., Springer, (2004)

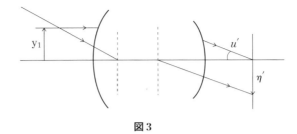

図3

$\sin\theta$, $\cos\theta$ は加算記号 $\sum$ の外にあります。加算は各屈折（反射）面について近軸計算して得られる値の代数和です。以下では，反射面はすべて表面反射，物点は ∞ にあるとしてあります。

Wilson は 2 枚鏡系の収差係数を 2 つのパラメーター ζ と ξ を使って表しました。

$$\zeta = \frac{m_2^3}{4}(1+b_{s1}) \tag{3}$$

$$\xi = \frac{(m_2+1)^3}{4}\left[\left(\frac{m_2-1}{m_2+1}\right)^2 + b_{s2}\right] \tag{4}$$

ここに b_{s1} と b_{s2} はそれぞれ主鏡と副鏡の円錐定数，m_2 は主鏡の後側焦点距離 f_1' に対する 2 枚鏡の合成焦点距離 f' の比です。

図4に 2 枚鏡の近軸結像を模式的に描いた図を示します。カセグレン式の例です。上式中の m_2 は次式で与えられます。

$$m_2 = \frac{f'}{f_1'} = \frac{L}{s_2} \tag{5}$$

ここに s_2 は副鏡の物点距離，L はバック焦点距離です。したがって m_2 は，副鏡の倍率と同義です。図のカセグレン式の場合は $m_2 < 0$ です。

2 枚鏡の収差係数は (ζ, ξ) を用いて次式で与えられます。

$$\sum S_{\mathrm{I}} = \left(\frac{y_1}{f'}\right)^4(-f'\zeta + L\xi) \tag{6}$$

35 非球面に関する興味ある文献 5　Schwarzschild の 2 枚鏡理論とその後の展開　655

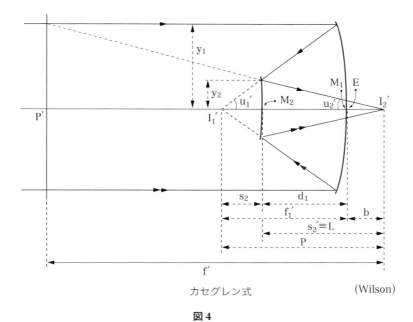

カセグレン式　　　　　　　　　　　　(Wilson)

図 4

$$\sum S_{\text{II}} = \left(\frac{y_1}{f'}\right)^4 \left[-d_1\xi - \frac{f'}{2} - \frac{s_{\text{pr1}}}{f'}(-f'\zeta + L\xi) \right] u_{\text{pr1}} \tag{7}$$

$$\sum S_{\text{III}} = \left(\frac{y_1}{f'}\right)^2 \left[\frac{f'}{L}(f' + d_1) + \frac{d_1^2}{L}\xi + s_{\text{pr1}}\left(1 + \frac{2d_1}{f'}\xi\right) \right.$$
$$\left. + \left(\frac{s_{\text{pr1}}}{f'}\right)^2 (-f'\zeta + L\xi) \right] u_{\text{pr1}}^2 \tag{8}$$

$$\sum S_{\text{IV}} = -\sum H^2 P_c^2 = H^2\left(\frac{1}{f_1'} - \frac{1}{f_2'}\right) = H^2\left[\left(\frac{m_2}{f'}\right) - \left(\frac{m_2+1}{L}\right)\right]$$
$$= H^2\left[\left(\frac{m_2}{f'}\right) - \left(\frac{m_2+1}{f'-m_2d_1}\right)\right] = H^2\left[\left(\frac{m_2}{f'}\right) - \left(\frac{m_2^2-1}{m_2P}\right)\right] \tag{9}$$

ここに，

$$L = f' - m_2 d_1 = f' R_A \tag{10}$$

$$f'_2 = \frac{L}{m_2+1} = P\left(\frac{m_2}{m_2^2-1}\right) \qquad (11)$$

です。その他ここに初めて現れる諸量は次の通りです。

$s_{\mathrm{pr}1}$：第1面（主鏡）から測った入射瞳までの距離，以下多くの場合 0

$u_{\mathrm{pr}1}$：主光線が光軸となす角度。$n = n'$ でかつ瞳の共役面が主平面の場合物空間と像空間で等しい

f'_1, f'_2：主鏡および副鏡の後側焦点距離

$$H = nu\eta = n'u'\eta' : \text{ラグランジュ不変量。} \qquad (12)$$

この節に出て来る諸量はいずれも近軸域で定義されたものです。(6)から(9)式を(2)式に代入するときには，(2)式において y_1 と η' をそれぞれ $y_{\mathrm{m}1}$ と η'_{m} で正規化した主旨に従って，y_1 と $\eta' = f'u_{\mathrm{pr}1}$ をそれぞれ $y'_{\mathrm{m}1}$ と η'_{m} に等しいと置いてやることになります。

☆ Schwarzschild の2枚鏡2例

Schwarzschild の2枚非球面反射鏡理論から導かれる最も重要な結論は，「どんな2枚鏡の配置であっても，非球面係数を適当に選ぶことによりアプラナート系，すなわち $S_\mathrm{I} = S_\mathrm{II} = 0$ を実現できる」というものでした。しかし彼が当初に狙ったのは，写真的な意味で明るく，しかも広画角であるために，像の鮮鋭さには関係しない歪曲収差を除く4つの収差をザイデル領域ですべて0にするアナスティグマートの配置を探すという野心的なものでした。しかしこの解が実用に向かないことが分かった後，実用アプラナートのひとつの解を提示しました。これは Schwarzschild の望遠鏡と呼ばれています。

(a) Schwarzschild のアナスティグマート2枚鏡

Schwarzschild は先ず $S_\mathrm{III} = S_\mathrm{VI} = 0$ の条件から f'_1, f'_2 および d_1 を計算して次式を得ました。

$$d_1 = -2f' \qquad (13)$$

$$f'_1 = \pm\sqrt{2}f' \tag{14}$$

このうち $f'_1 = -\sqrt{2}f'$ は最終像が虚像になるので除外し，実像が得られる解は
$$f'_1 = \sqrt{2}f', \quad d_1 = -2f' = -\sqrt{2}f'_1$$
となります．このとき $f' > 0$ ですから，主鏡は凸面鏡（$f'_1 = \sqrt{2}f'$），副鏡は凹面鏡（$f'_2 = f'$）です．次に2枚鏡系にとって非常に重要な遮蔽率

$$R_\mathrm{A} = \frac{y_2}{y_1} = \frac{L}{f'} = \frac{L}{m_2 f'_1} = 1 - \frac{d_1}{f'_1} = 1 - \frac{m_2 d_1}{f'} \tag{15}$$

を計算します．ふつうこの比 R_A の分だけ主鏡の中央部に穴をあけないとならないからです．**図1**の配置では $R_\mathrm{A} = 1 + \sqrt{2}$ が得られます．これは副鏡が主鏡よりも大きいという致命的欠陥を意味します．何故なら望遠鏡の集光力を決める主鏡よりも大きい副鏡を必要とするからです．

2つの反射鏡の非球面係数（＝円錐定数）は，主鏡が球面収差0の条件［(6)式＝0］から

$$b_{s1} = 3 + 2\sqrt{2} = 5.828 \tag{16}$$

また副鏡はコマ収差0の条件［(7)式＝0］から

$$b_{s2} = 3 - 2\sqrt{2} = 0.172 \tag{17}$$

が得られます．両方とも短軸を回転軸とする楕円面です．ここでは，4つの収差をすべて0にする実像解はここに挙げたのが唯一の解であることを強調しておきます．

しかし遮蔽率が1より大きいからといって，すべての光学応用が閉ざされたわけではありません．**図1**において物点と像点を交換したときに物体側開口数が大きくとれることから，この解に近いところで顕微鏡反射対物鏡の実用配置を設計することができます．**図5**はその1例です[*]．2枚の鏡面が同心で，かつ両面の頂点曲率半径の間にある条件を課することにより，ザイデル領域で球

---

[*] D. S. Grey and P. H. Lee: J. Opt. Soc. Am. **39** (1949), 719, 723 および D. S. Grey: ibid, **40** (1950), 283

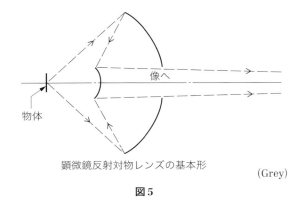

顕微鏡反射対物レンズの基本形　　　(Grey)

図5

面収差，コマ収差および非点収差を0とする2面非球面の解が得られます。

(b) Schwarzschildのアプラナート2枚鏡

しかし，ザイデル領域で完璧な実用解が得られなかったSchwarzschildは，「完全無収差系を考えることを止め，実現可能な配置の中から錯乱円が最も小さい光学系を探す」ことにします。彼は先ず主鏡の直径が副鏡よりも小さいという制約を調べ，その中で主鏡による星像が副鏡より手前に結ぶグレゴリー式は非点収差と像面弯曲が大きいとして斥けて，図2に示す準カセグレン式の中から解を探そうと考えました。ここに準をつけたのはふつうの古典的カセグレン式では副鏡が凸面鏡なのに対し，こちらは凹面鏡だからです。しかし，主鏡の実像をつくるグレゴリー式よりもカセグレン式に近いとしてこう名付けたのです。彼は更に開口の遮蔽率$R_A = 0.5$，口径比1：3（遮蔽効果を無視），かつ副鏡から写真乾板までの距離を$s_2' = -0.5$（ただし2枚鏡の合成焦点距離を1とする）としたときの計算値として表1を得ました。彼は鏡面間隔を変えたときの視野直径2°に対する近軸像面上の錯乱円（実は一般には楕円）が最も小さく（メリジオナル方向$-7''$，サジタル方向$+9''$）かつ円に近いとして鏡間距離が1.25を選び，これを実用上最も望ましいアプラナート2枚鏡であると結論しました。すなわち表1の第3列目の構成は後にシュバルツシルトの望遠鏡とか2枚鏡と呼ばれることになります（図2）。表2にWilsonがこのデータを再

35 非球面に関する興味ある文献5 Schwarzschild の2枚鏡理論とその後の展開

表1

d_1	0.75	1.0	1.25	1.50
$r_1 (=2f_1')$	3.0	4.0	5.0	6.0
$r_2 (=2f_2')$	3	2	1.67	1.5
b_1	-5.5	-9.0	-13.5	-19.0
b_2	$+47.0$	$+7.0$	$+1.97$	$+0.5$
メリジオナル非点収差の錯乱幅	$-25''$	$-16''$	$-7''$	$-2''$
サジタル非点収差の錯乱幅	$+1''$	$+5''$	$+9''$	$+12''$

Schwarzschild のアプラナート

(Schwarzschild)

表2

f'	=	$+1$
D_1	=	0.33333
口径比	=	f/3.0
f_1'	=	-2.5 (f/7.5)
d_1	=	-1.25
L	=	$+0.5$
R_A	=	$+0.5$
f_2'	=	$+0.83333$
b_{s1}	=	-13.5
b_{s2}	=	$+1.96297$
サジタル非点収差（視野 ±1°）	=	$-7''$
メリジオナル非点収差（視野 ±1°）	=	$+9''$

Schwarzschild のアプラナート

(Wilson)

計算し更に必要なデータを追加したリストを示します。反射系の符号の約束をいちいち説明するより，図と表を見比べて分かっていただけるほうが具体的だろうと考え，以下いくつかの例を2つを対にして示すことにしました。なお，錯乱円が完全な円より外れる上の値は，平均像面（メリジオナル像とサジタル像の中間点を結んだ曲面）が僅かに近軸像面から外れることを意味します。これが近軸像面と一致する解は，$r_1 = 4.47$，$r_2 = 1.60$，$R_A = 0.44$，$-s_2' = 0.44$ になります。

シュバルツシルトの2枚鏡は天体用には殆んど採用されませんでした。次に述べるリッチー・クレチアン式と比べ鏡間距離が長いことと，口径食が大きいことが主な理由とされています。しかしそれを残念に感じたWilsonは，その真の理由が1905年現在の感光材料の技術水準にあったとして次のように述べています。「この配置は当時の望遠鏡と比べて口径比が1：3という格段に明るいものだった。彼の配置は本質的にカセグレン式だった。口径比を大きくするには副鏡を凹面鏡にする必要があった。また半画角1.4°に対する錯乱円が現代の常識である12″よりも大きいことも確かだった。ここで我々は当時の写真乳剤が現在と比べ感度が低く解像力も低かったことを想起しなければならない。高口径比と副鏡を凹面鏡にすることにより光学系の全長（鏡面間距離）が合成焦点距離より不可避的に長くなってしまうのは止むを得ないことだった」。

☆リッチー・クレチアンの2枚鏡アプラナート

　ChrétienはRicheyの依頼について述べた前述の引用に続けて次のように書いています。「私は厳密な意味でアプラナートであるカセグレン式望遠鏡——カセグレン焦点の口径比1：6.25，副鏡による像倍率2.5，したがって主鏡の口径比1：2.5——を設計し，2つの鏡面のメリジオナル断面の形状を，6次の項までとった数値解を得た。その後になって私は同じ問題が1905年に「反射望遠鏡の理論」と題するSchwarzschildの注目すべき論文によって取り扱われていることを知った。彼はグレゴリー式配置について論じたがこれとカセグレン式との間に解析的にははっきりした違いはない（著者はSchwarzschildが凹の副鏡を例題にあげたのでグレゴリー式と言っていますが，この場合は主鏡による星の像を副鏡の虚物点としている点で本質的にはカセグレン式の一変形というべきです）。彼の解は私のものより，彼がメリジオナル断面の形を（4つの収差係数を含む）方程式で表現できたという点で勝っている。以下では問題の完全な解を彼のとは少し違う経路を辿って導くことにしたい」。

　Chrétienが描いた2枚鏡非球面の形状を**図6**に示します。彼は2回の反射で球面収差が0になる条件を

35 非球面に関する興味ある文献5　Schwarzschildの2枚鏡理論とその後の展開　661

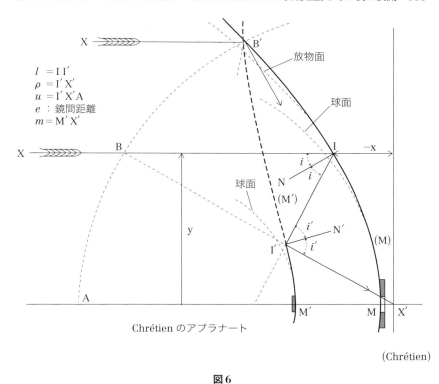

図6

$$-x + l + \rho = 2e \quad (\text{定数}) \tag{18}$$

とし，正弦条件を

$$\frac{y}{\sin u} = F = 1 \tag{19}$$

と置いて計算の出発点としました．焦点距離を $F=1$ に正規化した他，各変数の定義は図中に示してあります．

　彼は計算の結果を，$x = f(y)$ をテイラー展開する形にまとめて次式を得ました．

$$x = A + By^2 + Cy^4 + Dy^6 + Ey^8 + \cdots \tag{20}$$

$$A = m - e \qquad B = \frac{1-m}{4e}$$

$$C = -\frac{1}{8}\frac{m}{4e} \qquad D = -\frac{1}{96}\frac{1+4\rho}{e}\frac{m}{4e}$$

$$E = -\frac{1}{1536}\frac{2+11e+30e^2}{e^2}\frac{m}{4e}$$

副鏡についても同様の計算ができて次式が得られます．

$$x = m + \left(\frac{1-m}{e} - 1\right)\frac{y^2}{4m} + \left\{\frac{1}{4e} - \frac{1-m}{2e} + 2\frac{(1-m)^2}{4e^2}\right\}\frac{y^4}{8m^2} + \cdots \tag{21}$$

彼はRicheyが1910年に開始して5年がかりで光学系の製作にかかわることになる100インチ（2.5 m）カセグレン式反射望遠鏡の諸元を念頭においてそれをアプラナート化する計算を実行しました．まずその諸元を掲げます（**表3**）．このとき主鏡のメリジオナル断面の形状は次式で与えられます．

$$x = 0.04 + 0.625y^2 - 0.0358073y^4 - 0.022815y^6 \tag{22}$$

この式の第1項は鏡面から焦点までの距離，第2項はアプラナート化する前の放物面，3項と4項はアプラナート化にともなう補正項です．これがマイナス

表3

焦点距離	$F =$	$15^m.625$
主鏡口径	$D =$	$2^m.50$
副鏡口径	$d =$	$0^m.75$
総合口径比	$\Omega =$	$1:6.5$
鏡面間隔	$e =$	$4^m.286$
主鏡曲率半径（頂点）	$r =$	$12^m.50$
副鏡曲率半径（頂点）	$r' =$	$5^m.952$
主鏡から乾板までの距離	$m - e =$	$0^m.625$

Chrétienのアプラナート

(Wilson)

符号をもつことは中心から周辺へ向けて断面が放物面よりも平坦になること,すなわち放物面よりもほんの少しだけ双曲面に変わったことを表しています。このときの円錐定数は $b_{s1} = -1.03629$ です。

一方副鏡の方は古典カセグレンの場合の $b_{s2} = -5.44$ からアプラナート化したときは -7.60 になります。もともと大きかった球面からの隔りすなわち双曲面の度合いが5割弱増加するわけです。その分だけ加工は難しくなる筈です。

しかし,1910年からそれほど経たない時期に完成していたに違いないChrétienの解はその後も長い間実機の光学系には採用されませんでした。大戦後の1924年にRicheyは軽量ガラスブランクの研究のためにパリに滞在中,おそらくChrétienと接触があったのでしょう。彼は口径100インチ以上の巨大望遠鏡にはChrétienの設計によるこの方式(以下R-C式と略称)こそ最適だとの確信を得て1927年には口径50.5 cm,1:6.8の小型機を試作しました。これが最初のR-C式望遠鏡でした。

Richeyはその余勢を駆って口径1 mの実機の設計と製作に着手しました(1930)。合成焦点距離6.8 m,$m_2 = -1.7$,したがって主鏡の焦点距離4 m,口径比は主鏡1:4,合成で6.8という野心的仕様でした。Richeyがこのときの写真感光材料の性能から割り出した天体望遠鏡のあるべき姿だったのでしょう。口径比を大きくすることは同じ開口寸法に対する全長を短かくでき,しかも露光時間を短かくできることを意味します。しかし,製作が困難なことも明らかでした。何しろ,3年前の小型機を別にすれば,放物面鏡でない主鏡を製作する最初の試みでした。しかも主鏡の円錐定数は -1.46 でしたから,近軸球面の0はもとより,放物面の-1からの偏差も大きく,無限遠に対して球面収差が補正されている放物面と違い平面鏡を基準面に使うオートコリメーションによる面形状検査法が使えません。彼は近似曲率中心においた点光源の反射像を輪帯毎に測定するという「輪帯テスト」だけを使ってこの双曲面鏡を磨き上げたといわれています。凸の副鏡についても特有な困難を克服しなければならなかったでしょう。1934年に完成しUS海軍天文台に据付けられたこの望遠鏡は彼の天体望遠鏡製作者としての最後の作品で,当時の技術を集大成したも

のと言われました*。

　R-C式の泣きどころは像面の弯曲が大きいことです。先にSchwarzschildの2枚鏡のところで述べたように，非点収差ΣS_{III}と像面弯曲ΣS_{IV}の特性は光学系の近軸配置によってほぼ決まってしまいます。R-C式の場合は最良像面，すなわち点像が最小錯乱円になる点を結んでできる球面が副鏡で反射した光線束に対して凹になりますので，写真乾板を気密性のドラムの1面に取り付け，内部を減圧してその中央部に所定の曲率をもたせるなどの便法がとられました。しかし本格的な改善はアプラナートの条件を崩すことなく非点収差と像面弯曲を同時に0とする光学系をカセグレン焦点面の近くに付け加えることでしょう。この種のレンズを写野（または視野）補正レンズ（field corrector）といいます。

　R-C式がアプラナートであることに加え，鏡間距離が短かく明るい系が設計し易いという性質をもち，これらが巨大望遠鏡に最適であることは広く知られていました。しかしRicheyのR-C式望遠鏡が完成後30年もの間その後継機が製作されなかったのは，像面の弯曲が大きくて使いにくい（乾板を機械的にしかも設計値どおりに撓ませることを指します）ことと，主鏡の製作と検査が放物面と比べて難しい点にあったことは明らかです。前者が写野補正レンズの開発によって，また後者がnull（ナル；被検レンズの球面収差を相殺するの意）検査法**の導入によって大きく改善することになる1976年以降，急激に採用されることになったのは周知です。

　ここで，Richeyが設計・製作した口径1 mのR-C式の特徴を検証してみましょう。**表4**にWilsonが作った表にRicheyの仕様を加えたデータを書き加えました。ChrétienのR-C式と比べて，副鏡の円錐定数が大きく，像面弯曲が小さいことが目につきます。Richeyの設計による弯曲がChrétien設計例よりも際立って小さいことは，おそらくRicheyが意図して初めて実現したことを強く示唆していると思います。要するに彼は像面の平坦化による使い勝手の向上を優先し，その結果生じる副鏡の非球面度の増加は製作技術で抑え込もうと考えたのでしょう。

---

* 先に引用したWilsonの著書のp. 444
** 鶴田匡夫：第3・光の鉛筆, 新技術コミュニケーションズ（現アドコム・メディア），(1993), 30, p.365–378

[35]　非球面に関する興味ある文献 5　Schwarzschild の 2 枚鏡理論とその後の展開　665

表 4

	焦点距離 $f'(m)$	口径比（主鏡）	m_2	口径比（副鏡）	b_{s1}	b_{s2}	R_A (L/f')	像面曲率半径（錯乱円基準）(m)
Schwarzschild (1905)	1	1:75	−0.4	1:3	−13.5	1.97	0.50	(−0.1 f')
Chrétien (1922)	15.625	1:2.6	−2.5	1:6.5	−1.147	−7.605	0.314	2.01 (0.129 f')
Richey* (1930)	6.91	1:4.0	−1.7	1:6.8	−1.46	−23.14	0.40	1.78 (0.258 f')
現代 R-C	1	1:2.0	−4.0	1:8.0	−1.036	−3.160		

(Wilson / Tsuruta)

* K. Bahner, Teleskop in *Handbuch der Physik*, **29** Springer (1967), p266

ここで像面弯曲の求め方の概略を紹介したいと思います。ザイデル域の像面弯曲を波面収差の公式から求める手順を式で表したテキストは意外に少ないので，ここでは Welford : *Aberrations of Optical Systems*, Adam Hilger (1986), p.145–146 から引用します。これによれば(2)式による収差係数 ΣS_I, ΣS_II, … ΣS_V をそれぞれ加算記号 Σ なしの S_I, S_II, … S_V で表したとき，いくつかの像面弯曲の表現に対する像面の曲率（＝曲率半径の逆数）は次式で与えられます。

$$\text{メリジオナル像面（M）の曲率} = \frac{3S_\mathrm{III} + S_\mathrm{IV}}{H^2} \tag{23}$$

$$\text{サジタル像面（S）の曲率} = \frac{S_\mathrm{III} + S_\mathrm{IV}}{H^2} \tag{24}$$

$$\text{最小錯乱円（円形開口のとき）像面の曲率} = \frac{2S_\mathrm{III} + S_\mathrm{IV}}{H^2} \tag{25}$$

$$\text{ペッバール面（P）の曲率} = \frac{S_\mathrm{IV}}{H^2} \tag{26}$$

ここに H はラグランジュ不変量

$$u\eta = u'\eta' = \text{一定} \tag{27}$$

を表します（**図7**）。これは近軸域における共役面の間で成り立つ関係です。

(23)～(26)式による各像面弯曲を模式的に示したのが**図8**(a)です。言葉で表

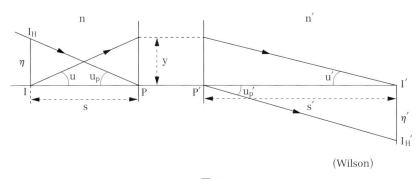

図7

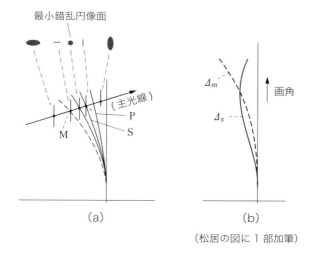

(松居の図に1部加筆)

図8

現すると,よく知られた「メリジオナル像面(M)とサジタル像面(S)は仮想の球面であるペッツバール面(P)に関して同じ側に存在し,かつそれから3:1の距離にある」ことになります。(b)は光線追跡の結果を模式的に描いたもので,(a)があくまでザイデル領域の近似によるもので,実際には画角が大きくなるにつれて球面からの偏差が大きくなることを示しています。

☆ Couderの2枚鏡

パリ天文台のA. Couder(1897〜1979)は1926年,Schwarzschildの完全解(**図1**)から像面弯曲の条件だけを外した,球面収差,コマ収差および非点収差をザイデル領域ですべて0にするアナスティグマートの解を見出しました[*]。非点収差S_{III}を0とする条件は既にSchwarzschildによって得られていて,これは次式で与えられます。

$$d_1 = -2f'$$

---

[*] C. R. Acad. Sci. Paris, **183** (1926), 1276

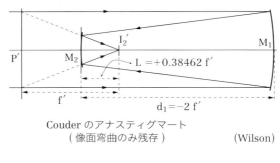

Couder のアナスティグマート
(像面弯曲のみ残存)　　　　　　(Wilson)

図 9

　この条件は鏡面間隔が合成焦点距離の 2 倍になること，すなわち望遠鏡の長さが主鏡の焦点距離の 2 倍を越えることを意味します．

　残存する像面弯曲の補正について彼は次のように述べます．「像面は弯曲している．その補正にはゆるやかな凸面上に感光材料を塗付した乾板を使えばいい．ふつうの平面乾板を使いたければ，弯曲を補正する装置が必要である．最も単純なものは屈折率が n で屈折力が nP のレンズを乾板の直前に置いてやればいい．ここに P は像面の曲率である．このレンズは薄く屈折力の弱い単レンズなので新たに収差を発生することはない．光線追跡の結果，画角の直径 3° における星像の拡がりは 0.7″ だった．これは大気のゆらぎの影響より小さい」．

　Couder の光学系を**図 9** に，その設計値を**表 5** に示します．系全体の口径比を Schwarzschild のアプラナートと同じ 1：3 としたときのものです．

　Wilson は Couder の望遠鏡がその優秀な光学性能にもかかわらず滅多に実用になっていないのを残念だとして大要次のように述べています．「これが使われない理由に鏡筒が長い（少くとも鏡面間隔 $2f'$）ことと，感光面を天空に向かって配置するために遮光に弱い点があげられる．しかし長いとはいってもシュミットカメラの対物球面鏡と補正板の距離と同じである．3 つの収差が補正されている点でも両者は共通している．シュミットカメラは主鏡が球面鏡だ

表5

f'	=	$+1$
D_1	=	0.33333 (f/3.0)
d_1	=	-2
f_1'	=	-3.25 (f/9.75)
m_2	=	-0.30769
L	=	$+0.38462$
R_A	=	$+0.38462$
D_2	=	0.1633 (for field $\pm1.5°$)
f_2'	=	$+0.55556$
b_{s1}	=	-14.20358
b_{s2}	=	-0.55417

Couderのアナスティグマート

(Wilson)

し像面弯曲はCouderの半分以下である。しかも感光面が天空と反対の向きなので遮光に強いという利点をもっている。しかし補正板は色消しで大口径（主鏡とほぼ同じ口径）なのに比べて，Couderのほうは副鏡は小型で球面に近い凹面楕円鏡である。クーダー式は殆んど使われていないとはいえ，理論的には重要な極限的な解である」。また，山下はもっと具体的に「2面の凹面鏡だけでアナスティグマートの条件が満足されているのだから，将来の大口径広写野カメラへの活用が期待される」，と述べています。

36 Laurent Cassegrain と
カセグレン式反射望遠鏡

Laurent Cassegrain（1629～1693）：Chaudon 教会主任司祭。世界で最も使われている望遠鏡の発明者
―― 旧 Chaudon カトリック教会前の立看板 ――

　カセグレン式反射望遠鏡と，それをアプラナート化したリッチー・クレチアン式望遠鏡は，天体観測の分野でいま最も広く使われている，主鏡が凹面で副鏡が凸面の光学配置です．発明者が Cassegrain というファミリーネームをもつフランス人であることはよく知られていますが，クリスチャンネームや生没年となると，最近までそのどれもがはっきりしない存在でした．

　彼が自分の手で書いた原稿は発見されず，論文発表の仲介者による僅か 23 行の不完全な要約と 1 枚の外観スケッチだけが現在残っている技術資料の全てです．しかしその発表の時期がケンブリッジ大学の当年 30 歳の少壮教授 I. Newton（1642～1727）のニュートン式反射望遠鏡の公開とほぼ重なったという事情があって，発明の先取権と技術内容に関する Newton と Huygens による反論があり話題を呼びました．何しろこの 2 人の大物がからんだため，無名で，しかも反論も弁明もしなかった Cassegrain の名前が皮肉にも生き続けて現代に到ったという側面もあったようです．

　フランスの天文学者 A. Baranne（マルセイユ天文台）と F. Launay（パリ天文台）の 2 人は 1997 年に共著論文：Cassegrain: un célèbre inconnu de l'astronomie instrumentale, J. Optique, **28** (1997), 158–172 を発表しました．表題は「天文機械分野の知られざる有名人」というほどの意味です．彼らは長期にわたり科学・技術文献や教会の記録を調査した結果，彼がカトリック

の司祭で，当時 Chartres 地区の唯一の中等教育機関だった Collège Pocquet de Chartres の教授 Laurent Cassegrain (1629～1693) だったことを突き止めました．彼らはこの調査の詳細だけでなく，Cassegrain の発明を歴史的に正しく位置づけるために当時の資料を整理し，時系列的に分かり易く解説していますので，以下に彼らの論文と参照文献を突き合わせてその大筋を紹介しようと思います．なお，Chartres はその名を冠して呼ばれるシャルトルの大聖堂で知られています．1979 年にユネスコの世界遺産に登録されました．

☆ニュートン式とカセグレン式望遠鏡

フランスの学界がニュートン式望遠鏡の発明を知ったのは C. Huygens がその外観図（図1）入りの手紙を Journal des Sçavans の編集長 Gallois に送り，それが Memoires et conferences pour les arts et les sciencés 誌の 1672 年 2 月（29 日）号に掲載された時でした*．これは Newton 自身が書いた論文** が Phil. Trans. の 3 月（25 日）号に掲載されるよりも 1 ヶ月早かったそうです．

実は Newton が彼の望遠鏡を王立協会で披露した際，事務局長の H. Oldenbourg は，この発明をヨーロッパに周知させるために，すでに大学者の令名が高かった 43 歳のオランダ人会員 C. Huygens (1629～95) に資料を送り，これを受け取った Huygens が早速自分の意見を添えてフランスの科学アカデミーに投稿し，こちらが先に発行されたというわけです．彼は当時パリを主な活動の場としており，勿論フランス科学アカデミーの会員でした．

この記事を見てびっくりしたのは，de Bercé でした．彼は科学アカデミーの委嘱をうけて，パリの西に隣接する Chartres 地区の学術活動を本部に報告する任にありました．支部長ないしは論文の査読者だったのでしょう．彼は上の記事と同じテーマの論文を地元の Cassegrain から 3 ヶ月ほど前に受け取ったけれど，それを没にしてしまったことを思い出したからです．彼は早速最近の郵便物の中から彼の「遠方から話すのに使うメガホンの構造」という手紙を見

---

* この雑誌は 1672～4 年の間，J. Sçavans の代わりに発行されたものらしく，現在入手が困難です．私はこの論文を Huygens の全集から見付けました．*Oeuvres complètes de Christiaan Huygens*, tome 7 (1897) p.134–136

** **7** (1672), 4006

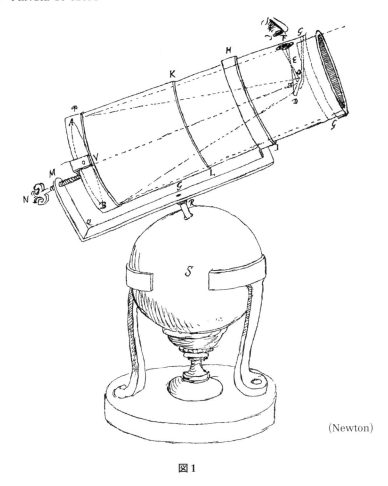

(Newton)

図1

付け,一方望遠鏡に関しては手紙の現物が見付からなかったのか記憶に頼って短い文章にまとめて, J. Sçavans に投稿しました。表題は Chartres 県の de Bercé から編集長宛の手紙の要約 (extrait, 編集者が要約したものではありません。手紙の本文から「拝啓」と「敬具」を除いただけだと思います。現代の letter to the editor (寄書) と同じものです) となっています。2月号に掲載された Morland の遠方から話すためのトランペット (メガホンの意) に関するものと, 3月号に掲載された Huygens による Newton の新しい望遠鏡に関

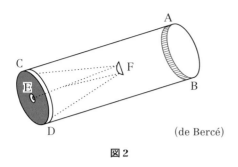

図2 (de Bercé)

するもの，の2つがテーマです。ここではメガホンの記述を省略し，後にカセグレン式と呼ばれることになる新しい望遠鏡の説明文を翻訳します*。

「**図2**のABCDは頑丈なパイプで，その底部に中央部をくり抜いた穴Eをもつ大きい凹面鏡CDを取り付ける。Fは凸面鏡で，その凸面性を利用して反射鏡CDから受け取った物体からの光をEに向かわせ，そこに置いた接眼レンズを通して星を観察する。

私はこの装置がNewtonのものより勝れている点を3つ挙げることができる。1. パイプの開口ABをいくらでも大きくでき，その結果Newtonの記述に従うよりも凹面鏡上に多くの光を受け取らせることができる。2.（Newtonの配置では平面鏡が光を45°傾けて受けるが）この方法では垂直に受けるので反射光はもとの色と同じで鮮明に見える。3. この方法ではパイプの底から空を見上げるので，まわりの明るい光に順応する必要がない。そのため目に快い観察ができる」。

この光学と望遠鏡に対する正確な知識に欠け，本質的利点を見落とした，稚拙で見当外れの文章が，NewtonとHuygensの激しい反論の出発点になってしまいます。BaranneとLaunayは何とまあ取り返しのつかないことをやってくれたかの思いを込めて次のように書いています。「何故彼は（今は失われてしまった）Cassegrainの原論文をそのまま投稿しなかったのだろうか？　何故Cassegrainに相談しなかったのだろうか？　彼はこの手紙の中で，自分がカセグレン式配置の利点だと思い込んでいたことを定性的に述べただけだと考えたのであろう。**図2**がCassegrainではなく彼の手によるものだったことも明らかである。しかし，彼の軽薄な調子と説得力に欠けた論旨とが科学への道に進もうとする極めて有能な人材の前途を台なしにしてしまったことにde

---

* 前掲誌の4月（15日）号 p.70–71．私は前掲のBaranne/Launay論文中に引用された論文の不鮮明なコピーを判読して翻訳しました。

Bercéは全く気が付かなかったのだ」。実際，この文章と図からはCassegrainが具体的に何を考え，何をやろうとしたかがほとんど伝わって来ません。しかし，この文章がNewtonとHuygensの非難の標的になるのです。

☆ Newtonの反論[*]

イギリスではPhilosophical Transactionsが，Newtonの反論をその前段に彼自身によるde Bercéの英訳文を載せた上で掲載しました。

Newtonは先ず，Cassegrainの反射望遠鏡が1663年に出版されたGregoryの著書 *Optica Promota* のp.94に述べられた「対物鏡の中央に穴をあけ，それを通して背後の接眼レンズに光を送り込む配置」と同じであると断じ，彼の発明はそもそもこの配置が持つ欠点を避けるために行われたと述べてカセグレン式もグレゴリー式と大同小異だとしてその新規性を否定します。

次にCassegrain式の欠点を7項目に分けて指摘します。「1. スペキュラム製反射鏡の反射損失は垂直入射に近い小凸面鏡のほうが45°入射の平面鏡よりも大きい。どんな物質で作った鏡であっても斜め入射光のほうが垂直入射光よりも光をよく反射するからである。2. 凸面鏡は平面鏡とは異なり，双曲面を除いて一般的に言って光線を正しく1点に集めることができない。また双曲面は平面より製作するのが難しい。しかも双曲面としてこれが可能なのは光軸上の1組の点に限られる（正しい指摘です。しかしCassegrain自身がこの事実を知っていたかどうかは分かりません）。3. 凸レンズに製作誤差があると，そこから接眼レンズまでの距離が大きい程像に悪い影響を与える（錯乱円が大きくなる）。この理由から，私は対物レンズの口径を必要以上に大きくせず，その結果平面鏡と接眼レンズの距離をできるだけ小さくするようにした。こうすれば平面鏡による入射光の遮断面積も小さくすることができる。4. 対物鏡に製作誤差があると，そこから反射した光が第2鏡に入射する位置が正しい位置から変位する。凸面鏡では法線の方向がその位置によって異なるので，これからの反射光線の正しい方向からの偏向が平面鏡の場合よりも大きくなって像の劣化を大きくする。5. これらの理由から，小型の凸面鏡の加工形状には極めて高い精度

---

[*] 83 (1672), 4055-9

が要求されるが，小さい金属鏡のほうがほどほどの大きさのものより加工が難しいことを，私は経験からよく知っている．6. 主鏡の凹面鏡周辺部の製作誤差による球面性からの逸脱は凸面鏡によって大きく拡大されるので，開口を大きくすることの利点が他の光学配置の場合のように自明であるとは言えない．7. 凸面鏡を小さくすると望遠鏡としての合成倍率が上がる．この性質は平面鏡にはない．倍率を対物鏡の口径に対する比で表して適正な値を越えて大きくすると，像はぼけかつ暗くなる（いわゆるバカ拡大の意です）．これに対する効果的療法はない．凸面鏡を大きくすれば入射光の遮蔽率は増大する．また，接眼レンズの焦点距離を大きくすれば視野が小さくなって非常に使い勝手が悪くなる」．

以上の指摘は反射望遠鏡を実際に製作し使用した経験に基づいていて概ね正しいと思います．彼はその上で de Bercé が挙げた3つの利点をすべて欠点だとする次の文章に続けます．「(開口中央部の遮蔽を小さく，また総合倍率を小さくする必要から) 彼の設計によれば望遠鏡の口径は小さく，ものは暗くまたぼけて見える．反射が光軸上で行われるからものが自然に見えるという主張は理解できない．目が外部の迷光から遮断されるのは筒の底から見たのと側面から見たのとで違いはない」．この中で第1の指摘は設計上からも歴史の示すところからも明らかに誤りです．おそらく彼は対物鏡の周辺部を反射した光がその製作誤差のために像を劣化させることを知り，その除去のために射出瞳を絞って使った経験から，光軸に近いところを通った，彼の表現によれば「best rays」を有効に使うために遮蔽を極力小さくできるニュートン式を採用した点にこだわり過ぎて上の結論を導いてしまったのでしょう．

最後に彼は，Cassegrain だけでなく間接的には Gregory も含めた先行設計に対して次のように批判します．「Cassegrain の設計には利点はひとつもない．一方欠点は大きくしかも避け難いので，おそらく実用にはなるまい．この事情はグレゴリー式にもほぼ当てはまる．一般に反射光学系には手掛けてみて初めて分かる困難があって，そのため今まで試みた人たちがいい結果を残せなかったのだと私は考える．聞くところによれば，ロンドンの Gregory 氏も，彼が著書の中で示した全長6フィートの設計配置を数年前から熟練した職人 Reive

氏に試作させているが未だ成功していない。このようなわけで，Cassegrain 氏は彼の設計を公表する前にまず試作するべきだったのだ。しかし，若し彼が試作に成功したとしても，このような仕事は実用になって初めて意義があることを知るべきなのだ」。30 歳にしてこの自信とカリスマ的迫力には圧倒されます。しかし論点が実験的側面に重点を置き過ぎて大局を見ず，そのため明快さに欠けるように見えます。

☆ Huygens の反論 *

　Huygens の反論は Newton と比べて遥かに客観的かつ説得的です。彼はまず Gregory の著書からグレゴリー式の図 (**図 3**)** をコピーして掲げ，カセグレン式は原理的に新しいものではないと断じ次のように書きます。
「筒 ABDE の底部に中央部 MN に穴をあけた円錐断面をもつ大凹面鏡 AE が置かれている。同じく円錐断面をもつ小反射鏡 C が反射鏡 AE の焦点に向けて，反射光線が軸 CF 上に結ぶように置かれている。開口 MN から筒 MLLN が突き出してその端 LL には観察用の接眼レンズが取り付けてある」。グレゴリー式の副鏡は凹の楕円鏡，カセグレン式は凸の双曲面鏡ですし，前者は主鏡による星の実像，後者は虚像を接眼レンズの焦点に向かわせるという違いがありますが，上のように書けば両方とも全く同じ原理で動作することになってしまいます (**図 4**)。「ものは言いよう」というわけです。

　次いで彼は両者の違いを 2 つ挙げています。ひとつは Cassegrain の報告に

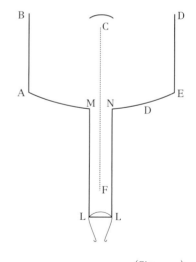

(Simpson)

図 3

---
* 前掲の全集 tome 7, p.189–191, J. Sçavans, 1672 年 6 月 13 日号に掲載された。
** Huygens が掲げた図は Gregory の原本のものとは異なるようです。**図 3** は *Optica Promota* 中の図版からコピーしたものです。Simpson: J. History of Astronomy, **23** (1992), 77–92

36 Laurent Cassegrain とカセグレン式反射望遠鏡

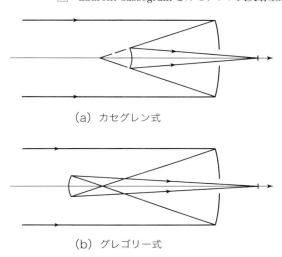

(a) カセグレン式

(b) グレゴリー式

図 4

は 2 つの反射鏡が共に円錐曲面であるとの記述がないが Gregory のには正確な説明があること，もうひとつは，カセグレン式では接眼レンズが主鏡の穴位置にあるのに対し，グレゴリー式ではその後方にあるという点です。第 1 点は Cassegrain はおそらく知っていたが，de Bercé が書かなかっただけであり，第 2 点は本質的な違いではないでしょう。

Huygens が次に取り上げるのは，de Bercé が掲げたニュートン式に対する先に挙げた 3 つの利点です。彼の明快な文章を翻訳しましょう。「この望遠鏡を実際に使ってみれば彼の議論の誤りが分かる筈である。主鏡の口径をいくらでも大きくできるのはその形が放物面である限り，カセグレン式もニュートン式も全く同じである。（金属鏡による反射が）垂直入射光のほうが斜め入射の場合より鮮やかな色調を見せるというのは正しくない。垂直入射にせよ斜め入射にせよ，反射光が自然（もとの通り）に見えるのであり，それが異なるというのは根拠がないのだ。**図 3** において目を開口 MN に置くと周囲の明るさに悩まされないどころか，すなわち快適にものが見えるどころか，実際には開口 BD に入って来る光によってくらくらするほどにまぶしく感じ，全くものが見えない筈だ。それを克服するために Gregory は熟慮の末に，筒 MLLN を設け

て迷光を完全に除去したのだ」。最後の文章が大袈裟なのはおそらく地上の物体を逆光下で観察する場合を想定してのことでしょうが，原理的には天体観測にもほぼそのままあてはまるでしょう。

　Huygensの反論は現代にも通用する完璧なものです。主鏡大口径化の問題がその支持方法によるのではなく，放物面をいかにして高い精度で作れるかにあるという指摘は，反射望遠鏡の主鏡を放物面ではなく球面で近似できる配置を前提にしていた時代に，その将来を見据えたHuygensの先見性を示しています。また迷光に関する指摘はグレゴリー式とカセグレン式に共通して，接眼レンズが直接天空に向けられる配置では，視野の外側の光が鏡筒の内部に入って散乱や反射を起こして視野の内部に侵入して背景を明るくしたりゴーストを生じることを突いています。図3では遮光筒MLLNが迷光を遮断するために取り付けられていますが，カセグレン式ではこれが図5*のような遮光筒に変わるはずです。これは最も単純なケースですが，図に示す諸データから筒の長さgを計算することができます。逆光下でものを見るとき，手のひらをかざしたり，筒を介して太陽から直接目に入る光をカットするのと同じ理屈です。ニュートン式では接眼レンズが望遠鏡の光軸に直交して置かれますので，この種の迷光は大きく軽減します。de Bercéは事実とは全く逆の主張をしたことになります。

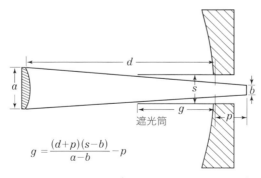

$$g = \frac{(d+p)(s-b)}{a-b} - p$$

（スカイ＆テレスコープ天文選集）

図5

---

* 例えば，スカイ＆テレスコープ天文選集4，天体望遠鏡，(1976)，p.63

Huygensはこの反論論文の最後に，「Gregoryの凹面鏡やCassegrainの凸面鏡をNewtonの場合のように平面鏡に代えれば，製作も位置合わせも遥かに易しくなるが，Gregoryがそれをしなかったのは，このとき副鏡の口径が主鏡のそれの半分近くになるので，入射する光の3/4しか使えない。これが彼がこの配置を使わなかった理由であろう」と書いています。

☆ Cassegrainの沈黙

　de Bercéの寄書には，Cassegrain自身が発明の技術面の説明や先取権の主張に直接かかわっているふしは見当たりません。しかし，NewtonとHuygensの反論が公開された段階で彼自身が弁明したり反論する機会はあった筈ですが，彼はそれをせず，また第三者が論争に加わることもありませんでした。結局2人の権威の前にとどめを刺された格好です。確かにde Bercéが挙げた3つの利点がことごとく論破され否定されたわけですから致し方なかったとも言えますが，Cassegrainには代理人を通してではなく自分の言葉で直接弁明したり，試作その他を通じて研究を続行することもできたであろうに，残念に思う人が少なからずいたと思います。DanjonとCouderは前項で引用した著書の中で，「可哀相なCassegrainは打ちひしがれて反論せず，誰も彼が自から話すのを聞くことがなかった。しかし彼の名は2人の著名人の誹謗・中傷にもかかわらず忘却を免れている。彼の副鏡は今やほとんど全ての大望遠鏡に使われているからだ（1935）」と述べています。その最大の理由は，de Bercéはもとより2人の反論者とも指摘していませんが，望遠鏡の大口径化と口径比の増大にともない，鏡筒を短かくできるという特徴（いわゆるテレフォト効果）が活用されたからでしょう。この傾向は，カセグレン式を母体とするリッチー・クレチアン式の隆盛によって現代に引き継がれています。

　一方，ニュートン式，グレゴリー式およびカセグレン式の収差上の得失については，前項で取り上げたRicheyの推測も含めて昔からさまざまな議論が行われて来たらしいのですが，現代では少なくとも3次収差の範囲で残存するコマ収差には差がないことが証明されています。後述します。

☆ Baranne と Launay の調査

　Baranne と Launay は Cassegrain が勤務していた Chartres 地区唯一の中等学校（Collège Pocquet de Chartres）に残された文書と，Chartres 図書館に残されていた古文書，更には教会の記録を丹念に比較照合した結果，Cassegrain のクリスチャンネームが Laurant で生没年は 1629 年と 1693 年であることを明らかにしました。また調査の副産物として，彼の研究を紹介した de Bercé の資料もあわせて明らかにしました。彼らが辿りついた決定的文書の一部を紹介します[*]。彼らの論文には手書きの文書のコピーとその一部を活字にした文章が掲載されています。

　「Claude Estienne，聖職者・哲学者（近代の名称である科学者は当時哲学者とか自然哲学者と呼ばれていました）。彼は Chartres の生まれで，de Bercé 小修道院院長。1677 年にシャルトル大聖堂の司教座聖堂参事会員に選出された。80 歳を超える長寿を全うした。

　彼は J. Sçavans の投稿者の定連だったが，種々の気象光学現象など場所と日時と投稿者名が記載される必要がある場合を除き本名の C. Estienne で署名することはなかった。彼はおそらく数学や天文学に関して沢山投稿していた筈だが，名前が知られるのを嫌って筆名を使っていたものと思われる（その少なくともひとつが de Bercé だったというわけです）」。

　アルファベット順でこれに続く記述が Cassegrain でした。

　「N. Cassegrain，司祭かつ Collège de Chartres 教授。J. Sçavans への投稿者」とあり，これに続けて，時間的には逆なのですが，de Bercé の寄書に対する，Huygens の反論を要約しています。すなわち Gregory を発明者としてカセグレン式の新規性を否定し，更に de Bercé が挙げた Newton 式に対する 3 つの利点を根拠がないとして退けるわけです。この段落に続けて de Bercé の寄書の内容を述べ，更にメガホンの設計に関してはその正しさが認められるようになった経緯を述べています。しかし，望遠鏡に対するそれ以降の言及は全くありません。おそらく世間は，Cassegrain が Huygens に対して全く反論しな

---

[*] 出典は Baranne と Launay の論文参照

かったのは，彼が de Bercé を介して行った主張を撤回したと受け取ったのでしょう．要するにこの資料の作成者は，同時代が Huygens の指摘を正しいとして受け入れてしまったことを認める書きぶりです．

しかし，Baranne らは，ここに示されたファーストネームの略字 N が実は L であり，発明者が Chartres のカトリック司祭で地元の中等学校教授の Laurent Cassegrain だったことが学校の資料と照合してほぼ明らかになったとして自からの調査に満足するのです．

さて教会の資料によると，Cassegrain は 1685 年に母を伴って Chartres の北 30 km にある小さい町 Chaudon に主任司祭として赴任し，そこで死去しました．Baranne らは一連の調査を終えた段階で 2 つの疑問を書き残しています．その 1 は Cassegrain が Chartres の知識人でしかも当地の最高学府の教授だったのに，Chartres で昇進せず，左遷の形で Chaudon に赴任したこと，その 2 は，Huygens が C. Estienne と交友関係にあり会ったこともあるのにあのような激しい非難を浴びせたのは，報告者 de Bercé が実は Estienne の筆名だということを知らなかったせいではないかという疑問です．後者について，Baranne らは別のところで「Huygens の非難がそれほどに下品 (vulgairement) な調子で Cassegrain にとどめを刺した (mise à mort)」と書いていることからも頷けるように感じられます．

単レンズを使った極端に長い屈折望遠鏡が主流だった時代では，グレゴリー式も，鏡筒長をそれより副鏡焦点距離の 2 倍分だけ短くできるカセグレン式も，鏡筒長を飛躍的に短くできるという点で甲乙つけ難かったでしょう．しかし，現代の巨大反射望遠鏡の時代ではその差は大きく，カセグレン式をアプラナート化したリッチー・クレチアン式が巨大望遠鏡の主流になっているのは周知です．また，カセグレンの名を冠した「カセグレン焦点」が主鏡のすぐ後ろにある観測位置を呼ぶ普通名詞になっていることも事実です．300 年後に復権を果たした Cassegrain の伝記に，少なくともそのファーストネームと生没年を加えた Baranne と Launay の功績は大きいと思います．しかし，彼が自から設計したカセグレン式望遠鏡の正確な光学配置や 2 つの反射面の非球面形状についての知識がどんなものだったかは未だ不明のままです．

☆ニュートン式,グレゴリー式およびカセグレン式の比較

　これら3つの光学配置は,いずれも光軸上で無収差(球面収差0)だがコマ収差の補正が全くなされていない点で共通しています。残存収差の観点から3者を比較する試みは,前項で紹介したRicheyの疑問も含め,昔から諸説が生まれては消えていったようです。

　その中でも広く知られているのが,3つの方式が発明されてから凡そ100年後に発表されたロンドンの光学・精密器械製造業者 G. Ramsden (1735〜1800) の見解[*]です。彼は恒星の位置や惑星の寸法などを精密に測定する2重像式の天体用マイクロメーターを発明しました。これはカセグレン式反射望遠鏡の副鏡をその中心を通る2つに分割し,光軸と直交する軸のまわりにその一方を僅かに回転する機構を持ち,原理的には 27 で紹介したヘリオメーター[**]と似た動作原理の天文器械です。このマイクロメーターは製品にはなりませんでしたが,論文の中でグレゴリー式ではなくカセグレン式を採用した理由を,球面反射鏡を2つ向かい合わせた配置において定性的に成り立つとする経験則から説明しました。

　2つの方式とも主鏡は凹面の回転放物面ですが,副鏡はグレゴリー式では長軸を回転軸とする凹面の楕円面,カセグレン式が凸面回転双曲面で,このとき光軸上でいずれの場合も収差が0になることは,発明された時点で既に知られていました。厳密にはグレゴリー式では発明者本人によって,カセグレン式ではNewtonによって指摘されていたのです。しかしRamsdenはこの数学的事実よりも彼の経験を優先させて次のように述べています。

　「グレゴリー式の配置では,2つの反射鏡とも凹面なので第2の像のもつ収差は2つの鏡面によるそれぞれの(球面)収差の和になる。しかしカセグレン式では一方が凸面他方が凹面なので第2の像の収差はふたつの鏡面によるそれぞれの収差の差になる。ふつう一般の反射望遠鏡では主鏡と副鏡の焦点距離の比は凡そ4:1なので,カセグレン式の収差はグレゴリー式の凡そ3/5になる」。

---

[*] Phil. Trans. Roy. Soc., **69** (1779), 419–431
[**] 本書 27, p.479

おそらく当時は，非球面とその近似球面の区別がつけられないほどに製作精度が低かったため，上の3つの望遠鏡とも初めから球面近似で設計・製作されていたのでしょう。そこで彼は厳密な理論は数学者に任せておけばいいと考え，実用上の収差の目安を球面系に関して知られている半定量的な経験則に置こうとしたのでしょう。しかし光学技術が精密科学に発展し，加工精度が向上して表面形状がほぼ設計通りに仕上がるようになったとき，彼の議論がその意味を失うことは明らかです。この経験則が実際には球面系に対しても厳密には成立しないことは後述します。

それにもかかわらず，Ramsdenの「理論」が現代でも一人歩きしている事実があり，例えば定評ある科学者伝記事典[*]のCassegrainの項には次の記述が見出されます。「Cassegrain設計の正しい利点，すなわち2つの鏡による球面収差が部分的に打ち消し合うというその利点が100年後にRamsdenによって明らかにされるに及び，大口径反射望遠鏡においてカセグレン焦点が広く使われるようになった」。

BaranneとLaunayはこの文章について，「何とも滑稽なことに，今日でもこの主張は辞書や著名な略伝事典中に見出される。光学について詳しくなく歴史的背景に疎い読者は当惑せざるを得ないだろう」と皮肉っています。しかし，その正しい議論が行われるようになり，上の3つの方式がコマ収差の許容条件という視点から比較され，厳密に同等であるとの結論が得られたのは，Schwarzschildによる2鏡面アプラナート理論（1905）以降のことでした。以下にその計算の概要を紹介します。

☆3方式の収差比較

天体望遠鏡の視野の大きさを決めるのはザイデル領域の残存コマ収差です。ここではWilsonのテキスト[**]に従ってまず各方式による収差係数を計算します。前項の諸記号を踏襲して使います。

---

[*] *Dictionary of Scientific Biography*, ed. C. C. Gillispie (1970)
[**] R. N. Wilson: *Reflecting Telescope* I, 2nd ed., 第3章

(a) ニュートン式—放物面鏡主焦点—

一枚円錐鏡の収差係数は次式で与えられます。

$$(S_\mathrm{I})_1 = \left(\frac{y_1}{f'_1}\right)^4 \frac{f'_1}{4}(1+b_{\mathrm{s}1}) \tag{1}$$

$$(S_\mathrm{II})_1 = -\left(\frac{y_1}{f'_1}\right)^3 \frac{1}{4}[2f'_1 - s_\mathrm{pri}(1+b_{\mathrm{s}1})]u_\mathrm{pri} \tag{2}$$

$$(S_\mathrm{III})_1 = -\left(\frac{y_1}{f'_1}\right)^2 \frac{1}{4f'_1}[4f'_1(f'_1 - s_\mathrm{pri}) + s_\mathrm{pri}^2(1+b_{\mathrm{s}1})] \times u_\mathrm{pri}^2 \tag{3}$$

$$(S_\mathrm{IV})_1 = +H^2\left(\frac{1}{f'_1}\right) \tag{4}$$

ここに f'_1 は凹面鏡の焦点距離で,2枚鏡の合成焦点距離 f' に対応します。主焦点位置だけでなく,Newton焦点や副鏡に平面鏡を使う場合も,平面反射は収差を生じないので上式を適用できます。

軸上で無収差の条件から(1)式より $b_{\mathrm{s}1} = -1$ が得られます。これより(2)式の括弧内第2項が0になるので,コマ収差は開口絞りの位置とは無関係になり次式が得られます。

$$(S_\mathrm{II})_{1 \atop \mathrm{parab}} = -\left(\frac{y_1}{f'_1}\right)^3 \frac{f'_1}{2} u_\mathrm{pri} \tag{5}$$

非点収差は(3)式の括弧内第2項が消えるため

$$(S_\mathrm{III})_{1 \atop \mathrm{parab}} = -\left(\frac{y_1}{f'_1}\right)^2 (f'_1 - s_\mathrm{pri})u_\mathrm{pri}^2 \tag{6}$$

が得られます。開口絞りが主鏡上にあるとき上式は簡単になって,

$$(S_\mathrm{III})_{1 \atop \mathrm{parab}} = \left(\frac{y_1}{f'_1}\right)^2 f'_1 u_\mathrm{pri}^2 \tag{7}$$

が得られます。3つの方式に共通して,斜入射光に対する集光力を高く維持するために開口絞りを主鏡開口上に置く,すなわち $s_\mathrm{pri} = 0$ とするのが普通のようです。

収差係数 $S_\mathrm{I} \sim S_\mathrm{IV}$ を $y_1 = +1$, $f'_1 = -1$, $u_\mathrm{pri} = +1$ で正規化すると $(S_\mathrm{I})_1 = 0$, $(S_\mathrm{II})_1 = -0.5$, $(S_\mathrm{III})_1 = +1.0$ が得られます。

(b) カセグレン式とグレゴリー式

コマを補正しない古典的方式では，Cassegrain 式と Gregory 式は共に主鏡が放物面です $(b_{1s}=-1)$。これを副鏡と組み合わせ，全体としても球面収差が 0 になるように副鏡の円錐係数 $(b_{s2})_{c1}$ を決めることになります。混み入った計算が必要ですが，$(b_{s2})_{c1}$ は次式で与えられます。

$$(b_{s2})_{c1} = -\left(\frac{m_2-1}{m_2+1}\right)^2 \tag{8}$$

ここに m_2 は前項の(5)式で与えられるもので，主焦点に対する副焦点の像倍率すなわち副鏡による像倍率を表します。カセグレン式で $m_2<0$，グレゴリー式で $m_2>0$ です。なお，前項で取り上げたアプラナート系では $(b_{s2})_{\text{aplan}}$ は次式で与えられます。

$$(b_{s2})_{\text{aplan}} = -\left[\left(\frac{m_2-1}{m_2+1}\right)^2 + \frac{2f'}{d_1(m_2+1)^2}\right] \tag{9}$$

ここに f' は合成焦点距離，d_1 は鏡面間隔です。(8)と(9)式より次式が得られます。

$$(b_{2s})_{\text{aplan}} = (b_{2s})_{c1} - \frac{2f'}{d_1(m_2+1)^2} \tag{10}$$

$(b_{2s})_{c1}$ は常にマイナスで，しかも右辺第2項もまたカセグレン式とグレゴリー式に共通してマイナスなので，アプラナートの副鏡の方が古典型よりも常に円錐係数が大きいことが分かります。

さて具体的光学配置を決めるには主焦点と副焦点の像倍率 m_2 を決めてやらねばなりません。ここで現代のリッチー・クレチアン式の標準的な値である $m_2=-4$ を採用すると $b_{s2}=-2.778$ と球面 $(b_{2s}=0)$ からの偏差が非常に大きいことが分かります。それに加えて検査が難しい凸面だということを考慮すると，カセグレン式が発明後200年近い間実用化されなかった理由が分かったように思われます。

一方グレゴリー式の方は同じ倍率 $m_2=4$ に対して $b_{s2}=0.360$ と小さく，しかも検査が容易な凹面鏡だということを考慮すると，こちらが早く実用化された理由が分かります。

次に残存コマについて。これは前項の(7)式において，カセグレン式とグレゴリー式に共通して，$b_{s1} = -1$ および(8)式より $\xi = \zeta = 0$ と置けるので括弧内第2項は開口絞りの位置に無関係に0となり，コマ収差は次式で与えられます。

$$\sum S_{\mathrm{II}} = -\left(\frac{y_1}{f'}\right)^3 \frac{f'}{2} u_{\mathrm{pri}} \tag{11}$$

この式は合成焦点距離 f' を主鏡の焦点距離 f_1' と置き換えることにより(5)式と一致します。したがって，(a)の場合と同様の正規化を行うと，$\sum S_{\mathrm{II}} = -0.5$ になります。しかし，カセグレン焦点，グレゴリー焦点とも，そこから見た口径比は主鏡焦点における口径比よりも小さいので，同じ残存コマ基準で計算するとこちらのほうが広い視野が得られます。Richeyが予想した，「2つの非球面鏡の間で収差の補償が行われて視野を大きくできた」のではなく，口径比が小さくなったためだったことが明らかになった次第です。

さて，3次のコマ収差の拡がりを，よく知られたその幾何学的形状から**図6**に示す近軸像点 O′ から開口の縁を通る光線束による尾の先端Pまでの角距離で定義すると，これは次式で与えられます。

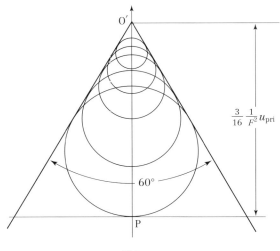

図6

$$a = \frac{3}{16}\frac{1}{F^2} u_{\mathrm{pri}} \qquad (12)$$

これを前項の冒頭で引用した Schwarzschild の例と比べるために，$F=4$，$u_{\mathrm{pri}}=0.5°$ を代入すると $0.37''$ が得られます。彼の値 $29''$ より少し大きめですが，彼もおそらく上式と定数項だけ少し異なる式を幾何光学的に求めたのでしょう。望遠鏡の視野を決めるとき a の値をいくつに設定するかはその時の主に感光材料の性能とシーイングによるでしょう。現代では補償光学の適用も考慮しなければならないでしょう。

(7)式と(11)式が同じ式で表されたことにより，3つの方式のいずれに対しても，残存コマ収差が等しいことが証明されましたが，非点収差と像面弯曲には違いが生じます。両方ともニュートン式が他の2方式の 1/10 以下と小さいのですが，いかんせん，視角依存性が u_{pri} に比例して最初に表れるコマ収差を補正できないニュートン式では $(u_{\mathrm{pri}})^2$ で表れる非点収差と像面弯曲が小さいという利点を生かすことができません。一方，コマ収差を補正してもなお残存するアプラナート2枚鏡ではその補正が難しい両収差をどうやって小さくするかが大きな課題として浮上することになります。

ここでは数式による説明を省略し，Wilson が作成した各方式に対する正規化収差係数の一覧表を引用して，そこから得られる特徴的事柄を述べたいと思います（**表1**）。

まず表の見方について。反射面数 ν の1は主鏡，2は副鏡を表します。方式(1)と(2)は主鏡だけですから1のみ。1と 1^* は前者が球面からの寄与，後者が非球面（円錐定数で表される）分からの寄与を表します。(3)から(6)は2枚鏡の場合で，副鏡の像倍率はグレゴリーが $+4$，カセグレンが -4 にとってあります。

ここでまず Ramsden の加算則を検証してみましょう。表のデータによれば球面系の場合，球面収差はカセグレン式では $16.0-4.22=11.78$，グレゴリー式の場合は $16.0+2.53=18.53$ となり両者の比は $11.78/18.53=0.636$ となります。一方彼の加算則では $m=\pm 4$ の場合 $3/5=0.6$ となります。またアプラナート化した場合には $11.78/18.53=0.636$ と上と同じ値になります。

表1

正規化収差係数 ($f' = y_1 = u_{pr1} = 1$)

		反射面数 v	$(S_I)v$	$(S_{II})v$	$(S_{III})v$	$(S_{IV})v = -(P_c)v$	像面弯曲（錯乱円基準）$(S_{III})v + (S_{IV})v$
(1)	球面鏡	1	+0.25	-0.5	+1.0	-1.0	+1.0
(2)	放物面鏡	1	+0.25	-0.5	+1.0	-1.0	+1.0
		1*	-0.25	0	0	0	0
		和	0	-0.5	+1.0	-1.0	+1.0
(3)	カセグレン（古典）	1	+16.0	-8.0	+4.0	-4.0	+4.0
		1*	-16.0	0	0	0	0
		2	-4.21875	+3.86719	-3.54493	+13.33333	+6.24347
		2*	+4.21875	+3.63281	+3.12825	0	+6.25650
		和	0	-0.50000	+3.58332	+9.33333	+16.49997
(4)	カセグレン（R-C）	1	+16.0	-8.0	+4.0	-4.0	+4.0
		1*	-16.58064	0	0	0	0
		2	-4.21875	+3.86719	-3.54493	+13.33333	+6.24347
		2*	+4.79940	+4.13281	+3.55881	0	+7.11762
		和	0	-0.50000	+4.01388	+9.33333	+17.36109
(5)	グレゴリー（古典）	1	+16.0	-8.0	+4.0	-4.0	+4.0
		1*	-16.0	0	0	0	0
		2	+2.53125	+4.05469	+6.49502	-22.22222	-9.23218
		2*	-2.53125	+3.44531	-4.68945	0	-9.37890
		和	0	-0.50000	+5.80557	-26.22222	-14.61108
(6)	グレゴリー（アプラナート）	1	+16.0	-8.0	+4.0	-4.0	+4.0
		1*	-15.63265	0	0	0	0
		2	+2.53125	+4.05469	+6.49502	-22.22222	-9.23218
		2*	-2.89860	+3.94531	-5.37000	0	-10.74000
		和	0	+5.12502	-26.22222	-15.97218	

無印：球面分　*：非球面分　開口絞：主鏡上　$m_2 = \pm 4$（+はグレゴリー、-はカセグレン）

(Wilson)

$m=\pm4$ という，当時標準的とされていたらしい値に関する限り Ramsden の経験則はかなりいい線をいっていたなという感じです。

非点収差と像面弯曲に関しては，カセグレン式とグレゴリー式に共通して，1枚鏡(1)，(2)よりも10倍以上も大きいこと，また両者の間で符号が逆であることが目を引きます。カセグレン式が入射する光に対して凹なのに対し，グレゴリー式では凸になっています。また像面弯曲の絶対値はグレゴリー式の方が僅かに小さいようです。

ともあれ，カセグレン式の現代型であるリッチー・クレチアン式を改良する重要な課題が，広角化すなわちカセグレン焦点にあっては非点収差と像面弯曲を低減するための，また主焦点にあっては球面収差・コマ収差・非点収差および像面弯曲を低減するための視野補正レンズの開発にあることは明らかです。その理解と実際については Wilson と山下の著作を参照して下さい。最近の話題であるすばる望遠鏡主焦点補正光学系については，その1号機（視野角 0.5°，1999年完成）の光学設計を主テーマとする武士邦雄氏の学位論文[*]を，また2014年3月に観測を開始した視野角1.5°の2号機に関しては松田融氏の報告[**]をそれぞれ参照して下さい。いずれもキヤノン（株）が設計・製作したものです。

なお，中山茂編：天文学人名辞典, 恒星社 (1983) には Gregory や Ramsden の項はありますが，Cassegrain の項はありません。一方，T. Hockey ed.: *Biographical Encyclopedia of Astronomers*, Springer (2007) には, F. Launay による L. Cassegrain の詳細な説明が記されています。

---

[*] Primary Corrector for Subaru Telescope (2000). 総合研究大学院大学に提出された。
[**] 松田融：すばる主焦点補正光学系，光技術コンタクト, 2012年2月号, 10-16。観測開始後に行われた開発活動全体を概観した報告も同氏によってなされた。「すばる望遠鏡用の超広視野化補正光学系の開発」第39回光学シンポジウム (2014年6月), 日本光学会年次学術講演会 (2014年11月), 日本光学会設立記念シンポジウム (2015年1月)。いずれも口頭発表。

索　引

〔事項編〕

〔ア〕

赤紫色（マゼンタ）……………………410
アナスティグマート 2 枚鏡
　　（Schwarzchild の）……………650, 656
アフォーカル系 ………………………631
アプラナート ……………………353, 479
アプラナート（Schwarzchild の）………651
アプラナート単レンズ ………………607
アプラナート単レンズ（Linnemann の）
　　……………………………………616
アプラナートと凸の不遊メニスカスレンズ
　　……………………………………353
アプラナート 2 枚鏡（Schwarzchild の）
　　……………………………………658
アプラナート反射望遠鏡 …………642, 649
アプラナティスム ……………………341
アプラナティック（意味の変遷）………340
アプラナティック原理 ………………384
アプラナティック焦点 …………370, 373
アプラナティック焦点（Lister の）……356
アプラナティック焦点の原理 …………383
アプラナティック焦点の原理（Lister の）
　　……………………………………365
アプラナティック対物レンズ設計法
　　（Lister の）………………………369
アポディゼイション ……………………57
位相関数 g ……………………………405
位相空間 ………………………………23
市松（碁盤目）模様のチャート ………385
一様線形アレー …………………………59
一般化エタンデュ ………………………2
（一般化）エタンデュ定理 ……………517
一般化幾何光学 …………………………18
一般化ラグランジュ不変量 …………3, 517
色消し屈折望遠鏡 ……………………633
色消し顕微鏡対物レンズ ……………358
色消しレンズの発明 …………………633
色収差 …………………………………632
因数分解 ………………………………65
インターフェログラム …………………45
ウオラストン型 ………………………231
ウオラストン型めがねレンズ …………197

羽枝 ……………………………………418
羽枝による回折 ………………………458
薄い単レンズによる非点収差 …………170
薄い単レンズの非点収差の計算 ………214
薄い単レンズの非点収差の性質 ………217
エアリーの計算式（非点収差の）………209
エアリーの式（多波干渉の）……………461
エアリーパターン ……………49, 210, 414
鋭敏色 …………………………………411
エーテルの部分的随伴仮説 ……………211
エタロンの透過率 ……………………40
エタンデュ …………………33, 36, 45, 48
エネルギー減衰率（エバネセント波の）
　　……………………………………127
エバネセント波 ……………115, 122, 125
エバネセント波（回折による）……74, 81,
　　　　　　　　91, 110, 113, 116, 121
円環開口の回折 ……………49, 471, 474
円形開口 ………………………………414
円形開口による回折像の数値計算 ……449
円形開口によるフラウンホーファー回折
　　………………………………453, 462
円形開口の回折 ………………………461
円形開口の回折問題（Airy の解法）……467
エンサークルドエネルギー ……………56
遠日点 …………………………………480
円錐曲線 …………………345, 571, 580
円錐曲線パラメーター（Martin の）…573
円錐定数（Schwarzschild の）…………652
円柱関数 ………………………………466
円柱面レンズ ……………………210, 271
円柱面レンズのメニスカス化 …………277
遠点 ……………………………228, 267
遠点距離 ………………………………228
遠点屈折 ………………………228, 267
円の二等台形への分割 ………………451
遠用レンズ ……………………………229
オイラーの方程式 ……………………21
凹の不遊メニスカスレンズ（Huygens の）
　　……………………………………352
大型反射望遠鏡 ………………………633
オートコリメーション型 ………………534
オートコリメーション法（Hadley の）…638
オーバーハング（はみ出し）法 ………639

索　引　691

オストワルト型 ……………………231
オプトメーター（検眼器）…………269

〔カ〕

海王星の発見 ………………………211
海軍造兵廠 …………………………531
開口角 ………………360, 361, 378, 379
開口角と解像力の一覧表 ……………397
開口角 2θ の測定法 …………………396
開口絞りと薄い単レンズによる2つの像点
　……………………………………212
開口数 …………………………379, 392
開口数とFナンバーの関係 …………378
開口数の発見（Listerの）…356, 379, 391
回折環 ………………………………49
回折計算 ……………………………477
回折格子 ……………………………37
回折格子（Fraunhoferの）…………424
回折格子（Rittenhouseの）…………419
回折公式の実験的検証 ………………434
回折格子の公式（垂直入射に対する）…433
回折格子の光線方程式（Fraunhoferの）
　……………………………………434
回折格子の光線方程式（Fresnelの）…421
回折格子の刻線（Fraunhoferの）……429
回折格子の製作 ……………………424
回折格子の着想 ………………400, 418
回折格子の分光作用 …………………416
回折格子の分光法則 …………………425
回折格子分光器 …………………39, 43
回折式の解析的な解 …………………414
回折実験（Fraunhoferの）…………407
回折像の強度等高線図 ………………501
回折像の写真（Scheinerと平山の）
　………………………………487, 516
回折像の対称性 ………………479, 501
回折像の対称性（さまざまな開口の）…514
回折像の対称性（無収差の）…………510
回折像の点対称性（無収差の）………512
回折とエバネセント波 …………75, 110
回折の微分方程式（矩形開口と円形開口の）
　……………………………………465
回旋 …………………………………247
回旋距離 ………………………227, 231
回旋中心 ……………………………227
回旋点 ………………………………199

回旋によるピントの変動（プンクタールの）
　……………………………………283
回転双曲面（Keplerの）……………569
回転双曲面創成機（Descartesの）……583
回転対称非球面 ……………………652
ガウスの近軸理論 ……………………311
化学メッキ …………………………636
角アイコナール ……………………647
角特性関数 ………………324, 592, 643
角膜の光学モデル ……………………276
加工精度（反射面の）………………636
カセグレン式 ……………634, 671, 677
カセグレン式反射望遠鏡 ……………670
カトラール(度の強い遠視眼用めがねレンズ)
　……………………………………247
カメラ・オブスクラ …………172, 192
カメラ・オブスクラ光学系の最適化 …220
カメラ・オブスクラ用メニスカスレンズ
　（Wollastonの）………………205, 223
干渉分光法 …………………………43
環状開口 …………………49, 471, 474
機械式計算機 ………………………501
機械式デジタル計算機 ………………503
幾何光学的装置関数 …………………35
輝度温度 ……………………………5
輝度不変則 …………………………10, 28
基本放射輝度 ………………………12, 19
逆干渉の原理 ………………………75
吸光係数 ……………………………112
球ベッセル関数 ……………………466
球面・円柱面単レンズ …………271, 272
球面最適型めがねレンズ ……………253
球面収差 ……………………………330
球面収差のない単レンズ（Descartesの）
　……………………………………345
球面収差の符号の逆転 ………………369
球面・トーリック面単レンズ
　………………………277, 278, 281, 288
鏡口率数 ……………………………362
極小強度法 ……………………494, 500
曲面による正常屈折と光線 …………608
キルヒホッフの境界条件 …………92, 402
近軸域の収差 ………………………648
近日点 ………………………………480
近接域 ………………………………115
近接場 …………………………115, 122

692 索引

近接場光 …………………………………110
金属線格子 ………………………………418
近点 ………………………………228, 267
近点距離 …………………………………228
近点屈折 …………………………228, 267
近用レンズ ………………………………229
空間輝度 ……………………………………5
空間係数 …………………………………59
空間分散型分光器 ………………………36
矩形開口による回折 …………………440
矩形開口の回折パターン ……………446
矩形波チャート …………………………385
屈曲 ………………………………………488
屈折光学 …………………………149, 577
屈折光学（Descartes の）………343, 630
屈折光学（Huygens の）………………347
屈折光学第 1 部（Huygens の）………343
屈折則（Kepler の）……………………571
屈折則（Descartes の）………………577
屈折則（Fermat の）……………………577
屈折率測定法 ……………………………551
クラウジウス・ストロウベル
　（シュトラウベル）の理論 ……………6
クラウジウスの定理 ………………16, 47
グルストランドレンズ …………………250
グレゴリー式 ……………………634, 677
経緯儀 ……………………………………408
蛍光色素分子 ……………………………112
形状指数 …………………………………250
ゲイン（超解像の）……………………103
結像レンズの情報伝達能力 ……………51
ケプラー革命 ……………………………149
ケルナーの接眼レンズ …………………213
検出にかかるフォトン数 ………………411
顕微鏡鏡体（Smith の）…………364, 381
顕微鏡結像の回折理論 …………………568
顕微鏡研究（Lister の）………………380
顕微鏡対物レンズの設計（Amici の）…362
顕微鏡対物レンズの設計（Lister の）
　………………………………………356, 372
顕微鏡対物レンズの設計法（19 世紀の）
　概観（Conrady の）…………………374
顕微鏡対物レンズの理論分解能（Lister の）
　………………………………………………377
顕微鏡の結像性能測定（Lister の）…385
顕微鏡反射対物鏡 ………………………657

顕微鏡用高倍対物レンズ（Amici の）…360
光学ガラス開発（日本光学の）………530
光学講義（Barrow の）…………………149
光学講義（Newton の）…………………154
光学体積 …………………………………19
光学体積の不変性 ………………………19
光学的リウビルの定理 ……………3, 517
光学伝達関数（MTF）…………………51
光学不変量の図形的性質 ………………25
光学方向余弦 ……………………………21
高屈折力めがねレンズ Katral ………568
格子刻線機 ………………………………430
格子定数 …………………………426, 428
格子の光線方程式 ………………………433
格子の製作誤差 …………………………425
恒星視差 …………………………………480
恒星視差の発見 …………………………480
高精度視差観測衛星 Hipparcos ……482
光線光学の方法 …………………………601
光線束 ……………………………………149
光線追跡 …………………………………607
光線方程式（透過格子の）……………423
光線方程式（反射格子の）……………422
後面非球面アプラナート単レンズ ……599
後面非球面軸上無収差レンズの解法
　（Luneburg の）………………………591
後面非球面軸上無収差レンズの解法
　（吉田正太郎の）………………………598
後面非球面無収差レンズ（Huygens の）
　………………………………………………586
後面非球面無収差レンズ
　（軸上無限遠物体に対する）…………589
効率係数 …………………………………36
光路差理論 ………………………………309
ゴーストスペクトル ……………432, 534
刻線精度の問題 …………………………431
古典的回折理論 …………………………439
コマ収差 …………………………330, 636
コマ収差の補正（色消し平凸レンズの）
　………………………………………………367
混合特性関数 ……………………326, 596
コンタクトレンズ ………………………276
コンパクトディスク ……………………598
コンフォーカル顕微鏡…………50, 107
コンペンセーター（Straubel の）……499

〔サ〕

再研磨 ……………………………636
最小錯乱円 ……………………187
最小錯乱円（網膜上の）………287
最小作用の原理 ………………22
最小偏角 ……………………………534
最小偏角条件 ……………………555
最適型白内障レンズ ……………253
最適像面（カメラ・オブスクラの）……172
ザイデルアイコナール ………643, 645
ザイデルアイコナールの物理的解釈 …647
ザイデル変換 ……………………643
ザイデル変数 ……………………645
ザイデル領域 ……………………646
差錯 …………………………………362
サジタル像 ……………………130
サジタル像点の公式（Youngの）………166
サジタル像点の作図法（Youngの）……176
サジタル像面 ……………………331, 667
サジタル像面内の結像 ……………137
サジタル像面の曲率（薄い単レンズの）…220
残存乱視 ……………………………253
シーング ……………………………641
視覚 …………………………………149
色相変化法 ……………………411
子午面 ………………………………275
自己相関関数 ……………………51
示性関数 ……………………………592
実験による正弦条件式の発見 ………399
実効曲率半径（トーリック面の）………290
実正弦 ………………………………163
実余弦 ………………………………163
ジャキノの利得 …………………45
遮光筒 ………………………………678
遮光マスク ……………………535
写真レンズ ……………………192
蛇腹 …………………………………548
視野補正レンズ ……………………689
視野レンズ ……………………213
写野（または視野）補正レンズ ………664
周縁焦点 ……………………………164
周期性チャート ……………………389
収差係数（2枚鏡の，ザイデル領域の）…652
収差図（写真レンズの）………130
収差の比較（ニュートン式，グレゴリー式，

カセグレン式）……………………683
収差論（Seidelの）………………321
重フリントガラス SF2 …………534, 551
主曲面 ………………………………619
受光角 ……………………360, 372, 378
主光線 …23, 130, 134, 209, 213, 227, 231
主光線の定義 ………………………132
主断面 ………………………………276
シュトレールの強度 ……………50
シュバルツシルト領域 ……………646
主放射角 ……………………………68
主放射ローブ ……………………63
シュミットカメラ ……………………668
焦線 ………………………………130
焦点距離測定法（Listerの）………390
焦点外れ像の回折計算 ……………477
初等関数 ……………………………461
信号対雑音比 ……………………43
振動強度 ……………………………445
振幅効率（スーパーゲインアンテナの）
　……………………………68, 69, 71
水晶体（レンズ）……………………571
数学公式集（Youngの）………161
スーパーゲインアンテナ ……49, 58
スカラーの同次波動方程式 ……402
スキュー光線 ……………………132
スタナップレンズ ……………………208
ステュルムの定理 ……………………189
ストロベル（シュトラウベル）の定理
　……………………1, 10, 18, 33, 517
ストロベル（シュトラウベル）の定理と
　測光計算 ……………………………11
すばる望遠鏡主焦点補正光学系 ………689
スフエロメーター ……………………251
スペクトルレンジ ……………………40
スリット開口 ……………………414
正弦条件 ………16, 27, 29, 329, 379, 568
正弦条件（一般化された）………48, 341
正弦条件（物点が∞にあるときの）……618
正弦条件違反量 ……………………614
正準方程式 ……………………20
精密焼鈍（アニール）………………533
赤色端 ………………………………410
赤道面 ………………………………276
積分描画機（Coradiの）…………505
接線（tangential）像 ………………164

694 索引

セミ（準）アプラナート単レンズ ……626
ゼルマイヤー係数 ………………………563
ゼルマイヤーの分散式 ………552, 562
鮮鋭度限界（＝解像力）………………385
線形アレー理論 …………………………52
線形アンテナ理論（Schelkunoffの）……58
前置分光器 ………………………………43
像改良 ……………………………………50
双極子モーメント ……………………521
双曲線と楕円の図形的特徴 …………571
像面の曲率半径 ………………………329
像面の彎曲 ……………………………664
像面彎曲の公式（Coddingtonの）……332
像面彎曲の求め方 ……………………666

〔タ〕

タイガー計算機 ………………………504
対眼レンズ ……………………………213
台形開口による回折 ……447, 448, 449
代数学の基本定理 ………………………64
ダイヤモンドのかけら ………………430
太陽スペクトル中の暗線発見
　（Wollastonの）……………………196
太陽炉（理化学辞典の誤り）……………5
楕円開口 ………………………………469
ダゲレオタイプ ………………………306
縦型アレー ………………………58, 63
卵形（Descartesの）………340, 344, 577
単位開口が任意（規則性はあるが複雑な）
　の場合のフラウンホーファー回折 ……457
タンジェンシャル焦線 ………………319
単層反射防止膜の目視による膜厚制御法
　…………………………………………411
炭素の4面体原子価 …………………523
単分子膜 ………………………………118
断面積（回折や散乱の）………………112
断面積（蛍光色素分子の）……………112
単レンズアプラナート対物レンズ ……598
単レンズ顕微鏡 ………………………357
単レンズの焦点距離（Petzvalの）……311
チェルニング型白内障レンズ ………253
チェルニングの一般式 ………………241
チェルニングの楕円 ……231, 242, 245
地球の密度 ……………………………211
着色縞 …………………………………409
中央光斑 …………………………………49

超越関数 ………………………………467
超解像（Cox, Sheppard, Wilsonの）…106
超解像（Luneburg, Boivinの）………103
超解像（Toraldoの）……49, 73, 91, 93, 97, 110
超解像の理論限界（Toraldoの）……98, 99
頂点屈折力 ………………………249, 267
直線をつないで作った開口による回折
　…………………………………………447
チンケン-ゾンマーの条件 ……………320
月の運動表 ……………………………211
強いカーブの解（めがねレンズの）……225
ディオプター …………………………228
デカルトの卵形（曲線）……340, 344, 578
点アイコナール ………………………647
電気双極子 ……………………………111
電気双極子モーメント ………………111
電磁気学の相反定理 …………………111
電磁場の相反則 ………………………116
点像の回折パターン …………………405
転動輪 …………………………………505
点特性関数 ………………………324, 592
伝搬波 …………………………………122
テンプレート …………………………585
電流分布を変えて指向性を向上させる
　設計例 …………………………………86
等間隔に並べたアンテナ ……………125
等間隔平行の格子 ……………………419
透視中心 ………………………………173
銅とスズの合金スペキュラムの反射率
　…………………………………………636
倒乱視 …………………………………191
トーリック・トーリック単レンズの
　ザイデル近似理論 ……………………288
トーリック・トーリック面 …………279
トーリック・トーリック面の結像公式
　…………………………………………293
トーリック面 ……………………273, 288
トーリック面による屈折の近似理論 …288
特殊関数 ………………………………467
読書用レンズ …………………………229
特性関数 ………………………………592
特性関数（Hamiltonの）……321, 323, 592
特性関数の展開（Rayleighの）………323
凸の不遊メニスカスレンズ（Huygensの）
　…………………………………………351

凸面非球面の製作 ………………639
鳥の羽根 …………………………418
トリプレット ……………………594
トロイダル ………………………274

〔ナ〕

ナル検査法 ………………………664
2階微分方程式…………………466
2次曲面の表現…………………573
虹積分（Airy の）………………474
2重星の距離……………………485
20 フィート望遠鏡（Herschel の）……641
ニッコール ………………………533
2枚鏡（Couder の）……………667
2枚鏡アプラナート（Richey・Chrétien の）
　　　………………………………660
2面非球面反射鏡（Schwarzschild の）
　　　………………………………656
ニュートン式 ………………634, 671
ニュートンのカラースケール …409
濃度フィルター ………………53, 55

〔ハ〕

ハーシェル式反射望遠鏡 ………640
パーセク …………………………481
背景光 ……………………………535
ハイゲンス接眼レンズ ……213, 337
ハイディンガー環 …………………39
波長分解能（幾何光学的）………36
波長分解能（物理光学的）………36
ハミルトニアン …………………19
ハミルトンの特性関数 ……321, 323
波面収差 …………………………646
パリンチ ……………………412, 426
ハルプムシエル型 ………………253
半円開口 …………………………502
汎関数 ……………………………104
半球レンズ ………………………374
反射ゴニオメーター ……………194
反射望遠鏡のアプラナート化 …641
反射望遠鏡の配置 ………………631
反射望遠鏡の歴史 …………632, 636
半製品（semifinish）……………278
光についての論考 …………343, 586
光の擾乱説 ………………………309
光の波動理論 ……………………460

光の波動論の実証実験（Wollaston の）
　　　………………………………194
光の放射理論 ……………………436
光の横波仮説 ……………………400
光波長の決定 ……………………424
非球面（Descartes の）…………576
非球面型めがねレンズ …………253
非球面形状の精密決定（数値積分による）
　　　………………………………622
非球面光線追跡法（Herschel の）……608
非球面単レンズの応用例 ………582
非球面（両面）単レンズの近軸形状 …621
非球面追跡公式（Zeiss 社の）…611
非球面としての2次曲面 ………575
非球面に関する興味ある文献
　　　…………………565, 586, 607, 630, 649
非球面の計算（級数展開法による）……621
非球面パラメーター（Martin の）………573
非共軸系 …………………………130
非空間分散型分光器 ……………37
非結像集光系………………………2
微小斜入射光線束の結像 ………209
非点結像式（非球面の）………614
非点光線束の性質（Young の発見）……181
非点光線束の追跡 ……130, 148, 161, 177,
　　192, 209, 225, 245, 269, 286, 306, 321
非点収差 ……………………130, 329
非点収差除去の条件（Zinken-Sommer の）
　　　……………………………234, 238
非点収差による光線束断面形状の変化
　　　………………………………219
非点収差の解法（Barrow の）…150
非点収差の解法（Coddington の）……133
非点収差の解法（Conrady, Hopkins の）
　　　………………………………138
非点収差の解法（Merté の）…144
非点収差の解法（Newton の）…154
非点収差の公式（Tscherning の）……234
非点収差の公式（Zinken-Sommer の）
　　　………………………………234
非点収差の最大の特徴（Young の）……169
非点収差の収差図 ………………130
非点収差の条件（Zinken-Sommer の）
　　　………………………………238
非点収差の代数的表現（Young の）……163
非点収差の特徴（Newton の発見）……159

非点収差のない単レンズ ……………238
非点主焦点球 ……………………………300
瞳の等面積分割法 ………………………103
瞳フィルター …………………………49, 50
瞳フィルターの設計（Luneburg, Boivin の）
　　　……………………………………103
瞳フィルターの設計（Toraldo の）……100
標準的試験標板 …………………………361
微粒子や小開口による散乱と回折 ……111
ファーフィールド条件 ……………401, 404
ファブリ・ペロのエタロン ………………39
フィネス ………………………40, 42, 63
フーリエ変換……………………………45, 439
フェルゲットの利得 ………………………44
フェルマーの原理 …7, 144, 323, 344, 577
付加的非点収差 …………………………279
付加的非点収差の除去 …………………296
副鏡の非球面化 …………………………636
複式顕微鏡 ………………………………356
複素フィルター ……………………………65
2つの非球面による屈折……………………618
フッ化マグネシウムの反射防止膜 ……411
物体が無限遠にある場合（Descartes の
　卵形の）………………………………579
不遊点（aplanatic point）………173, 340
不遊点（Huygens の）……………343, 346
不遊点をもつ単レンズ …………………351
不遊メニスカスレンズ ……………347, 351
不遊メニスカスレンズの応用（明るい
　対物レンズ）…………………………353
不遊メニスカスレンズの顕微鏡対物レンズ
　への応用 ………………………………355
フラウンホーファー暗線 …………406, 424
フラウンホーファー回折……400, 401, 416
フラウンホーファー回折像を計算する
　基本式 …………………………………439
フラウンホーファー回折の式 …………404
フラウンホーファー回折の数学的表現
　　　…………………………………436, 460
フラウンホーファー回折の領域 ………404
フラウンホーファー条件 ………………404
フラウンホーファー線 …………………196
フラウンホーファーの条件 ……………328
プリズム ……………………………………37
プリズム系の分散能 ……………………553
プリズムに対する回折格子の優位性 ……38

プリズムによる光線の屈折 ……………549
プリズムの最小偏角 ……………………550
プリズムの材質（分光用）………………535
プリズム分光器（Littrow が作った）……540
プリズム分光器（水島の）………………529
プリズム分散系の解析（水島の）………561
プリズム分散系の光学 …………………549
フリントガラス F2 ……………………534
フルオレセイン ……………………113, 115
ブレーズ効果 ……………………………433
フレネル回折 ………………………400, 401
フレネル回折の領域 ……………………405
分解能（Luneburg の）……………………53
プンクタール ………………………244, 256
プンクタールの解（乱視レンズの）……297
プンクタールの特徴 ……………………257
プンクタールめがねレンズ ……………245
プンクタール乱視レンズ ………………278
分光器の明るさ尺度 ………………………33
分光器の波長分解能 ………………………33
分光写真器 ………………………………549
分光プリズム ……………………………534
分光プリズム（頂角30°の）……………528
分光プリズム（頂角60°の）……………528
分散 ………………………………………535
分散逆数 ………………………535, 536, 553
分散能 ……………………………………553
分散能（2個のプリズムによる）………556
分散能（プリズムを2つに分割したときの）
　　　……………………………………559
分子内部回転 ……………………………523
平行溝の間隔 ……………………………431
ベースカーブ ……………………………245
ベストフォーム ……………229, 246, 279
ベストフォーム（Gleichen の）…………287
ベッセル関数 ………………………438, 461
ペツバールに対するエアリー-コディントン
　の先取権 ………………………………332
ペツバールの公式 ………………………310
ペツバールの条件 ………………………213
ペツバールの定理 ……223, 306, 321, 329
ペツバールの定理の証明（Martin の）……317
ペツバールの和 ……………………213, 320
ペツバールの和（単レンズに対する）…320
ペツバールへの批判 ……………………314
ペツバール面 ………172, 185, 331, 667

索　引　697

ベラントルーペ ……………………247
ヘリオスタット ……………………408
ヘリオメーター ………………479, 501
ヘリオメーターの回折像 ……479, 501
ヘリオメーターの原理 ……………482
ヘリオメーターの点像強度分布 …486
ペリスコピック型 ……………205, 252
ペリスコピックめがねレンズ ……202
ペリスコピックレンズ ……………225
ヘルムホルツの方程式 ……………466
変形係数 ……………………………250
ベンディング ………………………273
ホイヘンスの2次波 ………………442
ポインティングベクトル …………122
望遠鏡 ………………………………440
方解石の屈折率の精密測定 ………194
ホウ硅酸ガラス BK7 ………………533
放射焦点 ………………………166, 167
放射損失 ……………………………114
防震台（簡易型）……………………274
放物面鏡 ………………………340, 632
ポートレートレンズ ………………308
補完開口 ……………………………513
星の明るさに対する大気の影響 …13
補正過剰 ……………………………368
補正不足 ……………………………368
細い線（金または銀製の）…………424
ボタン（button）……………………582
ポロプリズム ………………………538
本初子午線 …………………………210

〔マ〕

マイクロ波によるエバネセント波の回折
　　実験 ……………………………124
マイケルソン干渉計 …………… 39, 43
マリュスの定理 ……………………138
ミクログラフィア …………………357
水島の1号分光器 …………………545
水島の第一号ラマン分光写真器 …534
ミッシングオーダー ………………427
無効電流 ……………………………72
無収差共役点 ………………………350
無収差レンズの回折像 ……………400
迷光 …………………………………202
めがねの重量 ………………………266
めがねの装用条件 …………………265

メッシュフィルター ………………485
メニスカス型のめがねレンズ
　　（Wollaston の）…………………192
メニスカスレンズ …………………230
目の回旋点 …………………………233
目の光学モデル ……………………182
目のコントラスト検出閾値 ………385
メリジオナル像 ……………………130
メリジオナル像点の公式（Young の）…163
メリジオナル像点の作図法（Young の）…174
メリジオナル像面 ……………331, 667
メリジオナル像面の曲率（薄い単レンズの）
　　…………………………………220
メリジオナル面内の結像 …………133
面だれ ………………………………635
毛髪の束 ……………………………420
モノクロメーター ……………35, 549

〔ヤ〕

ヤングの干渉計 ……………………433
ヤングの目 …………………………183
有限な拡がりをもつ放射源（電波の）
　　の回折 …………………… 74, 79
横型アレー ……………………… 58, 63
横型アンテナアレー ……………… 77
弱いカーブの解（めがねレンズの）……225
40 フィート（1:10）望遠鏡（Herschel の）
　　…………………………………641

〔ラ〕

ラーマン・プリズム ………………537
ラウエ斑点 …………………………439
ラグランジュの未定乗数法 ……… 55
ラグランジュ・ヘルムホルツの公式 …27
ラマン効果 …………………………521
ラマン分光 …………………………524
ラマン分光器 …………………521, 542
ラムズデン接眼レンズ ……………213
卵形（Descartes の）………………577
乱視 ……………………………185, 228
乱視屈折力 …………………………229
乱視の矯正法（球面レンズによる）…189
乱視の計測 …………………………182
乱視めがねレンズのベストフォーム条件
　　（Gleichen の）…………………303
乱視用レンズ ………………………269

乱視用レンズ近似理論（Gleichen の）…286
乱視レンズ（Airy の）……………270
乱視レンズ（Gleichen の）………299
リウビルの定理 ………………18, 23
離散的アンテナアレー ………………89
離心率 ……………………………573
リッチー・クレチアン（R-C）式
　　　………………340, 652, 665, 689
利得（マイケルソン干渉計の，光束の）…44
リトロー（Littrow）型 …………37, 534
リトロー型プリズム分光系の配置 ……543
リトロー型分光器 …………………528
リトローマウント ………………537
両凸単レンズの非点像面 ……………170
良品廉価生産 ……………………566

両面非球面アプラナート単レンズ…617, 618
理論波長分解能 ……………………40
輪帯テスト ………………………663
累進焦点レンズ …………………264
ルーペ（Wollaston の）……………208
ルーリングエンジン ………………430
レベル ……………………………408
レンズフォームの最適化 …………281
連続の方程式 ………………………24
老眼鏡 ……………………………229
老視 ………………………………228
ロンキー法 …………………………1

〔ワ〕

歪曲収差 …………………………261

〔人名編〕

Abbe …11, 246, 341, 378, 379, 384, 567
Airy ……………178, 186, 204, 209, 225,
　　　　269, 332, 438, 453, 460, 490
Amici ………………360, 362, 363, 382
Baranne ……………………………670
Barrow………………………148, 177
Beeldsnyder ………………………358
Berek …………………………285, 317
Bessel …………………………481, 483
Biot …………………………………203
Boegehold ……………6, 254, 266, 612
Boivin ………………………………103
Borsch ……………………………277
Bouguer ……………………………480
Bouwkamp …………………………121
Bracegirdle ………………………381
Brewster …………………………204
Bridge ……………………………511
Bruns ………………………………491
Carniglia …………………………116
Cassegrain ……………………635, 670
Cauchoix …………………………203
Chevalier ……………………306, 358
Chrétien ………………………651, 660
Clausius ……………………………4
Coddington …………133, 193, 332, 338
Conrady ……………138, 331, 374, 377
Cope ………………………………419

Cotton ……………………………111
Couder ……………………………667
Cox …………………………………106
Culmann ……………………178, 182
Daguerre …………………………306
Debye ………………………………521
Descartes ……340, 342, 565, 576, 630
Dollond ……………………………483
Donders ……………………246, 272
Drexhage …………………………116
Duboscq ……………………………538
Emsley ……………………………172
Erfle ………………………………538
Everitt ……………487, 490, 496, 501
Fay …………………………………159
Fellgett ……………………………43
Fermat ……………………………577
Fraunhofer …400, 416, 436, 484, 551
Fresnel ………………358, 400, 421, 423
Fuller ………………………271, 272
Gauss ………………………………643
Gleichen ……………13, 261, 279, 284, 286
Goring …………………………361, 380
Gregory ……………………………633
Gullstrand ………………………247
Hadley ……………………………636
Hamilton……………23, 321, 592, 642
Harlan ……………………………277

索引 699

Harrison ………430
Helmholtz ………27, 378
Henderson ………481
Henker ………257
Herschel ………406, 480, 636, 639
Herschel（子）………437, 608
Herzberger ………518
Heynacher ………584
Hodgkin ………364
Hooke ………357
Hoover ………440
Hopkins ………139, 143
Huygens………194, 195, 343, 586, 671, 676
Jacquinot ………34, 45, 73
Javal ………277
Jones ………202
Kepler ………149, 565, 569
Kirchhoff ………9
Lange ………287
Laue ………439
Launay ………670
Lawson ………74, 79
Leeuwenhoek ………357
Levene ………272
Leviatan ………121
Linnemann ………616
Liouville ………23
Lipson ………52
Lister ………356, 364, 377, 382, 437
Lister（J.）………381
Littrow ………537, 539
Lommel ………453, 466, 468, 477
Luneburg ………53, 578
Mach ………417
Mandel ………116
Maréchal ………2
Martin ………317
Mascart ………453
Mersenne ………631
Merté ………138, 144
Monoyer ………228
Mouton ………111
Nagel ………228
Newton ………137, 154, 177, 634, 671, 674
Ostwalt ………225, 226, 230, 231
Petzval ………306

Porro ………537
Poullain ………277
Ramsden ………682
Rankine ………4
Rayleigh ………49, 321, 468, 474, 537
Richey ………651, 663
Rittenhouse ………418
Rohr ………231, 247, 278, 315, 418
Roizen-Dossier ………73
Ross ………384
Savary ………482
Schaffner ………124
Scheiner ………479, 514, 519, 572
Schelkunoff ………49, 58
Schwarzschild ………321, 616, 630, 641, 649
Schwerd ………423, 436, 439, 455
Seidel ………314, 643
Selényi ………111
Shapiro ………159
Sheppard ………52, 106
Short ………638
Smith ………384
Smith（R. Smith）………179
Southall ………344
Steel ………47
Stevenson ………375
Straubel ………3, 479, 494, 496, 503, 516, 517, 626
Struve ………481
Thomson（Kelvin）………4
Toraldo di Francia ………1, 18, 49, 73, 91, 110, 124
Tscherning ………225, 233, 241
Tulley ………380
van Cittert ………358
van Deyl ………358
Verdet ………423
Vogel ………519
Welford ………2, 47
Wilson ………106, 653
Wollaston ………192, 225
Wolter ………494
Wood ………111
Woodward ………74, 79
Young ………161, 177, 269
Zeiss ………246, 567

Zinken-Sommer ……………316	仁田勇 ……………………522
大河内正敏 ………………566	平山信………………479, 514, 519
小原甚八 …………………531	藤井龍蔵 …………………532
木内政蔵 …………………527	藤岡由夫 …………………524
久保田広 ……………494, 592	水島洋 ……………………546
小穴純………………… 47, 549	水島三一郎 ……………521, 542
鈴木文太郎 ………………361	森野米三 …………………524
寺田寅彦 ……………526, 566	山下泰正 …………………653
長岡半太郎 ………………532	山田幸五郎 ………………322
長岡正男 …………………528	吉田正太郎 ……………617, 629
中村清二 …………………341	

---あとがき---

　本書は，2012年1月から2014年12月までの3年間に，光技術の月刊誌 O plus E に連載した「第10・光の鉛筆」36篇をまとめたもので，光の鉛筆シリーズの第10冊目になります。この機会に，内容の一部に加筆と訂正を施しました。

　今回もテーマを選ぶきっかけはさまざまでした。1-7 は Toraldo di Francia (1916〜2011) の訃報を知ったのが発端でした。彼のリウビルの定理からストローベル（原語の発音はシュトラウベルに近い）の定理を導く手際は実に鮮やかで私の脳裏に深く刻みこまれていました。この機会に幾何光学と測光学の基本原理であるストローベルの定理をもう一度じっくり考えてみたいと思ったのが始まりでした。次に取り上げたのは，彼の才気煥発ぶりが見事に発揮された「回折とエバネセント波との関係」の理論的・実験的研究と，それと線形アンテナ理論との比較から生まれた超解像の理論でした。日本では実用性に欠けるとして関心を示す人は稀でしたが，古い体質の古典光学研究分野に新鮮な「ものの見方」をもたらしたという点に，私はたいへん興味をもったことでした。

　非点収差という現象の理解と数学表現をめぐって繰り広げられた長い歴史を，その道標的な論文を紹介しながら通観する試みは約1年に及びました（8-19）。非点像の位置を幾何学的作図法で求めたのは，メリジオナル像が Barrow (1667)，またサジタル像は Newton (1670) でしたが，私が彼らの幾何光学講義録を読めるようになったのは1980年代半ばでした。もともとはラテン語で書かれていて，英訳本が出版されたのは，前者が1987年，後者が1984年だったからです。読んでみると驚いたことに，ふたりとも点物体が互いに直交する2つの線像を生じ，それらは主光線に沿って異なる位置にあり，その中間に錯乱円が存在するという，今では誰もが知っている非点結像最大の特徴に気が付いていませんでした。この時代から，Young・Airy・Petzval らの諸発見と代数的公式化を経て，目の屈折異常をめがねで矯正したり，写真レンズの非点収差と像面弯曲を極小化する手法が確立する20世紀初頭までの200年余の歴史を原著論文に則して綴ってみたいというのが私の宿題になりました。読み進むほどに，光学の歴史を彩る大天才たちが何とまあ大事なことを見落としたり，数多くのミスを犯しているかが分かってきました。これは私のような

現代の凡人にとっても他人事ではないというのが強く印象に残りました。

引き続き，コマ収差を補正する手法について，これがAbbeひとりの功績に帰するものではないことを，先行者であるListerの実験的研究を中心に紹介しました（[20]–[22]）。

回折について6篇（[23]–[28]）書きましたが，その直接的動機は，Schwerdのおそらくは自費出版した版本やScheiner/Hirayama論文の別刷をネットで入手できたことでした。昔，久保田広先生（1911〜1968）が亡くなった後，彼が「光学」と「波動光学」執筆のために外国の古書店に注文していた本が何冊もご自宅に届いて奥様を悲しませたと伺いました。今や隔世の感があります。

非球面の設計や製作に関する話題も6篇に達しました（[31]–[36]）。ある講演会の前座を頼まれたのがきっかけでした。「光の鉛筆」の執筆を始めて35年，原著論文を手元に置かないと安心できない習癖が身についてしまったようで，講演を終えてから資料をコツコツ読み直してまとめたものです。

私の関心は，仮説の検証や原理・法則の発見といった論文の主題もさることながら，それらにどういう手段，具体的にはどんな数学や実験の工夫を武器に立ち向かったか，言いかえればwhatよりもhowにより強く向けられているように思います。現場の技術者だったという経験がそうさせたのかも知れませんし，またそこで知った発想の仕方を現実の仕事の役に立たせたいという欲求に促されたせいかも知れません。したがって，ことは細部にかかわり，1行の文章や1枚の図をなるほどそうだったのかと納得できたときの喜びはまた格別で，これが「光の鉛筆」を長い期間書き続けられた主な理由でもあったろうと思います。しかし，だからこそ，書き上げた試論が全体としては片寄っていたり，時には誤った理解に基づいている場合もなしとしないでしょう。読者諸賢のご批判・ご叱責を賜りたいと存じます。

本書出版の労を取られた社長 油井識親氏ならびにその実務を担当された近藤智美氏に厚くお礼を申し上げます。

今年は戦後70年の節目の年といいます。その後半のちょうど35年間，私は自分の自由になる時間の大半を「光の鉛筆」の執筆に明け暮れたことになります。本書を妻に捧げます。

2015平成27年3月

鶴 田 匡 夫

著者略歴

1933年群馬県富岡市生れ。1956年東京大学理学部物理学科卒。同年日本光学工業㈱（現㈱ニコン）に入社。1967年工学博士。1987年取締役。1993年常務取締役開発本部長。1997年取締役副社長。2001年顧問。専攻応用光学。1964年応用物理学会光学論文賞，2004年応用物理学会業績賞（教育業績）受賞

著書

光とレンズ（日本工業新聞社，1985）
光の鉛筆（新技術コミュニケーションズ，1985）
続・光の鉛筆（新技術コミュニケーションズ，1988）
第3・光の鉛筆（新技術コミュニケーションズ，1993）
第4・光の鉛筆（新技術コミュニケーションズ，1997）
第5・光の鉛筆（新技術コミュニケーションズ，2000）
第6・光の鉛筆（新技術コミュニケーションズ，2003）
第7・光の鉛筆（新技術コミュニケーションズ，2006）
第8・光の鉛筆（アドコム・メディア，2009）
第9・光の鉛筆（アドコム・メディア，2012）
応用光学Ⅰ・Ⅱ（培風館，1990）
光学技術史。辻内・黒田他編：最新 光学技術ハンドブック（朝倉書店，2002）

第10・光の鉛筆 ── 光技術者のための応用光学 ──

2015年3月20日印刷
2015年3月31日発行

© 著 者　鶴　田　匡　夫
　発行者　油　井　識　親
　発行所　アドコム・メディア株式会社
　　　　〒169-0073 東京都新宿区百人町2-21-27
　　　　電話 (03) 3367-0571 (代)

印刷／製本 小宮山印刷工業㈱
ISBN 978-4-915851-62-9　C3042

- 本誌に掲載する著作物の複製権・翻訳権・上映権・譲渡権・公衆送信権（送信可能化権を含む）はアドコム・メディア㈱が保有します。
- **JCLS** <㈱日本著作出版権管理システム委託出版物>
  本誌の無断複写は著作権法上での例外を除き禁じられています。複写される場合は、そのつど事前に、㈱日本著作出版権管理システム（電話03-3817-5670, FAX 03-3815-8199）の許諾を得てください。

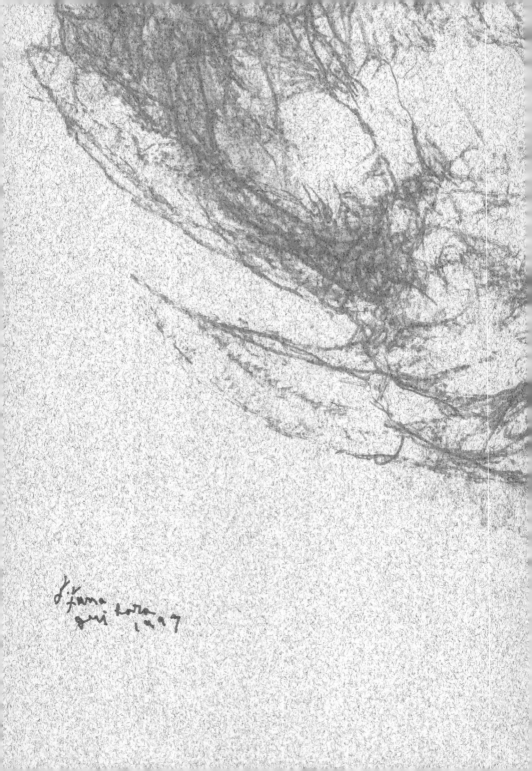